● 第1章 质点运

1922年，美国很有声望的Zacchini家庭马戏团首开先例，将一个演员作为人体炮弹从炮膛射出，飞过竞技场舞台落入网中.为加强特技效果，马戏团逐渐增加飞越的高度和距离.到1939年或1940年，Emanuel Zacchini被作为人体炮弹，从炮膛射出越过了三大摩天轮，水平跨度达69m.

那么，他们是如何判定网应放置的位置的？另外，他们如何能确保被发射者一定会飞越过摩天轮？

● 第2章 ——牛顿定律及其应用

1974年4月4日，比利时人John Massis在纽约长岛的一处铁轨上成功地拖动了两节客车车厢.他当时是用牙紧紧咬住一副以绳子连在车厢上的嚼子，同时向后倾身，并用脚尽全力蹬铁路的枕木.两节车厢总重约达80t.

那么，Massis必须用超人的力才能使它们加速吗？

第3章 ——功和能

复活岛上的史前居民在他们的采石场雕刻出了成百个巨大的石人雕像，然后将它们移到岛上各处．他们如何能不用复杂的机械而将这些雕像移到10km以外已成为一个引起激烈争论的话题，而关于所需能量的来源，也有着各种各样奇异的说法．

只用原始的手段，移动其中一个雕像当时需要多少能量？

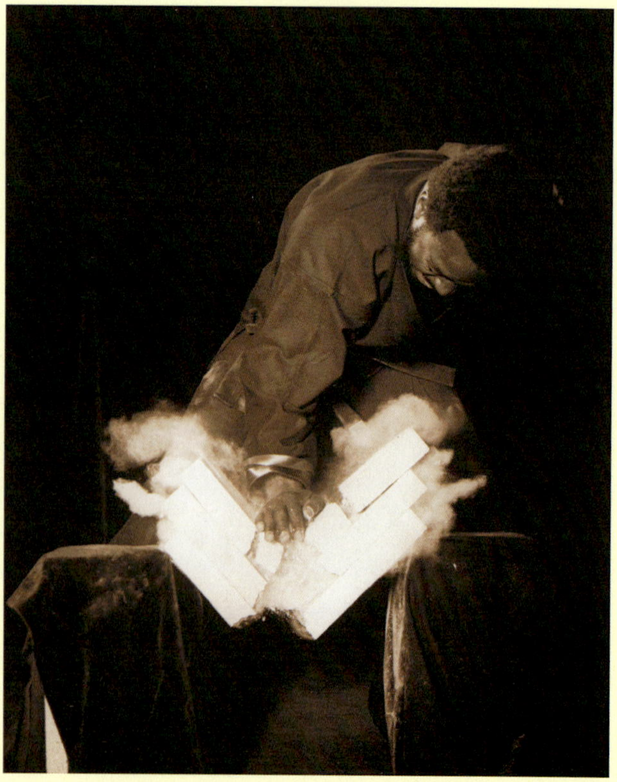

第4章 质点系 动量

Ronald McNair，一个物理学家，是在挑战者号宇宙飞船爆炸中遇难的宇航员之一，他曾在武术表演中得到了一条黑腰带．这里，他一下击碎了几块混凝土板．在这种武术表演中，常用一块松木板或一块混凝土板．当受打击时，木板或混凝土板弯曲，像弹簧一样储存起能量，直到达到一临界能量，随后受击物体折断．你或许没想到，打断木板所需的能量约是打断混凝土板所需能量的3倍．

那么，为什么打断木板要容易得多呢？

● 第5章 刚体的转动

1897年，一位欧洲“空中飞人”第一次从摆动的高空秋千上飞出后翻滚了三周后到达搭档的手中.在此后的85年间许多空中飞人都曾尝试完成四个翻滚动作，但都失败了.直到1982年，在观众面前，Ringling Bros.和Barnum & Bailey马戏团的Miguel Vazguez使自己的身体在空中翻滚了四个整圈后被他哥哥Juan接住.两人都为自己的成功感到吃惊.

为什么这套绝技这么困难？物理学对它的（最后）成功起了什么作用呢？

第6章 流体

水对下潜中的潜水员的作用力明显增大，即使是在游泳池底相对较浅的下潜也是这样.可是，1975年， Willian Rhodes曾利用装有呼吸用的特殊混合气体的水下呼吸器，从已下降到墨西哥海沟中300m深的沉箱中走出，接着游到了创纪录的350m深处.奇怪的是，配备有水下呼吸器装置的潜水初学者在游泳池里练习时，受到水的作用力可能比Rhodes受到的具有更大的危险性.有些初学者偶然死去就是由于忽视了这种危险性.

那么，这种潜在的致命危险是什么呢？

第7章 振动

1985年9月19日，震源位于墨西哥西海岸的一场地震的地震波给400km以外的墨西哥城造成了可怕而且分布很广的破坏.

为什么地震波能在墨西哥城造成如此广泛的破坏，而在地震波经过的路途上却破坏相对较小呢？

● 第8章 波

这只菊头蝙蝠不仅能在完全黑暗的条件下确定飞蛾的位置，而且还能定出飞蛾相对自己的速率，从而捕获飞蛾.

蝙蝠的探测系统是如何工作的？飞蛾怎样才能干扰这个系统或用什么方法降低它的有效性？

● 第9章 气体动理论

当打开一个装有香槟、苏打饮料或任何其他碳酸饮料的容器时，在开口周围会形成一层细雾，并且一些液体会喷溅出来。例如在照片中，白色的雾团是环绕在塞子周围的，喷溅出的水在雾团里形成线条.

那么，产生雾团的原因是什么呢？

● *第10章 热力学第一定律*

日本柑桔树大黄蜂Vespa mandarinia japonica以捕食蜜蜂为生.然而，如果一只大黄蜂试图侵犯一个蜂巢的话，就会有数百只蜜蜂迅速围拢过来，在这只大黄蜂的周围形成一个密实的球以阻止它.大约20min后，这只黄蜂就会死去，尽管这些蜜蜂并没有刺、蛰、挤或窒息这只大黄蜂.

那么，这只大黄蜂为什么会死呢？

● 第11章 熵和热力学第二定律

不知是谁在德克萨斯州奥斯汀城内的一个咖啡馆的墙上写下了这样一段话："时间是上帝用来防止所有事物发生在同一时刻的方式."时间同样有方向——一些事件以一定的次序发生而绝不可能自动地以相反的次序发生.例如，一个偶然掉进杯子中的鸡蛋破裂了.相反的过程，即破裂的鸡蛋重新形成一个完整的鸡蛋并跳回到伸展的手上，是绝对不可能自动发生的——但为什么不可能呢？为什么这一过程不能像录像带倒放那样反过来呢？

在世界上是什么把方向给予了时间？

21 世纪普通高等教育基础课规划教材
国外优秀教材精选改编

哈里德大学物理学

上 册

（源自美国的《Fundamentals of Physics》（6th Edition）的翻译版《物理学基础》）

（美）哈里德（Halliday）瑞斯尼克（Resnick）沃　克（Walker）著
张三慧　李　椿　滕小瑛　等译

滕小瑛　马廷钧　李　椿　改编

机 械 工 业 出 版 社

David Halliday, Robert Resnick, Jearl Walker
Fundamentals of Physics, 6th edition
Original ISBN 0-471-33236-4

北京市版权局著作权登记号 图字：01-2008-2683 号

图书在版编目（CIP）数据

哈里德大学物理学．上册/（美）哈里德，瑞斯尼克，沃克著；张三慧等译；滕小瑛等改编．—北京：机械工业出版社，2009.2（2025.8 重印）
21 世纪普通高等教育基础课规划教材
ISBN 978-7-111-25964-0

Ⅰ．哈… Ⅱ．①哈…②瑞…③沃…④张… Ⅲ．物理学-高等学校-教材
Ⅳ．04

中国版本图书馆 CIP 数据核字（2008）第 211002 号

机械工业出版社（北京市百万庄大街 22 号 邮政编码 100037）
责任编辑：李永联 责任校对：李秋荣
封面设计：张 静 责任印制：单爱军
北京盛通数码印刷有限公司印刷
2025 年 8 月第 1 版第 12 次印刷
184mm×260mm · 20.75 印张 · 4 插页 · 537 千字
标准书号：ISBN 978-7-111-25964-0
定价：59.00 元

电话服务	网络服务
客服电话：010-88361066	机 工 官 网：www.cmpbook.com
010-88379833	机 工 官 博：weibo.com/cmp1952
010-68326294	金 书 网：www.golden-book.com
封底无防伪标均为盗版	机工教育服务网：www.cmpedu.com

改编说明

哈里德的《物理学基础》是一部在内容选择上与我国物理教学体系较为接近，在知识、能力、素质综合培养方面结合十分独到，而内容又令人耳目一新的物理学教材。书中处处注重激发学生学习、思考的自主能动性，培养他们的学习兴趣，体现出国外教学注重物理与实际生活和科技进步紧密联系的独特理念。该书在2005年8月由机械工业出版社邀请著名物理教育家张三慧先生、李椿先生等，将其翻译成中文后正式出版，在我国大学物理教学领域受到了广大教师和相关技术人员的普遍好评，为将国外新的教学理念引入我国起到了积极的作用。与此同时，许多物理教师纷纷提出请求，希望将此书改编成适合我国大学生学习使用的大学物理教材。

然而我们发现，尽管该书的特色非常鲜明，值得借鉴之处颇多，但在内容上还是与我国教育部最新颁布的《大学物理基础课程教学基本要求》(2008年正式颁布，以下简称“基本要求”) 相差较大，有些内容偏浅。另外，由于原书表述过于口语化，在叙述方式上，尤其是译为中文后显得繁琐、冗长，且原书的内容体系偏于松散，内容容量和习题量均较我国课程学时数要求的偏多，以致无谓的篇幅增大使其成本费用偏高，不利于推广。为此，我们应机械工业出版社之邀，本着充分吸收、融会国内外教学理念和方式之精华，以“基本要求”为指导的主导思想，通过采取缩并、删除、重写、增补等方式对其翻译版进行改编，从而为广大师生提供以国外优秀教材精华为主体，兼顾我国课程体系和教学基本要求，且价格适中的改编版教材，以满足广大师生对国外优秀教材的强烈需求。

改编原则和内容主要体现在以下几个方面：

1. 最大限度地保留原书在内容上的特色——大量鲜活的有关物理与实际生活紧密联系的实例和丰富的物理人文知识，不但有利于开阔学生眼界，拓展和深化学生思维，更利于激发学生的学习兴趣，增强学生学习、思考的自主能动性，引领学生自然、顺畅地掌握物理知识，从而提高学生应用物理知识的能力。同时将这些内容规并在“基本要求”的范围之内。

2. 保持原书在编排上的特色——每章开头设立一个“开章疑问”，提出一个有趣的疑难问题，同时配以精彩的插图，并在该章适当处给予解答，以激发学生的学习兴趣；在涉及重要概念的相应位置设置“检查点”，用以有效检查学生对刚学过的重要内容的理解程度，使其真正掌握物理学的知识和原理；每道例题均由解题的一个或几个“关键点”及相应的详细步骤构成，以帮助学生理解、掌握所学概念，活化知识，培养学生的解题技巧；在学习重要规律后给出“解题线索”，指导性强，易于学生掌握解题方法和技巧，避免常犯错误；最后还在每章结尾给出“复习和小结”等。我们认为，这种通过设问、叙述、建立概念、检查、指导、解答的循环讲述方式，不仅可使学生在生动有趣的环境中知道学习了什么，而且还通过这种方式教会学生怎样学习，从而使其掌握科学的学习方法，有益于广大学生活化深奥的物理知识，提高技能。因此，本书的改编充分尊重了原书作者的这种独特的结构创意，并尽可能延续这种编排风格。

3. 删除原书中不包含在我国传统教材内的部分内容，如静力学、声学、直流和交流电路、几何光学等。

4. 鉴于教材篇幅和实际教学学时数方面的原因，原书最后4章的内容，即固体的导电，核物理，核能以及夸克、轻子和大爆炸等未能编入。这4章主要阐述了固体的能带理论及其在半导体晶体管、发光二极管等方面的应用，原子核物理基础知识及其在放射性鉴年法、核反应堆、受控热核聚变等方面的应用以及基本粒子和宇宙大爆炸学说等，内容新鲜、精彩，十分有助于开阔学生的视野，感兴趣的学生可以参看原书《物理学基础》（原书第6版，翻译版，机械工业出版社出版）。

5. 添加原书未能覆盖而在基本要求中列为A类的知识点以及与此相匹配的例题和习题，如：变速圆周运动，振动、波动的叠加，波的干涉，电、磁介质，等倾干涉，黑体辐射等。将原书中与国内传统教材讲法不一致的内容加以修改，如原书中用正弦函数表示波函数现改为用余弦函数表示。

6. 在改编中，从原书中精心选出了与实际联系密切、难易程度不同的大量习题，以兼顾不同学时教学的需要。与此同时，适当添补了国内主流教材普遍采用的一些需用矢量代数及微积分运算的具有典型意义的例题及习题，对原书给出的大量例题、思考题、习题等进行了精选，以达到与学时相适应，并与我国国情相符。

7. 在贯彻以上原则的基础上，改编力求内容精简，改编后的《哈里德大学物理学》在篇幅上减少约50%。

本书改编分工如下：滕小瑛负责第1~5、21~23章；马廷钧负责第6~11章；李椿负责第12~20、24、25章。滕小瑛为主编，对全书进行了统稿及校核。

本书为理工科非物理类专业大学物理课程的教材，适用学时数为90~130学时。

由于学识所限，这本改编教材可能仍存在不少缺点和错误，敬请广大读者批评指正。

改编者

译者的话

原书《物理学基础》

翻译书籍一向是国际文化交流的重要手段之一。就大学物理教材来说，在20世纪40年代，我国就有《达夫物理学》、《席尔斯物理学》中译本出版，70年代有哈里德、瑞斯尼克的《物理学》、《伯克利物理教程》全套和费因曼《物理学讲义》等中译本出版，这些中译本在当时都曾对我国物理教学的改进起到过良好的促进作用。

改革开放二十余年来，物理教学的国际交流日趋频繁，介绍外国教材的文章在相应期刊上也不断出现。近年来，各大专院校大力提倡双语教学，对外文教材的需求明显增加。机械工业出版社适应这种需求，影印出版了多种国外的优秀教材，已受到广大教师的欢迎。但受外语水平的限制，只是原版教材，还不能普遍地“造福”于广大师生。于是又组织翻译了《物理学基础》这部全球著名的物理学教材，这实在是一种适时的很有意义的“善事”。

D. 哈里德和 R. 瑞斯尼克最早合著的物理教材名为《物理学》（Physics），第 1 版于 1960 年问世（1992 年出版第 4 版），是美国物理教学革新的一项重要成果。其后，由于该书内容偏深，他们于 1974 年又出版了一部《物理学》的“简本”，名为《物理学基础》（Fundamentals of Physics），2001 年已出版其第 6 版，即本书（该书作者加入了 J. 沃克）。这部《物理学基础》内容深浅适当，讲解正确、清楚，例题指导详尽，叙述引人入胜，样图美观切题，全书着力联系实际，特别是注意介绍当代物理学的新进展，确实是一部难得的优秀教材。因此，该书不但在美国甚受欢迎，为很多名校用来作为物理教材，而且在世界范围内也十分畅销。据说，《物理学》和《物理学基础》在全世界销量已超过百万册。这确是教材类书中少有的。

本书是根据《物理学基础》第 6 版译出的，相信它的出版对我国物理教学在内容选择、讲解方法，特别是联系实际和现代化等方面以及物理教学思想上都会产生良好的影响，对双语教学在物理课程中的开展也会起到促进作用。

由于中文和英文水平的限制，本书可能存在不少缺点甚至错误，竭诚欢迎广大读者批评和指正。

译　者

2004 年 11 月于北京

目录

第2篇

第 1 篇

第 1 章　质点运动学

1922 年，美国很有声望的 Zacchini 家庭马戏表演团首开先例，将一个演员作为人体炮弹，从炮膛射出，飞过竞技场舞台落入网中．为加强特技效果，马戏团逐渐增加飞越的高度和距离．在 1939 年和 1940 年，Emanuel Zacchini 被作为人体炮弹，从炮膛射出越过了三个摩天轮，水平跨度达 69m.

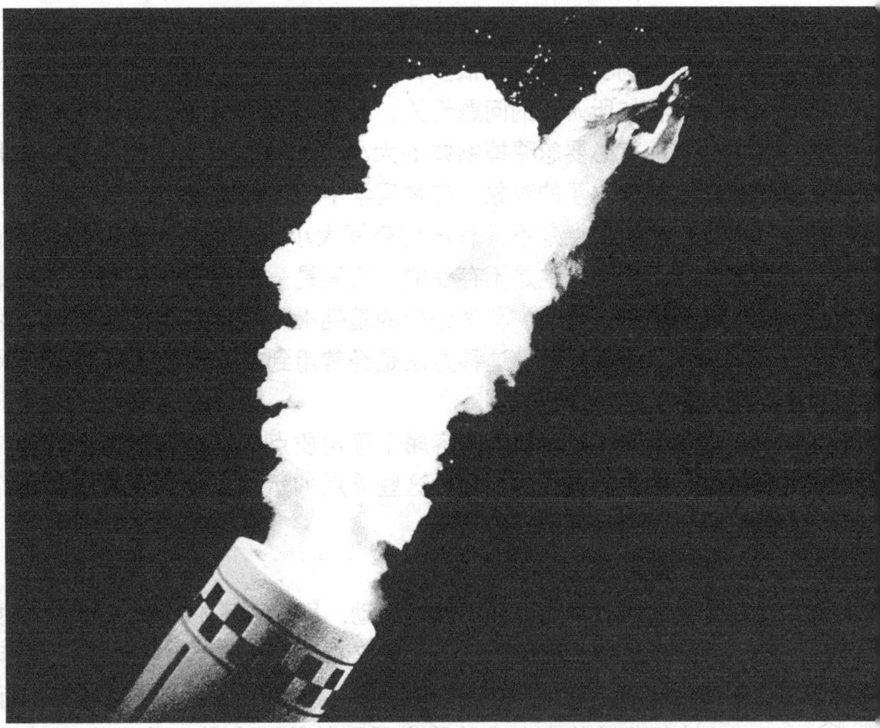

他们是如何确定网应放置的位置的？另外，他们如何能确保被发射者一定会飞越过摩天轮？

答案就在本章中．

1-1 质点 参考系

1. 质点

一切物体的运动总是比较复杂的. 之所以这样，一个重要原因是，因为一切实际物体都具有一定的大小和形状，而且物体的大小和形状在运动中还会变化. 不过，在某些情况下，在某些问题中，运动物体的大小、形状并不起主要作用. 例如，一般物体下落时，一方面受到重力作用，另一方面还受到空气阻力作用，而且空气阻力与下落物体的几何形状和大小有关. 但在某些情况下，如物体是重金属球或流线体时，则阻力起的作用很小，运动情况主要取决于重力. 这时，物体的运动情况就可看作与其大小、形状无关.

又如，地球一方面作公转，即绕太阳沿椭圆轨道运动，另一方面还作自转. 由于自转，地球上各点的运动情况并不完全相同. 但考虑到地球到太阳的平均距离约为地球本身直径的12000倍，所以在研究地球的公转时，地球上各点的运动情况可以基本上看作是相同的. 也就是说，可以不考虑地球的大小和形状.

类似的例子还可举出很多，从这类例子中可以概括出一个结论：在某些问题中，当物体的大小、形状与所研究的问题无关，或所起的作用很小时，为能抓住主要因素，掌握物体运动的基本情况，有必要忽略掉物体的大小、形状，把物体看作**只有质量而无大小、形状的点**. 这种理想化、抽象化了的对象，在物理学中被叫做**质点**.

几何学中的点是不具有任何空间大小的，而任何有质量的实际物体都有一定大小. 因此，绝对的质点在实际中是不存在的，它只是一种**理想化模型**. 应当指出，在研究物理问题时，在对实际问题进行全面、科学分析的基础上，在一定的条件下引入经过抽象的理想化模型代替实际物体作为研究对象，这种方法是经常用到的. 读者在中学物理课中接触到的刚体、理想气体、点电荷等，都是理想模型.

本篇中第5章以前的内容属于可用质点模型处理的力学问题范围. 由于任何物体都可以看成是由无数质点组成的，分析这些质点的运动，就可以弄清楚整个物体的运动，所以研究质点的运动是研究物体运动的基础.

2. 参考系

宇宙间所有物体都在不停地运动. 即使是看似静止的物体（如道路），却在随地球一起转动，并随地球绕太阳运动，而太阳又在绕银河系的中心转动，银河系相对其他银河系或星云也在不停地运动. 可见，绝对的静止是不存在的. **运动是绝对的，而静止则是相对的**.

坐在运行着的火车中的乘客看到其他乘客是“静止”不动的，而车外的树木却在向后运动. 站在车厢外地面上的人看到车上乘客在随车运动，而地面上的树木却是静止的. 这是因为车上乘客以火车作为参考进行观察，而地面上的人以地面作为参考进行观察. 所选用的参考物体不同，观察结果就不一样. 这种同一物体对于不同参考物体运动状态不相同的性质，称为**运动描述的相对性**. 因此，要研究或描述任何物体的运动，首先必须选定一个物体作为参考，这个被选定来作为参考的物体，称为**参考系**. 例如，要研究物体在地面上的运动，可选择路面或地面上静止的物体作为参考系. 要研究宇宙飞船的运动，当其刚被发射时，一般选地面作为参考系；当飞船绕太阳运行时，则常选太阳作为参考系. 从运动的描述来说，参考系的选择可以是任意的，主要由问题的性质和研究的方便决定.

为了定量地描述物体的运动，在参考系选定后，可选择一个固定的坐标系. 常用的坐标系有直角坐标系、极坐标系、球坐标系和自然坐标系等.

1-2 位置矢量与位移

1. 位置矢量

常用**位置矢量**（简称位矢）$\boldsymbol{r}(t)$ 确定质点的位置，它是从参考点（通常为坐标系的原点）指到质点所在位置的一个有向线段，记作矢量 $\boldsymbol{r}$. 从图 1-1 中可以看出，质点 P 在 $Oxyz$ 的直角坐标系中的位置，既可用位矢 $\boldsymbol{r}$ 来表示，也可用坐标 x、y 和 z 来表示. 如取 $\boldsymbol{i}$、$\boldsymbol{j}$ 和 $\boldsymbol{k}$ 分别表示沿 Ox 轴、Oy 轴和 Oz 轴的单位矢量，那么位矢 $\boldsymbol{r}$ 也可写成

$$\boldsymbol{r} = x\boldsymbol{i} + y\boldsymbol{j} + z\boldsymbol{k} \tag{1-1}$$

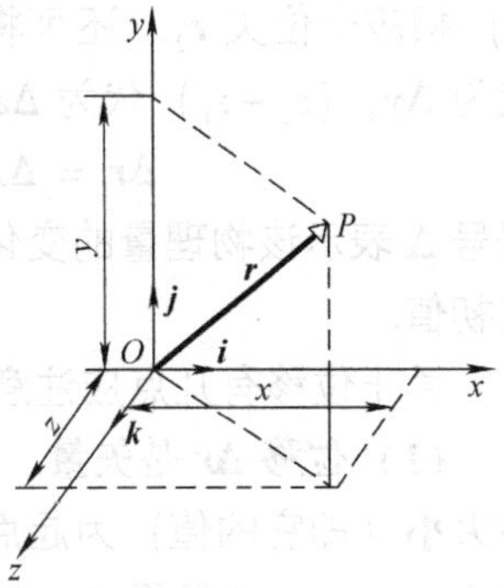

图 1-1 位置矢量

其值（大小）为

$$|\boldsymbol{r}| = \sqrt{x^2 + y^2 + z^2}$$

它表示 P 点到原点的距离；位矢 $\boldsymbol{r}$ 的方向由其方向余弦确定

$$\cos\alpha = \frac{x}{|\boldsymbol{r}|} \qquad \cos\beta = \frac{y}{|\boldsymbol{r}|} \qquad \cos\gamma = \frac{z}{|\boldsymbol{r}|}$$

上式说明了 P 点相对于坐标轴的方位.（式中 α、β、γ 分别是 $\boldsymbol{r}$ 与 Ox 轴、Oy 轴和 Oz 轴之间的夹角）. 方位和距离都知道了，P 点的位置也就确定了.

2. 运动方程

当质点运动时，它相对坐标原点 O 的位矢 $\boldsymbol{r}$ 是随时间变化的，因此，质点的坐标 x、y、z 和位置矢量 $\boldsymbol{r}$ 都是时间 t 的函数. 表示运动过程的函数式可以写作

$$x = x(t), y = y(t), z = z(t) \tag{1-2a}$$

或

$$\boldsymbol{r} = \boldsymbol{r}(t) = x(t)\boldsymbol{i} + y(t)\boldsymbol{j} + z(t)\boldsymbol{k} \tag{1-2b}$$

上式都称为**运动方程**. 运动方程式（1-2a）和式（1-2b）是等效的，即式（1-2b）所描述的运动可看作是由式（1-2a）所描述的三个相互垂直的分运动的叠加. 知道了运动方程，就能确定质点在任一时刻的位置，从而确定质点的运动.

式（1-2a）也是质点运动轨道的参数方程，从中消去参数 t 便得到轨道的正交坐标方程（简称**轨道方程**或**路径方程**）

$$f(x, y, z) = 0$$

如果质点的轨道是一直线，则其运动称为**直线运动**；如果质点的轨道是一曲线，则其运动称为**曲线运动**. 应当指出，运动学的重要任务之一就是找出各种具体运动所遵循的运动方程. 关于这一点，我们还会在后面作进一步说明.

3. 位移

假设质点沿图 1-2 所示的曲线运动，在时刻 t 质点位于 P_1 点，位矢为 $\boldsymbol{r}_1$，在时刻 $t+\Delta t$ 质点运动到 P_2 点，位矢为 $\boldsymbol{r}_2$，则从 P_1 点到 P_2 点的径矢 $\Delta\boldsymbol{r}$ 称为质点在 Δt 时间内的**位移**

$$\Delta\boldsymbol{r} = \boldsymbol{r}_2 - \boldsymbol{r}_1 \tag{1-3a}$$

应用单位矢量表示法，我们可将位移重写作

$$\Delta\boldsymbol{r} = (x_2\boldsymbol{i} + y_2\boldsymbol{j} + z_2\boldsymbol{k}) - (x_1\boldsymbol{i} + y_1\boldsymbol{j} + z_1\boldsymbol{k})$$

或

$$\Delta\boldsymbol{r} = (x_2 - x_1)\boldsymbol{i} + (y_2 - y_1)\boldsymbol{j} + (z_2 - z_1)\boldsymbol{k} \quad (1-3b)$$

式中，坐标 (x_1, y_1, z_1) 相应于位矢 $\boldsymbol{r}_1$，坐标 (x_2, y_2, z_2) 相应于位矢 $\boldsymbol{r}_2$. 还可将 $(x_2 - x_1)$ 代为 Δx，$(y_2 - y_1)$ 代为 Δy，$(z_2 - z_1)$ 代为 Δz，得

$$\Delta\boldsymbol{r} = \Delta x\boldsymbol{i} + \Delta y\boldsymbol{j} + \Delta z\boldsymbol{k} \quad (1-3c)$$

符号 Δ 表示该物理量的变化或增量，即相应物理量的末值减去初值.

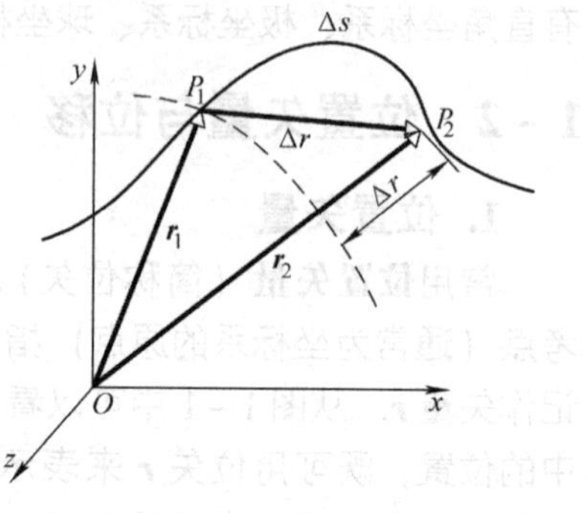

图 1-2　位移矢量

关于位移有几点应注意：

(1) 位移 $\Delta\boldsymbol{r}$ 是矢量. 它既有大小又有方向. 位移的**方向**从起始位置指向终点位置；位移的**大小**（即它的值）为起点 P_1 到终点 P_2 之间的距离，记作 $|\Delta\boldsymbol{r}|$. 这一数量不能简写为 Δr，因为 $\Delta r = r_2 - r_1$（见图 1-2），它是位矢的大小在 t 到 $t+\Delta t$ 这段时间内的增量. 一般地说，$|\Delta\boldsymbol{r}| \neq \Delta r$.

(2) 位移与路程不同. 位移是矢量，路程是标量；位移仅与质点的初、末位置有关，而与整个过程走过的实际路程无关. 由图 1-2 所示可看出，在 Δt 时间内，质点实际通过的路程是弧 $\widehat{P_1P_2}$ 的长度 Δs，这显然与其割线的长度 $|\Delta\boldsymbol{r}|$ 不相等. 只有当 $\Delta t \to 0$ 时，Δs 与 $|\Delta\boldsymbol{r}|$ 才可视为相等，即 $|\mathrm{d}\boldsymbol{r}| = \mathrm{d}s$. 即使在直线运动中，位移和路程也是截然不同的两个概念. 例如，一质点沿直线从 A 点移到 B 点又折回到 A 点，显然路程等于 A、B 之间距离的两倍，而位移为零.

(3) 位矢 $\boldsymbol{r}$ 与所选原点 O 有关. 但是位移 $\Delta\boldsymbol{r}$ 却与所选原点无关. 另外，位移的正号不必写，而负号却不能省去. 如果忽略位移的符号（表示方向），就是只保留了位移的大小（绝对值）.

例题 1-1

如图 1-3 所示，质点初时位矢为

$$\boldsymbol{r}_1 = (-3.0\mathrm{m})\boldsymbol{i} + (2.0\mathrm{m})\boldsymbol{j} + (5.0\mathrm{m})\boldsymbol{k}$$

其后变为

$$\boldsymbol{r}_2 = (9.0\mathrm{m})\boldsymbol{i} + (2.0\mathrm{m})\boldsymbol{j} + (8.0\mathrm{m})\boldsymbol{k}$$

试求质点从 $\boldsymbol{r}_1$ 到 $\boldsymbol{r}_2$ 的位移.

【解】　此题**关键点**为，位移 $\Delta\boldsymbol{r}$ 可由末位矢 $\boldsymbol{r}_2$ 减初位矢 $\boldsymbol{r}_1$ 得到，即

$$\begin{aligned}\Delta\boldsymbol{r} &= \boldsymbol{r}_2 - \boldsymbol{r}_1 \\ &= [9.0\mathrm{m} - (-3.0\mathrm{m})]\boldsymbol{i} + [2.0\mathrm{m} - 2.0\mathrm{m}]\boldsymbol{j} + [8.0\mathrm{m} - 5.0\mathrm{m}]\boldsymbol{k} \\ &= (12\mathrm{m})\boldsymbol{i} + (3.0\mathrm{m})\boldsymbol{k}\end{aligned}$$

（答案）

这个位移矢量中不含 y 分量，所以它是平行于 xz 平面的矢量（这点从数值结果比图 1-3 更易看出）.

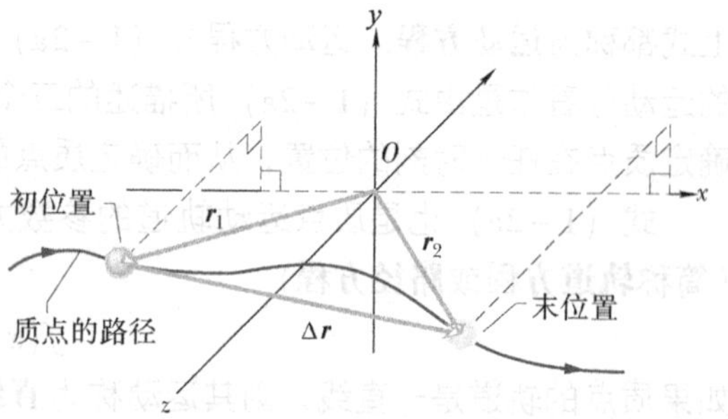

图 1-3　例题 1-1 图　位移矢 $\Delta\boldsymbol{r} = \boldsymbol{r}_2 - \boldsymbol{r}_1$ 由初位矢 $\boldsymbol{r}_1$ 的头延伸到末位矢 $\boldsymbol{r}_2$ 的头.

接下来，将是你在本书中看到的众多检查点中的第一个. 每一个检查点中包括一个或多个需经推理和心算方能回答的问题，同时对你的理解程度给出一个快速检测.

检查点 1：一只灵巧的蝙蝠从 $Oxyz$ 坐标系中（−2m，4m，−3m）处飞到（6m，−2m，−3m）处. (a) 若用单位矢量法表示，它的位移 $\Delta\boldsymbol{r}$ 为何？(b) $\Delta\boldsymbol{r}$ 会否平行于三坐标中的某一坐标平面？如果是，平行于哪一

平面？

例题 1-2

一只兔子奔跑过一个停车场，说也奇怪，停车场上面正巧画着一套坐标系，兔子的位置坐标对时间的函数由下式给出

$$x = -0.31t^2 + 7.2t + 28 \qquad (1-4)$$

$$y = 0.22t^2 - 9.1t + 30 \qquad (1-5)$$

式中，t 的单位为 s；x 与 y 的单位为 m.

(a) 用单位矢量表示兔子在 $t=15$s 时刻的位矢，并求出其大小和方向.

【解】 这里关键点为，兔子位置的 x 和 y 坐标式 (1-4) 和式 (1-5) 正是它的位矢 $\boldsymbol{r}$ 的标量分量. 于是可写出

$$\boldsymbol{r}(t) = x(t)\boldsymbol{i} + y(t)\boldsymbol{j} \qquad (1-6)$$

(我们写 $\boldsymbol{r}(t)$ 而不写 $\boldsymbol{r}$，原因在于其分量是 t 的函数，因此 $\boldsymbol{r}$ 也为 t 的函数)

在 $t=15$s 时，标量分量为

$$x = [(-0.31)(15)^2 + (7.2)(15) + 28]\text{m} = 66\text{m}$$

$$y = (0.22)(15)^2\text{m} - (9.1)(15)\text{m} + 30\text{m} = -57\text{m}$$

所以，在 $t=15$s 时，有图 1-4a

$$\boldsymbol{r} = (66\text{m})\boldsymbol{i} - (57\text{m})\boldsymbol{j}$$

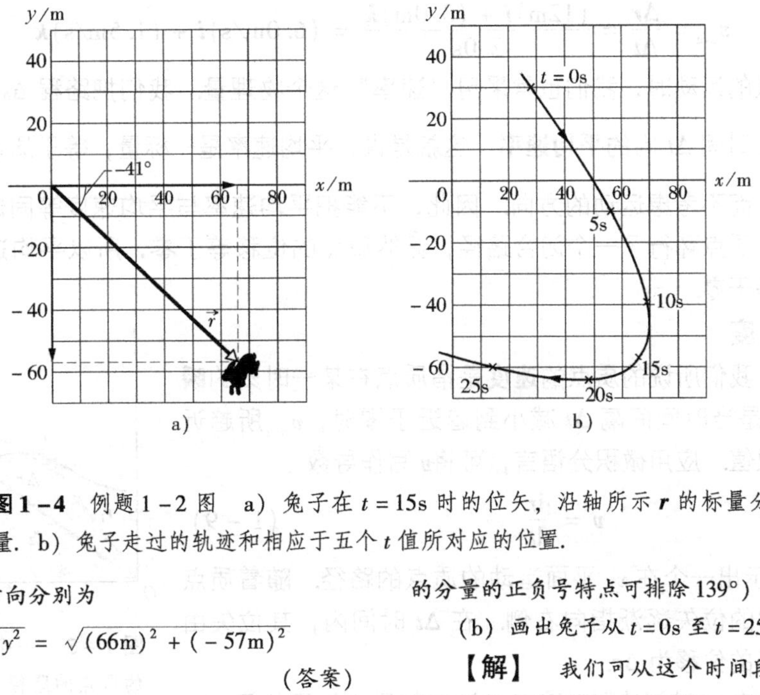

图 1-4 例题 1-2 图　a) 兔子在 $t=15$s 时的位矢，沿轴所示 $\boldsymbol{r}$ 的标量分量. b) 兔子走过的轨迹和相应于五个 t 值所对应的位置.

$\boldsymbol{r}$ 的大小和方向分别为

$$r = \sqrt{x^2+y^2} = \sqrt{(66\text{m})^2 + (-57\text{m})^2} = 87\text{m} \qquad \text{(答案)}$$

与

$$\theta = \arctan\frac{y}{x} = \arctan\left(\frac{-57\text{m}}{66\text{m}}\right) = -41° \qquad \text{(答案)}$$

(虽然 $\theta=139°$ 与 $-41°$ 对应相同正切值，不过根据 $\boldsymbol{r}$ 的分量的正负号特点可排除 139°)

(b) 画出兔子从 $t=0$s 至 $t=25$s 之间的路径.

【解】 我们可从这个时间段中找几个特定时刻，重复以上 (a) 中的步骤，然后按其结果画图. 图 1-4b 所示即为将五个 t 值所得结果连接画出的路径.

1-3　速度

在研究质点的运动时，不但要知道质点在任一时刻的位置，还要知道质点在每一时刻的运动方向和运动的快慢程度，也就是要知道它的速度. 只有当质点的位矢和速度同时被确定时，其运动状态才被确定. 所以，位矢和速度是描述质点运动状态的两个物理量.

1. 平均速度

如果一个质点在 Δt 时间间隔内移动过位移 $\Delta \boldsymbol{r}$，则它的**平均速度**$\boldsymbol{v}_{avg}$为

$$\text{平均速度} = \frac{\text{位移}}{\text{时间间隔}}$$

或

$$\boldsymbol{v}_{avg} = \frac{\Delta \boldsymbol{r}}{\Delta t} \tag{1-7}$$

由此可知，$\boldsymbol{v}_{avg}$（式（1-7）左边的矢量）的方向一定与位移 $\Delta \boldsymbol{r}$（右边的矢量）的方向相同. 利用式（1-3c），可将式（1-7）写为矢量分量的形式

$$\boldsymbol{v}_{avg} = \frac{\Delta x\boldsymbol{i} + \Delta y\boldsymbol{j} + \Delta z\boldsymbol{k}}{\Delta t} = \frac{\Delta x}{\Delta t}\boldsymbol{i} + \frac{\Delta y}{\Delta t}\boldsymbol{j} + \frac{\Delta z}{\Delta t}\boldsymbol{k} \tag{1-8}$$

例如，若例题 1-1 中的质点在 2.0s 时间内从初位置运动到末位置，则它在此时间内的平均速度为

$$\boldsymbol{v}_{avg} = \frac{\Delta \boldsymbol{r}}{\Delta t} = \frac{(12\text{m})\boldsymbol{i} + (3.0\text{m})\boldsymbol{k}}{2.0\text{s}} = (6.0\text{m/s})\boldsymbol{i} + (1.5\text{m/s})\boldsymbol{k}$$

在描述质点的运动时，我们也常采用“速率”这个物理量. 我们把路程 Δs 与时间 Δt 的比值$\frac{\Delta s}{\Delta t}$称为质点在时间 Δt 内的**平均速率**. 这就是说，平均速率是一标量，等于质点在单位时间内所通过的路程，而不考虑运动的方向. 因此，不能把平均速率与平均速度等同起来. 例如，在某一段时间内，质点环行了一个闭合路径，显然质点的位移等于零，所以平均速度也为零，而平均速率却不等于零.

2. 瞬时速度

一般来讲，我们所说的质点的**速度**是指质点在某一时刻的**瞬时速度**$\boldsymbol{v}$，也就是当时间间隔 Δt 减小到趋近于零时，$\boldsymbol{v}_{avg}$所趋近的该瞬时的极限值. 应用微积分语言，可将$\boldsymbol{v}$ 写作导数

$$\boldsymbol{v} = \frac{\mathrm{d}\boldsymbol{r}}{\mathrm{d}t} \tag{1-9}$$

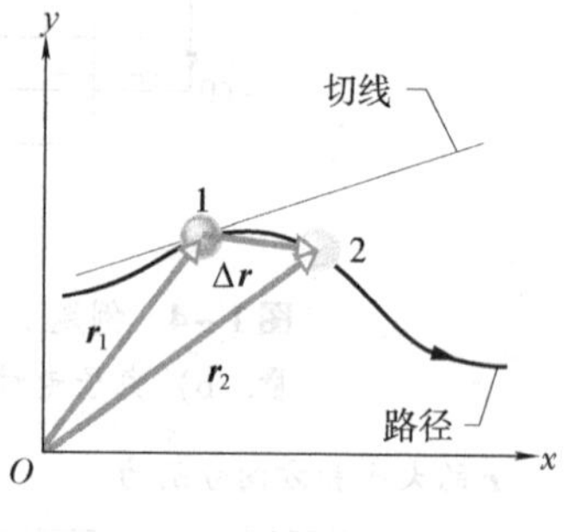

图 1-5 一个在 xy 平面运动的质点的路径.

图 1-5 表示出一个在 xy 平面运动的质点的路径. 随着质点沿曲线右移，它的位矢逐渐指向右侧. 在 Δt 时间内，其位矢由 $\boldsymbol{r}_1$ 变到 $\boldsymbol{r}_2$，质点的位移为 $\Delta \boldsymbol{r}$.

为求出质点在 t_1 时刻的瞬时速度（该时刻质点位于位置 1），我们将 Δt 在 t_1 附近缩小到趋近于零. 这样做会产生三个结果：（1）图 1-5 中位矢 $\boldsymbol{r}_2$ 移向 $\boldsymbol{r}_1$ 而使 $\Delta \boldsymbol{r}$ 缩小到趋近于零；（2）$\frac{\Delta \boldsymbol{r}}{\Delta t}$（即$\boldsymbol{v}_{avg}$）的方向趋于质点路径在位置 1 处的切线方向；（3）平均速度$\boldsymbol{v}_{avg}$趋近于 t_1 时刻的瞬时速度$\boldsymbol{v}$.

在 $\Delta t \to 0$ 时，得到$\boldsymbol{v}_{avg} \to \boldsymbol{v}$，而其中最重要的是$\boldsymbol{v}_{avg}$指向切线方向. 因此，$\boldsymbol{v}$ 也沿该方向.

质点的瞬时速度$\boldsymbol{v}$ 的方向总是在质点所在位置处与质点的路径相切.

三维情况中结果也是如此，即$\boldsymbol{v}$ 总是与质点的路径相切.
为将式（1-9）以单位矢量表示法表示，可将式（1-1）代入 $\boldsymbol{r}$，即有

$$\boldsymbol{v}=\frac{\mathrm{d}}{\mathrm{d}t}(x\boldsymbol{i}+y\boldsymbol{j}+z\boldsymbol{k})=\frac{\mathrm{d}x}{\mathrm{d}t}\boldsymbol{i}+\frac{\mathrm{d}y}{\mathrm{d}t}\boldsymbol{j}+\frac{\mathrm{d}z}{\mathrm{d}t}\boldsymbol{k}$$

此式可简化表示为

$$\boldsymbol{v}=v_x\boldsymbol{i}+v_y\boldsymbol{j}+v_z\boldsymbol{k} \tag{1-10}$$

其中$\boldsymbol{v}$ 的**标量分量**为

$$v_x=\frac{\mathrm{d}x}{\mathrm{d}t},v_y=\frac{\mathrm{d}y}{\mathrm{d}t}\text{和}v_z=\frac{\mathrm{d}z}{\mathrm{d}t} \tag{1-11}$$

比如，$\mathrm{d}x/\mathrm{d}t$ 为$\boldsymbol{v}$ 沿 x 轴的标量分量. 所以说，我们可由微分 $\boldsymbol{r}$ 的标量分量求得$\boldsymbol{v}$ 的标量分量.

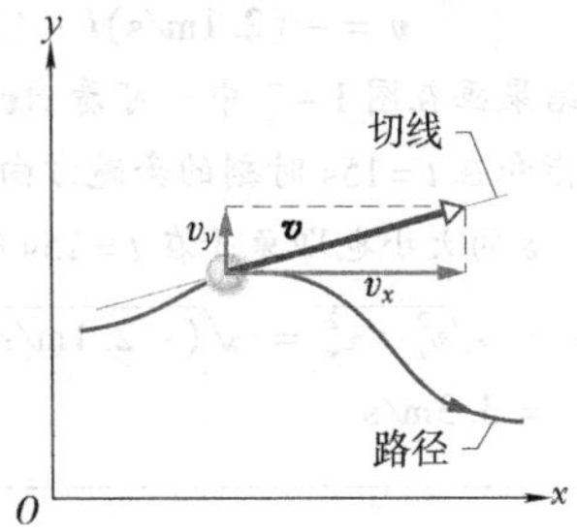

图 1-6　质点的速度$\boldsymbol{v}$ 及$\boldsymbol{v}$ 的标量分量.

图 1-6 显示出速度矢量$\boldsymbol{v}$ 与它在 x 与 y 方向的标量分量. 注意：$\boldsymbol{v}$ 与质点所在处的质点的路径相切.

通常把瞬时速度$\boldsymbol{v}$ 的值称为瞬时速率，以 v 表示，于是有

$$v=|\boldsymbol{v}|=\left|\frac{\mathrm{d}\boldsymbol{r}}{\mathrm{d}t}\right|=\lim_{\Delta t\to 0}\frac{|\Delta\boldsymbol{r}|}{\Delta t} \tag{1-12}$$

用 Δs 表示在 Δt 时间内质点沿轨道所通过的路程，当 $\Delta t\to 0$ 时，$|\Delta\boldsymbol{r}|$和 Δs 趋于相同，就可得到

$$v=\lim_{\Delta t\to 0}\frac{|\Delta\boldsymbol{r}|}{\Delta t}=\lim_{\Delta t\to 0}\frac{|\Delta s|}{\Delta t}=\frac{\mathrm{d}s}{\mathrm{d}t} \tag{1-13}$$

质点的瞬时速度$\boldsymbol{v}$ 的大小叫瞬时速率，瞬时速率又等于质点所通过的路程对时间的变化率.

速率是速度的大小，即在描述上或代数符号上都没指出方向的速度. +5m/s 和 -5m/s 的速度所对应的速率均为 5m/s. 汽车上的速度计测不出方向，所以它显示的是速率，而非速度.

在国际单位制，即 SI（参看 2-2 节）中，速度的单位是 m/s.

例题 1-3

对例题 1-2 中的兔子，以单位矢量表示它在 $t=15\mathrm{s}$ 时刻的速度$\boldsymbol{v}$，并求其大小和角度.

【解】　这里有两个**关键点**：(1) 可先求兔子的速度分量，再求速度$\boldsymbol{v}$；(2) 通过对兔子的位矢的分量求导，从而求出相应的速度分量. 将式 (1-4) 代入式 (1-11) 中第一式，求出$\boldsymbol{v}$ 的 x 分量为

$$v_x=\frac{\mathrm{d}x}{\mathrm{d}t}=\frac{\mathrm{d}}{\mathrm{d}t}(-0.31t^2+7.2t+28)$$
$$=-0.62t+7.2 \tag{1-14}$$

令 $t=15\mathrm{s}$，得到 $v_x=-2.1\mathrm{m/s}$. 同理，将式 (1-5) 代入式 (1-11) 的第二式，求出$\boldsymbol{v}$ 的 y 分量为

$$v_y=\frac{\mathrm{d}y}{\mathrm{d}t}=\frac{\mathrm{d}}{\mathrm{d}t}(0.22t^2-9.1t+30)$$
$$=0.44t-9.1 \tag{1-15}$$

令 $t=15\mathrm{s}$，得到 $v_y=-2.5\mathrm{m/s}$. 代入式 (1-10) 得

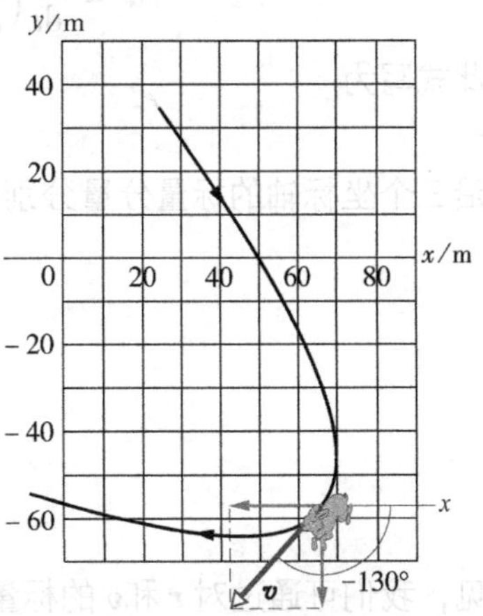

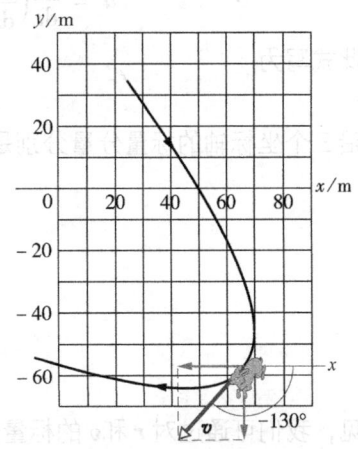

图 1-7　例题 1-3 图　兔子在 $t=15\mathrm{s}$ 的速度$\boldsymbol{v}$ 及其标量分量，可见速度矢量与该瞬时质点所在位置的路径相切. $\boldsymbol{v}$ 的标量分量示于图中.

$$\boldsymbol{v} = -(2.1\text{m/s})\boldsymbol{i} - (2.5\text{m/s})\boldsymbol{j} \quad \text{(答案)}$$

此结果画在图 1-7 中. 可看出$\boldsymbol{v}$与兔子的路径相切，且指向在 $t = 15\text{s}$ 时刻的奔跑方向.

$\boldsymbol{v}$的大小也即兔子在 $t = 15\text{s}$ 时刻的速率为

$$v = \sqrt{v_x^2 + v_y^2} = \sqrt{(-2.1\text{m/s})^2 + (-2.5\text{m/s})^2} = 3.3\text{m/s} \quad \text{(答案)}$$

方向为

$$\theta = \arctan\frac{v_y}{v_x} = \arctan\left(\frac{-2.5\text{m/s}}{2.1\text{m/s}}\right) = \arctan 1.19 = -130° \quad \text{(答案)}$$

（虽然，50°的正切值与此相同，但从速度分量的正负号可看出欲求角在第三象限，因而 50° - 180° = -130°）

1-4　加速度

从上节知道，作为描述质点运动状态的物理量，速度是一个矢量. 这就是说，不论速度的大小或方向中任一个有改变或二者均变，都意味着速度发生了变化. 为衡量速度的变化，需要引出加速度的概念.

当质点在 Δt 时间内，速度从$\boldsymbol{v}_1$改变到$\boldsymbol{v}_2$时，它在这段时间间隔内的**平均加速度** $\boldsymbol{a}_{\text{avg}}$为

$$\boldsymbol{a}_{\text{avg}} = \frac{\boldsymbol{v}_2 - \boldsymbol{v}_1}{\Delta t} = \frac{\Delta \boldsymbol{v}}{\Delta t} \tag{1-16}$$

如果将对于某一瞬时的 Δt 减小到趋近于零，则 $\boldsymbol{a}_{\text{avg}}$趋近的极限就是该时刻的**瞬时加速度**（或**加速度**）$\boldsymbol{a}$，即

$$\boldsymbol{a} = \frac{\mathrm{d}\boldsymbol{v}}{\mathrm{d}t} \tag{1-17}$$

如果速度的大小或方向中**任一个改变或二者均变**，质点就一定有加速度.

结合式（1-10）和式（1-11），可用单位矢量将式（1-17）表示为

$$\boldsymbol{a} = \frac{\mathrm{d}}{\mathrm{d}t}(v_x\boldsymbol{i} + v_y\boldsymbol{j} + v_z\boldsymbol{k}) = \frac{\mathrm{d}v_x}{\mathrm{d}t}\boldsymbol{i} + \frac{\mathrm{d}v_y}{\mathrm{d}t}\boldsymbol{j} + \frac{\mathrm{d}v_z}{\mathrm{d}t}\boldsymbol{k}$$

或

$$\boldsymbol{a} = \frac{\mathrm{d}}{\mathrm{d}t}\left(\frac{\mathrm{d}\boldsymbol{r}}{\mathrm{d}t}\right) = \frac{\mathrm{d}^2\boldsymbol{r}}{\mathrm{d}t^2} = \frac{\mathrm{d}^2x}{\mathrm{d}t^2}\boldsymbol{i} + \frac{\mathrm{d}^2y}{\mathrm{d}t^2}\boldsymbol{j} + \frac{\mathrm{d}^2z}{\mathrm{d}t^2}\boldsymbol{k} \tag{1-18}$$

还可将此式写为

$$\boldsymbol{a} = a_x\boldsymbol{i} + a_y\boldsymbol{j} + a_z\boldsymbol{k} \tag{1-19}$$

加速度沿三个坐标轴的标量分量分别是

$$\left.\begin{aligned} a_x &= \frac{\mathrm{d}v_x}{\mathrm{d}t} = \frac{\mathrm{d}^2x}{\mathrm{d}t^2} \\ a_y &= \frac{\mathrm{d}v_y}{\mathrm{d}t} = \frac{\mathrm{d}^2y}{\mathrm{d}t^2} \\ a_z &= \frac{\mathrm{d}v_z}{\mathrm{d}t} = \frac{\mathrm{d}^2z}{\mathrm{d}t^2} \end{aligned}\right\} \tag{1-20}$$

由此可见，我们可通过对 $\boldsymbol{r}$ 和$\boldsymbol{v}$ 的标量分量求微分，求出 $\boldsymbol{a}$ 的标量分量. 这些分量与加速度的大小的关系是

$$a = \sqrt{a_x^2 + a_y^2 + a_z^2} \tag{1-21}$$

加速度的方向并不与速度方向相同，即加速度方向不沿轨道曲线的切线方向，而沿 $\Delta\boldsymbol{v}$ 的极限方向. 因为 $\Delta\boldsymbol{v}$ 总是指向轨道曲线凹的一侧（当 Δt 足够小时），所以加速度 $\boldsymbol{a}$ 总是指向轨道曲线凹

的一侧.

图 1-8 显示出在二维空间运动的某一质点的加速度矢量 $\boldsymbol{a}$ 及其标量分量. **注意**: 要想像图 1-8 中所示那样，画一加速度矢量，**并非**简单地从一点延伸到另一点，而应将箭矢的尾画在质点所在位置，其箭头所指方向表明该瞬时加速度的方向，其长度（代表加速度的大小）以任一比例画出即可.

加速度的 SI 单位为米每二次方秒，符号为 m/s^2.

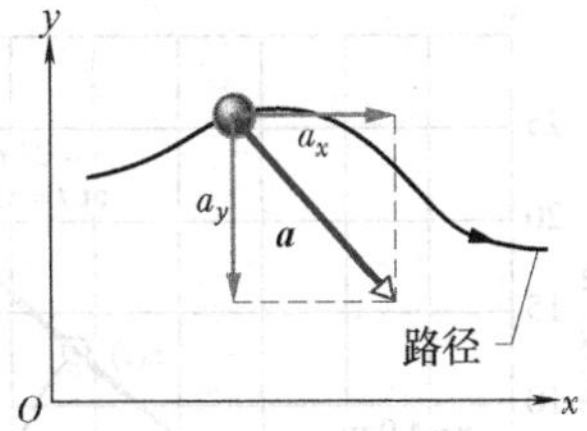

图 1-8 质点的加速度 $\boldsymbol{a}$ 及其标量分量.

例题 1-4

对例题 1-2 和 1-3 中的兔子，以单位矢量表示它在 $t=15s$ 时刻的加速度 $\boldsymbol{a}$，并求其大小及方向.

【解】 这有两个**关键点**: (1) 先求兔子的加速度的分量，再求加速度 $\boldsymbol{a}$; (2) 通过对兔子的速度分量求导，从而求出相应的加速度分量. 将式 (1-14) 代入式 (1-20) 中第一式，求出 $\boldsymbol{a}$ 的 x 分量为

$$a_x = \frac{dv_x}{dt} = \frac{d}{dt}(-0.62t + 7.2) = -0.62m/s^2$$

同理，将式 (1-15) 代入式 (1-20) 中的第二式，求出 y 分量为

$$a_y = \frac{dv_y}{dt} = \frac{d}{dt}(0.44t - 9.1) = 0.44m/s^2$$

我们看到，加速度两分量表达式中均不含时间变量 t，说明此题中加速度不随时间发生变化（它是一个恒量）. 于是，由式 (1-19) 可得到

$$\boldsymbol{a} = (-0.62m/s^2)\boldsymbol{i} + (0.44m/s^2)\boldsymbol{j} \quad \text{(答案)}$$

将加速度结果叠加到兔子的路径上的情形如图 1-9 所示.

求 $\boldsymbol{a}$ 的大小为

$$a = \sqrt{a_x^2 + a_y^2} = \sqrt{(-0.62m/s^2)^2 + (0.44m/s^2)^2} = 0.76m/s^2 \quad \text{(答案)}$$

其角度（方向）为

$$\theta = \arctan\frac{a_y}{a_x} = \arctan\left(\frac{0.44m/s^2}{-0.62m/s^2}\right) = -35°$$

上面最后这项结果表示 $\boldsymbol{a}$ 在图 1-9 中指向右偏下的方向，然而我们从上面计算出的加速度分量关系知，$\boldsymbol{a}$ 应指向左侧偏上的方向. 所以，还应求出另一与 $-35°$ 具有相同正切值的角度. 为此在原角上加 180°，即

$$-35° + 180° = 145° \quad \text{(答案)}$$

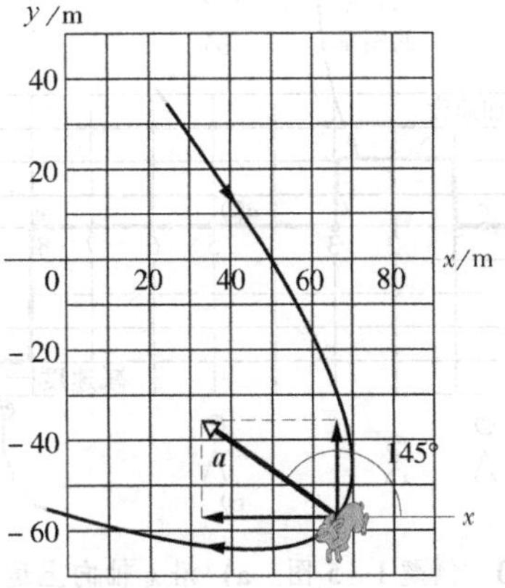

图 1-9 例题 1-4 图 兔子在 $t=15s$ 的加速度 $\boldsymbol{a}$.

这样就与 $\boldsymbol{a}$ 的分量一致了. 正如我们曾在前面提到的，此问题中的加速度为恒量，因此在兔子奔跑的整个过程中，$\boldsymbol{a}$ 都保持大小与方向不变.

例题 1-5

图 1-10a 表示的是一个电梯的 $x(t)$ 曲线. 它最初静止，然后向上运动（取此方向为 x 正方向），后又停下. 请画出 v 作为时间函数的 $v(t)$ 曲线和 $a(t)$ 曲线.

【解】 这里**关键点**是，我们可从 $x(t)$ 曲线上各点的斜率求出相应各时刻的速度.

由于图中 0～1s 和 9s 之后两时间段所对应 $x(t)$ 曲线的斜率（也就是速度）均为零，故知在这两段时间中电梯静止. 而 bc 段的斜率是常量且非零，因此在此过程中电梯匀速运动. 可计算 $x(t)$ 的斜率

$$\frac{\Delta x}{\Delta t} = v = \frac{24m - 4.0m}{8.0s - 3.0s} = +4.0m/s$$

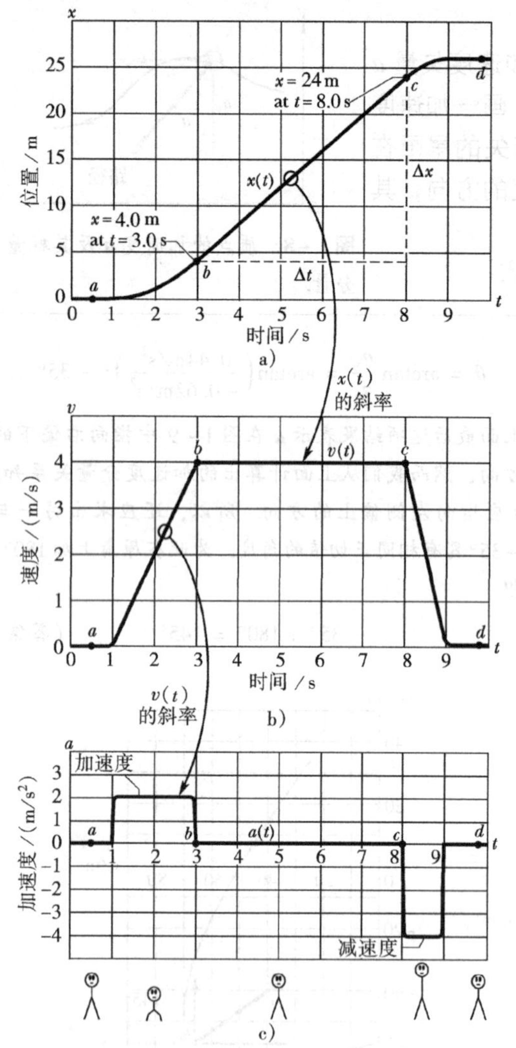

图1-10　例题1-5图　a) 沿 x 轴向上运动的电梯的 $x(t)$ 曲线；b) 电梯的 $v(t)$ 曲线. 注意它正是 $x(t)$ 曲线的导数；c) 电梯的 $a(t)$ 曲线，是 $v(t)$ 曲线的导数. 下方的示意图表示乘客在电梯加速时的感受.

正号表示电梯沿 x 正向运动. 相应上述时间间隔(其中 $v=0$ 和 $v=4\text{m/s}$) 的 $v(t)$ 曲线画在图1-10b中. 另外，随着电梯由静止到运动，后又减速到停止，在1~3s和8~9s之间 v 的变化如图1-10a所示. 因此，图1-10b就是所求的 $v(t)$ 曲线.

给定如图1-10b这样的 $v(t)$ 曲线，我们还能反推出相应的 $x(t)$ 曲线的形状（见图1-10a）. 然而，因 $v(t)$ 曲线只能反映 x 的变化，所以无法确定不同时刻 x 的实际值. 要想求出任一时间段内 x 的变化量，必须用微积分语言计算出该时间间隔内在 $v(t)$ “曲线下”的面积. 以3~8s时段为例，在这段时间，电梯速度保持4.0m/s；x 的变化量为

$$\Delta x = (4.0\text{m/s})\ (8.0\text{s}-3.0\text{s}) = +20\text{m}$$

（因为相应 $v(t)$ 曲线在 t 轴上方，所以这部分面积为正值）. 图1-10a显示出在那段时间中 x 的确增加了20m. 不过，图1-10b未告诉我们这段时间中初、末两时刻的 x 值. 要想求出它们还需更多的信息，诸如某给定时刻 x 的值.

同理可如图1-10c画出了电梯的加速度曲线. 将 $a(t)$ 曲线与 $v(t)$ 曲线作比较可看出，$a(t)$ 曲线上的各点给出相应时刻 $v(t)$ 曲线的导数（斜率），当 v 为恒量时（恒为0或为4m/s），导数为零从而加速度也为零. 当电梯最初开始移动时，相应 $v(t)$ 曲线导数为正（斜率是正的），这表明 $a(t)$ 是正的；而当电梯减速直到最终静止时，$v(t)$ 曲线的导数和斜率是负的，即 $a(t)$ 为负的.

接下来比较两个加速区域 $v(t)$ 曲线的斜率. 由于电梯减速过程所需时间仅为提速过程的一半，因此，与电梯减速过程相对应的斜率（常称为减速度）更陡些，这个更陡的斜率表示减速度的量值大于加速度的量值，正如图1-10c所显示那样.

图1-10下方的示意图显示出人在电梯间的感受. 在电梯最初加速时，人会感觉被向下推压；而当后来电梯制动要停时，人又似乎被向上提拉. 在这两个过程之间，则没有什么特别的感受. 这就是说，人的身体对加速度有反应（是个加速仪），但对速度没感觉（不是速率仪）. 当人在以90km/h速度行驶的汽车中，或900km/h航行的飞机中时，人的身体不会对运动有什么特别的感觉. 假如这辆汽车或飞机快速变换速度，人就会明显地觉察到这种变化，甚至也许会被吓一跳. 一些公园娱乐项目中会让人产生兴奋激动的原因，部分就来自人所经历的速度的迅速变化（付费娱乐是为加速度，而不是为速度）. 图1-11中显示一个更明显的例子，照片拍摄于火箭车沿轨道发射迅速加速和快速制动停止这两个特别过程.

有时，人们将很大的加速度以 g 为单位表示

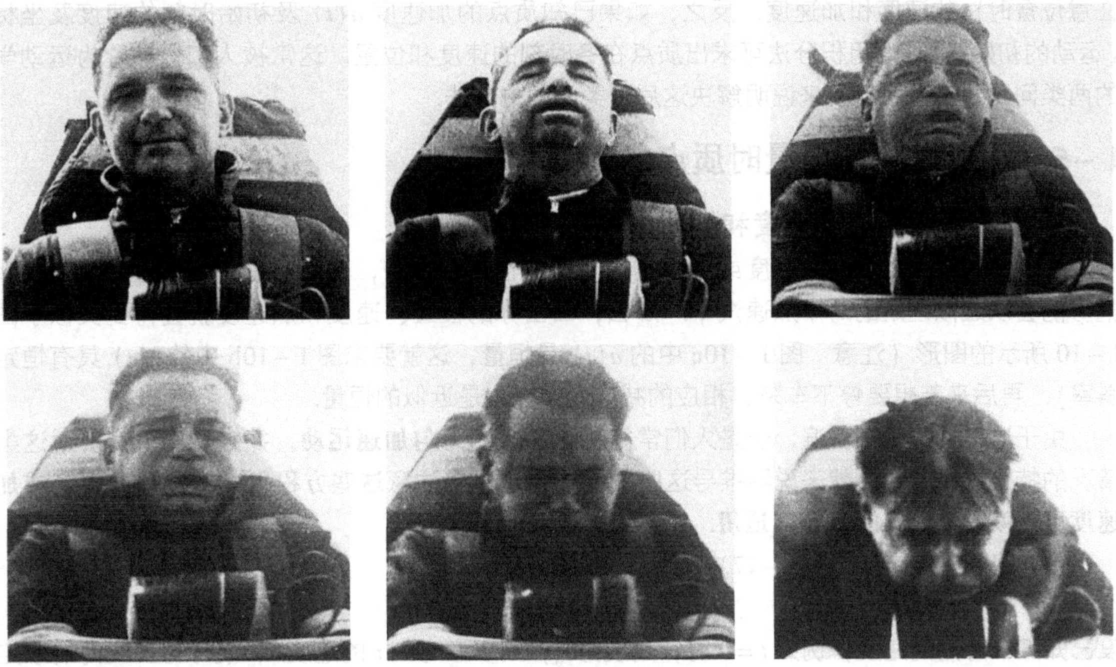

图 1-11 J. P. Stapp 上校乘火箭车发射（加速度向页面外）和迅速制动（加速度向页面内）时的几幅照片.

$$1g = 9.8\text{m/s}^2 \tag{1-22}$$

（像 1-5 节将要讨论的，g 是靠近地球表面的自由下落物体的加速度.）在过山车上你可以亲身体验短时间加速度达 $3g$（约 29m/s^2）时的那种感觉.

解题线索

线索 1：加速度的符号

一般来说，加速度的符号具有一种非科学的意义：正加速度指物体的速度在增大，而负加速度则指速度在减小（物体在减速）. 然而，在本书中加速度符号却只表示一个方向，并不表示物体速度是否增大或减小.

例如，若初速 $v = -25\text{m/s}$ 的一汽车，在 5s 内刹车停下，相应加速度为 $a_{avg} = +5.0\text{m/s}^2$. 此处加速度是正的，而汽车速度却减少，原因在于符号不同：加速度的方向与速度方向相反. 下面是理解符号的正确方法：

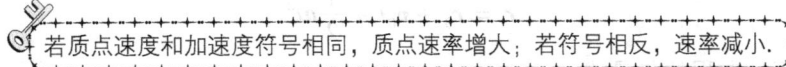

若质点速度和加速度符号相同，质点速率增大；若符号相反，速率减小.

线索 2：读图

图 1-10 中几个图应能很容易地读懂. 各图中水平轴的变量为时间 t，向右为时间增大的方向. 而竖直轴的变量分别代表运动质点相对于原点的位置 x，速度 $\boldsymbol{v}$ 和加速度 $\boldsymbol{a}$，它们的正方向向上. 还应注意其中表示变量的单位（s 或 min；m 或 km）.

检查点 2：一只袋鼠沿 x 轴跑动，其加速度符号在如下情形各为何：(a) 沿 x 正方向运动，速率增加；(b) 沿 x 正方向运动，速率减少；(c) 沿 x 负方向运动，速率增加；和 (d) 沿 x 负方向运动，速率减少.

由以上几例可看出，如果知道质点的运动方程，用微分法可求出质点在任何时刻（或经过任意位置时）的速度和加速度．反之，如果已知质点的加速度 $a(t)$ 及初始时刻的速度及坐标（运动的初始条件），用积分法可求出质点在各时刻的速度和位置．这常被人们概括称为运动学的两类问题．下面我们就来说明解决这后一类问题的方法．

1-5　加速度为恒矢量时质点的运动

1. 加速度恒定时的速度和运动方程

在许多运动类型中，加速度或者恒定或者近似恒定．例如，当交通指示灯由红变绿时，我们可能会以近似恒定的时率加速汽车．那么，画出你的位置、速度和加速度就会得到类似于图 1-10 所示的图形（注意：图 1-10c 中的 $a(t)$ 是恒量，这就要求图 1-10b 中的 $v(t)$ 具有恒定斜率）．再后来若想要停下车来，相应的减速度或许也是近似的恒量．

由于这样的情况很普遍，于是人们常简称这种运动为**匀加速运动**，并推导出一套针对这类情况的特定方程．下面就来说明推导这些方程的方法．应注意**这些方程仅对恒定加速度（或加速度可近似看作恒定的情形）适用**．

首先将加速度定义式（1-17）改写作

$$\mathrm{d}\boldsymbol{v} = \boldsymbol{a}\mathrm{d}t$$

设已知某一时刻的速度，例如 $t=0$ 时，速度为 $\boldsymbol{v}_0$，则任意时刻 t 的速度 $\boldsymbol{v}$，就可对上式两端取定积分求出：

$$\int_{\boldsymbol{v}_0}^{\boldsymbol{v}}\mathrm{d}\boldsymbol{v} = \int_0^t \boldsymbol{a}\mathrm{d}t$$

利用 $\boldsymbol{a}$ 为恒矢量的条件，可得

$$\boldsymbol{v} = \boldsymbol{v}_0 + \boldsymbol{a}t \tag{1-23}$$

这就是匀加速运动中速度随时间变化的关系．

接下来，再将速度的定义式（1-9）改写为

$$\mathrm{d}\boldsymbol{r} = \boldsymbol{v}\,\mathrm{d}t$$

将式（1-23）代入上式，得

$$\mathrm{d}\boldsymbol{r} = (\boldsymbol{v}_0 + \boldsymbol{a}t)\mathrm{d}t$$

设某一时刻，例如 $t=0$ 时，位矢为 $\boldsymbol{r}_0$，则任意时刻 t 的位矢 $\boldsymbol{r}$ 可由积分求得，即

$$\int_{\boldsymbol{r}_0}^{\boldsymbol{r}}\mathrm{d}\boldsymbol{r} = \int_0^t (\boldsymbol{v}_0 + \boldsymbol{a}t)\mathrm{d}t$$

$$\boldsymbol{r} = \boldsymbol{r}_0 + \boldsymbol{v}_0 t + \frac{1}{2}\boldsymbol{a}t^2 \tag{1-24}$$

这就是匀加速运动方程的矢量式．

在实际问题中，常应用的是式（1-23）和式（1-24）的分量式，在直角坐标系中它们分别是

$$\left.\begin{aligned} v_x &= v_{0x} + a_x t \\ v_y &= v_{0y} + a_y t \\ v_z &= v_{0z} + a_z t \end{aligned}\right\} \tag{1-25}$$

和

$$\left.\begin{aligned} x &= x_0 + v_{0x}t + \frac{1}{2}a_x t^2 \\ y &= y_0 + v_{0y}t + \frac{1}{2}a_y t^2 \\ z &= z_0 + v_{0z}t + \frac{1}{2}a_z t^2 \end{aligned}\right\} \qquad (1-26)$$

注意到这两组公式给出了质点匀加速运动中沿三个坐标轴方向的分运动关系，可知其中各物理量都是代数值，当它们的方向与坐标轴正方向相同时，为正值；相反，则为负值.

2. 匀加速直线运动

匀加速直线运动，即质点沿一条直线的匀加速运动，是一维运动. 当质点作匀加速直线运动时，如果取其运动轨道与 x 轴重合，则质点的位矢和速度只有 x 轴的分量，可分别用式（1-25）的第一式和式（1-26）的第一式表示. 这样，去掉下标 x 可写成

$$v = v_0 + at \qquad (1-27)$$

$$x = x_0 + v_0 t + \frac{1}{2}at^2 \qquad (1-28)$$

从这两式消去 t 可得速度随位置变化的关系：

$$v^2 = v_0^2 + 2a(x - x_0) \qquad (1-29)$$

以上三式都是在中学物理课中讨论过的公式.

匀加速直线运动中最常见的是**自由落体运动**. 当向上或向下抛出一个物体时，如果能用某种方法消除空气阻力对运动的影响，就会发现该物体在以恒定的加速度竖直下落. 这种运动就是自由落体运动，这个加速度就叫做**自由落体加速度**或**重力加速度**，用 $\boldsymbol{g}$ 表示，它与物体的特性，如质量、密度或形状无关，它对所有物体都相同.

图 1-12 给出了自由落体加速度的两个例子，它们是羽毛和苹果的一系列频闪照片. 随着它们的落下，二者均以相同的加速度 $\boldsymbol{g}$ 向下加速. 它们的速率一起增大.

$\boldsymbol{g}$ 的值随着纬度和海拔高度而有微小变化. 在地球赤道附近的海平面，$\boldsymbol{g}$ 的值为 9.8m/s^2（或 32ft/s^2），这也就是解本章习题时应取的值.

前面给出的关于恒定加速度的公式也可应用于地球表面附近的自由落体运动，即当空气阻力的影响可忽略时，这些公式可用于竖直向上或向下运动的物体. 不过，对自由落体应注意：①其运动方向是沿竖直向上为正的 y 轴而非 x 轴（这点对后面的章节很重要，那时我们要考察的是水平和竖直两方向的合成运动）；②此处自由落体加速度是负的——即沿 y 轴向下，指向地心——因此，在公式中加速度值为 $-g$.

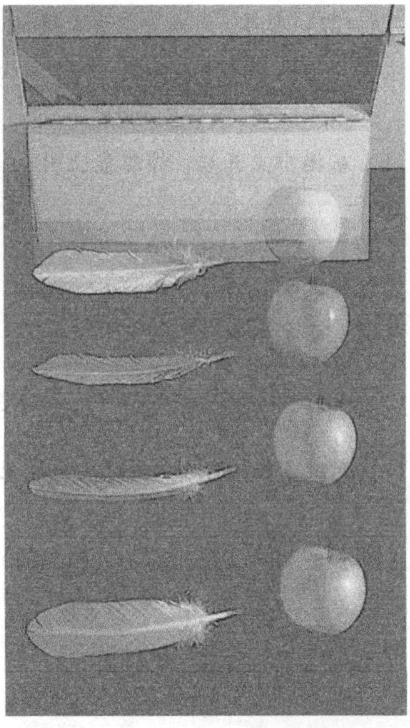

图 1-12　真空中，以相同大小的加速度 g 自由下落的羽毛和苹果的照片. 如果没有空气，羽毛和苹果在相同的时间内下落相同的距离.

地球表面附近的加速度是 $a=-g=-9.8\text{m/s}^2$，而加速度的量值是 $g=9.8\text{m/s}^2$. 不要将 g 以 -9.8m/s^2 来代替.

假如以初速度 $\boldsymbol{v}_0$（正值）竖直向上抛出一个番茄，然后待它落回到抛出点时再接住. 在它作**自由落体运动的过程**中（从刚一抛出到接住之前的瞬间），上面三式就适用于整个运动. 加速度总是 $a=-g=-9.8\text{m/s}^2$（负号表示方向向下）. 然而，速度却如式（1－27）和式（1－29）所表明的在不断改变：上升过程中速度为正，量值逐渐减小，直至瞬间为零. 由于这时番茄停止，它就达到了它的最大高度. 下降过程，速度为负，量值逐渐增大.

例题 1－6

如图 1－13 所示，一投手沿 y 轴向上以初速度 12m/s 投出一个棒球.

（a）棒球达到最高点需要多长时间？

【解】 这里**关键**点是，从球刚一离开投手到返回接住之前的整个过程球的加速度都是自由落体加速度 $a=-g$. 这是一个恒量，上面式（1－27）至式（1－29）三式适用. 第二个**关键**点是，当球达到最大高度时，它的速度必为零. 这就是说，已知 v、a 和初速度 $v_0=12\text{m/s}$，求 t，只要解包含这四个变量的式（1－27）即可. 重新整理该式得

$$t=\frac{v-v_0}{a}=\frac{0-12\text{m/s}}{-9.8\text{m/s}^2}=1.2\text{s}$$

（b）从抛出点开始，棒球能上升的最大高度是多少？

【解】 将球的抛出点取作 $y_0=0$，并以符号 y 写出式（1－29），令 $y-y_0=y$ 和 $v=0$（最大高度处）求解 y 可得

$$y=\frac{v^2-{v_0}^2}{2a}=\frac{0-(12\text{m/s})^2}{2(-9.8\text{m/s}^2)}=7.3\text{m}$$

（c）问经多长时间球会到达抛出点上方 5.0m 高处？

【解】 欲求 t，可选用式（1－28）. 将其用 y 表示，有

$$y=v_0t-\frac{1}{2}gt^2$$

代入已知数据经整理，可将此式重写为

$$4.9t^2-12t+5.0=0$$

解这个二次方程求出 t

$$t=0.53\text{s} \quad 和 \quad t=1.9\text{s}$$

结果有两个时间！这实际上并不奇怪，因为球确实会两次经过 $y=5.0\text{m}$ 处，一次是在向上运动时，一次是向下运动时.

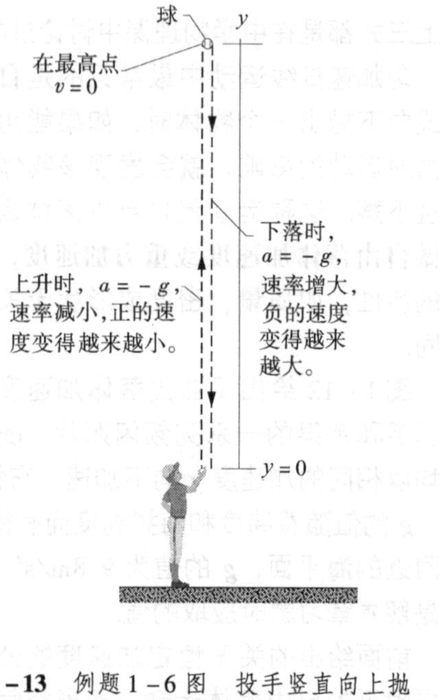

图 1－13 例题 1－6 图 投手竖直向上抛出一棒球. 当空气影响可忽略时，自由下落公式对上升与下降物体均适用.

检查点 3：（a）上例中，球上升时从抛点到最高点位移的符号为何？（b）球下降时，由最高点回到抛点的位移符号又为何？（c）球在最高点时的加速度是多少？

解题线索

线索3：负号的意义

了解物理量出现负号的含义是很重要的．以这个自由落体问题为例，我们首先建立了一个竖直轴（y轴）且随意地选定了向上为正方向．

接着，又根据具体问题选取了y轴的原点（即$y=0$的位置）．在例题中，原点选在投球者的手处．因此y为负值，就表示物体位于所选原点之下方；负速度则表示沿y轴负向（即向下）运动．无论物体位于何处，这一点都是正确的．

在所有涉及自由落体的问题中，我们都将加速度取为负值（$-9.8\mathrm{m/s}$）．负加速度意味着随时间的推移，物体的速度变为更小的正值或更大的负值．无论物体位于何处，也不管它运动有多快或沿哪一方向运动，这一点都是正确的．在上例中，球的加速度在整个运动过程中（不论向上或向下）均为负的（向下）．

线索4：意外的结果

数学计算常会像上例（c）中那样产生预料不到的结果．如果得到了比设想更多的结果，不要盲目删去看似不符的结果，而应从物理意义上仔细分析．以时间这个物理量为例，即使它为负值也都有其含义．一般说负时间只不过是指$t=0$，开始启动秒表计时的那个任意时刻之前的时间．

3. 抛体运动　运动的独立性——叠加原理

我们来讨论二维运动的一个特例：在竖直平面以某一初速度$\boldsymbol{v}_0$运动的质点，它运动的加速度始终保持为自由落体加速度$\boldsymbol{g}$（方向向下）．这样的质点被称为**抛体**（意指它被抛出或射出），它的运动称为**抛体运动**．抛体可以是空中运动的高尔夫球，如图1-14所示，或棒球，但不是空中飞行的飞机或野鸭．本节的目的是应用前面介绍的规律来分析抛体运动．我们假定空气对抛体运动的影响可以忽略．先从下面两个实验看看抛体运动的特点．

图1-15所示为一个实验演示．它包含一只吹气枪G，利用一个小球作为抛体．靶子是一个由磁铁悬吊着的铁罐，而吹气枪管正直瞄准铁罐．按实验设计，在小球离开吹气枪的瞬间，磁铁释放铁罐．

如果g（自由落体加速度的大小）为零，小球会沿图1-15画出的直线飞行，而铁罐在磁铁放开它后会悬浮在原处，这样小球肯定会击中铁罐．

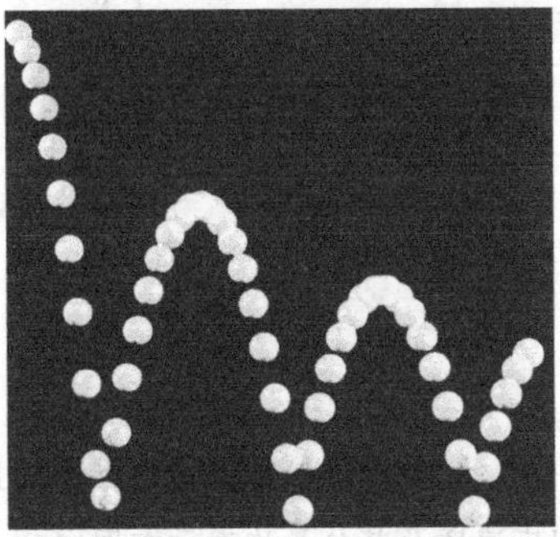

图1-14　由频闪观测仪摄下的高尔夫球在硬质表面上反弹的照片．

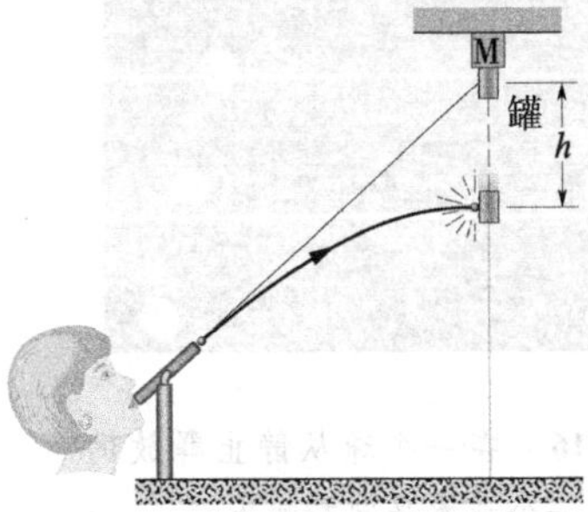

图1-15　抛射球总会击中下落的罐．

然而，g并非为零，球仍会击中铁罐！正像图1-15所示，在小球飞行的时间内，小球与铁罐均会相对各自无自由下落加速度时的位置下落相同距离h．这一相等的位移，使得它们注定会相遇．演示者吹的越冲，小球的初速度就越大，飞行时间就越短，因而h值也就越小．

哈里德大学物理学

图1－16所示是两高尔夫球的频闪照片．照片中，在一个球被自由释放的同时，另一个被弹簧水平弹出．可看出，两球的竖直运动完全相同，他们在相同的时间间隔内下落相同的竖直距离．这一事实说明，球在水平运动的同时若还在自由下落，则水平运动对竖直运动无影响，即水平运动与竖直运动相互独立．

以上两个实验（包括未列于此的其他类似实验）充分表明，抛体运动虽然看起来复杂，但是有如下简化特点：

抛体运动中，水平方向与竖直方向的运动相互独立，即一个方向的运动不会影响另一方向的运动——运动的独立性．

这个特点使得我们可将二维运动问题分为两个相互分立的、易于求解的一维问题来解决：一个是水平运动（**加速度为零**），一个是竖直运动（**加速度恒定向下**）．下面就来具体说明．

图1－17所示为一个不受空气阻力影响的抛体运动经过的路径．抛体出射的初速度$\boldsymbol{v}_0$可写作

$$\boldsymbol{v}_0 = v_{0x}\boldsymbol{i} + v_{0y}\boldsymbol{j} \tag{1-30}$$

假若已知$\boldsymbol{v}_0$与正x方向的夹角θ_0，则分量v_{0x}与v_{0y}为

$$v_{0x} = v_0\cos\theta_0 \quad 与 \quad v_{0y} = v_0\sin\theta_0 \tag{1-31}$$

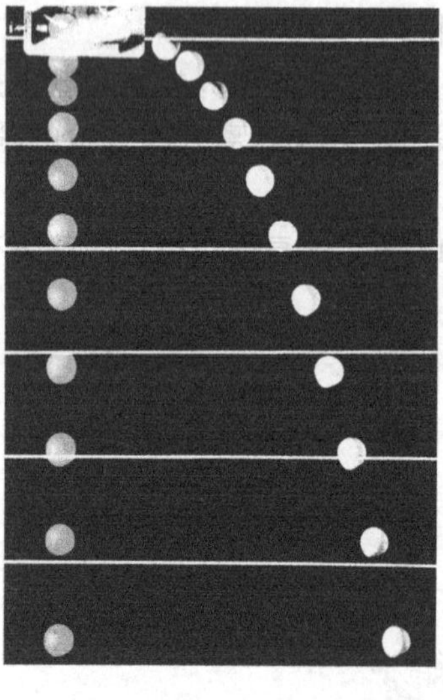

图1－16　在一个球从静止释放的同时另一个球水平向右弹出．

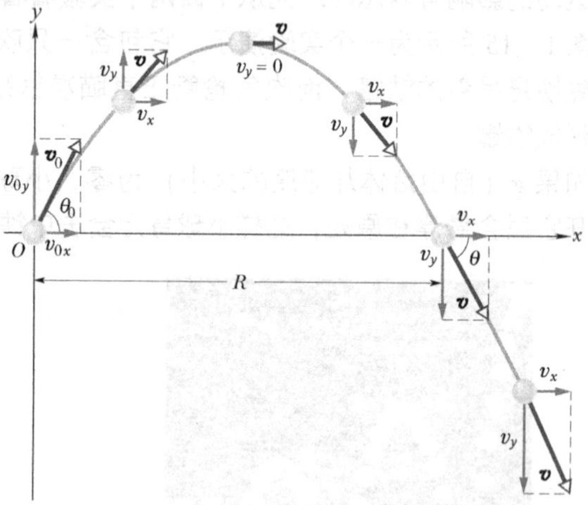

图1－17　以初速度$\boldsymbol{v}_0$，由坐标原点发射出的抛体的路径．初速度和路径中各点相应速度及其分量均表示在图中．

当抛体在由初速度方向和竖直方向确定的平面内作二维运动的过程中，位置矢量$\boldsymbol{r}$和速度矢量$\boldsymbol{v}$连续变化，而加速度矢量$\boldsymbol{a}$却是恒定的，且总指向竖直向下的方向，没有水平加速度．根据这些特点可以推得

(1) 水平运动

由于抛体在水平方向**没有加速度**，因此在整个飞行过程中，速度的水平分量v_x保持其初始

值不变，如图1-18所示. 在任意时刻 t，抛体距初位置 x_0 的水平位移 $x-x_0$ 由式（1-28）给出. 令其中 $a=0$，可写为

$$x - x_0 = v_{0x}t$$

因为 $v_{0x}=v_0\cos\theta_0$，此式为

$$x - x_0 = (v_0\cos\theta_0)t \qquad (1-32)$$

(2) 竖直运动

竖直运动为在本节讨论过的质点的自由落体运动. 利用匀加速直线运动公式将 a 以 $-g$ 代替，并改用字母 y. 于是式（1-28）变为

$$y - y_0 = v_{0y}t - \frac{1}{2}gt^2 = (v_0\sin\theta_0)t - \frac{1}{2}gt^2 \qquad (1-33)$$

图1-18 滑板者速度的竖直分量在改变，但其水平分量不变，且与滑板的一样. 结果滑板总在人的下面使得落下后可再落回到滑板上.

式中，初速度的竖直分量 v_{0y} 由等价的 $v_0\sin\theta_0$ 代替. 类似地，式（1-27）和式（1-29）成为

$$v_y = v_0\sin\theta_0 - gt \qquad (1-34)$$

与

$$v_y^2 = (v_0\sin\theta_0)^2 - 2g(y-y_0) \qquad (1-35)$$

正如图1-17与式（1-34）所表明的，竖直速度分量的变化与竖直上抛小球的情形完全相同，最初指向上方，大小均匀减小直至为零，对应于**路径上的最大高度**. 然后，速度的竖直分量方向转而向下，大小也随时间逐渐增大.

(3) 路径方程

在式（1-32）与（1-33）中消去 t，经整理、推导，可求得抛体的路径（即轨道）方程

$$y = (\tan\theta_0)x - \frac{gx^2}{2(v_0\cos\theta_0)^2} \quad \text{(轨道)} \qquad (1-36)$$

这就是图1-17所示的抛体路径的方程. 在推导过程中，为简化运算，我们令式（1-32）与式（1-33）中的 $x_0=0$ 与 $y_0=0$. 因为 g、θ_0 和 v_0 都是常量，式（1-36）具有 $y=ax+bx^2$ 的形式，其中 a 与 b 是恒量. 这是抛物线方程，所以抛体的路径是**抛物线**.

(4) 水平射程

抛体的**水平射程** R 如图1-17所示，为抛体落回到初始（发射）高度时经过的**水平**距离. 欲求射程 R，可将 $x-x_0=R$ 及 $y-y_0=0$ 分别代入式（1-32）与式（1-33）得到

$$R = (v_0\cos\theta_0)t$$

与

$$0 = (v_0\sin\theta_0)t - \frac{1}{2}gt^2$$

从这两个方程中消去 t，导出

$$R = \frac{2v_0^2}{g}\sin\theta_0\cos\theta_0$$

再应用等式 $\sin2\theta_0=2\sin\theta_0\cos\theta_0$（见附录E），可得到

$$R = \frac{v_0^2}{g}\sin2\theta_0 \qquad (1-37)$$

应强调的是：如果抛体的最终高度不等于出射高度，则经过的水平距离就不能用此式求解.

注意式（1－37）中的 R 在 $\sin 2\theta_0 = 1$ 时有最大值，这相应于 $2\theta_0 = 90°$ 或 $\theta_0 = 45°$.

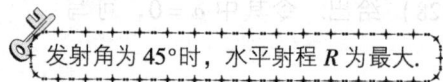

发射角为 45°时，水平射程 R 为最大.

（5）运动方程的矢量形式

以上是利用抛体运动水平与竖直两方向运动相互独立的特点所得出的结果. 注意到抛体运动方程的矢量形式包含有特殊的物理意义，在此特加以说明.

如图 1－19 所示，以初速度 $\boldsymbol{v}_0$、抛射角 θ 抛出一物体. 欲确定它在任一时刻的位置，即求出位矢 $\boldsymbol{r}$，可由对速度关系积分来完成. 利用式（1－23），可将此抛体速度写为

$$\boldsymbol{v} = v_0\cos\theta\boldsymbol{i} + (\boldsymbol{v}_0\sin\theta - gt)\boldsymbol{j}$$

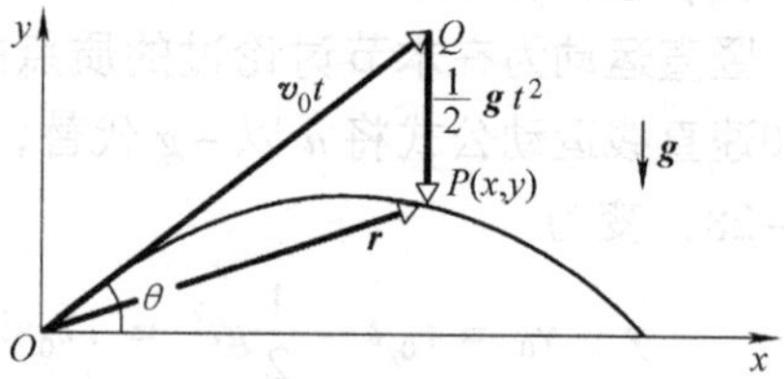

图 1－19　用矢径 $\boldsymbol{r}$ 表示抛体运动

由于坐标原点与抛出点重合，所以位矢 $\boldsymbol{r}$ 可直接写为

$$\boldsymbol{r} = \int_0^r \mathrm{d}\boldsymbol{r} = \int_0^t \boldsymbol{v}\,\mathrm{d}t = (v_0\cos\theta t)\boldsymbol{i} + (v_0\sin\theta t - \frac{1}{2}gt^2)\boldsymbol{j}$$

注意到 $\boldsymbol{g} = -g\boldsymbol{j}$（矢量 $\boldsymbol{g}$ 与 $\boldsymbol{j}$ 反向），上式可表示为

$$\boldsymbol{r} = \boldsymbol{v}_0 t + \frac{1}{2}\boldsymbol{g}t^2 \qquad (1-38)$$

这就是抛体在任一时刻的位矢，也是**抛体运动方程的矢量形式**.

将式（1－38）与图 1－19 结合可清楚看出 $\boldsymbol{r} = \boldsymbol{v}_0 t + \frac{1}{2}\boldsymbol{g}t^2$ 的物理意义：假如没有地球引力的存在，抛体将以初速度 $\boldsymbol{v}_0$ 作匀速直线运动直达 Q 点. 可是，实际上是有地球引力存在的，引力会使抛体下落 $\frac{1}{2}gt^2$ 的位移，所以物体实际是到达 P 点. 位矢 $\boldsymbol{r}$ 的表达式直观地表明了抛体运动是这两个运动叠加而成的.

当物体同时参与两个或多个运动时，其实际运动是各个独立运动的合成结果——运动的叠加原理.

将式（1－33）与式（1－38）作比较可看出，矢量关系比标量关系的含义更加丰富. 这说明，矢量式的表示方法确实有一定的优越性.

（6）空气阻力的影响

我们在前面假设抛体在空中飞行时不受空气的影响. 然而，在许多情形中，由于空气对抛体运动的阻力作用，计算结果与实际运动会存在较大差别. 如图 1－20 所示的情形为例，其中显示的是一个以初速率 44.7m/s，与水平方向成 60°角离开拍子的球在空中走过的两条路径. 路径Ⅰ（棒球球员击的飞球）为近似仿照空气中飞行的实际条件经计算所得的路径；路径Ⅱ为真空中飞行的球所走过的路径. 计算中相应数据见表 1－1.

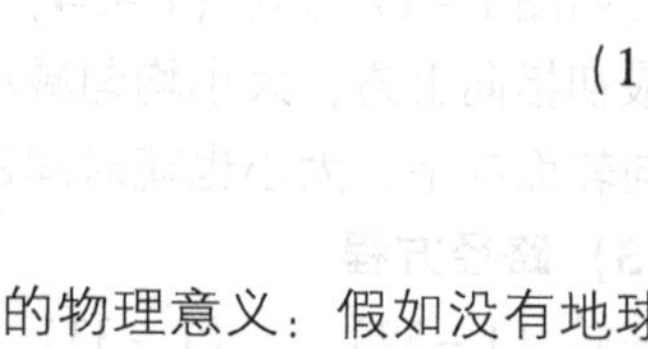

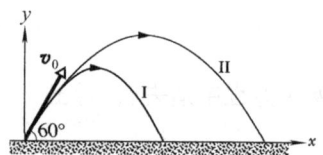

图 1－20　（Ⅰ）考虑空气阻力影响时计算所得的飞行的球的路径.（Ⅱ）利用本章方法计算得出的在真空中飞行的球的路径.

表 1-1 两个飞行中的球[①]

	空气中路径（Ⅰ）	真空中路径（Ⅱ）
射程	98.5m	177m
最大高度	53.0m	76.8m
飞行时间	6.6s	7.9s

① 见图 1-20，发射角为 60°，发射速率为 44.7m/s.

例题 1-7

本章首页提到的 Emanuel Zacchini 在空中越过三个摩天轮的飞行过程示意于图 1-21 中（每个转轮高 18m，所处位置如图）. Zacchini 被射出时的速率为 $v_0=26.5\text{m/s}$，水平向上 $\theta_0=53°$，发射点距地面高度为 3.0m（与接他落地的网在同一高度）.

(a) 他能跃过第一个摩天轮吗?

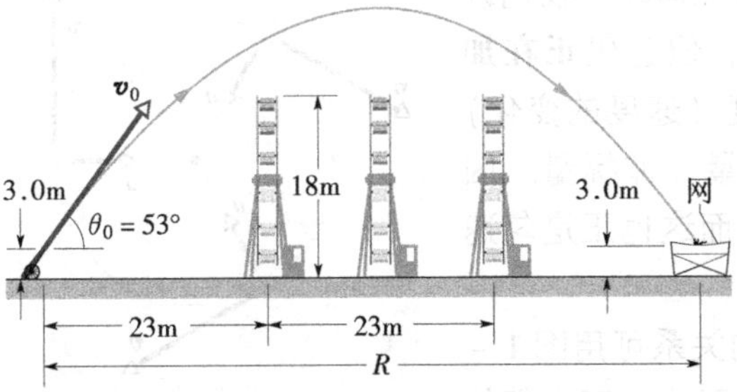

图 1-21 例题 1-7 人体炮弹飞过三个摩天轮落入网中的示意图.

【解】 这里的**关键点**是，Zacchini 是人身抛体，所以可以用抛物方程. 为此，将 xy 坐标系的原点放在炮口处，即 $x_0=0$，$y_0=0$. 现要求出当 $x=23\text{m}$ 时所对应的高度 y，而达到这么高时所需时间 t 并不知道，为将 y 与 x 联系起来而不涉及 t，我们用式（1-36），得

$$y=(\tan\theta_0)x-\frac{gx^2}{2(v_0\cos\theta_0)^2}$$

$$=(\tan53°)(23\text{m})-\frac{(9.8\text{m/s}^2)(23\text{m})^2}{2(26.5\text{m/s})^2(\cos53°)^2}$$

$$=20.3\text{m}$$

由于弹出他的位置比地面高 3m，因此，他超出摩天轮顶部约 5.3m.

(b) 假如他飞过中间的摩天轮时正好在轨道的最高点，问他超过该轮顶部多高?

【解】 这里的**关键点**是，当他达到最高点时，速度的竖直分量 v_y 应为零. 考虑到式（1-35）是 v_y 与高度 y 的关系，我们将其写为

$$v_y^2=(v_0\sin\theta_0)^2-2gy=0$$

解出 y，有

$$y=\frac{(v_0\sin\theta_0)^2}{2g}=\frac{(26.5\text{m/s})^2(\sin53°)^2}{(2)(9.8\text{m/s}^2)}$$

$$=22.9\text{m}$$

这表示他超过中间摩天轮的净高为 7.9m.

(c) 网的中心应距炮多远放置?

【解】 这里需补充的**关键点**是，由于 Zacchini 的出射点与落地点高度相同，因此，炮口到网的水平距离就应是他在空中飞行的水平射程. 从式（1-37）可知

$$R=\frac{v_0^2}{g}\sin2\theta_0=\frac{(26.5\text{m/s})^2}{9.8\text{m/s}^2}\sin2(53°)$$

$$=69\text{m} \qquad \text{（答案）}$$

现在可以回答本章开头提出的问题：Zacchini 如何确定网应放置的位置，以及他怎能确保一定会飞越过这些摩天轮？实际上，他（或其他人）一定像我们这样做了计算. 虽然他未必会考虑空气给他的飞行过程带来的复杂效应，他却知道风会使他的速度减慢些，从而使射程小于计算值. 因此就需用一张尽可能宽大的网，而且放置在略偏近于炮的这一侧. 这样，不论他在实际发射中遇到的风是否会明显地减慢他的飞行速度，都是相对安全的. 当然，空气和风所带来的影响因素的多变性，在各次飞行前还必须要具体考虑.

不过，Zacchini 还要面对另一个难以把握的危险，那就是：尽管他飞行的距离不长，但因炮产生的推进力太强烈，以致会使他经历一个短暂的眩晕. 如果这种现象出现在他正着陆的时候，那就会伤及他的脖颈. 为避免发生这样的危险，他必须训练自己能够迅速清醒. 所以说，不能及时清醒是当今短距离人体射弹所要面对的惟一真正的危险.

解题线索

线索5：单位恰当吗？

将数据代入方程时，应确信选用的单位一致．如上例中，距离的单位是米；速度的单位为米每秒．有时还需作单位的换算．

线索6：你的答案是否合理？

你的答案有意义吗？它是否太大或太小？符号是否正确？单位是否合适？如上例中（c）问的正确答案是69m．如果你求出0.00069m，－69m，或6900m，则应立即意识到计算有误．错误或许在方法上，或在代数运算上，也许是在计算器上输入数字时有误．

1-6 圆周运动

圆周运动是曲线运动的一个重要特例．掌握了圆周运动，再去探讨一般曲线运动就方便多了．例如，当物体绕定轴转动时，物体上各个质点都绕该轴作圆周运动，所以研究圆周运动也是研究物体转动的基础．为了便于理解，下面我们就先从大家熟悉的匀速圆周运动开始，然后讨论变速圆周运动，以及这些运动中各自加速度的特点．

1. 匀速圆周运动　向心加速度

如果质点以恒定的（均匀的）速率作圆周或圆弧运动，我们说该质点在作**匀速圆周运动**．虽然质点的速率没变，但它仍**正在加速**．这个事实或许有些意外，因为我们常将加速度（速度的变化）看作速率的增大或减小．然而，速度实际为一矢量而非标量．因此，即使只有速度的方向发生变化，仍有加速度，而这也正是匀速圆周运动的实际情形．

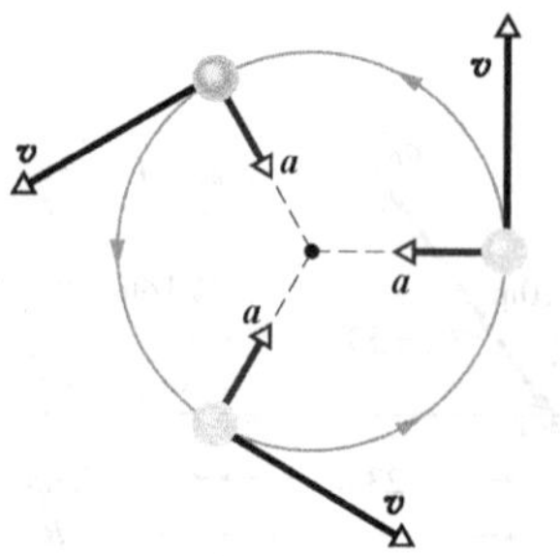

图1-22　沿逆时针方向作匀速圆周运动的质点的速度和加速度矢量．

在匀速圆周运动各阶段，速度与加速度矢量的关系可用图1-22来说明．随着质点的运动，两矢量的大小均恒定不变，而它们的方向却在不停地变化．速度总是与圆相切且指向运动方向；加速度则总是**沿着半径指向圆心**．正是因为这个特点，与匀速圆周运动相联系的加速度叫做**向心**（意即“指向中心”）**加速度**或**法向加速度**．就像我们接下来要证明的，加速度 $\boldsymbol{a}$ 的大小为

$$a=\frac{v^2}{r}\quad\text{（向心加速度）}\qquad(1-39)$$

式中，r 为圆周的半径；v 为质点的速率．

另外，在这一以恒定速率加速的过程中，质点经过一个圆周（路程为 $2\pi r$）所用时间为

$$T=\frac{2\pi r}{v}\quad\text{（周期）}\qquad(1-40)$$

称 T 为**转动周期**或简称**周期**．一般讲，它是指质点沿一闭合路径刚好走过一周所用的时间．

式（1-39）可证明如下：考虑图1-23的情形，其中质点以恒定速率 v，围绕半径为 r 的圆周运动．因为质点速度的方向在不断改变，所以我们假设在时刻 t 质点在 P 点，速度为 $\boldsymbol{v}_1$，经过 Δt 时间后质点运动到 Q 点，速度为 $\boldsymbol{v}_2$．在 Δt 时间内速度的增量为

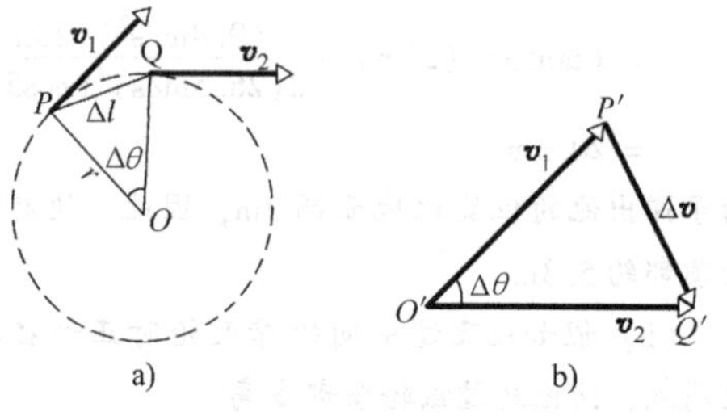

图1-23　匀速圆周运动

$$\Delta \boldsymbol{v} = \boldsymbol{v}_2 - \boldsymbol{v}_1$$

根据定义，质点的加速度为

$$\boldsymbol{a} = \lim_{\Delta t \to 0} \frac{\Delta \boldsymbol{v}}{\Delta t} \tag{1-41}$$

从一点 O'作$\boldsymbol{v}_1$及$\boldsymbol{v}_2$，则 $\Delta\boldsymbol{v}$ 如图 1-23b 所示. 图 1-23 中三角形 OPQ 与三角形 $O'P'Q'$都是等腰三角形，且$\boldsymbol{v}_1$和$\boldsymbol{v}_2$分别与半径 OP 和 OQ 相垂直，所以$\boldsymbol{v}_1$与$\boldsymbol{v}_2$之间的夹角等于 OP 与 OQ 之间的夹角 $\Delta\theta$，因此，等腰三角形 POQ 与 $P'O'Q'$相似，对应边成比例，注意到$|\boldsymbol{v}_1| = |\boldsymbol{v}_2| = v$，有

$$\frac{|\Delta \boldsymbol{v}|}{v} = \frac{\Delta l}{r}$$

由此可得

$$\frac{|\Delta \boldsymbol{v}|}{\Delta t} = \frac{v}{r}\frac{\Delta l}{\Delta t}$$

当 $\Delta t \to 0$ 时，Q 点趋近于 P 点，此时弦长 Δl 趋近于弧长 Δs，故有

$$a = \lim_{\Delta t \to 0} \frac{|\Delta \boldsymbol{v}|}{\Delta t} = \lim_{\Delta t \to 0} \frac{v}{r} \cdot \frac{\Delta s}{\Delta t} = \frac{v^2}{r}$$

这正是我们要证明的式（1-39），也即匀速圆周运动中加速度的大小.

加速度的方向应为 $\Delta\boldsymbol{v}$ 的极限方向. 当 $\Delta t \to 0$ 时，$\Delta\theta \to 0$，$\Delta\boldsymbol{v}$ 趋近于与$\boldsymbol{v}_1$垂直，故 P 点的加速度 $\boldsymbol{a}$ 沿着半径并指向圆心. 所以说，在匀速圆周运动中，质点的加速度始终指向圆心. 向心加速度只改变质点的速度方向，不改变速度的大小.

2. 变速圆周运动　切向加速度和法向加速度

如果质点在圆周上各点处的速率随时间改变，则称这种运动为**变速圆周运动**. 如图 1-24a 所示，设质点在圆周上 P、Q 两点处的速度分别为$\boldsymbol{v}_1$和$\boldsymbol{v}_2$，与上面情形不同的是，这时它们不但方向不同，大小也不相等. 在 Δt 时间内速度的增量为 $\Delta\boldsymbol{v} = \boldsymbol{v}_2 - \boldsymbol{v}_1$，如图1-24b所示. 如果在 AC 上取一点 D，使 $AD = AB = v_1$，我们就可以像图中所示那样，把 $\Delta\boldsymbol{v}$ 分解为两个分矢量 $\Delta\boldsymbol{v}_n$（即$\overrightarrow{BD}$）和 $\Delta\boldsymbol{v}_t$（即$\overrightarrow{DC}$），于是有

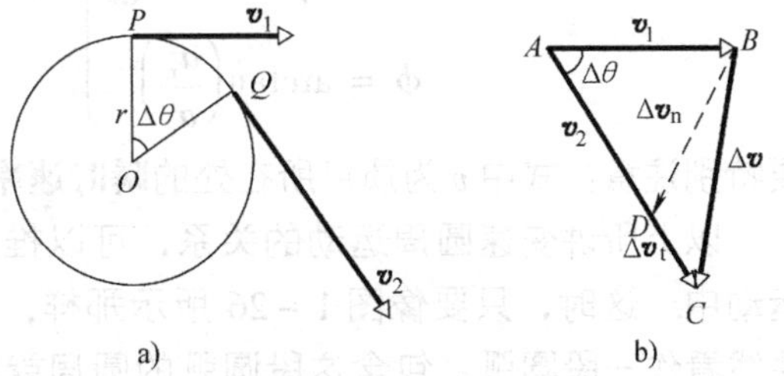

图 1-24　变速圆周运动

$$\Delta \boldsymbol{v} = \Delta \boldsymbol{v}_n + \Delta \boldsymbol{v}_t$$

其中，$\Delta\boldsymbol{v}_n$为因速度方向改变而引起的速度增量；$\Delta\boldsymbol{v}_t$为因速度大小改变而引起的速度增量. 因此，平均加速度可以表示为

$$\boldsymbol{a} = \frac{\Delta \boldsymbol{v}}{\Delta t} = \frac{\Delta \boldsymbol{v}_n}{\Delta t} + \frac{\Delta \boldsymbol{v}_t}{\Delta t}$$

而瞬时加速度则为

$$\boldsymbol{a} = \lim_{\Delta t \to 0} \frac{\Delta \boldsymbol{v}}{\Delta t} = \lim_{\Delta t \to 0} \frac{\Delta \boldsymbol{v}_n}{\Delta t} + \lim_{\Delta t \to 0} \frac{\Delta \boldsymbol{v}_t}{\Delta t}$$

这样，瞬时加速度就被分解为两部分或两个分加速度. 由于其中第一部分中 $\Delta\boldsymbol{v}_n$与匀速圆周运动中的 $\Delta\boldsymbol{v}$ 相当（参看图 1-23），当 $\Delta t \to 0$ 时，$\Delta\theta \to 0$，$\Delta\boldsymbol{v}_n$趋近于与$\boldsymbol{v}_1$垂直，所以这个分加速度的方向沿着半径指向圆心，而它的大小，也就是$\frac{\Delta \boldsymbol{v}_n}{\Delta t}$的极限值，与匀速圆周运动的向心加速度相

同为 v^2/r（v 为质点所在位置的瞬时速率）．这个分加速度称为**法向加速度**，用 $\boldsymbol{a}_n$ 表示，即

$$\boldsymbol{a}_n = \lim_{\Delta t\to 0}\frac{\Delta \boldsymbol{v}_n}{\Delta t} \tag{1-42}$$

第二部分中 $\Delta\boldsymbol{v}_t$ 的极限方向与 $\boldsymbol{v}_1$ 的方向一致，即在 P 点的切线方向上，因此，$\lim\limits_{\Delta t\to 0}\frac{\Delta \boldsymbol{v}_t}{\Delta t}$ 所表示的分加速度称为**切向加速度**，用 $\boldsymbol{a}_t$ 表示，即

$$\boldsymbol{a}_t = \lim_{\Delta t\to 0}\frac{\Delta \boldsymbol{v}_t}{\Delta t} \tag{1-43}$$

因为 $\Delta\boldsymbol{v}_t$ 的量值为 $|\boldsymbol{v}_2|-|\boldsymbol{v}_1|=\Delta v$（见图 1－24b），所以切向加速度的大小为 $\frac{\mathrm{d}v}{\mathrm{d}t}$，亦即等于瞬时速率 v 对时间的变化率．

由此可见，在变速圆周运动中，质点在任意时刻的瞬时加速度（或称**总加速度**）$\boldsymbol{a}$ 可分解为法向加速度 $\boldsymbol{a}_n$ 和切向加速度 $\boldsymbol{a}_t$ 两部分，即

$$\boldsymbol{a} = \boldsymbol{a}_n + \boldsymbol{a}_t \tag{1-44}$$

其中，法向加速度 $\boldsymbol{a}_n$ 表示速度方向的改变，切向加速度 $\boldsymbol{a}_t$ 则表示速度大小的改变．式中三矢量之间的关系见矢量图 1－25，它们的量值由下列表达式决定

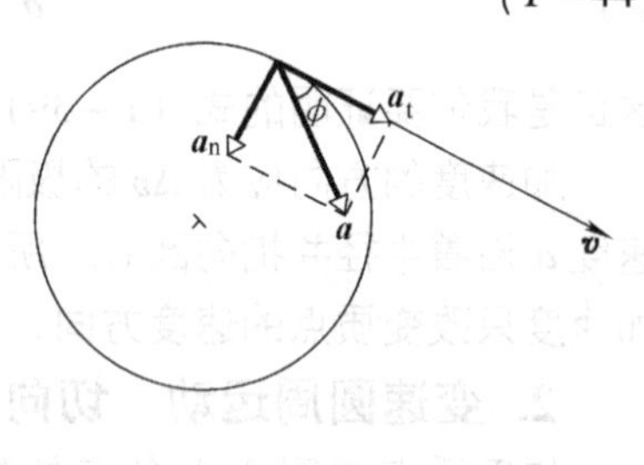

图 1－25 变速圆周运动的加速度

其中，
$$\left.\begin{aligned} a &= \sqrt{a_n^2+a_t^2}\\ a_n &= \frac{v^2}{r}\quad a_t=\frac{\mathrm{d}v}{\mathrm{d}t}\\ \phi &= \arctan\left(\frac{a_n}{a_t}\right)\end{aligned}\right\} \tag{1-45}$$

要特别注意：式中 v 为质点所在处的**瞬时速率**.

以上所讲变速圆周运动的关系，可以推广到一般的曲线运动中．这时，只要像图 1－26 所示那样，把一段足够小的曲线看作一段圆弧，包含这段圆弧的圆周就被称为曲线在给定点 P 的曲率圆，从而可用曲率半径 ρ 代替式（1－45）中的半径 r，由此得到质点在任一点的总加速度

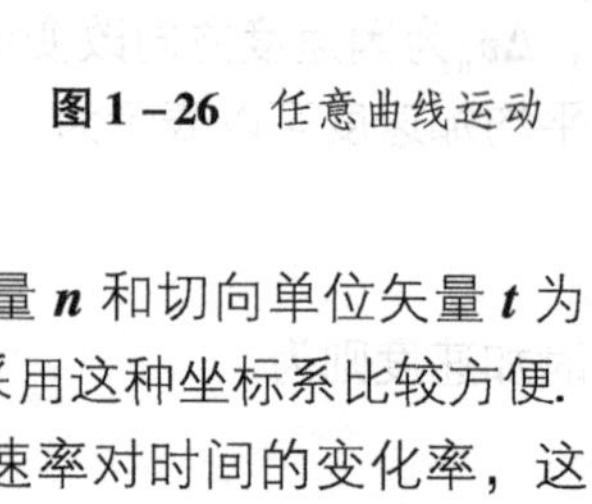

图 1－26 任意曲线运动

$$\boldsymbol{a} = a_n\boldsymbol{n} + a_t\boldsymbol{t}$$

其中
$$a_n = \frac{v^2}{\rho}\quad a_t=\frac{\mathrm{d}v}{\mathrm{d}t} \tag{1-46}$$

这里有两点需要特别说明：

（1）如图 1－26 所示，这种以动点 P 为原点，以法向单位矢量 $\boldsymbol{n}$ 和切向单位矢量 $\boldsymbol{t}$ 为垂直轴的二维坐标系称为**自然坐标系**．在讨论圆周运动及曲线运动时采用这种坐标系比较方便．

（2）由以上关系可看出，曲线运动中加速度的大小并不等于速率对时间的变化率，这一变化率只是加速度的切向分量，对此应予以注意.

例题 1－8

老练的飞行员常常关注的飞行难点就是转弯太急．当飞行员的身体经历向心加速度使头朝向曲线中心时，大脑的血压会降低，并导致大脑功能的丧失.

有几个警示信号提醒飞行员要注意：当向心加速度为 $2g$ 或 $3g$ 时，飞行员会感觉增重. 在约达 $4g$ 时，飞行员会产生黑视，且视野变小，出现“管视”. 如果加速度继续保持或者增大，视觉就会丧失，随后意识也会丧失，即出现所谓“超重昏厥”(g-LOC).

试问，当 F-22 战斗机飞行员以 $v=2500\text{km/h}$ (694m/s) 的速率飞过曲率半径为 $r=5.80\text{km}$ 的圆弧时，向心加速度（以 g 为单位）应为多大？

【解】 这里的**关键点**为，虽然飞行员的速率恒定，但圆形路径需要（向心）加速度，其大小由式 (1-39) 确定，为

$$a=\frac{v^2}{r}=\frac{(694\text{m/s})^2}{5800\text{m}}=83.0\text{m/s}^2=8.5g \qquad \text{（答案）}$$

假设一飞行员在空中不小心使飞机拐弯太急，飞行员几乎会立即进入超重昏厥状态，过程之快甚至来不及反应由警示信号提醒出现的危险.

例题 1-9

以 $v_0=30\text{m/s}$ 的初速率沿水平方向抛出一石块，求它在 $t=5\text{s}$ 时刻的曲率半径及法向和切向加速度.

【解】 将石块看作质点，注意到它完成的曲线运动形式为平抛运动，所以第一个**关键点**是：石块在空中任一点的总加速度都应是重力加速度 $\boldsymbol{g}$，方向竖直向下. 又因为石块行经的抛物线路径上各点的曲率半径和切向、法向均逐点变化，所以这里的第二个**关键点**是：欲求题中所求，需先确定石块在 $t=5\text{s}$ 时刻的切线方向和法线方向. 在此根据平抛运动的特点可知，任一时刻的速度在图 1-27 所示的坐标系中满足关系：$\boldsymbol{v}(t)=v_0\boldsymbol{i}+gt\boldsymbol{j}$. 由此关系即可求出速率的函数关系，然后利用式 (1-46)，求出 a_t，再分别求 a_n 和曲率半径 ρ，即

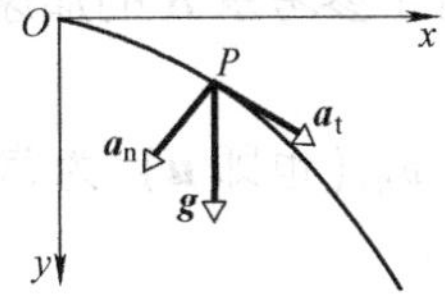

图 1-27 例题 1-9 图

$$v=|\boldsymbol{v}|=\sqrt{v_0^2+(gt)^2}$$

$$a_t=\frac{\mathrm{d}v}{\mathrm{d}t}=\frac{g^2t}{\sqrt{v_0^2+(gt)^2}}$$

将 $t=5\text{s}$ 代入上式可得在 $t=5\text{s}$ 时刻，

$$a_t=\frac{(9.8\text{m/s}^2)^2(5\text{s})}{\sqrt{(30\text{m/s})^2+(9.8\text{m/s}^2)(5\text{s})^2}}=8.36\text{m/s}^2 \qquad \text{（答案）}$$

$$a_n=\sqrt{g^2-a_t^2}=\sqrt{(9.8\text{m/s}^2)^2-(8.36\text{m/s}^2)^2}=5.11\text{m/s}^2 \qquad \text{（答案）}$$

$$\rho=\frac{v^2}{a_n}=\frac{v_0^2+(gt)^2}{a_n}=645.99\text{m} \qquad \text{（答案）}$$

1-7 相对运动

对于不同的参考系，同一物体（看作质点）的速率、速度，甚至位移和加速度都可能不同，而在研究力学问题时又常需要从不同的参考系描述同一质点的运动. 下面我们就来推导描述质点运动的物理量，例如位移、速度和加速度，以及相对于两个相对作平动的参考系的变换关系.

如图 1-28 所示，两个观察者分别从参考系 A 与 B 的原点观察质点 P 的运动，其中参考系 B 以速度 $\boldsymbol{v}_{BA}$ 相对于参考系 A 运动（这两个参考系的相应轴保持平行）.

运动过程中某一瞬间的相互位置如图 1-28 所示. 该瞬时 B 相对于 A 的位矢为 $\boldsymbol{r}_{BA}$，而质点 P 相对于 A 与 B 的位矢分别为 $\boldsymbol{r}_{PA}$ 与 $\boldsymbol{r}_{PB}$. 从这三个位置矢量的首尾排列情况可得它们的关系为

$$\boldsymbol{r}_{PA}=\boldsymbol{r}_{PB}+\boldsymbol{r}_{BA} \qquad (1-47)$$

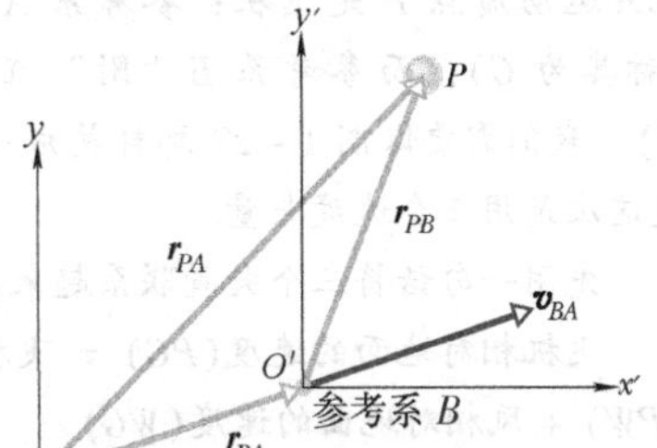

图 1-28 参考系 B 相对于参考系 A 平动. B 相对 A 的位矢为 $\boldsymbol{r}_{BA}$，P 相对 A 与 B 的位矢分别为 $\boldsymbol{r}_{PA}$ 与 $\boldsymbol{r}_{PB}$.

由求此方程对时间的导数，可得质点 P 相对于两观察者

的速度$\boldsymbol{v}_{PA}$与$\boldsymbol{v}_{PB}$之间的关系，即

$$\boldsymbol{v}_{PA}=\boldsymbol{v}_{PB}+\boldsymbol{v}_{BA} \tag{1-48}$$

此式读作："质点P由A测量的速度$\boldsymbol{v}_{PA}$，等于质点P由B测量的速度$\boldsymbol{v}_{PB}$与由A测量的B的速度$\boldsymbol{v}_{BA}$的**矢量和**"．（请注意以上二式中下角标排列的特点，以方便记忆．）如果以$\boldsymbol{v}$表示质点P相对于参考系A的速度，以$\boldsymbol{v}'$表示质点P相对于参考系B的速度，以$\boldsymbol{u}$表示参考系B相对于参考系A的平动速度，则上式可一般地表示为

$$\boldsymbol{v}=\boldsymbol{v}'+\boldsymbol{u} \tag{1-49}$$

同一质点相对于两个相对平动的参考系之间的这一速度关系叫做**伽利略速度变换**.

取式（1-48）对时间的导数，又可得质点P相对于两观察者的加速度$\boldsymbol{a}_{PA}$与$\boldsymbol{a}_{PB}$之间的关系

$$\boldsymbol{a}_{PA}=\boldsymbol{a}_{PB}+\boldsymbol{a}_{BA} \tag{1-50}$$

即质点P相对于参考系A的加速度，等于质点P相对于参考系B的加速度与参考系B相对于参考系A的加速度的矢量和.

当参考系B以恒定速度相对于参考系A运动时，$\boldsymbol{v}_{BA}$（也即$\boldsymbol{u}$）为常量，则它们对时间的导数为零．因此得到

$$\boldsymbol{a}_{PA}=\boldsymbol{a}_{PB} \tag{1-51}$$

换言之，

在以恒定速度相对运动的不同参考系内的观察者所测得的同一质点的加速度相同.

例题 1-10

一架飞机遇到向东北方向吹的恒定气流，在飞行员驾机朝东偏南迎风飞行时，飞机（对地）却向正东飞行着．若飞机相对于风的速度$\boldsymbol{v}_{PW}$的大小为215km/h，方向东偏南θ角；风相对于地面的速度$\boldsymbol{v}_{WG}$的大小为65km/h，方向北偏东20°，问飞机相对于地面的速度$\boldsymbol{v}_{PC}$的大小和θ各是多少？

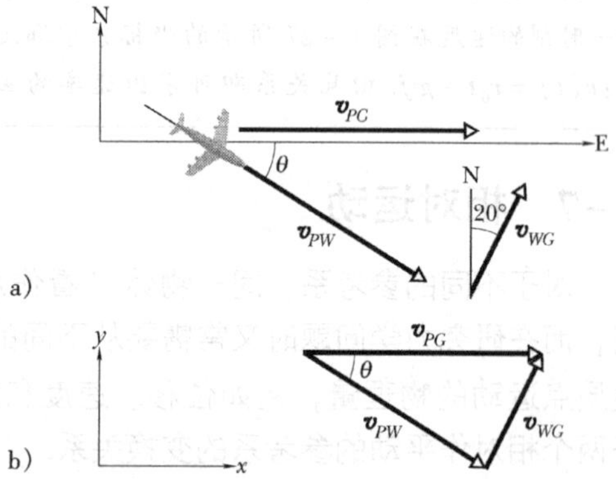

图1-29 例题1-10图 飞机要想飞往正东方向，就得稍微迎着风飞.

【解】 这里的**关键点**是，如图1-29所示，此处运动质点P是飞机；参考系A固定在地面上（称其为G）；而参考系B"附"在风上（称其为W)．我们需要像图1-29那样构成一个矢量图，只是这次是用三个速度矢量.

先用一句话将三个矢量联系起来：

飞机相对地面的速度(PG) = 飞机相对风的速度(PW) + 风相对地面的速度(WG)

此关系可用图1-29b画出并以矢量形式表示为

$$\boldsymbol{v}_{PC}=\boldsymbol{v}_{PW}+\boldsymbol{v}_{WG} \tag{1-52}$$

本题要求其中第一个矢量的大小和第二个矢量的方向．两个矢量中都含有未知量，因此，需将其分解为图1-29b所示的坐标系的分量，然后再对式（1-52）一个轴一个轴地求解．对y分量有

$$v_{PG,y}=v_{PW,y}+v_{WG,y}$$

或

$$0=-(215\text{km/h})\sin\theta+(65.0\text{km/h})(\cos 20.0°)$$

求出θ为

$$\theta=\arcsin\frac{(65.0\text{km/h})(\cos 20.0°)}{215\text{km/h}}$$

$= 16.5°$ （答案）

类似地，对 x 分量有

$$v_{PG,x} = v_{PW,x} + v_{WG,x}$$

此处因为 $\boldsymbol{v}_{PG}$ 平行于 x 轴，所以分量 $\boldsymbol{v}_{PG,x}$ 就等于 $\boldsymbol{v}_{PG}$ 的大小．将此与 $\theta = 16.5°$ 代入可得

$$v_{PG} = (215\text{km/h})(\cos 16.5°) + (65.0\text{km/h})(\sin 20.0°) = 228\text{km/h}$$

（答案）

检查点 4：在上例中，假若飞行员改变方向，飞机朝正东飞行，但没改变飞行速率，则如下各矢量的大小是增大、减小还是保持不变：(a) $\boldsymbol{v}_{PG,y}$；(b) $\boldsymbol{v}_{PG,x}$ 与 (c) $\boldsymbol{v}_{PG}$？(不用计算即可回答)

复习和小结

位置矢量 质点相对于某一坐标系原点的位置由**位矢 $\boldsymbol{r}$** 给定，用单位矢量表示为

$$\boldsymbol{r} = x\boldsymbol{i} + y\boldsymbol{j} + z\boldsymbol{k}$$

式中 $x\boldsymbol{i}$、$y\boldsymbol{j}$ 与 $z\boldsymbol{k}$ 为位矢 $\boldsymbol{r}$ 的**矢量分量**，而 x、y 与 z 为其**标量分量**（也是质点的坐标）．位矢可由矢量的大小与一、两个方向角描述，也可由矢量或标量分量来描述．

位移 随质点运动，其位矢由 $\boldsymbol{r}_1$ 改变到 $\boldsymbol{r}_2$，于是质点的**位移 $\Delta\boldsymbol{r}$** 为

$$\Delta\boldsymbol{r} = \boldsymbol{r}_2 - \boldsymbol{r}_1$$

位移也可表示为

$$\Delta\boldsymbol{r} = (x_2 - x_1)\boldsymbol{i} + (y_2 - y_1)\boldsymbol{j} + (z_2 - z_1)\boldsymbol{k} = \Delta x\boldsymbol{i} + \Delta y\boldsymbol{j} + \Delta z\boldsymbol{k}$$

其中坐标 (x_1, y_1, z_1) 对应位矢 $\boldsymbol{r}_1$，而坐标 (x_2, y_2, z_2) 对应位矢 $\boldsymbol{r}_2$.

平均速度与（瞬时）速度 如果质点在 Δt 时间内经历位移 $\Delta\boldsymbol{r}$，则该时间间隔内的**平均速度** $\boldsymbol{v}_{\text{avg}}$ 为

$$\boldsymbol{v}_{\text{avg}} = \frac{\Delta\boldsymbol{r}}{\Delta t}$$

随着 Δt 减小至趋于零，$\boldsymbol{v}_{\text{avg}}$ 趋近于一个确定的极限值，称之为速度或瞬时速度 $\boldsymbol{v}$

$$\boldsymbol{v} = \frac{\mathrm{d}\boldsymbol{r}}{\mathrm{d}t}$$

它可用单位矢量表示成

$$\boldsymbol{v} = v_x\boldsymbol{i} + v_y\boldsymbol{j} + v_z\boldsymbol{k}$$

其中 $v_x = \mathrm{d}x/\mathrm{d}t$，$v_y = \mathrm{d}y/\mathrm{d}t$ 与 $v_z = \mathrm{d}z/\mathrm{d}t$．质点的瞬时速度 $\boldsymbol{v}$ 总是指向质点运动的路径上质点位置的切线方向．

平均加速度与（瞬时）加速度 当质点在 Δt 时间间隔内，其速度从 $\boldsymbol{v}_1$ 改变到 $\boldsymbol{v}_2$ 时，它在 Δt 内的**平均加速度**为

$$\boldsymbol{a}_{\text{avg}} = \frac{\boldsymbol{v}_2 - \boldsymbol{v}_1}{\Delta t} = \frac{\Delta\boldsymbol{v}}{\Delta t}$$

随着 Δt 减小至趋于零，$\boldsymbol{a}_{\text{avg}}$ 达到一个极限值，称为**加速度或瞬时加速度 $\boldsymbol{a}$**

$$\boldsymbol{a} = \frac{\mathrm{d}\boldsymbol{v}}{\mathrm{d}t} = \frac{\mathrm{d}^2\boldsymbol{r}}{\mathrm{d}t^2}$$

用单位矢量表示，有

$$\boldsymbol{a} = a_x\boldsymbol{i} + a_y\boldsymbol{j} + a_z\boldsymbol{k}$$

其中 $a_x = \mathrm{d}v_x/\mathrm{d}t$，$a_y = \mathrm{d}v_y/\mathrm{d}t$ 及 $a_z = \mathrm{d}v_z/\mathrm{d}t$.

恒定加速度 下面几个公式描述了质点具有恒定加速度的运动.

$$v = v_0 + at$$

$$x - x_0 = v_0 t + \frac{1}{2}at^2$$

$$v^2 = v_0^2 + 2a(x - x_0)$$

$$x - x_0 = \frac{1}{2}(v_0 + v)t$$

$$x - x_0 = vt - \frac{1}{2}at^2$$

加速度非恒量时，以上公式**不**适用.

抛体运动 **抛体运动**是将一质点以初速度 $\boldsymbol{v}_0$ 发射的运动．质点在空中运动时，水平方向加速度为零，而竖直方向的加速度为自由落体加速度 $-g$（竖直向上取作正方向）．若将 $\boldsymbol{v}_0$ 以其大小（速率 v_0）和角 θ_0 表示，则质点沿水平轴 x 与竖直轴 y 的运动方程为

$$x - x_0 = (v_0\cos\theta_0)t$$

$$y - y_0 = (v_0\sin\theta_0)t - \frac{1}{2}gt^2$$

$$v_y = v_0\sin\theta_0 - gt$$

$$v_y^2 = (v_0\sin\theta_0)^2 - 2g(y - y_0)$$

抛体运动中质点的**轨道**（路径）是一抛物线，其表达式为

$$y = (\tan\theta_0)x - \frac{gx^2}{2(v_0\cos\theta_0)^2}$$

其中原点取作发射点，即令 x_0 与 y_0 等于零．质点的**水平射程** R（从发射点至落回到发射高度所经过的水平距离）为

$$R = \frac{v_0^2}{g}\sin 2\theta_0$$

匀速圆周运动 如果质点以恒定速率 v 围绕半径为 r 的圆周或圆弧运动，则该质点在作**匀速圆周运动**，它所具有的加速度大小为

$$a = \frac{v^2}{r}$$

$\boldsymbol{a}$ 的方向指向圆周或圆弧的中心，称 $\boldsymbol{a}$ 为**向心加速度**. 质点完成一个圆周所用的时间为

$$T = \frac{2\pi r}{v}$$

称 T 为**转动周期**或简称为**周期**.

变速圆周运动 如果质点在圆周上各点处的速率随时间而改变，则该质点在作**变速圆周运动**，所具有的加速度 $\boldsymbol{a}$ 为**法向加速度** $\boldsymbol{a}_n$ 和**切向加速度** $\boldsymbol{a}_t$ 的矢量和，即

$$\boldsymbol{a} = \boldsymbol{a}_n + \boldsymbol{a}_t$$

其中， $a_n = \frac{v^2}{r}$ $a_t = \frac{dv}{dt}$

式中，r 为圆周半径；v 为质点所在处的瞬时速率.

相对运动 当两参照系 A 与 B 之间有相对运动时，由参照系 A 中的观察者测得的质点 P 的速度一般不同于参照系 B 中的观察者测得的速度. 两测得速度之间的关系为

$$\boldsymbol{v}_{PA} = \boldsymbol{v}_{PB} + \boldsymbol{v}_{BA}$$

式中，$\boldsymbol{v}_{BA}$ 为 B 相对于 A 的速度. 两观察者测得的质点的加速度满足

$$\boldsymbol{a}_{PA} = \boldsymbol{a}_{PB} + \boldsymbol{a}_{BA}$$

思考题

1. 如图1－30所示，i、f 分别代表某一质点的初、末位置. 用单位矢量表示该质点的（a）初位矢 $\boldsymbol{r}_i$；（b）末位矢 $\boldsymbol{r}_f$；（c）该质点位移矢量 $\Delta\boldsymbol{r}$ 的 x 分量为何？

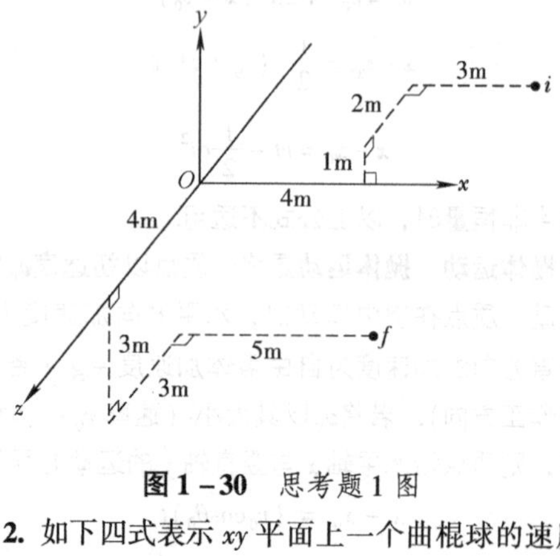

图1－30　思考题1图

2. 如下四式表示 xy 平面上一个曲棍球的速度表达式（单位均为米每秒）：

（1）$v_x = -3t^2 + 4t - 2$ 及 $v_y = 6t - 4$

（2）$v_x = -3$ 及 $v_y = -5t^2 + 6$

（3）$\boldsymbol{v} = 2t^2\boldsymbol{i} - (4t+3)\boldsymbol{j}$

（4）$\boldsymbol{v} = -2t\boldsymbol{i} + 3\boldsymbol{j}$

问：（a）对每一表达式，其加速度在 x 和 y 方向的分量是恒量吗？加速度矢量 $\boldsymbol{a}$ 是恒量吗？（b）在表达式（4）中，如果速度的单位是 m/s，时间的单位是 s，那么系数 －2 和 3 的单位是什么？

3. 图1－31给出质点沿 x 轴运动的速度.（a）运动的初始方向和（b）终了方向如何？（c）该质点是否会瞬时静止？（d）加速度是正或负？（e）加速度是恒定的还是变化的？

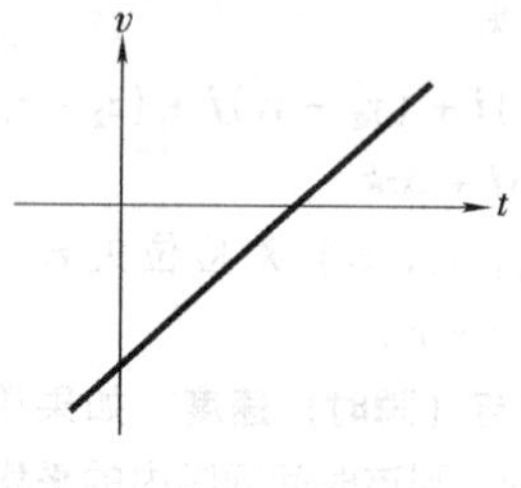

图1－31　思考题3

4. 在某一时刻，一个球的飞行速度是 $\boldsymbol{v} = 25\boldsymbol{i} - 4.9\boldsymbol{j}$（设 x 轴水平，y 轴竖直，$\boldsymbol{v}$ 的单位为 m/s）. 问这个球是否已经飞过其轨道的最高点？

5. 试回答下列问题：（a）位移和路程有何区别？在什么情况下二者的量值相等？在什么情况下不相等？（b）平均速度和平均速率有何区别？在什么情况下二者的量值相等？瞬时速度和平均速度的关系与区别是怎样的？瞬时速率与平均速率的关系与区别又是怎样的？

6. 一只猎犬沿 x 轴方向追赶德国牧羊狗的加速度 $a(t)$ 曲线如图1－32所示. 从曲线上看，猎犬在哪些时间区间内以恒定速率奔跑？

7. 若质点的运动方程为 $x = x(t)$，$y = y(t)$，在计算质点的速度和加速度时，方法一为：先求出 $r = \sqrt{x^2 + y^2}$，再根据 $v = \frac{dr}{dt}$ 及 $a = \frac{d^2r}{dt^2}$ 而求得结果；方法二

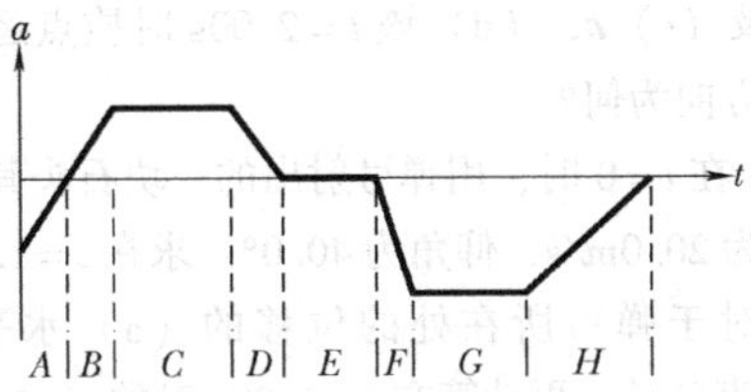

图 1－32 思考题 6 图

为：先计算速度和加速度的分量，再合成求得结果，即 $v=\sqrt{\left(\frac{dx}{dt}\right)^2+\left(\frac{dy}{dt}\right)^2}$ 及 $a=\sqrt{\left(\frac{d^2x}{dt^2}\right)^2+\left(\frac{d^2y}{dt^2}\right)^2}$. 两种方法哪种正确？两者差别何在？

8. 如下方程分别给出一质点在四种情形中的速度 $v(t)$：(a) $v=3$；(b) $v=4t^2+2t-6$；(c) $v=3t-4$；(d) $v=5t^2-3$. 恒定加速度的公式适用于其中哪几种情形？

9. 图 1－33 给出了一个质点在三种情形下的瞬时速度和加速度．在哪个情形中，(a) 质点的速率增加，(b) 速率减少，(c) 速率不变？

10. 图 1－34 所示为以匀速率运行的一列火车的四种轨道（半圆或 1/4 圆）．根据火车在转弯处加速度的大小，从大到小将这些轨道排序．

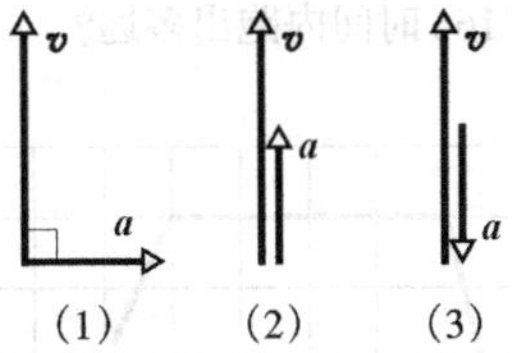

图 1－33 思考题 9 图

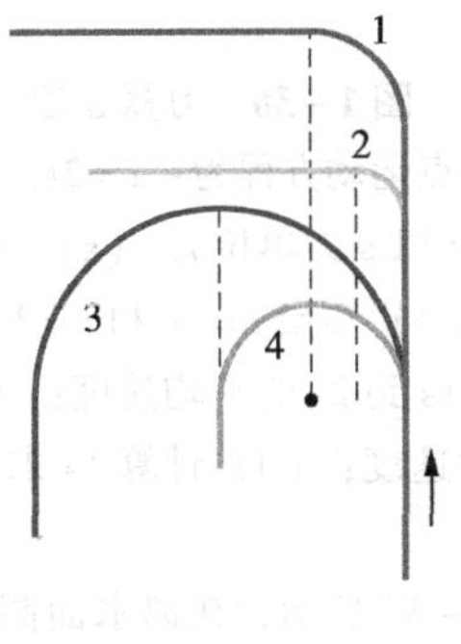

图 1－34 思考题 10 图

11. (a) 物体以恒定速率运动时可能加速吗？沿曲线运动时，(b) 加速度可能为零吗？(c) 加速度的大小可能恒定吗？

习题

1. 一粒西瓜子的坐标为：$x=-5.0\text{m}$，$y=8.0\text{m}$，$z=0\text{m}$. (a) 用单位矢量表示其位置矢量；求出 (b) 其大小及 (c) 相对 x 正向的角度；(d) 在右手坐标系中画出此矢量．如果将此瓜子移到坐标（3.00m，0m，0m）处，其位移的：(e) 单位矢量表示式为何？(f) 大小为何？(g) 相对 x 正方向的角度为何？

2. 如图 1－35 所示，一个雷达站探测到一架从正东方向飞来的飞机．第一次观测到的飞机的方位是 360m，仰角 40°．其后飞机又在竖直的东－西平面内被跟踪了 123°，最后距离为 790m．求飞机在此观测期间内的位移．

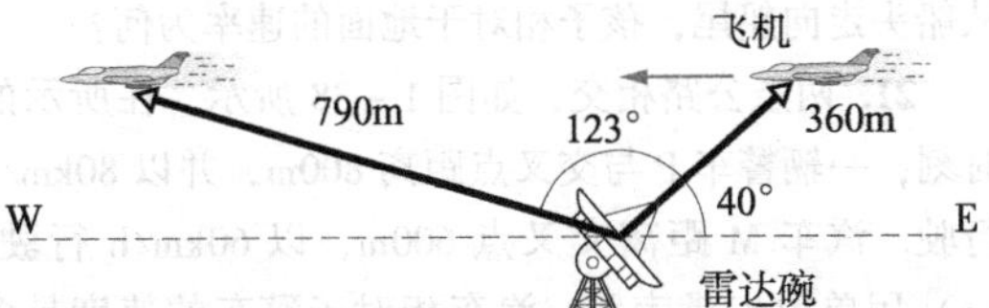

图 1－35 习题 2 图

3. 一个电子的位置由 $\boldsymbol{r}=3.00t\boldsymbol{i}-4.00t^2\boldsymbol{j}+2.00\boldsymbol{k}$ 描述，式中 t 的单位为 s，$\boldsymbol{r}$ 的单位为 m. (a) 求电子的速度 $\boldsymbol{v}(t)$．在 $t=2.00\text{s}$ 时，电子速度的 (b) 单位矢量表达式，(c) 大小及 (d) 相对于 x 轴正向的角度各为何？

4. (a) 若已知一质点的位置由 $x=4-12t+3t^2$（式中 t 的单位为 s，x 的单位为 m）给出，它在 $t=1\text{s}$ 末的速度为何？(b) 该时刻质点正在向 x 的正方向还是负方向运动？(c) 该时刻质点速率为何？(d) 其后的速率是较大还是较小？（试着不用更多的计算，回答后两个问题）(e) 有否某一瞬时质点的速度为零？(f) $t=3\text{s}$ 之后，质点会否在某一时刻向 x 轴负方向运动？

5. 若一沿 x 轴运动的质点的位置由下式确定：$x=9.75+1.50t^3$（式中 x 的单位为 cm，t 的单位为 s）．计算：(a) 质点在 $t=2.00\text{s}$ 至 $t=3.00\text{s}$ 时间内的平均速度；(b) 质点在 $t=2.00\text{s}$ 的瞬时速度；(c) 质点在 $t=3.00\text{s}$ 的瞬时速度；(d) 质点在 $t=2.50\text{s}$ 时的瞬时速度；(e) 当质点位于它在 $t=2.00\text{s}$ 和 $t=3.00\text{s}$ 所处位置的中点时的瞬时速度；(f) 画出 $x-t$ 曲线，并用图简要说明你的答案．

6. 一个赛跑者的速度－时间曲线显示在图 1－36

中，试问他在16s时间内跑出多远？

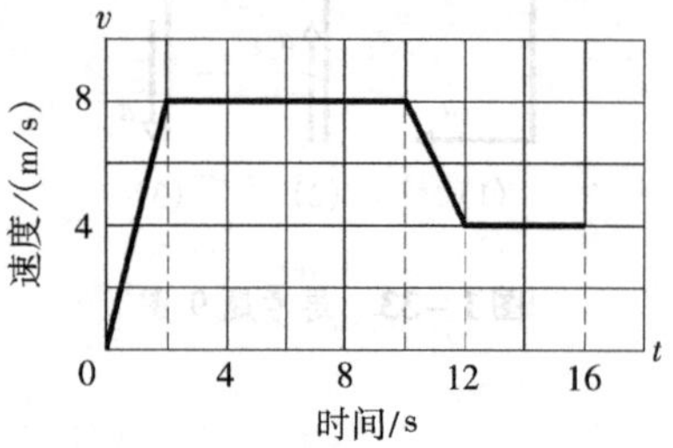

图1-36 习题6图

7. 已知质点运动方程为：$x=2t$，$y=2-t^2$（x、y以m为单位，t以s为单位）.（a）计算并图示质点运动的轨道；（b）写出$t=1$s和$t=2$s时质点的位置矢量，并计算1s到2s的平均速度；（c）计算1s末和2s末的瞬时速度；（d）计算1s末和2s末的瞬时加速度.

8. 如图1-37所示，在离水面高度为h的岸边上有人用绳子拉船靠岸，收绳的速率恒为v_0，求船在离岸边的距离为x时的速度和加速度.

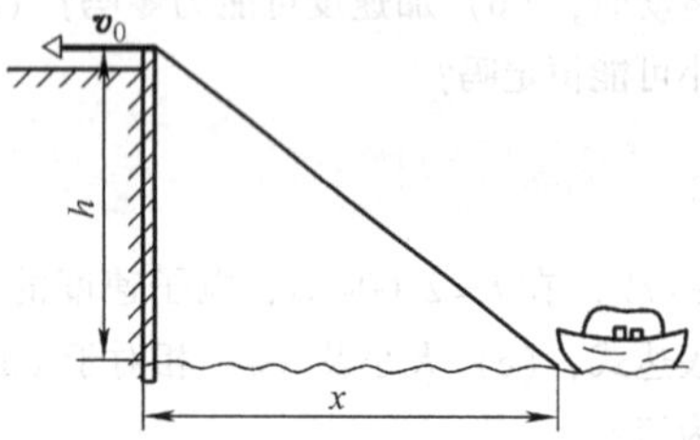

图1-37 习题8图

9. 在xy平面运动的一粒子的速度为$\boldsymbol{v}=(6.0t-4.0t^2)\boldsymbol{i}+8.0\boldsymbol{j}$，式中单位$\boldsymbol{v}$为m/s，$t$（>0）为s.（a）求在$t=3.0$s时的加速度；（b）问粒子的加速度何时（如果有）为零？（c）粒子的速度何时（如果有）为零？（d）速率何时（如果有）为10m/s？

10. xy平面内一粒子在$t=0$时以速度$8.0\boldsymbol{j}$m/s和恒定加速度$(4.0\boldsymbol{i}+2.0\boldsymbol{j})$ m/s^{2}从原点开始运动.若某瞬时粒子的x坐标为29m，求（a）它的y坐标和（b）它的速率.

11. 一个粒子按它的位置（用m）对时间（用s）的函数$\boldsymbol{r}=\boldsymbol{i}+4t^2\boldsymbol{j}+t\boldsymbol{k}$运动.写出它的（a）速度与（b）加速度对时间的函数.

12. 在xy平面内运动的一个质点的位置$\boldsymbol{r}$由$\boldsymbol{r}=(2.00t^3-5.00t)\boldsymbol{i}+(6.00-7.00t^4)\boldsymbol{j}$给出，式中$\boldsymbol{r}$的单位为m，$t$的单位为s．计算在$t=2.00$s时的（a）$\boldsymbol{r}$；（b）$\boldsymbol{v}$及（c）$\boldsymbol{a}$.（d）该$t=2.00$s时质点运动路径的切线方向为何？

13. 在$t=0$时，用弹弓射出的一块石头其初速度的大小为20.0m/s，仰角为40.0°.求在$t=1.10$s时，石头相对于弹弓所在处的位移的（a）水平分量，（b）竖直分量.再计算在$t=1.80$s时的（c）水平分量，（d）竖直分量和$t=5.00$s时的（e）水平分量，（f）竖直分量？

14. 一电子沿x轴运动的位置由$x=16te^{-t}$m给出，式中t的单位为s.当电子瞬间静止时，它距原点有多远？

15. 从地面向空中抛出一球.在高度达9.1m时，它的速度是$\boldsymbol{v}=7.6\boldsymbol{i}+6.1\boldsymbol{j}$，单位为m/s，（$\boldsymbol{i}$水平，$\boldsymbol{j}$向上）.（a）球达到的最大高度是多少？（b）球越过的总水平距离是多少？在球落地时的速度的（c）大小和（d）方向如何？

16. 一升降机以加速度1.22m/s^{2}上升，当上升速度为2.44m/s时，有一螺钉自升降机的天花板上松脱，天花板与升降机的底面相距2.74m.计算：（a）螺钉从天花板落到底面所需要的时间；（b）螺钉相对升降机外固定柱子的下降距离.

17. 一个地球卫星沿离地球表面640km的圆形轨道运行，周期为98.0min.（a）卫星的速率是多少？（b）卫星的向心加速度的大小是多少？

18. 一质点作半径为$r=0.02$m的圆周运动，当它走过的路程与时间的关系为$s=0.1t^3$（其中s以m为单位，t以s为单位），当质点的速率为$v=0.3$m/s时，它的法向加速度和切向加速度各为多少？

19. 一物体被水平抛出，初速度$v_0=15$m/s，求物体被抛出后的第一秒末的法向加速度和切向加速度.

20. 一条船以相对于河水14km/h的速率逆流而上.水流相对于地面的速率是9km/h.（a）船相对于地面的速率为何？（b）一个孩子在船上以速率6km/h从船头走向船尾，孩子相对于地面的速率为何？

21. 两条公路相交，如图1-38所示.在所示的时刻，一辆警车P与交叉点距离800m，并以80km/h行驶.汽车M距离交叉点600m，以60km/h行驶.（a）用单位矢量表示，汽车相对于警车的速度是多少？（b）在图1-38所示的时刻，（a）中的速度的方向和两车间的视线相比如何？（c）如果两车速度不变，当两车驶近交叉点时，（a）和（b）的答案是否改变？

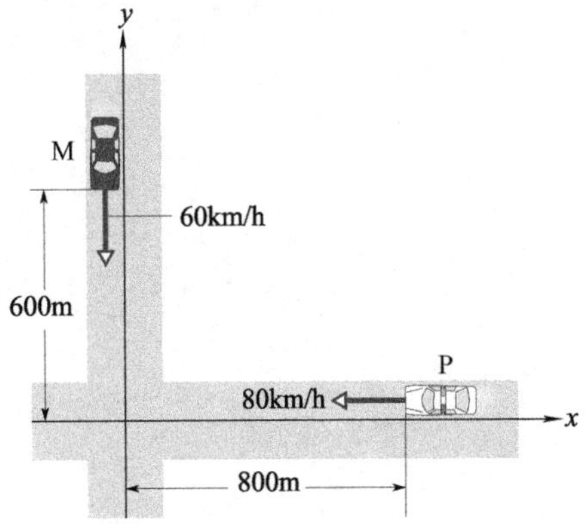

图 1－38　习题 21 图

22. 一列车以速度 30m/s（相对于地面）在雨中向南行驶. 雨滴被风吹向南方. 地面上站立的观察者看到雨滴与竖直方向成 70°角. 坐在列车内的观察者看到雨滴正好竖直下落. 求雨滴相对于地面的速率.

23. 船 A 处于船 B 的北 4.0km 和东 2.5km. 船 A 的速度是 22km/h 向南, 船 B 的速度是 40km/h 向东偏北 37°. (a) 船 A 相对于船 B 的速度是多少? (将答案以单位矢量 $\boldsymbol{i}$ 和 $\boldsymbol{j}$ 表示, $\boldsymbol{i}$ 指向东.) (b) 写出船 A 相对于船 B 的位置作为时间 t 的函数 (以单位矢量 $\boldsymbol{i}$ 和 $\boldsymbol{j}$ 表示, 并取船在上述位置时为 $t=0$). (c) 在什么时刻两船相距最近? (d) 最近的距离是多少?

第 2 章　牛顿定律及其应用

1974 年 4 月 4 日，比利时人 John Massis 在纽约长岛的一处铁轨上成功地拖动了两节客车车厢．他当时是用牙紧紧咬住一副以绳子连在车厢上的嚼子，同时向后倾身并用脚尽全力蹬铁路的枕木．两节车厢总重约达 80t.

Massis 必须用超人的力才能使它们加速吗？

答案就在本章中．

上一章中，我们只注重研究物体的运动，而没有考虑产生或改变运动状态的原因（故称其为**质点运动学**）．从本章开始至第4章，我们将联系改变运动状态的原因来研究质点的运动（故称其为**质点动力学**），以求全面地认识和掌握机械运动的规律．

当看到一个物体的速度在大小或方向上发生变化时，我们会想到一定有某种原因**引起**了这种变化．的确，凭日常经验知道，速度的变化一定是由于物体与其周围的什么东西之间有相互作用．例如，如果看到一个正在冰场上滑动的冰球突然停下或突然改变方向，就会猜想那个冰球碰到了冰面上的一个小冰脊．

能引起物体加速度的相互作用称为**力**，不严谨地说，是对物体的推力或拉力——它被说成是**作用**在物体上的．比如，冰脊对冰球的撞击是作用在冰球上的，它会引起一个加速度．力与该力引起的加速度之间的关系最初是由英国科学家牛顿（I. Newton，1642—1727）确定的，这也是本章的主题．对于这种关系的研究称为**牛顿力学**．本章将集中研究牛顿三条基本运动定律．

牛顿力学并不对所有的情况都适用．如果相互作用的物体的速率非常大——大到为光速的一个相当大的分数——就必须用爱因斯坦的狭义相对论代替牛顿力学，因为相对论理论对任何速率，包括接近光速的情况均适用．如果相互作用的物体属于原子结构的尺度（例如，可能是原子内的电子），就必须用量子力学代替牛顿力学．物理学家现在把牛顿力学视为这两种更全面的理论的一个特例．尽管如此，牛顿力学是一个非常重要的特例，因为它适用的范围在尺度上可以从非常小的物体（几乎按近原子结构的尺度）到非常大的天体（诸如星系和星系团）．

2-1　牛顿定律

1. 牛顿第一定律　惯性参考系

(1) 牛顿第一定律

在牛顿形成他的力学之前，人们认为，要保持物体以恒定速度运动，就需要某种外界影响——“力”的作用．类似地，他们认为，物体静止时是处于其“自然状态”．而要使物体以恒定速度运动，似乎必须用某种方式，推或拉，不断地驱动物体，否则物体就会“自然地”停止运动．

这些想法是合理的．如果将一个冰球扔到木质地板上，它的确会慢下来然后停止．若想使它在地板上以恒定速度运动，就必须不断地推或拉它．

然而，若将冰球扔到溜冰场上，它滑得就会远得多．可以想象更长和越来越光滑的平面，在其上冰球会滑动得越来越远．在极限的情况下，可以设想一个长的、极其光滑的表面（称作**无摩擦表面**），在其上冰球根本不会减慢（实际上在实验室内可以接近这种情形，做法就是把冰球投放到水平气桌上，在那里它在一层空气薄膜上滑动）．

通过这些观察，我们可以得出结论，即如果没有力作用在物体上，它就会保持以恒定的速度运动．这个结论就把我们引到牛顿三条运动定律中的第一条，即

> 任何物体都保持其静止或匀速直线运动状态，直到外力迫使它改变运动状态为止．

换言之，如果没有外力作用在物体上，或物体所受合外力为零，则原来静止的物体，就会保持静止；如果物体正在运动，则它将以相同的速度（相同的大小和方向）继续运动．

牛顿第一定律包含着两个重要概念：第一，按照这条定律，任何物体都有保持其静止或匀

速直线运动状态不变的性质，这种性质叫做物体的**惯性**. 因此，牛顿第一定律又叫做**惯性定律**. 第二，正是由于物体具有惯性，所以要使物体的运动状态发生变化，一定要有其他物体对它作用，这就引出**力的概念**：力是使物体的速度发生改变，也就是使它获得加速度的原因，而这种作用是由其他物体施予的.

如果有 n 个外力作用在一个质点上，而且合力为零，这时质点的运动情况与它不受外力作用时的情况是一样的. 这样，用**合力给出的牛顿第一定律的恰当表述为**

牛顿第一定律：如果没有合力作用在物体上（$F_{net}=0$），则该物体的速度就不会改变；即，物体不可能加速.

或许会有多个力作用于一个物体上，但只要它们的合力为零，物体就不会加速.

（2）惯性参考系

牛顿第一定律不是对所有参考系都适用的. 不过我们总能找到那样的参考系，在其中牛顿第一定律（及牛顿力学的其他定律）适用. 这样的参考系被称为**惯性参考系**，简称为**惯性系**.

惯性参考系是牛顿定律适用的参考系.

例如，当能够忽略地球的实际天文运动（如它的自转）时，我们可以假设地面是一个惯性参考系，这个假设相当符合实际. 比如，若我们扔出一个冰球，使之在一小段无摩擦的冰面上滑动——地面上的观察者会看到冰球的运动遵从牛顿力学定律. 然而，假设这段距离非常长，比方说，从北极延伸到南极. 这时，地面上的观察者会发现冰球在向南运动的同时还稍向西边偏移（见图2-1a），但观察者却无法找到引起这个向西的加速度的力. 在这种情形中，地面就是**非惯性系**了，因为，对于冰球的长行程，地球的自转不能忽略. 滑动中的冰球相对于地面不可思议的向西的加速度实际上是由于冰球下的地面向东边的转动引起的（见图2-1b）.

在本书中，我们通常假设地面是一个惯性系，力和加速度都在地面上测定. 但若在，例如，一个相对于地面正在加速的电梯中测定，则所做的测量就是相对非惯性系的，因而结果也会出人意料. 在第2-5节中我们会讨论这种情形.

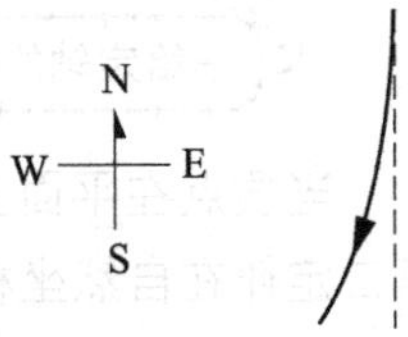

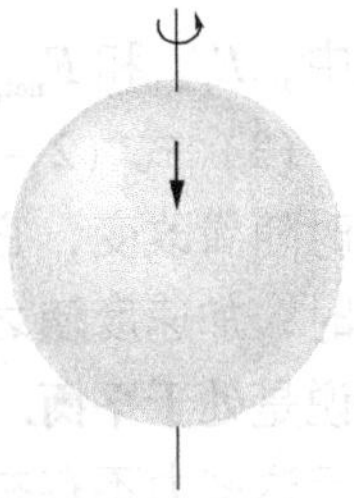

图2-1 a）地面上的观察者看到的在相当长的无摩擦的冰面上向正南方滑动的冰球的路径. b）随着地球的自转，向南滑动的冰球下面的地面向东转动.

2. 牛顿第二定律

牛顿第二定律阐明了作用于物体的外力与物体加速度的定量关系，即：

当物体受到外力作用时，物体所获加速度的大小与合外力的大小成正比，并与物体的质量成反比；加速度的方向与合外力的方向相同. 如用 $\boldsymbol{F}_{net}$ 表示合外力，则可将这个关系简述为

牛顿第二定律：作用于物体上的合外力等于物体的质量与它的加速度的乘积.

并用方程式的形式表示为

$$\boldsymbol{F}_{net}=m\boldsymbol{a} \quad （牛顿第二定律） \qquad (2-1)$$

牛顿第二定律是牛顿力学的核心. 它的表述形式并不复杂，但应用它解决问题时必须注意以下几点：

(1) 必须搞清楚要对哪个物体应用此定律，并且该物体是否可当作质点来处理，因为牛顿第二定律**只适用于质点**或可看作质点的物体. 在物体作平动时，由于物体上各质点的运动情况完全相同，所以在研究平动问题时，一般都是把物体当作质点来处理的.

(2) 应明确 $\boldsymbol{F}_{\mathrm{net}}$是作用在**该**物体上的**所有**力的矢量和. 在力的矢量和中只能包括作用于**该**物体上的力，在给定问题中涉及到的作用在其他物体上的力不能计入. 比如，当运动员加入橄榄球的扭夺时，**他**受的合力是所有加在**他**身上的推力与拉力的矢量和，不包括他对其他球员的任何推力或拉力.

由于**力是矢量**，既有大小，又有方向，当两个或更多个力作用于一个物体上时，我们可用矢量的方法把这些单个的力加起来求出它们的**净力**或**合力**. 合力对物体的影响与所有这些组成合力的单个的力一起作用的影响是一样的. 这个事实叫做**力的叠加原理**.

在本书中，大都用矢量符号 $\boldsymbol{F}$ 表示力，用矢量符号$\boldsymbol{F}_{\mathrm{net}}$表示合力. 和其他矢量一样，力或合力可以有沿坐标轴方向的分量. 当多个力仅沿单一的轴作用时，它们为单分量力，我们可仅用正负号表示力沿该轴的方向. 这样，式 (2-1) 的矢量表达式就可写为三个等价的分量方程(解题时更为适用). 对应于 xyz 坐标系中的每个轴的分量方程为

$$F_{\mathrm{net},x} = ma_x, F_{\mathrm{net},y} = ma_y, \text{和 } F_{\mathrm{net},z} = ma_z \tag{2-2}$$

每个这种方程把沿一个轴的合力分量与沿同一轴的加速度联系起来. 例如，第一个方程告诉我们，所有沿 x 轴的力的分量之和引起该物体加速度的 x 分量 a_x，而不会在 y 与 z 方向引起加速度. 反过来说，加速度的分量 a_x 仅由沿 x 轴的力的分量的和引起. 通常有

沿给定轴的加速度分量仅由沿同一轴的力的分量的和引起，与沿其他轴的力的分量没有关系.

当质点在平面上作曲线运动时，我们可把式 (2-1) 投影于轨道的切线和法线方向，牛顿第二定律在自然坐标系中可写为

$$F_{\mathrm{net,t}} = ma_{\mathrm{t}} = m\frac{\mathrm{d}v}{\mathrm{d}t}, \quad F_{\mathrm{net,n}} = ma_{\mathrm{n}} = m\frac{v^2}{\rho} \tag{2-3}$$

式中，$F_{\mathrm{net,t}}$和 $F_{\mathrm{net,n}}$分别表示切向和法向合外力.

(3) 式 (2-1) 所表示的合外力与加速度之间的关系是**瞬时**关系. 当力改变时，加速度也同时随着改变，它们同时存在，同时改变，同时消失；仅当有力作用时才有加速度，当力变为零时，加速度随之变为零，而当合力为零时，所有作用在物体上的力相互**平衡**，力与物体都可以说是**处于平衡**. 一般地，也可以说这些力相互**抵消**. 不过，“抵消”这个词很微妙，它并**不**表示这些力不存在，它们仍然作用在物体上.

(4) 关于质量. 根据式 (2-1) 可以比较物体的质量. 用同样的外力作用在两个质量分别是 m_1 和 m_2 的物体上，以 a_1 和 a_2 分别表示它们由此产生的加速度的数值，则由式 (2-1) 可得

$$\frac{m_1}{m_2} = \frac{a_2}{a_1}$$

即在相同外力的作用下，物体的质量与加速度成反比，质量大的物体获得的加速度小. 这意味着质量越大的物体，其运动状态越不易改变，即其惯性越大；反之，惯性越小. 因此可以说，**质量是平动惯性大小的量度**. 正因如此，这里的质量也被称为物体的**惯性质量**. 由此可见，要确定某一物体的质量，只要选定一个标准物体，并规定它的质量等于一个单位，然后用相等的

力，先后作用在标准物体和待测物体上，求出它们加速度的比值，就可定出待测物体的质量．实验证明，用此方法确定的每个物体的质量是一个常量，与作用力无关．

大量实验表明，质量是一个标量，而且质量是物体的一种固有的（也称为本征的）特性——物体与生俱来的属性．不过，困扰我们的问题还存在：对于质量的直观理解究竟是什么？它会是我们能亲身感觉到的某种东西，比如物体的尺寸、重量或密度吗？虽然有时这些特征很容易与质量混淆，但答案是否定的．我们只能说，**物体的质量是把加在物体上的力和所引起的加速度联系起来的一种特性**．质量没有更熟悉的定义．人们只有在打算加速一个物体时，例如在击出一个棒球或保龄球时，才会对质量有切身感受．

检查点1：在下图的六个小图中，哪一个能正确表示F_1与F_2相加而产生的第三个矢量（代表它们的合力F_{net}）．

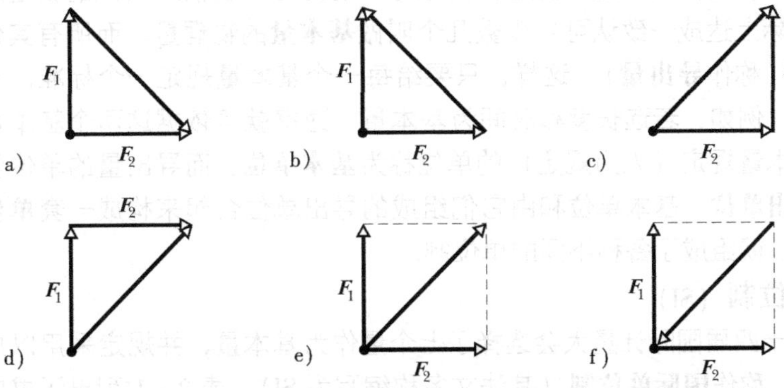

3. 牛顿第三定律

当两物体相互推或拉时——即当每个物体都受到源于另一物体的作用力时——我们说它们在**相互作用**．例如，假设你将一本书B斜靠在箱子C上（见图2-2a），于是书与箱子就相互作用：箱子对书作用一水平力$\boldsymbol{F}_{BC}$，而书对箱子作用一水平力$\boldsymbol{F}_{CB}$．这对力如图2-2b所示．牛顿第三定律表述为

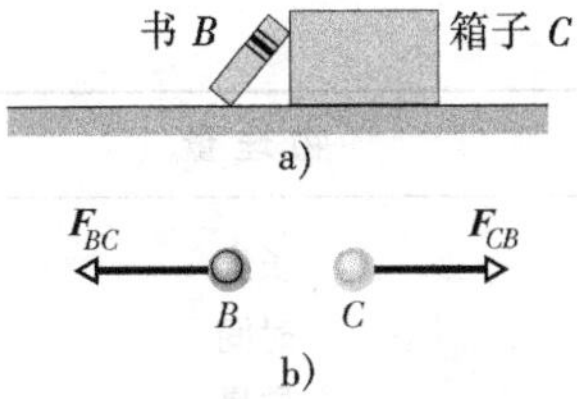

图2-2 书B斜靠箱子C．

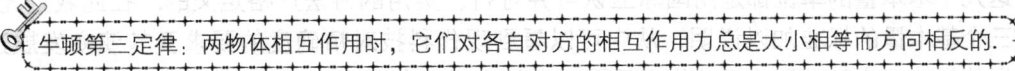

牛顿第三定律：两物体相互作用时，它们对各自对方的相互作用力总是大小相等而方向相反的．

对书与箱子，可将此定律写作标量关系

$$F_{BC} = F_{CB} \quad \text{（等值）}$$

或矢量关系

$$\boldsymbol{F}_{BC} = -\boldsymbol{F}_{CB} \quad \text{（等值反向）}$$

其中负号表示二力的方向相反．我们可将两个相互作用的物体之间的力称为**第三定律力对**或称其中任一个为**作用力**，另一个为**反作用力**．当任意两物体在任何情况下相互作用时，第三定律力对都会出现．因此，牛顿第三定律的数学形式也可一般表示为

$$\boldsymbol{F}_{12} = -\boldsymbol{F}_{21} \tag{2-4}$$

可以看出，牛顿第三定律更进一步阐明了力的含义，这就是物体间的力具有相互作用的性质，物体受到的任何一个力，必然来自另一个物体对它的作用，没有作用物体的力是不存在的．任何一个作用力必有它的反作用力，它们之间的第三定律力对总是同时存在，同时消失，无先后、无主次之分而且属于同种性质的力，但因分别作用在不同的物体上，因此不能相互抵消．另外，牛顿第三定律不仅对图2-2a所示的书与箱子静止时的情形成立，而且即使它们在运动，甚至在加速，第三定律仍然成立．

最后还应明确，牛顿第二定律、第三定律与牛顿第一定律一样，只适用于惯性参考系，这一点在后面第2-5节中还会进一步说明．

2-2 力学的单位制和量纲

物理量为数很多，相应的单位和单位制也很多，这给研究工作和生活带来诸多不便．幸好它们并不是相互独立的，比如速率就是长度与时间的比值．我们所要做的就是从所有物理量中挑选出（并由国际上达成一致认可）少数几个叫做**基本量**的物理量，而所有其他的量都可由这几个基本量导出（称作**导出量**）．这样，只要给每一个基本量规定一个标准，也就不必再给其他量规定标准了．例如，若选长度和时间为基本量，速率就可依据这两个基本量及其标准来定义．人们把给基本量规定（人为规定）的单位称为**基本单位**，而导出量的单位就都是基本单位的组合，叫做**导出单位**．基本单位和由它们组成的导出单位合起来构成一套**单位制**．由于基本单位的选取不同，就组成了各种不同的单位制．

1. 国际单位制（SI）

1971年，第十四届国际计量大会选择了七个量作为基本量，并规定采用以广为熟知的**米制**为基准的单位制，称作**国际单位制**（其法文名称缩写为SI）．表2-1列出了书中力学部分的几章中会多处用到的三个基本量（长度、质量和时间）的单位．

表2-1 三个基本量的国际制单位

物理量	单位	国际符号
长度	米	m
时间	秒	s
质量	千克	kg

这几个基本量的单位都是用国际上认可并可行、实用的方法严格定义的．在此我们先对力学这三个基本量的标准加以说明，从中可以看到现代科技对精确度的要求及其演变发展过程．物理学的另外四个基本量的标准将在后面相应部分一一介绍．

（1）长度

1792年，新生的法兰西共和国建立了一套新的量度法则．它的基础就是米，定义为从北极到赤道距离的千万分之一．后来出于实用的原因，这个标准被放弃，而又将米定义为刻在一根铂-铱合金棒两端两条细线间的距离．该**标准米尺**保存在靠近巴黎的国际计量局．由它校准的复制品被送往全世界的一些标准化实验室．这些二**级标准**用来校验其他（更易得到的）标准．最终，保证每个标准或测量装置均可通过一系列复杂的对比，由标准米尺来确定精确性．

如今，现代科技要求比标准米尺更为精确的标准．从1960年开始，又采用了以光的波长作为米的新标准．具体讲，这项新标准是选择了氪-86原子（氪的一个特定同位素）在气体放电管中发出的某个特定橙红色光的波长作为标准，将1m 明确地规定为这种光的1 650 763.73 个波长. 选这个难记的波长数为标准是为使该新标准尽可能与以米尺为基础的旧标准相一致.

不过到了1983 年，这种氪-86 标准也难以满足高精度的要求，人们采取了一种更独特的方法，将米重新定义为光在一特定时间间隔内传播的距离. 在第17 届国际计量大会上规定:

1m 为光在 1/299 792 458s 时间内在真空中传播的距离.

这样选定时间间隔，光的速率可以精确写为

$$c = 299\ 792\ 458\ \text{m/s}$$

正因为光速的测量已达到相当精确的水平，采用光速来重新定义米才具有意义.

表2-2 给出大到宇宙，小到极小物体的长度的近似值.

表2-2　一些长度的近似值

测量量	长度/m	测量量	长度/m
地球到银河系的距离	2×10^{26}	珠穆朗玛峰的高度	9×10^{3}
地球到仙女座星系的距离	2×10^{22}	这页纸的厚度	1×10^{-4}
地球到最近的恒星（半人马座）的距离	4×10^{16}	典型生物病毒的大小	1×10^{-8}
地球到冥王星的距离	6×10^{12}	氢原子的半径	5×10^{-11}
地球的半径	6×10^{6}	质子的有效半径	1×10^{-15}

(2) 时间

任一个自身重复的现象都可作为时间的标准. 地球的自转一周被用作确定一天的长度已经好几个世纪了. 图2-3 显示了基于这种转动制作的一个表的新颖的样子，一个石英钟，其中石英环连续振动，可以由天文观测对照地球的自转来校准该钟，用以在实验室测量时间间隔. 不过，这样的校正是无法实现现代科学和工程技术所要求的精确度的.

为满足更好的时间标准的需要，发展了原子钟. 在美国科罗拉多州 Boulder 的美国国家标准和技术局（NIST）的一个原子钟被确定为协调世界时（UTC）的标准. 人们可通过无线广播和拨打电话得到它的信号.

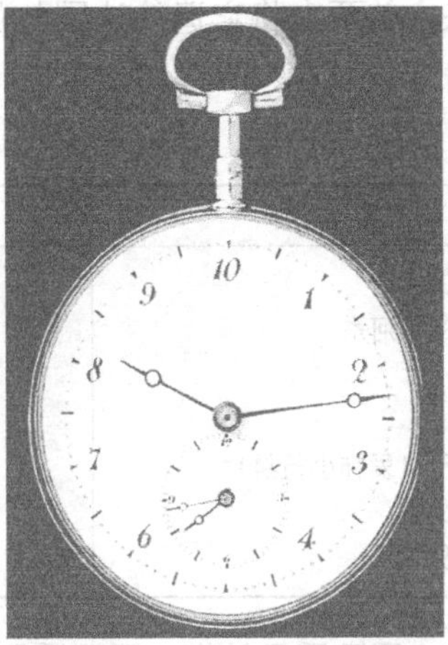

图2-3　1792 年提出用米制时，曾改定1白天为10小时，当时这个主意不很为人们接受. 制作这种10小时表的工匠巧妙地加了一个保留习惯的12小时时间的小度盘. 这两个度盘指示着相同的时间吗？

第13 届国际计量大会采用基于铯钟确定的标准秒作为国际标准:

1s 规定为铯-133 原子发射的（特定波长的）光的9 192 631 770 个周期所持续的时间.

一般讲，两个铯钟在运行6000 年后相差将不超过1s. 更为精确的钟还在研究中. 将来的钟的精度或许会达到经过 1×10^{18}s（大约 3×10^{10}年）后才差1s.

表2-3 中列出了一些时间间隔。

表 2-3 一些时间间隔的近似值

测量量	持续时间间隔/s	测量量	持续时间间隔/s
质子的半衰期	1×10^{39}	人两次心跳之间的时间	8×10^{-1}
宇宙的年龄	5×10^{17}	μ 介子的半衰期	2×10^{-6}
Cheops 金字塔的年龄	1×10^{11}	最短的实验室光脉冲	6×10^{-15}
人类寿命估算值	2×10^{9}	最不稳定粒子的半衰期	1×10^{-23}
一天的长度	9×10^{4}	普朗克时间①	1×10^{-43}

① 是我们所知大爆炸后物理学定律可应用的最早时间.

(3) 质量的标准

质量的标准有两种:

① 标准千克:质量的国际标准是保藏在巴黎附近国际计量局的一个铂-铱圆柱体(见图 2-4),由国际协议规定其质量为 1kg. 它的精确的复制品被送往其他国家的标准化实验室,而其他物体的质量可借助于天平与复制品比较来确定. 表 2-4 给出一些以 kg 为单位表示的物体的质量,它们的质量值大小相差约 10^{83} 倍.

标准千克的美国复制品放在美国国家标准局的圆顶罩内. 为了校验其他复制品,它一年最多动用一次. 自 1889 年以来,曾两次将它运往法国与原始标准(一级标准)重新比对.

图 2-4 质量的国际千克标准,高和直径均为 3.9cm 的铂-铱圆柱体.

表 2-4 一些物体的近似质量

物 体	质量/kg	物 体	质量/kg
已知的宇宙	1×10^{53}	大象	5×10^{3}
我们的银河系	2×10^{41}	葡萄	3×10^{-3}
太阳	2×10^{30}	尘埃微粒	7×10^{-10}
月球	7×10^{22}	青霉素分子	5×10^{-17}
Eros 星(爱神小行星)	5×10^{15}	铀原子	4×10^{-25}
小型山脉	1×10^{12}	质子	2×10^{-27}
远洋货轮	7×10^{7}	电子	9×10^{-31}

② 原子质量单位:原子质量之间的相互比较能比它们与标准千克作比较做得更加精确,所以在原子尺度上我们有质量的另一种标准,它是碳-12(C^{12})原子的质量. 根据国际协议,规定 C^{12} 原子的质量恰好是 12 个统一的**原子质量单位**(国际符号为 u). 这两种单位之间的关系为

$$1u = 1.6605402\times10^{-27}kg \tag{2-5}$$

在最后两个小数位上有 ±10 的不确定度. 科学家们在合理的精确度范围内,借助实验与 C^{12} 原子质量比较从而确定其他原子质量. 目前我们所缺乏的是把这种精确度推广到像千克这样的常用质量单位中的可靠手段.

对基本量的国际单位制标准作出规定后,许多国际单位制的**导出单位**就可由这些基本单位定义了. 例如功率的国际制单位称为**瓦特**(符号:W),是由质量、长度和时间等基本单位定义的.

$$1\ \text{瓦特}\ (\text{Watt}) = 1\text{W} = 1\text{kg}\cdot\text{m}^2/\text{s}^3$$

再如力的国际制单位称为牛顿（N）

$$1\text{N} = (1\text{kg})(1\text{m/s}^2) = 1\text{kg}\cdot\text{m/s}^2$$

为便于表示物理中常用的很大或很小的量，我们常借助于以 10 的幂表示的**科学符号**. 在该方法中，

$$3\ 560\ 000\ 000\text{m} = 3.56\times10^9\text{m}$$

$$0.000\ 000\ 492\text{s} = 4.92\times10^{-7}\text{s}$$

科学符号在计算机上表示则更为简洁，如 3.56E9 和 4.92E−7，其中 E 代表 “10 的指数”. 在有些计算机上甚至还可简化到用一空格代替 E.

当涉及较大或较小的测量量时，我们运用表 2−5 中的词头则更为便利. 就像即将会看到的，每个词头代表一确定的 10 的幂因子，对国际单位制而言，每附加一词头就相当于乘一个相关因子. 因此，我们可将某一电功率表示为

$$1.27\times10^9\text{W} = 1.27\text{kMW} = 1.27\text{GW}$$

或某一时间间隔为

$$2.35\times10^{-9}\text{s} = 2.35\text{ns}$$

像常用的毫升、厘米、千克和兆字节这样一些词头，很多人大概已经很熟悉了.

表 2−5 国际单位制（SI）词头表示法

指数因子	词头①（中文名）	符号	指数因子	词头①（中文名）	符号
10^{24}	yotta	Y	10^{-1}	deci-（分）	d
10^{21}	zetta	Z	$\mathbf{10^{-2}}$	**centi-（厘）**	**c**
10^{18}	exa-（艾［可萨］②）	E	$\mathbf{10^{-3}}$	**milli-（毫）**	**m**
10^{15}	peta-（拍［它］）	P	$\mathbf{10^{-6}}$	**micro-（微）**	**μ**
10^{12}	tera-（太［拉］）	T	$\mathbf{10^{-9}}$	**nano-（纳［诺］）**	**n**
$\mathbf{10^{9}}$	**giga-（吉［咖］）**	**G**	$\mathbf{10^{-12}}$	**pico-（皮［可］）**	**p**
$\mathbf{10^{6}}$	**mega-（兆）**	**M**	10^{-15}	femto-（飞［母托］）	f
$\mathbf{10^{3}}$	**kilo-（千）**	**k**	10^{-18}	atto-（阿［托］）	a
10^{2}	hecto-（百）	h	10^{-21}	zepto-	z
10^{1}	deka-（十）	da	10^{-24}	yocto-	y

① 最为常见的词头，在本表中以黑体字示出.

② ［ ］内的字，在不致混淆情况下，可省略.

2. 量纲

前面曾经讲过，导出量可以从基本量导出，所以每个导出量一定可用基本量的某种组合来表示. 表示每个物理量怎样由基本量组成的式子，称为**量纲**（或量纲式）. 以大写字母 L、M、T 分别表示基本量长度、质量和时间的量纲，其他物理量 Q 的量纲与基本量的量纲之间的关系可用下面两种方式表示：

$$[Q] = \text{L}^p\text{M}^q\text{T}^s \quad \text{或} \quad \dim Q = \text{L}^p\text{M}^q\text{T}^s$$

即物理量的符号外加方括弧，如 $[F]$、$[a]$ 等，或物理量的符号前加英文 dimension 的缩写 dim，如 $\dim F$、$\dim a$ 等，均可用来表示 “相应物理量的量纲” 的含义. 式中各基本量的量纲上的指数 p、q、s 称为**量纲指数**，它们可为正数，也可为负数. 以速率 v、加速度 a 和力 F 为例，它们的量纲分别是

$$[v]=\frac{\mathrm{L}}{\mathrm{T}}=\mathrm{LT}^{-1}$$

$$[a]=\frac{\mathrm{L}}{\mathrm{T}^2}=\mathrm{LT}^{-2}$$

或

$$\dim F=\dim m\cdot\dim a=\mathrm{MLT}^{-2}$$

应该说明的是，这些量纲是它们的SI表达式．同一物理量在不同单位制中的量纲可以不同．同一单位制中，量纲相同的量也不一定是同一物理量，如力矩与功．

量纲概念的引入，能够使我们迅速地看出物理量的性质及各量之间的基本关系．例如向心加速度 $a=v^2/r$，从

$$\left[\frac{v^2}{r}\right]=\frac{\mathrm{L}^2\mathrm{T}^{-2}}{\mathrm{L}}=\mathrm{LT}^{-2}$$

可以看出 v^2/r 这一项的性质，即具有加速度的量纲．

量纲的概念除具有上述作用外，还有以下用途：

（1）**用于单位换算**：比如在中学物理课中我们曾用过厘米·克·秒（cgs）制，其中力的单位叫达因（dyn）[㊀]．现在我们可以利用量纲求牛顿与达因的换算关系：已知力的量纲为 MLT^{-2}，于是，

1 牛顿 = 1 千克·米·秒$^{-2}$ = 1000 克 × 100 厘米 × 1 秒$^{-2}$ = 10^5 克·厘米·秒$^{-2}$ = 10^5 达因

即

$$1\mathrm{N}=10^5\mathrm{dyn}$$

（2）**用于检验公式的正误**：检验所依据的原则是：**只有量纲相同的项才能互相加减或用等式相连接**．例如在公式 $x-x_0=v_0t+\frac{1}{2}at^2$ 中，注意到其中各项的量纲均应为长度，因为它是 x 和 x_0 的量纲．v_0t 项的量纲是 $(\mathrm{L/T})(\mathrm{T})$，正是L．$\frac{1}{2}at^2$ 的量纲是 $(\mathrm{L/T^2})(\mathrm{T^2})$，也是L．因此这个方程从量纲来检验是正确的（但式中系数是否正确，则不能用量纲检验）．

假如有人推出的公式是 $x-x_0=v_0+\frac{1}{2}t^2$，则因公式中各项的量纲不同而可以立即肯定这个关系式是错误的．这就是**量纲分析法**．

总之，**量纲分析法是处理物理学问题的重要方法之一**．大家应学会在解决物理问题的过程中，灵活使用它．

2-3 几种常见的力

在应用牛顿定律解决问题时，首先必须能正确分析物体的受力情况．力学中常见的力有万有引力和重力、弹性力及摩擦力等，它们分属不同性质的力．下面就来分别介绍这几种力．

1. 万有引力和重力

(1) 万有引力

1665年，23岁的牛顿对物理学作出了一个基础性的贡献，当时他证明把月球束缚于轨道上

㊀ 达因为非法定计量单位．——编辑注

的力与使苹果落地的力是同样的力．牛顿得出结论说，不仅地球吸引苹果，而且月亮和宇宙中任何物体都吸引其他物体，这种使物体相向运动的趋势就叫做**引力**．牛顿的结论曾很难被人接受，因为人们熟知地球对其上物体的吸引力如此之大以致于掩盖了地球上物体间的吸引力．例如，地球吸引一只苹果的力是0.8N，一个人也吸引旁边的苹果（苹果也吸引他），但这个吸引力还不到一粒尘土的重量．

定量地说，牛顿提出了一个**力学定律**，叫做**牛顿引力定律**，后来人们称它为**万有引力定律**：每个质点都吸引其他质点，其**引力**的大小是

$$F = G\frac{m_1 m_2}{r^2} \tag{2-6}$$

这里 m_1 和 m_2 是质点的质量；r 是它们之间的距离；G 是引力常量．G 的值现在知道是

$$G = 6.67\times10^{-11}\mathrm{N\cdot m^2/kg^2} = 6.67\times10^{-11}\mathrm{m^3/kg\cdot s^2} \tag{2-7}$$

如图2-5所示，质点 m_2 以指向 m_2 的引力 $\boldsymbol{F}$ 吸引质点 m_1，而 m_1 又用指向 m_1 的引力 $-\boldsymbol{F}$ 吸引 m_2．力 $\boldsymbol{F}$ 与 $-\boldsymbol{F}$ 构成第三定律的一对力，它们大小相同而方向相反，并由两个质点的距离（而不是位置）决定：质点可以在深洞内或者高空中．力 $\boldsymbol{F}$ 与 $-\boldsymbol{F}$ 也不会因为有其他物体的存在而发生改变，即使这些物体处于我们考虑的两质点之间．

引力的强度——给定质量、给定距离的两个质点相互吸引的强弱程度与引力常数 G 有关．如果 G 突然增大10倍，由于地球的引力，你就会瘫到地板上．而如果让 G 突然减小到十分之一，那么地球引力就会弱得使你可以跳过一座高楼．

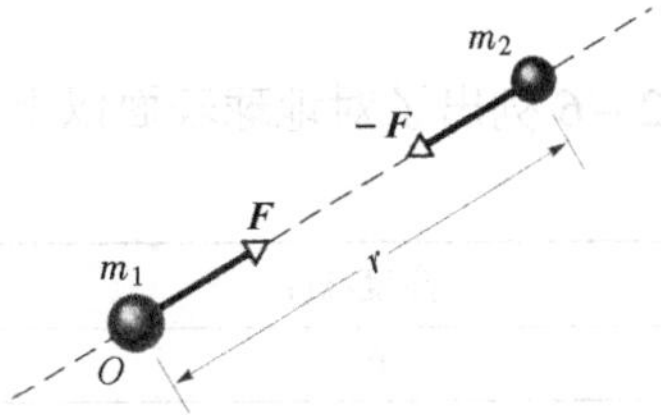

图2-5 两个质量分别为 m_1 和 m_2 相距 r 的质点．按牛顿引力定律互相吸引．其吸引力 $\boldsymbol{F}$ 与 $-\boldsymbol{F}$ 大小相等方向相反．

虽然牛顿引力定律只严格用于质点，但我们也可以把它应用于实际物体，只要这些物体的线度小于它们之间的距离．月亮和地球相距很远，我们可以把它们很好地近似看作质点．但苹果和地球又如何呢？在苹果看来，地球又宽又平在其下伸展到很远，肯定不能看作质点．

牛顿通过证明了一个所谓"**壳定理**"，巧妙地解决了这一苹果-地球问题．这个定理是：

一个均匀的物质球壳吸引该壳外的质点与球壳的所有质量都集中在其中心等价．

据此，地球可以被看成是一系列这样的球壳，一个套一个，每一个球壳吸引壳外的质点都和该球壳的质量集中在其中心一样．这样，在苹果看来，地球也确实像一个质点．这个质点位于地球的中心，其质量等于地球的质量．

假定地球以一个大小为0.80N的力向下拉苹果，如图2-6所示，那么苹果也应当用一个大小为0.80N的力向上拉地球，这个力我们认为作用在地球的中心．虽然这两个力大小相等，但当苹果掉下后，却产生不同的加速度．对苹果来说，加速度是 $9.8\mathrm{m/s^2}$，即大家熟知的地球表面附近的重力加速度；对地球来说，在固定于苹果-地球系统的质心的参考系中测量，地球的加速度仅为 $1\times10^{-25}\ \mathrm{m/s^2}$．

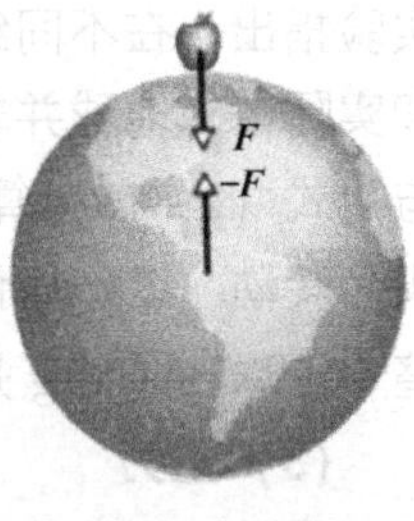

图2-6 苹果向上拉地球的力等于地球向下拉苹果的力．

(2) 引力加速度　重力加速度

正是由于“壳定理”，才使得我们能够在考虑地球外部的引力时，应用仅对质点模型适用的万有引力定律. 下面我们就应用这一定律，通过分析地球表面附近的引力，找出重力加速度的表达式，进一步说明重力与万有引力的关系.

假定地球是一个质量为 m_E，半径为 r_E 的均匀球体. 质量为 m 的物体，在距地面高 h 处（如图2-7），受到地球的引力为（此处也利用了“壳定理”）

$$F=G\frac{m_E m}{(r_E+h)^2} \tag{2-8}$$

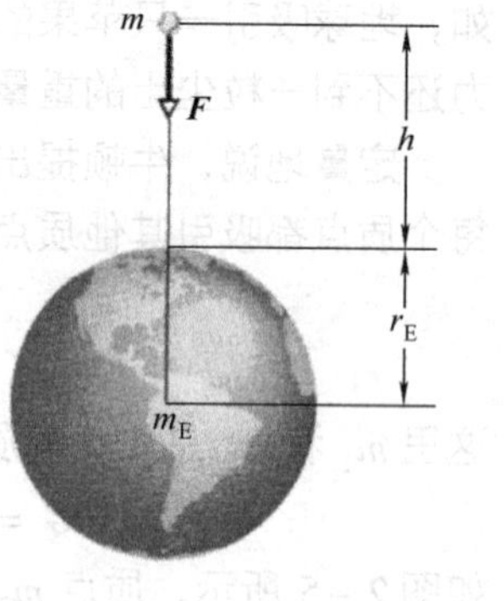

图2-7 引力加速度与重力加速度

如将物体释放，则由于引力 $\boldsymbol{F}$ 的作用，它将加速向地心下落，这个加速度称为**引力加速度**，用 $\boldsymbol{a}_g$ 表示. 根据牛顿第二定律，力的大小 F 与加速度的大小 a_g 的关系是

$$F=G\frac{m_E m}{(r_E+h)^2}=ma_g \tag{2-9}$$

解出 a_g 得

$$a_g=G\frac{m_E}{(r_E+h)^2} \tag{2-10}$$

表2-6列出了对地球表面以上不同高度 h 处计算出的 a_g 值.

表2-6 a_g 随高度发生的变化

高度/km	a_g/(m/s²)	高度举例
0	9.83	地球表面的平均高度
8.8	9.80	珠穆朗玛峰
36.6	9.71	最高的载人气球
400	8.70	航天飞机轨道
35700	0.225	通信卫星

可以看出，只要离地面不是很远，就有 $h \ll r_E$，a_g 的值就可近似为 $G\frac{m_E}{r_E^2}$. 人们把这个近似值称为**重力加速度**，用 $\boldsymbol{g}$ 表示，g 的大小可表示为

$$g\approx G\frac{m_E}{r_E^2} \tag{2-11}$$

实验指出，在不同纬度和不同高度处，g 的值都略有区别. 实际上，由于我们上边所用的近似和实际中的地球并非像我们假设的那样是均匀、规则的球体，而且它还在转动，所以测出的 $\boldsymbol{g}$ 与用式（2-10）算出的 a_g 会略有差别. 不过，一般除特殊需要外，我们仍然假定忽略地球的实际转动. 这一简化允许我们假设实际物体的重力加速度 $\boldsymbol{g}$ 与引力加速度 $\boldsymbol{a}_g$ 相同，进而假定在整个地球表面上 g 是常量，其值为 9.8m/s^2.

(3) 重力

通常，把**地球对地面附近（满足 $h \ll r_E$）物体的引力称为重力 $\boldsymbol{F}_g$**，其方向指向地心，即竖直向下指向地面. 重力的大小又叫**重量**，记作 W. 由式（2-9）可以导出

$$\boldsymbol{F}_g=m\boldsymbol{g} \quad 或 \quad F_g=W=mg \tag{2-12}$$

此式将物体的重量与其质量联系了起来，说明物体的重量 W 等于物体所受重力的大小 F_g，又等

于物体的质量和重力加速度大小的乘积.

此式也清楚地表明重量与质量的差别：重量是物体所受地球的引力的度量，而质量是物体惯性大小的度量；重量是矢量，质量是标量. 对同一物体来说，质量这个本征量总是不变的，而重量却会随位置的不同而略有改变.

地球对地面附近物体的万有引力叫做重力，重力的量值叫做重量.

2. 弹性力

在外力作用下，物体的形状改变时，其内部就产生反抗力，并企图恢复原来的形状. 这种物体因形变而产生的企图使其恢复原来形状的力叫做**弹性力**. 弹性力的表现形式有很多种，下面只讨论常见的三种：

(1) 绳中的张力

现结合一个实例来说明. 设一绳子的上端固定，下端悬挂一质量为 m 的重物，如图2-8所示.

重物施于绳子的下端一向下的拉力，所以绳子像被拉长的弹簧一样，不但与重物之间有弹性力作用，而且其内部各部分之间也相互有弹性力作用.

我们来研究在绳子中任一点 A，其相邻两部分(在这里是上、下两部分)相互作用的情况. 设想通过 A 点，在想象中把绳子分割成上、下两部分. 显然，上部对下部有一向上的拉力 F，同时下部对上部施加一反作用力，即一向下的拉力 F'. 这是一对作用力和反作用力，大小相等，而方向相反，即 $F=F'$. 我们称这一对力为绳子在 A 点的张力. 概括地说，

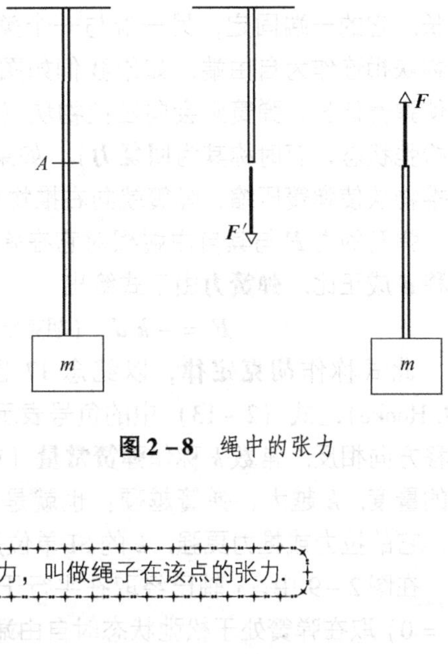

图2-8 绳中的张力

通过任一点，相邻两部分绳子相互作用的拉力，叫做绳子在该点的张力.

需要说明的是：

1)"张"是"拉开"的意思. 张力是指相邻两部分绳子的相互作用力是拉力. 因为绳子较柔软，它虽能承受较大的拉力，但抵抗压缩和弯曲的能力很差. 物体与绳子相连时，绳子只能限制物体沿着其伸长的方向运动. 因此，绳子施于物体的力一定沿着绳子，并只能是拉力，即只能与被拉伸的弹簧相当，而不可能与被压缩的弹簧相当.

2) 因为 F' 和 F 大小相等，所以只需指明其中一个力的大小，另一个力的大小也就明确了. 因此，通常说"绳子在 A 点的张力为5N"，这是指 $F'=F=5\text{N}$.

3) 在这个例子里，如 m 为已知，如何求 A 点的张力？可把牛顿第二定律用到下半部，即

$$F-(m+\Delta m)g=(m+\Delta m)a$$

式中，Δm 为下部绳子的质量. 如按给定条件 $a=0$，则

$$F=(m+\Delta m)g$$

因为对绳子中不同的点，Δm 不同，所以严格地讲各点的张力并不相等. 但在一般情况下，绳子的质量可以忽略不计，$\Delta m=0$，则有

$$F = mg$$

即重物在下端对绳子的拉力，并且绳子中各点的张力也都相等.

(2) 正压力和支持力 (法向力)

如果人站在床垫上，地球会向下拉他，这人却静止不动. 原因是床垫. 因为人使它向下变形，它就向上推人. 同理，当人站在地板上时，地板也会发生形变（它受压，出现十分微小的弯曲变形）而向上推人，即使是看上去非常坚硬的混凝土地板也会这样（假如它不是直接地放在地面上，上面的人多到一定程度也能使它断裂）. 这种由于互相压紧而发生形变的两物体，相互产生的对对方的弹力通常称为**正压力**或**支持力**（如人对地板的正压力，地板对人的支持力）. 正压力的英文名字源自数学名词 normal，意思是垂直，所以也常称其为**法向力**，用符号 $\boldsymbol{F}_N$ 表示. 它们的大小取决于相互压紧的程度，方向总是垂直于接触面而指向对方.

(3) 弹簧的弹力

图 2-9a 表示一个处于**松弛状态**的弹簧——既未压缩也没伸长. 它的一端固定，另一端与一个类质点的物体，譬如，一个物块相连作为自由端. 如果我们如图 2-9b 那样向右拉动物块使弹簧伸长，弹簧则会向左拉物块（因为弹簧的力是要恢复其松弛状态，有时称其为**回复力**）. 如果我们如图 2-9c 那样向左推物块使弹簧压缩，弹簧就向右推物块.

弹簧的力 $\boldsymbol{F}$ 与其自由端相对它在弹簧松弛状态时的位置的位移 $\boldsymbol{d}$ 成正比. **弹簧力**由下式给出

$$\boldsymbol{F} = -k\boldsymbol{d} \quad (\text{胡克定律}) \qquad (2-13)$$

此式称作**胡克定律**，以纪念 17 世纪末英国科学家胡克 (R. Hooke). 式 (2-13) 中的负号表示弹簧力总是与自由端的位移方向相反. 常数 k 称作**弹簧常量**（或**劲度系数**），是弹簧硬度的量度. k 越大，弹簧越硬；也就是说，对于一段给定的位移，它的拉力或推力更强. k 的 SI 单位是 N/m。

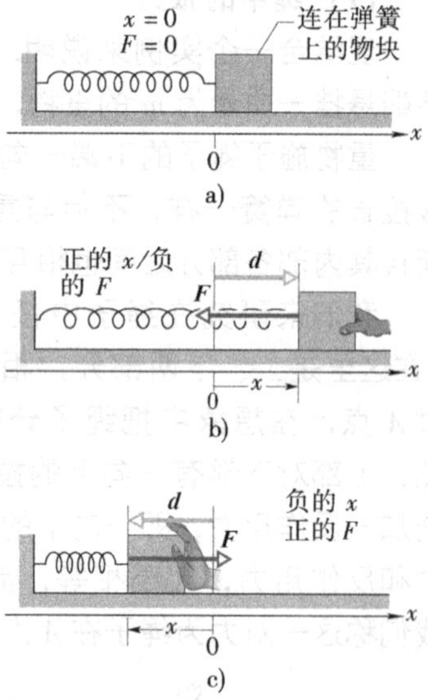

图 2-9 a) 弹簧处于松弛状态. b) 物块的位移为 $\boldsymbol{d}$，弹簧伸长一段正量 x. 注意弹簧所加的回复力 $\boldsymbol{F}$ 的方向. c) 弹簧被压缩一段负量 x. 再一次注意回复力的方向.

在图 2-9 中，x 轴已经取在平行于弹簧长度的方向，原点 ($x = 0$) 取在弹簧处于松弛状态时自由端的位置. 对这种常见的安排，可将式 (2-13) 写作

$$F = -kx \quad (\text{胡克定律}) \qquad (2-14)$$

如果 x 是正的（弹簧在 x 轴上被向右拉长），则 F 是负的（它是向左的拉力）；如果 x 是负的（弹簧向左被压缩），则 F 是正的（是一向右的推力）.

注意，因弹簧力的大小和方向均取决于自由端的位置 x，所以弹簧力是一个**变力**；F 可以用符号记作 $F(x)$. 还应注意，胡克定律是 F 与 x 之间的一个线性关系.

3. 摩擦力

当一个物体在一个表面上滑动或有滑动趋势时，运动会由于物体和表面之间的一种结合力而受阻. 这种阻止滑动的作用可用一个单个力 $\boldsymbol{F}$ 表示，叫做**摩擦力**或简称**摩擦**. 它的方向总是沿着接触面，与欲要运动的方向相反（见图 2-10）. 有时，为简化问题，就假设摩擦力忽略不计，即认为表面是**光滑**的.

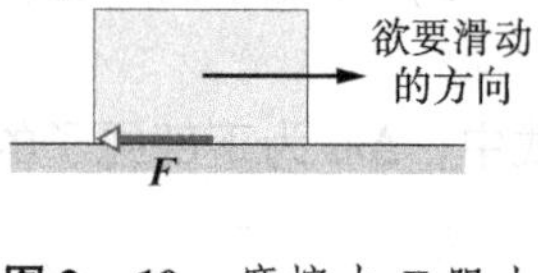

图 2-10 摩擦力 $\boldsymbol{F}$ 阻止表面上的物体的可能滑动.

在我们的日常生活中，摩擦力是不可避免的．如果我们不能消除它们，它会使所有运动的物体和所有转动都停下来．在汽车中约20%的汽油是用来克服发动机内和车体前进时的摩擦力的．另一方面，如果摩擦力完全不存在，我们就不能开着汽车到处跑，我们也无法走动或骑自行车．甚至不能抓住铅笔，即使抓住了它也无法写字．钉子与螺钉都无用了，织好的布料会散开，绳结也会松开．

图2-11给出了一个关于摩擦力的详细说明．在图2-11a中，一物块静止于桌面上，重力$\boldsymbol{F}_g$被支持力$\boldsymbol{F}_N$平衡．在图2-11b中，如对物块加一力$\boldsymbol{F}$，想把物块拉向左边．与此相应，一个摩擦力$\boldsymbol{F}_s$指向右边，刚好平衡了拉力．这个力$\boldsymbol{F}_s$称为**静摩擦力**．物块不动．

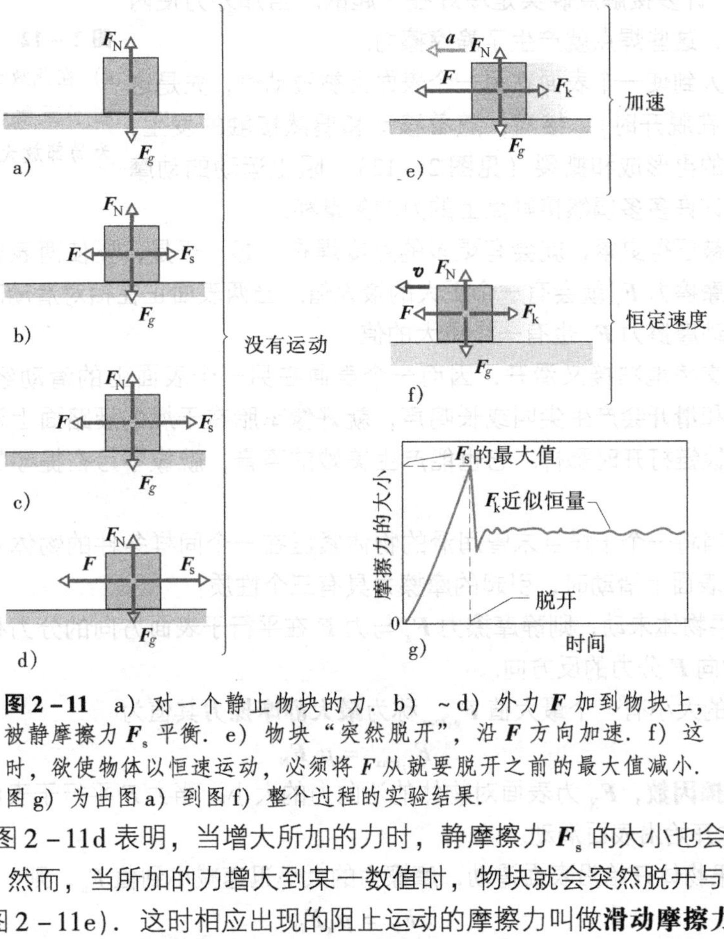

图2-11 a）对一个静止物块的力．b）～d）外力$\boldsymbol{F}$加到物块上，被静摩擦力$\boldsymbol{F}_s$平衡．e）物块"突然脱开"，沿$\boldsymbol{F}$方向加速．f）这时，欲使物体以恒速运动，必须将$\boldsymbol{F}$从就要脱开之前的最大值减小．图g）为由图a）到图f）整个过程的实验结果．

图2-11c和图2-11d表明，当增大所加的力时，静摩擦力$\boldsymbol{F}_s$的大小也会随之增大，使物块仍然保持静止．然而，当所加的力增大到某一数值时，物块就会突然脱开与桌面的紧密接触而向左加速（见图2-11e）．这时相应出现的阻止运动的摩擦力叫做**滑动摩擦力$\boldsymbol{F}_k$**．

通常物体运动时受到的动摩擦力的量值小于静止时所受的静摩擦力的最大值．因此，欲使物体在桌面以恒速运动，一旦它开始运动，你就常常要减小所加的作用力，如图2-11f所示．作为例子，图2-11g示出了对物体的力逐渐增大，直至脱开的一次实验的结果．注意，脱开后使物块保持以恒速运动所需的力减小了．

摩擦力本质上是作用于一物体的表面原子与另一物体的表面原子之间的许多力的矢量和．若将两个经过精细抛光与细心清洁的金属表面在非常高的真空（使它们保持清洁）中放在一起，它们是不能相对滑动的．原因在于两表面如此地光滑，一个表面的大量原子与另一个表面的大量原子接触，两表面会立即**冷焊**在一起，形成一整块金属．如果将经机加工精心抛光处理过的两个块规在空气中放在一起，虽然原子对原子的接触少了，但两块规仍会牢固地粘在一起，需要通过扳子使劲转拧才能分开. 不过，通常这样大量的原子对原子的接触是不可能的. 即使高精细抛光的金属表面，离原子尺度上的平整还差得很远. 还有，日常生活中遇到的物体表面有氧化物薄膜及其他污染物，这些都会减少冷焊的出现.

当将两普通表面放在一起时，只有表面上的凸出点相互接触，实际的**微观**接触面积比表现的**宏观**接触面积小得多，可能小一个 10^4 因子. 不过，许多接触点确实是冷焊在一起的. 当加外力使两表面相对滑动时，这些焊点就产生了静摩擦力.

当外加的力大到使一个表面在另一个表面上被拉动时，先是这些焊点被撕裂（在脱开时），接着，随着移动和偶然接触的发生，将连续出现焊点的再形成和撕裂（见图2－12）. 阻止运动的动摩擦力就是在那些许许多多偶然接触点上的力的矢量和.

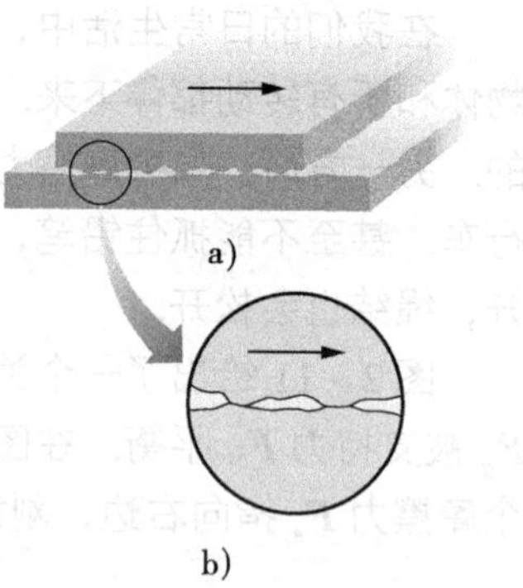

图2－12 滑动摩擦的机理. a) 在此放大图中，上面物体正在下面物体上向右滑动. b) 为局部放大图.

如果两表面被压得更紧，就会有更多的点冷焊在一起. 于是，要使两表面相对滑动就需要加更大的力：静摩擦力 $\boldsymbol{F}_s$ 就会有一个更大的最大值. 当两表面正在相对滑动时，会有更多的瞬时冷焊点，因此动摩擦力 $\boldsymbol{F}_k$ 也有一个更大的值.

由于两表面交替地粘接又滑开，因而一个表面在另一个表面上的滑动经常是“颠簸的”. 这种重复的**粘接**和**滑开**会产生尖叫或长鸣声，就好像车胎在干燥的硬路面上滑动、指甲在黑板上刮画、生锈的铰链打开时那样. 它也能产生美妙的声音，就像琴弓在提琴的弦上和谐地拉过时那样.

实验表明，当将一个干燥且未曾润滑的物体紧压在一个同样条件的物体表面上，而且想用外力 $\boldsymbol{F}$ 使物体在表面上滑动时，引起的摩擦力具有三个性质：

性质1：如果物体未动，则静摩擦力 $\boldsymbol{F}_s$ 与力 $\boldsymbol{F}$ 在平行于表面方向的分力相互平衡. 它们的大小相等，$\boldsymbol{F}_s$ 指向 $\boldsymbol{F}$ 分力的反方向.

性质2：F_s 的大小有一个最大值 $F_{s,\max}$ 称为**最大静摩擦力**其值为

$$F_{s,\max} = \mu_s F_N \tag{2-15}$$

其中，μ_s 为**静摩擦因数**，F_N 为表面对物体的法向力的大小. 当力 $\boldsymbol{F}$ 平行于表面的分量的大小超过 $F_{s,\max}$ 时，物体开始沿表面滑动.

性质3：如果物体开始沿表面滑动，摩擦力的大小迅速减小到值 F_k，则

$$F_k = \mu_k F_N \tag{2-16}$$

其中，μ_k 为**滑动摩擦因数**. 其后，在滑动过程中，大小由式（2－16）给定的动摩擦力 $\boldsymbol{F}_k$ 阻碍运动.

性质2和3中出现的法向力的大小 F_N 为物体与表面压紧程度的量度. 根据牛顿第三定律，物体压得越厉害，F_N 就越大. 性质1和2虽然只是根据加上一个单力 $\boldsymbol{F}$ 的情形写出的，但它也适用于加在物体上的多个力的合力. 式（2－15）与式（2－16）不是矢量方程；$\boldsymbol{F}_s$ 或 $\boldsymbol{F}_k$ 的方向总是平行于接触面而与要滑动的方向相反，法向力 $\boldsymbol{F}_N$ 则垂直于接触面.

摩擦因数 μ_s 与 μ_k 均为无量纲的常数而必须由实验来确定. 它们的实际数值决定于两物体与接触面的性质. 我们假设 μ_k 值不依赖于物体沿接触面滑动的速率.

检查点2：如图示，大小为10 N的水平力 $\boldsymbol{F}_1$ 加到地板上的箱子上，但箱子未动．然后，在竖直方向加上的力 $\boldsymbol{F}_2$ 的大小在由零开始增大到箱子开始滑动的过程中，下面几个量增大、减小还是保持不变：(a) 对箱子的摩擦力的大小；(b) 地板对箱子的支持力的大小；(c) 对箱子的静摩擦力的最大值 $F_{s,max}$？

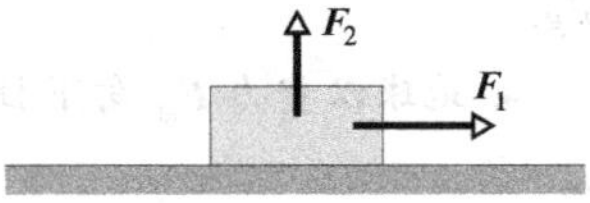

2-4 牛顿定律的应用

牛顿定律是经典力学的基础，它在实践中有着广泛的应用．下面我们就通过对具体例题的讨论，说明运用牛顿定律求解力学问题的方法．

应用牛顿定律求解力学问题时，首先应根据具体问题选定研究对象，将它与周围物体“隔离”开来，然后单独画出该物体的简图，并把**所有**作用在其上的力用相应的带有箭头的线段表示出来，这种图叫**示力图**，这种分析物体受力的方法叫**隔离体法**．隔离体法是分析物体受力的有效方法，在应用时要注意避免多画或漏画作用力．

对隔离体画出示力图后，还要根据题意选择适当的坐标系．一般对直线运动情形，常选取加速度的方向为坐标轴的正方向，然后按选定的坐标系，应用牛顿定律列出每一隔离体的力学方程的矢量式及其分量式，通过解联立方程，进而求出未知量．

动力学问题一般有两类，一类是在已知作用力的情况下求运动；另一类是在已知运动情况下求力．这两类问题的区别只是已知、未知条件不同而已，分析思路都可参照上面的要点进行．下面就从以问答形式给出详尽解题步骤的一道例题开始．

例题 2-1

图2-13示出一质量 $m'=3.3\text{kg}$ 的物块（滑块）S．它沿着一个类似于气桌的光滑水平面自由移动．此滑块用一根绳绕过光滑的滑轮与另一质量 $m=2.1\text{kg}$ 的物块H（悬块）相连．设绳与滑轮的质量与物块相比均可忽略（它们是“无质量的”）．悬块H随着滑块S向右加速而下落，求 (a) 滑块的加速度；(b) 悬块的加速度及 (c) 绳中张力．

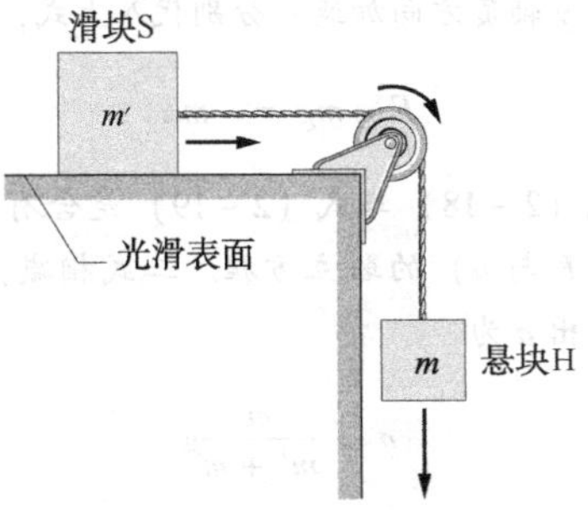

图2-13 例题2-1图

【问】 这道题都说了些什么？

题目给出了两物体——滑块与悬块，还有地球，它同时拉那两个物体（没有地球，这里什么也就不会发生了）．如图2-14所示，共有五个力作用在两个物块上．

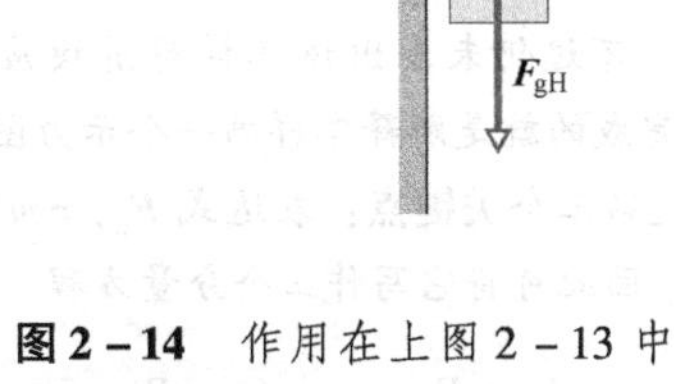

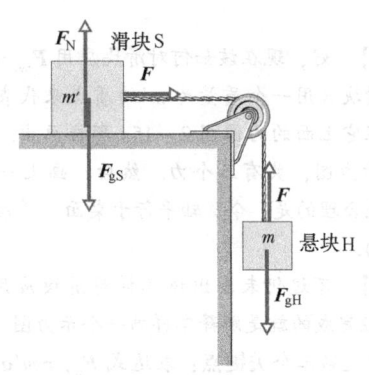

图2-14 作用在上图2-13中的两物体上的力．

1. 绳以大小为 F 的力向右拉滑块S．

2. 绳以相同大小 F 的力向上拉悬块H．这个向上的力使悬块不能自由下落．

3. 地球以重力 $\boldsymbol{F}_{gS}$ 向下拉滑块S，其大小等于

$m'g$.

4. 地球以重力 $\boldsymbol{F}_{gH}$ 向下拉悬块 H，其大小等于 mg.

5. 桌子以支持力 $\boldsymbol{F}_N$ 向上推滑块 S.

另外还应注意到，我们假设了绳子不伸长，因此在一定时间内，若物块 H 下落 1mm，则物块 S 也会同时向右移 1mm。这就是说，两木块会以大小相同的加速度 a 一起运动.

【问】　应将此题归于哪一类？它是否暗示一条特定的物理定律？

是的．力、质量与加速度均涉及了，这暗示着牛顿第二运动定律 $\boldsymbol{F}_{net}=m\boldsymbol{a}$．这是入手的**关键点**.

【问】　如果对此题应用牛顿第二定律，则该针对哪个物体来应用它？

在本题中，我们认准两个物体——滑块与悬块．虽然它们是大块物体（它们不是点），但因为它们的每个小部分（也可说，每个原子）都在以完全相同的方式运动，所以我们仍可以将每个物块当质点处理．第二个**关键点**是分别对每个物块应用牛顿第二定律.

【问】　滑轮该如何处理？

因为滑轮上不同部位其运动方式不同，所以不能将滑轮当作质点．在讨论转动时，将详细考察滑轮的情况．在此我们假设它的质量与两物块相比可以忽略，而不考虑滑轮的运动．它的作用只是改变绳子的方向.

【问】　好，现在该如何对滑块应用 $\boldsymbol{F}_{net}=m\boldsymbol{a}$？

将滑块 S 用一个质量为 m' 的质点来代表，将所有作用在它上面的力像图 2－15a 那样画出．这就是滑块的示力图，共有三个力．然后，画上一套坐标轴．比较合理的是，令 x 轴平行于桌面，并沿滑块运动的方向.

【问】　不过仍未看出该怎样对滑块应用 $\boldsymbol{F}_{net}=m\boldsymbol{a}$．已经完成的就是解释怎样画一个示力图.

这里是第三个**关键点**：表达式 $\boldsymbol{F}_{net}=m'\boldsymbol{a}$ 是一个矢量方程，因此可将它写作三个分量方程

$$F_{net,x}=m'a_x,\ F_{net,y}=m'a_y,\ F_{net,z}=m'a_z \tag{2-17}$$

其中 $F_{net,x}$、$F_{net,y}$ 与 $F_{net,z}$ 分别为合力沿三个坐标轴的分量，将每个分量方程应用到相应的方向.

因为滑块 S 在竖直方向没有加速，所以 $F_{net,y}=m'a_y$ 成为

$$F_N-F_{gS}=0\quad 或\quad F_N=F_{gS}$$

所以，沿 y 方向加在 S 上的支持力的大小与重力的大小相等．没有垂直于纸面沿 z 方向的力作用.

在 x 方向，只有一个力分量，那就是 F．因此 $F_{net,x}=m'a_x$，变为

$$F=m'a \tag{2-18}$$

此方程包含两个未知数，F 与 a，所以我们还不能解它．然而，回想起来，关于悬块 H 我们还什么都没谈呢.

【问】　对，该怎样对悬块 H 应用 $\boldsymbol{F}_{net}=m\boldsymbol{a}$呢？

我们可以像对滑块 S 那样应用它：如图 2－15b 所示那样画出 H 的示力图，然后应用 $\boldsymbol{F}_{net}=m\boldsymbol{a}$的分量形式．这次，因为加速度是沿 y 轴方向，可用式（2－17）中的第二个（$F_{net,y}=ma_y$）写出

$$F-F_{gH}=ma_y$$

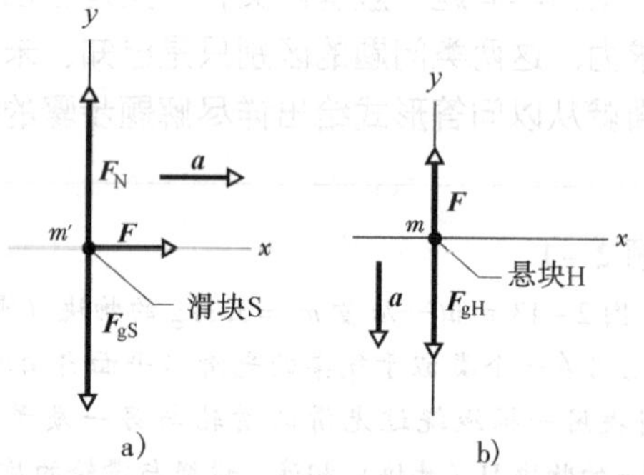

图 2－15　a）图 2－13 中的滑块 S 的示力图.
b）图 2－13 中悬块 H 的示力图.

现在可将 F_{gH} 以 mg，而 a_y 以 $-a$（负号是因为悬块 H 向下，沿 y 轴负方向加速）分别代入上式，得

$$F-mg=-ma \tag{2-19}$$

注意到式（2－18）与式（2－19）是含有两个相同未知数（F 与 a）的联立方程．二式相减，消去 F．于是可解出 a 为

$$a=\frac{m}{m'+m}g \tag{2-20}$$

将此结果代入式（2－18）得

$$F=\frac{m'm}{m'+m}g \tag{2-21}$$

代入已知数据，对这两个量有

$$a = \frac{m}{m'+m}g = \frac{2.1\text{kg}}{3.3\text{kg}+2.1\text{kg}}(9.8\text{m/s}^2)$$

$$= 3.8\text{m/s}^2 \quad \text{(答案)}$$

和

$$F = \frac{m'm}{m'+m}g = \frac{3.3\text{kg}\times 2.1\text{kg}}{3.3\text{kg}+2.1\text{kg}}(9.8\text{m/s}^2)$$

$$= 13\text{N} \quad \text{(答案)}$$

【问】 现在此题解完了，对吗？

这个问题问得好，但只有当我们考察过上面结果是否有意义，此题才能算真正完成．（如果你专心地做了这些计算，在你交作业之前，不想知道它们是否有意义吗？）

先看式（2-20），注意到它的量纲是正确的并且加速度 a 总小于 g．这正是它所必须满足的，因为悬块不是在自由下落，绳向上拉它．

再看式（2-21），可将其写为如下形式

$$F = \frac{m'}{m'+m}mg \qquad (2-22)$$

在这种形式中很容易看出，由于 F 与 mg 均为力的量纲，所以此式量纲正确．还可从式（2-22）中看出绳中的张力总小于 mg，也就是总小于作用于悬块的重力．这也很好理解，因为如果 F 大于 mg，悬块就会加速向上．

我们还可以通过考察一些特殊情况来检验这些结果，对这些特殊情况我们可以猜出答案应该是什么．一个简单的例子是令 $g=0$，就仿佛是在星际空间作实验．我们知道，在这种情况下，静止的物块不会移动，这就不会有力作用于绳的两端，因此绳中不会有张力．那些公式预示到这点了吗？是的，它们预示到了．若在式（2-20）与式（2-21）中令 $g=0$，就得到 $a=0$ 与 $T=0$．还有两种可以试一下的特例是 $m'=0$ 与 $m\to\infty$．

例题 2-2

现在我们回到本章开头提出的 John Massis 拉动火车车厢的问题．假设 Massis 用相当于他体重的 2.5 倍、与水平成30°角的恒力来拉（用他的牙）绳的一端．他的质量 m 是 80kg，车厢重 W 为 700kN，他沿铁轨将车厢移动 1.0m。设车轮不受铁轨的阻力．拉到最后车厢的速率为何？

【解】 这里**关键点**是，据牛顿第二定律，Massis 对车厢的恒定的水平力引起车厢的恒定的水平加速度．由于加速度恒定且运动为一维，我们可以用匀加速直线运动公式，求在所拉距离 $d=1.0\text{m}$ 的终点处的速度 v．这需要一个含有 v 的方程，让我们试一下式（1-29），

$$v^2 = v_0^2 + 2a(x-x_0) \qquad (2-23)$$

并且如图 2-16 中的示力图那样，沿运动方向取 x 轴．已知初速 v_0 为零，而位移 $x-x_0$ 为 $d=1.0\text{m}$。不过，我们还不知道沿 x 轴的加速度．

第二个**关键点**是，可从应用牛顿第二定律将 a 与绳对车厢的力联系起来，写出图 2-16 中 x 轴方向的关系为 $F_{\text{net},x}=ma$，此处应为

$$F_{\text{net},x} = m'a \qquad (2-24)$$

式中，m' 为车厢的质量．对车厢沿 x 轴的力只有 Massis 通过绳子拉车厢的张力 F 在水平面上的分力 $F\cos\theta$．因此，式（2-24）变为

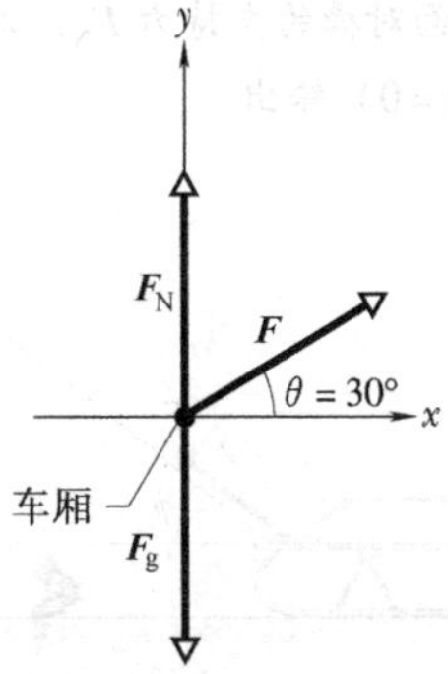

图 2-16 例题 2-2 图 Massis 所拉车厢的示力图．矢量没按比例画；通过绳作用于车厢的力 $\boldsymbol{F}$ 远小于支持力 $\boldsymbol{F}_N$ 及车的重力 $\boldsymbol{F}_g$．

$$F\cos\theta = m'a \qquad (2-25)$$

已知 F 为 Massis 重量的 2.5 倍．由式（2-12）知，它的重量等于 mg，因此有

$$F = 2.5mg = 2.5\times 80\text{kg}\times 9.8\text{m/s}^2 = 1960\text{N}$$

这是一个性能好的中型起重机所能产生的力，而与超人的力差很远．

为计算式（2-25）中的 a，还需知道 m'．为求 m'，可再应用式（2-12），只是此处用车重 W，得

$$m' = \frac{W}{g} = \frac{73.0\times 10^5\text{N}}{9.8\text{m/s}^2} = 7.143\times 10^4\text{kg}$$

重新整理式（2-25），并代入 F、m' 与 θ，可得

$$a = \frac{F\cos\theta}{m'} = \frac{1960\text{N} \times \cos30°}{7.143 \times 10^4\text{kg}} = 0.02376\text{m/s}^2$$

将此与另几个已知值代入式 (2-23) 就可得到

$$v^2 = 0 + 2 \times 0.02376\text{m/s}^2 \times 1.0\text{m}$$

及

$$v = 0.22\text{m/s} \qquad \text{(答案)}$$

如果将绳绑在车上再高些的位置，使绳沿水平方向，Massis 还会做得更好，你知道原因吗？

例题 2-3

如图 2-17a 所示，一妇女拉着一辆质量 $m=75\text{kg}$ 的载有重物的雪橇沿水平面以恒速运动. 雪橇与雪之间的动摩擦因数 $\mu_k = 0.10$，角 ϕ 为 40°.

(a) 绳对雪橇的力 $\boldsymbol{F}$ 的大小是多少？

【解】 这里需用三个**关键点**：

1. 由于雪橇以恒速移动，因此，尽管妇女在拉它，但其加速度却为零.

2. 雪对雪橇的动摩擦力 $\boldsymbol{F}_k$ 将加速度制止了.

3. 可应用牛顿第二定律 ($\boldsymbol{F}_{net} = m\boldsymbol{a}$) 将雪橇的 (零) 加速度与对雪橇的力，包括欲求的 $\boldsymbol{F}$，联系起来.

图 2-17b 显示出了作用在雪橇上的各个力，包括重力 $\boldsymbol{W}$ 和雪面对橇的支持力 $\boldsymbol{F}_N$. 对于这些力，牛顿第二定律 ($\boldsymbol{a}=0$) 给出

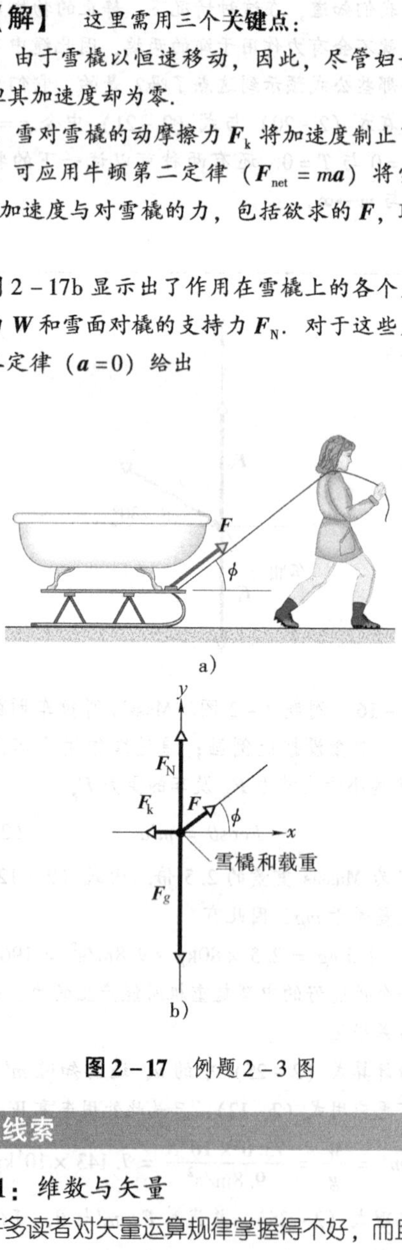

图 2-17 例题 2-3 图

$$\boldsymbol{F} + \boldsymbol{F}_N + \boldsymbol{F}_g + \boldsymbol{F}_k = 0 \qquad (2-26)$$

因为在式 (2-26) 中还有其他未知矢量，可将该式重写为沿图 2-17b 中的 x 轴与 y 轴方向的分量式. 对 x 轴可有

$$F_x + 0 + 0 - F_k = 0$$

或

$$F\cos\phi - \mu_k F_N = 0 \qquad (2-27)$$

式中已利用式 (2-16) 将 F_k 以 $\mu_k F_N$ 代入. 对 y 轴可有

$$F_y + F_N - F_g + 0 = 0$$

或

$$F\sin\phi + F_N - mg = 0 \qquad (2-28)$$

式中已将 F_g 以 mg 代入.

式 (2-27) 与式 (2-28) 是含有未知量 F 与 F_N 的联立方程. 要想从它们解出 F，需先由式 (2-27) 求出 F_N，然后将其表达式代入式 (2-28) 得到

$$F = \frac{\mu_k mg}{\cos\phi + \mu_k\sin\phi}$$

$$= \frac{(0.10)(75\text{kg})(9.8\text{m/s}^2)}{\cos42° + (0.10)\sin42°}$$

$$= 91\text{N} \qquad \text{(答案)}$$

(b) 如果这个妇女将她对绳的拉力增大，使 F 大于 91N，这时动摩擦力的量值 F_k 会大于、小于、还是等于 (a) 问中的摩擦力？

【解】 这里**关键点**是，由式 (2-16) 知，F_k 的量值直接由法向力的大小 F_N 所决定. 因此，只要找到一个 F_N 与 F 间的关系就可回答此问题. 式 (2-28) 就是这样一个关系. 将它重写为

$$F_N = mg - F\sin\phi$$

我们就看到，F 增大时，F_N 会减小. (物理原因是绳子拉力的向上的分量变大了，因此雪面对雪橇的力减小). 由于 $F_k = \mu_k F_N$，可见 F_k 会比 (a) 问中的小些.

解题线索

线索 1：维数与矢量

许多读者对矢量运算规律掌握得不好，而且这种欠缺在本书以后的章节中老缠着他们. 当涉及力的问题时，欲求几个力的合力不能只将它们的大小相加或

相减，除非在个别特殊情形中，这些力的方向正好都**沿同一个轴**的方向．如果它们不是这样，就必须应用矢量加法，或者求出沿各轴的分量，像例题 2-3 中那样．

线索 2：理解力学题意

多读几次习题的文字，直到能较好地理解了题意为止，要搞清已知条件是什么，题目要求的是什么．如果明白了题意，却不知道接下来该如何做，就先把习题放下，阅读课本．如果对牛顿第二定律还是不明白，就重读那一节．要研究例题．要记住，解物理习题（就像修汽车和设计计算机芯片一样）要经过训练——你不会天生具有这种能力．

线索 3：画两种图

通常需要画两个图．一个是实际情形的草图．画力时，要把每个力矢量的尾端画在受力物体的边缘上或画在其内部．另一个图是示力图：画出**单个**物体受的各个力，用一个点或草图代表该物体．将各个力矢量的尾端放在该点或草图上．

线索 4：研究对象是什么？

如果要应用牛顿第二定律，就要知道是在对哪个物体或系统应用它．如在例题 2-2 和 2-3 中，它是车厢和雪橇（不是人）．

线索 5：灵活地选择坐标轴

在例题 2-1 中，由于选择 x 轴平行于桌面，并沿滑块的运动方向，而使运算简化了许多．

例题 2-4

图 2-18a 所示为质量 $m=72.2\text{kg}$ 的乘客站在升降机中的一台秤上．我们现在关心的是，当升降机静止及向上、向下运动时，秤上的读数．

(a) 先求台秤读数对升降机沿铅垂方向的各种运动均适用的一般解．

【解】 这里一个**关键点**是，台秤上指示的读数，表示秤台上所受的正压力，这里也就是乘客对秤的正压力．若选秤为研究对象，不能确定此力的大小，所以应转而考虑乘客的受力情况．由牛顿第三定律知，只要求出台秤作用于乘客的支持力 $\boldsymbol{F}_N$ 的大小，就可知乘客对秤的正压力（台秤的读数），所以选乘客作为研究对象，画出他的示力图如图 2-18b 所示．

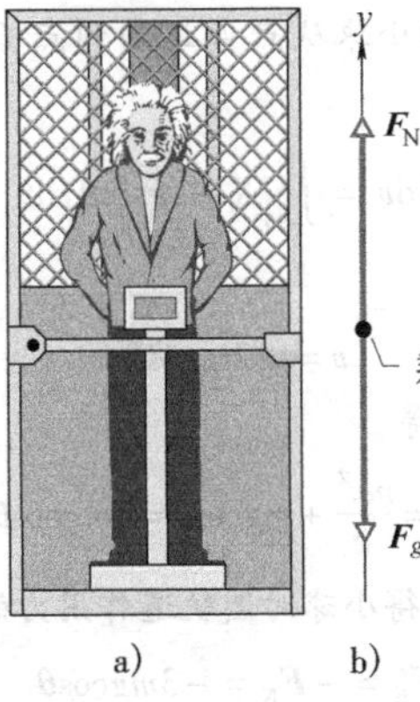

图 2-18 例题 2-4 图

第二个**关键点**是，可用牛顿第二定律（$\boldsymbol{F}_{net}=m\boldsymbol{a}$）将作用于乘客的力与其加速度 $\boldsymbol{a}$ 联系起来．不过，要想到我们只能在惯性系中应用此定律．如果升降机加速，则它就**不是**一个惯性系．因此，应选择地面作为惯性系，对乘客的加速度的任何测量都相对于地面进行．

因为作用于乘客的两个力及乘客的加速度均在竖直方向，沿图 2-18b 中的 y 轴，可以应用牛顿第二定律的 y 分量的表达式（$F_{net,y}=ma_y$）得到

$$F_N - F_g = ma$$

或

$$F_N = F_g + ma$$

此式告诉我们，秤的读数等于 F_N，它依赖于升降机的竖直加速度．将 F_g 用 mg 代入可得到对任何加速度 a 均适用的表达式

$$F_N = m(g+a) \qquad (2-29)$$

(b) 求若升降机静止或以 0.50m/s 的恒定速度向上运动，秤的读数为何？

【解】 这里**关键点**是，对任何恒定速度，乘客的加速度 a 都是零．将此与其他已知值代入式（2-29）中，可得

$$F_N = 72.2\text{kg}\times(9.8\text{m/s}^2+0) = 708\text{N}$$

这正是乘客的重量，而且就等于他所受的重力的大小 F_g．

(c) 如果升降机以 3.20m/s^2 的加速度向上和向下运动，问台秤的读数各为多少？

【解】 当 $a=3.20\text{m/s}^2$ 时，由式（2-29）得

$$F_N = 72.2\text{kg}\times(9.8\text{m/s}^2+3.20\text{m/s}^2) = 939\text{N}$$

而当 $a=-3.20\text{m/s}^2$ 时，对应

$$F_N = 72.2\text{kg} \times (9.8\text{m/s}^2 - 3.20\text{m/s}^2)$$
$$= 477\text{N} \quad (答案)$$

因此，对于向上的加速度（升降机向上的速率增大或向下的速率减小），秤的读数大于乘客的重量，这种情况称为“超重”. 这一读数是一种视重的量度，因为它是在非惯性系测量的. 同理，对于向下的加速度（升降机向上的速率减小或向下的速率增加），秤的读数小于乘客的重量称为“失重”.

(d) 在 (c) 问中所说的向上加速运动的过程中，作用于乘客的合力的大小 F_{net} 为何？乘客相对于升降机参考系的加速度的大小 $a_{p,cab}$ 为何？$\boldsymbol{F}_{net} = m\boldsymbol{a}_{p,cab}$ 成立吗？

【解】 这里一个**关键点**是，作用于乘客的重力的大小 F_g 与乘客或升降机的运动无关，于是，由 (b) 问可知 F_g 为 708N. 由 (c) 问中又知，在向上加速运动的过程中，作用于乘客的支持力的大小 F_N 为台秤上的读数 939N. 因此，作用于乘客的合力为

$$F_{net} = F_N - F_g = 939\text{N} - 708\text{N} = 231\text{N} \quad (答案)$$

然而，在向上加速运动的过程中，乘客相对于升降机参考系的加速度 $a_{p,cab}$ 为零. 可见在加速运动的升降机这个非惯性系中，F_{net} 不等于 $ma_{p,cab}$，而牛顿第二定律不成立.

检查点3：在此例题中，如果升降机的缆绳断开，升降机自由坠落，秤的读数是多少？也就是说，乘客在自由下落时的视重为何？

例题 2-5

一质量为 m 的小球最初位于图 2-19 中所示的 A 点，释放后沿半径为 r 的光滑圆轨道 $ADCB$ 下滑. 试求小球到达点 C 时的速度和对圆轨道的作用力.

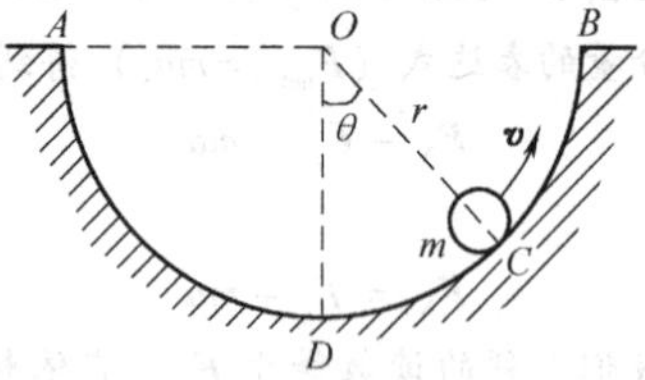

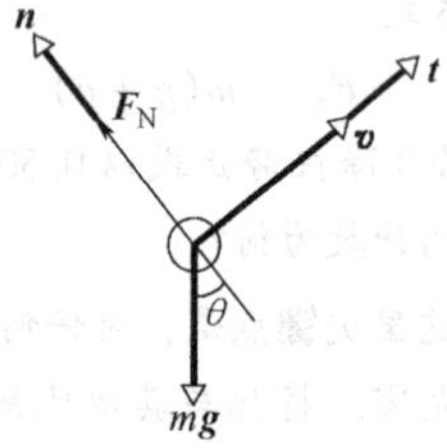

图 2-19 例题 2-5 图

【解】 在读题目看到“光滑圆轨道”几字时，首先想到的第一个**关键点**是，此处小球与轨道之间的摩擦力可以不计；第二个**关键点**是，因为小球沿圆弧轨道运动，要求的未知量又是沿 C 点的法线方向和切线方向，所以选自然坐标系较方便. 另外，由于小球在滑动过程中加速度不是恒定的，因此需应用积分求解.

小球的运动草图和示力图如图 2-19b 所示，由图可见，小球在沿圆弧方向运动的过程中受到的作用力为重力 $m\boldsymbol{g}$ 和轨道对它的支持力 $\boldsymbol{F}_N$，对应的牛顿第二定律方程为

$$m\boldsymbol{g} + \boldsymbol{F}_N = m\boldsymbol{a}$$

在图 2-19b 所示的自然坐标系中切线方向和法线方向的分量表达式分别写出，有

$$-mg\sin\theta = m\frac{dv}{dt} \qquad (2-30)$$

$$F_N - mg\cos\theta = m\frac{v^2}{r} \qquad (2-31)$$

这里为使运算简便，需用的又一个**关键点**是要转换积分变量，即把由 $v = \frac{ds}{dt} = \frac{rd\theta}{dt}$ 推得的 $dt = \frac{rd\theta}{v}$ 代入式 (2-30)，并根据小球从点 A 运动到点 C 的始末条件进行积分有

$$\int_0^v v\,dv = \int_{-90°}^{\theta}(-rg\sin\theta)\,d\theta$$

得

$$v = \sqrt{2rg\cos\theta} \qquad (答案)$$

由式 (2-31) 得

$$F_N = \frac{mv^2}{r} + mg\cos\theta = 3mg\cos\theta$$

据牛顿第三定律得小球对圆轨道作用力的大小为

$$F_N' = -\boldsymbol{F}_N = -3mg\cos\theta \qquad (答案)$$

负号表示小球对圆轨道作用力的方向与法线方向 $\boldsymbol{n}$ 相反.

2－5　非惯性系中的力学问题　惯性力

前面已经强调过，牛顿定律仅适用于惯性参考系，而在相对于惯性参考系作加速运动的参考系中，牛顿定律则不成立．这种相对于已知惯性系作加速运动的参考系就是**非惯性系**，如相对地面加速运动的火车、电梯或旋转的圆盘等，相对于它们就不能直接运用牛顿定律了．不过人们发现，在这样的非惯性系中观察处理力学问题时，只要在作受力分析时，在除了物体间相互作用所引起的力以外，再加上一个假想的力，就仍然可以沿用牛顿定律的形式和方法．这个假想的力是由非惯性系引起的，人们称它为**惯性力**．

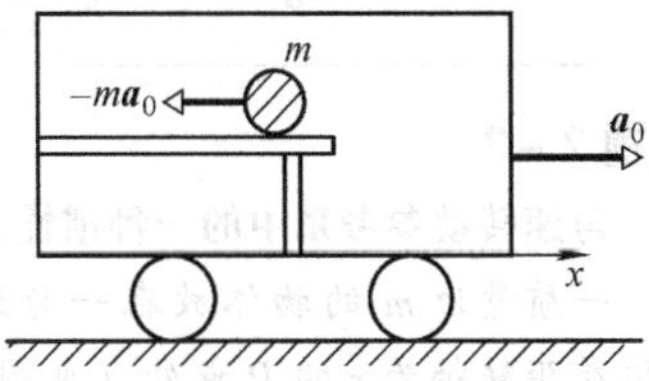

图 2－20　非惯性系统

现以图 2－20 所示的车厢为例来说明．图中，火车车厢以加速度 $\boldsymbol{a}_0$ 向右方运动，车厢内质量为 m 的小球放在光滑的桌面上．这时，站在地面路基旁的人看到，当桌面随车厢一起加速向前运动时，小球仍保持原来运动状态．这一现象符合牛顿定律（这正是惯性系的特点）．然而，车厢内的乘客看到小球相对于车内的桌面以加速度 $-\boldsymbol{a}_0$ 向左方（图中 x 轴负向）加速运动，会感到难以理解：为什么小球在 x 方向没有受到外力作用，却会在该方向具有加速度（这也正是非惯性系中所常见的），这时，就像我们上面谈到的那样，在车厢这个非惯性系中，如果**假想**在质量为 m 的小球上有一个惯性力 $\boldsymbol{F}_i$ 作用，并认为这个惯性力为 $\boldsymbol{F}_i=-m\boldsymbol{a}_0$，这样，就可以认为小球相对于车厢的加速度是由这个惯性力引起的，从而解释这一现象．

因此，在非惯性系中分析力学问题时，可以引入假想的惯性力，于是，牛顿第二定律的数学表达式可以写为

$$\boldsymbol{F}+\boldsymbol{F}_i=m\boldsymbol{a} \qquad (2-32)$$

其中

$$\boldsymbol{F}_i=-m\boldsymbol{a}_0 \qquad (2-33)$$

式中，$\boldsymbol{a}_0$ 是非惯性系相对于惯性系的加速度，$\boldsymbol{a}$ 是物体相对于非惯性系的加速度，而 $\boldsymbol{F}$ 是物体所受到的除惯性力以外的合外力．可以看出，

> 惯性力是为了在非惯性系中也能应用牛顿定律，而人为地引入的一个虚拟的力．

另外还应注意，惯性力与物体间的实际相互作用力不同，它不是由另一个物体引起的．惯性力没有“施力者”也找不到反作用力，它与我们上面讨论牛顿定律时讲到的“真实力”存在着本质的区别．实际上，惯性力只是物体的惯性在非惯性系中的表现，是非惯性系的加速度的反映．

例题 2－6

动力摆可用来测定车辆的加速度．在图 2－21 所示的车厢内，用轻绳的一端系挂一质量为 m 的小球，轻绳的另一端固定在车厢的顶部．当火车以加速度 $\boldsymbol{a}_0$ 行驶时，轻绳偏离竖直方向 θ 角，试求加速度 a_0 与摆角 θ 之间的关系．

【解】　这里的**关键点**在于，若选以加速度 $\boldsymbol{a}_0$ 运动的火车为参考系，则此参考系为非惯性系，在非惯性系中解力学问题需应用式（2－32），式中的真实力在本题中为小球受到的重力 $m\boldsymbol{g}$ 和绳的张力 $\boldsymbol{F}$；而 $\boldsymbol{F}_i$ 为惯性力，对此题其大小应为 ma_0，方向沿 x 负向．另外，再注意到第二个**关键点**，小球在车厢中处于平衡状态，因此球相对于车厢参考系的加速度 $\boldsymbol{a}=0$．根据式（2－32），有

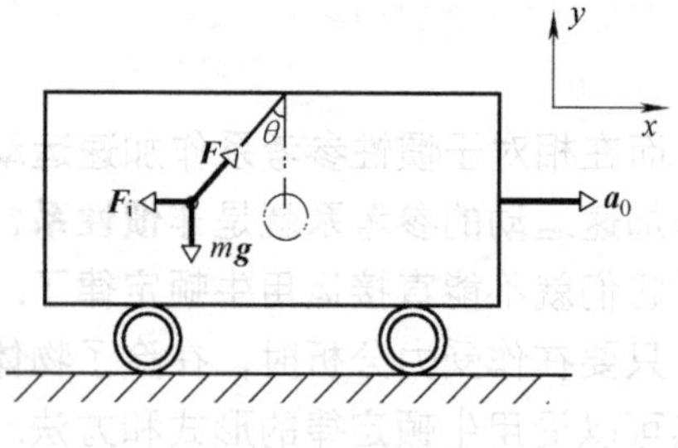

图 2-21　动力摆

$$mg + F - ma_0 = 0$$

此式在 Ox 和 Oy 轴上的分量式分别为

$$F\cos\theta - mg = 0$$

和

$$F\sin\theta - ma_0 = 0$$

联立解二式得

$$a_0 = g\tan\theta \qquad \text{(答案)}$$

一般来说，火车的加速度不是很大，满足 $\theta < 5°$ 的条件，所以上式可写为 $a_0 \approx g\theta$. 这样，由摆角即可测出车的加速度.

例题 2-7

匀速转动参考系中的一种惯性力——惯性离心力

一质量为 m 的物体放在一匀速转动的转台上. 物体在距转轴为 r 的 P 点处（见图 2-22），与转台一起转动时所具有的速率为 v（相对于转台静止）. 求转台对物体的静摩擦力.

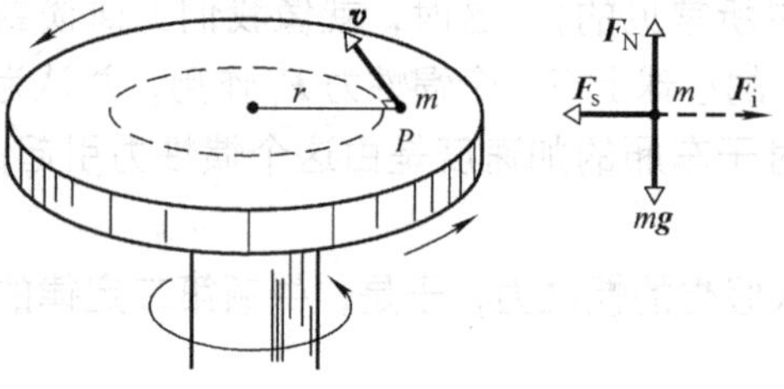

a)　　b)

图 2-22　例题 2-7 图

【解】　这里**关键点**是，若以转台为参考系，取沿半径 r 远离转轴的直线方向为坐标轴（简称为径向轴），由于坐标轴也在转动，轴上各点都有向心加速度，于是可以确定这是一个非惯性系. 由于物体 m 所在处 P 点对地的加速度 $a_r = \frac{v^2}{r}$，所以还需用另一个**关键点**，就是在该点处引入的惯性力的大小应为 $F_i = ma_r = m\frac{v^2}{r}$，方向沿径向. 若设题求的静摩擦力为 F_s，则物体 m 的示力图如图 2-22b 所示. 注意到在此非惯性系中物体是静止的，加速度 $a = 0$，在此参考系内沿径向，牛顿第二定律的分量式为

$$F_i - F_s = ma = 0$$

即

$$F_s = F_i = m\frac{v^2}{r} \qquad \text{(答案)}$$

应当指出，此题中的惯性力 $F_i = m\frac{v^2}{r}$，是以转动系统作为参考系的非惯性系施加在物体上的一种惯性力. 由于这个惯性力的方向沿着圆的半径向外，因此称为**惯性离心力**. 实际上，当我们乘坐汽车拐弯时，我们体验到的被甩向弯道外侧的“力”，就是这种惯性离心力.

由于惯性离心力和在惯性系中观察到的向心力大小相等、方向相反，所以常有人认为惯性离心力是向心力的反作用力，应注意这是一种误解. 正如前面所讲，惯性离心力是虚拟的力，它只是运动物体的惯性在转动参考系中的表现.

尽管惯性离心力与向心力都作用在同一物体上，且大小相等，方向相反，但它们不是一对作用力和反作用力，也就是说，它们并不服从牛顿第三定律.

检查点 4：在匀速运动的车厢中的光滑桌面上放置一个光滑的小物块. 当火车的运动发生下列变化时，小物块的位置将发生怎样的改变？(1) 火车的速率增大；(2) 火车的速率减小；(3) 火车向左转弯；(4) 火车突然停车. 如果火车以加速度 a_0 向前行驶时，小物块从桌面滑落，这时车上的人和地面上的人所看到该物块的运动有什么区别？

2-6 流体曳力与终极速率

流体是指能流动的任何东西——通常为气体或液体．当流体与一个物体之间有相对速度（或是由于物体在流体中运动，或是由于流体经过物体流动）时，物体会受到阻碍相对运动的**曳力** $\boldsymbol{F}$ 的作用，曳力的方向指向流体相对物体流动的方向．

在这里，我们只讨论流体为空气的情形，物体的形状为粗钝的（类似于棒球）而非细尖的（像标枪），而相对运动的速度也快到足以使物体后边的空气变得紊乱（形成了许多旋涡）．在这样的情形下，曳力 $\boldsymbol{F}$ 的大小与相对速率 v 由一个经实验确定的**曳引系数** C，按下式相联系

图2-23 这个滑雪者用蛋状姿势来减小她的有效横截面积，从而减小空气对她的阻力．

$$F=\frac{1}{2}C\rho Av^2 \tag{2-34}$$

式中，ρ 为空气的密度（单位体积的质量）；A 为物体的**有效横截面积**（垂直于速度 $\boldsymbol{v}$ 方向的横截面积）．曳引系数 C（典型值的范围从0.4到1.0）对给定的物体实际上并不真正是恒量，这是因为如果 v 变化明显，C 值也会变化．此处，我们忽略这种复杂性．

高山速降滑雪者很了解曳力是依赖于 A 与 v^2 的．滑雪者想要达到高速，必须尽可能减小 F，比如，通过以“蛋状姿势”蹬在滑板上（见图2-23）以减小 A．

当一个粗钝的物体由静止从空中落下时，曳力 $\boldsymbol{F}$ 是向上的，其大小随着物体速率的增大而从零逐渐增大．这个向上的曳力 $\boldsymbol{F}$ 反抗着向下的物体所受的重力 $\boldsymbol{F}_g$．我们可写出沿竖直 y 轴方向的牛顿第二定律（$F_{\text{net},y}=ma_y$）将这两个力与物体的加速度联系起来

$$F-F_g=ma \tag{2-35}$$

其中 m 为物体的质量．如图2-24所示，如果物体下落距离足够长，F 最终会等于 F_g．由式（2-35）知，这意味着 $a=0$，也即物体的速率不再增大．于是，物体就会以恒定的速率下落，此速率称为**终极速率** v_t．

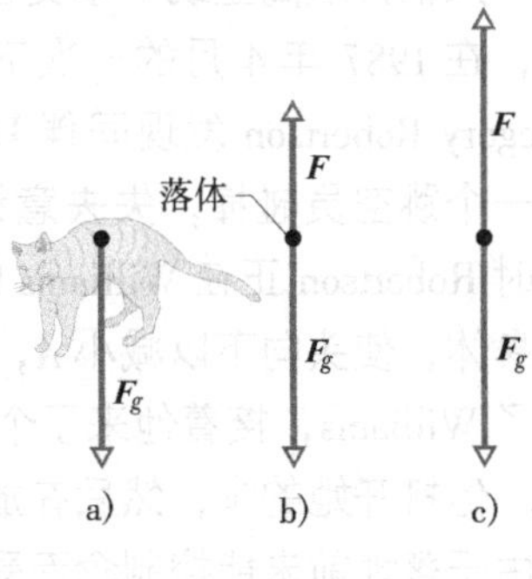

图2-24 在空中下落的物体上受的力：a）物体刚要开始下落．b）稍迟些的受力图，曳力已开始增加．c）曳力已增大到与物体的重力相平衡，此时物体以它的恒定的终极速率下落．

为求 v_t，可在式（2-35）中令 $a=0$，然后将式（2-34）中的 F 代入此式得到

$$\frac{1}{2}C\rho Av_t^2-F_g=0$$

由此可得

$$v_t=\sqrt{\frac{2F_g}{C\rho A}} \tag{2-36}$$

表2-7给出几种常见物体的 v_t 值．

表 2-7 几种物体在空气中的终极速率

物体	终极速率/（m/s）	95%的距离①/m	物体	终极速率/（m/s）	95%的距离①/m
子弹	145	2500	篮球	20	47
跳空员（典型的）	60	430	乒乓球	9	10
棒球	42	210	雨滴（半径=1.5mm）	7	6
网球	31	115	伞兵（典型的）	5	3

① 这是物体由静止下落后速率达到其终极速率的95%时要经过的距离.

让我们来看一个有趣的问题，在公寓里养的猫常喜欢在窗台上睡觉。如果一只猫不慎从7层或8层以上落到人行道上，则它受伤的程度（如折断的骨骼数目或死亡的可能性）是随着高度的增加而减小的（甚至有一只猫从32层高楼上落下只有胸部和一颗牙受点轻伤的记录）.

危险怎么能会随高度增加而减小呢？

根据基于式（2-34）所作的计算，一只猫必须下落约6层楼，才能达到终极速率. 在此之前，$F_g > F$，由于合力向下，猫加速下落. 回想第1章中讲过的，人体是一种加速度计，而不是速率计. 猫也对加速度敏感，它由于害怕而将它的脚紧缩在身体下面，头缩进去，脊椎骨上弓，使得A变小，v_t增大，以至增大了落地时受伤的可能.

不过猫真正达到了v_t，加速度消失了，猫会放松一些，把腿和脖子水平地伸出来，而且伸直脊椎骨（它就好似一个飞行的松鼠）. 这些动作增大了面积A，并且由式（2-34）知，也增大了曳力F. 此时，由于$F > F_g$（合力向上），猫的下落开始减慢，直到达到一个新的、小一些的v_t. v_t的减慢减少了猫落地时受重伤的可能性. 在就要落地前，猫看到正在移近地面，它会将腿缩回到身体下面准备落地.

图 2-25 跳空员用水平“雄鹰展翅”的姿势来增大空气阻力.

人们常从高空跳下享受在空中下跳的乐趣. 然而，在1987年4月的一次下跳的过程中，跳空员Gregory Robertson发现同伴Debbie Williams由于与另一个跳空员碰撞，失去意识，未能打开她的伞. 当时Robertson正在Williams的上方，在整个4km下落高度中，他还未将伞打开，于是他重新调整身体，使头向下以减小A，并增大下降速率. 当达到估计为320km/h的终极速率v_t时，他赶上了Williams，接着他来了个水平的“雄鹰展翅”（见图2-25）以增大F，从而使他能够抓住她. 他打开她的伞，然后在放开她之后，又打开自己的伞，这时离撞到地上不足10s. Williams虽由于落地前未能控制伞而受了大面积的内伤，但还是活下来了.

复习和小结

牛顿力学 当质点或类质点的物体受到来自其他物体的一个或多个**力**（推或拉）作用时，该质点的速度会发生变化（质点会加速）. **牛顿力学**把加速度和力联系了起来.

力 力是矢量. 它们的大小根据它们可能给予标准千克物体的加速度来定义. 严格地以$1m/s^2$加速该标准物体的力定义为1N. 力的方向是它引起的加速度的方向. 力根据矢量代数规则合成. 对一个物体的

合力是作用于它的所有力的矢量和.

质量 一个物体的**质量**是把物体的加速度与引起该加速度的力（或合力）联系起来的一种特性. 质量是标量.

牛顿第一定律 当没有合力作用于物体时，它一定保持静止；如果它最初是运动的，它一定以恒定速率沿直线运动.

惯性参考系 牛顿力学适用的参考系称为**惯性参考系**或简称**惯性系**. 如果地球的运动可以忽略不计，我们就可将地面近似看作惯性系. 牛顿力学不适用的参考系称为非**惯性参考系**，简称**非惯性系**. 相对地面加速运动的电梯为非惯性系.

牛顿第二定律 对质量为 m 的物体的合力 $\boldsymbol{F}_{net}$ 与该物体的加速度由下式相联系

$$\boldsymbol{F}_{net} = m\boldsymbol{a}$$

它可用分量形式写成

$$F_{net,x} = ma_x \qquad F_{net,y} = ma_y \qquad 与 \qquad F_{net,z} = ma_z$$

牛顿第三定律 如果物体 C 对物体 B 作用一个力 $\boldsymbol{F}_{BC}$，则物体 B 对物体 C 就有一个作用力 $\boldsymbol{F}_{CB}$. 这两个力大小相等，方向相反，即

$$\boldsymbol{F}_{BC} = -\boldsymbol{F}_{CB}$$

量纲 在物理学中，基本量与导出量之间的关系可以用量纲表示. 如在国际单位制（SI）中，基本量长度、质量和时间的量纲分别用 L、M、T 表示，其他物理量 Q 的量纲与基本量的量纲之间的关系可以表示为：$[Q] = \mathrm{L}^p\mathrm{M}^q\mathrm{T}^s$.

几种常见的力

引力 $\boldsymbol{F}_g$ 是由另一物体施加在某一物体上的拉力. 本书中多数情况下，所说的另一个物体是指地球或其他天体. 对地球而言，引力指向下方地面，通常把地球对地面附近物体的引力称为重力. 力的大小为

$$F_g = mg$$

其中，m 为物体的质量；g 为重力加速度的量值.

弹性力 在外力作用下，物体因形变而产生的、企图使其恢复原来形状的力叫做弹性力，其表现形式有很多种，如张力、法向力、弹簧的弹力等.

摩擦力 $\boldsymbol{F}$ 是当一个物体沿表面滑动或有滑动趋势时，物体受到的作用力. 该力总是平行于这个表面，且将阻碍物体的运动. 在**光滑表面**上，摩擦力可忽略. 如果物体不滑动，该摩擦力是**静摩擦力 $\boldsymbol{F}_s$**. 而若有滑动，摩擦力就是**动摩擦力 $\boldsymbol{F}_k$**.

$\boldsymbol{F}_s$ 的大小有一最大值 $\boldsymbol{F}_{s,max}$：

$$F_{s,max} = \mu_s F_N$$

这里 μ_s 是**静摩擦因数**，而 F_N 是法向力的大小. 如果 $\boldsymbol{F}_{net}$ 平行于表面的分力超过 $F_{s,max}$，物体就在表面上滑动.

如果物体开始在表面上滑动，摩擦力的量值迅速减小到一个恒定值 F_k：

$$F_k = \mu_k F_N$$

其中 μ_k 为**动摩擦因数**.

流体曳力 当空气（或其他流体）与一物体之间有相对运动时，物体会受到阻碍相对运动的**流体曳力 $\boldsymbol{F}$** 的作用，阻力的方向指向流体相对于物体的流动方向. F 的大小与相对速率 v 之间依据下式联系

$$F = \frac{1}{2}C\rho Av^2$$

式中，ρ 是流体的密度；A 为物体的**有效横截面积**.

终极速率 当一个粗钝的物体穿过空气下落足够大的距离时，空气曳力 $\boldsymbol{F}$ 与物体受的重力 $\boldsymbol{F}_g$ 的大小会相等. 于是，物体以恒定的**终极速率** v_t 下落. v_t 由下式给定

$$v_t = \sqrt{\frac{2F_g}{C\rho A}}$$

在非惯性系分析力学问题时，引入虚拟的**惯性力**，而将牛顿第二定律形式写为

$$\boldsymbol{F} + \boldsymbol{F}_i = m\boldsymbol{a}$$

其中

$$\boldsymbol{F}_i = -m\boldsymbol{a}_0$$

式中 $\boldsymbol{a}_0$ 是非惯性系相对于惯性系的加速度；$\boldsymbol{a}$ 是物体相对于非惯性系的加速度；$\boldsymbol{F}$ 是物体受到的除惯性力以外的合外力.

思考题

1. 两个水平力，$\boldsymbol{F}_1 = (3\mathrm{N})\boldsymbol{i} - (4\mathrm{N})\boldsymbol{j}$ 和 $\boldsymbol{F}_2 = -(1\mathrm{N})\boldsymbol{i} - (2\mathrm{N})\boldsymbol{j}$，将光滑餐台上的香蕉盘拉动. 不用计算器，确定图 2－26 的示力图中哪个矢量最能代表（a）$\boldsymbol{F}_1$ 和（b）$\boldsymbol{F}_2$. 合力沿（c）x 轴和沿（d）y 轴的分量各为何？（e）合力矢量和（f）盘的加速度矢量指向哪一个象限？

2. 在时刻 $t=0$，一个大小恒定的力 $\boldsymbol{F}$ 开始作用在一正在外层空间沿一 x 轴运动的石块上. 石块继续沿此轴运动.（a）对时刻 $t>0$，下面的哪一个有可能是石块的位置函数 $x(t)$：（1）$x=4t-3$，（2）$x=$

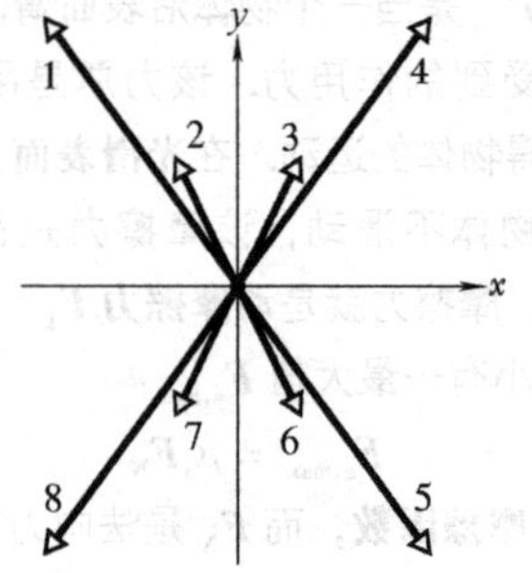

图 2-26　思考题 1 图

$-4t^2+6t-3$，(3) $x=4t^2+6t-3$？(b) 对于哪一个函数，$\boldsymbol{F}$ 指向与石块的初始运动相反的方向？

3. 一个物体置于光滑地板上．图 2-27 是该物体受力的四种情形的俯视图．如果适当选择力的大小，哪一种情况物体有可能是 (a) 静止和 (b) 以恒定速度运动？

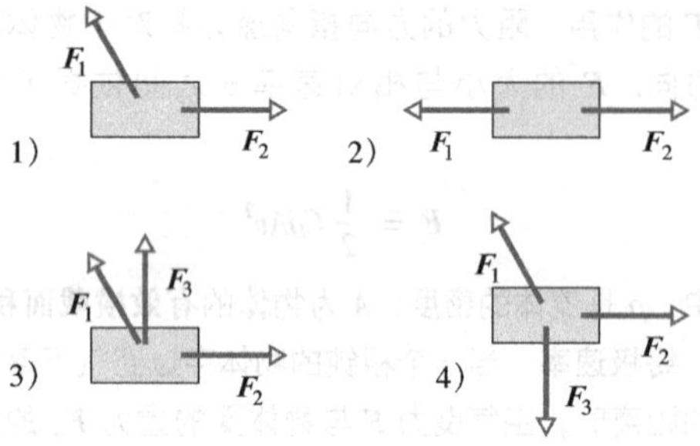

图 2-27　思考题 3 图

4. 在图 2-28 中，两个力 $\boldsymbol{F}_1$ 和 $\boldsymbol{F}_2$ 作用在一个正以恒定速度在餐厅光滑的地板上滑动的午餐盒上．我们保持 $\boldsymbol{F}_1$ 的大小不变而减小它的角度 θ．为保持午餐盒匀速运动，我们应该将 $\boldsymbol{F}_2$ 的大小增加、减小还是保持不变？

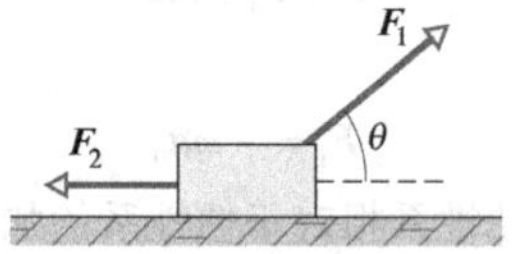

图 2-28　思考题 4 图

5. 几个力在光滑的地板上拉一个物体，图 2-29 给出了四种情况的受力图的俯视．在哪一种情况下，物体的加速度 $\boldsymbol{a}$ 有 (a) x 分量和 (b) y 分量？(c) 对各种情况，说明 $\boldsymbol{a}$ 的方向在哪一个象限或沿哪一个轴（这可用一点心算完成）？

6. 图 2-30 给出速度分量 $v_x(t)$ 和 $v_y(t)$ 的各三个图，这些图并未按比例画．哪些 $v_x(t)$ 和 $v_y(t)$ 图

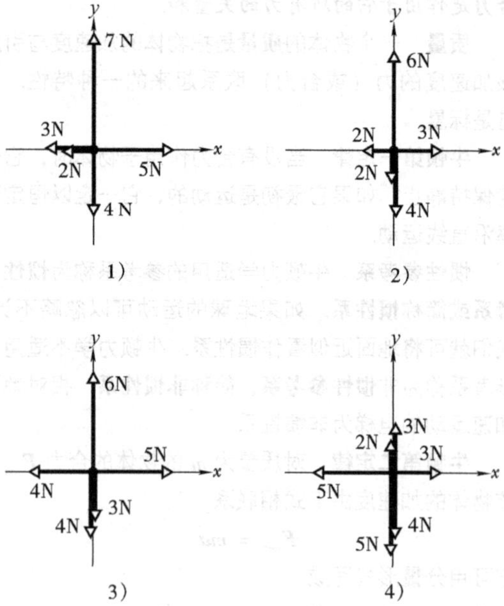

图 2-29　思考题 5 图

能最好地对应于思考题 5 及图 2-29 中所示的各种情况？

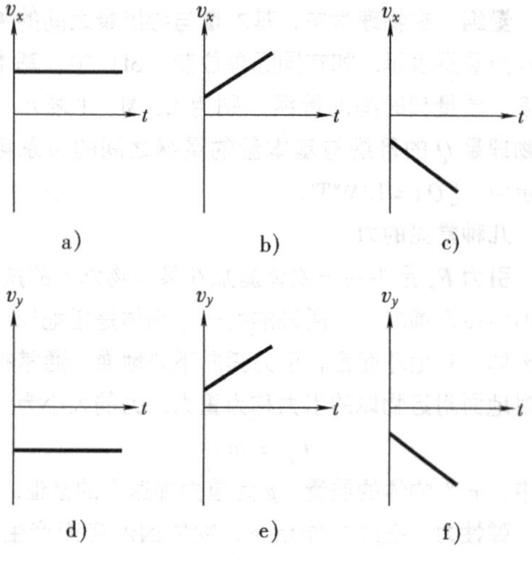

图 2-30　思考题 6 图

7. 在图 2-31a 中，一个物体用绳拴在一个固定在斜面上的柱子上．随着斜面的角度 θ 从零增大，试确定下述各量是增大、减小还是不变：(a) 作用在物体上的重力 $\boldsymbol{F}_g$ 沿斜面的分量；(b) 绳中的张力；(c) 重力 $\boldsymbol{F}_g$ 垂直于斜面的分量；(d) 斜面对物体的支持力？(e) 图 2-31b 中的哪条曲线对应于 (a) 问到 (d) 问中的每一个量？

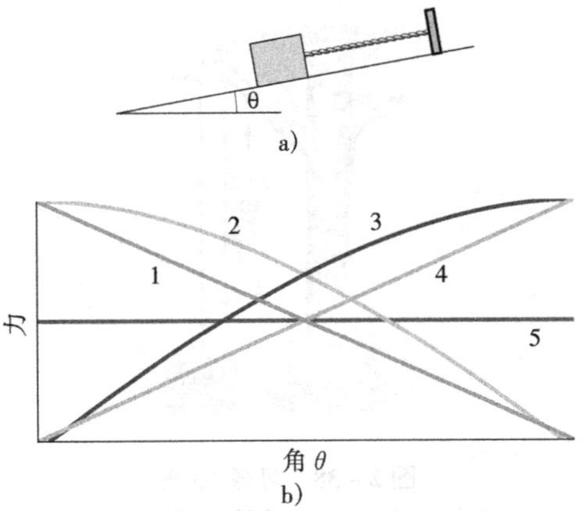

图 2-31 思考题 7 图

8. 如图 2-32 所示，大小为 10N 的水平力 $\boldsymbol{F}_1$ 作用在地面的盒子上，但盒子并未滑动. 而后，随着竖直力 $\boldsymbol{F}_2$ 的大小从零开始增加，问以下各量是变大，变小还是不变：（a）对盒子的摩擦力 $\boldsymbol{F}_s$ 的大小；（b）地面对盒子的支持力 $\boldsymbol{F}$ 的大小；（c）对盒子的静摩擦力的最大值 $\boldsymbol{F}_{s,\max}$？（d）这个盒子最终会滑动吗？

9. 如图 2-33 所示，在质量为 m' 的平板上有一物块，质量为 m，一水平力 $\boldsymbol{F}$ 加在物块上，使它在平板上滑动. 在物块与平板间有摩擦力（但在平板与地面间没有）.（a）哪个质量决定物块与平板间的摩擦力的大小？（b）在物块-平板界面上对物块的摩擦力的大小大于、小于还是等于对平板的摩擦力的大小？（c）这两个摩擦力的方向如何？（d）如果我们想要对平板写出牛顿第二定律，我们应用哪个质量与平板的加速度相乘？

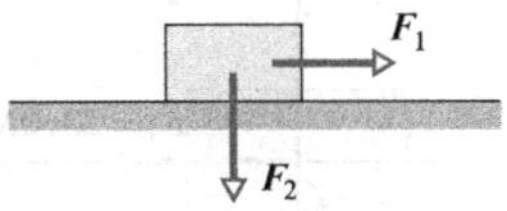

图 2-32 思考题 8 图

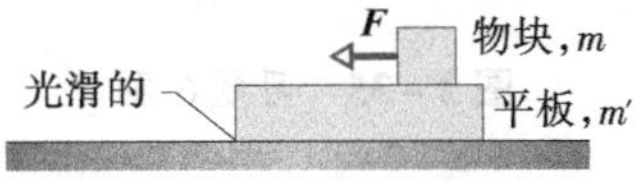

图 2-33 思考题 9 图

10. 在公共汽车上，遇到紧急刹车时，为什么乘客都要向前倾倒？

11. 惯性力有没有反作用力？它是怎样产生的？为什么要引入惯性力？它在什么方向？它的数值取决于什么因素？

习题

1. 如果 1kg 标准物体的加速度为 2.00m/s^2，并与 x 轴正向成20°角，则作用在它上面的合力的（a）x 分量和（b）y 分量是多少？（c）如何用单位矢量表示法表示这个合力？

2. 两个水平面内的力作用在一个 2.0 kg 的案板上，案板可以在厨桌上无摩擦地滑动，桌面在 xy 平面内. 一个力是 $\boldsymbol{F}_1=(3.0\text{N})\boldsymbol{i}+(4.0\text{N})\boldsymbol{j}$. 当另一个力是：（a）$\boldsymbol{F}_2=(-3.0\text{N})\boldsymbol{i}+(-4.0\text{N})\boldsymbol{j}$，（b）$\boldsymbol{F}_2=(-3.0\text{N})\boldsymbol{i}+(4.0\text{N})\boldsymbol{j}$，以及（c）$\boldsymbol{F}_2=(3.0\text{ N})\boldsymbol{i}+(-4.0\text{N})\boldsymbol{j}$ 时，求案板的加速度，并用单位矢量表示法表示.

3. 一个 3.0kg 的物体只受两个水平力的作用. 一个力是9.0N，向正东，另一个力为 8.0N，西偏北 62°. 求物体加速度的大小.

4. 在两个力的作用下，一个质点以恒定速度 $\boldsymbol{v}=(3\text{m/s})\boldsymbol{i}-(4\text{m/s})\boldsymbol{j}$ 运动. 已知一个力为 $\boldsymbol{F}_1=(2\text{N})\boldsymbol{i}+(-6\text{N})\boldsymbol{j}$，另一个力为何？

5. 三位宇航员由火箭背包推动，将一个 120kg 的小行星装入轨道舱，所加的力示意在图 2-34 中.（a）用单位矢量表示法和用（b）大小和（c）方向表示法表示的小行星的加速度各为何？

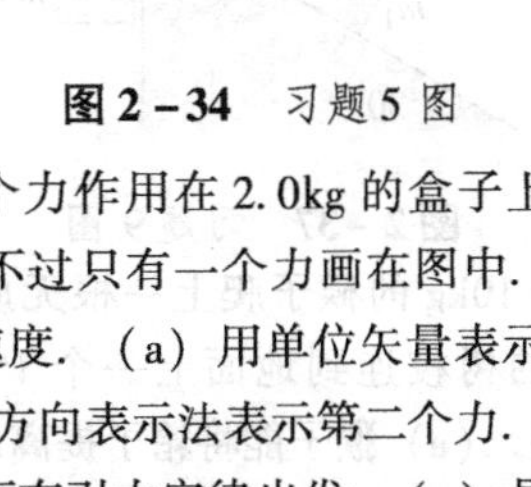

图 2-34 习题 5 图

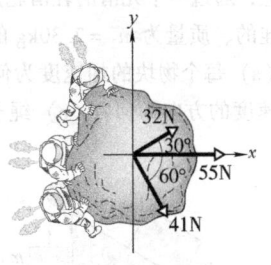

6. 有两个力作用在 2.0kg 的盒子上，如俯视图 2-35所示，不过只有一个力画在图中. 图中还给出了盒子的加速度.（a）用单位矢量表示法和用（b）大小和（c）方向表示法表示第二个力.

7. 试从万有引力定律出发，（a）导出引力常量 G 的量纲为 $L^3M^{-1}T^{-2}$；（b）问在地球表面之上多高处引力加速度是 4.9m/s^2？

8. 一架海军的喷气式飞机（见图2-36）重

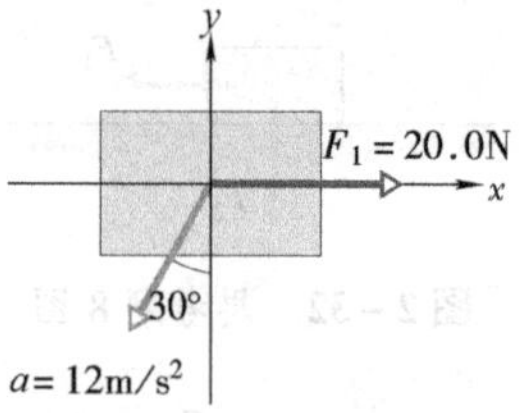

图2-35 习题6图

图2-36 习题8图

231kN，需要达到85m/s的空速才能起飞．发动机最大可提供107kN的推力，但并不足以使飞机在航空母舰90m长的跑道上达到起飞速率．求舰上的弹射器最少需提供多大的力（设为恒定）来帮助弹射飞机？假定弹射器和飞机上的发动机在90m的起飞过程中都施以恒力．

9. 一质量 $m_1=3.70\text{kg}$ 的物块，在一个30.0°角的光滑斜面上，通过一个光滑的轻滑轮用绳子连到另一个铅垂悬挂的、质量为 $m_2=2.30\text{kg}$ 的物块上（见图2-37）．(a) 每个物块的加速度为何？(b) 悬着的物块的加速度的方向为何？(c) 绳子中的张力为何？

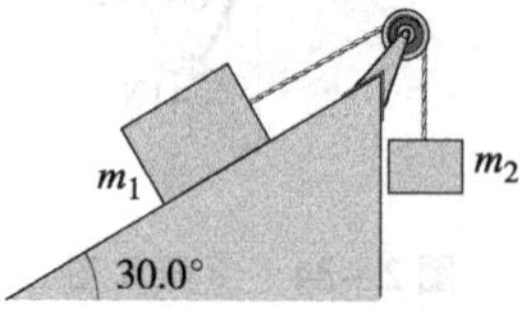

图2-37 习题9图

10. 一个10kg的猴子爬上一根无质量绳，绳子跨过无摩擦的树枝连到地面上一个15kg的箱子上（见图2-38）．(a) 猴子能将箱子提离地面所需的最小加速度的大小为何？如果箱子被拉起之后猴子停止爬动而抓着绳，那么猴子加速度的 (b) 大小是多少？(c) 方向如何？(d) 绳子中的张力多大？

11. 用钢缆将重为27.8kN的电梯以 1.22m/s^2 的

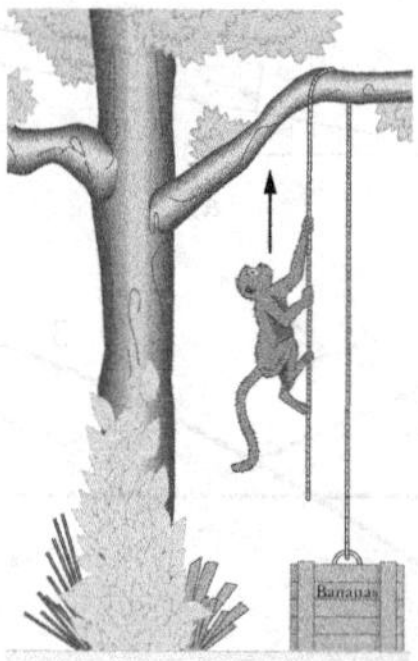

图2-38 习题10图

向上的加速度拉动．(a) 计算钢缆中的张力．(b) 如果电梯以 1.22m/s^2 减速，但仍在上升，张力是多少？

12. 在一个以 2.4m/s^2 减速下降的电梯内，有一个由电线铅垂悬挂的电灯．(a) 如果电线中的张力是89N，那么电灯的质量有多大？(b) 当电梯以 2.4m/s^2 的加速度上升时，电线中的张力为何？

13. 一个12N的水平力 $\boldsymbol{F}$ 将一个重为5N的物块推压在竖直墙上（见图2-39）．物块与墙之间的静摩擦因数为0.60，动摩擦因数为0.40．假设物块最初没有动．(a) 这个物块会动吗？(b) 用单位矢量记法表示出墙对物块的力．

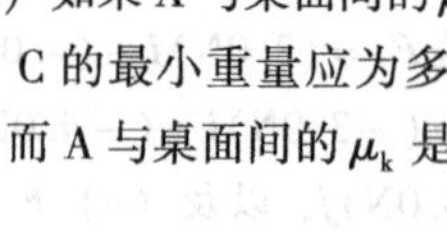

图2-39 习题13图

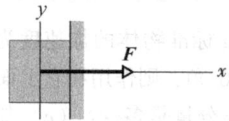

14. 如图2-40所示，物块A与B的重量分别为44N和22N．(a) 如果A与桌面间的 μ_s 是0.2，问为了防止A滑动，C的最小重量应为多少？(b) 若C突然被吊离A，而A与桌面间的 μ_k 是0.15，问A的加速度又为何？

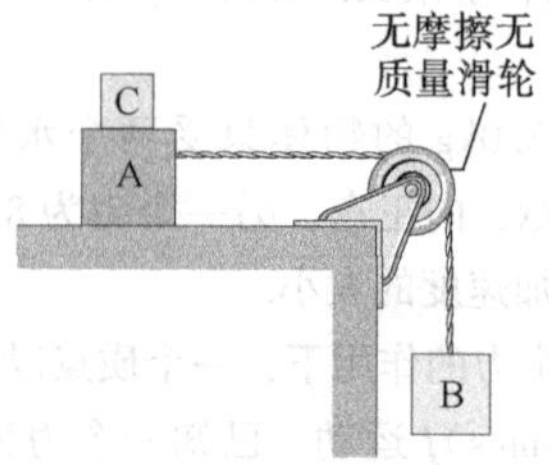

图2-40 习题14图

15. 大小为15N，与水平方向成夹角 $\theta=40°$ 的力 $\boldsymbol{F}$，将一个质量为3.5 kg的物块沿水平地板推动

(图 2－41)．物块与地板间的动摩擦因数是 0.25．求 (a) 地板对物块的摩擦力，以及 (b) 物块的加速度．

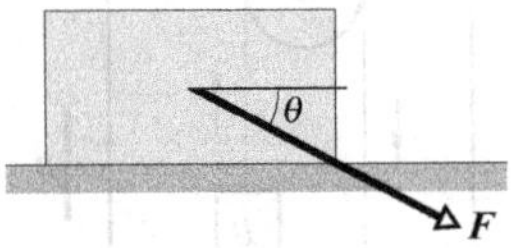

图 2－41 习题 15 图

16. 在图 2－42 中，物体 A 重 102N，物体 B 重 32N．物体 A 与斜面间的摩擦因数是 $\mu_s = 0.56$ 和 $\mu_k = 0.25$，角 θ 为 40°．若 (a) 物体 A 初时静止；(b) 物体 A 初时向上运动和 (c) 物体 A 初时向下运动，求物体 A 的加速度．

17. 图 2－42 中，两个物块通过滑轮连在一起．物块 A 的质量是 10kg，与斜面间的动摩擦因数是 0.20．斜面的角度 θ 为 30°．物块 A 以匀速滑下斜面．物块 B 的质量是多少？

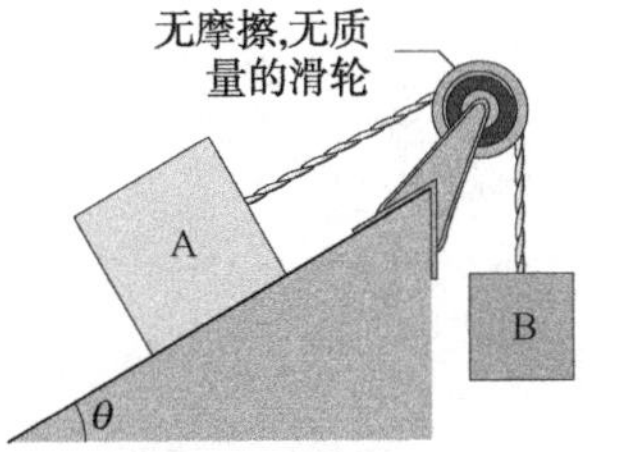

图 2－42 习题 16 和 17 图

18. 一块 40kg 的板静置于光滑地面上．一个 10kg 的物块静置在板的上面 (见图 2－43)．物块与板之间的静摩擦因数 μ_s 是 0.60，它们间的动摩擦因数 μ_k 是 0.40．用一个大小为 100N 的水平力拉 10kg 的物块，所导致的 (a) 物块和 (b) 板的加速度各为何？

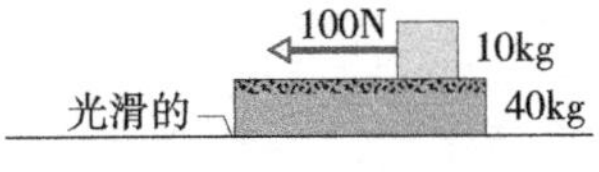

图 2－43 习题 18 图

19. 如图 2－44 所示，一个 1.34kg 的球被两根轻绳连在一个竖直的转动着的杆上．绳子系在杆上并且绷紧了．已知上边的绳中的张力是 35N．(a) 画出球的受力图．(b) 下边绳中的张力，(c) 对球的合力和 (d) 球的速率为何？

20. 计算对一枚直径为 53cm 的导弹的曳力．该导弹正在低空以速率 250m/s 巡航，那里的空气密度是 1.2kg/m³．假定 $C = 0.75$．

21. 跳空运动员以雄鹰展翅姿势下降时的终极速

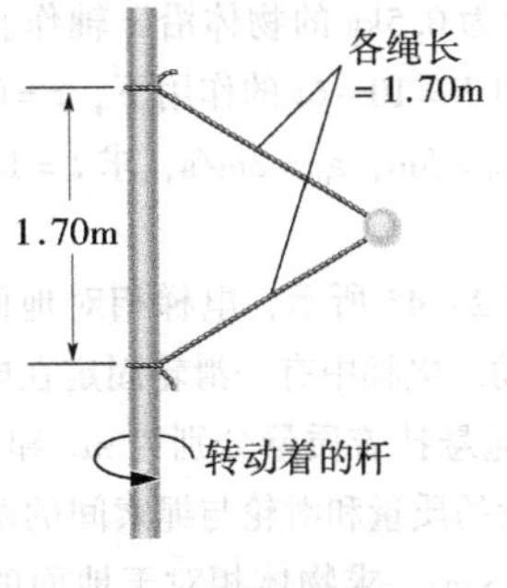

图 2－44 习题 19 图

率可达 160km/h，而头朝下下降时的终极速率是 310km/h．假如跳空员的曳引系数 C 与姿势的变换无关，求慢速和快速两种姿势的有效横截面积 A 的比．

22. 假如在 Grand Prix 车赛过程中路面和一级方程式赛车的轮胎间的静摩擦因数为 0.6，那么汽车在半径为 30.5m 的水平弯道上就要滑动的速率是多少？

23. 一人骑自行车以 9.00 m/s 的恒定速率沿半径为 25.0m 的圆周行进．自行车与骑车人的总质量是 85.0kg．计算 (a) 路面对自行车的摩擦力和 (b) 路面对自行车的合力的大小？

24. 一名重 667N 的学生朝上坐在一个稳定转动的摩天轮上．在最高点，座椅对学生的正压力 $\boldsymbol{F}_N$ 的大小为 556N．(a) 学生在那感觉是"轻了"还是"重了"？(b) 在最低点时，$\boldsymbol{F}_N$ 有多大？(c) 如果转轮的转速加倍，在最高时 $\boldsymbol{F}_N$ 的大小又为何？

25. 一条 1000kg 的船在发动机关闭时正以 90km/h的速率航行．船与水间的摩擦力 $\boldsymbol{F}_k$ 的大小与船的速率成正比：$\boldsymbol{F}_k = 70v$，式中 v 的单位是 m/s，$\boldsymbol{F}_k$ 的单位是 N．求船减速到 45km/h 所需的时间．

26. 摩托快艇以速率 v_0 行驶，它受到的摩擦阻力与速率的平方成正比，比例系数为k: $\boldsymbol{F}_k = kv^2$，设快艇的质量为 m，问当关闭其发动机后，(a) 求速度 v 对时间的变化规律；(b) 求路程 x 对时间的变化规律；(c) 证明速度 v 与路程 x 之间有关系，$v = v_0 e^{-k'x}$ (式中 $k' = k/m$)．(d) 如果 $v_0 = 20$m/s，经 15s 后，速度降为 $v_t = 10$m/s，求 k'；(e) 画出 x、v、a 随时间变化的图形．

27. 光滑的水平桌子上放置一半径为 R 的固定圆环，物体紧贴环的内侧作圆周运动，其摩擦因数为 μ．若开始时物体的速率为 v_0，求：(a) t 时刻物体的速率；(b) 当物体速率从 v_0 减少到 $\frac{1}{2}v_0$ 时，物体所经历的时间及经过的路程．

28. 质量为0.5kg的物体沿 x 轴作直线运动，在沿 x 方向的力 $F=10-6t$ 的作用下，$t=0$ 时其位置与速度分别为 $x_0=5\text{m}$，$v_0=2\text{m/s}$，求 $t=1\text{s}$ 时该物体的位置和速度.

29. 如图2-45所示，电梯相对地面以加速度 a 竖直向上运动. 电梯中有一滑轮固定在电梯顶部，滑轮两侧用轻绳悬挂着质量分别为 m_1 和 m_2 的物体A和B，设滑轮的质量和滑轮与绳索间的摩擦均略去不计. 已知 $m_1>m_2$，求物体相对于地面的加速度和绳的张力.

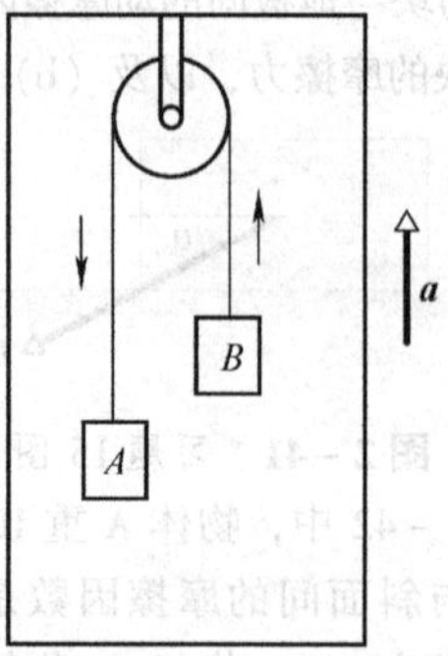

图2-45 习题29图

30. 质量为 m' 的三角形木块放在光滑的水平面上，另一质量为 m 的滑块放在三角形木块上，如图2-46所示. 如果接触面的摩擦都可忽略不计，(a) 描述两物体的运动情况；(b) 求两物体相对于地面的加速度；(c) 滑块与三角形木块之间的正压力.

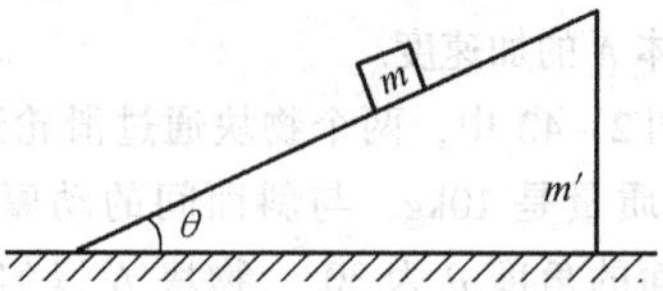

图2-46 习题30图

第3章　功　和　能

复活节岛上的史前居民在他们的采石场雕刻出了成百个巨大的石人雕像，然后将它们移到岛上各处. 他们怎能不用复杂的机械而将这些雕像移到10km以外已成为一个引起激烈争论的话题，而关于所需能量的来源，也有着各种各样奇异的说法.

那么，只用原始的手段，移动其中一个雕像，当时需要多少能量?

答案就在本章中.

牛顿运动定律使我们可以处理许多类型的运动. 但是，由于有时我们根本无法知道有关运动的细节，所以若仅靠牛顿第二定律这个瞬时关系，不仅不可能了解整个过程的详情，而且所涉及到的计算也会非常复杂.

很久以前，科学家和工程师们开始逐渐意识到有另外一种方法，有时用来分析运动更为得力. 而且，这种得力的方法可以而且最后真地推广到了其他一些并不涉及运动的情况，如化学反应，地质进程以及生物作用等. 这种方法涉及**能量**，它以很多种形式出现. 实际上，**能量**一词涵盖范围是如此的广泛，以至于很难给它写出一个清晰的定义.

一般来讲，物体处在一定状态就具有一定的能量，能量只与物体的状态有关. 能量贯穿于物理学的一切运动形式，并以各种不同形式出现. 能量还与物理学中另外一个重要的概念——**功**密切相关. **功是力的空间积累作用**，它和物体的机械运动**过程**有关. 外力对物体做功时，不仅物体的运动状态会发生变化，甚至运动形式也可能转化. 对应各种各样的运动形式，就有各种各样的能量（如机械能、电磁能、热能、光能、化学能、原子能等），各种形式的能量之间的相互传递和转化，又靠做功来实现.

本章将着重研究机械运动中功与能的具体关系，进而引出自然界一切变化过程所必须遵从的普遍规律——能量守恒定律，以及它在机械运动中的特殊形式.

3-1 功 功率

功的概念是在人类长期生产实践中逐步形成的. 在物理学中，所谓功，不但要有作用力，还要有受力物体沿力的方向上的位移. 下面分别说明恒力做的功和变力做的功.

1. 恒力的功

大小和方向都不变的力叫做**恒力**. 假设质点在恒力 $\boldsymbol{F}$ 作用下由 a 点沿直线运动到 b 点，其位移为 $\boldsymbol{s}$（见图3-1），我们定义力对质点所做的功为**力在位移方向的分量与位移大小的乘积**. 设 ϕ 为力 $\boldsymbol{F}$ 的方向与位移 $\boldsymbol{s}$ 的方向之间的夹角，则力在位移方向的分量为 $F\cos\phi$，所以力对质点所做的功为

$$W = (F\cos\phi)s = Fs\cos\phi \tag{3-1}$$

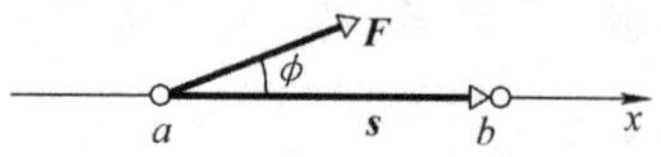

图3-1 功的定义

在数学上，式（3-1）可写为

$$W = \boldsymbol{F}\cdot\boldsymbol{s} \tag{3-2}$$

$\boldsymbol{F}$ 与 $\boldsymbol{s}$ 都是矢量，而 $\boldsymbol{F}\cdot\boldsymbol{s}$ 却是一个标量，被称为矢量 $\boldsymbol{F}$ 和 $\boldsymbol{s}$ 的标积. 因此，

功是力与位移两个矢量的标积，是一个标量.

其数值由式（3-1）给出.

（1）功的符号

一个力对物体做的功可以是正的，也可以是负的. 例如，若式（3-1）中的夹角 ϕ 小于 90°，则 $\cos\phi$ 是正的，因而功是正的；如果 ϕ 大于 90°（直至 180°），则 $\cos\phi$ 是负的，因而功是负的（你能看出 $\phi=90°$ 时功是零吗?）. 这些结果导致一个简单的规则. 想确定一个力做的功的符号，就考察该力沿位移的矢量分量：

当一个力有与位移方向一致的矢量分量时，该力做正功；当它有相反方向的矢量分量时，它做负功；当它没有这样的矢量分量时，它不做功.

（2）功的单位

功的SI单位是焦耳（J），这是为纪念19世纪英国科学家焦耳而命名的. 1J就是1N的力使质点沿力的方向移动1m所做的功，即

$$1J = 1N \cdot m \tag{3-3}$$

功的量纲是 $[W] = ML^2T^{-2}$.

在本章中为防止混淆，对功用符号 W 表示，而将重量用其等价的 mg 表示.

2. 变力的功

（1）一维情形

让我们回到图3-1所示情形，但现在考虑沿 x 轴方向而大小随位置 x 变化的力. 因此，质点移动时，做功的力的大小在改变. 不过这个变力只是大小改变，方向并不变，而且在任一位置处的大小也不随时间改变.

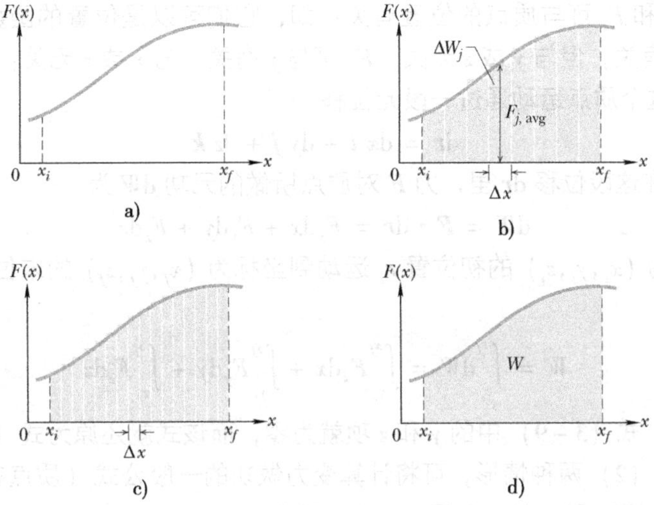

图3-2 a）一维力 F 对应于受它作用的质点位移 x 的图像.

图3-2a给出了这样的一个**一维变力**的图线. 我们要找出随质点从始点 x_i 移动到终点 x_f 时，此力对质点做功的表达式. 不过，**不能**用式（3-1），因为它只对恒力 F 才适用. 在此，我们将再一次应用微积分. 将图3-2a中曲线下的面积划分为许多宽为 Δx 的窄条（见图3-2b）. 选取 Δx 足够小以致能将该区间内的力 $F(x)$ 合理地当作恒定. 然后令 $F_{j,avg}$ 为第 j 个区间中 $F(x)$ 的平均值. 在图3-2b中，$F_{j,avg}$ 也就是第 j 个窄条的高度.

考虑到 $F_{j,avg}$ 恒定，在第 j 个区间，力做的元（小量）功 ΔW_j 现可近似地由式（3-1）给出为

$$\Delta W_j = F_{j,avg}\Delta x \tag{3-4}$$

在图3-2b中，ΔW_j 就等于第 j 个矩形阴影窄条的面积.

为了近似地求出质点从 x_i 移到 x_f 过程中，力所做的总功，将图3-2b中 x_i 到 x_f 之间的所有窄条的面积相加

$$W=\sum\Delta W_j=\sum F_{j,\text{avg}}\Delta x \qquad (3-5)$$

式（3-5）是一个近似，因为图3-2b中各矩形窄条的顶端形成的阶梯状平线只近似于 $F(x)$ 的实际曲线.

可以缩小窄条的宽度 Δx 并用更多的窄条（见图3-2c）以得到更好的近似. 在极限的情况下，令窄条的宽度趋近于零；窄条的数目就变成无限大，这时就得到一个精确结果，即

$$W=\lim_{\Delta x\to 0}\sum F_{j,\text{avg}}\Delta x \qquad (3-6)$$

这个极限正是函数 $F(x)$ 在 x_i 和 x_f 之间的积分. 因此，式（3-6）变为

$$W=\int_{x_i}^{x_f}F(x)\,\mathrm{d}x \quad \text{（功：变力）} \qquad (3-7)$$

如果我们知道了函数 $F(x)$，就可将它代入式（3-7），取适当的上、下限，进行积分，从而求出功（**附录E中包含一个常用的积分表**）. **从几何上说，功等于 $F(x)$ 曲线与 x_i 和 x_f 之间的 x 轴所包围的面积**（见图3-2d中的阴影）.

（2）三维情形

现在考虑一个质点受着一个三维力的情况，即

$$\boldsymbol{F}=F_x\boldsymbol{i}+F_y\boldsymbol{j}+F_z\boldsymbol{k}$$

式中，分量 F_x、F_y 和 F_z 可与质点的位置有关；即，它们可以是位置的函数. 不过，我们作三个简化：F_x 可与 x 有关，但与 y 或 z 无关；F_y 可与 y 有关，与 x 或 z 无关；F_z 与 z 有关，但与 x 或 y 无关. 现在让这个质点运动通过一段元位移

$$\mathrm{d}\boldsymbol{r}=\mathrm{d}x\,\boldsymbol{i}+\mathrm{d}y\,\boldsymbol{j}+\mathrm{d}z\,\boldsymbol{k}$$

由式（3-2）知，在这段位移 $\mathrm{d}\boldsymbol{r}$ 里，力 $\boldsymbol{F}$ 对质点所做的元功 $\mathrm{d}W$ 为

$$\mathrm{d}W=\boldsymbol{F}\cdot\mathrm{d}\boldsymbol{r}=F_x\mathrm{d}x+F_y\mathrm{d}y+F_z\mathrm{d}z \qquad (3-8)$$

于是，质点从坐标为 (x_i,y_i,z_i) 的初位置 $\boldsymbol{r}_i$ 运动到坐标为 (x_f,y_f,z_f) 的末位置 $\boldsymbol{r}_f$ 期间力 $\boldsymbol{F}$ 做的功 W 为

$$W=\int_{r_i}^{r_f}\mathrm{d}W=\int_{x_i}^{x_f}F_x\mathrm{d}x+\int_{y_i}^{y_f}F_y\mathrm{d}y+\int_{z_i}^{z_f}F_z\mathrm{d}z \qquad (3-9)$$

如果 $\boldsymbol{F}$ 只有 x 分量，式（3-9）中的 y 和 z 项就为零，而该式就还原为式（3-7）.

综合上述（1）、（2）两种情形，可将计算变力做功的一般公式（质点在变力 $\boldsymbol{F}$ 作用下由 a 点沿任意曲线轨道 L 运动到 b 点（见图3-3））写为

$$W=\int_a^b\mathrm{d}W=\int_a^b F\mathrm{d}r\cos\phi=\int_a^b\boldsymbol{F}\cdot\mathrm{d}\boldsymbol{r} \quad \text{（变力做的功）} \qquad (3-10)$$

这一积分在数学上叫做力 $\boldsymbol{F}$ 沿路径 L 由 a 到 b 的**线积分**.

（3）几个力做的净功

当两个或多个力作用在一个物体上时，对物体的**净功**是各单个力做的功的总和. 我们可用两种方法计算净功：1）先求每个力做的功，再将这些功求和；2）先将这些力的合力 $\boldsymbol{F}_{\text{net}}$ 求出. 然后，可利用式（3-10）将 $\boldsymbol{F}_{\text{net}}$ 代入 $\boldsymbol{F}$ 即可.

还应注意，说到做功时必须明确两点：1）是哪一个力做的功；2）是对哪个物体做的功.

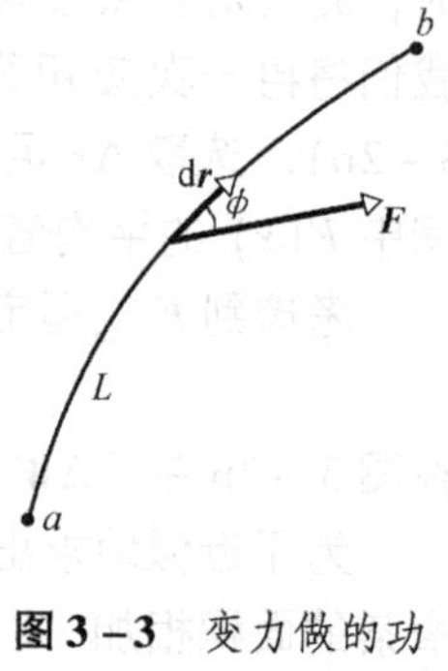

图3-3 变力做的功

3. 功率

功的概念不包含时间因素，但在实际生产和生活实践中，时间因素非常重要. 例如，一承包人打算用吊车将一堆砖头由人行道送到楼顶上. 我们现在能计算吊车的力对要送上去的砖头必须做多少功. 可是承包人更感兴趣的却是做功的**快慢**，做完这件事需要五分钟还是一星期.

一个力所做的功对时间的变化率（即单位时间内该力对质点做功的多少）称为该力的**功率**. 如果在一定时间 Δt 内，一个力做的功为 W，则在此时间间隔内，该力的**平均功率**为

$$P_{avg}=\frac{W}{\Delta t} \quad (平均功率) \qquad (3-11)$$

瞬时功率 P 是功对时间的瞬时变化率，可写作

$$P=\frac{dW}{dt} \quad (瞬时功率) \qquad (3-12)$$

假设我们知道一个力所做的功作为时间的函数为 $W(t)$，要求出做功期间，譬如说，$t=3.0s$ 时的瞬时功率 P，就可先求 $W(t)$ 的时间导数，然后再算出 $t=3.0s$ 的结果.

功率的SI单位是J/s（焦每秒）. 因为这个单位较常用，所以有一特定名称——**瓦**［**特**］(W)，名从于苏格兰工程师瓦特（J·Watt），以纪念他对蒸汽机效率的提高所做的贡献. 在英制中，功率的单位是英尺磅力每秒，也常用hp（马力）. 这些单位间的一些关系为1W=1J/s和1hp=746W.

由式（3-11）可看出，功可表示为功率与时间的乘积，就像以常用单位kW·h（千瓦小时）表示的那样. 因而

$$1\ kW\cdot h=(10^3\ W)(3600s)=3.60\times10^6\ J=3.60\ MJ$$

或许因为W和kW·h常出现在电费单中，所以人们已习惯将它们视为电学单位. 其实，它们作为功率和功或能的其他实例的单位也同样适用. 如果有人从地板上拿起此书放到桌面上，就可以说，他已经做了 2×10^{-6}kW·h的功（或更方便地说是2mW·h的功）.

我们还可将力对质点（或类质点物体）做功的时间变化率用该力和质点的速度来表示. 对一个沿直线（设为 x 轴）运动的质点来说，若所受的作用力为与该直线成夹角 ϕ 的恒力 $\boldsymbol{F}$，则式（3-12）变为

$$P=\frac{dW}{dt}=\frac{F\cos\phi dx}{dt}=F\cos\phi\left(\frac{dx}{dt}\right)$$

或

$$P=Fv\cos\phi \qquad (3-13)$$

认识到式（3-13）的右侧是点积 $\boldsymbol{F}\cdot\boldsymbol{v}$，也可将式（3-13）写为

$$P=\boldsymbol{F}\cdot\boldsymbol{v} \quad (瞬时功率) \qquad (3-14)$$

例如，如果图3-4所示的卡车对拖车加一力 $\boldsymbol{F}$，在某一时刻拖车的速度为 $\boldsymbol{v}$，$\boldsymbol{F}$ 产生的瞬时功率就是该时刻 $\boldsymbol{F}$ 对拖车做功的功率而由式（3-13）和式（3-14）给定. 人们常把此功率说成是“卡车的功率”，不过我们应记住它的含义：功率为所加**力**做的功对时间的

图3-4 卡车对拖车加的力的功率为该力对拖车做的功的时间变化率.

变化率.

检查点1：系在物体上的绳被锚定在圆周中心而使物体作匀速圆周运动，问绳对物体作用力的功率是正的、负的、还是零？

3-2 动能 功-动能定理

1. 动能

动能 E_k 是描述物体运动状态的重要的物理量. 对一个质量为 m，速率 v 远低于光速的物体，我们定义它的动能为

$$E_k = \frac{1}{2}mv^2 \quad (\text{动能}) \tag{3-15}$$

比如，一只3.0kg的野鸭，以2.0 m/s的速率飞过，它就具有6.0kg·m²/s²的动能. 这就是说，**物体的动能是物体由于运动而具有的能量**.

可见，物体运动得越快，它的动能就越大，当物体静止时，其动能为零. 而另一方面，当物体的速度发生变化时，其运动状态改变，与之相应，物体的动能会随其状态的改变而发生变化. 因此，动能也是物体**运动状态的单值函数**.

动能（以及所有其他形式的能量）的单位和量纲与功相同，它们的单位是焦耳（J），量纲是 ML^2T^{-2}.

2. 功-动能定理

根据实际经验知道，力对物体做功，可使物体的运动状态发生变化，它的动能也相应改变，那么它们之间的关系如何呢?

考虑一个质量为 m 的质点，在沿 x 轴方向的合力 $F(x)$ 的作用下，沿该轴方向运动. 在这个质点从初位置 x_i 运动到末位置 x_f 的过程中，该力对质点做的功由式（3-7）给出为

$$W = \int_{x_i}^{x_f} F(x)\,dx = \int_{x_i}^{x_f} ma\,dx \tag{3-16}$$

式中，我们应用牛顿第二定律以 ma 代替 $F(x)$. 式（3-16）中的量 $ma\,dx$ 可写作

$$ma\,dx = m\frac{dv}{dt}dx \tag{3-17}$$

由微积分的“链式规则”，有

$$\frac{dv}{dt} = \frac{dv}{dx}\frac{dx}{dt} = \frac{dv}{dx}v$$

则式（3-17）成为

$$ma\,dx = m\frac{dv}{dx}v\,dx = mv\,dv \tag{3-18}$$

将式（3-18）代入式（3-16）得出

$$W = \int_{v_i}^{v_f} mv\,dv = m\int_{v_i}^{v_f} v\,dv = \frac{1}{2}mv_f^2 - \frac{1}{2}mv_i^2 \tag{3-19}$$

注意：当我们将变量由 x 转换为 v 时，积分限需用新变量来表示. 还应注意，因为 m 是一恒量，所以可将它移到积分号的外面.

式 (3-19) 将质点的动能改变 (由初状态的 $E_{ki}=\frac{1}{2}mv_i^2$ 到末状态的 $E_{kf}=\frac{1}{2}mv_f^2$) 与对质点所做的功 W 联系起来了. 若令 ΔE_k 为质点动能的改变, W 为对它做的净功, 则上式可写为

$$\Delta E_k = E_{kf} - E_{ki} = W \tag{3-20}$$

这表示

质点动能的改变 = 对质点做的净功

此结论称为质点的**功-动能定理**, 即

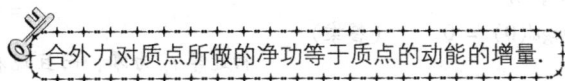

合外力对质点所做的净功等于质点的动能的增量.

上述定理明确说明功与动能之间的联系与区别: ① 对一个运动物体而言, 合外力所做的净功在数值上等于该物体动能的改变, 这使我们对物理学中"功"的含义有了进一步的认识:

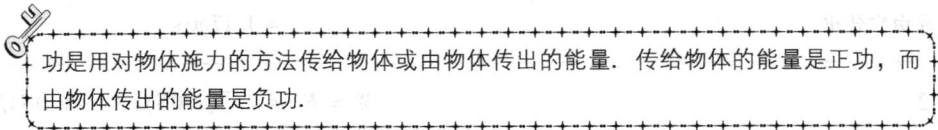

功是用对物体施力的方法传给物体或由物体传出的能量. 传给物体的能量是正功, 而由物体传出的能量是负功.

也可以说, "功"是被传递的能量; "做功"是传递能量的行为. ② 功与能量是两个不同的概念. 功是与在外力作用下质点位置的移动过程相联系的, 故功是一个**过程量**; 而动能则如上所说, 是运动状态的单值函数, 是**状态量**. 动能定理将它们定量地联系在一起, 并揭示出, 不管物体运动状态变化的具体细节如何 (包括运动是直线或曲线, 外力是恒力或变力), 合外力对物体所做的功总是决定于物体末动能和初动能之差. 这样, 应用动能定理解决某些力学问题就比直接应用牛顿第二定律要方便得多.

需要说明的是, 由于动能定理是从牛顿第二定律导出的, 所以, 与牛顿第二定律一样, 动能定理也只适用于惯性系.

例题 3-1

图 3-5a 示出了两个公司雇佣的探员将一个 225kg 的落地保险柜由静止沿直线推向货车所滑动过的位移 $\boldsymbol{d}$ 的大小为 8.50 m. 探员 001 的推力 $\boldsymbol{F}_1$ 为 12.0N, 沿水平向下 30°; 探员 002 的推力 $\boldsymbol{F}_2$ 为 10.0 N, 沿水平向上 40°. 在保险柜移动时, 这些力的大小和方向都不改变, 且地板与保险柜之间无摩擦.

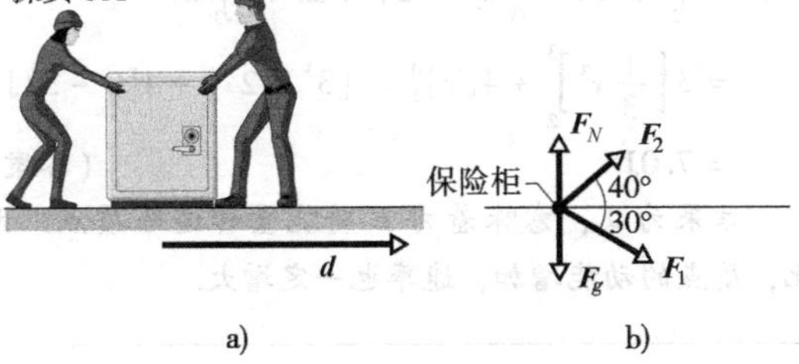

图 3-5 例题 3-1 图

(a) 在位移 $\boldsymbol{d}$ 的过程中, 力 $\boldsymbol{F}_1$ 和 $\boldsymbol{F}_2$ 对保险柜做的净功为何?

【解】 这里我们用两个**关键点**. 第一, 两个力对保险柜做的净功 W 是他们单独做功之总和. 第二, 因为我们可将保险柜视作质点, 且力的大小和方向都恒定不变, 所以可用式 $W=Fd\cos\phi$ 或式 $W=\boldsymbol{F}\cdot\boldsymbol{d}$ 计算他们做的功. 由于已知这些力的大小和方向, 因而选用式 (3-1). 由它和图 3-5b 中保险柜的示力图, F_1 做的功为

$$W_1 = F_1 d\cos\phi_1 = 12.0\text{N}\times 8.50\text{m}\times\cos 30° = 88.33\text{J}$$

F_2 做的功为

$$W_2 = F_2 d\cos\phi_2 = 10.0\text{N}\times 8.50\text{m}\times\cos 40° = 65.11\text{J}$$

于是, 净功 W 为

$$W = W_1 + W_2 = 88.33\text{J} + 65.11\text{J}$$

$= 153.4\text{J} \approx 153\text{J}$ （答案）

因此，在8.50m的位移过程中，探员将153J的能量传给保险柜作为它的动能.

(b) 在这段位移中，重力 $\boldsymbol{F}_g$ 对保险柜做的功 W_g 与地面的法向力 $\boldsymbol{F}_N$ 对保险柜做的功 W_N 各是多少？

【解】 这里**关键点**是，因为这两个力的大小和方向都恒定不变，可用式（3-1）求它们做的功. 所以，将 mg 作为重力的大小，有

$$W_g = mg\cos 90° = mgd(0) = 0 \quad （答案）$$

和

$$W_N = F_N d\cos 90° = F_N d(0) = 0 \quad （答案）$$

我们应该知道这个结果，因为这两个力与保险柜的位移相垂直，它们对保险柜不做功，因而没有任何能量传入或由它传出.

(c) 保险柜最初静止，它在8.50m位移末端的速率 v_f 是多少？

【解】 这里**关键点**是，因为当用 $\boldsymbol{F}_1$ 和 $\boldsymbol{F}_2$ 将能量传给保险柜时，它的动能会改变，它的速率也会改变. 结合式（3-20）和式（3-15）把速率与做的功联系起来，即

$$W = E_{kf} - E_{ki} = \frac{1}{2}mv_f^2 - \frac{1}{2}mv_i^2$$

初速率 v_i 为零，而且现在知道做的功为153.4J，对上式解出 v_f，然后代入已知数据，可得

$$v_f = \sqrt{\frac{2W}{m}} = \sqrt{\frac{2(153.4\text{J})}{225\text{kg}}} = 1.17\text{m/s} \quad （答案）$$

例题3-2

在一次风暴中，一只板条箱在光滑、有一层油的停车场上，在一阵稳定的风以 $\boldsymbol{F} = (2.0\text{ N})\boldsymbol{i} + (-6.0\text{ N})\boldsymbol{j}$ 的力推动下滑过了位移 $\boldsymbol{d} = (-3.0\text{ m})\boldsymbol{i}$. 当时的情形和坐标轴如图3-6所示.

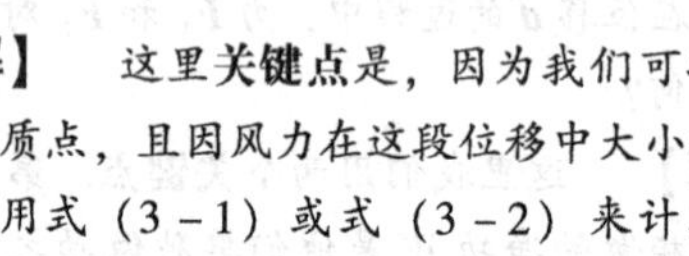

图3-6 例题3-2图

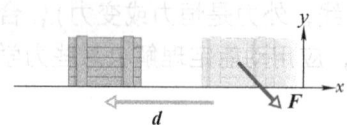

(a) 这段位移期间，风力对板条箱所做的功是多少？

【解】 这里**关键点**是，因为我们可将板条箱看作一个质点，且因风力在这段位移中大小和方向都恒定，可用式（3-1）或式（3-2）来计算功. 由于已知 $\boldsymbol{F}$ 和 $\boldsymbol{d}$ 的单位矢量表示式，故选用式(3-2)，写为

$$W = \boldsymbol{F}\cdot\boldsymbol{d} = [(2.0\text{N})\boldsymbol{i} + (-6.0\text{N})\boldsymbol{j}]\cdot[(-3.0\text{m})\boldsymbol{i}]$$

可能的单位矢量点积中只有 $\boldsymbol{i}\cdot\boldsymbol{i}$，$\boldsymbol{j}\cdot\boldsymbol{j}$ 和 $\boldsymbol{k}\cdot\boldsymbol{k}$ 不是零（见附录E）. 此处可得

$$\begin{aligned} W &= (2.0\text{N})(-3.0\text{m})\boldsymbol{i}\cdot\boldsymbol{i} + (-6.0\text{N})(-3.0\text{m})\boldsymbol{j}\cdot\boldsymbol{i} \\ &= (-6.0\text{J})(1) + 0 = -6.0\text{J} \end{aligned}$$

因而，风力对板条箱做负功6.0 J，由板条箱的动能中传出6.0 J的能量.

(b) 若板条箱在位移 $\boldsymbol{d}$ 的起点有动能10 J，则它在 $\boldsymbol{d}$ 的末端动能为何？

【解】 这里**关键点**是，因为风对板条箱做负功，所以它使箱子的动能减少. 应用功-动能定理，可得

$$K_f = K_i + W = 10\text{J} + (-6.0\text{J}) = 4.0\text{J} \quad （答案）$$

由于板条箱的动能减小到4.0 J，它的滑动减慢了.

例题3-3

力 $\boldsymbol{F} = (3x^2\text{N})\boldsymbol{i} + (4\text{N})\boldsymbol{j}$，$x$ 以m为单位，作用在一个质点上，只改变了该质点的动能. 在质点从坐标(2m, 3m)移动到(3m, 0m)的过程中，对它做的功是多少？质点的速率是增大、减小、还是保持不变？

【解】 这里**关键点**是，由于此力的 x 分量随 x 值而变化，是一个变力. 所以不能用式（3-1）和式（3-2）求所做的功，而必须用式（3-9）对该力积分

$$\begin{aligned} W &= \int_2^3 3x^2\,dx + \int_3^0 dy = 3\int_2^3 x^2\,dx + 4\int_3^0 dy \\ &= 3\left[\frac{1}{3}x^3\right]_2^3 + 4[y]_3^0 = [3^3 - 2^3] + 4[0-3]\text{J} \\ &= 7.0\text{J} \end{aligned} \quad （答案）$$

结果为正，意味着力 $\boldsymbol{F}$ 将能量传递给质点. 因此，质点的动能增加，速率也一定增大.

检查点2：一个质点沿 x 轴运动，当质点的速度变化分别为：(a) 由 -3m/s 到 -2m/s，和 (b) 由 -2m/s

到 2m/s 时，质点的动能是增加、减少还是保持不变？(c) 在每种情形下，对质点做的功是正的、负的还是零？

从对上面的例题求解中可以看出，在应用动能定理时，如需要计算功的线积分，则必须知道质点的运动路径. 然而在许多情况下，这往往又是十分困难的. 值得庆幸的是，有些力的线积分与积分路径无关，而只与质点的初状态和末状态的位置有关，这些力就是下一节要讲到的一种特殊的力——保守力，由它还可以引出另一种形式的能量——势能.

3-3 保守力与非保守力 势能

在本节中，我们将定义第二种形式的能量：势能 U，它是与有相互作用的物体构成的物体系的位形相联系的能量. 如果系统的位形改变了，系统的势能也就相应改变.

请注意，这里要说明一下关于系统的概念，今后我们会把由两个或更多个物体组成的集体称为**系统**，凡是系统以外的物体对系统内物体的任一作用力均称为**外力**，而系统内两物体之间的相互作用力均称为**内力**.

从本质上说，我们之所以能够引入势能的概念，是因为有关的相互作用力具有某种特性，所以在引入势能之前，我们先介绍力学中常见的几种力的做功特点，然后引出保守力和非保守力的概念，最后介绍重力势能、弹性势能和引力势能.

1. 重力、弹性力和万有引力所做的功

(1) 重力的功

如图 3-7 所示，设一质量为 m 的球体，处在近地面的重力场中，从点 a 沿任意路径 acb 运动到 b 点. 点 a 和点 b 距地面高度分别为 y_i 和 y_f. 现在来计算重力 $m\boldsymbol{g}$ 在此过程中对球体（视作质点）所做的功.

因为该球体运动的路径为一任意曲线，所以重力与其运动方向之间的夹角是不断变化的. 我们把路径 acb 分为许多元位移，在元位移 $\mathrm{d}\boldsymbol{r}$ 中，重力 $m\boldsymbol{g}$ 所做的元功为

$$\mathrm{d}W = m\boldsymbol{g}\cdot\mathrm{d}\boldsymbol{r}$$

若在球体的运动平面内如图选取坐标，其中原点 O 为地面上任一点，则

$$\mathrm{d}\boldsymbol{r} = \mathrm{d}x\boldsymbol{i} + \mathrm{d}y\boldsymbol{j}$$

而重力 $m\boldsymbol{g}$ 可写为 $-mg\boldsymbol{j}$. 于是，前式为

$$\mathrm{d}W = -mg\boldsymbol{j}\cdot(\mathrm{d}x\boldsymbol{i} + \mathrm{d}y\boldsymbol{j}) = -mg\mathrm{d}y$$

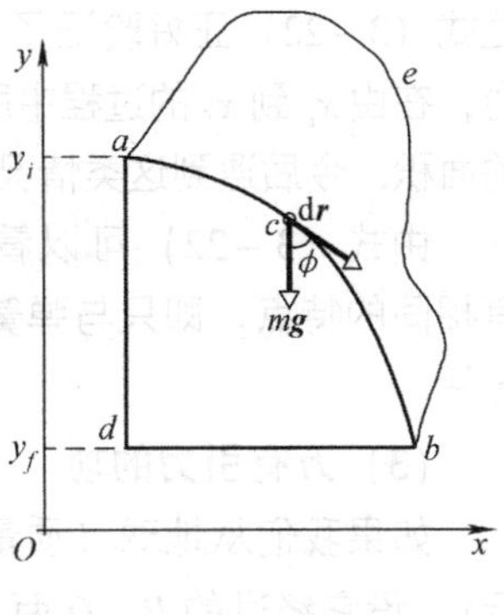

图 3-7 重力做功

因此，球体在由 a 点运动到 b 点的过程中，重力做的总功为

$$W = -mg\int_{y_i}^{y_f}\mathrm{d}y = -mg(y_f - y_i)$$

即

$$W_g = mgy_i - mgy_f \quad \text{（重力做功）} \tag{3-21}$$

上式等号右端是与运动路径特点无关的物理量，这表明，重力的功只与始末位置（h_i 和 h_f）有关，而与质点所经路径无关. 假若球体沿图 3-7 中的 adb 路径（垂线加水平线）或沿 aeb 路径运动，则只要都是由 a 点运动到 b 点，结果就都是一样的. 这些结果表明，**重力的功只与质点的初位置和末位置有关，而与所经过的路径无关**. 这是重力做功的一个重要特点.

(2) 弹性力的功

考察图3－8所示的光滑水平桌面上轻质弹簧的弹力所做的功. 其中点 $O(x=0)$ 为弹簧自然伸长的位置，叫做弹簧的平衡位置.

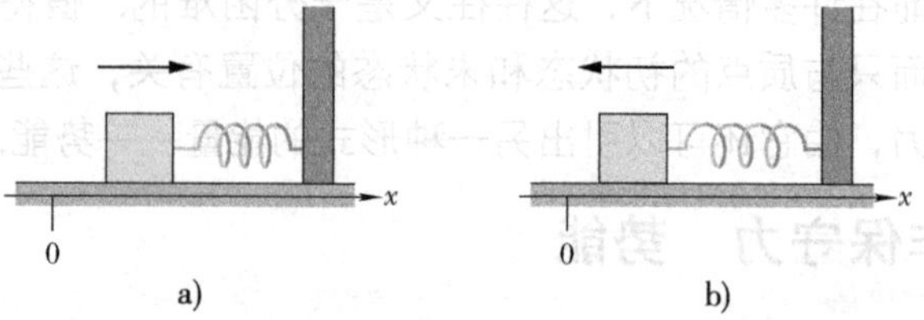

图3－8 原来静止在 $x=0$ 的与弹簧连在一起的物块，被推向右运动. a) 随着物块向右运动（如箭头所示），弹簧力对它做负功. b) 接着，随着物块掉头向 $x=0$ 运动，弹簧力对它做正功.

由式（2－14）给出的胡克定律 $F=-kx$ 可知，弹性力 F 的大小随 x 线性变化. 而方向总是沿着弹簧的拉伸方向且与其反向. 依图3－8所取坐标轴，将弹性力 F 代入式（3－9），即可求出弹簧弹性力使物块在由初位置 x_i 到末位置 x_f 的过程中所做的功为

$$W_s=\int_{x_i}^{x_f}(-kx)\,dx=-k\int_{x_i}^{x_f}x\,dx=\left(-\frac{1}{2}k\right)[x^2]_{x_i}^{x_f}=\left(-\frac{1}{2}k\right)(x_f^2-x_i^2)$$

相乘后得到

$$W_s=\frac{1}{2}kx_i^2-\frac{1}{2}kx_f^2\quad(\text{弹簧弹力做的功})\tag{3－22}$$

这里有必要提醒，在前面分析一维变力做功时，我们曾讲过，“从几何上说，功等于 $F(x)$ 曲线与 x_i 和 x_f 之间的 x 轴所包围的面积”. 此处式（3－22）正好验证了这一点. 弹性力 F 这个大小随 x 线性变化的力，在由 x_i 到 x_f 的过程中所做的功在数值上就等于图3－9中阴影梯形的面积. 今后遇到这类情况时，可以直接用图示法来计算功.

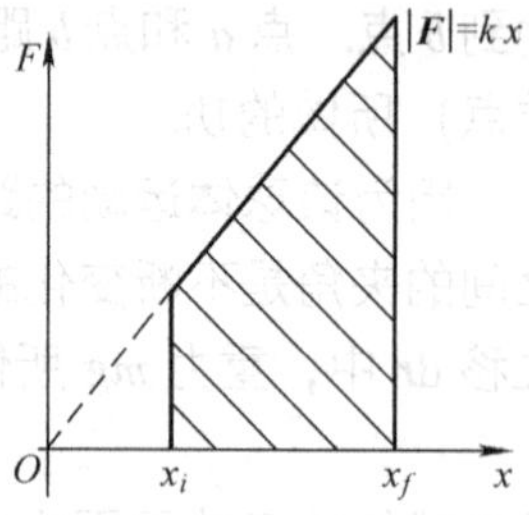

图3－9 弹性力的功

由式（3－22）可以看出，弹簧的弹性力所做的功与重力做功具有相同的特点，即只与弹簧的初、末位置有关，而与弹性形变的过程无关.

(3) 万有引力的功

如果我们从地球（质量为 m_E）直接向外发射一个质量为 m 的垒球（其路径如图3－10所示），设它经过的 P、Q 两点与地心的径向距离分别为 r_i 和 r_f，我们来求出球从 P 点移到 Q 点时引力对球做的功.

注意到引力 $\boldsymbol{F}(r)$ 是一个变力（它的大小与距离 r 有关），我们可以用式（3－10）中的标量形式来求功：

$$W=\int_{r_i}^{r_f}F(r)\,dr\cos\phi\tag{3－23}$$

这里，ϕ 是 $\boldsymbol{F}(r)$ 与 $d\boldsymbol{r}$ 之间的夹角，由图3－10可看出 $\phi=180°$. 将 ϕ 与式（2－6）给出的万有引力 $\boldsymbol{F}(r)$ 的大小代入式（3－23）并积分，得

$$W=-\int_{r_i}^{r_f}\frac{Gm_Em}{r^2}dr=-Gm_Em\int_{r_i}^{r_f}\frac{1}{r^2}dr=Gm_Em\left(\frac{1}{r_f}-\frac{1}{r_i}\right)$$

同样可证明，物体 m 从点 P 沿任一路径到达点 Q 的过程中，万有引力做的功均为

$$W = -Gm_{\mathrm{E}}m\left(\frac{1}{r_i}-\frac{1}{r_f}\right)\quad \text{(万有引力做的功)} \tag{3-24}$$

我们看到，万有引力做的功也只与运动物体的初、末位置有关，而与物体所经过的路径无关.

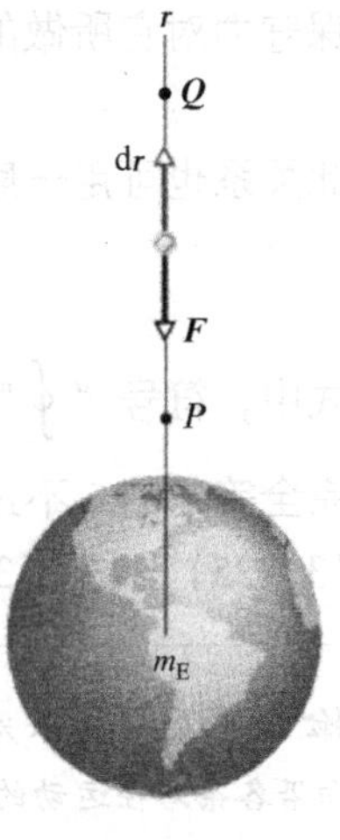

图 3-10　万有引力的功

2. 保守力与非保守力

从上述对重力、弹性力和万有引力做功的讨论可以看出，这几种力具有一个共同的特点，就是它们的功都只与物体（或弹簧）的初、末位置有关，而与所经过的路径无关. 我们把具有这种特点的力统称为**保守力**. 除了上面所讲的重力、弹性力和万有引力外，今后还会看到，电荷间相互作用的库仑力和分子间的相互作用力也是保守力. 相反，不具有这种特点的力，我们统称其为**非保守力**. 例如，摩擦力做的功就与路径有关，当我们把放在地面上的物体从一处拉到另一处时，如果经过的路径不同，摩擦力所做的功就不同. 所以，摩擦力属于非保守力.

归纳上述讨论，可以得到一个重要结论，那就是：

保守力对在两点之间运动的质点所做的功，与质点所取的路径无关.

例如，设图 3-11a 中的质点沿路径 1 或路径 2，由 a 点移动到 b 点. 如果有一个保守力作用在质点上，则沿两路径该力对质点做功相同. 可用符号将此结果写为

$$W_{ab,1} = W_{ab,2} \tag{3-25}$$

其中下标 ab 分别代表初、末点，而下标 1 和 2 表示路径.

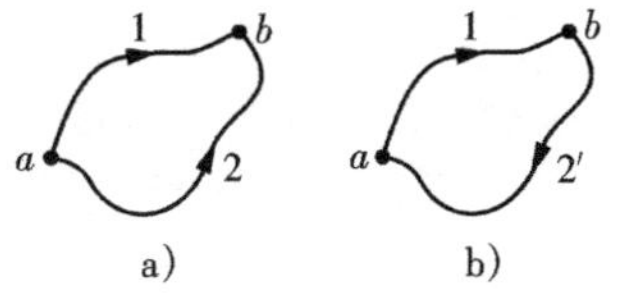

图 3-11　a）质点在保守力的作用下沿路径 1 或路径 2 由 a 点移动到 b 点. b）质点绕行一次沿路径 1 由 a 点到达 b 点，然后沿路径 2′返回到 a 点.

这个结果是非常有用的，因为它能简化那些只涉及保守力的问题. 假设需要计算保守力沿两点间的给定路径所做的功，而没有补充条件，计算会很难，甚至不可能. 这时，就可以用在两点间计算容易且可能的其他路径代替给定路径来求功. 下面的例题 3-4 会给出一个例子.

保守力也可以用另一种表述方法来定义：

保守力对沿任一闭合路径绕行一周运动的质点所做的净功为零.

这可以用图 3-11b 来说明. 注意图 b 与 a 的区别在于路径 2 与路径 2′完全相同但反方向. 这就是说，如果用一个与保守力等值反向的外力使质点沿路径 2′从 b 点回到 a 点，这是外力克服（或反抗）保守力做功，或者说保守力做负功. 这与沿图 3-11a 中路径 2 从 a 点到 b 点保守力做的功相比，除进行方向相反外，其他情况均相同. 因此，在路径 2′上保守力所做的功与在路径 2 上它所做的功在数值上相等，只差一负号，即

$$-W_{ab,2'} = W_{ab,2} \tag{3-26}$$

将式（3-26）与式（3-25）相比较，可得出质点在图 3-11b 所示的闭合路径绕行一周时，

保守力对它所做的功为

$$W_{ab,1} + W_{ab,2'} = W_{ab,1} - W_{ab,2} = 0$$

此关系也可用一般的数学表达式写为

$$W_c = \oint_L \boldsymbol{F} \cdot \mathrm{d}\boldsymbol{r} = 0 \qquad (3-27)$$

式中，符号“$\oint$”表示沿闭合路径一周进行的积分．保守力的这一定义和与路径无关的定义是完全等价的．不过，对于像摩擦力和流体阻力这样的非保守力来说，保守力做功的数学表达式（3－25）和式（3－27）是不适用的．

检查点3：图示为连接 a 点和 b 点的三条路径．单个力 $\boldsymbol{F}$ 对按所示方向沿各条路径运动的一个质点做的功标在图中．基于这些信息判断，力 $\boldsymbol{F}$ 是保守力吗？

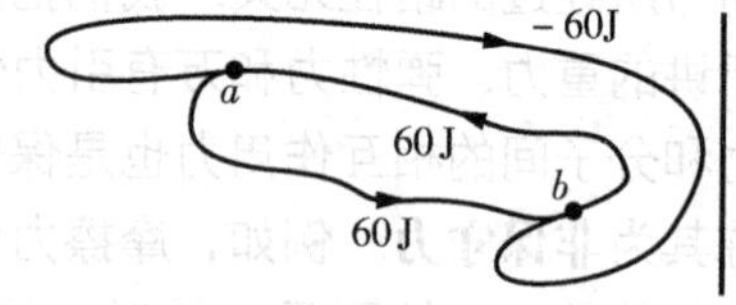

例题3－4

如图3－12a所示，一块2.0kg的奶酪，由 a 点沿着光滑轨道滑到 b 点．奶酪沿轨道经过的总路程为2.0m，竖直距离为0.8m．在奶酪下滑期间，重力对它做了多少功？

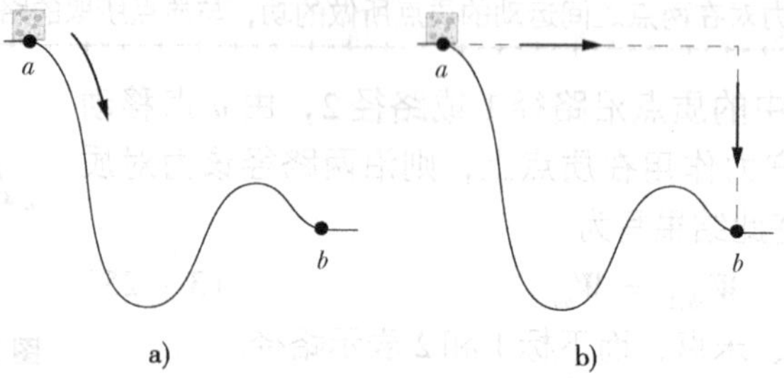

图3－12 例题3－4图

【解】 这里一个**关键点**是，我们**不能**应用式（3－1）（$W_g = mgd\cos\phi$）来求奶酪沿轨道运动过程中重力 $\boldsymbol{F}_g$ 所做的功．原因在于 $\boldsymbol{F}_g$ 与位移 $\boldsymbol{d}$ 两方向之间的角度 ϕ 沿轨道的变化方式不知道（即使我们的确知道轨道的形状而且能够计算沿着它的 ϕ 角，计算也会是非常复杂的）．

第二个**关键点**是，由于 $\boldsymbol{F}_g$ 为保守力，因此，计算功时可以选取 a 与 b 之间的其他路径——一条使计算容易的路径．不妨就选取图3－12b中的虚线路径，它包含两段直线路径．沿水平路段，角度 ϕ 是恒量90°．即使我们不知道这段水平路径对应的位移，但因力与位移相互垂直，所以水平路段上重力做的功 W_h 为

$$W_h = mgd\cos 90° = 0$$

沿竖直路径，位移 d 为0.8m，$\boldsymbol{F}_g$ 与 $\boldsymbol{d}$ 都向下，角度 ϕ 是恒量0°．所以，式（3－1）给出沿虚线的竖直部分重力做的功 W_v 为

$$W_v = mgd\cos 0°$$
$$= 2.0\text{kg} \times 9.8\text{m/s}^2 \times 0.80\text{m} \times 1 = 15.7\text{J}$$

于是，奶酪沿虚线路径由 a 点运动到 b 点，$\boldsymbol{F}_g$ 对它所做的总功为

$$W = W_h + W_v = 0 + 15.7\text{J} = 15.7\text{J} \qquad \text{（答案）}$$

第三个**关键点**是，直接利用重力做功的公式（3－21），可以看出，重力做的功仅与竖直方向净降落距离有关，即

$$W = mg(y_i - y_f) = mgd$$
$$= 2.0\text{kg} \times 9.8\text{m/s}^2 \times 0.8\text{m} = 15.7\text{J}$$

这也就是奶酪沿轨道由 a 到 b 时重力做的功．

由以上例题可以看出，保守力的功与路径无关的性质，往往可以简化有关保守力做功的计

算问题. 不仅如此，由此特性还可引入势能的概念.

3. 势能

从上面关于重力、弹性力和万有引力做功的讨论中，已得出如下三个关系式

$$W_g = mgy_i - mgy_f$$

$$W_s = \frac{1}{2}kx_i^2 - \frac{1}{2}kx_f^2$$

$$W = -Gm'm\left(\frac{1}{r_i} - \frac{1}{r_f}\right)$$

功是能量变化的量度，那么，在保守力做功的过程中，是什么能量发生了变化呢? 从保守力做功的特点考察不难看出，这是与位形有关的系统能量发生了变化. 这种与位形有关的能量就是系统的**势能**. 设 E_{pi}和 E_{pf}分别表示系统在初位形和末位形的势能，W_c 为从初位形改变到末位形时保守力所做的功，则对任何保守力均有以下关系

$$W_c = E_{pi} - E_{pf} = -(E_{pf} - E_{pi}) = -\Delta E_p \tag{3-28}$$

即

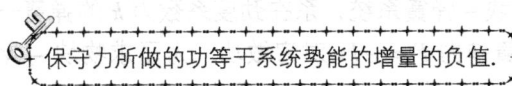

保守力所做的功等于系统势能的增量的负值.

由此可见，如果保守力做正功（$W_c > 0$），则系统的势能减少（$E_{pi} > E_{pf}$）; 如果保守力做负功（$W_c < 0$），则系统的势能增加（$E_{pi} < E_{pf}$）.

式（3-28）还告诉我们，系统处于初、末位形的势能差，可以用保守力做的功来量度，所以势能差是有绝对意义的. 至于系统的势能，却只有相对的意义. 要确定系统在任一给定位形时的势能值，就必须选定某一位形作为参考位形，并规定此参考位形的势能为零. 通常将这一参考位形称做**势能零点**. 这样，当系统处于其他位形时，它的势能就有一定的量值. 也就是说，

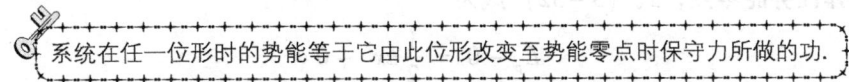

系统在任一位形时的势能等于它由此位形改变至势能零点时保守力所做的功.

以上说明了保守力所做的功与势能的关系. 下面，我们在此基础上找出保守力与相关势能的一般关系.

考虑一个类质点物体，它属于其中有保守力 $\boldsymbol{F}_c$ 作用的系统的一部分. 当保守力对此物体做功 W_c 时，与这个系统相关的势能的改变 ΔE_p 为所做功的负值（$\Delta E_p = -W_c$）. 对多数一般情形，其中力或许会随位形改变，我们可像式（3-7）那样将功 W_c 写作

$$W_c = \int_{x_i}^{x_f} F_c(x)\,\mathrm{d}x$$

此式给出物体由点 x_i 运动到点 x_f，使系统的位形发生变化时该力所做的功（由于此力是保守力，所以对这两点之间的所有路径的功均相同）.

将上式代入式（3-28），我们可求出由于位形改变而引起的势能的改变为

$$\Delta E_p = -\int_{x_i}^{x_f} F_c(x)\,\mathrm{d}x \tag{3-29}$$

这就是我们要找的普遍关系. 利用此关系可以在已知保守力时，方便地求出不同位形变化之间相关势能的改变量，乃至在某位形的相关势能. 下面就来应用它.

（1）重力势能

我们先考虑一个质量为 m 的质点，沿 y 轴（向上为正）竖直运动. 随着质点由点 y_i 运动到点 y_f，重力 $\boldsymbol{F}_g$ 对它做功. 为了求质点 – 地球系统的重力势能的相应的改变，用式（3 – 29），但做两点改变：(1) 因为重力沿竖直方向，所以不沿 x 轴而沿 y 轴积分. (2) 因为 $\boldsymbol{F}_g$ 的大小为 mg，方向沿 y 轴向下，所以将力符号 F_c 用 $-mg$ 代入. 于是就有

$$\Delta E_{\mathrm{p}} = -\int_{y_i}^{y_f}(-mg)\,\mathrm{d}y = mg\int_{y_i}^{y_f}\mathrm{d}y = mg[y]_{y_i}^{y_f}$$

由此可得

$$\Delta E_{\mathrm{p}} = mg(y_f - y_i) = mg\Delta y \tag{3-30}$$

将此式展开写作

$$E_{\mathrm{p}} - E_{\mathrm{p}i} = mg(y - y_i)$$

将 $E_{\mathrm{p}i}$ 取作重力势能零点，即令 $y_i = 0$ 时，$E_{\mathrm{p}i} = 0$. 这样，上式变为

$$E_{\mathrm{p}}(y) = mgy \quad (重力势能) \tag{3-31}$$

(2) 弹性势能

再看图 3 – 8 所示的物块 – 弹簧系统，系在劲度系数为 k 的弹簧一端的物块在运动. 随着物块从点 x_i 运动到点 x_f，弹簧弹力 $F = -kx$ 对它做功. 为了求物块 – 弹簧系统弹性势能的相应改变，在式（3 – 29）中将 $F_c(x)$ 以 $-kx$ 代入，于是有

$$\Delta E_{\mathrm{p}} = -\int_{x_i}^{x_f}(-kx)\,\mathrm{d}x = k\int_{x_i}^{x_f}x\,\mathrm{d}x = \frac{1}{2}k[x^2]_{x_i}^{x_f}$$

或

$$\Delta E_{\mathrm{p}} = \frac{1}{2}kx_f^2 - \frac{1}{2}kx_i^2 \tag{3-32}$$

为了将势能值 E_{p} 与在位置 x 的物块相联系，我们将弹簧在其松弛状态的长度，即物块在 $x_i = 0$时选作**弹性势能零点**，式（3 – 32）成为

$$E_{\mathrm{p}} - 0 = \frac{1}{2}kx^2 - 0$$

由此给出

$$E_{\mathrm{p}}(x) = \frac{1}{2}kx^2 \quad (弹性势能) \tag{3-33}$$

(3) 引力势能

接下来考虑两个质点系统的引力势能 E_{p}. 这两个质点的质量分别为 m 和 m'，相隔的距离是 r. 假设 m'远大于 m，在这种情况下，可认为质点 m'静止不动，而另一个质量为 m 的质点在 m' 的引力场中可以由初位形经任意路径移动. 现在求质点 m 在其路径上任一点 P 处的引力势能 E_{p} 的表达式.

如图 3 – 13 所示，取 m'的位置为原点 O，$\boldsymbol{r}$ 为质点 m 对 O 点的位矢，则由万有引力定律，m'对 m 的引力为

$$\boldsymbol{F} = -G\frac{m'm}{r^2}\boldsymbol{e}_r \tag{3-34}$$

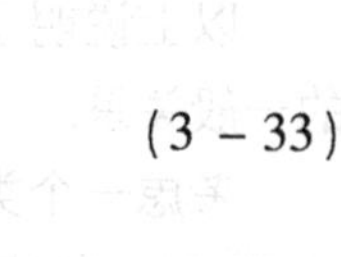

图 3 – 13 m' 与 m 的二质点系统

其中 $\boldsymbol{e}_r$ 为由 O 点沿径向向外方向的单位矢量. 随着质点 m 在 m'的引力场中移动，引力 $\boldsymbol{F}$ 对它做功. 为求 $m' - m$ 二质点系统的引力势能的相应改变，将式（3 – 34）代入式（3 – 29）中，有

$$\Delta E_{\mathrm{p}} = -\int \boldsymbol{F}(r) \cdot \mathrm{d}\boldsymbol{r}$$

注意到此处引力 $\boldsymbol{F}$ 是保守力，而保守力做功与路径无关．这样，上式的积分就可简单取为径向 $\boldsymbol{e}_r$ 的方向，即

$$\Delta E_{\mathrm{p}} = -\int_{r_i}^{r_f}\left(-Gm'm\frac{1}{r^2}\right)\mathrm{d}r = Gm'm\left(\frac{1}{r_i}-\frac{1}{r_f}\right)$$

为使公式简化，**选取两质点相距无限远时为引力势能零点**，即规定 $r_f \to \infty$ 时，$E_{\mathrm{p}f}=0$，则由上式可得两质点相距任意距离 r 时，二质点系统的引力势能为（去掉上式的下标 i）

$$E_{\mathrm{p}} = -\frac{Gm'm}{r} \quad \text{（引力势能）} \tag{3-35}$$

注意，当 r 接近无穷大时，$E_{\mathrm{p}}(r)$ 等于零，也就是说，r 为任何有限值时，$E_{\mathrm{p}}(r)$ 都是负值．因为式中 m' 和 m 都是正数，所以此式中的负号表示：两质点在从相距 r 的位形改变到势能零点的位形的过程中，引力总做负功．

由式（3-35）得出的势能是二质点系统的性质，而不是其中任一质点的．无法划分这一能量说多少是这个质点的，多少属于另一个质点．但是，如果 $m' \gg m$，例如地球（质量为 m'）和垒球（质量为 m）的情况，则我们也常常说"垒球的势能"．我们之所以能这么说，是因为当垒球在地球附近运动时，垒球和地球系统势能的改变几乎完全表现为垒球动能的改变，而地球动能的改变小到无法测出．

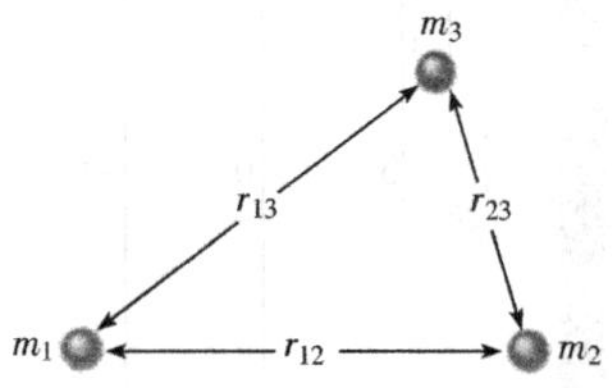

图3-14 三个质点形成一个系统（每对质点间的距离用表示质点的双下标标注）．系统的引力势能为所有三对质点的引力势能之和．

如果所选的系统包含两个以上的质点，我们按顺序一对一对地考虑，用式（3-35）计算每对质点在假定其他质点不存在时的引力势能，然后再求代数和．例如，对图3-14中三质点中的每一对分别用式（3-35），得到的引力势能为

$$E_{\mathrm{p}} = -\left(\frac{Gm_1m_2}{r_{12}}+\frac{Gm_1m_3}{r_{13}}+\frac{Gm_2m_3}{r_{23}}\right) \tag{3-36}$$

检查点4：一个质点在一个沿 x 轴方向的保守力作用下沿 x 轴从 $x=0$ 运动到 x_1．图中所示为这个力的 x 分量随 x 变化的三种情形．在三种情形里该力都具有相同的最大值 F_1．按照质点运动过程中相关势能的变化将这些情形从最大正值开始排序．

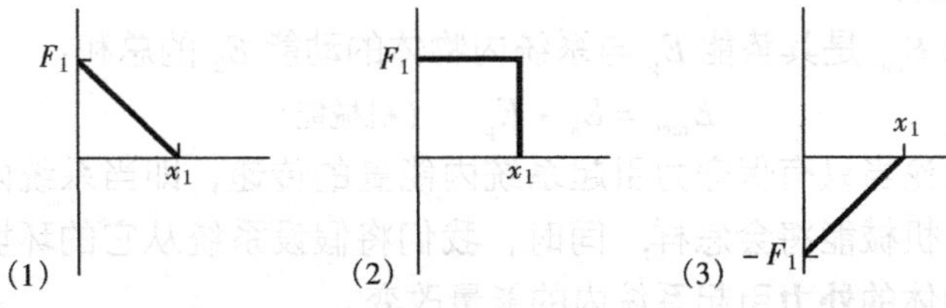

解题线索

线索1：应用"势能"这一术语

势能是与整个系统相联系的．不过，人们或许也见过只与系统的一部分相联系的说法．比如，"一只挂在树上的苹果具有30J的重力势能"．这样的说法

常是可接受的，但应常常记住势能实际上是与系统——比如垒球 - 地球系统相联系的. 还应记住，给一个物体甚至一个系统的势能指定一个特别的值，比如这里的 30J，只有当参考势能值已知时才有意义. 所以说，势能具有相对意义，而只有任意两点间的势能之差才具有绝对意义.

线索 2：势能是状态的函数

正如前面所讲，动能是状态的函数一样，势能也是状态的函数. 具体来说，动能是速度的函数，而势能是坐标的函数.

例题 3-5

一个 2.0kg 的树懒吊在距地面 5.0m 的树枝上（见图 3-15）.

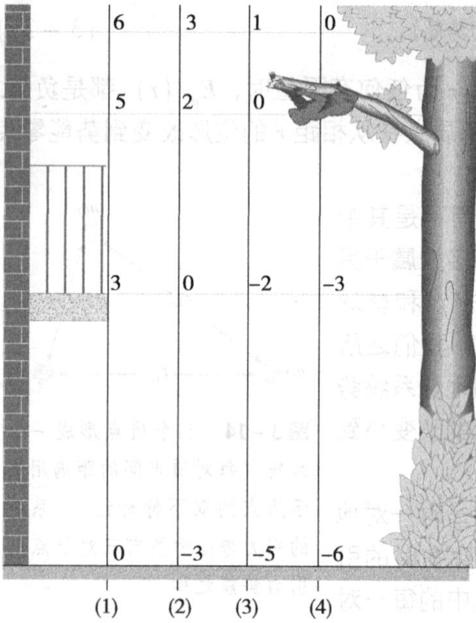

图 3-15 例题 3-5 图 四种参考点 $y=0$ 的选择. 各 y 轴都用单位 m 标记.

（a）如果将参考点 $y=0$ 选在（1）地面；（2）地面上方 3.0m 高的阳台地板上；（3）树枝上；及（4）树枝上方 1.0m 处，树懒 - 地球系统的重力势能 E_p 是多少？

【解】 这里**关键点**是，我们一旦选定了 $y=0$ 的参考点，就可用式（3-31）来计算系统**相对于那个参考点**的重力势能 E_p. 例如，对选择（1）来说，树懒在 $y=5.0\text{m}$ 处，而

$$E_p = mgy = 2.0\text{kg}\times 9.8\text{m/s}^2\times 5.0\text{m} = 98\text{J}$$

对其他选择，E_p 值为：

（2）$E_p = mgy = mg\ (2.0\text{m}) = 39\text{J}$

（3）$E_p = mgy = mg\ (0) = 0\text{J}$

（4）$E_p = mgy = mg\ (-1.0\text{m}) = -19.6\text{J}\approx -20\text{J}$

（答案）

（b）树懒落到了地面上. 由于它的下落，对各种参考点的选择，树懒 - 地球系统的势能变化 ΔE_p 为何？

【解】 这里**关键点**是，势能的**改变**不依赖于对参考点 $y=0$ 的选择，而依赖于高度的改变 Δy. 对所有四种情形，都有相同的 $\Delta y=-5.0\text{m}$，因而对（1）到（4）之选择，式（3-30）给出

$$\Delta E_p = mg\Delta y = 2.0\text{kg}\times 9.8\text{m/s}^2\times(-5.0\text{m}) = -98\text{J}$$

（答案）

3-4 机械能守恒定律 势能曲线

1. 机械能守恒定律

一个系统的**机械能** E_{mec} 是其势能 E_p 与系统内物体的动能 E_k 的总和：

$$E_{mec} = E_k + E_p \quad (\text{机械能}) \tag{3-37}$$

本节中，我们将讨论当只有保守力引起系统内能量的传递，即当系统内的物体不受摩擦力和流体阻力等作用时，机械能将会怎样. 同时，我们将假设系统从它的环境中**孤立**出来，也就是没有来自系统外的物体的**外力**引起系统内的能量改变.

当一个系统只有保守力做功，而无其他力做功时，由式（3-20）知，动能的改变 ΔE_k 为

$$\Delta E_k = W \tag{3-38}$$

而且，由式（3-28）知，势能的改变 ΔE_p 为

$$\Delta E_p = -W \tag{3-39}$$

结合式（3-38）和式（3-39）可得

$$\Delta E_k = -\Delta E_p \tag{3-40}$$

也就是说，在这两种能量中，一种的增加严格地与另一种的减少相同.

可将式（3-40）写作

$$E_{k2} - E_{k1} = -(E_{p2} - E_{p1}) \tag{3-41}$$

其中下标指两个不同的瞬时，即系统内物体的两种不同状态. 重新整理式（3-41）得

$$E_{k2} + E_{p2} = E_{k1} + E_{p1} \quad \text{（机械能守恒）} \tag{3-42}$$

此式告诉我们，当系统孤立且只有保守力作用在系统内的物体上时

（一个系统在任一状态的 E_k 与 E_p 之和）＝（该系统在任何其他状态的 E_k 与 E_p 之和）

换言之：

> 在一个内部只有保守力引起能量变化的孤立系中，动能与势能可以相互转化，但它们的和（该系统的机械能 E_{mec}）不会改变.

从前的阿拉斯加当地人为了能看得更远，会用一块毯子将人抛起. 如今这样做只是为了取乐. 照片中的儿童上升时，能量由动能转化为重力势能. 达到最高点时转化完毕. 接着下落时，能量由势能再转化为动能.

此结果称为**机械能守恒定律**. 借助于式（3-40）的帮助，可将此定律用另一种形式表示为

$$\Delta E_{mec} = \Delta E_k + \Delta E_p = 0 \tag{3-43}$$

机械能守恒定律使我们可以求解那些只用牛顿定律会很难解的问题.

> 当系统的机械能守恒时，我们可将某一时刻的动能与势能之和与另一时刻二者之和联系起来，**而不必考虑中间的运动，也不用求所涉及的力做的功.**

检查点 5：如图所示四种情形——其中一种是最初静止的物块掉落下，而另外三种情形中该物块是沿光滑斜面滑下.（a）按照物块在 B 点的动能从大到小将四种情形排序.（b）按照该物块在 B 点的速率，从大到小将它们排序.

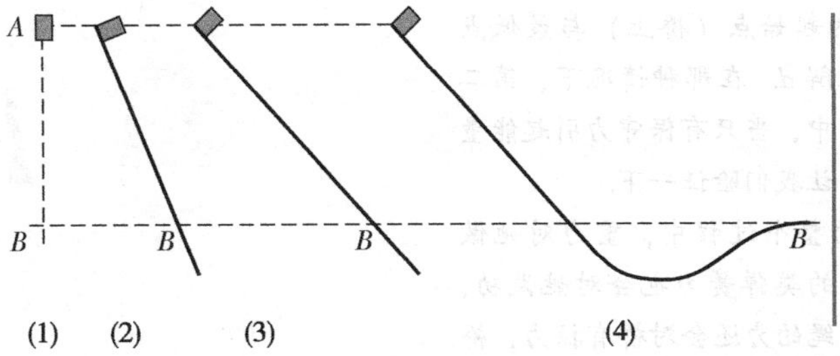

例题 3-6

在图 3-16 中，一个质量为 m 的小孩在水滑梯顶部由静止滑下，顶部距滑梯底部的高度 $h=8.5\text{m}$. 设滑梯由于其上的水而无摩擦，求小孩滑到底部时的速率.

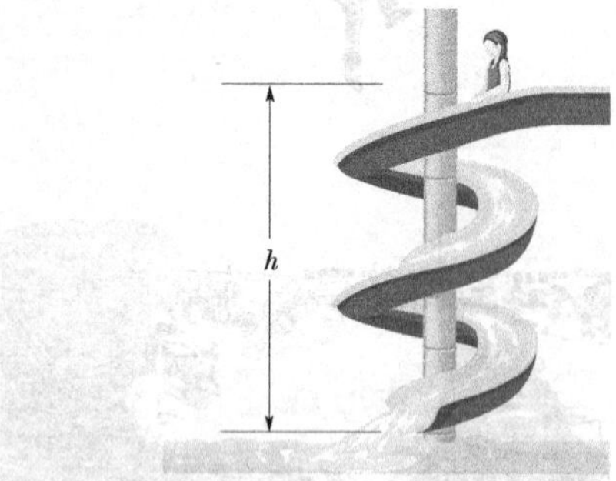

图 3-16 例题 3-6 图

【解】 这里一个**关键点**是，由于我们不知道滑梯的斜度（倾角），因此不能像前几章那样利用她沿滑梯的加速度求出她到底部时的速率. 然而，因为速率与她的动能相关，也许我们可用机械能守恒定律求得速率. 这样，我们就不需知道倾角或任何关于滑梯形状的条件. 第二个**关键点**是，在孤立系中，当只有保守力导致能量传递时，机械能才守恒. 我们现在就来验证一下.

力：有两个力作用于小孩. **重力**，是个保守力，对她做功；滑梯对她的**法向力**不做功，因为在下滑的任一点它的方向总是垂直于小孩运动的方向.

系统：因为惟一对小孩做功的力是重力，我们选取小孩-地球系统作为孤立系统.

这样，我们就有了一个只有保守力做功的孤立系，所以可应用机械能守恒定律. 令小孩在滑梯顶部的机械能为 $E_{\text{mec,t}}$，在底部的机械能为 $E_{\text{mec,b}}$. 守恒定律告诉我们

$$E_{\text{mec,b}}=E_{\text{mec,t}}$$

用机械能的两种形式表示，有

$$\frac{1}{2}mv_{\text{b}}^2+mgy_{\text{b}}=\frac{1}{2}mv_{\text{t}}^2+mgy_{\text{t}}$$

除以 m，整理后得

$$v_{\text{b}}^2=v_{\text{t}}^2+2g\ (y_{\text{t}}-y_{\text{b}})$$

将 $v_{\text{t}}=0$ 及 $y_{\text{t}}-y_{\text{b}}=h$ 代入推出

$$v_{\text{b}}=\sqrt{2gh}=\sqrt{2\times 9.8\text{m/s}^2\times 8.5\text{m}}=13\text{m/s} \quad \text{（答案）}$$

这就是小孩下降高度 8.5m 时达到的速率. 而在实际滑下时，孩子会受到些摩擦力，不会这样快.

这个问题用机械能守恒定律会比直接用牛顿定律求解容易许多. 然而，如果要我们计算小孩到达滑梯底部所需的时间，能量方法就无用了；这需要知道滑梯的形状，我们也就遇到难题了.

例题 3-7

一个 61.0kg 的跳蹦极的人站在距河面 45.0m 高的桥上. 弹性蹦极绳的松弛长度为 $L=25.0\text{m}$. 设该绳遵从胡克定律（弹簧劲度系数为 160N/m）. 如果这个人到达水面之前停下，问在身处最低点时，她的脚距水面的高度 h 为何？

【解】 如图 3-17 所示，蹦极者身处最低点时，脚在水面上方高 h 处，绳从其松弛长度伸长一段距离 d. 如果我们知道 d，就能求出 h. 一个**关键点**是，也许我们能够在她的起始点（桥上）与最低点之间应用能量守恒定律求解 d. 在那种情况下，第二个**关键点**是在一个孤立系中，当只有保守力引起能量传递时，机械能才守恒. 让我们验证一下.

力：在蹦极者跃下的整个过程中，重力对她做功. 一旦蹦极绳拉紧，绳的类弹簧力也会对她做功，将能量转化为弹性势能. 绳的力还会对桥有拉力，桥又与地球连在一起. 重力与类弹簧力是保守力.

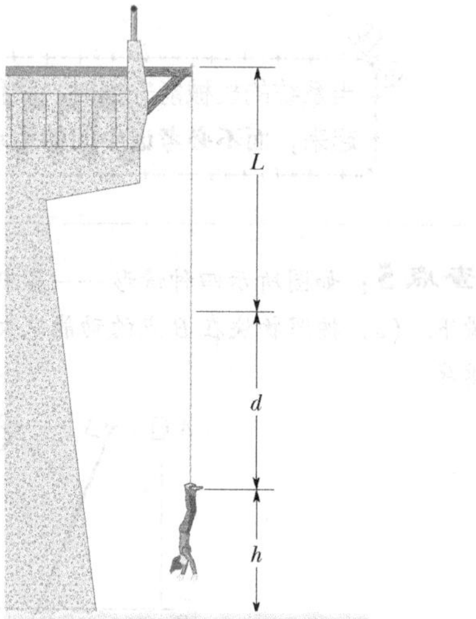

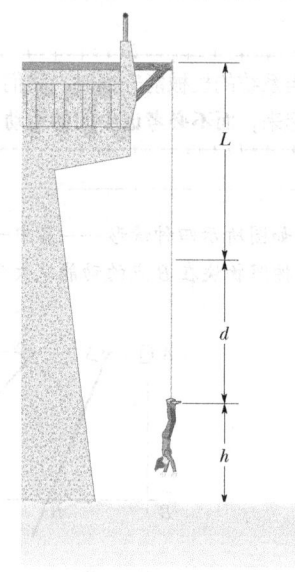

图 3-17 例题 3-7 图 蹦极者在跃下的最低点处.

系统：蹦极者—地球—绳系统，包括所有这些作用力及能量传递者，可以视为孤立系．于是，**能够**对此系统在跃下的整个过程中应用机械能守恒定律．由式（3-43）可将此定律写为

$$\Delta E_k + \Delta E_{pe} + \Delta E_{pg} = 0 \qquad (3-44)$$

其中，ΔE_k 为蹦极者动能的改变，ΔE_{pe} 为蹦极绳的弹性势能的改变，而 ΔE_{pg} 为蹦极者重力势能的改变，依题意，我们可以将其在起始点和最低点时这些能量的改变代入计算．因为在这两个位置时她是静止的（至少瞬间静止），所以有 $\Delta E_k = 0$．由图 3-17 我们看到，她的高度变化 Δy 为 $-(L+d)$，故有

$$\Delta E_{pg} = mg\Delta y = -mg\ (L+d)$$

式中，m 为她的质量．又因蹦极绳被拉长距离 d，所以有

$$\Delta E_{pe} = \frac{1}{2}kd^2$$

将此表达式与已知数据代入式（3-44），整理可得

$$\frac{1}{2}kd^2 - mgL - mgd = 0$$

$$\frac{1}{2}\times(160\text{N/m})\ d^2 - 61.0\text{kg}\times9.8\text{m/s}^2\times25.0\text{m} - (61.0\text{kg})\times(9.8\text{m/s}^2)\ d = 0$$

解此二次方程有

$$d = 17.9\text{m}$$

此蹦极者的脚在她初始高度下方的距离为 $(L+d)=42.9\text{m}$，因此，

$$h = 45.0\text{m} - 42.9\text{m} = 2.1\text{m}$$

（答案）

2. 势能曲线

式（3-29）告诉我们，在一维情形中，当已知保守力 $F_c(x)$ 时，如何求出两点之间相关势能的改变量 ΔE_p．现在要从另一方面入手；即，已知势能函数 $E_p(x)$，要求出相应的保守力．

对一维运动，当质点运动通过一段距离 Δx 时，保守力 F_c 对质点所做的功为 $F_c(x)\ \Delta x$．于是，可将式（3-28）写为

$$\Delta E_p(x) = -W_c = -F_c(x)\ \Delta x$$

解出 $F_c(x)$ 并过渡到微分极限得

$$F_c(x) = -\frac{dE_p(x)}{dx} \quad (\text{一维运动}) \qquad (3-45)$$

这就是我们要找的关系．此式表明，

> 作用于物体上的在 OX 轴上的保守力，等于势能对坐标 x 的导数的负值．

我们可将弹簧力的弹性势能函数 $E_p(x) = \frac{1}{2}kx^2$ 代入来检查这个结果．正如所希望的，由式（3-45）可得 $F(x) = -kx$，这正是胡克定律．同理，还可代入 $E_p(x) = mgx$，它是质点-地球系统的重力势能函数，其中质点的质量为 m，位于地面上方高 x 处．于是，式（3-45）给出 $F=-mg$，它正是作用于质点的重力．

图 3-18a 为一个系统的势能函数 $E_p(x)$ 的曲线图，其中的质点在作一维运动时，保守力 $F_c(x)$ 对它做功．我们可（由作图法）通过求 $E_p(x)$ 曲线上各点的斜率求出 $F_c(x)$，式（3-45）表明 $F_c(x)$ 是 $E_p(x)$ 曲线的斜率的负值．图 3-18b 就是用这种方法作出的 $F_c(x)$ 的曲线．由势能函数 $E_p(x)$ 的曲线图人们还可以直观地了解到很多关于运动的特征信息，比如下面要说明的转折点和平衡点．因而这也就成为分析研究物理问题的一个重要手段．

（1）转折点

在没有非保守力作用时，系统的机械能 E 具有一恒定值，给定为

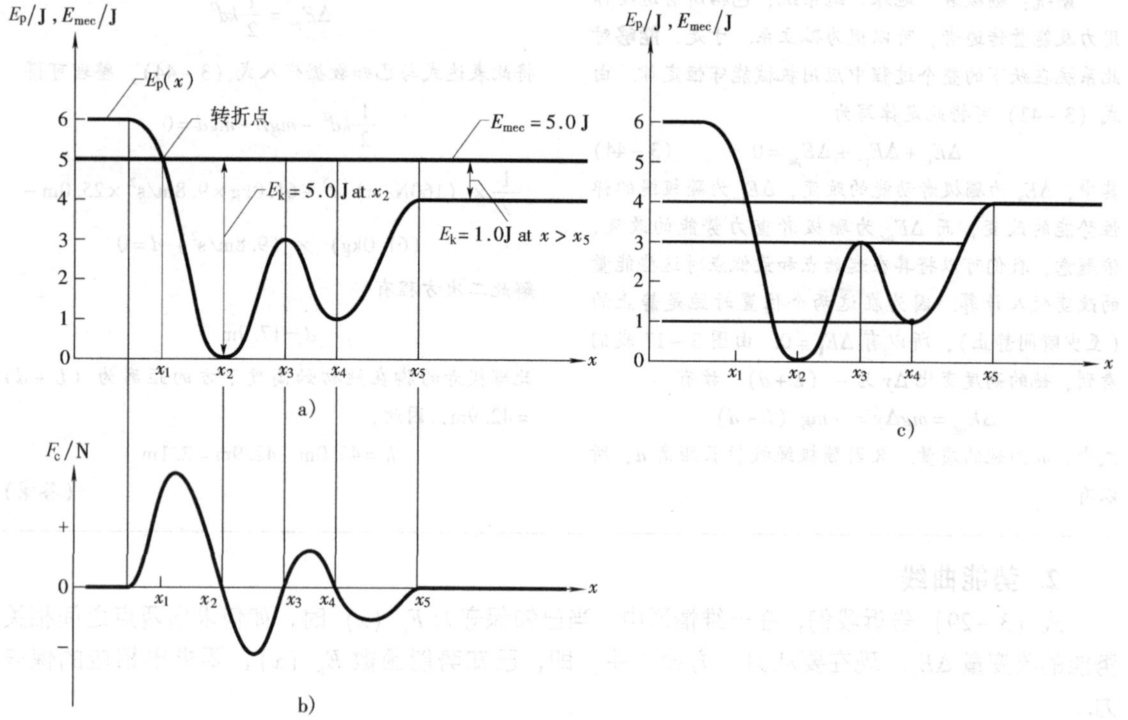

图 3-18 a）一个系统的势能函数 $E_p(x)$ 的曲线图，该系统包含一个被限制沿 x 轴运动的质点．因没有摩擦，机械能守恒．b）作用于该质点的力 $F_c(x)$ 的曲线图．c）在 a）中的 $E_p(x)$ 曲线上叠画出了 E_{mec} 的三个不同的可能值

$$E_p(x) + E_k(x) = E_{mec} \tag{3-46}$$

其中 $E_k(x)$ 为质点的动能函数（作为质点位置 x 的函数）．将式(3-46)改写为

$$E_k(x) = E_{mec} - E_p(x)$$

假如 E_{mec}（记住，它具有一个恒定值）碰巧为 5.0J．在图 3-18a 中，它可用一根通过能量轴上值 5.0J 的水平线表示．

上式说明如何确定质点在任意位置 x 的动能 E_k：在 $E_p(x)$ 曲线上，找到位置 x 的 E_p，然后从 E_{mec} 中减去 E_p．例如，如果质点为 x_5 右边任意点，则 E_k =1.0J．当质点为 x_2 时，其 E_k 值最大（5.0J），而在 x_1 时，E_k 值最小（0J）．

因为 E_k 绝对不可能为负值（由于 v^2 总是正的），而 x_1 左边 $E_{mec} - E_p$ 是负的，所以质点绝对不可能运动到那里．代替的是，随着质点由 x_2 向 x_1 运动，E_k 减小（质点的速度逐渐减慢）直至到达 x_1 时 E_k =0（质点停在那儿）．

注意到当质点到达 x_1 时，由式（3-45）可知，对质点的力是正的（因为斜率 dE_p/dx 是负的）．这就说明该质点不会呆在 x_1 处，而要开始向右运动，与它此前的运动方向相反．因此，x_1 是个**转折点**，一个在该处 E_k =0（因为 $E_p = E$）且质点改变运动方向的点．图中的右边没有转折点（在该处 E_k =0）．一旦质点向右运动，它将永不停止地继续下去．

（2）平衡点

图 3-18c 是在同一势能函数 $E_p(x)$ 的曲线上叠画上了 E_{mec} 的三个不同的可能值．让我们来

看看它们对运动会有什么影响. 对于 $E_{mec}=4.0J$ 那条水平线，转折点由 x_1 移到介于 x_1 与 x_2 之间的一点. 还有，在 x_5 右边任一点，系统机械能都等于其势能，因而质点没有动能，而且（由式 3-45）不受力的作用，所以它一定静止. 位于这样的位置的质点被说成是处于**中性平衡**（放在水平桌面上的弹球就处于这种状态）.

对于 $E_{mec}=3.0J$ 那条水平线，则有两个转折点：一个在 x_1 与 x_2 之间；另一个在 x_4 与 x_5 之间. 另外，x_3 是一个 $E_k=0$ 的点. 假若质点刚好位于那里，对它的力也是零而质点保持静止. 然而，假若它向哪一方向即使偏离一点，一个非零的力就会将它向同一方向推得更远，而且质点继续运动. 位于这样的位置的质点被说成是处于**不稳定平衡**（平衡在保龄球顶上的弹球是一个例子）.

接下来考虑相应于 $E_{mec}=1.0J$ 那条水平线的质点的行为. 如果我们将它放在 x_4 处，它就会被定在那里. 它自己不可能向左或右运动，因为那样需要负动能. 假若将它向左或右稍稍推一点，一个回复力会出现而使它返回 x_4. 位于这样的位置的质点被说成是处于**稳定平衡**状态（放在半球形碗底部的弹球是一个例子.）假若我们将质点放在中心为 x_2 的杯形**势阱**中，它就位于两个转折点之间. 它仍然能稍微运动，但只能运动到 x_1 或 x_3 的半途.

检查点 6：如图所示为一个质点在其中作一维运动的系统的势能函数 $E_p(x)$.（a）按照对质点的力的大小，由大到小将区域 *AB*、*BC* 和 *CD* 排序.（b）质点在 *AB* 区域时力的方向为何？

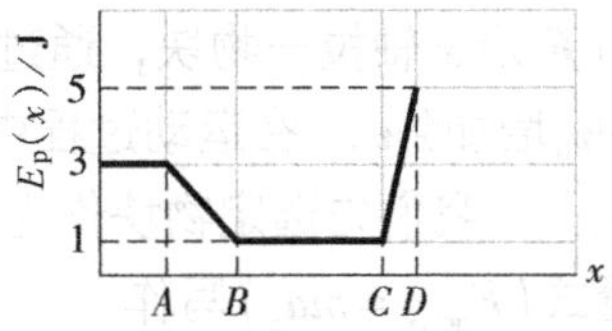

3-5 功能原理

在第 3-2 节中，我们将功定义为通过作用于物体的力传给物体或由物体传出的能量. 我们现在可将此定义推广到作用于物体系的外力.

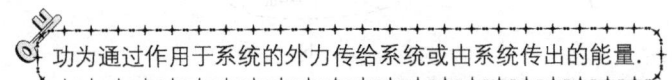

功为通过作用于系统的外力传给系统或由系统传出的能量.

图 3-19a 代表正功（向系统传**入**能量），而图 3-19b 代表负功（从系统传**出**能量）. 如果有几个力作用在系统上，则它们的净功为传入或传出系统的能量.

这种传递，很像向银行账户存入或取出钱. 如果一个系统只包含一个单个质点或类质点物体（如第 3-2 节），力对系统做的功只能改变该系统的动能. 这种传递的能量表述为式（3-20）（$\Delta E_k=W$）的功-动能定理；即，一个单个质点只有一个称为动能的能量账户. 外力可以使能量传入或传出那个账户. 然而，如果一个系统更复杂些，外力还能改变其他形式的能量（譬如势能）；也就是说，一个更复杂的系统可以拥有多个能量账户.

让我们通过考察两个基本情形，一个没有摩擦，另一个有，找出对这种系统的能量表述.

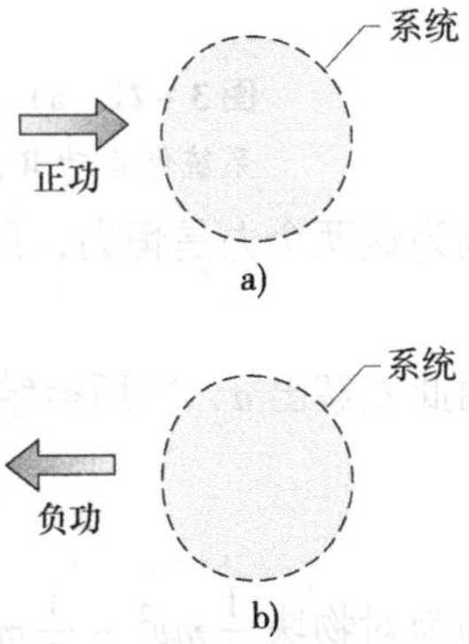

图 3-19 a）对一个任意系统做正功 *W* 意味着向系统传递能量. b）负功 *W* 意即自系统传出能量.

哈里德大学物理学

1. 没有摩擦的情形

在保龄球投掷竞赛的一次投掷中，投掷手先在地板上蹲下，并用手掌托球降至略高于地板处．接着，迅速向上挺直身体，同时向上猛抬手，在大约脸的高度处将球投出．在身体上挺的过程中，对球施加的作用力明显地做了功．也就是说，它是一个传递能量的外力，但是能量传给哪个系统了呢？

要回答这个问题，我们来检验是哪种能量改变了．球的动能有个改变 ΔE_k，而且由于球与地球离开得更远，球-地球系统的重力势能有改变 ΔE_p．要包括这两种改变，就需要考虑球-地球系统．这样投出的力是一个对系统做功的外力，而功为

$$W = \Delta E_k + \Delta E_p$$

或

$$W = \Delta E_{mec} \quad （对系统做的功，没有摩擦） \tag{3-47}$$

其中 ΔE_{mec} 为系统机械能的增量．这两个方程，如图 3-20 所示，是没有摩擦时外力对系统做功的等价能量表述．

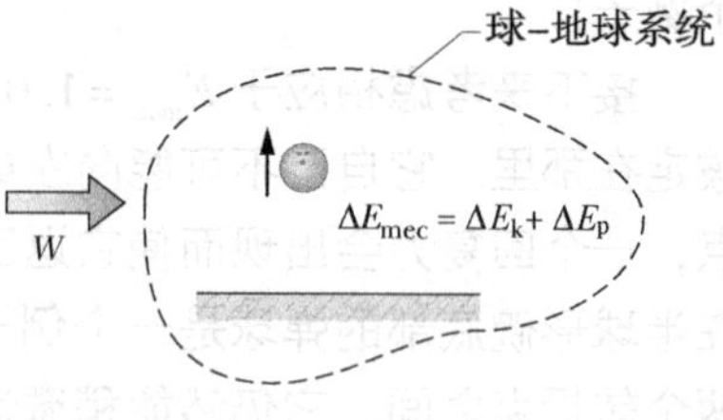

图 3-20 对保龄球和地球的系统做正功 W，引起该系统机械能改变 ΔE_{mec}．

2. 有摩擦的情形

接下来，我们讨论图 3-21a 的例子．一个恒定的水平力 $\boldsymbol{F}$ 沿 x 轴拉一物块，通过大小为 d 的位移，使物块的速度由 $\boldsymbol{v}_0$ 增加到 $\boldsymbol{v}$．在运动过程中，地板的动摩擦力 $\boldsymbol{F}_k$ 作用在物块上．我们先选定物块作为我们的系统，对其应用牛顿第二定律．我们可将它沿 x 轴方向的分量式（$F_{net,x} = ma_x$）写作

$$F - F_k = ma \tag{3-48}$$

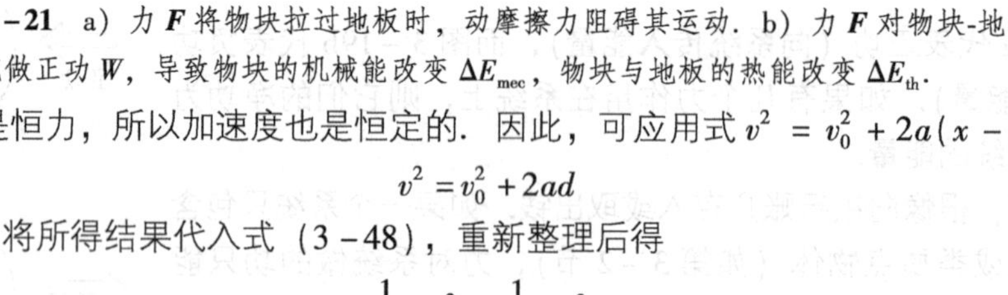

图 3-21 a）力 $\boldsymbol{F}$ 将物块拉过地板时，动摩擦力阻碍其运动．b）力 $\boldsymbol{F}$ 对物块-地板系统做正功 W，导致物块的机械能改变 ΔE_{mec}，物块与地板的热能改变 ΔE_{th}．

因为这两个力是恒力，所以加速度也是恒定的．因此，可应用式 $v^2 = v_0^2 + 2a(x - x_0)$，得

$$v^2 = v_0^2 + 2ad$$

由此式解出 a，将所得结果代入式（3-48），重新整理后得

$$Fd = \frac{1}{2}mv^2 - \frac{1}{2}mv_0^2 + F_k d$$

因为对物块 $\frac{1}{2}mv^2 - \frac{1}{2}mv_0^2 = \Delta E_k$，

$$Fd = \Delta E_k + F_k d \tag{3-49}$$

在更一般的情形中（如物块沿斜面向上运动）会有势能的改变．为了包括这种可能发生的改变，我们将式（3-49）推广写作

$$Fd = \Delta E_{mec} + F_k d \tag{3-50}$$

由实验看到，随着物块的滑动，物块与地板上滑过的地方变热了. 如我们在后面热学中将要讨论的，物体的温度与物体的热能 E_{th}（与物体中的分子和原子的无序运动相联系的能量）相联系. 此处，物体与地板的热能增加是因为：①它们之间有摩擦力；②有滑动. 回想一下摩擦是由于两表面间的冷焊造成的. 物块滑过地板时，滑动引起物块与地板之间粘接点的不断撕拉和形变使物块和地板变热. 就这样，滑动增加了它们的热能 E_{th}.

通过实验，我们发现热能的增加 ΔE_{th} 等于 F_k 与 d 的大小的乘积

$$\Delta E_{th} = F_k d \quad \text{（滑动引起的热能增加）} \tag{3-51}$$

于是，我们可将式（3-50）重新写作

$$Fd = \Delta E_{mec} + \Delta E_{th}$$

Fd 为外力 F 做的功 W（通过力传递的能量），可它是对哪个系统做的功呢（能量传到哪里了）？要想回答，我们检验看看哪种能量改变了. 物块的机械能改变了，而且物块与地板的热能也改变了. 因此，力 F 是对物块-地球系统做了功，所做功为

$$W = \Delta E_{mec} + \Delta E_{th} \quad \text{（对系统做功，有摩擦）} \tag{3-52}$$

此方程（示意于图3-21b中）为有摩擦时外力对系统做功的能量表述.

如果将式（3-52）中滑动引起的热能增加一项 ΔE_{th} 移至等式左端，与合外力做功一项 W 合在一起，用 W_{nc} 表示，代表所有非保守力所做的功（包括合外力和非保守内力做功之和），则式（3-52）可简单表示为

$$W_{nc} = \Delta E_{mec} \tag{3-53}$$

它表示：

非保守力对物体系统所做的净功等于物体系的机械能的增量——**功能原理**.

由式（3-53）可以看出，当 $W_{nc}=0$ 时，$\Delta E_{mec}=0$，正是前面推出的式（3-43），机械能守恒定律. 因此我们也可以说，孤立系内没有非保守力作用时，它的机械能是守恒的.

功能原理是由动能定理推出的，因而完全包含在动能定理之中，凡是可以用功能原理求解的力学问题都可以用动能定理求解. 只是要注意，应用功能原理时，因为保守力的功已反映在势能的改变中，所以只需计算所有非保守力做功之和即可. 而应用动能定理时，则要把所有力（包括保守力）做的功，一个不少地计算在净功一项之内.

另外，如果将上式与前几节中给出的 $W=\Delta E_k$ 和 $W_c=-\Delta E_p$ 相比较，则可以清楚地看出功与能量的联系与区别：首先，它们两者的单位及量纲虽然相同，但概念上却有本质差别：功是过程量，能量却是状态的函数，是状态量. 只有能量被传递和转化时才能出现功. 其次，三个关系式的等式左边都是功，右边都是能量的增量，可见，功是能量传递和转化的一种方式，且功是被传递和转化的能量的量度.

例题 3-8

本章开头提到的复活节岛上的巨型石人雕像，很可能是岛上的史前居民用吊架将雕像放在木橇上，然后，又把木橇放在由许多几乎相同的圆木作为滚柱构成的"跑道"上拉动的. 在近代对这种技术的复现中，25个人能将一个9000kg的复活节岛型的雕像，在2min内在水平地面上移过45m.

(a) 估计在将雕像移动45m的过程中，人们的净力 F 所做的功. 这力对哪个系统做功？

【解】 一个关键点是，可用式 $W=Fd\cos\phi$ 来计算所做的功. 此处 d 为距离45m，F 为25个人对雕像的净力的大小，而 $\phi=0°$. 不妨估计每个人的拉

力约为各自重量的两倍，而所有人的重量都取相同的值 mg. 因此，净力的量值为 $F=(25)(2mg)=50mg$. 估计一个男人的质量为80kg，可写出

$$W=Fd\cos\phi=50mg\cos\phi$$
$$=50\times80\text{kg}\times9.8\text{m/s}^2\times45\text{m}\times\cos0^\circ$$
$$=1.8\times10^6\text{J}\approx2\text{MJ} \qquad \text{(答案)}$$

确定对哪个系统做功的**关键点**是要看哪些能量改变了. 因为雕像移动了，在运动过程中就一定有动能的改变 ΔE_k. 可很容易地猜出，在木撬、圆木和地面之间一定会有动摩擦，因而导致它们的热能改变 ΔE_{th}. 所以，净力对包括雕像、木撬、圆木及地面的系统做功.

(b) 在这45m位移期间，系统热能的增量 ΔE_{th} 为何?

【解】 这里**关键点**是，可应用有摩擦的系统的能量表达式 (3-52)，将 ΔE_{th} 与 $\boldsymbol{F}$ 所做之功 W 联系起来，即

$$W=\Delta E_{mec}+\Delta E_{th}$$

我们已由 (a) 知 W 的值. 又因所移雕像在搬动初、末位置时均静止且高度无变化，所以它们的机械能的改变 ΔE_{mec} 为零. 因此，有

$$\Delta E_{th}=W=1.8\times10^6\text{J}\approx2\text{MJ} \qquad \text{(答案)}$$

(c) 估计25个人要想将雕像在复活节岛的水平地面上移过10km需做多少功? 并估计在雕像-木撬-圆木-地面系统中产生的总热能变化 ΔE_{th} 有多大?

【解】 这里**关键点**与 (a) 和 (b) 问中相同. 因此，可像 (a) 中那样计算 W，只是现在的 d 用 1×10^4m 代入. 还可以使 ΔE_{th} 等于 W 得

$$W=\Delta E_{th}=3.9\times10^8\text{J}\approx400\text{MJ} \qquad \text{(答案)}$$

对于这些人来说，在雕像的移动过程中要传递这么多能量可能是吓人的. 但是，这25个人还是**能够**将雕像移动了10km，而所需的能量并未暗示有什么神秘的来源.

例题 3-9

光滑平面上的一个弹簧系统如图3-22所示，弹簧的劲度系数 $k=24$N/m. 在弹簧原长处系一质量为 m 的物块，这时物块处于静止状态. 现用一恒力 $F=10$N 拉此弹簧系统，使物块 m 运动0.5m. 若 $m=4$kg，求物块运动到0.5m处时的速度 v.

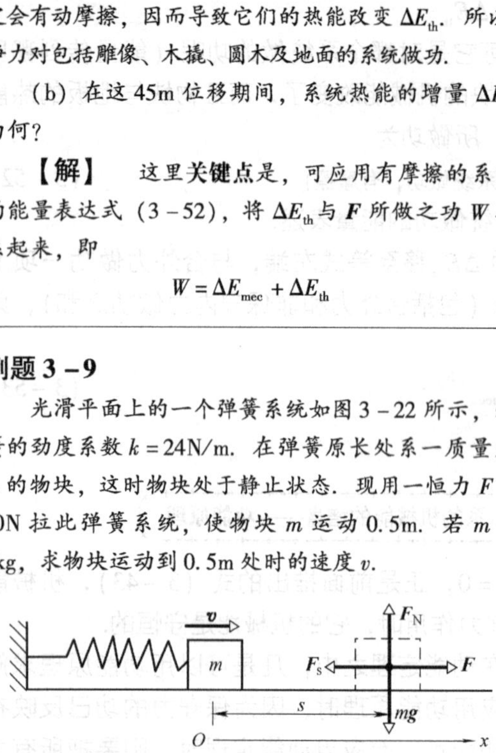

图3-22 例题3-9图

【解】 此题的第一个**关键点**是，应先考察所有对物块 m 的作用力，然后根据各作用力的性质、作用情况，决定选用所学的哪一个规律最为合适.

力：共有四个力作用于物块. 其中重力 $m\boldsymbol{g}$、弹簧的弹性力 $\boldsymbol{F}_s$ 均为保守力，而支持力 $\boldsymbol{F}_N$ 和外加恒力 $\boldsymbol{F}$ 均为非保守力. 注意到物块移动的路径方向与重力和支持力方向相互垂直，可知这两个力在物块的整个运动过程中并未做功，只有弹性力和恒力做功了.

系统：根据力的特点和题意，我们选取物块-弹簧-地球作为所要研究的系统.

第二个**关键点**是，因为此系统有非保守力做功，所以机械能不守恒. 不过，用功能原理或动能定理求解都可行. 下面我们就分别用两种方法求解，请大家注意其中的差别.

方法一，利用式 (3-53) 功能原理时，应注意 ΔE_{mec} 是指整个系统的机械能的增量，且要确定好势能零点和初、末状态. 对于本题，重力未做功，重力势能未改变，可以不考虑；而弹性势能可取原长处为势能零点和初位置，在恒力作用下拉至0.5m处时为末位置，设欲求速度为 v，则有

$$F\cdot s=\left(\frac{1}{2}mv^2+\frac{1}{2}ks^2\right)-(0+0)$$

解出

$$v=\left(\frac{Fs-\dfrac{1}{2}ks^2}{\dfrac{1}{2}m}\right)^{1/2}$$

$$=\left[\frac{10\text{N}\times0.5\text{m}-\dfrac{1}{2}\times(24\text{N/m})\times(0.5\text{m})^2}{\dfrac{1}{2}\times4\text{kg}}\right]^{1/2}$$

$$=1\text{m/s}$$

方法二，利用式 (3-20) 动能定理时，要注意 W 代表的是作用在系统各物体上所有的力做功的总和 (对此题因为重力、支持力不做功，就只含有恒力 $\boldsymbol{F}$

与弹性力 F_s 两项），而 ΔE_k 表示整个系统的总动能的增量. 所以用动能定理时，弹性力应作为做功的一项来考虑（而不像方法一中那样考虑作势能的改变）. 又因为弹性力是变力，需用式（3-10）积分计算. 这时要取坐标，令原长处为坐标原点，向右为正方向，如图 3-22 所示，则有

$$W_s = \int_0^s F_s \mathrm{d}s\cos 0° = \int_0^s -ks\mathrm{d}s$$

代入式（3-20），有

$$F \cdot s - \int_0^s ks\mathrm{d}s = \frac{1}{2}mv^2 - 0$$

整理后得

$$F \cdot s = \frac{1}{2}mv^2 + \frac{1}{2}ks^2$$

$$v = \left(\frac{Fs - \frac{1}{2}ks^2}{\frac{1}{2}m}\right)^{1/2}$$

$$= \left[\frac{10\mathrm{N} \times 0.5\mathrm{m} - \frac{1}{2} \times (24\mathrm{N/m}) \times (0.5\mathrm{m})^2}{\frac{1}{2} \times 4\mathrm{kg}}\right]^{1/2}$$

$$= 1\mathrm{m/s}$$

可以看出，两种方法所用规律、方法不同，但结果完全相同. 不过相比较而言，第一种方法用功能原理，避开了求变力做功一步，更为简捷. 实际上，这也是物理学的一个特点：任一实际问题，其结果都是确定的、唯一的. 关键就在于，在理解好物理规律的基础上，根据具体问题灵活选用最适宜、最简捷的方法求出其正确结果.

3-6 能量守恒定律

我们现在已讨论了几种能量传入或传自物体及系统的情形，它们与钱在账户之间的转账很相似. 在每种情形中，涉及到的能量都有着合理的来由和出处：即能量不会像变魔术那样出现或消失，而只能从一种形式转化到另一种形式. 换句话说，各种形式的能量可以互相转化，在转化过程中一种形式的能量减少多少，其他形式的能量就增加多少，即能量的总和保持不变. 这个结论就是人们通过无数实践得出的物理学中具有最大普遍性的定律之一——**能量守恒定律**或更清楚地称为**能量守恒和转化定律**，用严谨的表述来说就是：

在封闭系统（与外界无能量交换的系统）内，不论发生何种变化过程，各种形式的能量可以互相转化，但能量的总和不可能改变.

可以看出，能量守恒定律的意义已远远超出了机械能守恒定律的范围（后者只不过是前者的一个特例）. 需要说明的是，能量守恒定律不是从基本物理原理推导出来的，而是人类在长期实践中，以无数实验为基础归纳得出的结论，是自然科学中最具有普遍性的定律之一. 它可以适用于任何变化过程，不论是机械的、热的、电磁的、原子的和原子核内的、基本粒子的，以及化学的、生物的、等等. 迄今为止，人们还从未发现一个对它的例外.

在此，还有两个与此定律相关的内容，补充说明如下：

(1) 功率：我们已经看到，能量可以由一种形式转化到另一种形式，于是可以推广 3-1 节中给出的功率的定义. 在那里，功率定义为一个力所做的功对时间的变化率. 在更普遍的意义上，功率 P 定义为一个力将能量由一种形式转化为另一形式时对时间的变化率. 如果一定量的能量 ΔE，在某一时间间隔 Δt 内被转化，则力的**平均功率**为

$$P_{\text{avg}} = \frac{\Delta E}{\Delta t} \qquad (3-54)$$

类似地，力的瞬时功率为

$$P = \frac{dE}{dt} \tag{3-55}$$

（2）**逃逸速率**：如果点燃一个向上的抛射体，通常它将减速而且瞬间停止，然后返回地球. 但是存在一个这样的最小的初始速率，它能使抛射体一直向上运动，理论上说只有在到达无穷远时才停止（这时可认为抛体已完全脱离地球引力的作用范围），这个速率叫做（地球的）**逃逸速率**.

考虑一质量为 m 的抛射体，以逃逸速率 v 离开一颗行星（或其他天体或系统）的表面. 它有动能 E_k，由 $\frac{1}{2}mv^2$ 给出，和势能 E_p，其大小由式（3－35）给出：

$$E_p = -\frac{Gm'm}{R}$$

这里 m' 是行星的质量；R 是其半径.

当抛射体到达无穷远时，它停了下来，因此没有动能. 由于我们选择的是零势能位形，所以它也没有势能. 因此，它在无穷远时总能量是零. 由能量守恒原理，在行星表面时它的总能量也必为零. 所以有

$$E_k + E_p = \frac{1}{2}mv^2 + \left(-\frac{Gm'm}{R}\right) = 0$$

由此得

$$v = \sqrt{\frac{2Gm'}{R}} \tag{3-56}$$

逃逸速率 v 与抛射体从行星上发射的方向没有关系. 不过，如果抛射体发射的方向与发射场随行星绕自己的轴转动而运动的方向一致，它就比较容易达到该速率. 例如，在美国卡那维拉尔角向东发射火箭，就是为了利用该地区随地球转动的向东速率 1500km/h.

式（3－56）可用来求离开任何天体的抛射体的逃逸速率，只要把天体的质量代入 m'，把天体的半径代入 R 即可. 表 3－1 列出了离开某些天体的逃逸速率.

表 3－1 一些逃逸速率

天体	质量/kg	半径/m	逃逸速率/（km/s）
谷神星①	1.17×10^{21}	3.8×10^{5}	0.64
地球的月亮	7.36×10^{22}	1.74×10^{6}	2.38
地球	5.98×10^{24}	6.37×10^{6}	11.2
天体	质量/kg	半径/m	逃逸速率/（km/s）
木星	1.90×10^{27}	7.15×10^{7}	59.5
太阳	1.99×10^{30}	6.96×10^{8}	618
天狼星 B②	2×10^{30}	1×10^{7}	5200
中子星③	2×10^{30}	1×10^{4}	2×10^{5}

① 质量最大的小行星.

② 白矮星（进化到最后阶段的恒星），它是明亮的天狼星的伴星.

③ 恒星在超新星爆发之后留下来的坍缩核心.

人们也常把这个逃逸速度称为**第二宇宙速度**，相应把没有完全脱离地球引力，却能在距地球表面一定高度处，绕地球作匀速率圆周运动的抛体所需的最小发射速度称为**第一宇宙速度**.

用类似方法，结合万有引力提供的向心力方程，可求出地面上发射人造卫星所需达到的第一宇宙速度为 $v=\sqrt{gR_E}=7.9\text{km/s}$（其中 R_E 为地球的半径）.

复习和小结

动能 与质量为 m，速率为 v（其中 v 远低于光速）的质点的运动相联系的**动能** E_k 是

$$E_k=\frac{1}{2}mv^2 \quad (\text{动能})$$

功 功 W 是通过对物体作用的力向物体传入或由物体传出的能量. 向物体传入的能量为正功，而由物体传出的能量为负功.

恒力做的功 恒力 $\boldsymbol{F}$ 在质点位移 $\boldsymbol{d}$ 的过程中，对质点做的功为

$$W=Fd\cos\phi=\boldsymbol{F}\cdot\boldsymbol{d} \quad (\text{功,恒力})$$

式中，ϕ 为 $\boldsymbol{F}$ 与 $\boldsymbol{d}$ 之间的恒定夹角. 只有 $\boldsymbol{F}$ 在位移 $\boldsymbol{d}$ 方向的分量才能对物体做功. 当两个或多个力作用在一个物体上时，它们的**净功**为各力单独做的功的总和，也等于这些力的合力 $\boldsymbol{F}_{net}$ 对物体做的功.

变力做功 质点在变力 $\boldsymbol{F}$ 的作用下，沿任意轨道 L，由起点 a 运动到终点 b 的过程中 $\boldsymbol{F}$ 所做的功 W 可表示为：$W={}_L\int_a^b F\mathrm{d}r\cos\phi={}_L\int_a^b \boldsymbol{F}\cdot\mathrm{d}\boldsymbol{r}$. 其中 ϕ 为力 $\boldsymbol{F}$ 与元路径 $\mathrm{d}\boldsymbol{r}$ 之间的夹角. 当作用在一个类质点物体上的力 $\boldsymbol{F}(F_x,F_y,F_z)$ 与物体的位置有关时，物体由坐标为 (x_i,y_i,z_i) 的初位置运动到坐标为 (x_f,y_f,z_f) 的末位置，力 $\boldsymbol{F}(F_x,F_y,F_z)$ 对物体所做的功为

$$W=\int_{x_i}^{xf}F_x\mathrm{d}x+\int_{y_i}^{yf}F_y\mathrm{d}y+\int_{z_i}^{zf}F_z\mathrm{d}z$$

功和动能 我们可将质点动能的改变 ΔE_k 与对质点做的净功 W 用下式联系起来：

$$\Delta E_k=E_{kf}-E_{ki}=W \quad (\text{功－动能定理})$$

其中，E_{ki} 是物体的初动能；而 E_{kf} 是被做功后的动能.

功率 一个力的**功率**为该力对物体所做的功对时间的变化率. 如果在 Δt 时间间隔内，力做功 W，则此力在这段时间间隔内的平均功率为

$$P_{avg}=\frac{W}{\Delta t}$$

瞬时功率为

$$P=\frac{\mathrm{d}W}{\mathrm{d}t}$$

如果力 $\boldsymbol{F}$ 的方向与物体运动方向成一夹角 ϕ，则瞬时功率为

$$P=Fv\cos\phi=\boldsymbol{F}\cdot\boldsymbol{v}$$

式中，$\boldsymbol{v}$ 是物体的瞬时速度.

一个力的功率也可表示为该力转化能量的速率. 如果一个力在 Δt 时间间隔内转化的能量为 ΔE，则该力的平均功率为

$$P_{avg}=\frac{\Delta E}{\Delta t}$$

瞬时功率为

$$P=\frac{\mathrm{d}E}{\mathrm{d}t}$$

保守力 如果一个力对沿任一闭合路径，从某一初始点出发，然后又返回到该点，运动的质点所做的净功为零，则该力就是**保守力**. 等价地，保守力对在两点之间移动的质点所做的净功与质点所取的路径无关. 重力与弹簧力都是保守力；动摩擦力是非保守力.

势能 是与其中有保守力作用的系统的位形相联系的能量. 当保守力对系统内的质点做功 W_c 时，系统的势能的改变 ΔE_p 为

$$\Delta E_p=-W_c$$

如果质点在保守力 $F_c(x)$ 的作用下由 x_i 点运动到 x_f 点，则系统势能的改变为

$$\Delta E_p=-\int_{x_i}^{xf}F_c(x)\mathrm{d}x$$

重力势能 与地球及其附近质点构成的系统相关的势能称为**重力势能**. 如果质点由高度 y_i 运动到高度 y_f，则质点-地球系统的重力势能的变化为

$$\Delta E_p=mg(y_f-y_i)=mg\Delta y$$

若将质点的参考位置设定为 $y_i=0$，且相应的系统的重力势能设为 $E_{pi}=0$，则质点在任意高度 y 的重力势能 E_p 为

$$E_p(y)=mgy$$

弹性势能 是与一弹性物体的压缩及伸张状态相联系的能量. 对一个产生弹簧力 $F=-kx$ 作用的弹簧来说，当其自由端有位移 x 时，弹性势能为

$$E_p(x)=\frac{1}{2}kx^2$$

弹簧的参考位形为其松弛长度，对应于 $x=0$ 和 $E_p=0$.

引力势能 质量为 m' 和 m，相距 r 的两质点系统的引力势能 $E_p(r)$ 等于这两个质点的距离从无穷大

(非常大) 减小到 r 的过程中一个质点对另一个质点的引力所做的功的负值. 此能量为

$$E_p(r) = -\frac{Gm'm}{r} \quad (\text{引力势能})$$

机械能守恒定律 一个系统的**机械能** E_{mec} 为其动能 E_k 与势能 E_p 之和, 即

$$E_{mec} = E_k + E_p$$

孤立系是指无外力引起能量改变的系统. 如果在一个孤立系中只有保守力做功, 则系统的机械能 E_{mec} 不可能改变. 这个**机械能守恒定律**可写作

$$E_{k2} + E_{p2} = E_{k1} + E_{p1}$$

其中下标指的是一个能量转化过程中的不同时刻. 此守恒定律还可以写作

$$\Delta E_{mec} = \Delta E_k + \Delta E_p = 0$$

势能曲线 如果已知某一系统的一个一维的保守力作用于一个质点上的**势能函数** $E_p(x)$, 则可求出该力为

$$F_c(x) = -\frac{dE_p(x)}{dx}$$

如果 $E_p(x)$ 以曲线给出, 则在任意 x 值处, 力 F_c 为该处曲线斜率的负值, 并且质点的动能由下式给出

$$E_k(x) = E_{mec} - E_p(x)$$

式中, E_{mec} 为系统的机械能. **转折点**为质点开始反向运动的点 x (该处 $E_k=0$). 在 $E_p(x)$ 曲线上斜率为零的那些点 (该处 $F_c(x)=0$), 质点处于**平衡**.

功能原理 功 W 为通过对系统的外力而传入或传出系统的能量. 当不止一个力作用在同一系统上时, 它们的**净功**为所传递的能量. 若没有摩擦, 对系统做的功与系统的机械能的变化 ΔE_{mec} 是相等的, 即

$$W = \Delta E_{mec} = \Delta E_k + \Delta E_p$$

如果在系统内有动摩擦力, 系统的热能 E_{th} 就会改变 (这种能量与系统内的原子和分子的无序运动联系). 这时对系统做的功为

$$W = \Delta E_{mec} + \Delta E_{th}$$

变化量 ΔE_{th} 与动摩擦力的大小 f_k 及外力产生的位移的大小 d 之间关系为

$$\Delta E_{th} = f_k d$$

上面式子又可概括写为

$$W_{nc} = \Delta E_{mec}$$

即非保守力对物体系统所做的净功等于物体系的机械能的增量, 这就是**功能原理**.

能量守恒定律 孤立系内不论发生何种变化过程, 各种形式的能量可以互相转化, 但能量的总和不可能改变.

思考题

1. 按照一个质点具有下列速度时所具有的动能的大小, 从大到小对这些速度排序: (a) $\boldsymbol{v}=4\boldsymbol{i}+3\boldsymbol{j}$, (b) $\boldsymbol{v}=-4\boldsymbol{i}+3\boldsymbol{j}$, (c) $\boldsymbol{v}=-3\boldsymbol{i}+4\boldsymbol{j}$, (d) $\boldsymbol{v}=3\boldsymbol{i}-4\boldsymbol{j}$, (e) $\boldsymbol{v}=5\boldsymbol{i}$, 及 (f) $v=5\text{m/s}$ 与水平面成 30°角.

2. 图 3-23 示出相应于一个质点的位置 x, 作用于它的沿 x 轴的力 $\boldsymbol{F}$ 的值. 如果质点开始时静止在 $x=0$, 当它具有 (a) 最大动能, (b) 最高速率, (c) 速率为零时, 它的坐标各为何? (d) 当它到达 $x=6\text{m}$ 时, 质点向什么方向运动?

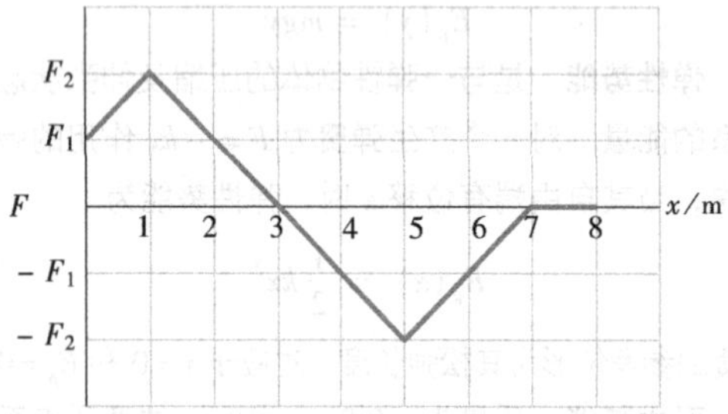

图 3-23 思考题 2 图

3. 图 3-24 所示四个图 (按同一标尺画出) 为作用于一质点的变力 $\boldsymbol{F}$ (沿 x 轴) 的 x 分量对受该力作用的质点的位置 x 的关系. 按照从 $x=0$ 至 x_1 的过程中, $\boldsymbol{F}$ 对质点做的功由正最大至负最大, 对这四个图排序.

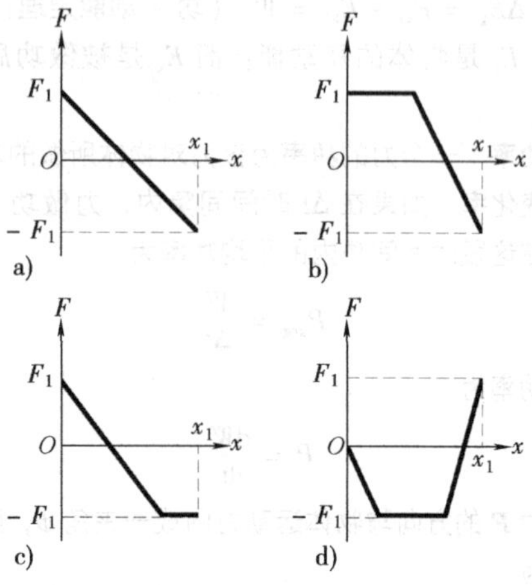

图 3-24 思考题 3 图

4. 一个物块连在一根松弛的弹簧上，如图3-25a所示. 弹簧的劲度系数 k 使得物块有一个向右的位移 $\boldsymbol{d}$ 时对物块的弹簧力的大小是 F_1，而在这位移过程中已对物块做功 W_1. 今用另一个相同的弹簧与物块的另一边连在一起，如图3-25b所示；图中两个弹簧都处于各自的松弛状态. 如果物块再位移 $\boldsymbol{d}$，(a) 两个弹簧对物块的合力有多大？(b) 两个弹簧力对物块做的功是多少？

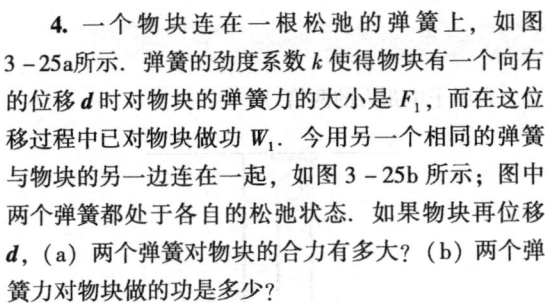

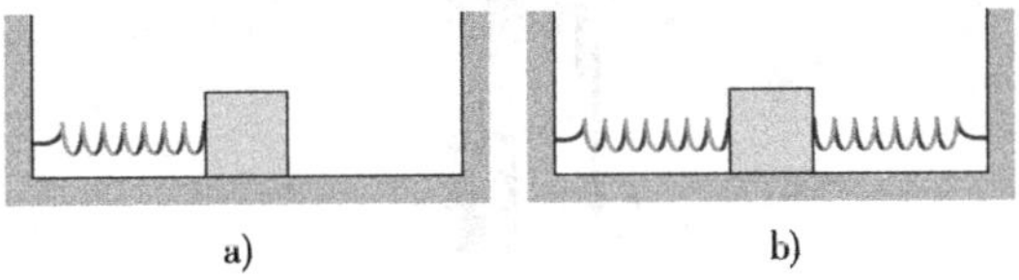

图3-25 思考题4图

5. 在弹性限度内，如果将弹簧的伸长量增加到原来的两倍，那么弹性势能是否也增加为原来的两倍？

6. 在图3-26中，一质量为 m 的质点初始时在 A 点，离一个均匀球体球心的距离为 d，离另一均匀球体球心的距离为 $4d$，两球的质量关系是 $m' \gg m$. 如果把质点移动到 D 点，说出下列各量将是正、负还是零？(a) 质点引力势能的变化；(b) 净引力对质点所做的功；(c) 外力做的功；(d) 如果把质点改从 B 点移动到 C 点，结果又怎样？

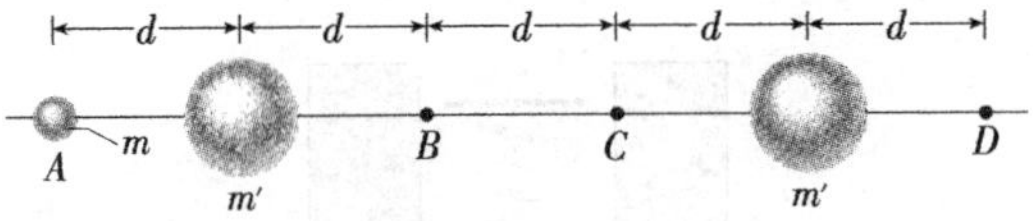

图3-26 思考题6图

7. 图3-27示出从点 i 至点 f 的一条直达的和四条非直达的路径. 沿直达的路径和其中三条非直达的路径，只有保守力 F_c 作用在物体上. 沿第四条非直达路径，有 F_c 和非保守力 F_{nc} 作用在物体上. 图中标出了从点 i 至点 f 的非直达路径中沿每条直线段物体的机械能的改变 ΔE_{mec} (J). 问：(a) 点 i 至点 f 的直达路径的 ΔE_{mec} 是多少？(b) 由于 F_{nc} 的作用，沿第四条非直达路径时的 ΔE_{mec} 是多少？

8. 保守力做的功总是负的，对吗？举例说明. 在式 $W=-\Delta E_p$ 中，我们已经知道保守力做功等于势能增量的负值；若假定为正值，那又将如何呢？

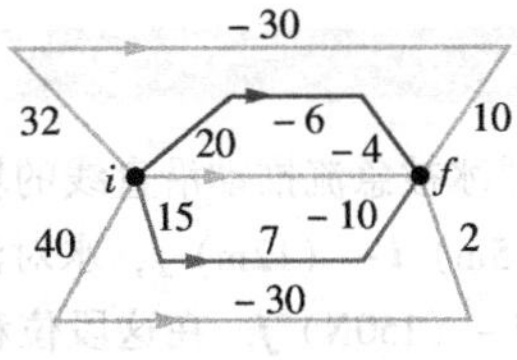

图3-27 思考题7图

9. 在图3-28中，一个初始静止的小滑块位于光滑的起伏坡道上，并从3.0m的高度释放. 沿坡道各小山的高度如图所示. 各小山具有相同的圆顶(假定滑块不会飞离小山). 问 (a) 哪一个小山是滑块第一个不可超越的？(b) 滑块超越小山失败后会如何？在哪一座山顶？(c) 滑块的向心加速度最大和 (d) 作用在滑块上的正压力最小？

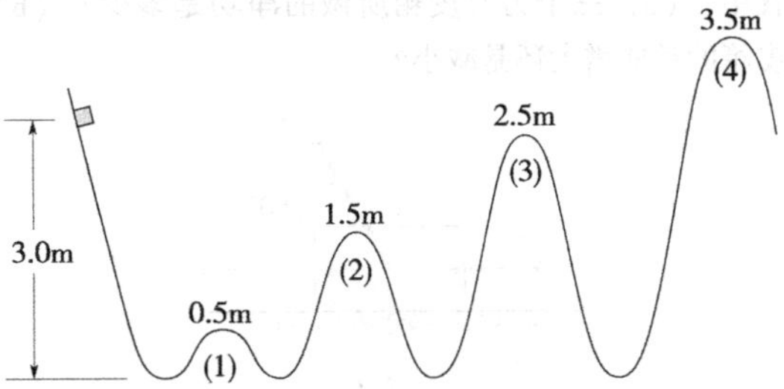

图3-28 思考题9图

10. 图3-29给出了一个质点的势能函数. (a) 按质点受力的大小，由大至小将区域 AB，BC，CD 和 DE 进行排序. 质点的机械能 E_{mec} 不会超过什么值，如果质点 (b) 陷俘在左边的势阱中，(c) 陷俘在右边的势阱中和 (d) 能够在两势阱中运动但不会到达右边的 H 点. 对 (d) 的情况，在 BC，DE 和 FG 哪一个区域中，质点具有 (e) 最大动能和 (f) 最小速率？

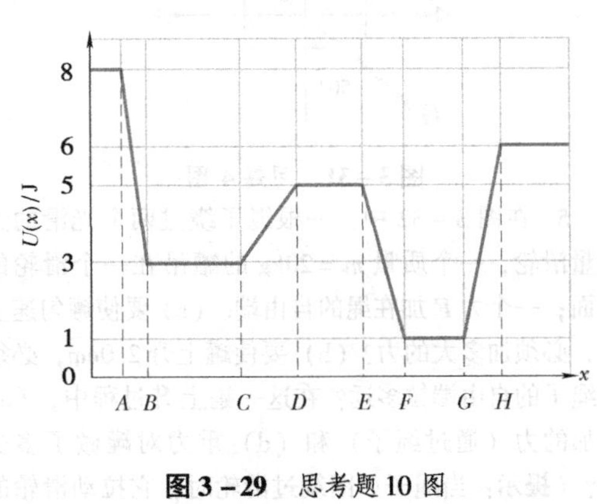

图3-29 思考题10图

习题

1. 一块浮冰被急流推动沿直线的堤岸行进了一段位移 $\boldsymbol{d}=(15\text{m})\ \boldsymbol{i}-(12\text{m})\ \boldsymbol{j}$，水对浮冰块的力为 $\boldsymbol{F}=(210\text{N})\ \boldsymbol{i}-(150\text{N})\ \boldsymbol{j}$. 在这段位移中力对浮冰块做的功是多少?

2. 一个力作用在一个 3.0kg 的类质点物体上，物体的位置作为时间的函数给定为 $x=3.0t-4.0t^2+1.0t^3$，式中 x 以 m 为单位，t 以 s 为单位. 求在 $t=0$ 至 $t=4.0\text{s}$ 的时间间隔内，该力对物体做的功.(提示：在这两个时刻物体的速率为何?)

3. 图3-30所示为三个力作用在一个皮箱上，使它在光滑的地面上向左移动了 3.00m. 力的大小为 $F_1=5.00\text{N}$，$F_2=9.00\text{N}$，和 $F_3=3.00\text{N}$. 在位移过程中，(a) 三个力对皮箱所做的净功是多少?(b) 皮箱的动能增大还是减小?

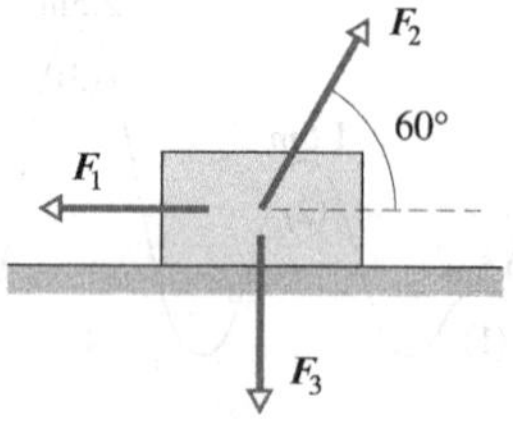

图3-30 习题3图

4. 图3-31所示为三个水平力作用于一个小盒的俯视图，小盒最初静止，而现在在一光滑面上运动. 力的大小分别是 $F_1=3.00\text{N}$，$F_2=4.00\text{N}$，$F_3=10.0\text{N}$. 在最初 4.00m 的位移内，这三个力对小盒所做的净功是多少?

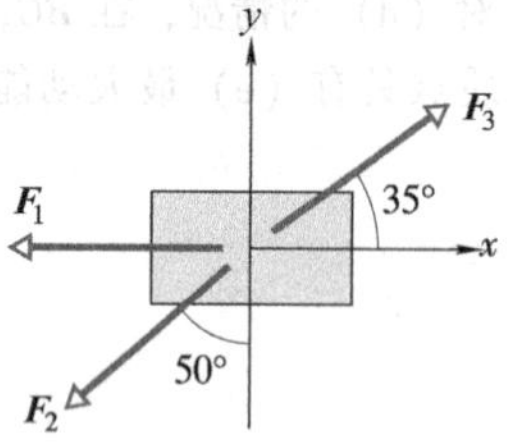

图3-31 习题4图

5. 在图3-32中，一根绳子绕过两个光滑的无质量滑轮，一个质量 $m=20\text{kg}$ 的罐吊在一个滑轮的下面；一个力 $\boldsymbol{F}$ 加在绳的自由端. (a) 要使罐匀速上升，必须加多大的力?(b) 要使罐上升 2.0cm，必须把绳子的自由端拉多远?在这一罐上升过程中，(c) 所加的力(通过绳子)和(d)重力对罐做了多少功?(**提示**：当绳子如图绕过滑轮时，它拉动滑轮的合力是绳子中张力的两倍.)

图3-32 习题5图

6. 一个 250g 的物块落在一个松弛的竖直弹簧上，弹簧的劲度系数为 $k=2.5\ \text{N/cm}$ (见图3-33). 物块贴在弹簧上将弹簧压缩了 12cm 后瞬时停止. 在弹簧被压缩的过程中，(a) 重力对物块做了多少功?(b) 弹簧力对物块做了多少功?(c) 物块刚要击中弹簧前的速率是多少?(假定摩擦力可以忽略.)(d) 如果物块击中弹簧时的速率加倍，弹簧的最大压缩量应为何?

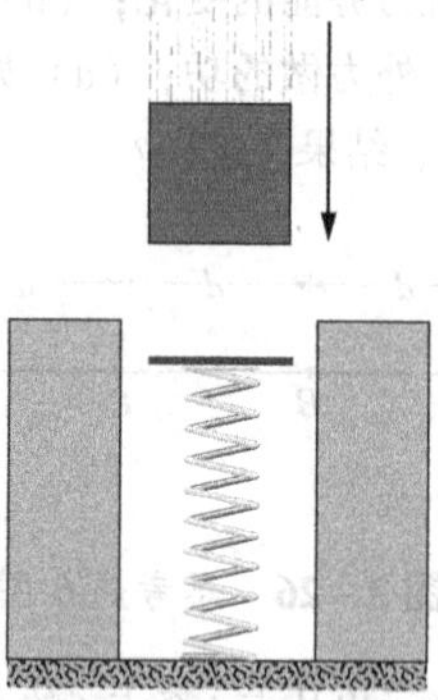

图3-33 习题6图

7. 一个 2.0kg 的物体，沿 x 正向运动时只受一个力的作用，其 x 分量为 $F_x=-6x$ (N)，式中 x 的单位是 m. 物体在 $x=3.0\ \text{m}$ 时的速率是 8.0 m/s. (a) 物体在 $x=4.0\ \text{m}$ 处的速度为多少?(b) 在 x 是什么正值时，物体的速度可达 5.0 m/s?

8. 一块 10kg 的砖头沿 x 轴运动. 它的加速度与位置的关系如图3-34所示. 在砖头从 $x=0$ 运动至 $x=8.0\ \text{m}$ 的过程中，加速的力对它所做净功为何?

9. 作用在一个沿 x 轴运动的质量为 2.0kg 物体上

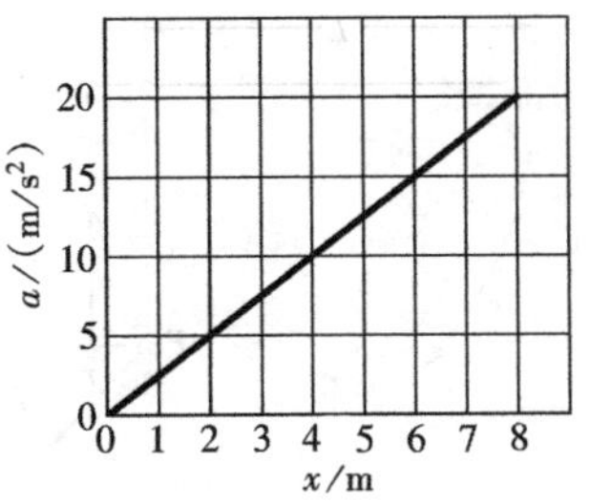

图 3-34 习题 8 图

的惟一的力的变化情况如图 3-35 所示．在 $x=0$ 时物体的速率是 4.0m/s．(a) 在 $x=3.0$ m 时物体的动能是多少？(b) 当物体的动能为 8.0J 时，物体位置的 x 值是多少？(c) 在 $x=0$ 至 $x=5.0$ m 区间内，物体达到的最大动能是多少？

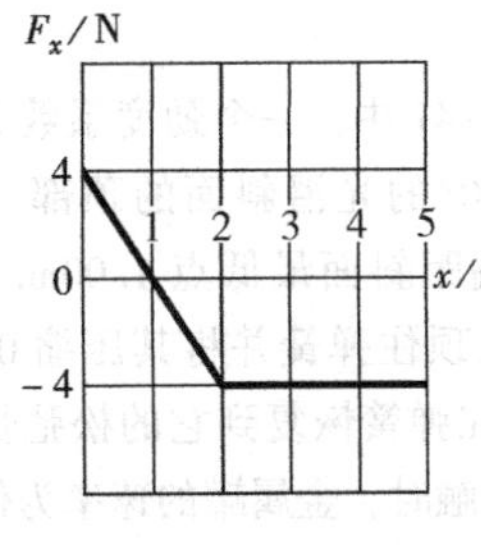

图 3-35 习题 9 图

10. 作用于质点上的力沿 x 轴，且由 $F=F_0\ (x/x_0-1)$ 给出．通过 (a) 画出 $F(x)$ 的图并从图上测算，及 (b) 对 $F(x)$ 积分的两种方法求质点在 $x=0$ 至 $x=2x_0$ 区间内该力对运动质点做的功．

11. 当一个沿 x 轴正向的水平力加到一个 1.5kg 的物体上时，物体正静止在水平光滑面上．力给出为 $\boldsymbol{F}\ (x)=(2.5-x^2)\ \boldsymbol{i}$ (N)，式中 x 以 m 为单位，物体的初始位置为 $x=0$．(a) 当物体通过 $x=2.0$m 时它的动能是多少？(b) 在 $x=0$ 至 $x=2.0$m 的区间内，物体的最大动能是多少？

12. 力 $\boldsymbol{F}=(2x\text{N})\ \boldsymbol{i}+(3\text{N})\ \boldsymbol{j}$，式中 x 以 m 为单位，将质点从位置 $\boldsymbol{r}_i=(2\text{m})\ \boldsymbol{i}+(3\text{m})\ \boldsymbol{j}$ 移动到位置 $\boldsymbol{r}_f=-(4\text{m})\ \boldsymbol{i}-(3\text{m})\ \boldsymbol{j}$ 做多少功？

13. 一个 100kg 的物块被拉着以 5.0 m/s 的恒速在水平面上运动，拉力为 122 N，与水平面成 37°角向上．力对物块做功的功率是多少？

14. (a) 在某一时刻，一个类质点的物体受力 $\boldsymbol{F}=(4.0\text{ N})\ \boldsymbol{i}-(2.0\text{ N})\ \boldsymbol{j}+(9.0\text{ N})\ \boldsymbol{k}$，同时具有速度 $\boldsymbol{v}=-(2.0\text{ m/s})\ \boldsymbol{i}+(4.0\text{ m/s})\ \boldsymbol{k}$．力对物体做功的瞬时功率是多少？(b) 在另一时刻，物体的速度只有 y 分量．如果力没有改变，且当时的瞬时功率为 −12 W，则物体在该时刻的速度为何？

15. 一个 5.0 N 的力作用在一个 15kg 的初始静止的物体上．计算力对物体在 (a) 第一秒内，(b) 第二秒内和 (c) 第三秒内所做的功和 (d) 在第三秒末的瞬时功率．

16. 图 3-36 中长 L 的细而质量可忽略的棒能以其一端为轴在竖直平面内转动．棒的另一端固定一质量为 m 的重球．将棒拉开一个角度 θ 后释放．当球下降到最低点时，(a) 重力对它做的功是多少？(b) 球-地球系统的势能的改变是多少？(c) 如果在球的最低点重力势能取为零，则球刚被释放时它的势能是多少？(d) 如果角度 θ 增大，对 (a) 至 (c) 的答案的数值是增大，减小还是不变？

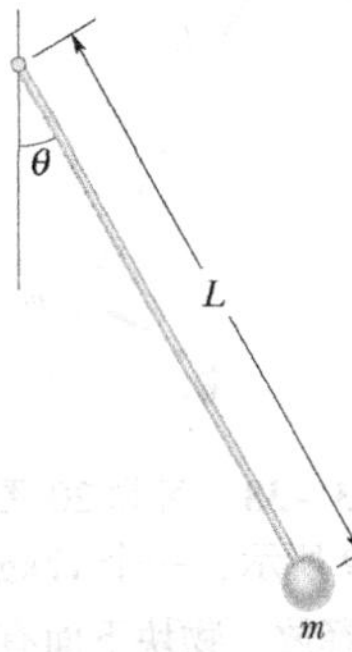

图 3-36 习题 16 和 17 图

17. (a) 在习题 16 中，如果 $L=2.00$m，$\theta=30.0°$，$m=5.00$kg，则重球在最低点时的速率是多少？(b) 如果球的质量增加，则此速率会增大，减小还是保持不变？

18. 如图 3-37 所示，一 8.00kg 的石头静止在弹簧上．弹簧被石头压缩了 10.0cm．问 (a) 弹簧的劲度系数是多少？(b) 将石头再下压 30.0cm 后释放，则在释放前压缩弹簧的弹性势能是多少？(c) 当石头从释放点到达最高点时，石头-地球系统的重力势能的变化为何？(d) 石头从释放点量起的最大高度为何？

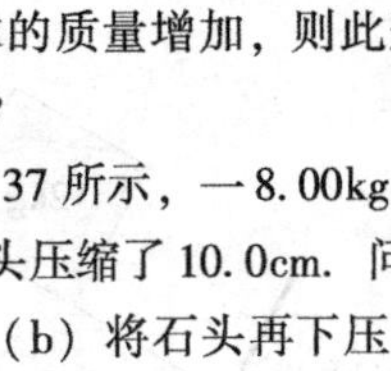

图 3-37 习题 18 图

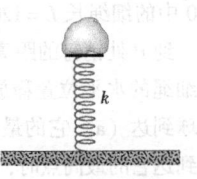

19. 用弹簧枪竖直向上发射一质量为 5.0 g 的石子．如果要使石子正好到达它在压缩弹簧上的位置上方 20m 高处的目标，弹簧必须压缩 8.0cm．(a) 石

哈里德大学物理学

子上升20m时，石子－地球系统的重力势能的变化ΔE_{pg}为何？(b) 弹簧发射石子时弹性势能的变化ΔU_s是多少？(c) 弹簧的劲度系数是多少？

20. 图3－38表示一长L的摆. 当摆线与垂直方向成夹角θ_0时，摆锤（实际集中了所有质量）具有速率v_0. (a) 推导当摆锤运动到最低位置时的速率的表达式. 如果摆线向下然后向上摆动到 (b) 水平位置和 (c) 保持直线而竖直位置时的v_0能具有的最小值为何？(d) 如果θ_0增加几度，对 (b) 和 (c) 的答案会增大，减小或保持不变？

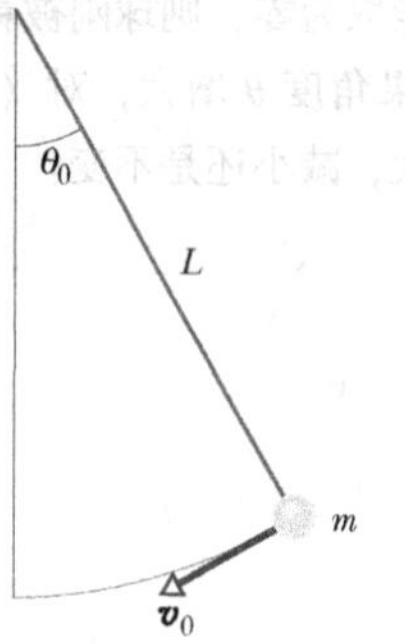

图3－38 习题20图

21. 如图3－39所示，一个12kg的物块从30°的光滑斜面上由静止释放. 物块下面有一弹簧，它可以被270N的力压缩2.0cm. 物块在压缩弹簧5.5cm的瞬间停止. (a) 物块从它的静止位置到这个停止点时沿斜面滑下多远？(b) 物块刚接触到弹簧时的速率为何？

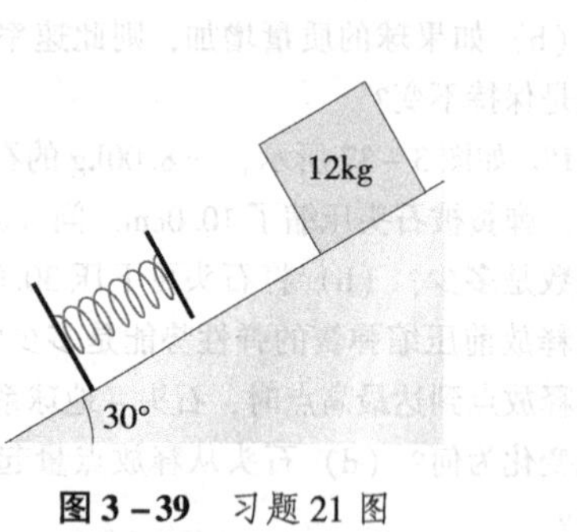

图3－39 习题21图

22. 图3－40中的细绳长$L=120\text{cm}$，一端连一个球，另一端固定. 到P处销钉的距离d为75.0cm. 当静止的球从图中细绳的水平位置释放时，它将沿虚弧线向下运动. 当球到达 (a) 它的最低点时和 (b) 细绳被销钉绊住后到达它的最高点时，它的速率是多少？

23. 如图3－40所示情形，证明如果球能完全绕着销钉摆荡，则$d>3L/5$. （提示：球在摆荡的顶点必须仍然在运动，你知道原因吗？）

24. 用一个300g的球固定在线的一端做一个摆，

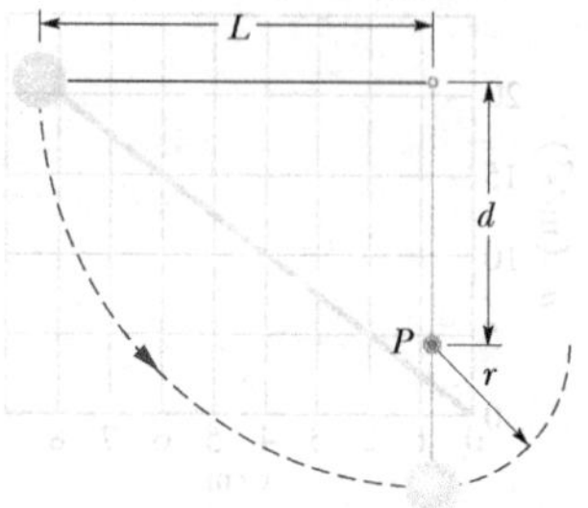

图3－40 习题22和23图

线长1.4m，质量不计（线的另一端固定）. 将球拉向一边至摆线与竖直线成30.0°角，然后（保持摆线张紧）将球由静止释放. 求：(a) 当摆线与垂线成20.0°角时，球的速率和 (b) 球的最大速率，(c) 当球的速率为最大值的三分之一时，摆线与垂线间的夹角为何？

25. 在图3－41中，一个劲度系数为$k=170\text{N/m}$的弹簧放在37.0°的光滑斜面的顶部. 在弹簧松弛时，弹簧的末端距斜面最低点1.00m. 一个2.00kg的金属罐被推上顶住弹簧并将其压缩0.20m后由静止释放. (a) 在弹簧恢复到它的松弛长度的瞬间即罐与弹簧脱离接触时，金属罐的速率为何？(b) 金属罐到达斜面底端时的速率是多少？

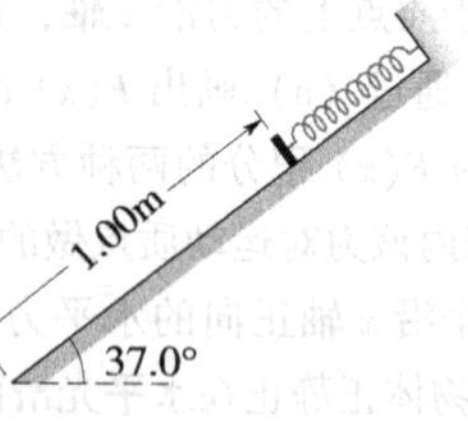

图3－41 习题25图

26. 在图3－42中，一条链子被按在光滑桌面上，有四分之一的长度悬在桌子的边缘外. 如果链子的长度为L，质量为m，欲将悬挂部分拉回桌面需做多少功？

图3－42 习题26图

27. 一个小孩儿坐在一个冰质的半球顶上. 受一个很小的力推动而开始在冰面上向下滑动（见图3－43）. 证明如果冰面无摩擦，他在高度是$2R/3$的点离开冰面.（提示：他离开冰面时正压力为零.）

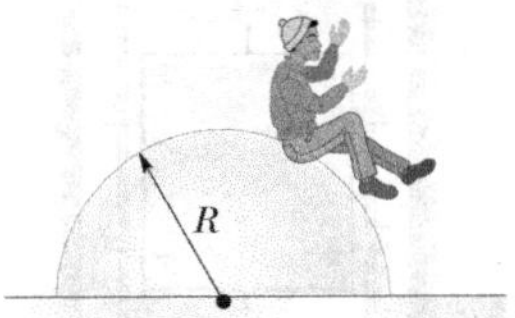

图 3-43 习题 27 图

28. 一个保守力 $F(x)$ 作用在沿 x 轴运动的质量为 2.0kg 的质点上. 与 $F(x)$ 相联系的势能 $E_p(x)$ 曲线示于图 3-44 中. 当质点在 $x=2.0$m 时，它的速率为 -1.5m/s. (a) $F(x)$ 在该点的大小和方向如何？(b) 质点沿 x 运动的范围如何？(c) 在 $x=7.0$m 时它的速率为多少？

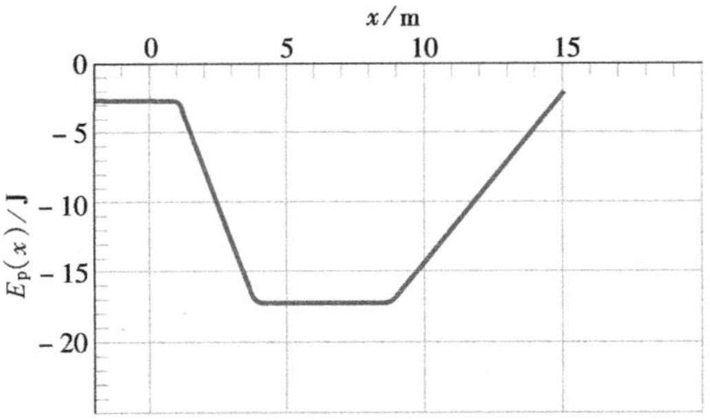

图 3-44 习题 28 图

29. 一个双原子分子（例如 H_2 或 O_2）的势能由下式给出为

$$E_p=\frac{A}{r^{12}}-\frac{B}{r^6}$$

式中，r 为两原子间的距离；A 和 B 是正的常量. 此势能是与将两个原子束缚在一起的力相联系的. (a) 求平衡间距，即使得对每一个原子的力都是零的两原子间的距离. 如果两原子间的距离 (b) 小于和 (c) 大于平衡间距，力是排斥的（两原子相互推开），还是吸引的（把它们拉在一起）？

30. 一质量为 m 的人造地球卫星，沿半径为 $2R_E$ 的圆轨道运动，R_E 为地球的半径. 已知地球的质量为 m_E. 求：(a) 卫星的动能；(b) 卫星在地球引力场中的引力势能；(c) 卫星的机械能.

31. 如图 3-45 所示，一劲度系数为 640N/m 的弹簧使 3.5kg 的物块加速. 物块在弹簧的自然长度处离开弹簧后，在动摩擦因数为 0.25 的水平桌面上滑行了 7.8m 后停止. (a) 物块-桌面系统的热能增加了多少？(b) 物块的最大动能是多少？(c) 物块开始运动前弹簧被压缩了多少？

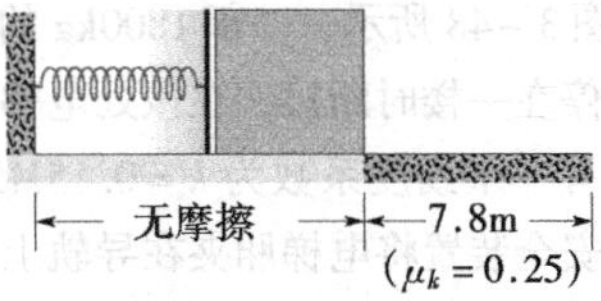

图 3-45 习题 31 图

32. 在图 3-46 中，与斜面平行的 2.0N 的力 $\boldsymbol{F}$ 作用于物块上，使物块沿斜面从点 A 下滑 5.0m 到达点 B. 作用在物块上的摩擦力的大小为 10N. 如果从点 A 到点 B 物块的动能增加了 35J，在此期间重力对物块做了多少功？

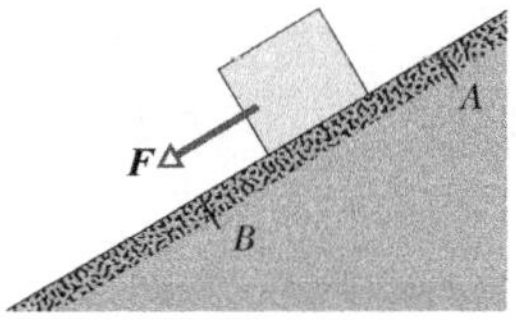

图 3-46 习题 32 图

33. 某一弹簧被发现不服从胡克定律. 当它被拉长 x (m) 时，产生的力的大小为 $52.8x+38.4x^2$ (N)，方向与伸长相反. (a) 计算将弹簧从 $x=0.500$m 拉伸到 $x=1.00$m 需做的功. (b) 将弹簧的一端固定，当弹簧被拉长到 $x=1.00$m 时，在另一端连上一个 2.17kg 的质点. 如果此后由静止释放该质点，当弹簧回到伸长为 $x=0.500$m 的位形时，质点的速率是多少？(c) 弹簧产生的力是保守的还是非保守的？解释之.

34. 一部滑梯最大高度 4.0m，由半径 12m 并与地面相切的圆弧构成（图 3-47）. 一个 25kg 的孩子在滑梯顶上从静止开始滑下，到达滑梯底时速率为 6.2m/s. (a) 滑梯有多长？(b) 通过这段距离时作用在孩子身上的平均摩擦力有多大？如果不是地面，而是通过滑梯顶的一条竖直线与圆弧相切，则 (c) 滑梯的长度是多少？(d) 作用在孩子身上的平均摩擦力有多大？

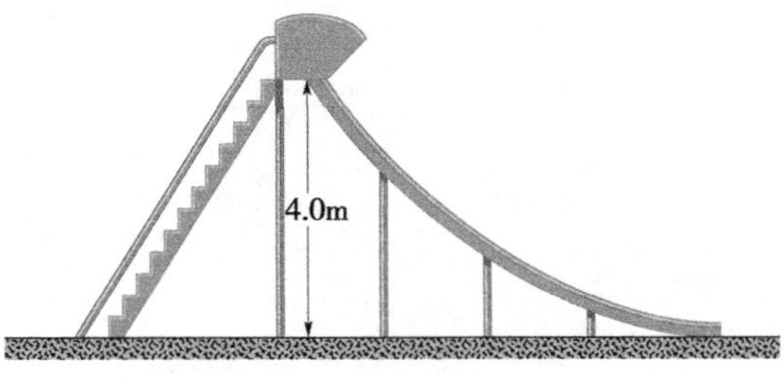

图 3-47 习题 34 图

35. 如图 3－48 所示，一部 1800kg 的电梯厢的钢缆在电梯厢停在一楼时断掉，在该处电梯厢之下距离 $d=3.7\text{m}$ 处有一个劲度系数为 $k=0.15\text{MN/m}$ 的缓冲弹簧．一套安全装置将电梯厢夹在导轨上，对电梯厢产生 4.4kN 的摩擦力阻止它的运动．（a）求电梯厢刚接触到缓冲弹簧时的速率．（b）求弹簧被压缩的最大距离（压缩过程中摩擦力仍存在）．（c）求电梯厢被弹回向上的高度．（d）应用能量守恒，求电梯厢停止之前运动的近似总距离．（假定电梯厢静止时对它的摩擦力可忽略．）

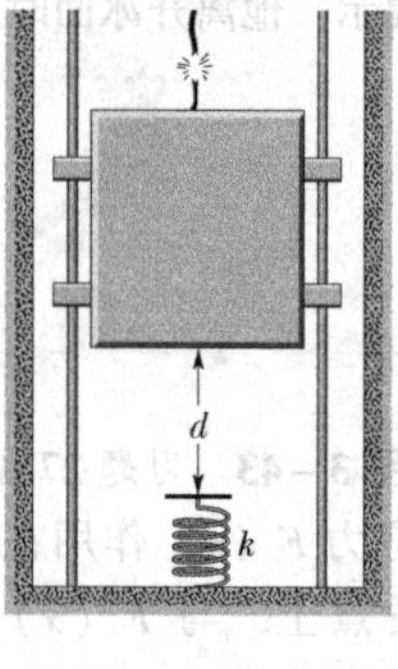

图 3－48 习题 35 图

第 4 章　质点系　动量

Ronald McNair，一个物理学家，是在挑战者号宇宙飞船爆炸中遇难的宇航员之一．他曾在武术表演中得到了一条黑腰带．这里，他一下击碎了几块混凝土板．在这种武术表演中，常用一块松木板或一块混凝土板．当受打击时，木板或混凝土板弯曲，像弹簧一样储存起能量，直到达到一临界能量，随后受击物体折断．你或许没想到，打断木板所需的能量约是打断混凝土板所需能量的 3 倍！

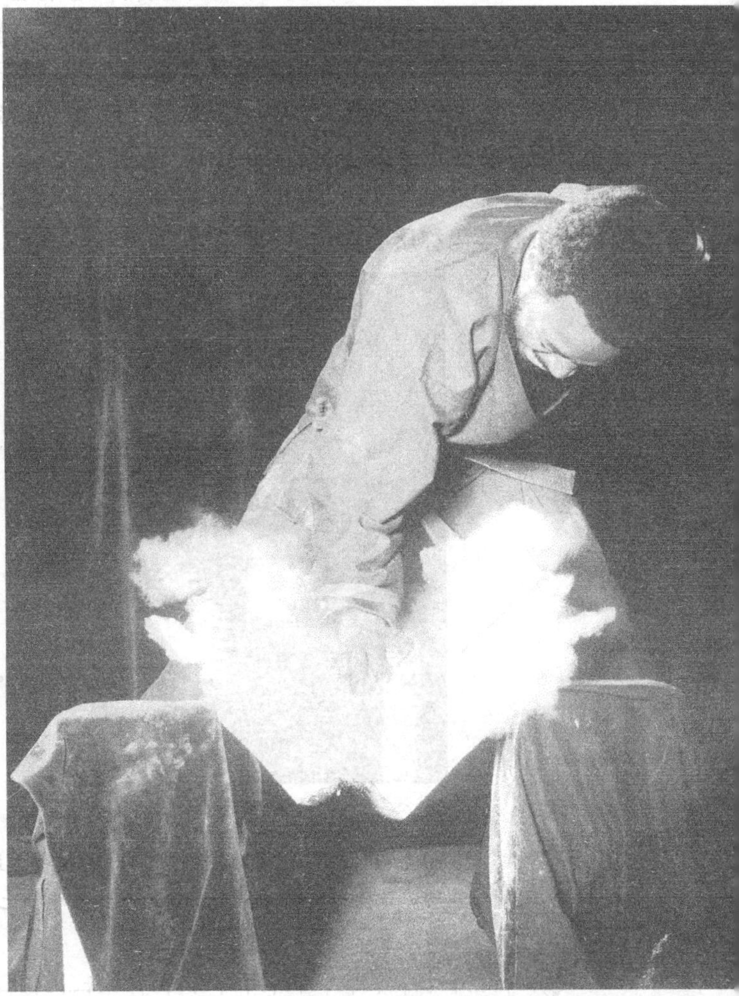

那么，为什么木板更容易被打断呢？

答案就在本章中．

在上一章中，我们由研究力的空间积累效应引出了相应的物理量和规律，以及自然界的基本定律——能量转化和守恒定律. 本章将进一步研究与力的时间积累效应相应的物理量及其规律，进而引出自然界的另一个重要的守恒定律——动量守恒定律. 我们将首先介绍质点系，给出质心的概念，并说明外力和质心运动的关系，然后引入动量、冲量的概念和动量定理，并把这一定理应用于质点系，导出动量守恒定律. 最后，通过对碰撞和火箭这两种在自然界和技术问题中常遇到的现象进行分析，来体验动量守恒和能量守恒这两个定律在解决具体问题时所发挥的作用.

4-1　质心　质心运动定律

1. 质心

物理学家们喜欢观察复杂的事物，并在其中寻找简单和熟悉的东西. 下面是一个例子. 如果将一支棒球棒向上抛出，使它在空中旋转，它的运动情况很明显会比那些投出时不旋转的棒球（类似质点）的运动（见图4-1a）更为复杂. 旋转的球棒上每一部分的运动情况都与其他部分不同，因而不能用一个抛出的质点来代表它；不同之处在于，它是一个质点系统.

然而，如果仔细观察，就能发现球棒上有一个特殊的点沿着简单的抛物线路径运动，就好像抛到空中的质点一样（见图4-1b）. 事实上，这个特殊的点的运动情况就好像是（1）球棒的所有质量都集中在这一点；（2）作用在球棒上的重力集中在这一点. 这个特殊点被称为球棒的**质量中心**（简称**质心**）. 一般地说：

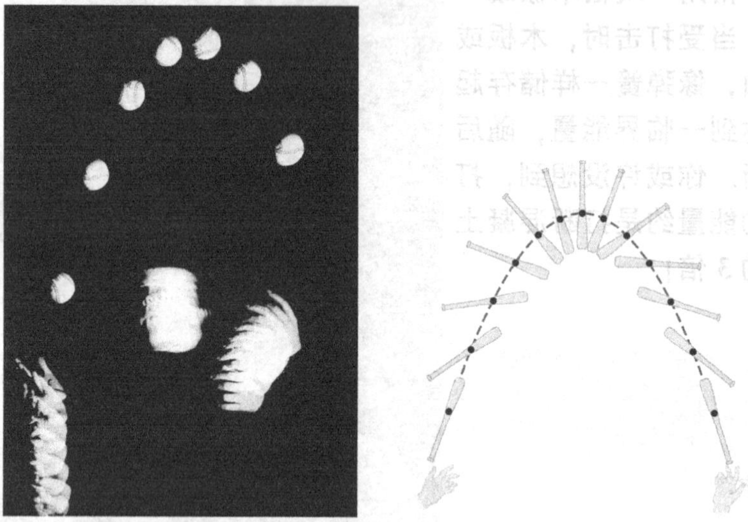

a)　　　　b)

图4-1　a）一个抛到空中的棒球沿抛物线路径运动. b）被抛到空中旋转的球棒的质心（黑点）也这样，但球棒上所有其他点都沿更为复杂的曲线路径运动.

> 一个物体或物体系的质心是这样的点，它的运动情况就好像所有的质量都集中在这点，而且所有的外力也都作用在该点一样.

球棒的质心位于球棒的中心轴线上. 可以通过使球棒水平地平衡在伸出的一个手指上来确定它的位置: 质心在棒的轴线上手指的正上方.

2. 质心位置的确定

为确定质点系质心的位置, 我们先从具有几个质点的系统开始, 再考虑大量质点的系统 (比如球棒).

图 4-2 所示为两个相距为 d, 质量分别为 m_1 和 m_2 的质点. 这个二质点系统的质心 (com) 的位置被定义为

$$x_{com}=\frac{m_1x_1+m_2x_2}{m} \tag{4-1}$$

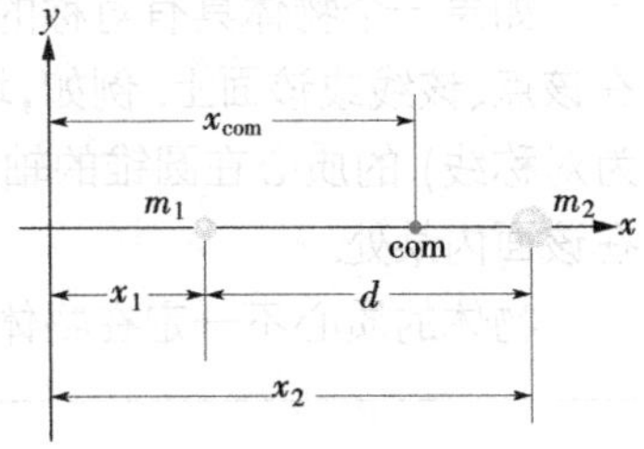

图 4-2 为二质点系统. 标以 com 的点是其质心的位置.

式中, m 是系统的总质量 (这里 $m=m_1+m_2$). 我们可以将此式推广到较为普遍的 n 个质点排列在 x 轴上的情况. 于是, 总质量为 $m=m_1+m_2+\cdots+m_n$, 而质心的位置是

$$x_{com}=\frac{m_1x_1+m_2x_2+m_3x_3+\cdots+m_nx_n}{m}=\frac{1}{m}\sum_{i=1}^{n}m_ix_i \tag{4-2}$$

式中的下角标 i 是质点的序号或标志,取 1 到 n 的所有整数值,它指明了各个质点的质量以及它们的 x 坐标.

如果质点是三维分布的,则质心必须由三个坐标确定. 将式(4-2) 推广,可写出

$$x_{com}=\frac{1}{m}\sum_{i=1}^{n}m_ix_i,\quad y_{com}=\frac{1}{m}\sum_{i=1}^{n}m_iy_i,\quad z_{com}=\frac{1}{m}\sum_{i=1}^{n}m_iz_i \tag{4-3}$$

我们也可以用矢量语言来定义质心. 首先,回忆在坐标 x_i, y_i 和 z_i 处的质点的位置由一个位矢给定为

$$\boldsymbol{r}_i=x_i\boldsymbol{i}+y_i\boldsymbol{j}+z_i\boldsymbol{k} \tag{4-4}$$

类似的,质点系的质心位置由一个位矢给定

$$\boldsymbol{r}_{com}=x_{com}\boldsymbol{i}+y_{com}\boldsymbol{j}+z_{com}\boldsymbol{k} \tag{4-5}$$

式(4-3) 中的三个标量式现在可以用一个单个矢量式取代,

$$\boldsymbol{r}_{com}=\frac{1}{m}\sum_{i=1}^{n}m_i\boldsymbol{r}_i \tag{4-6}$$

式中的 m 仍为系统的总质量. 可以将式(4-4) 和式(4-5) 代入此式,然后分别写出它的 x, y, z 分量,来检验它是否正确. 其结果应是式(4-3) 的三个标量关系.

一个普通物体,例如球棒,包含有非常多的质点,以至于可以很好地将它当成一个物质的连续分布来处理. "质点" 就变成了微分的质量元 dm,式(4-3) 中的求和就变成了积分,质心的坐标定义为

$$x_{com}=\frac{1}{m}\int x\mathrm{d}m,\quad y_{com}=\frac{1}{m}\int y\mathrm{d}m,\quad z_{com}=\frac{1}{m}\int z\mathrm{d}m \tag{4-7}$$

这里的 m 是物体的质量.

对大多数普通的物体(例如一台电视机) 求这些积分会很困难,因此,我们在这里只考虑**均匀**物体. 这样的物体具有**均匀的密度**,或单位体积的质量; 也就是说,物体任意给定的微分元都具有和整个物体相同的密度 ρ(希腊字母):

$$\rho=\frac{\mathrm{d}m}{\mathrm{d}V}=\frac{m}{V} \tag{4-8}$$

式中,dV 是质量元 dm 所占有的体积,而 V 表示物体的总体积. 如果将式(4-8) 中的 $\mathrm{d}m=(m/V)\mathrm{d}V$ 代入式(4-7),我们得到

$$x_{com} = \frac{1}{V}\int x dV,\ y_{com} = \frac{1}{V}\int y dV,\ z_{com} = \frac{1}{V}\int z dV \quad (4-9)$$

如果一个物体具有对称的点、线或面，就可以省去一个或更多的上述积分. 这个物体的质心就在该点、该线或该面上. 例如，均匀球体(有对称点)的质心在球心(是对称点)；均匀圆锥体(其轴为对称线)的质心在圆锥的轴线上. 一个香蕉(具有将香蕉分成两个相等的部分的对称面)的质心在该面内某处.

物体的质心不一定在物体内部. 在面包圈的质心处没有面包，在马蹄铁的质心处没有铁.

检查点1：图中所示为一块均匀的正方形平板，它的四个角处的四块相等的正方形部分将被剪去. (a) 最初平板的质心在哪里？当剪去(b) 正方形1；(c) 正方形1和2；(d) 正方形1和3；(e) 正方形1,2和3；(f) 所有四块正方形时，它的质心在何处？根据质心所在的象限、轴或点来回答(当然不用计算).

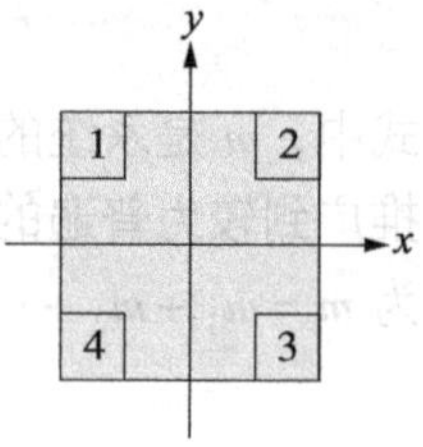

例题4-1

三个质量分别为 $m_1 = 1.2\text{kg}$，$m_2 = 2.5\text{kg}$ 和 $m_3 = 3.4\text{kg}$ 的质点构成一个边长为 $a = 140\text{cm}$ 的等边三角形. 这个三质点系统的质心在哪里？

【解】 着手解题的一个**关键点**是，要处理的是质点系而非连续实体，因此我们可以用式(4-3)来确定它们的质心. 三个质点在等边三角形的平面内，因而我们只须用前两个方程式. 第二个**关键点**是，我们可以选取 x，y 坐标轴，使其中一个质点在原点上，轴与三角形的一条边重合(见图4-3)来简化计算. 于是，三个质点有如下坐标：

质点	质量/kg	x/cm	y/cm
1	1.2	0	0
2	2.5	140	0
3	3.4	70	121

这个系统的总质量 m 是 7.1kg.

根据式(4-3)，质心的坐标为

$$x_{com} = \frac{1}{m}\sum_{i=1}^{3} m_i x_i = \frac{m_1x_1 + m_2x_2 + m_3x_3}{m}$$

$$= \frac{1.2\text{kg} \times 0 + 2.5\text{kg} \times 140\text{cm} + 3.4\text{kg} \times 70\text{cm}}{7.1\text{kg}}$$

$$= 83\text{cm}$$

(答案)

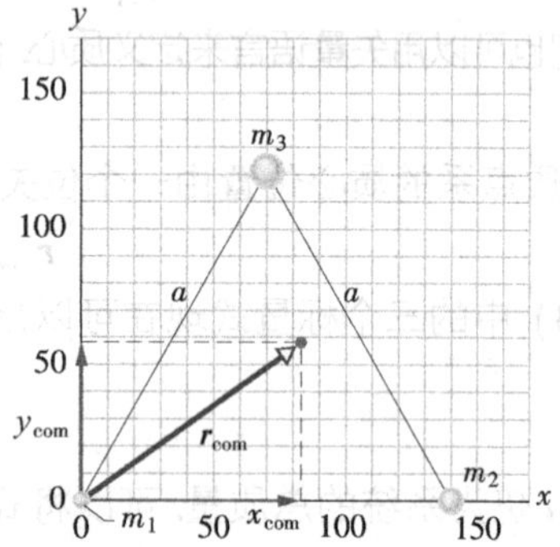

图4-3 例题4-1图

类似地可得

$$y_{com} = \frac{1}{m}\sum_{i=1}^{3} m_i y_i = 58\text{cm} \quad \text{(答案)}$$

在图4-3中，质心由位矢 $\boldsymbol{r}_{com}$ 来定位，它的分量是 x_{com} 和 y_{com}.

例题4-2

如图4-4a所示，一个半径为 $2R$ 的均匀金属板P，其上半径为 R 的一块被裁去. 试用所示的 xy 坐标系确定板的质心位置 com_P.

【解】 首先，利用对称性的**关键点**，可以粗略地定出板P的中心. 注意到板是对 x 轴对称的(可以将 x 轴上的部分绕轴转动而得到轴下的部分). 因此，com_P 必定在 x 轴上. 有圆孔的板P对 y 轴则是不对称的. 不过，因为在 y 轴的右边具有较多的质量，com_P 一定在 y 轴的右边某处. 因而 com_P 的大致位置应如图4-4a所示.

这里的另一个**关键点**是，板P是一个连续实体，所以我们可以用式（4-9）来求 com_P 的实际坐标. 为简化计算，可以利用这个**关键点**：在求质心时，我们可以假定**均匀物体**的质量集中于物体的质心处的质点上.

首先，将被裁去的圆盘（称为圆盘S）放回原处（见图4-4b）以形成原来的组合圆板C. 由于对称性，圆盘S的质心 com_S 在S的中心，位于 $x=-R$ 处（见图）. 类似地，组合圆板C的质心在C的中心处，位于坐标原点（见图）.

现在来应用集中质量的**关键点**：假定圆盘S的质量 m_S 集中于 $x_S=-R$ 的质点，而质量 m_P 集中于 x_P 的质点上（见图4-4c）. 然后，将这两个质点看成是一个二质点系，用式（4-1）来求质心 x_{S+P}，得到

$$x_{S+P}=\frac{m_S x_S+m_P x_P}{m_S+m_P}$$

接下来注意到组合圆板C是由圆盘S和板P组合而成的. 因此，质心 com_{S+P} 的位置 x_{S+P} 必定与在坐标原点的质心 com_C 的位置 x_C 重合；所以 $x_{S+P}=x_C=0$. 代入上式求解 x_P，得

$$x_P=-x_S\frac{m_S}{m_P} \qquad (4-10)$$

现在似乎遇到了一个问题，因为不知道式（4-10）中的质量. 不过可以将它们的质量与S和P的正面面积联系起来，注意到

质量＝密度×体积＝密度×厚度×面积

因而

$$\frac{m_S}{m_P}=\frac{密度_S}{密度_P}\times\frac{厚度_S}{厚度_P}\times\frac{面积_S}{面积_P}$$

因为板是均匀的，密度和厚度处处相等；上式简化为

$$\frac{m_S}{m_P}=\frac{面积_S}{面积_P}=\frac{面积_S}{面积_C-面积_S}=\frac{\pi R^2}{\pi(2R)^2-\pi R^2}=\frac{1}{3}$$

将此式和 $x_S=-R$ 代入式（4-10），就有

$$x_P=\frac{1}{3}R \qquad \text{（答案）}$$

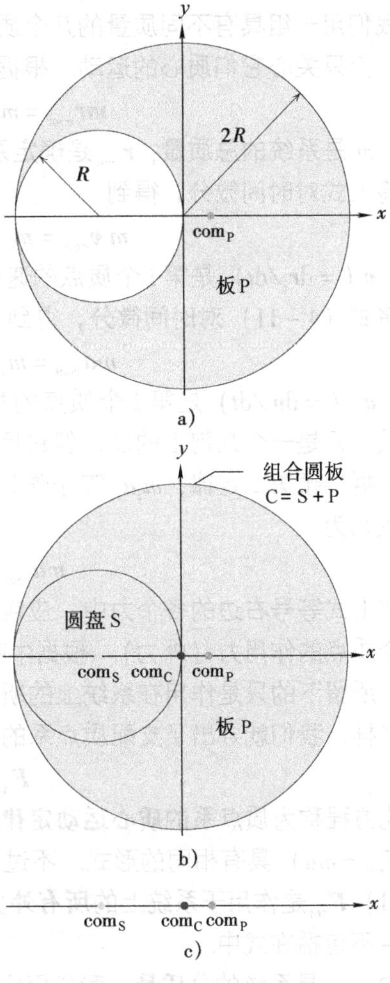

图4-4 例题4-2图 半径为2R的金属板P上有一个半径R的圆孔.

解题线索

线索1：质心习题

例题4-1和例题4-2给出了简化质心问题的三个技巧：（1）充分利用物体的对称性，即它的对称点、对称线或对称面；（2）如果物体可以分成几个部分，将每个部分看成一个质点，该点即为它们各自的质心；（3）巧妙地选择坐标轴的方位：如果系统是一组质点，选择其中一个作为坐标原点. 如果系统是具有线对称性的物体，则将该对称线选作 x 轴或 y 轴. 原点的选择完全是任意的；不论如何选择原点，质心的位置保持不变.

3. 质心运动定律

在打台球时，如果细心留意会发现，当用主球去撞击另一个静止的台球时，这个两球系统

的质心会在碰击后继续向前运动，不论两球的撞击是从边上擦过的、对心的或某种中间形式的，就好像碰撞从来没有发生过一样. 那么，一个系统的质心到底遵从什么样的运动规律呢？现在我们就应用牛顿定律来推导这一规律.

我们用一组具有不同质量的几个质点代替一对台球. 我们感兴趣的不是这些质点的个别的运动，而只关心它们质心的运动. 根据式（4-6）有

$$m\boldsymbol{r}_{\text{com}} = m_1\boldsymbol{r}_1 + m_2\boldsymbol{r}_2 + m_3\boldsymbol{r}_3 + \cdots + m_n\boldsymbol{r}_n$$

式中，m 是系统的总质量；$\boldsymbol{r}_{\text{com}}$是确定系统质心位置的矢量.

将上式对时间微分，得到

$$m\boldsymbol{v}_{\text{com}} = m_1\boldsymbol{v}_1 + m_2\boldsymbol{v}_2 + m_3\boldsymbol{v}_3 + \cdots + m_n\boldsymbol{v}_n \tag{4-11}$$

式中，$\boldsymbol{v}_i(=\mathrm{d}\boldsymbol{r}_i/\mathrm{d}t)$ 是第 i 个质点的速度；$\boldsymbol{v}_{\text{com}}(=\mathrm{d}\boldsymbol{r}_{\text{com}}/\mathrm{d}t)$ 是质心的速度.

将式（4-11）对时间微分，得到

$$m\boldsymbol{a}_{\text{com}} = m_1\boldsymbol{a}_1 + m_2\boldsymbol{a}_2 + m_3\boldsymbol{a}_3 + \cdots + m_n\boldsymbol{a}_n \tag{4-12}$$

式中，$\boldsymbol{a}_i$（$=\mathrm{d}\boldsymbol{v}_i/\mathrm{d}t$）是第 i 个质点的加速度；$\boldsymbol{a}_{\text{com}}$（$=\mathrm{d}\boldsymbol{v}_{\text{com}}/\mathrm{d}t$）是质心的加速度. 可以看出，虽然质心只是一个几何上的点，但它具有位置、速度和加速度，就好像是一个质点一样.

根据牛顿第二定律，$m_i\boldsymbol{a}_i$ 等于作用在第 i 个质点上的合力 $\boldsymbol{F}_i$. 因此，我们可以将式（4-12）改写为

$$m\boldsymbol{a}_{\text{com}} = \boldsymbol{F}_1 + \boldsymbol{F}_2 + \boldsymbol{F}_3 + \cdots + \boldsymbol{F}_n$$

在上式等号右边的各个力中，应包括系统内的各个质点相互作用的力（内力）和系统外部对各个质点的作用力（外力）. 根据牛顿第三定律，内力形成第三定律力对，它们的总和相互抵消，所留下的只是作用在系统上的所有**外**力的矢量和.

这样，我们就导出了支配质点系的质心运动方程：

$$\boldsymbol{F}_{\text{net}} = m\boldsymbol{a}_{\text{com}} \quad \text{（质点系）} \tag{4-13}$$

此方程称为质点系的**质心运动定律**. 注意它与适用于单个质点的动力学方程，牛顿第二定律（$\boldsymbol{F}_{\text{net}}=m\boldsymbol{a}$）具有相同的形式. 不过，对出现在式（4-13）中的三个量取值时必须注意：

（1）$\boldsymbol{F}_{\text{net}}$是作用于系统上的**所有外力**的合力. 系统内一部分作用于另一部分的作用力（**内力**）并不包括在式中.

（2）m 是系统的**总质量**. 我们假定在运动时，没有质量进入或离开系统，因而 m 是一个常量. 系统被说成是**封闭**的.

（3）$\boldsymbol{a}_{\text{com}}$是系统**质心的加速度**. 式（4-13）没有给出关于系统的任何其他点的加速度的信息.

式（4-13）等价于三个关于 $\boldsymbol{F}_{\text{net}}$和 $\boldsymbol{a}_{\text{com}}$沿三个坐标轴的分量的方程，即

$$F_{\text{net},x} = ma_{\text{com},x},\ F_{\text{net},y} = ma_{\text{com},y},\ F_{\text{net},z} = ma_{\text{com},z} \tag{4-14}$$

现在可以回过头来考查台球的行为. 主球开始滚动后，没有外力作用在这个（两球）系统上. 于是，由 $\boldsymbol{F}_{\text{net}}=0$，和式（4-13）可知，$\boldsymbol{a}_{\text{com}}=0$. 由于加速度是速度的变化率，我们得到这个两球系统的质心的速度不改变的结论. 当两球碰撞时，起作用的是**内力**，即一个球对另一个球的作用力. 这些力对合力 $\boldsymbol{F}_{\text{net}}$没有贡献，合力仍保持为零. 因此，碰撞前向前运动的系统的质心，在碰撞后必定继续以相同的速率沿相同的方向向前运动.

式（4-13）不仅适用于质点系，对连续实体，如图4-1b所示的球棒，同样有效. 在那种情况下，式（4-13）中的 m 是球棒的质量，而 $\boldsymbol{F}_{\text{net}}$是作用在球棒上的重力. 这样，式

(4-13) 就告诉我们 $\boldsymbol{a}_{com}=\boldsymbol{g}$. 换句话说，球棒质心的运动就好像球棒是一个质量为 m 的单个质点受到力 $\boldsymbol{F}_g$ 的作用一样.

图4-5给出另一个有趣的例子. 假如在一次烟火表演中，一枚射出的火箭沿抛物线的路径运行. 在某一点，它爆炸成碎片. 如果没有爆炸，火箭会继续按照图中所示的轨迹运行. 爆炸力对系统（先是火箭，然后是碎片）来说是**内**力；即系统的一部分受其他部分的作用力. 如果忽略空气的曳力，系统所受的合**外**力 $\boldsymbol{F}_{net}$ 是对系统的重力，与火箭是否爆炸无关. 因此，根据式(4-13)，爆炸后那些碎片（仍在飞行中）的质心的加速度 $\boldsymbol{a}_{com}$ 仍然等于 $\boldsymbol{g}$. 这说明碎片的质心沿着火箭不爆炸时将经过的相同抛物线轨迹运动.

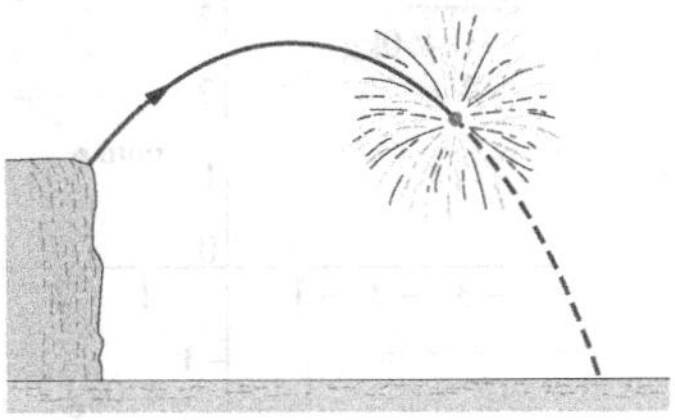

图4-5 一枚烟火火箭在飞行中爆炸. 在没有空气曳力的情况下，碎片的质心将继续沿原来的抛物线路径运动，直至落地.

当一位芭蕾舞演员在舞台上进行大跃步时，她抬高手臂，在她的脚刚刚离开台面时将腿水平伸展（见图4-6）. 这些动作使她的质心相对身体的位置升高. 虽然升高的质心在跨越舞台的过程中切实地沿着抛物线运动，但相对于普通的跳跃而言，演员的质心相对于她身体的运动降低了她的头和躯干所达到的高度. 其结果是她的头和躯干沿近似水平的路径运动，给人以演员在漂浮的感觉.

图4-6 大跃步时演员的头顶和其质心的路径的示意.

检查点2：两名滑冰者在光滑的冰面上分握一根质量可忽略的杆的两端. 一个坐标轴沿着杆，坐标原点在此两滑冰者系统的质心. 其中一名滑冰者A，其重量是另一位滑冰者B的两倍. 如果 (a) A用手一把一把地沿着杆将自己拉向B，(b) B用手一把一把地沿着杆将自己拉向A，和 (c) 两人同时拉杆，他们在何处相遇？

例题4-3

图4-7a中的三个质点初始时静止. 每个质点分别受到来自三质点系以外物体的**外力**作用. 力的方向如图所示，大小分别为 $F_1=6.0\text{N}$, $F_2=12\text{N}$ 和 $F_3=14\text{N}$. 求这个质点系的质心的加速度，并指出它的运动方向.

【解】 用例题4-1的方法计算得到的质心的位置已用一个点 (com) 标在图中. 这里一个**关键点**

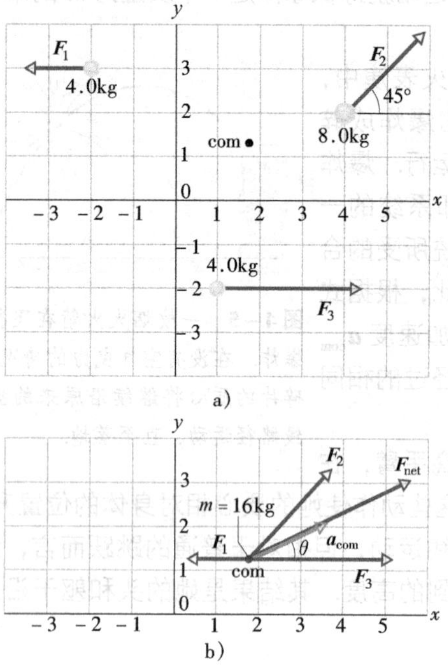

图4-7 例题4-3图

是，我们可将质心视作一个真实的质点，它的质量就是系统的总质量 $m = 16\text{kg}$. 我们还可以将三个外力看成就像它们都作用在质心上一样（见图4-7b).

第二个**关键点**是，我们现在可以把牛顿第二定律（$\boldsymbol{F}_{\text{net}} = m\boldsymbol{a}$）用于质心，写出

$$\boldsymbol{F}_{\text{net}} = m\boldsymbol{a}_{\text{com}}$$

或是

$$\boldsymbol{F}_1 + \boldsymbol{F}_2 + \boldsymbol{F}_3 = m\boldsymbol{a}_{\text{com}}$$

因而

$$\boldsymbol{a}_{\text{com}} = \frac{\boldsymbol{F}_1 + \boldsymbol{F}_2 + \boldsymbol{F}_3}{m}$$

上面第一式告诉我们，质心的加速度 $\boldsymbol{a}_{\text{com}}$ 与作用于系统上的合外力 $\boldsymbol{F}_{\text{net}}$ 的方向相同（见图4-7b). 因为质点初始时静止，质心也必定静止. 当质心此后开始加速时，它一定沿 $\boldsymbol{a}_{\text{com}}$ 和 $\boldsymbol{F}_{\text{net}}$ 的共同方向起动.

在求第三式右边的值时，可以将它写成分量形式，先求出 $\boldsymbol{a}_{\text{com}}$ 的各个分量，然后再求 $\boldsymbol{a}_{\text{com}}$. 沿 x 轴方向，有

$$a_{\text{com},x} = \frac{F_{1x} + F_{2x} + F_{3x}}{m}$$

$$= \frac{-6.0\text{N} + 12\text{N} \times \cos 45^\circ + 14\text{N}}{16\text{kg}} = 1.03\text{m/s}^2$$

沿 y 轴，有

$$a_{\text{com},y} = \frac{F_{1y} + F_{2y} + F_{3y}}{m}$$

$$= \frac{0 + 12\text{N} \times \sin 45^\circ + 0}{16\text{kg}} = 0.530\text{m/s}^2$$

从以上分量，求得 $\boldsymbol{a}_{\text{com}}$ 的大小为

$$a_{\text{com}} = \sqrt{(a_{\text{com},x})^2 + (a_{\text{com},y})^2}$$

$$= 1.16\text{m/s}^2 \approx 1.2\text{m/s}^2 \qquad \text{（答案）}$$

而角度（离 x 轴的正方向）为

$$\theta = \arctan\frac{a_{\text{com},y}}{a_{\text{com},x}} = 27^\circ \qquad \text{（答案）}$$

4-2 动量 冲量-动量定理

1. 动量

在1687年出版的、牛顿所著的《自然哲学的数学原理》一书中，牛顿把质点的质量 m 和其速度$\boldsymbol{v}$ 的乘积 $m\boldsymbol{v}$ 定义为质点的（**线**）**动量**，用符号 $\boldsymbol{p}$ 表示，即

$$\boldsymbol{p} = m\boldsymbol{v} \qquad \text{（质点的线动量）} \qquad (4-15)$$

线动量 $\boldsymbol{p}$ 是一矢量（形容词**线**字被用来与**角**动量加以区别，但一般常被略去. 角动量与转动相联系，将在第5章介绍）. 因为质点的质量 m 总是一个正的标量，所以其动量 $\boldsymbol{p}$ 的方向与速度$\boldsymbol{v}$ 的方向相同，其大小为 $|m\boldsymbol{v}| = mv$. 动量的 SI 单位是千克米每秒（$\text{kg} \cdot \text{m} \cdot \text{s}^{-1}$），量纲是 MLT^{-1}.

实际上，牛顿当初是用动量表达他的第二运动定律的：

一个质点的动量对时间的变化率等于作用在质点上的合力且沿该力的方向.

用方程式表示为

$$\boldsymbol{F}_{\text{net}}=\frac{\mathrm{d}\boldsymbol{p}}{\mathrm{d}t} \tag{4-16}$$

将式（4－15）代入上式，得到

$$\boldsymbol{F}_{\text{net}}=m\frac{\mathrm{d}\boldsymbol{v}}{\mathrm{d}t}+\boldsymbol{v}\frac{\mathrm{d}m}{\mathrm{d}t}$$

在经典力学中，物体的质量被认为是恒定不变的，所以式中右边第二项中$\frac{\mathrm{d}m}{\mathrm{d}t}=0$，于是

$$\boldsymbol{F}_{\text{net}}=m\frac{\mathrm{d}\boldsymbol{v}}{\mathrm{d}t}=m\boldsymbol{a} \tag{4-17}$$

这正是我们熟知的牛顿第二定律的表达形式.

根据相对论力学知道（参看第23章）：物体的质量与其运动速度有关，满足关系式 $m=m_0/\sqrt{1-\left(\frac{v}{c}\right)^2}$. 因而，当物体的运动速度接近光速时，其质量将显著地随着速度改变，这时牛顿第二定律的表达式（4－17）显然不再成立. 但实验指出，式（4－16）仍然有效. 因此，式（4－16）比式（4－17）具有更大的普遍性.

2. 冲量-动量定理

牛顿第二定律，即式（4－16），反映了在某一瞬时类质点物体所受的外力与动量对时间的变化率的关系. 那么，当外力作用在物体上持续一段时间以后，它的总效果又会如何呢？考虑到作用在物体上的力通常是时间的函数，即 $\boldsymbol{F}=\boldsymbol{F}(t)$，因此，为考察这种力对时间的积累效应，可将式（4－16）写为

$$\mathrm{d}\boldsymbol{p}=\boldsymbol{F}(t)\,\mathrm{d}t \tag{4-18}$$

对上式在时间间隔 $\Delta t=t_f-t_i$ 内积分可得

$$\int_{\boldsymbol{p}_i}^{\boldsymbol{p}_f}\mathrm{d}\boldsymbol{p}=\int_{t_i}^{t_f}\boldsymbol{F}(t)\,\mathrm{d}t \tag{4-19}$$

此式左边是 $\boldsymbol{p}_f-\boldsymbol{p}_i$，即物体动量的改变；右边是力的强度和延续时间的共同量度，称为力 $\boldsymbol{F}$ 在由时刻 t_i 到 t_f 时间内的**冲量**，用 $\boldsymbol{J}$ 表示，即

$$\boldsymbol{J}=\int_{t_i}^{t_f}\boldsymbol{F}(t)\,\mathrm{d}t \quad \text{（冲量定义）} \tag{4-20}$$

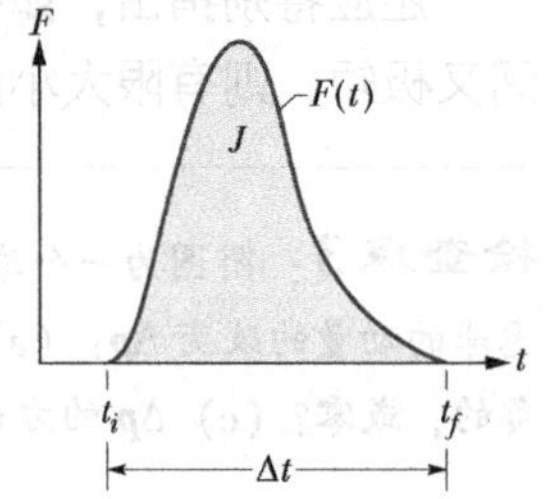

图4－8 曲线表示随时间变化的冲力 $\boldsymbol{F}(t)$ 的大小，曲线下的面积等于冲量 $\boldsymbol{J}$ 的大小.

可以看出，冲量是由外力的大小和外力持续作用的时间两个因素决定的，力越大，作用时间越长，力的冲量就越大. 另外，冲量是矢量，如果力 $\boldsymbol{F}$ 是一个方向不变，只有大小在变化的变力，那么变力的冲量 $\boldsymbol{J}$ 和 $\boldsymbol{F}$ 的方向相同，而冲量的大小则如图4－8所示，等于图中曲线下的面积；但若 $\boldsymbol{F}$ 是一个方向和大小都在变化的变力，则冲量 $\boldsymbol{J}$ 的方向并不能由某一瞬时的 $\boldsymbol{F}$ 来决定（具体方法下面将会详细说明）.

在SI中，冲量的单位是牛顿秒（N·s），冲量与动量具有相同的量纲，$\mathrm{MLT^{-1}}$.

引入冲量的定义后，式（4－19）可以写为

$$\boldsymbol{J}=\int_{t_i}^{t_f}\boldsymbol{F}\mathrm{d}t=\boldsymbol{p}_f-\boldsymbol{p}_i=\Delta\boldsymbol{p} \quad \text{（冲量－动量定理）} \tag{4-21}$$

它表示

力在某一段时间内作用于质点上的冲量等于质点在这段时间内的动量的增量. 这一结论称为质点的**冲量-动量定理**.

冲量-动量定理（简称为**动量定理**）说明了冲量与动量增量之间的关系. 可以看到，利用此定理就可解决上面的问题，亦即：冲量 J 的大小和方向总是等于物体在初末状态的动量的矢量差，而无需考虑物体在运动过程中的受力和动量变化的细节. 这正是应用该定理解决力学问题的优点所在.

式（4-21）是矢量式，在运算时通常用其标量式，即

$$p_{fx}-p_{ix}=\Delta p_x=J_x$$
$$p_{fy}-p_{iy}=\Delta p_y=J_y \qquad (4-22)$$
$$p_{fz}-p_{iz}=\Delta p_z=J_z$$

动量定理对求解碰撞问题特别有用. 两物体在碰撞的瞬时，相互作用的力称为**冲力**. 冲力的相互作用时间极为短暂，短达几千分之一秒，甚至更短. 并且，在这样极短暂的时间内，作用力突然达到很大的量值，然后又急剧地下降为零. 图4-8所示就是这样一种，当两个类质点物体相互碰撞过程中，其中一物体所受的冲力随时间变化的示意图. 由图可见，冲力是个较为复杂的变力，它的瞬时值一般很难确定，所以表示瞬时关系的牛顿第二定律无法直接应用. 但是，依据动量定理可以由碰撞前后物体动量的增量，求出它所受冲量的量值. 另一方面，尽管冲力这个变力的瞬时值不易得到，但可以引入平均冲力 F_{avg}，通过测定碰撞延续的时间（冲力作用的时间），估计冲力的平均大小，即

$$F_{avg}=\frac{J}{\Delta t}=\frac{\Delta p}{\Delta t} \qquad (4-23)$$

其中 $\Delta t=t_f-t_i$ 是冲力作用的时间. 通常，冲力的峰值要比其平均值大许多，但在某些实际问题中，这种估计还是很需要的.

还应特别指出，如果一个有限大小的力（如重力）和冲力同时作用，因冲力极大，作用时间又极短，则有限大小的力与冲力相比可以忽略不计.

检查点3：附图为一个球从竖直墙面无任何速率改变弹回的俯视图. 考虑球的动量的改变 $\Delta \boldsymbol{p}$：(a) Δp_x 是正的，负的，或零？(b) Δp_y 是正的，负的，或零？(c) $\Delta \boldsymbol{p}$ 的方向为何？

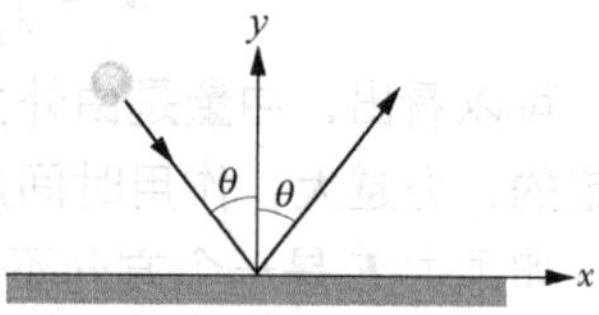

例题4-4

一个以39.0m/s的速率 v_i 沿水平飞行的140g的棒球受到球棒一击，离开球棒后球以39.0m/s的速率 v_f 沿相反方向飞行.

(a) 求碰撞期间球与棒接触时球受的冲量 J.

【解】 这里**关键点**是，将棒球看作一个质点，可以对此处的一维运动应用式（4-21），由冲量产生的球的动量的改变求该冲量. 选取原来运动的方向为负方向. 由该式可得

$$\begin{aligned}J&=p_f-p_i=mv_f-mv_i\\&=0.140\text{kg}\times39.0\text{m/s}\\&\quad-(0.140\text{kg}\times(-39.0\text{m/s}))\\&=10.9\text{kg}\cdot\text{m/s}\end{aligned}$$ （答案）

按上面的正负号取法，冲量结果是正的表明对球的冲量矢量的方向是球棒摆动的方向.

(b) 球-棒碰撞的冲击时间 Δt 是 1.20ms，求对球的平均作用力.

【解】 这里关键点是，已知冲击时间，求平均作用力，只需应用式 (4-23)，就可得到

$$F_{avg} = \frac{J}{\Delta t} = \frac{10.9\mathrm{kg\cdot m/s}}{0.00120\mathrm{s}}$$
$$= 9080\mathrm{N} \qquad \text{(答案)}$$

注意这是**平均力**，**最大**力还要大些. 棒对球的平均力的符号是正的意味着力矢量的方向和冲量矢量的相同.

由此例可以明显看出，当球不管是在飞行还是与棒接触时，都受到重力作用. 不过，重力（大小是 $mg=1.37\mathrm{N}$）和棒对球的平均力（9080N）相比的确相差悬殊，可以忽略不计.

(c) 现在假定碰撞不是正碰，而是球以 $v_f=45.0\mathrm{m/s}$ 的速率沿仰角 30.0° 离开球棒，求此情况下对球的冲量.

【解】 这里关键点是，现在由于球飞出的路径和它飞来的路径不沿同一个轴，碰撞是二维的，因此，必须用矢量关系来求冲量 $\boldsymbol{J}$. 从式 (4-21) 可以写出

$$\boldsymbol{J} = \Delta\boldsymbol{p} = \boldsymbol{p}_f - \boldsymbol{p}_i = m\boldsymbol{v}_f - m\boldsymbol{v}_i$$

因此 $$\boldsymbol{J} = m(\boldsymbol{v}_f - \boldsymbol{v}_i)$$

可以用分量形式计算此矢量关系. 首先如图 4-9 那

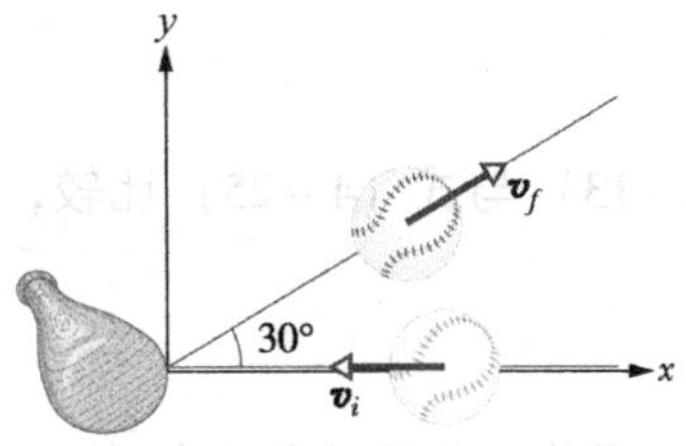

图 4-9 例题 4-4 图

样放置一个 xy 坐标系. 于是，

沿 x 轴有 $J_x = p_{fx} - p_{ix} = m(v_{fx} - v_{ix})$
$= 0.140\mathrm{kg} \times [45.0\mathrm{m/s} \times \cos 30.0° - (-39.0\mathrm{m/s})]$
$= 10.92\mathrm{kg\cdot m/s}$

沿 y 轴有 $J_y = p_{fy} - p_{iy} = m(v_{fy} - v_{iy})$
$= 0.140\mathrm{kg} \times [(45.0\mathrm{m/s} \times \sin 30.0°) - 0)]$
$= 3.150\mathrm{kg\cdot m/s}$

因而冲量为

$$\boldsymbol{J} = (10.9\boldsymbol{i} + 3.15\boldsymbol{j})\mathrm{kg\cdot m/s} \qquad \text{(答案)}$$

而 $\boldsymbol{J}$ 的大小和方向分别为

$$J = \sqrt{J_x^2 + J_y^2} = 11.4\mathrm{kg\cdot m/s}$$

和 $$\theta = \arctan\frac{J_y}{J_x} = 16° \qquad \text{(答案)}$$

4-3 质点系的动量定理

上一节我们讨论了在外力作用下，一个质点所受外力的冲量与其动量增量之间的关系——冲量-动量定理. 然而在许多问题中，我们还需研究一组质点所构成的系统受到的作用力与其动量增量之间的关系.

下面就来考虑有 n 个质点的系统，每个质点具有自己的质量、速度和动量. 我们把系统内各质点之间的相互作用力称为系统的**内力**，而把系统外的质点对系统内质点的作用力称为系统的**外力**. 系统的整体所具有的总动量 $\boldsymbol{p}$ 定义为系统内各个质点的动量的矢量和，即

$$\boldsymbol{p} = \boldsymbol{p}_1 + \boldsymbol{p}_2 + \boldsymbol{p}_3 + \cdots + \boldsymbol{p}_n = m_1\boldsymbol{v}_1 + m_2\boldsymbol{v}_2 + m_3\boldsymbol{v}_3 + \cdots + m_n\boldsymbol{v}_n$$

将此式与式 (4-11) 比较，得到

$$\boldsymbol{p} = m\boldsymbol{v}_{com} \qquad \text{(动量，质点系)} \qquad (4-24)$$

它给出了另一个定义质点系动量的方法：

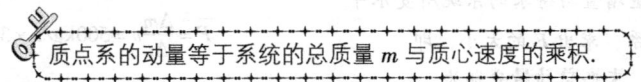

质点系的动量等于系统的总质量 m 与质心速度的乘积.

如果将式 (4-24) 对时间微分，得到

$$\frac{\mathrm{d}\boldsymbol{p}}{\mathrm{d}t}=m\frac{\mathrm{d}\boldsymbol{v}_{\mathrm{com}}}{\mathrm{d}t}=m\boldsymbol{a}_{\mathrm{com}} \tag{4-25}$$

将式（4－13）与式（4－25）比较，可以写出关于质点系的牛顿第二定律的等价形式

$$\boldsymbol{F}_{\mathrm{net}}=\frac{\mathrm{d}\boldsymbol{p}}{\mathrm{d}t}\quad（质点系） \tag{4-26}$$

式中，$\boldsymbol{F}_{\mathrm{net}}$是作用于系统的合外力．此方程是单个质点方程 $\boldsymbol{F}_{\mathrm{net}}=\mathrm{d}\boldsymbol{p}/\mathrm{d}t$ 到多质点系统的推广．它表明，

系统的总动量随时间的变化率等于该系统所受的合外力．

可以看出，只有外力才能改变系统的总动量，而系统的内力是不可能改变整个系统的总动量的（内力只能改变系统内各质点的动量）．利用这个道理来研究 n 个质点组成的系统的动力学问题就可化繁为简了．

利用冲量的定义式（4－20），可由式（4－26）在力的作用时间 $\Delta t=t_f-t_i$ 内积分，得

$$\boldsymbol{J}=\int_{t_i}^{t_f}\boldsymbol{F}_{\mathrm{net}}\mathrm{d}t=\Delta\boldsymbol{p}\qquad（质点系动量定理） \tag{4-27}$$

这就是我们要推导的系统所受作用力与其动量增量之间的关系——**质点系的动量定理**．它表明

系统所受的合外力的冲量＝系统总动量的增量．

检查点4：一个未能打开降落伞的伞兵在雪地上着陆时只受了轻伤；如果他在光地上着陆时，停止时间会缩短到1/10，因而碰撞是致命的．由于雪的存在使下列各值增大，减小，还是保持不变？（a）伞兵的动量改变；（b）使伞兵停下的冲量；（c）使伞兵停下来的力．

例题 4－5

一辆装煤车以 $v=3\mathrm{m/s}$ 的速率从煤斗下面通过，如图 4－10 所示，煤粉通过煤斗以 500kg/s 的速率落入车厢．如果车厢的速率保持不变，车厢与钢轨间的摩擦忽略不计，那么应用多大的牵引力拉车厢？

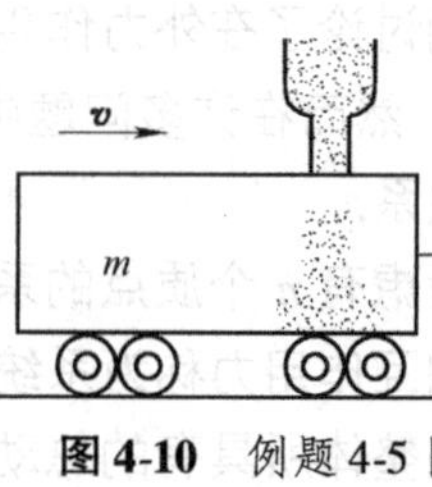

图 4-10 例题 4-5 图

【解】 若设 t 时刻车厢和煤粉的总质量为 m，$t+\Delta t$ 时刻总质量为 $m+\Delta m$，取 $m+\Delta m$ 为研究的质点系，则此题的**关键点**在于：随着车厢在水平方向运动，落入车厢的煤粉改变了整个车厢的质量，使车厢在水平方向的动量发生变化．由此可以根据质点系动量定理，将此系统的动量增量与待求的系统所受水平外力（牵引力 $\boldsymbol{F}$）相联系，求出 $\boldsymbol{F}$ 的大小，即

系统在水平方向初、末态**总动量**分别为

初态：$p_i=mv+\Delta m\cdot 0=mv$

末态：$p_f=mv+\Delta m\cdot v=(m+\Delta m)v$

由动量定理，牵引力对时间的冲量为

$$J=\overline{F}\Delta t=p_f-p_i=\Delta mv$$

所以，牵引力的大小应为

$$\overline{F}=\frac{\Delta m}{\Delta t}v=500\mathrm{kg/s}\times 3\mathrm{m/s}=1.5\times10^{3}\mathrm{N}$$

（答案）

4-4 动量守恒定律

假定作用在质点系上的合外力为零（系统是孤立的），而且没有质点离开或进入系统中（系统是封闭的），令式（4-26）中 $\boldsymbol{F}_{net}=0$，就得到 $d\boldsymbol{p}/dt=0$，或者

$$\boldsymbol{p}=\text{常量} \quad \text{（封闭的孤立系统）} \tag{4-28}$$

用文字叙述就是

> 如果没有合外力作用在质点系上，质点系的总动量 $\boldsymbol{p}$ 不变.

这个结论被称为**动量守恒定律**．它也可以写为

$$\boldsymbol{p}_i=\boldsymbol{p}_f \quad \text{（封闭的孤立系统）} \tag{4-29}$$

用文字描述，此方程说明，对于一个封闭的孤立系统，

$$\left(\begin{array}{c}\text{某一初始时刻 } t_i \text{ 的}\\ \text{总动量}\end{array}\right)=\left(\begin{array}{c}\text{某一后来时刻 } t_f \text{ 的}\\ \text{总动量}\end{array}\right)$$

式（4-28）和式（4-29）是矢量方程，而每一个方程本身都等价于三个方程，例如，相应于沿 xyz 坐标系中的互相垂直的三个方向的动量守恒．视作用在系统上的力而定，动量可能在一个或两个方向上，而非在全部方向上守恒．不管怎样，

> 如果作用在一个封闭系统上的合外力沿某一轴的分量是零，则系统沿该轴的动量不变.

这就是说，只要合外力沿某方向的分量是零，就可沿该方向应用动量守恒定律．这一点对处理有些问题是很有用的.

另外，在处理实际问题时，如果系统所受的合外力虽不为零，但与系统的内力相比较，外力远小于内力，则可以忽略外力对系统的作用，而运用动量守恒定律．像碰撞、爆炸、打击等这类问题，一般都可以这样来处理．例如炮车发射炮弹时，地面对炮车的摩擦力（水平方向外力）比发射炮弹时炮车与炮弹间的冲力要小得多而可以忽略，因此，可认为炮车与炮弹组成的这个系统的总动量的水平分量守恒.

动量守恒定律是物理学上的一个重要而又具有普适性的定律．动量守恒定律虽然是从描述宏观物体运动规律的牛顿定律导出的，但对无论是由宏观物体还是微观粒子组成的系统它都毫无例外地普遍适用，而牛顿定律对微观领域却并不适用．所以说，动量守恒定律比牛顿运动定律更加基本，它与能量守恒定律一样，是自然界中最普遍、最基本的定律之一.

最后还应说明，由于动量守恒定律是由牛顿运动定律导出的，所以它只适用于惯性系.

检查点 5：一个原来静止在无摩擦地面上的装置爆炸成两块，它们随即在地面上滑行．其中一块沿 x 轴的正方向滑动．(a) 爆炸后两块碎片的动量的和为多少？(b) 第二块可能偏离 x 轴的方向运动吗？(c) 第二块的动量的方向如何？

例题 4-6

当一个质量为 $m=6.0\text{kg}$ 的投票箱在光滑地面上以 $v=4.0\text{m/s}$ 的速率沿 x 轴正向滑行时，突然炸成两块．其中质量为 $m_1=2.0\text{kg}$ 的一块沿 x 轴正向以 $v_1=8.0\text{m/s}$ 的速率运动．问质量为 m_2 的第二块的速度为何？

【解】 这里有两个关键点. 首先, 如果知道第二块碎块的动量, 我们就可以求得它的速度. 因为已经知道了它的质量是 $m_2 = m - m_1 = 4.0\text{kg}$. 其次, 如果票箱的动量守恒, 则可以将两块碎块的动量与票箱原来的动量联系起来. 我们来检查一下.

选用地面为参考系, 投票箱与两碎块组成的系统为研究对象, 它们是封闭的但不是孤立的系统, 因为票箱以及碎块受到地面的法向力和重力作用. 然而, 这些力都是竖直的, 不能改变系统动量的水平分量. 爆炸产生的力也不能, 因为这些力是系统的内力. 这样, 系统动量的水平分量是守恒的, 我们可以沿 x 轴应用式 (4-29).

系统的初始动量是票箱的动量

$$\boldsymbol{p}_i = m\boldsymbol{v}$$

类似地, 我们可以写出爆炸后的两个碎块的末动量

$$\boldsymbol{p}_{f1} = m_1\boldsymbol{v}_1 \quad 和 \quad \boldsymbol{p}_{f2} = m_2\boldsymbol{v}_2$$

系统的最后总动量 $\boldsymbol{p}_f$ 是两碎块动量的矢量和

$$\boldsymbol{p}_f = \boldsymbol{p}_{f1} + \boldsymbol{p}_{f2} = m_1\boldsymbol{v}_1 + m_2\boldsymbol{v}_2$$

因为本题内所有的速度和动量都是沿 x 轴的矢量, 所以可以将它们写成是 x 轴的分量. 这样做并应用式 (4-29), 得到

$$p_i = p_f$$

或

$$mv = m_1v_1 + m_2v_2$$

带入已知的数值, 可得

$$6.0\text{kg} \times 4.0\text{m/s} = 2.0\text{kg} \times 8.0\text{m/s} + (4.0\text{kg})\ v_2$$

由此 $v_2 = 2.0\text{m/s}$

(答案)

因结果是正的, 所以第二个碎块沿 x 轴的正方向运动.

例题 4-7

图 4-11a 所示为一艘宇宙拖船和货舱, 总质量为 m, 沿 x 轴在外太空飞行. 它们正相对于太阳以大小为 2100km/h 的初速度 $\boldsymbol{v}_i$ 运动. 经过一次轻微的爆炸, 拖船将质量为 $0.20m$ 的货舱抛出 (见图 4-11b), 因而拖船沿 x 轴的速度比货舱快了 500km/h; 也就是说, 拖船与货仓间的相对速率 v_{rel} 是 500km/h. 拖船相对于太阳的速度 $\boldsymbol{v}_{\text{HS}}$ 为多少?

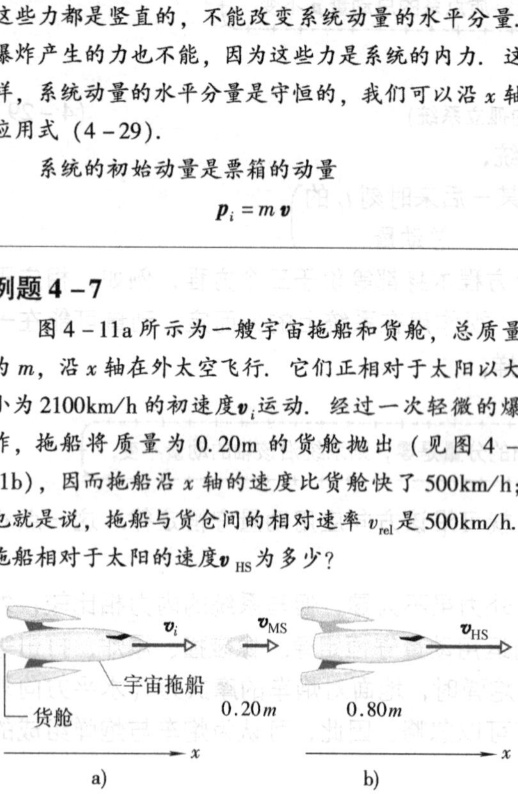

图 4-11 例题 4-7 图 a) 拖船未抛出货舱. b) 拖船已抛出货舱. 现在货舱的速度是 $\boldsymbol{v}_{\text{MS}}$, 而拖船的速度是 $\boldsymbol{v}_{\text{HS}}$.

【解】 这里关键点有两点. 首先, 因为拖船-货舱系统是封闭和孤立的, 它的总动量守恒, 即

$$\boldsymbol{p}_i = \boldsymbol{p}_f \qquad (4-30)$$

式中的下标 i 和 f 分别表示抛出货舱前后的值. 另外, 注意到动量守恒定律只适用于惯性系. 所以据题意选取太阳为参考系, 而将所有的动量相对于太阳表示. 因为运动沿一个单一的轴, 所以可以将动量和速度用它们的 x 分量写出. 在抛出前, 有

$$p_i = mv_i \qquad (4-31)$$

令 v_{MS} 表示抛出的货舱相对于太阳的速率. 抛出后系统的总动量是

$$p_f = (0.20m)\ v_{\text{MS}} + (0.80m)\ v_{\text{HS}} \qquad (4-32)$$

这里, 等号右边第一项是货舱的动量, 而第二项是拖船的动量.

我们并不知道货舱相对于太阳的速度, 但可以将它按下式与已知的速度联系起来 (拖船相对于太阳的速度) = (拖船相对货舱的速度) + (货舱相对太阳的速度) 用符号表示, 有

$$v_{\text{HS}} = v_{\text{rel}} + v_{\text{MS}} \qquad (4-33)$$

或

$$v_{\text{MS}} = v_{\text{HS}} - v_{\text{rel}}$$

将这个 v_{MS} 的表达式代入式 (4-32), 然后将式 (4-31) 和式 (4-32) 代入式 (4-30), 得到

$$mv_i = 0.20m\ (v_{\text{HS}} - v_{\text{rel}}) + 0.80mv_{\text{HS}}$$

解得

$$v_{\text{HS}} = v_i + 0.20v_{\text{rel}}$$

或

$$v_{\text{HS}} = 2100\text{km/h} + 0.20 \times 500\text{km/h}$$
$$= 2200\text{km/h}$$

(答案)

解题线索

线索 2: 动量守恒

对于有关动量守恒的问题, 首先应确定选择一个封闭、孤立的系统. **封闭**意味着没有物质 (没有质点) 从任何方向穿过系统的边界; **孤立**意味着作用

于系统的合外力为零. 如果系统不是孤立的，就要记住，若某个方向上的合外力为零，则相应的动量分量守恒.

其次，选择系统的两个合适的状态（可称其为初态和末态），然后写出系统在这两个状态时动量的表达式. 在写表达式时，应确切知道所使用的是什么惯性系，同时还要确保包括了整个系统，没有丢掉系统的任何部分，也不包含任何不属于系统的物体.

最后，令关于 $\boldsymbol{p}_i$ 和 $\boldsymbol{p}_f$ 的表达式相等，进而求出待求的量.

4 –5 变质量系统——火箭

火箭飞行的基本原理就是上面所讲的动量守恒定律. 不过，到目前为止所研究过的系统，我们都假定它的总质量不变. 但有些情形中，例如火箭（见图 4 – 12），却并不是这样. 火箭在发射台上时其质量的大部分是燃料，在飞行过程中火箭上的这些燃料发生爆炸性的燃烧，产生大量高温高压气体从尾部喷出. 喷出的气体具有很大的动量，因此，按动量守恒定律，火箭在前进方向获得等量的动量，而以相当大的速度向前运动. 随着气体的不断喷出，火箭的质量越来越小，它的速度也就越来越大. 所以说，火箭前进的动力来自于燃烧的燃料喷出的气体所产生的**反冲**推力. 下面我们就来对火箭的加速飞行运动作简单讨论.

图 4 – 12 宇宙飞行器的升空.

假定我们相对于一个惯性参考系静止，观看一枚火箭在无重力、无大气曳力的外太空加速. 对于这个一维运动，设火箭的质量为 m，在某一任意时刻 t 的速度为 v（见图 4 – 13a).

图 4 – 13b 所示是一段时间间隔 dt 后的情况. 火箭的速度是 $v + dv$，质量为 $m + dm$，其中质量的改变 dm 是负值. 在时间间隔 dt 内火箭喷出的高温气体的质量是 $-dm$，相对于惯性参考系的速度是 u.

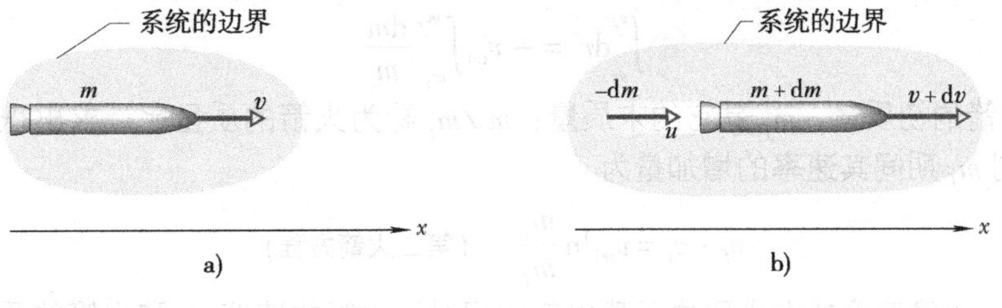

图 4 – 13 分别为 a) t、b) $t + dt$ 时刻，火箭的质量与速度的示意图.

我们所研究的系统包含有火箭和在时间间隔 dt 内火箭喷出的高温气体. 这个系统是封闭和孤立的，因而系统在 dt 时间内的动量守恒，即

$$p_i = p_f$$

这里下标 i 和 f 分别表示在时间间隔 dt 开始和终了时的值. 用已知参量将上式重新写作

$$mv = -dm\,u + (m + dm)(v + dv) \tag{4-34}$$

等号右边第一项是在时间间隔 dt 内喷出气体的动量，第二项是在时间间隔 dt 终了时火箭的动量.

我们可以用燃气相对于火箭的喷出速度 v_{rel} 来简化式（4-34），此相对速度与相对于惯性系的速度之间的关系是

$$\begin{pmatrix}\text{火箭相对于}\\\text{惯性系的速度}\end{pmatrix}=\begin{pmatrix}\text{火箭相对于}\\\text{喷气的速度}\end{pmatrix}+\begin{pmatrix}\text{喷气相对于}\\\text{惯性系的速度}\end{pmatrix}$$

用符号表示，即

$$(v+\mathrm{d}v)\quad=v_{\mathrm{rel}}+u$$

或

$$u=v+\mathrm{d}v-v_{\mathrm{rel}}$$

将 u 的这一结果代入式（4-34），经过简单的代数运算可得

$$-\mathrm{d}mv_{\mathrm{rel}}=m\mathrm{d}v \tag{4-35}$$

两边除以 $\mathrm{d}t$，有

$$-\frac{\mathrm{d}m}{\mathrm{d}t}v_{\mathrm{rel}}=m\frac{\mathrm{d}v}{\mathrm{d}t} \tag{4-36}$$

用 $-R$ 来代替式中的 $\mathrm{d}m/\mathrm{d}t$（火箭失去质量的速率），这里 R 是燃料消耗的（正的）质量速率，而且我们认出 $\mathrm{d}v/\mathrm{d}t$ 是火箭的加速度. 利用这些改变，式（4-36）成为

$$Rv_{\mathrm{rel}}=ma\quad(\text{第一火箭方程}) \tag{4-37}$$

式（4-37）可用于任意时刻，其中质量 m、燃料消耗速率 R 和加速度 a 取该时刻的值.

式（4-37）的左边具有力的量纲（$\mathrm{kg\cdot m/s^2=N}$），并且只依赖于火箭发动机的设计性能，即它消耗燃料质量的速率 R 和该质量相对于火箭喷出的速度 v_{rel}. 我们称这一项 Rv_{rel} 为火箭发动机的**推力**，并用 F 表示. 如果将式（4-37）写成 $F=ma$ 的形式，牛顿第二定律就很清楚地现形了，式中 a 是火箭在质量为 m 的某一时刻的加速度. F 的大小为

$$F=v_{\mathrm{rel}}\left|\frac{\mathrm{d}m}{\mathrm{d}t}\right| \tag{4-38}$$

那么，随着火箭不断喷出燃气，它的速度将如何变化？由式（4-35）有

$$\mathrm{d}v=-v_{\mathrm{rel}}\frac{\mathrm{d}m}{m}$$

两边积分得

$$\int_{v_i}^{v_f}\mathrm{d}v=-v_{\mathrm{rel}}\int_{m_i}^{m_f}\frac{\mathrm{d}m}{m}$$

式中，m_i 是火箭的初质量；m_f 是它的末质量；m_f/m_i 称为火箭的质量比. 求出积分可得火箭在质量从 m_i 变到 m_f 期间其速率的增加量为

$$v_f-v_i=v_{\mathrm{rel}}\ln\frac{m_i}{m_f}\quad(\text{第二火箭方程}) \tag{4-39}$$

上式表明，火箭速度的大小取决于喷出气体相对于火箭的速度 v_{rel} 和火箭的质量比. 这对火箭设计者提高火箭速度起到了很好的参考作用. 以上讨论忽略了空气阻力和重力，如把这些因素考虑在内，最后速度要小于由式（4-39）所得的结果. 由第3章我们知道，要使卫星绕地球运转，需要7.9km/s 的速度. 在目前技术条件下，用单级火箭几乎无法达到，在实际中都是采用多级火箭的方法来实现的.

4-6 碰撞

碰撞一般泛指物体在极短的时间内发生强烈相互作用的过程. 用日常的话来说，碰撞发生

在两物体猛烈冲击在一起的时候. 例如台球之间的碰撞、锤子和钉子的碰撞, 以及——不太常见的——汽车之间的碰撞等. 图4-14a 显示了大约20000年前发生的一次碰撞（一次巨大的冲击）的持久的遗迹. 碰撞发生的范围从亚原子粒子的微观尺度（见图4-14b）直至碰撞的恒星和星云的天文尺度. 即使发生在人的尺度, 碰撞也常常是非常短暂而看不见的, 虽然它们涉及**碰撞物体**的相当大的变形（见图4-14c）. 当空间探测器围绕一个大的行星运动而增大速率时, 这也是一个碰撞. 探测器和行星实际上没有“接触”, 即碰撞不一定要接触, 碰撞力也不一定是涉及接触的力, 它可以像在这一情形中一样只简单地是引力.

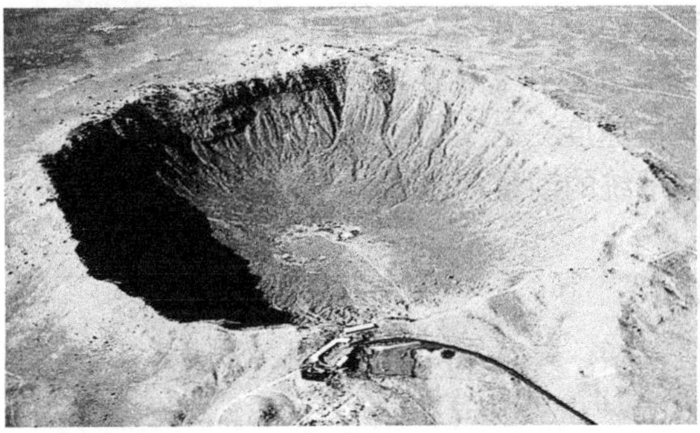

a)

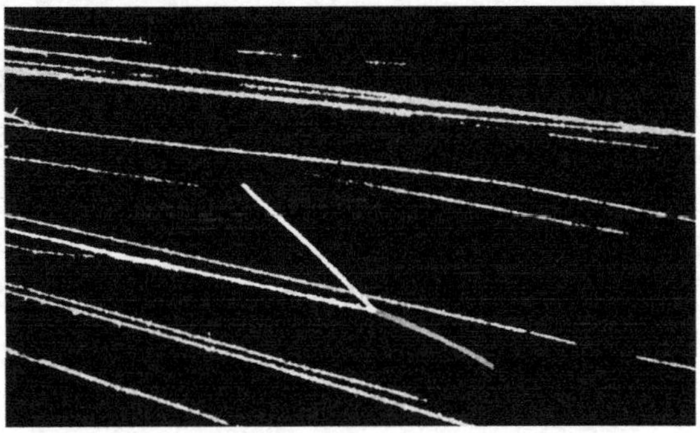

b)

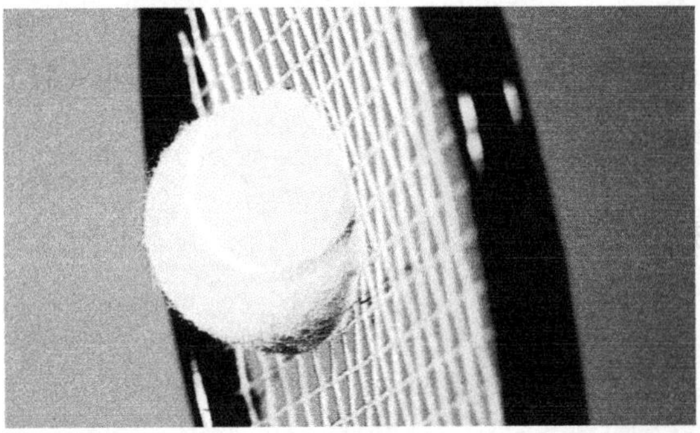

c)

图4-14 尺度大不相同的碰撞. a) 亚里桑那州的陨石坑约1200m宽, 200m深. b) 一个从左方来的α粒子（在此照片中它的径迹是那条长的粗白色直线）弹碰一个原来静止的氮核使之向右下方运动（继续的较细的白色径迹）. c) 在一次网球赛中, 每次球和球拍接触的时间约4ms（一盘下来总计也只有1s）.

今天, 许多物理学家把他们的时间花在玩所谓的“碰撞游戏”上. 这种游戏的主要目的是从关于粒子在碰撞前后的状态的知识中尽可能多地找出关于碰撞中起作用的力的信息. 实际上, 所有我们对亚原子世界——电子, 质子, 中子, μ子, 夸克等等——的了解也都来自涉及碰撞的实验. 可以想象, 对于这些形式多样的、非常复杂的碰撞过程, 要想对过程进行细致的分析, 显然很难做到. 由于通常所要了解的只是物体在碰撞前后运动状态的变化, 所以往往可以结合应用动量守恒与机械能守恒定律分析和了解这类碰撞问题. 下面就来具体说明.

在碰撞过程中, 若把发生碰撞的物体看作一个系统, 则由于其他物体对该系统的作用力（外力）相比起碰撞物体间的相互作用力（内力）来小得多而可以忽略不计, 所以**由碰撞物体组成的系统的动量总是守恒的**. 不过机械能（动能）则不一定, 一般分为三种情形: 如果在碰撞过程中, 系统的机械能完全没有损失, 就称这种碰撞为**完全弹性碰撞**; 如果在碰撞过程中，系统的机械能有损失，则称该碰撞为**非弹性碰撞**. 完全弹性碰撞是一种理想状况，在实际中两物体碰撞时，多少总要损失一部分机械能（转化为其他形式的能量，如发声发热等）. 如果两物体碰撞后结合在一起，并以同一速度运动（如子弹射入木块），则称为**完全非弹性碰撞**. 这就是说，尽管上述几种情形都称为碰撞，但碰撞的特点和结果却不相同. 所以对不同情形的碰撞，就得用不同的方法来求解. 以下就结合具体例题，分别说明几种情形的求解方法.

1. 一维碰撞

若两物体碰撞前后的运动都沿同一方向，则称这种碰撞为**一维碰撞**（亦称**对心碰撞**）. 图4-15中将该单一方向取作x轴，并标出了碰撞前（下标i）和碰撞后（下标f）的速度. 这两个物体构成一个封闭、孤立的系统. 这一二物体系统的动量守恒定律写为

（碰撞前的总动量$\boldsymbol{p}_i$）=（碰撞后的总动量$\boldsymbol{p}_f$）

用符号表示为

$$\boldsymbol{p}_{1i}+\boldsymbol{p}_{2i}=\boldsymbol{p}_{1f}+\boldsymbol{p}_{2f}\quad（动量守恒）\qquad(4-40)$$

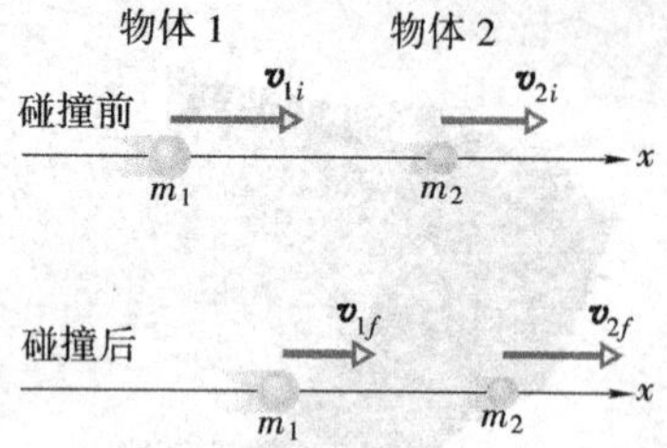

图4-15　沿x轴运动的两物体碰撞前后的运动.

由于运动是一维的，所以可以只用沿轴方向的分量表示. 因此，由$p=mv$，式（4-40）可写为

$$m_1v_{1i}+m_2v_{2i}=m_1v_{1f}+m_2v_{2f}\qquad(4-41)$$

下面先说明完全非弹性碰撞的计算方法.

（1）完全非弹性碰撞

在完全非弹性碰撞中，碰撞后两物体以共同速度$\boldsymbol{v}$运动，即

$$v_{1f}=v_{2f}=v$$

将其代入式（4-41），得

$$v=\frac{m_1v_{1i}+m_2v_{2i}}{m_1+m_2}\qquad(4-42)$$

如果已知两物体的质量和初速度，则可以用上式求出末速度v.

例题4-8

冲击摆在电子计时器出现以前被用来测量子弹的速率. 图4-16所示为一种冲击摆，由一个用两条长绳悬挂着的质量$m'=5.4\text{kg}$的大木块构成. 一颗质量$m=9.5\text{g}$的子弹射入木块，迅即停止，**木块+子弹**随即向上摆，它们的质心在摆到它的弧的末端瞬时静止之前上升一竖直距离$h=6.3\text{cm}$，求在刚碰撞之前子弹的速率.

【解】　可以看到，一定是子弹的速率v决定升起的高度h. 不过，一个**关键点**是不能用机械能守恒将这两个量联系起来，因为在子弹穿入木块时一定有机械能转化成了其他形式（如热能和冲破木块的能量）. 转到另一个**关键点**——可以把这个复杂的运动分成两步分别加以分析：（1）子弹-木块碰撞和（2）子弹-木块上升.

第1步　对于子弹-木块组成的系统，子弹射入木块可视作一维完全非弹性碰撞，碰撞前后，系统满足动量守恒. 可将已知条件代入式（4-42），由木块最初静止得到碰撞后的速率为

$$u=\frac{m}{m+m'}v\qquad(4-43)$$

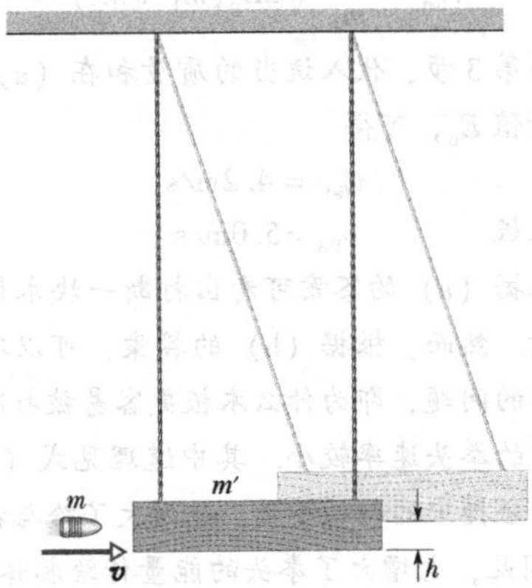

图 4-16 例题 4-8 图 用来测量子弹速度的冲击摆.

第 2 步 在子弹和木块一同上升期间，只有重力做功，子弹-木块-地球系统的机械能是守恒的.（绳对木块的力虽是外力，但该力总是垂直于木块运动的方向，对系统不做功）取木块的初始高度为零重力势能的参考高度，于是机械能守恒意味着在摆动开始时系统的动能一定等于它在摆动到最高点时的重力势能. 由于子弹和木块在摆动开始时的速率是刚碰撞后的速率 u，可以把这一守恒写成

$$\frac{1}{2}(m+m')u^2 = (m+m')gh$$

将式（4-43）的 v 代入可得

$$v = \frac{m+m'}{m}\sqrt{2gh} = \left(\frac{0.0095\text{kg}+5.4\text{kg}}{0.0095\text{kg}}\right) \times \sqrt{(2)(9.8\text{m/s}^2)(0.063\text{m})}$$

$$= 630\text{m/s}$$ （答案）

冲击摆是一种“变换器”，把轻物体（子弹）的高速率变换成重物体的低的——因而更容易测量的——速率.

例题 4-9

一位武术专家用他的拳头（质量为 $m_1=0.7$kg）向下打断了一块 0.14kg 的木板（见图 4-17a），其后他又这样打断了一块 3.2kg 的混凝土板. 木板弯曲的劲度系数是 4.1×10^4N/m，混凝土板的劲度系数是 2.6×10^6N/m. 对木板折断发生在偏离距离 $d=16$mm 处，对水泥板为 1.1mm（见图 4-17c）.

(a) 求在物体（木板或混凝土板）刚要折断前储存在物体中的能量.

【解】 这里关键点是，可以把板弯曲看成遵守胡克定律的弹簧的压缩. 于是，由式 $E_p=\frac{1}{2}kd^2$，可求所储存的能量.

对于木板 $E_p=\frac{1}{2}\times4.1\times10^4\text{N/m}\times(0.016\text{m})^2$

$=5.248\text{J}\approx5.2\text{J}$ （答案）

对于混凝土板 $E_p=\frac{1}{2}\times2.6\times10^6\text{N/m}\times(0.0011\text{m})^2$

$=1.573\text{J}\approx1.6\text{J}$ （答案）

(b) 求打断物体所需的最低的拳头速率 v_{fist}. 作如下假设：碰撞是只包括拳头和物体的完全非弹性碰撞；弯曲在刚碰撞后开始；从弯曲开始直到刚要折断，机械能是守恒的；在该点拳头和物体的速率可以忽略.

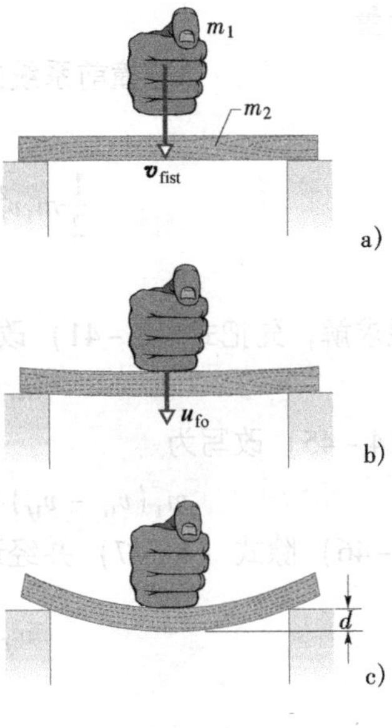

图 4-17 例题 4-9 图

【解】 这里关键点是，可以把这一复杂的运动分成可以分别予以分析的三步：

1）拳头和物体之间的完全非弹性碰撞将能量转变为拳头-物体系统的动能.

2）该能量随后转变为由于弯曲而储存的势能 E_p.

3）当 E_p 到达（a）中计算出的值时，物体折断.

在第1步中可以用式（4-42）把刚碰撞前的拳头速率 v_{fist} 和刚碰撞后弯曲开始时拳头-物体的速率 u_{fo} 联系起来用此处的符号（注意，刚碰撞前物体静止），式（4-42）变为

$$u_{fo} = \frac{m_1}{m_1 + m_2} v_{fist} \qquad (4-44)$$

在第2步中，在板弯曲（直到折断）期间，拳头-物体系统的机械能是守恒的，因为物体的向下偏离很小，在偏离期间拳头和物体的重力势能之和改变小到可以忽略，故有

（弯曲开始时的动能）=（刚要折断前的弯曲势能）

或

$$\frac{1}{2}(m_1 + m_2) u_{fo}^2 = E_p$$

代入式（4-44）中的 u_{fo} 并对 v_{fist} 求解，可得

$$v_{fist} = \frac{1}{m_1}\sqrt{2E_p(m_1 + m_2)}$$

作为第3步，代入适当的质量和在（a）中已得到的折断值 E_p，可得

对木板 $v_{fist} = 4.2\text{m/s}$ （答案）

对混凝土板 $v_{fist} = 5.0\text{m/s}$ （答案）

这样，根据（a）的答案可看出打断一块木板需要更多的能量. 然而，根据（b）的答案，可以理解本章首页提出的问题，即为什么木板更容易被打断，这是因为所需的拳头速率较小. 其中道理见式（4-44）. 如果减小碰撞中的靶的质量，就增大了给与物体的速率 u_{fo}，因此，也增大了拳头的能量传给物体的比率.（为什么折断像图4-17那样放置的一根铅笔比较容易的一个原因就是铅笔的质量小.）

（2）完全弹性碰撞

现在分析完全弹性碰撞的情形. 如同前面所说，常见的碰撞是非弹性的，但有些可近似看作是弹性的，即可以近似认为碰撞系统的总动能在整个碰撞过程中是守恒的，而不转化为其他形式的能量：

（碰撞前系统的总动能）=（碰撞后系统的总动能）

即

$$\frac{1}{2}m_1 v_{1i}^2 + \frac{1}{2}m_2 v_{2i}^2 = \frac{1}{2}m_1 v_{1f}^2 + \frac{1}{2}m_2 v_{2f}^2 \qquad (4-45)$$

为了方便求解，先把式（4-41）改写为

$$m_1(v_{1i} - v_{1f}) = -m_2(v_{2i} - v_{2f}) \qquad (4-46)$$

再把式（4-45）改写为

$$m_1(v_{1i} - v_{1f})(v_{1i} + v_{1f}) = -m_2(v_{2i} - v_{2f})(v_{2i} + v_{2f}) \qquad (4-47)$$

用式（4-46）除式（4-47）并经过一些更多的代数运算，可得

$$v_{1f} = \frac{m_1 - m_2}{m_1 + m_2} v_{1i} + \frac{2m_2}{m_1 + m_2} v_{2i} \qquad (4-48)$$

和

$$v_{2f} = \frac{2m_1}{m_1 + m_2} v_{1i} + \frac{m_2 - m_1}{m_1 + m_2} v_{2i} \qquad (4-49)$$

要注意对两个物体指定的下标1和2是任意的. 互换下标，将得到同一组结果.

让我们讨论两种特殊情形：

① 等质量 如果 $m_1 = m_2$，式（4-48）和式（4-49）可以简化为

$$v_{1f} = v_{2i}, \quad v_{2f} = v_{1i}$$

即质量相等的两球体碰撞后交换速度. 在原子核反应堆中，常用石墨或重水作为中子的减速剂，就是因为这些物质原子核的质量与中子的质量相近，碰撞后中子的速度几乎可以为零.

② 大质量靶 如果 $m_2 \gg m_1$，且 $v_{2i} = 0$，则式（4-48）和式（4-49）简化为

$$v_{1f} \approx -v_{1i} \quad v_{2f} \approx \left(\frac{2m_1}{m_2}\right)v_{1i}$$

这表明质量很小的球与质量很大且静止的球（如一个高尔夫球与静止的大铁球）碰撞后，质量小的球几乎以原有的速率从质量大的球反弹回去，而质量大的球则几乎保持不动. 在原子核反应堆中常用重原子核的材料（比如铅等）作为中子的反射层或防护材料，这也是其中原因.

例题 4-10

如图 4-18 所示，两个用线吊着的金属球原来刚刚接触. 把质量为 $m_1 = 30\text{g}$ 的金属球向左拉到 $h_1 = 8.0\text{cm}$ 的高度，并接着将它从静止释放. 在摆下后，它和质量为 $m_2 = 75\text{g}$ 的球 2 发生弹性碰撞. 球 1 在刚碰完后的速度 v_{1f} 为何？

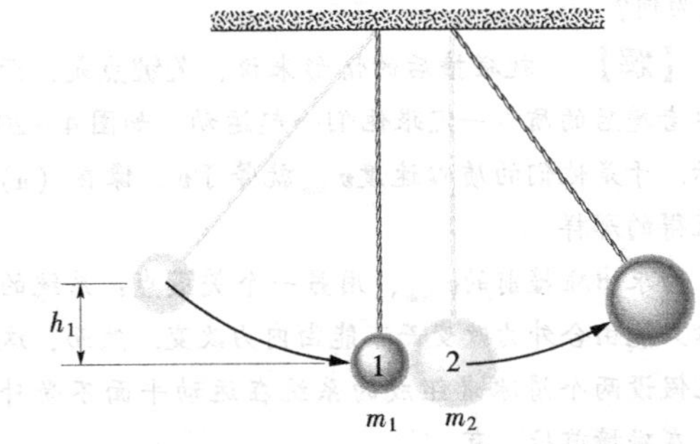

图 4-18 例题 4-10 图

【解】 第一个**关键点**是，可以将这一复杂的运动分解为可以分别分析的两步：(1) 球 1 下降和 (2) 两球碰撞.

第 1 步 这里**关键点**是，球 1 下摆时，球-地系统的机械能是守恒的. 取最低水平面为零重力势能的参考高度. 可有关系

$$\frac{1}{2}m_1 v_{1i}^2 = m_1 g h_1$$

解此式可得球 1 在刚要碰撞时的速率 v_{1i} 为

$$v_{1i} = \sqrt{2gh_1} = \sqrt{2 \times 9.8\text{m/s}^2 \times (0.080\text{m})} = 1.252\text{m/s}$$

第 2 步 这里除了假设碰撞是弹性的以外，还可以假设碰撞是一维的，因为两个球的运动从刚碰撞前到刚碰撞后都近似水平. 因此，可用式 (4-48) 求出刚碰撞后球 1 的速度为 ($v_{2i} = 0$)

$$v_{1f} = \frac{m_1 - m_2}{m_1 + m_2}v_{1i} = \frac{0.030\text{kg} - 0.075\text{kg}}{0.030\text{kg} + 0.0075\text{kg}} \times 1.252\text{m/s}$$

$$= -0.537\text{m/s} \approx -0.54\text{m/s} \qquad \text{（答案）}$$

式中，负号表示球 1 在刚碰撞后向左运动.

2. 二维碰撞

如果两物体碰撞后不是沿一直线运动，则称这种碰撞为**二维碰撞**（或**斜碰撞**）. 对于一个封闭、孤立的系统内的这种二维碰撞，总动量仍然必须守恒，即

$$\boldsymbol{p}_{1i} + \boldsymbol{p}_{2i} = \boldsymbol{p}_{1f} + \boldsymbol{p}_{2f} \qquad (4-50)$$

如果碰撞也是弹性的，则总动能也守恒，即

$$E_{k1i} + E_{k2i} = E_{k1f} + E_{k2f} \qquad (4-51)$$

如果写成在一个 xy 坐标系内的分量形式，式 (4-50) 对分析二维碰撞常常更为有用. 例如，图 4-19 所示为一个抛体与一个原来静止的靶体之间的**斜碰**，两个物体间的冲量使它们沿与 x 轴成 θ_1 和 θ_2 的角度射出，而原来抛体是沿 x 轴运动的. 在这种情况下，可以重新写式 (4-50)：对沿 x 轴方向的分量有 ($\boldsymbol{v}_{2i} = 0$)

$$m_1 v_{1i} = m_1 v_{1f}\cos\theta_1 + m_2 v_{2f}\cos\theta_2$$

对沿 y 方向的分量有

$$0 = m_1 v_{1f}\sin\theta_1 + m_2 v_{2f}\sin\theta_2$$

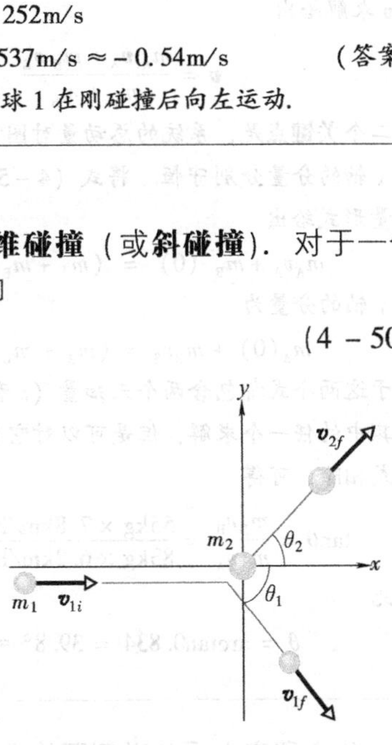

图 4-19 两物体间的非对心弹性碰撞，质量为 m_2 的物体（靶）原来静止.

哈里德大学物理学

还可以用速率写出式（4－51）（对于$\boldsymbol{v}_{2i}=0$ 的特殊情形）：

$$\frac{1}{2}m_1v_{1i}^2=\frac{1}{2}m_1v_{1f}^2+\frac{1}{2}m_2v_{2f}^2 \quad（动能）$$

以上三式包含7个变量：两个质量m_1和m_2，三个速率v_{1i}、v_{1f}、v_{2f}，两个角度θ_1和θ_2. 如果知道了其中任意4个量，就可解这三个方程求出剩余的3个量.

检查点6：在图4－19中，假设射体具有6kg·m/s的初动量，其末动量的x分量是4kg·m/s，末动量的y分量是－3kg·m/s. 对于靶，问（a）末动量的x分量和（b）末动量的y分量是多少？

例题4－11

两个滑冰者A和B在一次完全非弹性碰撞中相撞而拥在一起，如图4－20所示，其中原点放在碰撞点. A的质量$m_A=83$kg，原来向东以$v_A=6.2$km/h运动；B的质量$m_B=55$kg，原来向北以$v_B=7.8$km/h运动.

（a）碰撞以后这一对的速度$\boldsymbol{v}$为何？

【**解**】 这里一个**关键点**是，假设这两个滑冰者组成一个系统，在运动平面上不受净外力作用（忽略冰对他们滑冰的任何摩擦力）. 由这种假设，系统的总动量守恒，在二维平面为

$$m_A\boldsymbol{v}_A+m_B\boldsymbol{v}_B=(m_A+m_B)\boldsymbol{v} \qquad (4-52)$$

对$\boldsymbol{v}$求解给出

$$\boldsymbol{v}=\frac{m_A\boldsymbol{v}_A+m_B\boldsymbol{v}_B}{m_A+m_B}$$

第二个**关键点**是，系统的总动量对图4－20中的x轴和y轴的分量分别守恒. 将式（4－52）以对x轴的分量形式给出

$$m_Av_A+m_B(0)=(m_A+m_B)v\cos\theta$$

对y轴的分量为

$$m_A(0)+m_Bv_B=(m_A+m_B)v\sin\theta$$

由于这两个式都包含两个未知量（v和θ），不能分别对其中的任一个求解，但是可以对它们联立求解. 上两式相除，可得

$$\tan\theta=\frac{m_Bv_B}{m_Av_A}=\frac{55\text{kg}\times7.8\text{km/h}}{83\text{kg}\times6.2\text{km/h}}=0.834$$

由此

$$\theta=\arctan0.834=39.8°\approx40° \qquad（答案）$$

由上面的动量关系，其中$m_A+m_B=138$kg，可有

$$v=\frac{m_Bv_B}{(m_A+m_B)\sin\theta}=\frac{55\text{kg}\times7.8\text{km/h}}{138\text{kg}\times\sin39.8°}$$
$$=4.86\text{km/h}\approx4.9\text{km/h} \qquad（答案）$$

（b）在碰撞前和碰撞后两滑冰者的质心速度$\boldsymbol{v}_{com}$为何？

【**解**】 就碰撞后的情形来说，**关键点**是，两滑冰者撞后的质心一定跟他们一起运动，如图4－20所示. 于是他们的质心速度$\boldsymbol{v}_{com}$就等于$\boldsymbol{v}$，像在（a）中求得的那样.

为求出碰撞前的$\boldsymbol{v}_{com}$，用另一个**关键点**：系统的质心只能由合外力改变而不能由内力改变. 然而，这里已假设两个滑冰者组成的系统在运动平面不受外力. 在碰撞前后，有

$$\boldsymbol{v}_{com}=\boldsymbol{v} \qquad（答案）$$

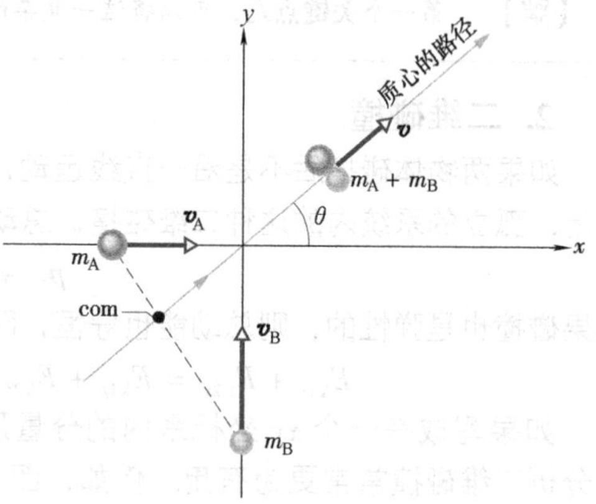

图4－20 例题4－11图 两个滑冰者A和B的俯视图.

细心留意上面几道例题的求解过程会发现，虽然其中涉及了几种不同类型的问题，有的还比较复杂，但在恰当、合理地结合应用能量守恒和动量守恒定律之后，就使问题顺利得到解决. 这足以表明守恒定律在解决实际问题中所起的重要作用，也反映出了守恒定律的特点：在运用

守恒定律时，只要过程满足一定的整体条件，就可以不必考虑过程的细节（如实际行进轨迹及其所受的力等）而对系统的初、末状态的某些特征作出结论.

实际上，守恒定律除了常能为我们提供简捷、方便的解题途径外，它们真正的奇妙之处还在于揭示了自然界存在着美妙的**对称性**. 这就是说，尽管物理世界千变万化，但在混乱变化的物理量中常能找到“不变量”，并用其表示出变化的规律——守恒定律，究其根源就在于这些守恒定律是与自然界更为普遍的属性——时空对称性——相联系的. 正是时间**平移对称性**、**空间平移对称性**和**空间转动对称性**，为我们已熟悉的能量守恒定律、动量守恒定律和下章将要介绍的角动量守恒定律奠定了基础. 除了这三种对称性外，自然界还存在着一些其他的对称性，而且，相应于每一种对称性，都存在着一个守恒定律. 对自然界这种精妙的对称性的研究，同样也为研究和发现其他一些守恒定律奠定了基础. 所以说，对于守恒量的寻求不仅是合理的，而且也是极为重要的研究方向.

复习和小结

质心 由 n 个质点组成的系统的**质心**定义为一个点，它的坐标是

$$x_{\text{com}}=\frac{1}{m}\sum_{i=1}^{n}m_i x_i,\ y_{\text{com}}=\frac{1}{m}\sum_{i=1}^{n}m_i y_i,$$

$$z_{\text{com}}=\frac{1}{m}\sum_{i=1}^{n}m_i z_i$$

式中，m 是系统的总质量. 如果质量是连续分布的，质心的坐标是

$$x_{\text{com}}=\frac{1}{m}\int x\mathrm{d}m,\ y_{\text{com}}=\frac{1}{m}\int y\mathrm{d}m,\ z_{\text{com}}=\frac{1}{m}\int z\mathrm{d}m$$

质心运动定律 任何质点系的质心的运动都遵从对质点系的牛顿第二定律，也称为质心运动定律

$$\boldsymbol{F}_{\text{net}}=m\boldsymbol{a}_{\text{com}}$$

这里 $\boldsymbol{F}_{\text{net}}$ 是作用在系统上所有**外**力的合力；m 是系统的总质量；$\boldsymbol{a}_{\text{com}}$ 是系统质心的加速度.

动量和牛顿第二定律 对一个单独的质点，定义**动量** $\boldsymbol{p}$ 为

$$\boldsymbol{p}=m\boldsymbol{v}$$

并可以将牛顿第二定律用动量写成

$$\boldsymbol{F}_{\text{net}}=\frac{\mathrm{d}\boldsymbol{p}}{\mathrm{d}t}$$

对一个质点系，上述关系式变为

$$\boldsymbol{p}=m\boldsymbol{v}_{\text{com}}\quad 和\quad \boldsymbol{F}_{\text{net}}=\frac{\mathrm{d}\boldsymbol{p}}{\mathrm{d}t}$$

动量守恒 如果一个系统孤立而没有合**外力**作用在该系统上，系统的动量 $\boldsymbol{p}$ 保持不变

$$\boldsymbol{p}=恒量\quad（封闭的孤立系统）$$

冲量和动量 将牛顿第二定律的动量形式应用于碰撞中涉及的一个类质点物体，就给出**冲量-动量定理**：

$$\boldsymbol{p}_f-\boldsymbol{p}_i=\Delta\boldsymbol{p}=\boldsymbol{J}$$

式中，$\boldsymbol{p}_f-\boldsymbol{p}_i=\Delta\boldsymbol{p}$ 是物体的动量的变化；而 $\boldsymbol{J}$ 是碰撞中一个物体对另一个物体的力 $\boldsymbol{F}(t)$ 的**冲量**：

$$\boldsymbol{J}=\int_{t_i}^{t_f}\boldsymbol{F}(t)\,\mathrm{d}t$$

如果 F_{avg} 是碰撞期间 $\boldsymbol{F}(t)$ 的平均大小；Δt 是碰撞的延续时间，则对于一维运动

$$J=F_{\text{avg}}\Delta t$$

碰撞 在一次**碰撞**中，两个物体以很强的力相互作用一相对较短的时间. 系统的内力远大于外力，所以碰撞系统的动量总守恒.

一维非弹性碰撞 在两个物体的非弹性碰撞中，这个二物体系统的动能不守恒，但系统的总动量一**定**守恒，其矢量表达式为

$$\boldsymbol{p}_{1i}+\boldsymbol{p}_{2i}=\boldsymbol{p}_{1f}+\boldsymbol{p}_{2f}$$

式中，下标 i 和 f 分别指刚要碰撞前和刚碰撞后的值.

如果运动沿一单个的轴进行，碰撞就是一维的，上式可用沿该轴的分量写成

$$m_1v_{1i}+m_2v_{2i}=m_1v_{1f}+m_2v_{2f}$$

如果两物体合在一起，碰撞就是**完全非弹性碰撞**，且它们具有相同的末速度 v（由于它们合在一起运动）.

一维弹性碰撞 **弹性碰撞**是一种特殊类型的碰撞，其中碰撞物体的动能是守恒的. 动能和动量守恒给出下列碰撞后的速度公式为

$$v_{1f}=\frac{m_1-m_2}{m_1+m_2}v_{1i}+\frac{2m_2}{m_1+m_2}v_{2i}$$

和

$$v_{2f} = \frac{2m_1}{m_1 + m_2}v_{1i} + \frac{m_2 - m_1}{m_1 + m_2}v_{2i}$$

注意上两式中下标1和2的对称性.

二维碰撞 如果两物体相碰撞而它们的运动不沿一单个的轴（碰撞是非对心的），则碰撞是二维的. 利用动量守恒定律

$$\boldsymbol{p}_{1i} + \boldsymbol{p}_{2i} = \boldsymbol{p}_{1f} + \boldsymbol{p}_{2f}$$

用分量形式，此定律给出两个描述碰撞的方程（二维的每一维对应有一个）. 如果碰撞也是弹性的（一个特殊例子），则碰撞期间的动能守恒给出第三个方程：

$$E_{k1i} + E_{k2i} = E_{k1f} + E_{k2f}$$

类似于碰撞的，还有打击和爆炸，它们都属于系统的内力远大于外力，从而满足于动量守恒定律的条件的情形. 在对这类实际问题求解时，经常是根据具体情况，将动量守恒定律与机械能守恒定律结合应用，使得可以不必考虑过程的细节，而将复杂的问题顺利求解.

思考题

1. 你自己身体的质心是固定在身体内某一点吗？你能把自己身体的质心移到身体外面吗？

2. 一些熟练的篮球运动员在篮边跳起时似乎悬在半空，使他们有更多的时间将球从这只手传给另一只手然后灌入篮筐. 如果运动员在跳起时抬高手臂或腿，则运动员在空中的时间是增加、减少还是不变？

3. 在图4-21中，一只企鹅站在一均匀的雪橇的左端，雪橇长L，平放在光滑的冰面上. 雪橇和企鹅的质量相等. (a) 雪橇的质心在何处？(b) 雪橇的质心离雪橇-企鹅这个系统的质心有多远？在什么方向？

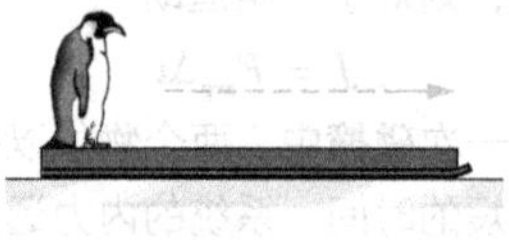

图4-21 思考题3图

接着，这只企鹅摇摇摆摆地走到雪橇的右端，同时雪橇在冰面滑动. (c) 雪橇-企鹅系统的质心向左移了、向右移了或没有改变？(d) 现在雪橇的质心离雪橇-企鹅这个系统的质心有多远？在什么方位？(e) 企鹅相对于雪橇移动了多少？相对于雪橇-企鹅这个系统的质心，(f) 雪橇的质心移动了多少？(g) 企鹅移动了多少？

4. 在思考题3和图4-21中，假定雪橇和企鹅初始以速度v_0向右运动. (a) 当企鹅走到雪橇的右端时，雪橇的速率v小于、大于或等于v_0？(b) 如果企鹅又回头走向雪橇的左端，运动中雪橇的速率v小于、大于或等于v_0？

5. 在图4-22中，物块A和B具有方向如图示，大小分别为9kg·m/s和4kg·m/s的动量. (a) 在光滑地面上这个二物块系统的质心的运动方向为何？(b) 如果在碰撞中两物块合在一起，它们向什么方向运动？(c) 如果不是这样，而是物块A最终向左运动，它的动量的大小是小于、大于、还是等于物块B的动量？

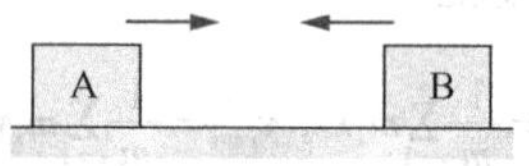

图4-22 思考题5图

6. 图4-23所示为一个物体在一次碰撞中的力的大小对时间的三个图像. 根据对物体的冲量的大小，由大到小对这些图像排序.

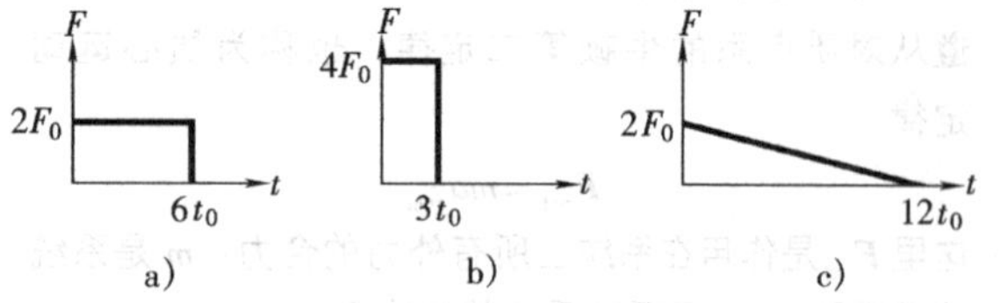

图4-23 思考题6图

7. 两个质量相同的物体从同一高度自由下落，与水平地面相碰，一个反弹回去，另一个却贴在地上，问哪一个物体给地面的冲量大？

8. 假设你处在摩擦可略去不计的覆盖着冰的湖面上，周围又无其他可以利用的工具，你怎样依靠自身的努力返回湖岸呢？

9. 质点系的动量守恒，是否意味着该系统中一部分质点的速率变大时，另一部分质点的速率一定会变小？

10. 人从大船上容易跳上岸，而从小舟上则不容易跳上岸，这是为什么？

习题

1. 求出图 4 - 24 中三质点系统的质心的（a）x 坐标，（b）y 坐标.（c）当最上边的质点的质量逐渐增加时，系统的质心会如何？

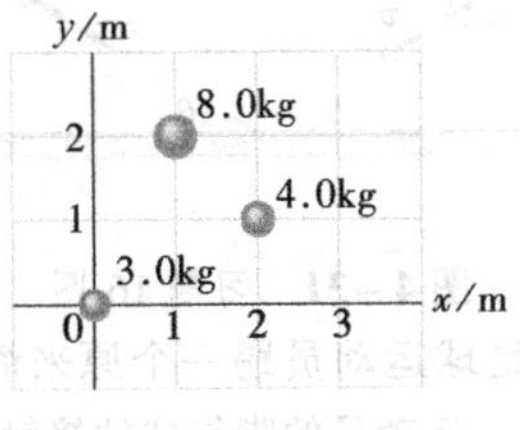

图 4 - 24　习题 1 图

2. 求半圆形均匀薄板的质心.

3. 一部旧的质量为 2400kg 的克莱斯勒汽车，沿直行的道路以 80km/h 运动. 一部质量 1600kg 的福特汽车以 60km/h 的速度跟随其后. 两部汽车的质心的运动速度为何？

4. 一个质量为 m 的人站在一个悬在气球下的绳梯上，气球的质量为 m'，如图 4 - 25 所示. 气球相对于地面静止.（a）如果此人开始以速率 v（相对于绳梯）向上爬，则气球运动的方向和速率（相对于地面）如何？（b）此人停止上爬后运动状态又如何？

图 4 - 25　习题 4 图

5. 一颗炮弹以初速 $\boldsymbol{v}_0 = 20\text{m/s}$ 和仰角 60°射出. 在轨迹的顶点，炮弹爆炸成质量相等的两碎块（见图 4 - 26）. 爆炸后，一个碎块的速率立即变成零，并垂直落下，问另一碎块的落地处离炮口多远？假定地面水平，且空气曳力不计.

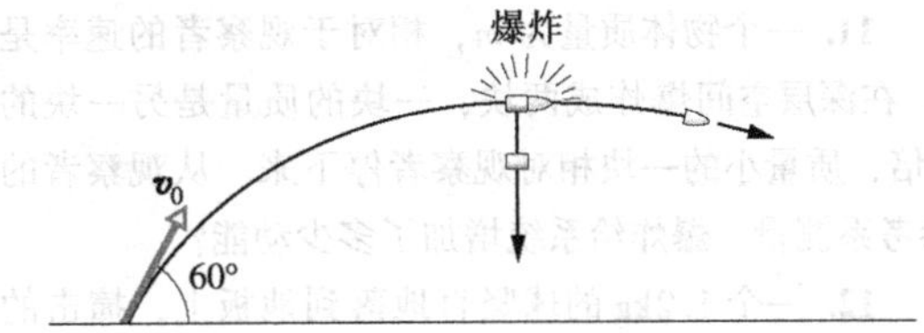

图 4 - 26　习题 5 图

6. 在图 4 - 27a 中，一头 4.5kg 的狗站在一艘 18kg 的平底船上离岸 6.1m. 它在船上向岸的方向行走了 2.4m 后停下. 假定船与水之间无摩擦，求此时狗离岸的距离.（提示：见图 4 - 27b，狗向左移动而船向右移动，但船与狗系统的质心移动吗？）

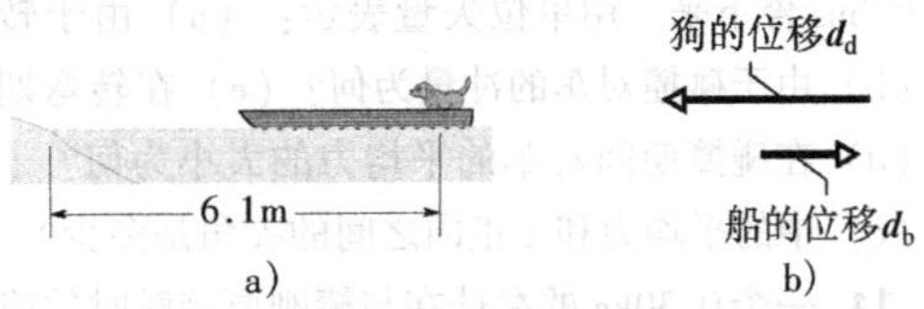

图 4 - 27　习题 6 图

7. 一个物体被雷达站追踪，发现它的位矢可表示为 $\boldsymbol{r} = (3500 - 160t)\,\boldsymbol{i} + 2700\boldsymbol{j} + 300\boldsymbol{k}$，式中 $\boldsymbol{r}$ 以 m 计；t 以 s 为单位. 雷达站的 x 轴指向东，y 轴向北，z 轴竖直向上. 如果物体是一枚 250kg 的气象导弹，则（a）它的线动量，（b）它的运动方向和（c）对它的合力为何？

8. 在一部 39kg 并以 2.3m/s 速率行进的小车内有一个 75kg 的人. 他相对于地面以零水平速率跳出，由此导致的车的速率的变化为何？

9. 一辆重 W 的平板车可以沿平直的光滑轨道运动. 开始时，一个重 W' 的人站在车上，车以速率 v_0 向右运动（见图 4 - 28）. 如果此人以相对于车的速率 v_{rel} 向左（如图）跑动，问车的速度的变化如何？

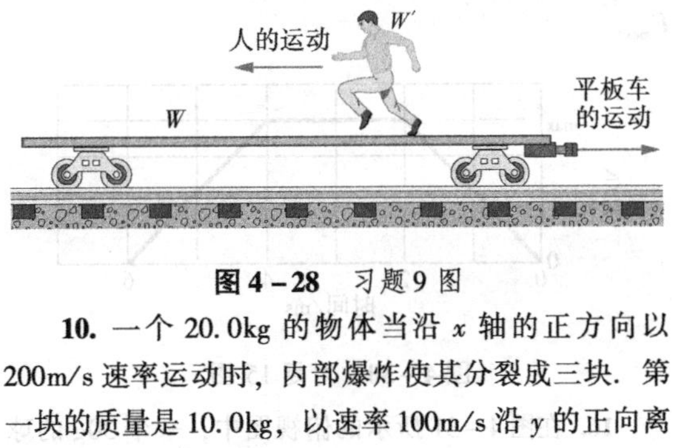

图 4 - 28　习题 9 图

10. 一个 20.0kg 的物体当沿 x 轴的正方向以 200m/s 速率运动时，内部爆炸使其分裂成三块. 第一块的质量是 10.0kg，以速率 100m/s 沿 y 的正向离开炸点. 第二碎块的质量 4.00kg，沿 x 的负向，速率

500m/s. 问 (a) 第三碎块 (6.00kg) 的速度怎样？(b) 爆炸中释放的能量有多少？(不计重力的影响)

11. 一个物体质量为 m，相对于观察者的速率是 v，在深层空间爆炸成两块，一块的质量是另一块的 3 倍，质量小的一块相对观察者停下来. 从观察者的参考系测量，爆炸给系统增加了多少动能？

12. 一个 1.2kg 的球竖直地落到地板上，撞击的速率为 25m/s，再以 10m/s 的初速率反弹. (a) 接触期间对球的冲量是多少？(b) 如果球和地面接触的时间是 0.020s，则球对地板的平均力的大小是多少？

13. 速率为 5.3m/s 的一辆 1400kg 的车原来正向北沿 y 轴正向开行. 在 4.6s 内完成 90°向右转弯转到 x 轴正向时，漫不经心的司机把车撞到一颗树上，经过 350ms 停下来. 用单位矢量表示：(a) 由于转弯和 (b) 由于碰撞对车的冲量为何？(c) 在转弯期间和 (d) 在碰撞期间对车的平均力的大小为何？(e) 在 (c) 中的平均力和 x 正向之间的夹角是多少？

14. 一个 0.30kg 的垒球在与棒刚要接触时的速度是 12m/s 沿水平向下 35°，球在 2.0ms 后以竖直向上、大小为 10m/s 的速度离开棒，如图 4-29 所示. 在球和棒接触期间棒对球的平均力的大小是多少？

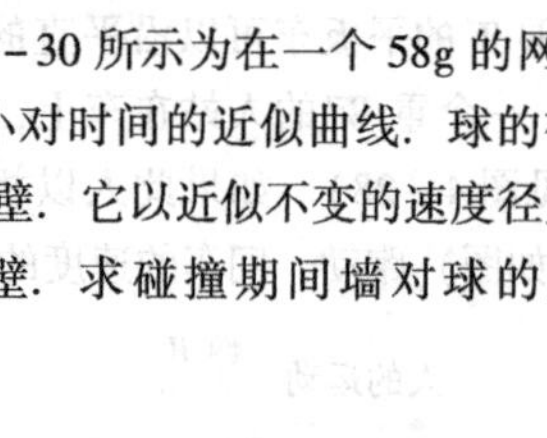

图 4-29 习题 14 图

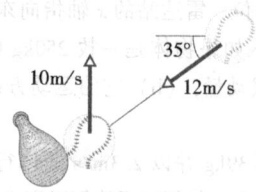

15. 图 4-30 所示为在一个 58g 的网球撞击墙期间，力的大小对时间的近似曲线. 球的初速是 34m/s，垂直于墙壁. 它以近似不变的速度径直反弹回来，也垂直于墙壁. 求碰撞期间墙对球的力的最大值 F_{max}.

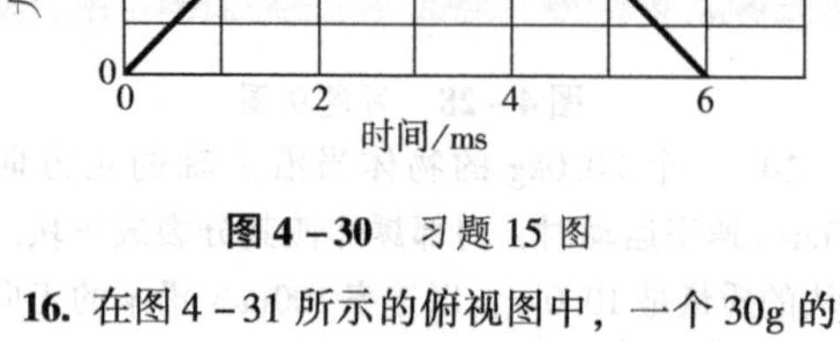

图 4-30 习题 15 图

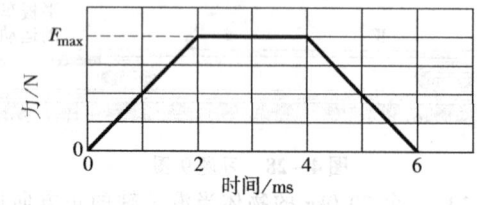

16. 在图 4-31 所示的俯视图中，一个 30g 的球以 6.0m/s 的速率沿 30°角的方向冲到一面墙上并接着以同样的速率和角度反弹. 它和墙接触的时间为 10ms. (a) 墙对球的冲量为何？(b) 球对墙的平均力为何？

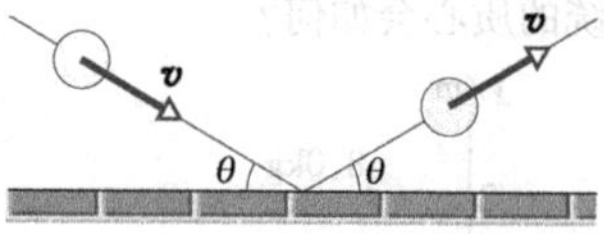

图 4-31 习题 16 图

17. 一个足球运动员踢一个原来静止的质量为 0.45kg 的足球. 运动员的脚与球的接触时间为 3.0×10^{-3}s，脚踢的力为

$$F(t) = [(6.0 \times 10^6)t - (2.0 \times 10^9)t^2](\mathrm{N})$$

式中，$0 \leqslant t \leqslant 3.0 \times 10^{-3}$s. 求下列各量的大小：(a) 脚给予球的冲量；(b) 接触期间运动员的脚对球的平均力；(c) 在碰撞期间运动员的脚对球的最大力；(d) 刚离开运动员的脚时球的速率.

18. 一枚火箭正以 6.0×10^3m/s 的速率飞离太阳系. 它点燃发动机，以相对于火箭 3.0×10^3m/s 的速率喷出废气. 此时火箭的质量是 4.0×10^4kg，它的加速度是 2.0m/s². (a) 发动机的推力是多少？(b) 发动机点燃时，以千克每秒计，喷出废气的速率是多少？

19. 一枚火箭最初在外层空间相对于一惯性系静止，它的质量是 2.55×10^5kg，其中 1.81×10^5kg 是燃料. 其后火箭的发动机点燃了 250s，此期间燃料的消耗率为 480kg/s. 废气物相对于火箭的速率是 3.27km/s. (a) 火箭发动机的推力是多大？点燃 250s 后，火箭的 (b) 质量和 (c) 速率为何？

20. 一部轨道车以 3.20m/s 的恒定速率在谷物仓库下运动. 谷物以 540kg/min 落入车内. 忽略摩擦，需用多大的力以保持轨道车以恒定速率运动？

21. 质量为 10g 的子弹射入质量为 2.0kg 的冲击摆，摆的质心上升一竖直高度 12cm. 假设子弹嵌在摆中，计算子弹的初速率.

22. 一颗 4.5g 的子弹水平地射入静止在水平面上的 2.4kg 的木块中. 木块和水平面间的动摩擦因数为 0.20，子弹停在木块中而木块向前滑动了 1.8m (没有转动). (a) 子弹刚相对于木块停止时木块的速率是多少？(b) 子弹发射的速率是多少？

23. 一个盒子放在一个秤盘上，该秤以质量的单位标度并已调到盒子空时读数为零. 一连串小石子从

盒底上方高 h 处落入盒内，落入的速率是 R（石子/s），每个石子的质量为 m.（a）如果石子和盒子间的碰撞是完全非弹性的，求在石子开始落入盒子后，时刻 t 的秤的读数．（b）由 $R=100s^{-1}$，$h=7.60m$，$m=4.50g$ 和 $t=10.0s$ 定出一个数字答案.

24. 手提住一柔软长链的上端，使其下端刚与桌面接触，然后松手使链自由下落．试证明下落过程中，桌面受的压力等于已落在桌面上的链的重量的 3 倍.

25. 一个质量为 $m_1=2.0kg$ 的物块在光滑桌面上滑行．在它的正前方，一个质量为 $m_2=5.0kg$ 的物块正在沿同一方向以速率 30m/s 运动．一质量可忽略劲度系数为 $k=1120N/m$ 的弹簧连接在 m_2 的后方，如图 4-32 所示．两物块碰撞时，弹簧的最大压缩量是多少？（**提示：**在弹簧的最大压缩的瞬间，物块像一个整体一样运动．注意，在这一点上，碰撞是完全非弹性的，由此计算速度）

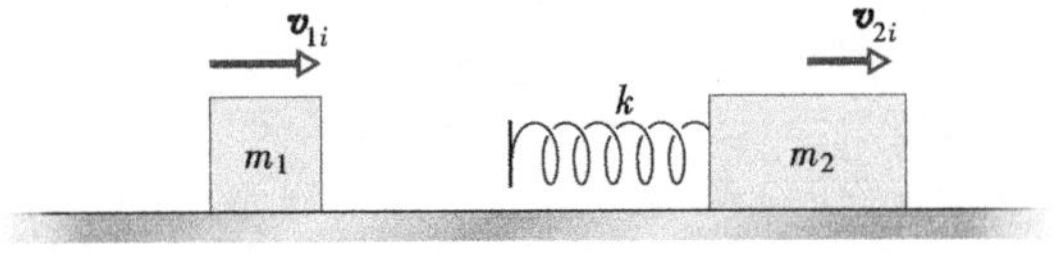

图 4-32 习题 25 图

26. 宇宙飞船**旅行者 2 号**（质量为 m，对太阳的速率为 v）向木星（质量为 m_J，对太阳的速率为 v_J）移近，如图 4-33 所示．宇宙飞船绕过木星沿相反方向离去．在此遭遇之后，飞船对太阳的速率是多少？可以将此遭遇按弹性碰撞处理．假设 $v=12km/s$，$v_J=13km/s$（木星的轨道速率）．木星的质量比飞船的质量大相当多（$m_J \gg m$）.

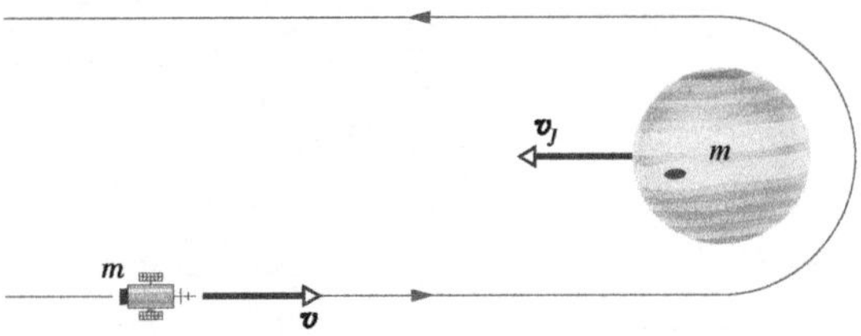

图 4-33 练习 26 图

27. 一个质量为 0.500kg 的钢球连接在一端固定的长 70.0cm 的绳上，在绳水平时释放钢球（见图 4-34）．在它路径的底部，球打击一个 2.50kg 的、最初静止在光滑面上的钢块．碰撞是弹性的．求刚碰撞后（a）球的速率和（b）物块的速率.

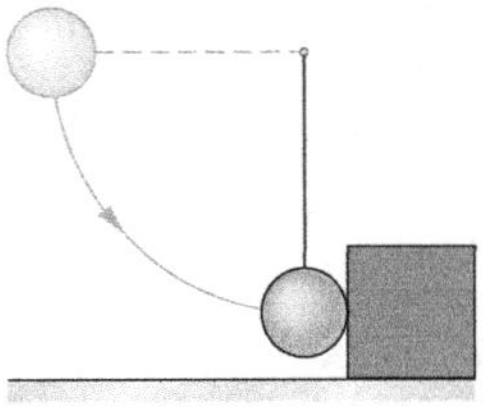

图 4-34 习题 27 图

28. 质量为 m_A 的子弹 A，穿过摆锤 B（见图 4-35）后，速率由 v 减少到 $v/2$．已知摆锤的质量为 m_B，摆线长度为 l，如果摆锤能在垂直平面内完成一个完全的圆周运动，v 的最小值应为多少？

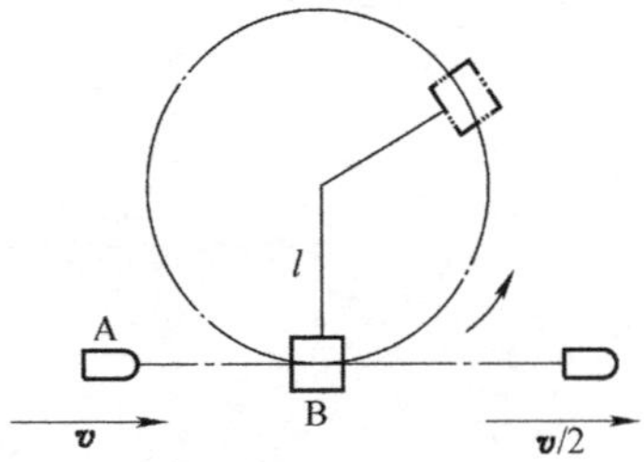

图 4-35 习题 28 图

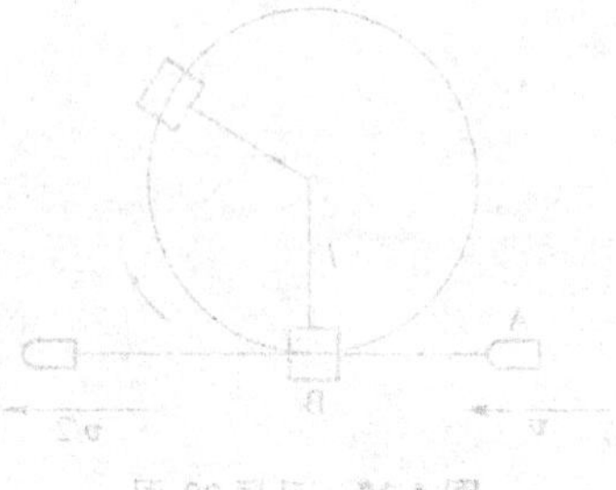

第 5 章　刚体的转动

1897 年，一位欧洲“空中飞人”第一次从摆动的高空秋千上飞出后滚翻了三周到达搭档的手中．在此后的 85 年间许多空中飞人都曾尝试完成四个滚翻动作，但都失败了．直到 1982 年在观众面前，Ringling Bros. 和 Barnum & Bailey 马戏团的 Miguel Vazquez 使自己的身体在空中滚翻了四个整圈之后被他哥哥 Juan 接住．两人都为自己的成功感到吃惊.

为什么这套绝技这么困难？物理学对它的（最后）成功起了什么作用？

答案就在本章中．

前面几章我们学习了质点力学．在那里我们忽略了物体的形状和大小，而把物体看作质点，用质点的运动代替整个物体的运动．但是，实际中的物体不光有形状和大小，而且还可作平动、转动，甚至更为复杂的运动，若仅局限于质点的情形是很不够的，质点的运动也只能代表物体的平动．

此外，当物体在运动中受外力作用时，其形状和大小都会发生变化，这就会使问题更加复杂．因此，在物理学中，为使这类问题简化，还常应用**刚体模型**：**即在受力时，其形状和体积不发生任何变化的物体**．或者说，在受到外力作用时，组成刚体的各质量元（或**质元**）之间的相对位置保持不变．显然，绝对的刚体并不存在．然而，当物体受力不大，或其质料坚实，在外力作用下形状变化不明显时，可以把物体看成刚体．刚体与前几章中引入的质点模型一样，也是实际物体的理想化模型．

本章以刚体为主要研究对象，将刚体看作一种特殊的质点系，结合和应用前面讲过的**质点系**的概念和规律，分析并讨论刚体的转动规律，尤其注重于研究刚体绕固定轴的转动规律，从而为进一步分析、了解较复杂的机械运动问题奠定基础．

5－1　刚体转动的描述

1. 刚体的运动形式

刚体的运动可以是平动、转动，或者是二者的结合．其中最简单的形式则是纯平动和纯转动．图5－1中花样滑冰运动员优美的动作可以用来说明这两种运动．图5－1a显示一滑冰者在冰上沿直线以恒定速率滑过，她在滑行时，如果身体上任一条直线的方位始终保持不变，则她这种运动就叫**平动**．平动的特点是刚体中各质元在同一时刻的速度和加速度都相等，因而，其上任一点的运动可以完全代表整个刚体的运动．在这个意义上讲，质点力学的研究方法及规律完全适用于刚体的平动．

在刚体运动时，如果刚体中各个质元都绕同一直线作圆周运动（见图5－1b），则这种运动称为**转动**，这条直线称为**转轴**．齿轮、发动机、行星、钟表的指针、喷气机转子等的运动都是

a)　　　　　　　　　　b)

图5－1　花样滑冰选手关颖珊的动作．
a）沿固定方向的纯平动；b）绕一个竖直轴的纯转动．

转动的例子．转轴可以是运动的（例如车轮的转轴），也可以是固定的（例如图5-1b 中运动员的身体构成的竖直轴）．转轴固定的转动称为**纯转动**，或形象地称为**定轴转动**．刚体的一般运动都可以看作是平动和绕某一转轴转动的结合．关于平动，在前几章中已经作了较深入的研究，作为基础，本章将重点讨论转动中最简单而又基本的情形——刚体的定轴转动．

2. 转动变量

当刚体绕定轴转动时，构成刚体的各质元都围绕转轴作圆周运动（见图5－2）．可以看出，虽然各质元的线位移、速度、加速度都不相同，但它们在给定的时间间隔内通过的角度是一样的．因此用角位移、角速度和角加速度这套角量来描述刚体的转动最为方便．下面我们就先来介绍与位置、位移、速度和加速度等线量对应的角量，并说明它们之间的联系．

（1）角位置

图5－2标出一条**参考线**，它固定在刚体上，垂直于转轴并随刚体一起转动．这条线的**角位置**是这条线相对于一个固定方向的角度，该固定方向被取作**零角位置**（任意选取）．在图5－3中，角位置 θ 是相对于 x 轴正向测量的．由几何学知 θ 为

$$\theta = \frac{s}{r} \quad (\text{rad 量度}) \tag{5-1}$$

式中，s 是沿着一个圆周从 x 轴（零角位置）到参考线之间的弧长（或弧距离）；r 是该圆的半径．

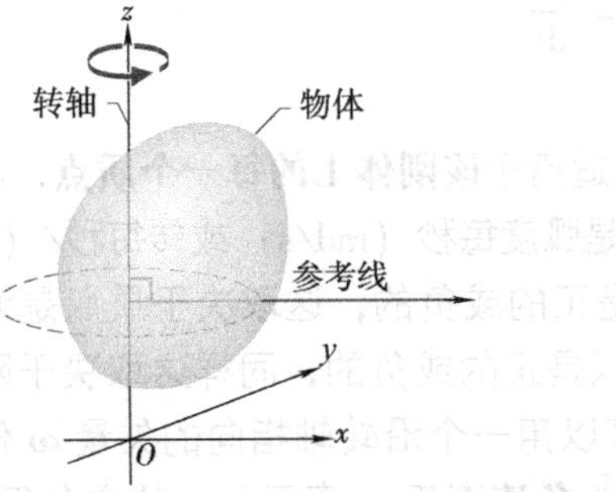

图5－2 在围绕坐标系 z 轴的纯转动中的一个任意形状的刚体．

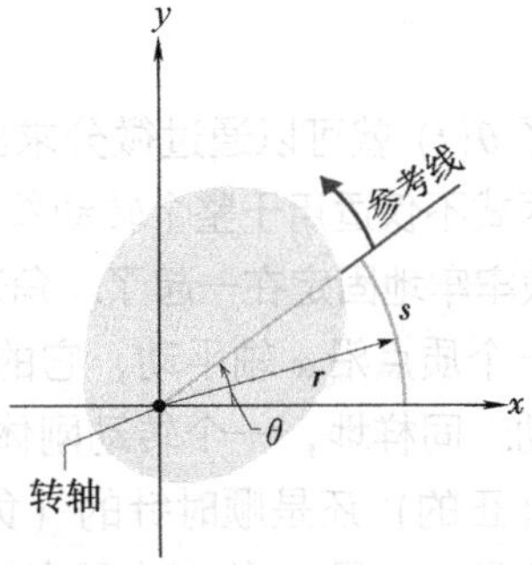

图5－3 图5－2的转动刚体的截面俯视图．截面垂直于转轴，指向页面外．

这样定义的角是用**弧度**（rad）量度的而不是用转（rev）或度量度的．弧度作为两个长度的比值，是纯数，因而没有量纲．由于半径为 r 的圆的周长是 $2\pi r$，一个圆周就有 2π 弧度：

$$1\text{rev} = 360° = \frac{2\pi r}{r} = 2\pi\text{rad}$$

因此
$$1\text{rad} = 57.3° = 0.159\text{rev}$$

参考线绕转轴转一圈后，我们**不**再取 θ 为零．如果参考线从零角位置完成了两周，该线的角位置就是 $\theta = 4\pi\text{rad}$.

对于沿 x 轴的纯平动，如果给出 $x(t)$——它的位置作为时间的函数，我们就能知道关于一个运动物体应该知道的一切．同样地，对于纯转动，如果给出了 $\theta(t)$——物体参考线的角位置作为时间的函数，我们就能知道关于一个转动物体应该知道的一切．

（2）角位移

如果图5－3中的刚体像在图5－4中那样绕转轴转动，参考线的角位置从 θ_1 改变到 θ_2，则物体经历的**角位移** $\Delta\theta$ 由下式给定

$$\Delta\theta = \theta_2 - \theta_1 \tag{5-2}$$

这一角位移的定义不仅适用于整个刚体，而且适用于该刚体内的每一个质点，因为这些质点是牢牢地固定在一起的.

如果刚体沿 x 轴平动，它的位移 Δx 可以是正的或负的，这取决于刚体是沿 x 轴正向还是负向运动. 同样，角位移 $\Delta\theta$ 可以是正的或负的，这可以根据以下规则确定

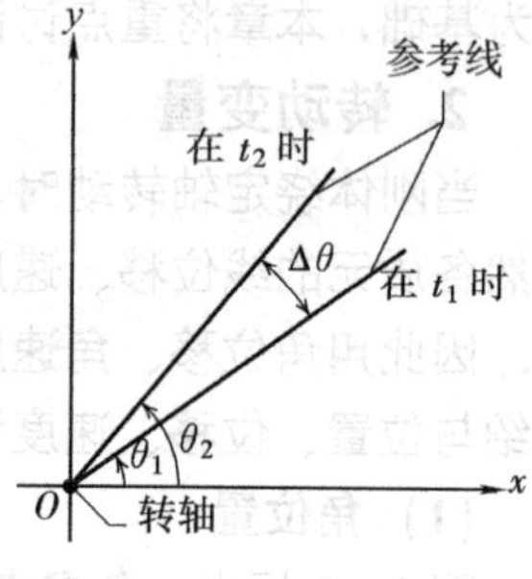

图5-4 角位移的定义方法示意.

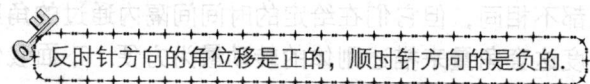

反时针方向的角位移是正的，顺时针方向的是负的.

(3) 角速度

假设（见图5-4）刚体在 t_1 时刻的角位置为 θ_1，在 t_2 时刻的角位置为 θ_2，定义在从 t_1 到 t_2 的时间间隔 Δt 内刚体的**平均角速度**为

$$\omega_{avg} = \frac{\theta_2 - \theta_1}{t_2 - t_1} = \frac{\Delta\theta}{\Delta t}$$

式中，$\Delta\theta$ 是在 Δt 内发生的角位移（ω 是希腊字母 Ω 的小写）.

(瞬时) 角速度 ω，是我们此后会经常遇到的，指当 Δt 趋于零时，上式比值的极限，即

$$\omega = \lim_{\Delta t \to 0} \frac{\Delta\theta}{\Delta t} = \frac{d\theta}{dt} \tag{5-3}$$

如果知道了 $\theta(t)$ 就可以通过微分求出角速度 ω.

上面两式不仅适用于整个转动着的刚体，而且也适用于**该刚体上的每一个质点**，因为所有这些质点都被牢牢地固定在一起了. 角速度的单位一般是弧度每秒（rad/s）或转每秒/（rev/s）.

如果一个质点沿 x 轴平动，它的线速度 v 可以是正的或负的，这取决于质点是沿 x 正向还是负向运动. 同样地，一个转动刚体的角速度 ω 可以是正的或负的，同样这取决于刚体的转动是逆时针（正的）还是顺时针的（负的）. 我们还可以用一个沿转轴指向的矢量 $\boldsymbol{\omega}$ 代表它的角速度. 方法是：矢量 $\boldsymbol{\omega}$ 的大小是角速度的大小，称为**角速率**用 ω 表示；$\boldsymbol{\omega}$ 的方向用图5-5所示的右手规则来确定：

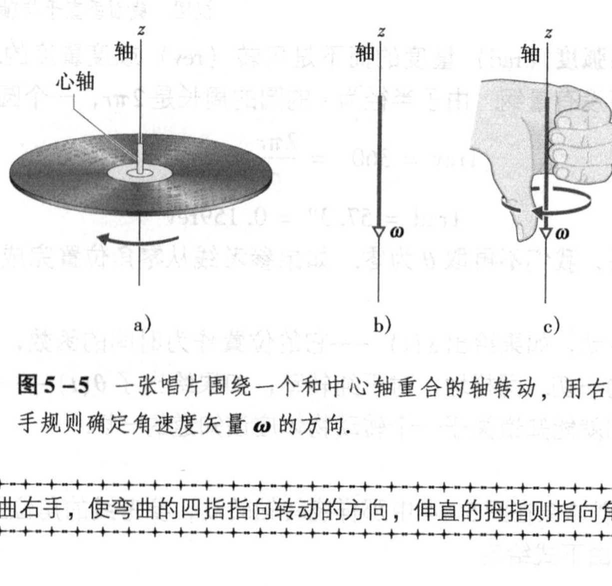

图5-5 一张唱片围绕一个和中心轴重合的轴转动，用右手规则确定角速度矢量 $\boldsymbol{\omega}$ 的方向.

绕转动刚体弯曲右手，使弯曲的四指指向转动的方向，伸直的拇指则指向角速度矢量的方向.

如果图中唱片沿相反方向转动，用右手规则可判定，角速度矢量指向相反的方向.

(4) 角加速度

如果一个转动刚体的角速度不是常量，则刚体具有角加速度. 令 ω_2 和 ω_1 分别是在时刻 t_2 和 t_1 的角速度，刚体在从 t_1 到 t_2 的时间间隔内其**平均角加速度**被定义为

$$\alpha_{avg} = \frac{\omega_2 - \omega_1}{t_2 - t_1} = \frac{\Delta\omega}{\Delta t}$$

式中，$\Delta\omega$ 是在时间间隔 Δt 内的角速度的改变. (瞬时) 角加速度 α 是我们此后会经常遇到的，指这个量在 Δt 趋于零时的极限，即

$$\alpha = \lim_{\Delta t \to 0} \frac{\Delta\omega}{\Delta t} = \frac{d\omega}{dt} \qquad (5-4)$$

上面两式不仅适用于整个刚体，也适用于**该刚体的每一个质点**. 角加速度的单位一般是弧度每二次方秒 (rad/s^2) 或转每二次方秒 (rev/s^2).

角加速度 α 也可以用沿转轴指向的矢量 $\boldsymbol{\alpha}$ 来代表，其方向同样可用上面介绍的右手规则来确定.

应注意，此处给出的用矢量表示的角量并非指刚体**沿着**矢量的方向运动，而是指刚体**围绕着**矢量的方向转动. 这两个矢量服从矢量运算的所有规则. 还应注意，**角位移** (除非非常小) 则**不能**当矢量处理. 原因在于，虽然我们肯定能类似于上述方法赋于它大小和方向，但要想用矢量代表，一个量还必须服从矢量加法的规则. 该规则说明，如果把两个矢量加起来，相加的次序是无关紧要的，而角位移却经不起这一检验.

转动中的角位置、角位移、角速度和角加速度统称为**角量**. 平动中的位矢、位移、速度和加速度统称为**线量**. 描述刚体转动的各个角量和描述质点运动的各个线量完全对应. 由此，我们可参照质点的匀加速直线运动，写出刚体绕定轴作匀角加速转动时满足的公式为

$$\left.\begin{aligned} &\omega = \omega_0 + \alpha t \\ &\theta - \theta_0 = \omega_0 t + \frac{1}{2}\alpha t^2 \\ &\omega^2 = \omega_0^2 + 2\alpha(\theta - \theta_0) \end{aligned}\right\} \qquad (5-5)$$

例题 5－1

一个石磨盘 (见图 5－6) 以恒定角加速度 $\alpha = 0.35 rad/s^2$ 转动. 在时刻 $t=0$，它的角速度是 $\omega_0 = -4.6 rad/s$，它上面的参考线水平，在角位置 $\theta_0 = 0$.

(a) 在 $t=0$ 后，何时参考线的角位置 $\theta = 5.0 rev$?

【解】 这里**关键点**是角加速度是恒定的，于是可用上面的公式. 先用第二式

$$\theta - \theta_0 = \omega_0 t + \frac{1}{2}\alpha t^2$$

因为惟一的未知变量是所期望的时间 t，代入已知变量并令 $\theta_0 = 0$ 和 $\theta = 5.0 rev = 10\pi$ 给出

$$10\pi rad = (-4.6 rad/s)t + \frac{1}{2}(0.35 rad/s^2)t^2$$

(为了单位统一，将 5.0rev 变换成了 10π.) 对 t 解此二次方程，得

$$t = 32 s \qquad \text{(答案)}$$

(b) 描述在 $t=0$ 到 $t=32s$ 期间磨盘的运动.

【解】 磨盘最初沿负 (顺时针) 方向以角速度 $\omega_0 = -4.6 rad/s$ 转动，但它的角加速度 α 是正的. 这种角速度和角加速度最初的符号相反表明，磨盘沿负方向的转动逐渐变慢，停止，并继而反过来沿正方向转动. 在参考线回过来穿过它的 $\theta = 0$ 的最初指向后，磨盘在 $t = 32s$ 的时间内又多转了 5.0rev.

哈里德大学物理学

(c) 在什么时刻 t 磨盘瞬时停止?

【解】 再次利用对于恒定角加速度的公式. 不过，现在用另一个**关键点**，所用公式必须也包含 ω 以便可以令它等于零而继续对相应的时刻 t 求解. 选用式 (5-5) 中第一式给出

$$t=\frac{\omega-\omega_0}{\alpha}=\frac{0-(-4.6\text{rad/s})}{0.35\text{rad/s}^2}=13\text{s}$$

(答案)

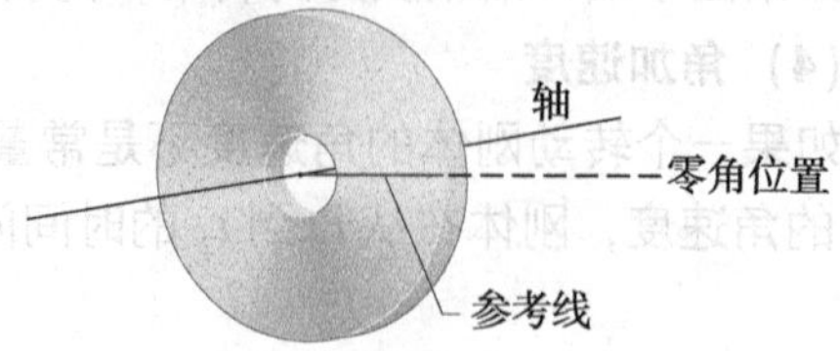

图5-6 例题5-1图

3. 线量和角量的联系

在1-6节中，我们讨论了匀速圆周运动，其中，一个质点围绕一个转动的轴沿圆周以恒定线速率 v 运动. 当一个刚体，如旋转木马，围绕一个轴转动时，它内部每个质点都围绕该轴沿各自的圆周运动. 由于物体是刚性的，所有质点在相同时间内转过一周；这就是说，它们都具有相同的角速率 ω.

然而，质点离轴越远，它所在圆的圆周越大，它的线速率 v 也必定越快. 人若在旋转木马上，就能看到这一点. 不管人离中心多远，他转动的角速率 ω 是一样的，但是，如果移向旋转木马的外沿上，他的线速率会明显地增大.

经常需要把一个转动物体内的一个特定点的线量 s、v 和 a 与该物体的角量 θ、ω 和 α 联系起来. 这两套变量是由 r（从转轴到点的**垂直距离**，也就是点围绕转动轴运动的圆半径）联系起来的.

(1) 位置

如果一个刚体上的参考线转过一个角度 θ，刚体内在距转轴 r 外的一个点沿圆弧运动经过一段距离 s，其中 s 由式 (5-1) 给定，即

$$s=\theta r \quad (\text{rad 量度}) \tag{5-6}$$

这是第一个线-角关系. **注意**：这里括弧中所作的标注表明其中的角量必须用弧度量度，因为式 (5-6) 本身是以弧度测量角度的定义.

(2) 速率

保持 r 恒定，对时间微分式 (5-6) 得

$$\frac{\mathrm{d}s}{\mathrm{d}t}=\frac{\mathrm{d}\theta}{\mathrm{d}t}r$$

然而 $\mathrm{d}s/\mathrm{d}t$ 是所讨论的点的线速率（线速度的大小），而 $\mathrm{d}\theta/\mathrm{d}t$ 是转动体的角速率 ω，因此

$$v=\omega r \quad (\text{rad 量度}) \tag{5-7}$$

式 (5-7) 表明，由于刚体内各点具有相同的角速率 ω，所以半径 r 较大的点具有较大的线速率. 图5-7a 表明，线速度总是和所讨论的点的圆形路径相切.

如果刚体的角速率 ω 是恒定的，那么式 (5-7) 说明其中任一点的线速率也是恒定的. 因而，刚体内每一点都作匀速圆周运动. 每一点和整个刚体本身运动的周期由式 (1-40) 给定为

$$T=\frac{2\pi r}{v} \tag{5-8}$$

这一公式表明，转一周的时间是转一周经过的距离除以经过该距离的速率. 将式 (5-7) 的 v 代入并消去 r，也可得到

$$T = \frac{2\pi}{\omega} \quad (\text{rad 量度}) \qquad (5-9)$$

这一等效公式说明，转一周用的时间是一周内转过的角距离 2π rad 除以转过该角时的角速率.

(3) 加速度

再次保持 r 恒定，对时间微分式（5-7）得

$$\frac{dv}{dt} = \frac{d\omega}{dt}r$$

式中，$\frac{dv}{dt}$ 即为式（1-43）给出的切向加速度，因此上式可写作

$$a_t = \alpha r \quad (\text{rad 量度}) \qquad (5-10)$$

其中 $\alpha = d\omega/dt$ 为角加速度.

此外，如式（1-45）表明的，沿圆轨道运动的质点（或点）具有线加速度的**法向分量**，$a_n = v^2/r$（沿径向向内，有时也形象地称为径向加速度，记作 a_r），此分量反映线速度 $\boldsymbol{v}$ 的**方向**的改变. 将式（5-7）的 v 代入，可以把此分量写作

$$a_n = \frac{v^2}{r} = \omega^2 r \quad (\text{rad 量度}) \qquad (5-11)$$

因此，如图5-7b所示，一个转动刚体上的一点的线加速度一般具有两个分量. 只要刚体的角速度不是零，就出现法向分量 a_n（由式（5-11）给出）. 只要角加速度不是零，就出现切向分量 a_t（由式（5-10）给出）.

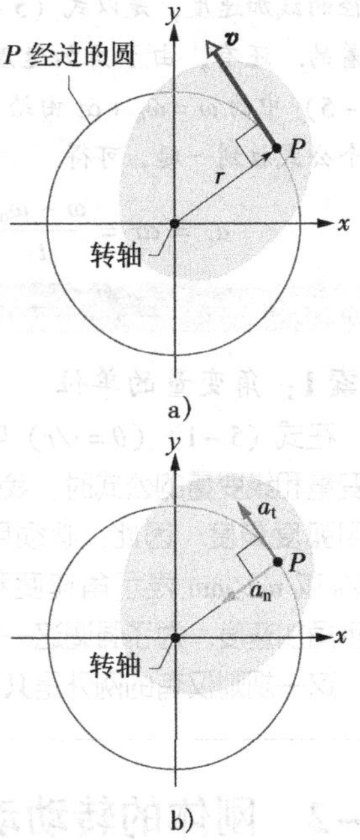

图5-7 图5-2的转动刚体横截面的俯视图. a）每个点的线速度 $\boldsymbol{v}$ 和它在其中运动的圆相切. b）各点的线加速度 $\boldsymbol{a}$（一般）具有两个分量：切向分量 a_t 和法向分量 a_n.

检查点1：一个蟑螂呆在一个旋转木马的边沿上. 如果这个系统（**旋转木马＋蟑螂**）的角速度是恒定的，蟑螂具有（a）法向加速度和（b）切向加速度吗？如果角速度在减小，蟑螂具有（c）法向加速度和（d）切向加速度吗？

例题5-2

图5-8表示一台使受训的宇航员习惯于高加速度的离心机. 宇航员所在处的圆的半径 r 是15m.

（a）要使宇航员具有的线加速度的大小为11g，则此离心机必须以多大的恒定角速率转动？

【解】 **关键点是**：由于角速率恒定，角加速度 α（$= d\omega/dt$）是零，因而线加速度的切向分量（$a_t = \alpha r$）是零. 这就只剩下法向分量. 由式（5-11）和 $a_n = 11g$，可得

$$\omega = \sqrt{\frac{a_n}{r}} = \sqrt{\frac{11 \times 9.8\text{m/s}^2}{15\text{m}}}$$

$$= 2.68\text{rad/s} \approx 26\text{rev/min} \quad (\text{答案})$$

（b）如果离心机在120s内由静止以恒定时率加速到（a）中的角速率，宇航员的切向加速度多大？

图5-8 例题5-2图 一台使宇航员习惯于起飞时的大加速度的离心机.

【解】 这里**关键点是**切向加速度 a_t，即沿圆

路径的线加速度，是以式 (5-10) 与角加速度 α 联系着的. 还有，由于角加速度是恒定的，可以用式 (5-5) 中的 $\omega=\omega_0+\alpha t$ 由给出的角速率求 α. 将这两个公式放到一起，可得

$$a_t=\alpha r=\frac{\omega-\omega_0}{t}r$$

$$=\frac{2.68\text{rad/s}-0}{120\text{s}}\times 15\text{m}=0.34\text{m/s}^2$$

$$=0.034g$$ （答案）

虽然，最后的法向加速度 $a_n=11g$ 很大（令人惊恐），在加速期间宇航员的切向加速度 a_t 并不大.

解题线索

线索1：角变量的单位

在式 (5-1)（$\theta=s/r$）中，只要是应用包含有角变量和线变量的公式时，我们开始对所有的角变量使用弧度量度. 因此，必须用 rad 表示角位移，以 rad/s 或 rad/min 表示角速度和以 rad/s² 或 rad/min² 表示角加速度. 为了强调这一点，上面几式大都已注明. 这一规则仅有的例外是只包含角变量的公式，例如式 (5-5) 中列出的角变量公式. 这里可以对角变量随意使用方便的任意单位，也就是说，可以用 rad，度或 rev，只要用得前后一致.

在必须用弧度量度的公式中不必像对其他单位那样，明确标出单位 "rad". 可以任意加上，也可以去掉不写. 在例题 5-2a 中此单位加到了答案上；在例题 5-2b 中则未在答案中标明.

5-2　刚体的转动动能　转动惯量

1. 刚体的转动动能

高速转动的桌锯的锯片肯定由于转动而具有动能. 如何表示此动能？不能够把锯片作为整体应用熟悉的公式 $E_k=\frac{1}{2}mv^2$，因为它只能给出锯片的质心的动能，而此动能是零. 为求出锯片的动能，可以把它（以及任何其他的转动刚体）作为一个速率不同的质点的集合来处理. 这样就可以把所有质点的动能加起来求出整个刚体的动能，从而得出一个转动刚体的动能，

$$E_k=\frac{1}{2}m_1v_1^2+\frac{1}{2}m_2v_2^2+\frac{1}{2}m_3v_3^2+\cdots=\sum\frac{1}{2}m_iv_i^2$$

式中，m_i 是第 i 个质点的质量；v_i 是它的速率. 求和是对刚体中所有质点做的.

上式的问题是：对所有的质点，v_i 不同. 可以用式 $v=\omega r$ 中的 ω 代入来解决此问题，即

$$E_k=\sum\frac{1}{2}m_iv_i^2=\frac{1}{2}\left(\sum m_ir_i^2\right)\omega^2$$

式中，r_i 是第 i 个质点距转轴的垂直距离；ω 是角速率，它对所有质点是相同的. 以符号 I 代表括弧中的 $\sum m_ir_i^2$，

$$I=\sum m_ir_i^2 \tag{5-12}$$

则

$$E_k=\frac{1}{2}I\omega^2 \quad \text{(rad 量度)} \tag{5-13}$$

这就是刚体转动动能的表达式.

2. 转动惯量

在式 (5-12) 中 $\sum m_ir_i^2$ 代表的是组成整个刚体的某个质点（也可理解为质元）的质量 m_i，与其距转轴垂直距离的平方 r_i^2 的乘积的总和. 对给定转轴的刚体来说，各质元至转轴的距离不随刚体的转动而变化，所以这个总和具有一个确定的值，称为刚体对于给定轴的**转动惯量** I

(要使 I 有确定的意义，必须指明相对哪一个轴而言). 将刚体的转动动能 $\frac{1}{2}I\omega^2$ 与平动动能 $\frac{1}{2}mv^2$ 相比较，I 相当于 m，可见在刚体转动中，转动惯量起着平动中质量的作用. 它是刚体在转动时惯性的量度.

由式 (5－12) 可以看出，转动惯量的数值不仅决定于刚体总质量的大小，还和质量相对于转轴的分布有关，也即与刚体的形状大小有关. 同一物体对不同的转轴，I 的数值也不同. 譬如，转动一根有一定重量的长杆，先是绕它的中心 (纵) 轴 (见图5－9a)，然后绕通过其中心而垂直于杆的轴 (见图5－9b). 两个转动涉及的质量完全一样，但第一次的转动比第二次的要容易得多. 理由是在第一种情况下质量分布得离转轴近得多，结果，图5－9a 中杆的转动惯量就比图5－9b 中的小得多. 一般地说，较小的转动惯量意味着更容易转动.

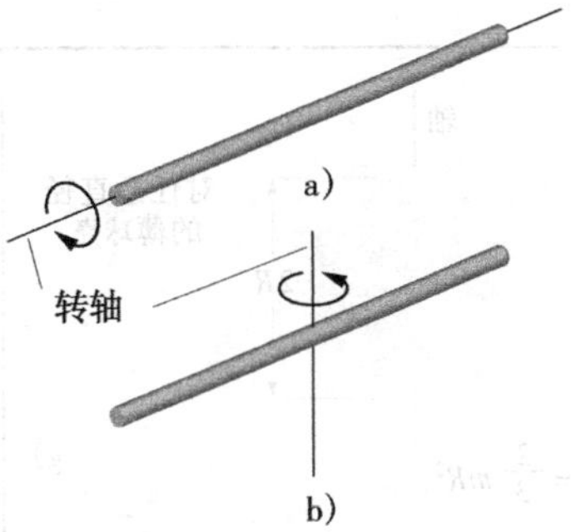

图5－9　使一根长杆绕不同的轴转动.

在 SI 中，转动惯量的单位是千克平方米 ($kg \cdot m^2$)，量纲是 ML^2.

3. 转动惯量的计算

如果刚体由若干个质量为 m_1，m_2，m_3，…的质点组成，可以用式 (5－12) 计算它对于一个给定轴的转动惯量，即可以对每个质点求出积 mr^2，然后再对这些积求和.

如果刚体的质量是连续分布的 (像飞盘那样)，式 (5－12) 应该改为积分式，m_i 应代以 dm (刚体中的质元)，则有

$$I = \int_V r^2 \mathrm{d}m = \int_V r^2 \rho \mathrm{d}V \tag{5-14}$$

其中，dV 为刚体的体积元；ρ 为体积元 dV 处的质量体密度，此积分应遍及刚体的整个体积 V. 这样的积分对 9 种常见几何形状的刚体和标明的转轴的结果见表5－1.

表5－1　一些均匀刚体的转动惯量

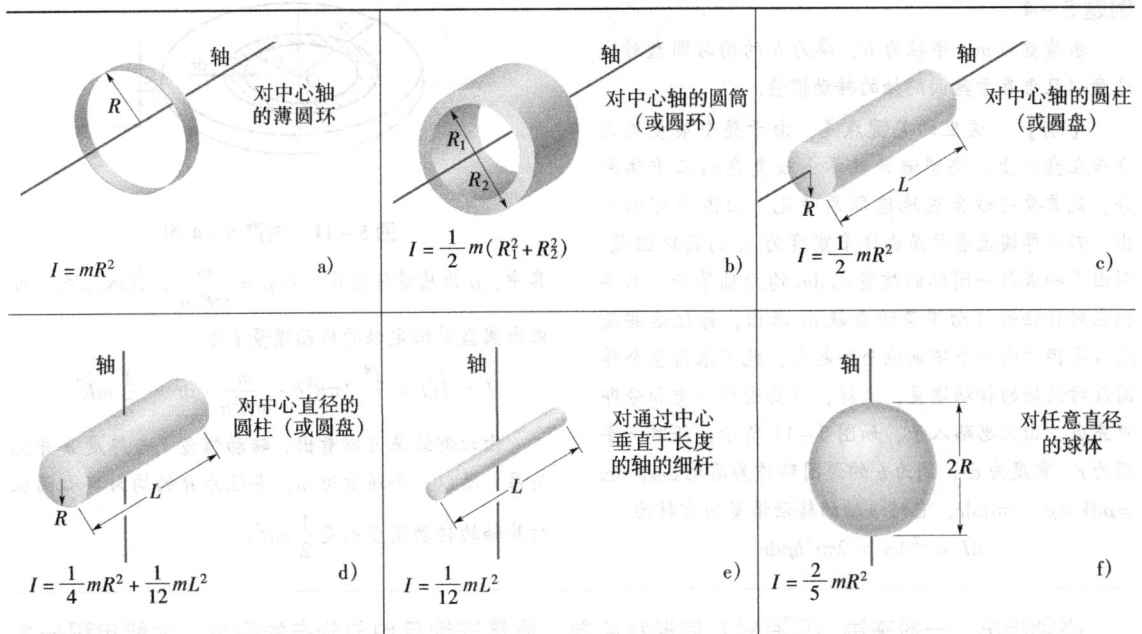

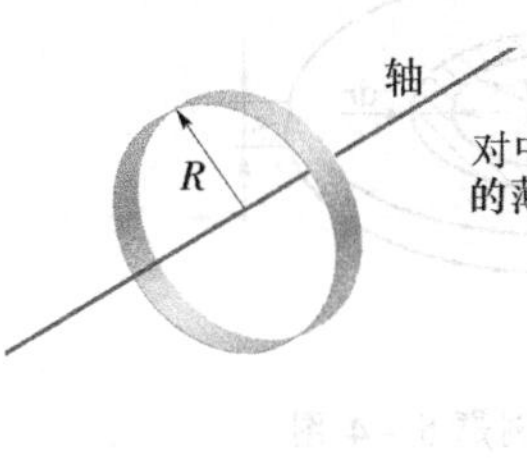 $I = mR^2$　a)	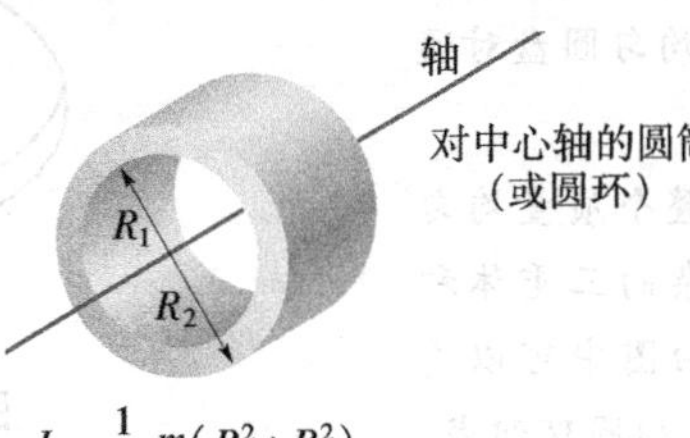 $I = \frac{1}{2}m(R_1^2 + R_2^2)$　b)	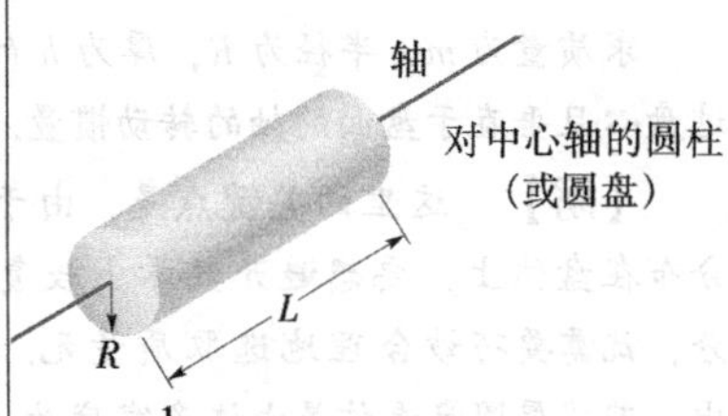 $I = \frac{1}{2}mR^2$　c)
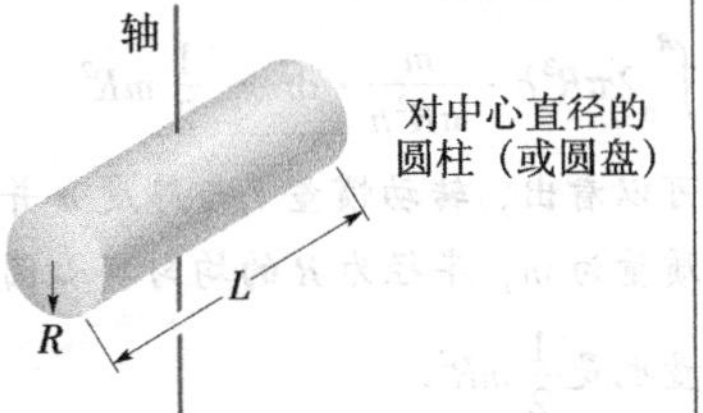 $I = \frac{1}{4}mR^2 + \frac{1}{12}mL^2$　d)	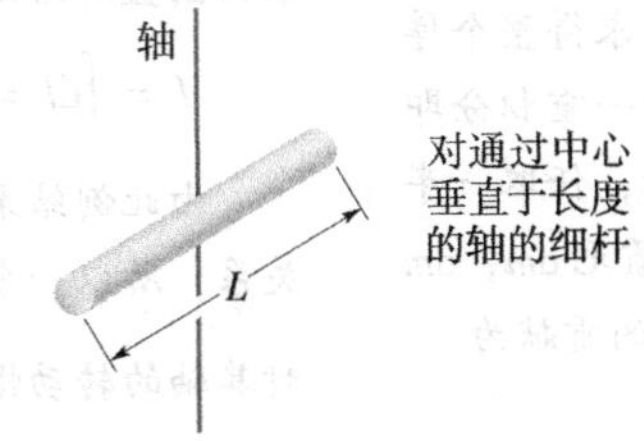 $I = \frac{1}{12}mL^2$　e)	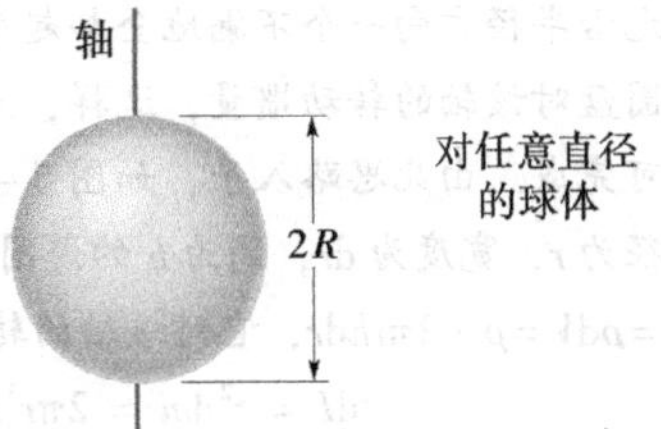 $I = \frac{2}{5}mR^2$　f)

（续）

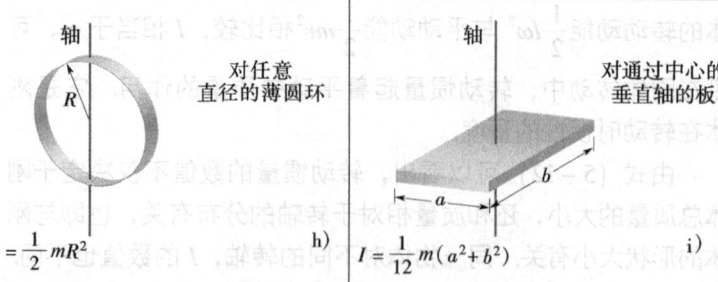

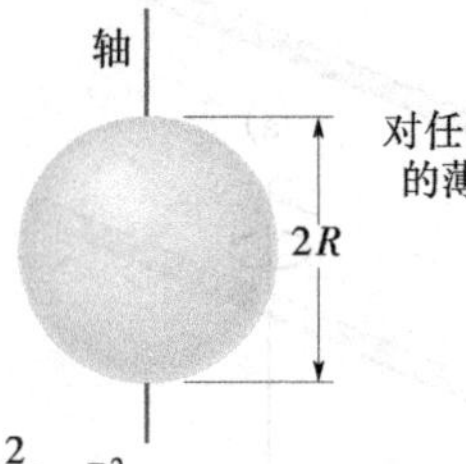 对任意直径的薄球壳 $I=\frac{2}{3}mR^2$ g)	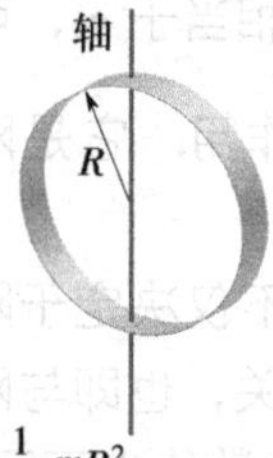 对任意直径的薄圆环 $I=\frac{1}{2}mR^2$ h)	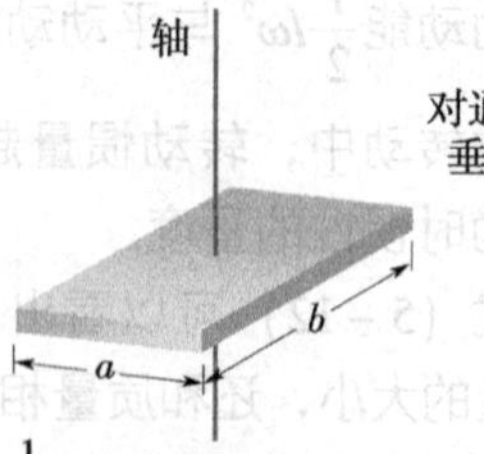 对通过中心的垂直轴的板 $I=\frac{1}{12}m(a^2+b^2)$ i)

例题 5－3

求质量为 m，半径为 R 的均匀薄圆环对通过环中心且垂直于环面的轴的转动惯量.

【解】 这里的关键点是，由于薄圆环的质量 m 连续均匀地分布在整个环上，因此可沿圆环周长方向将其分为长度为 ds 的许许多多的小段质量元 dm. 设圆环每单位长度所具有的质量（即圆环的线密度）为 $\lambda=\frac{m}{2\pi R}$，则环上各质元（见图 5－10）$\mathrm{d}m=\lambda\mathrm{d}s$，它们到轴的垂直距离均为半径 R，所以圆环对该轴的转动惯量 I 为

$$I=\int R^2\mathrm{d}m=R^2\int\mathrm{d}m=R^2\int_0^{2\pi R}\lambda\mathrm{d}s$$

$$=R^2\lambda\int_0^{2\pi R}\mathrm{d}s=R^2\frac{m}{2\pi R}\cdot 2\pi R=mR^2$$

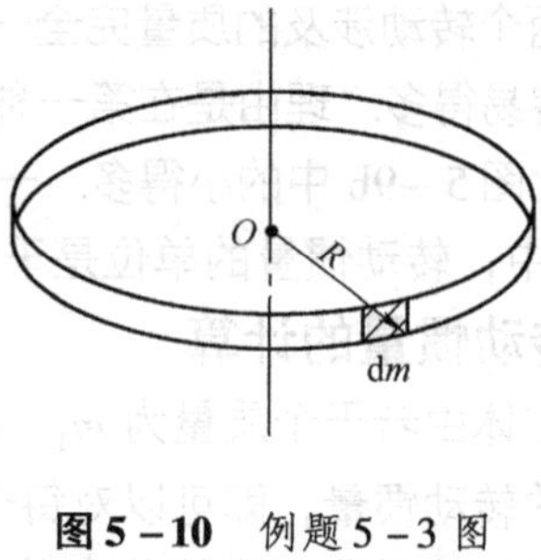

图 5－10 例题 5－3 图

实际上，式中积分 $\int\mathrm{d}m$ 的意义就是环的总质量 m，在第二个等号后就可直接得出结果了. 此处只是作为一般性方法的介绍，详细给出具体步骤而已. 此外，由于转动惯量是可加的，所以一个质量为 m，半径为 R 的薄壁圆筒对其轴的转动惯量也是 mR^2.

例题 5－4

求质量为 m，半径为 R，厚为 h 的均匀圆盘对通过盘心且垂直于盘面的轴的转动惯量.

【解】 这里的关键点是，由于整个质量均匀分布在盘体上，要想避开数学上较复杂的三重体积分，就需要巧妙合理地选取质量元. 由图中可以看出，若将厚圆盘看作是由许多宽度为 dr 的圆环组成，则由于构成每一圆环的质量元 dm 均距轴等距，只要把它对转轴的转动惯量的贡献 dI 求出，再把这些质元沿半径方向一个不漏地全加起来，就可求得整个厚圆盘对该轴的转动惯量，这样，只要进行一重积分即可完成. 由此思路入手，如图 5－11 所示，任取一半径为 r，宽度为 dr，高为 h 的薄圆环作为质元 dm，$\mathrm{d}m=\rho\mathrm{d}V=\rho\cdot 2\pi rh\mathrm{d}r$，它对该轴的转动惯量的贡献为

$$\mathrm{d}I=r^2\mathrm{d}m=2\pi r^3h\rho\mathrm{d}r$$

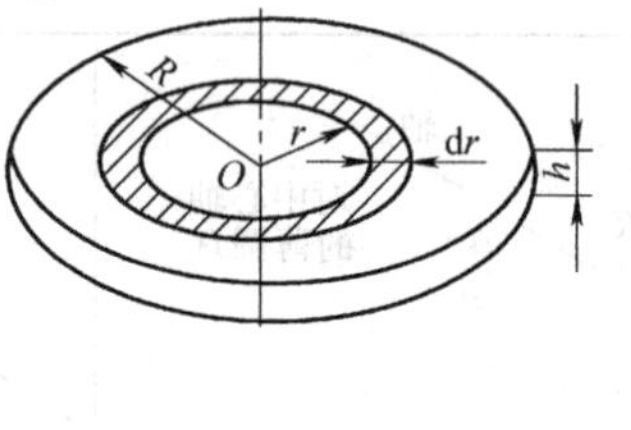

图 5－11 例题 5－4 图

其中，ρ 为质量体密度，即 $\rho=\frac{m}{\pi R^2h}$，代入上式，可求出圆盘对给定轴的转动惯量 I 为

$$I=\int\mathrm{d}I=\int_0^R 2\pi R^3h\cdot\frac{m}{\pi R^2h}\cdot\mathrm{d}r=\frac{1}{2}mR^2$$

由此例结果可以看出，转动惯量 I 与厚度 h 并无关系，所以一个质量为 m，半径为 R 的均匀实心圆柱对其轴的转动惯量也是 $\frac{1}{2}mR^2$.

必须指出，一般来讲，只有对几何形状简单、质量连续且均匀分布的刚体，才能用积分方

法求出其转动惯量，而对于任意形状的刚体的转动惯量，通常是用实验的方法测定的.

在实际中，人们还常用一个简捷方法计算转动惯量，那就是，如果已经知道刚体对通过其质心的一个**平行**轴的转动惯量 I_{com}，令 h 为给定的轴与通过质心的轴之间的垂直距离（记住这两个轴必须平行），m 为刚体的质量，则对于给定轴的刚体的转动惯量为

$$I = I_{com} + mh^2 \quad (\text{平行轴定理}) \tag{5-15}$$

这一公式称为**平行轴定理**. 下面就证明它并将其应用于检查点 2 和例题 5-5.

设 O 是图 5-12 所示横截面的任意形状物体的质心，把坐标系的原点设在 O 点，考虑通过 O 垂直于图面的轴和另一个通过 P 平行于第一个轴的轴. 令 P 的 x 和 y 坐标为 a 和 b.

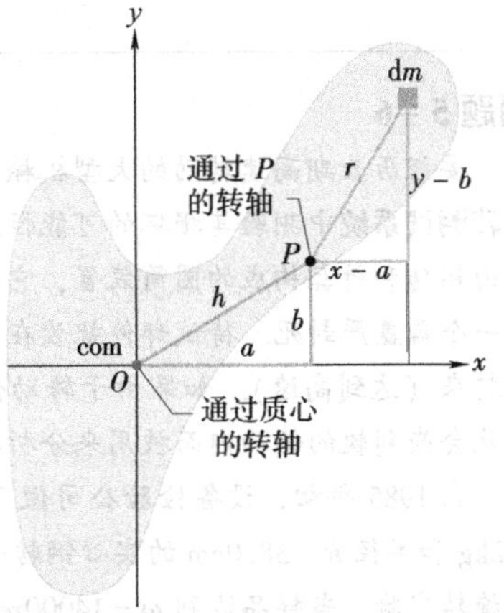

图 5-12 一个刚体的横截面，二转轴平行.

令 dm 是位于任一坐标 x 和 y 的质元，由式（5-14）可知，刚体对通过 P 的轴的转动惯量为

$$I = \int r^2 \mathrm{d}m = \int [(x-a)^2 + (y-b)^2] \mathrm{d}m$$

重新整理可得

$$I = \int (x^2 + y^2) \mathrm{d}m - 2a\int x \mathrm{d}m - 2b\int y \mathrm{d}m + \int (a^2 + b^2) \mathrm{d}m \tag{5-16}$$

根据质心的定义（式（4-7）），式（5-16）中间的两个积分给出质心的坐标（乘以一个常量）因而一定是零. 因为 $x^2 + y^2 = R^2$，其中 R 是从 O 到 dm 的距离，第一个积分就是 I_{com}，即刚体对于通过质心的轴的转动惯量. 由图 5-12 可看出，式（5-16）中的最后一项是 mh^2，其中 m 是刚体的总质量. 因此，式（5-16）简化为式（5-15），这正是我们要证明的关系.

检查点 2：右图表示一个书本样的刚体（一边比另一边长）和四个供选择的垂直于刚体表面的转轴. 根据刚体对各轴的转动惯量由大到小对各轴排序.

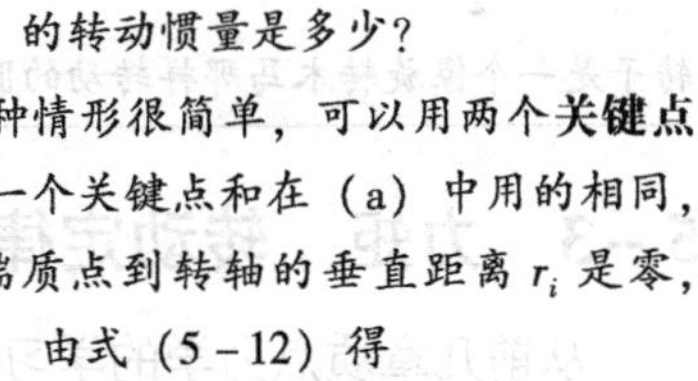

例题 5-5

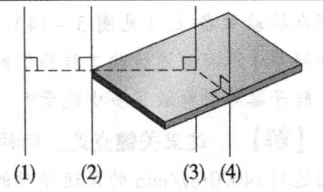

图 5-13a 表示一个刚体由两个质量为 m 的质点用一根长 L、质量可忽略的杆构成.

(a) 这个刚体对如图所示的通过质心且垂直于杆的轴的转动惯量是多少?

【解】 这里**关键点**是，由于只有两个有质量的质点，可以用式（5-12），而不必用积分求刚体的转动惯量. 对于这两个质点，每一个离转轴的垂直距离为 $\frac{1}{2}L$，有

$$I = \sum m_i r_i^2 = m\left(\frac{1}{2}L\right)^2 + m\left(\frac{1}{2}L\right)^2$$

$$= \frac{1}{2}mL^2 \qquad \text{(答案)}$$

(b) 这个刚体对通过杆的左端而平行于第一个轴（见图 5-13b）的转动惯量是多少?

【解】 这种情形很简单，可以用两个**关键点**的任一个求 I. 第一个关键点和在（a）中用的相同，惟一的差别是左端质点到转轴的垂直距离 r_i 是零，而右端质点的是 L. 由式（5-12）得

$$I = m(0)^2 + mL^2 = mL^2 \qquad \text{(答案)}$$

第二个**关键点**是一个更有效的技巧：由于已经知道了通过质心的轴的 I_{com}，而且这里的轴平行于“质心轴”，可以应用平行轴定理（式（5-15）），得

$$I = I_{com} + 2mh^2 = \frac{1}{2}mL^2 + (2m)\left(\frac{1}{2}L\right)^2$$

$$= mL^2 \qquad \text{(答案)}$$

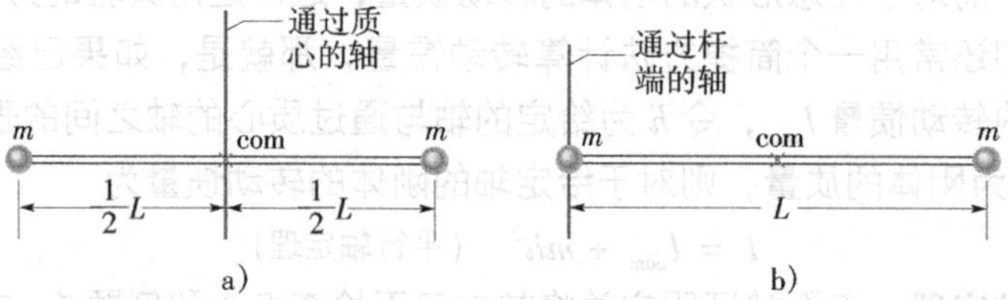

图5-13 例题5-5图

例题5-6

要经历长期高速转动的大型机械部件需要在一种**旋转测试系统**中测验其损坏的可能性. 这种系统是一个由铅砖和衬套构成的圆筒装置，它被包在钢壳中并用一个盖盖严封死. 待试部件就放在圆筒中被带着旋转起来（达到高速）. 如果由于转动使部件损坏，碎片就会嵌到软的铅砖内而被用来分析损坏的情况.

在1985年初，设备检验公司做了一个质量 $m=272\text{kg}$ 和半径 $R=38.0\text{cm}$ 的实心钢转子（圆盘）样品的旋转实验. 当样品达到 $\omega=14000\text{rev/min}$ 的角速率时，检验工程师们听到从安置在第一层楼并隔一个房间的检验系统发出的一声重击的闷响. 经过检查，他们发现铅砖已被抛到通向试验室的走道里，房间的门已被扔到附近的停车场上，一块铅砖已从试验台飞出打穿了和邻居厨房相隔的墙，检验大楼的结构梁已被损坏，转子的900kg的盖被向上甩出穿透天花板并回落砸在检验装备上（见图5-14）. 只是由于幸运、爆炸碎片才没有穿透检验工程师们的房间.

图5-14 例题5-6图 一个高速转动的钢盘爆炸所形成的残局的一部分.

转子爆炸时释放了多少能量?

【解】 这里关键点是，所释放的能量等于转子刚达到14000rev/min的角速率时的转动动能. 可以用式 $E_k=\frac{1}{2}I\omega^2$ 求 E_k，但首先需要求转动惯量. 由于转子是一个像旋转木马那样转动的圆盘，I 由表5-1中的公式 $I=\frac{1}{2}mR^2$ 给出. 因而有

$$I=\frac{1}{2}mR^2=\frac{1}{2}(272\text{kg})(0.38\text{m})^2=19.64\text{kg}\cdot\text{m}^2$$

转子的角速率为

$$\omega=14000\text{rev/min}\times2\pi\text{rad/rev}\times\left(\frac{1\text{min}}{60\text{s}}\right)$$
$$=1.466\times10^3\text{rad/s}$$

现在可以用式（5-13）写出

$$E_k=\frac{1}{2}I\omega^2=\frac{1}{2}(19.64\text{kg}\cdot\text{m}^2)(1.466\times10^3\text{rad/s})^2$$
$$=2.1\times10^7\text{J}$$ （答案）

接近这样的爆炸就和一个炸弹的爆炸一样.

5-3 力矩 转动定律

从前几章质点力学的学习中我们知道，动力学的基本方程是牛顿第二定律. 在解决质点运动的问题时，牛顿第二定律 $\boldsymbol{F}=m\boldsymbol{a}$ 非常有效. 那么，在研究刚体转动的问题时，它的相应形式应如何表示呢? 下面我们就来研究怎样用角量来表述牛顿第二定律. 推导之前需先理解力矩的概念.

1. 力对固定轴的力矩

要想打开一扇沉重的门，就必须加一个力. 不过这样还不够，这个力加在何处，以及沿什么方向加也都是很重要的. 比如，如果作用力施加在与转轴平行或通过转轴的方向上，那么不

论用多大的力也无法把门打开. 相反，若门把手的位置离门的轴线越远，则越容易把门打开或关上.

实践证明，只有与转轴既不平行，也不相交的力才能使物体转动，而且起作用的只是该力在垂直于转轴平面内的分力.

图 5-15a 所示为一个刚体的横截面，该刚体可以绕通过 O 且与横截面垂直的轴自由转动. 力 $\boldsymbol{F}$ 作用在 P 点，它相对于 O 的位置由位矢 $\boldsymbol{r}$ 定义. 矢量 $\boldsymbol{F}$ 和 $\boldsymbol{r}$ 之间的夹角为 ϕ（为简单起见，我们先考虑力在垂直于转轴的平面内的情形）.

要决定 $\boldsymbol{F}$ 如何对刚体绕转轴的转动产生影响，需把 $\boldsymbol{F}$ 分解为两个分量（见图 5-15b）. 一个分量称为**径向分量** F_r，方向沿 $\boldsymbol{r}$. 这一分量不影响转动，因为它沿着通过 O 的直线（如果沿着门板拉门，门不转）. 另一个分量称为**切向分量** F_t，垂直于 $\boldsymbol{r}$ 而且具有大小 $F_t = F\sin\phi$. 这一分量真正影响转动（如果垂直于门板拉门，门就转）.

$\boldsymbol{F}$ 影响刚体转动的能力不但决定于它的切向分量 F_t 的大小，而且也决定于该力是离 O 多远加上的. 为了包含这两个因素，定义一个称为**力矩** M 的量为两个因素的乘积，并写作

$$M = (r)(F\sin\phi)$$

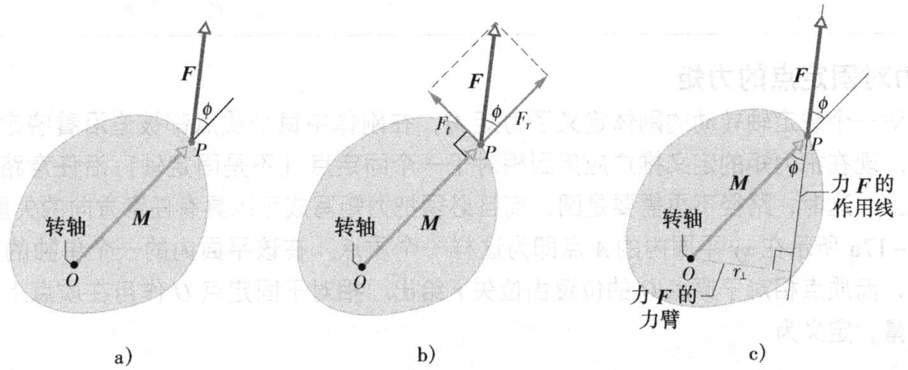

图 5-15 力 $\boldsymbol{F}$ 对固定轴 O 的力矩的分析.

计算力矩的两个等效的方法是

$$M = (r)(F\sin\phi) = rF_t \tag{5-17}$$

和

$$M = (r\sin\phi)F = r_\perp F \tag{5-18}$$

式中，$r_\perp$ 是在 O 点的转轴和通过 $\boldsymbol{F}$ 的延长线之间的垂直距离（见图 5-15c）. 这个延长线称为力 $\boldsymbol{F}$ 的**作用线**，而 $r_\perp$ 称为 $\boldsymbol{F}$ 的**力臂**. 图 5-15c 表明，可以把 $r\sin\varphi$，即 $r_\perp$ 描述为力分量 F_t 的力臂.

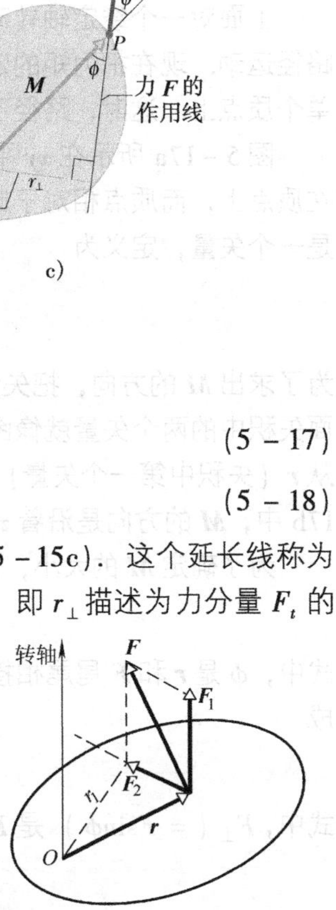

图 5-16 力 $\boldsymbol{F}$ 不在垂直于转轴的平面内.

如果力 $\boldsymbol{F}$ 不在垂直于转轴的平面内（见图 5-16），可将 $\boldsymbol{F}$ 分解为两个分力 $\boldsymbol{F}_1$ 和 $\boldsymbol{F}_2$，$\boldsymbol{F}_1$ 与转轴平行，$\boldsymbol{F}_2$ 在垂直于转轴的平面内. 由于平行分力 $\boldsymbol{F}_1$ 对刚体的转动不起作用，所以可不考虑. 因此，在力矩定义式（5-17）中，$\boldsymbol{F}$ 应理解为外力在垂直于转轴的平面内的分力.

力矩，来自意思是“扭转”的拉丁字. 当对一个刚体（例如一个螺钉旋具或一个扳手）加一个力去转动该刚体时，就是对它加了

一个力矩．力矩的 SI 单位是牛·米（N·m）．N·m 也是功的单位的，而且，因为力矩与功都是用力和距离的乘积来计算，所以它们的量纲也相同，都是 ML^2T^{-2}．但应注意，力矩和功是两个完全不同的物理量，一定不要混淆．功是能量改变的度量，是**标量**；力矩是使刚体转动状态改变的原因，也就是产生角加速度的原因（下面将讲到），是**矢量**．功的常用单位是焦耳（J），而力矩从不用此作单位．

在下面的部分中，我们还将以一种更为普遍的方式把力矩作为一个矢量讨论．这里，因为只考虑绕单一轴的转动，不需要用矢量表示．取而代之，一个力矩可以具有正号或负号，这决定于它趋向于使一个原来静止的刚体转动的方向：如果使刚体沿逆时针转动，力矩是正的；如果使刚体沿顺时针转动，力矩是负的．

力矩遵守在第 2 章中对力讨论过的叠加原理：当几个力矩作用在一个刚体上时，**合力矩**是各单个力矩之和．合力矩的符号是 M_{net}．

检查点 3：右图所示为可以绕标以 20（代表 20cm）的位置处的点转动的一根米尺的俯视图．所有作用在尺上的 5 个力具有同样的大小．根据它们产生的力矩的大小由大到小对这些力排序．

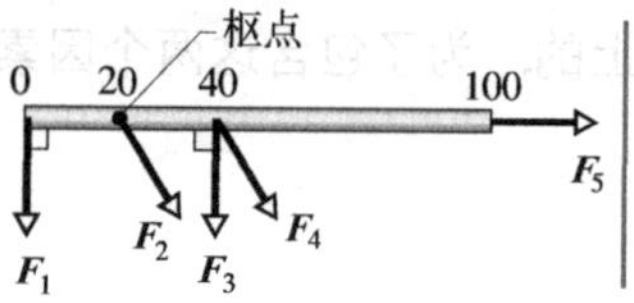

2. 力对固定点的力矩

上面对一个绕定轴转动的刚体定义了力矩 $\boldsymbol{M}$，在刚体中每个质点都被迫沿着绕定轴的圆形路径运动．现在把力矩的定义推广应用到相对于一个固定点（不是固定轴）沿任意路径运动的单个质点上．这时，路径不再需要是圆，而且必须把力矩写成可以具有任意方向的矢量 $\boldsymbol{M}$．

图 5－17a 所示在 xy 平面内的 A 点即为这样一个质点．在该平面内的一个单独的力 $\boldsymbol{F}$ 作用在质点上，而质点相对于原点 O 的位置由位矢 $\boldsymbol{r}$ 给出．相对于固定点 O 作用在质点上的力矩 $\boldsymbol{M}$ 是一个矢量，定义为

$$\boldsymbol{M} = \boldsymbol{r} \times \boldsymbol{F} \quad \text{（力矩定义）} \tag{5-19}$$

为了求出 $\boldsymbol{M}$ 的方向，把矢量 $\boldsymbol{F}$（保持它的方向不变）移动直到它的尾端在原点 O 处，这样，上面矢积中的两个矢量就像图 5－17b 中那样尾尾相接．接着用**矢积的右手规则**，即让右手的四指从 $\boldsymbol{r}$（矢积中第一个矢量）扫到 $\boldsymbol{F}$（第二个矢量），伸直的右手拇指就给出 $\boldsymbol{M}$ 的方向．在图 5－17b 中，$\boldsymbol{M}$ 的方向是沿着 z 轴的正方向的．

为了确定 $\boldsymbol{M}$ 的大小，用矢量运算中矢积的模的计算公式，可得

$$M = rF\sin\phi \tag{5-20}$$

式中，ϕ 是 $\boldsymbol{r}$ 和 $\boldsymbol{F}$ 尾尾相接时它们的方向间的夹角．由图 5－17b 可看到，式（5－20）可以写成

$$M = rF_{\perp} \tag{5-21}$$

式中，$F_{\perp}$（$= F\sin\phi$）是 $\boldsymbol{F}$ 垂直于 $\boldsymbol{r}$ 的分量．从图 5－17c 还可看到，式（5－21）也可写成

$$M = r_{\perp}F \tag{5-22}$$

其中 $r_{\perp} = r\sin\phi$ 是 $\boldsymbol{F}$ 的力臂（O 点距 $\boldsymbol{F}$ 的作用线的垂直距离）．

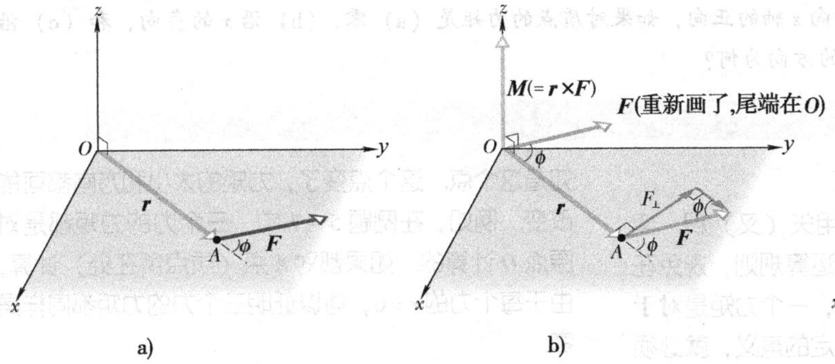

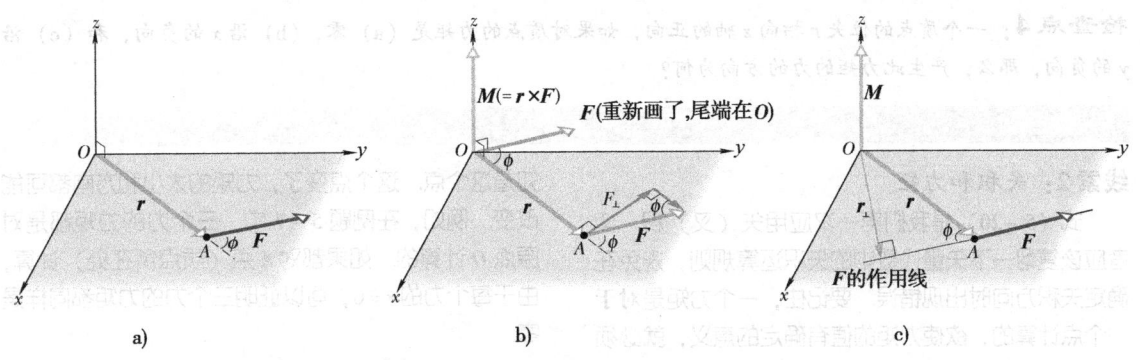

图5-17 定义力对固定点的力矩.

例题5-7

在图5-18a中，三个大小为2.0N的力作用在一个质点上. 质点在xz平面内的A点，其位置由位矢$\boldsymbol{r}$给出，其中$r=3.0\text{m}$，$\theta=30°$，力$\boldsymbol{F}_1$平行于x轴，力$\boldsymbol{F}_2$平行于z轴，力$\boldsymbol{F}_3$平行于y轴. 每个力对原点O的力矩为何?

【解】 这里关键点是，由于三个力矢量不在同一个平面内，必须用矢（叉）积计算，大小由式(5-20)给出，而方向由对矢积的右手规则确定.

由于要求的是对原点的力矩，每个叉积所需的$\boldsymbol{r}$是已给的位矢$\boldsymbol{r}$. 为了确定每个力的方向和$\boldsymbol{r}$方向之间的角度ϕ，依次移动图5-18a中的各力矢量使它们的尾端在原点. 图5-18b、c和d所示是xz平面的正视图，分别画出了移动过的力矢量$\boldsymbol{F}_1$、$\boldsymbol{F}_2$和$\boldsymbol{F}_3$（注意，那些角都是比较容易看出的.）在图5-18d中，$\boldsymbol{r}$和$\boldsymbol{F}_3$的夹角是90°，符号⊗的意思是$\boldsymbol{F}_3$指向页面内. 如果它指向页面外，就用符号⊙代表.

现在对每个力用式(5-20)，可得各力矩的大小为

$$M_1=rF_1\sin\phi_1$$
$$=3.0\text{m}\times2.0\text{N}\times\sin150°=3.0\text{N}\cdot\text{m}$$
$$M_2=rF_2\sin\phi_2$$
$$=3.0\text{m}\times2.0\text{N}\times\sin120°=5.2\text{N}\cdot\text{m}$$

和
$$M_3=rF_3\sin\phi_3$$
$$=3.0\text{m}\times2.0\text{N}\times\sin90°=6.0\text{N}\cdot\text{m}$$

（答案）

用右手规则可依次确定这些力矩的方向为：$\boldsymbol{M}_1$在图5-18b中指向页内；$\boldsymbol{M}_2$在图5-18c中指向页外；而$\boldsymbol{M}_3$在图5-18d中指向图示方向. 三个力矩矢量都画在图5-18e中.

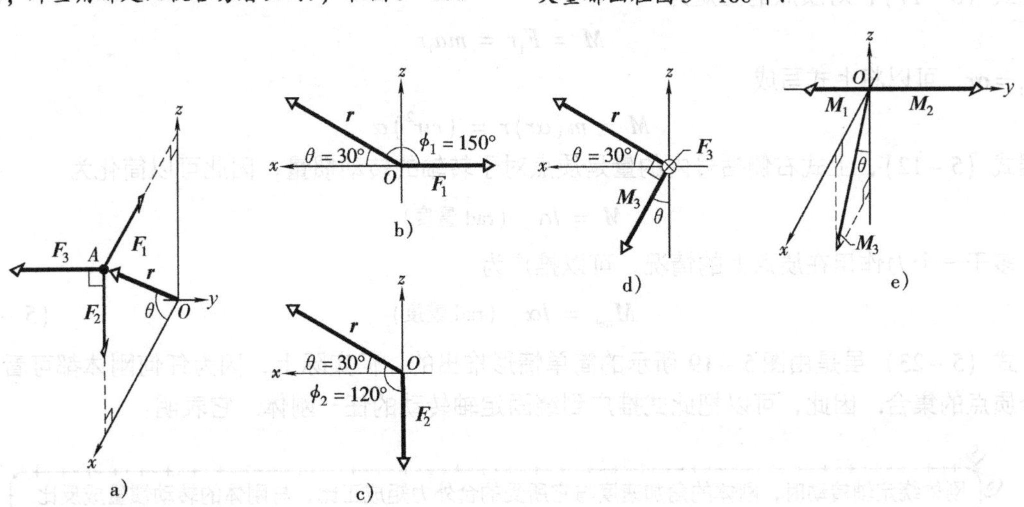

图5-18 例题5-7图 在A点的质点受三个力的作用，每一个沿一个坐标轴.

检查点4：一个质点的位矢 $\boldsymbol{r}$ 指向 z 轴的正向，如果对质点的力矩是 (a) 零，(b) 沿 x 的负向，和 (c) 沿 y 的负向，那么，产生此力矩的力的方向为何？

解题线索

线索2：矢积和力矩

式（5-20）是我们第一次应用矢（叉）积．读者应该复习一下矢量代数中的矢积运算规则，避免在确定矢积方向时出现错误．要记住，一个力矩是**对于**一个点计算的，欲使力矩的值有确定的意义，就必须知道这个点．这个点变了，力矩的大小和方向都可能改变．例如，在例题5-7中，三个力的力矩都是对原点 O 计算的．如果都对 A 点（质点所在处）计算，由于每个力的 $r=0$，可以证明三个力的力矩都同样是零．

3. 转动定律

在质点力学中，牛顿第二定律 $\boldsymbol{F}=m\boldsymbol{a}$ 给出了质点所受的合外力 $\boldsymbol{F}$ 与所获得的加速度 $\boldsymbol{a}$ 之间的关系．在外力矩作用下，绕定轴转动的刚体会转动（与用力矩使门转动一样）而具有加速度，下面就借助图5-19的简单情形，应用牛顿第二定律讨论刚体所受的合力矩和所获得的角加速度之间的关系．

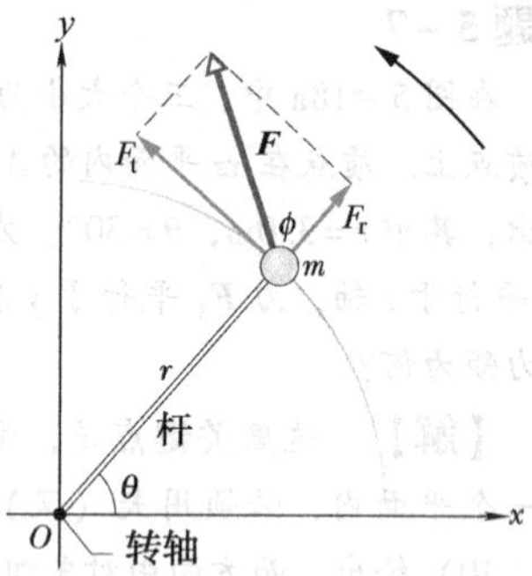

图5-19　力 $\boldsymbol{F}$ 使绕通过 O 的轴自由转动．

图5-19所示为一个绕定轴转动的简单刚体，它由一根质量可忽略、长为 r 的杆和杆端带有一个质量为 m 的质点构成．杆只可能绕其另一端转动，该端有一转轴垂直于页面．因此，质点只能沿转轴在其中心的圆轨道上运动．

一个力 $\boldsymbol{F}$ 作用到质点上，由于质点只能沿圆轨道运动，因此，只有力的切向分量 F_t（和圆轨道相切的分量）能沿轨道加速质点．把 F_t 和质点沿轨道的切向加速度 a_t 用牛顿第二定律联系起来，有

$$F_t = ma_t$$

根据式（5-17），对质点的力矩为

$$M = F_t r = ma_t r$$

由 $a_t=\alpha r$，可以将上式写成

$$M = m(\alpha r)r = (mr^2)\alpha$$

根据式（5-12），上式右侧括号内的量是质点对于转轴的转动惯量，因此可以简化为

$$M = I\alpha \quad (\text{rad 量度})$$

对于多于一个力作用在质点上的情况，可以推广为

$$M_{net} = I\alpha \quad (\text{rad 量度}) \tag{5-23}$$

式（5-23）虽是由图5-19所示的简单情形推出的，但实际上，因为任何刚体都可看作是单个质点的集合．因此，可以把此式推广到绕固定轴转动的任一刚体．它表明：

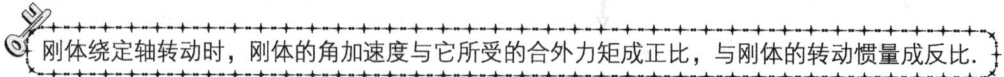

> 刚体绕定轴转动时，刚体的角加速度与它所受的合外力矩成正比，与刚体的转动惯量成反比．

这一关系叫做刚体绕定轴转动的转动定律，简称**转动定律**．如同牛顿第二定律是解决质点运动问题的基本定律一样，转动定律是解决刚体定轴转动问题的基本方程．

检查点5：右图所示是一根可以绕在其中点左方的已标出的点转动的直尺的俯视图. 两个水平力 F_1 和 F_2 加在直尺上，只画出了 F_1，F_2 垂直于直尺并作用在直尺的右端. 如果直尺不转，(a) F_2 的方向如何? (b) F_2 应大于，小于，还是等于 F_1?

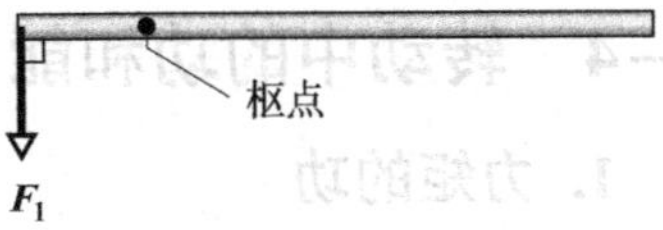

例题5-8

图5-20a所示为一个质量 $m_d=2.5\text{kg}$，半径 $R=20\text{cm}$ 的均匀圆盘装在一个水平轴上. 一个质量 $m=1.2\text{kg}$ 的物块由一根绕在盘沿上、无质量的绳悬着. 求下落的物块的加速度、圆盘的角加速度和绳中的张力. 绳不打滑，在轴上没有摩擦.

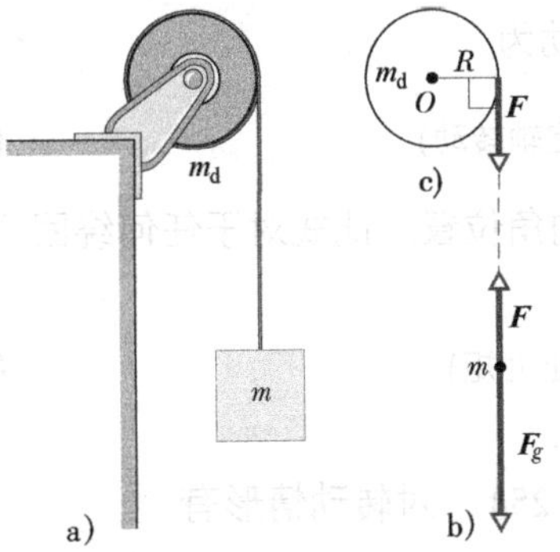

图5-20 例题5-8和5-9图

【解】 这里一个**关键点**是将物块看作质点，可对其应用质点的牛顿第二定律，根据图5-20b中物块的受力图写出对竖直 y 轴的分量的牛顿第二定律 ($F_{net,y}=ma_y$) 为

$$F-mg=ma \qquad (5-24)$$

不过，由此式不能求出 a，因为其中还包含未知量 F.

为求 F，用另一**关键点**：取圆盘为刚体，可以把它的角加速度 α 和它受的力矩用对刚体的转动定律 ($M_{net}=I\alpha$) 联系起来. 为了计算合力矩，作出圆盘的受力图（图5-20c），可以看出，对圆盘的重力和轴对圆盘的力都作用在圆盘的中心，$r=0$，所以它们的力矩为零. 绳对圆盘的力 F 作用在距离 $r=R$ 处，而且和圆盘的边沿相切，因此，它的力矩是 $-RF$，取负的原因是因为它趋向于使圆盘从静止沿顺时针方向转动. 由表5-1c可知，转动惯量 $I=\frac{1}{2}m_dR^2$，于是可以将 $M_{net}=I\alpha$ 写为

$$-RF=\frac{1}{2}m_dR^2\alpha$$

这一关系式似乎是无益的，因为它有两个未知量 α 和 F，都不是要求的 a. 不过，可以用第3个**关键点**使它有用：由于绳子不打滑，物块的线加速度 a 和圆盘边沿的（切向）线加速度 a_t 相等. 于是，由式(5-10) ($a_t=\alpha r$)，得到 $\alpha=a/R$，代入上式可得

$$F=-\frac{1}{2}m_da$$

现在联立上式与式(5-24)有

$$a=-\frac{2m}{m_d+2m}g=-\frac{(2\times1.2\text{kg})}{2.5\text{kg}+2\times1.2\text{kg}}(9.8\text{m/s}^2)$$

$$=-4.8\text{m/s}^2 \qquad \text{(答案)}$$

再用上式求 F：

$$F=-\frac{1}{2}m_da=-\frac{1}{2}\times2.5\text{kg}\times(-4.8\text{m/s}^2)$$

$$=6.0\text{N} \qquad \text{(答案)}$$

如我们应期望的，下落物块的加速度小于 g，绳中的张力 ($=6.0\text{N}$) 小于对悬吊物块的重力 ($=mg=11.8\text{N}$)，也可看到物块的加速度和张力由圆盘的质量决定而与它的半径无关. 作为检验，我们注意到，如果圆盘无质量 ($m_d=0$)，则由上面导出的公式将得到 $a=-g$ 和 $F=0$，这是我们熟悉的，这时物块简单地像一个自由物体下落，在它后面拉着绳子.

由式(5-10)，圆盘的角加速度为

$$\alpha=\frac{a}{R}=\frac{-4.8\text{m/s}^2}{0.20\text{m}}=-24\text{rad/s}^2 \qquad \text{(答案)}$$

解题线索

线索3："质点+刚体"型问题

上例是一个涉及"质点+刚体"的问题，而且题中的质点作平动而刚体在作转动. 这类问题今后会经常遇到. 求解这类问题时，只要分别对质点和刚体正确应用相应的平动、转动规律，再利用其间联系（如此处绳子不打滑所给出的 $a_t=\alpha r$），并将这些关系联立，就可以求得答案.

5－4 转动中的功和能

1. 力矩的功

在刚体转动时，作用于刚体上某点的力所做的功，也可以用该力与力所作用质元的位移的点积来定义，只不过对于刚体这个特殊的质点系，在转动中力做的功是以力矩的形式表示的.下面就再利用图5－19所示的简单构形的刚体来计算力矩对刚体所做的功.

设图5－19中刚体在力 $\boldsymbol{F}$ 的作用下沿圆轨道移动一段距离 $\mathrm{d}s$ 时，它绕通过 O 的轴转过一极小的角位移 $\mathrm{d}\theta$，$\mathrm{d}s = r\mathrm{d}\theta$. 转动中只有力的切向分量 F_t 对刚体做功，因而有

$$\mathrm{d}W = F_t \mathrm{d}s = F_t r \mathrm{d}\theta$$

将力矩 $M = rF_t$ 代入有

$$\mathrm{d}W = M\mathrm{d}\theta \tag{5-25}$$

力矩 M 在一个有限的从 θ_i 到 θ_f 的角位移过程中做的功为

$$W = \int_{\theta_i}^{\theta_f} M\mathrm{d}\theta \qquad (\text{功，绕固定轴转动}) \tag{5-26}$$

式中，M 是做功 W 的力矩；θ_i 和 θ_f 分别是做功前后刚体的角位置. 此式对于任何绕固定轴转动的刚体均成立. 当 M 恒定时，式（5－26）简化为

$$W = M(\theta_f - \theta_i) \qquad (\text{功，恒定力矩}) \tag{5-27}$$

如果刚体受到几个外力的作用，上式中的 M 应是合外力矩.

前面我们讲过，功对时间的变化率为功率. 由式（5－25），对转动情形有

$$P = \frac{\mathrm{d}W}{\mathrm{d}t} = M\omega \qquad (\text{功率，绕固定轴转动}) \tag{5-28}$$

2. 定轴转动的动能定理

力矩做功对刚体运动的影响可以通过转动定律来确定. 根据转动定律，刚体所受合外力矩 $M = I\alpha = I\dfrac{\mathrm{d}\omega}{\mathrm{d}t}$，在 $\mathrm{d}t$ 时间内刚体的角位移 $\mathrm{d}\theta = \omega\mathrm{d}t$，所以合外力矩所做的元功是

$$\mathrm{d}W = M\mathrm{d}\theta = \left(I\frac{\mathrm{d}\omega}{\mathrm{d}t}\right)\omega\mathrm{d}t$$

当刚体的角速度从 t_i 时刻的 ω_i 增加到 t_f 时刻的 ω_f 时，在整个过程中合外力矩 M 对刚体做的功为

$$W = \int \mathrm{d}W = \int M\mathrm{d}\theta = \int_{t_i}^{t_f}\left(I\frac{\mathrm{d}\omega}{\mathrm{d}t}\right)\omega\mathrm{d}t = \int_{\omega_i}^{\omega_f} I\omega\mathrm{d}\omega$$

即

$$W = \frac{1}{2}I\omega_f^2 - \frac{1}{2}I\omega_i^2 = E_{kf} - E_{ki} = \Delta E_k \qquad (\text{功－动能定理}) \tag{5-29}$$

此式与质点的动能定理对应（只是现在动能是转动动能），被称为**定轴转动的动能定理**. 它表明

合外力矩对绕固定轴转动的刚体所做的功等于刚体转动动能的增量.

读者可能已经注意到，在刚体绕定轴转动的研究中，有许多研究思路和规律形式可以与质点力学中的相互类比. 在此，我们总结了刚体绕定轴转动的公式和相对应的质点平动运动的公

式，用类比形式列于表5-2中，供参考.

表5-2 平动和转动的一些相对应的公式

纯平动（固定方向）		纯转动（固定轴）	
位置	x	角位置	θ
速度	$v=\mathrm{d}x/\mathrm{d}t$	角速度	$\omega=\mathrm{d}\theta/\mathrm{d}t$
加速度	$a=\mathrm{d}v/\mathrm{d}t$	角加速度	$\alpha=\mathrm{d}\omega/\mathrm{d}t$
质量	m	转动惯量	I
牛顿第二定律	$F_{\mathrm{net}}=ma$	牛顿第二定律	$M_{\mathrm{net}}=I\alpha$
功	$W=\int F\mathrm{d}x$	功	$W=\int M\mathrm{d}\theta$
动能	$E_{\mathrm{k}}=\frac{1}{2}mv^2$	动能	$E_{\mathrm{k}}=\frac{1}{2}I\omega^2$
功率（恒定力）	$P=Fv$	功率（恒定力矩）	$P=M\omega$
功-动能定理	$W=\Delta E_{\mathrm{k}}$	功-动能定理	$W=\Delta E_{\mathrm{k}}$

例题5-9

在例题5-8和图5-20中，若使圆盘在$t=0$时从静止开始运动，那么在$t=2.5\mathrm{s}$时它的转动动能E_{k}是多少？

【解】 可以用式$E_{\mathrm{k}}=\frac{1}{2}I\omega^2$求$E_{\mathrm{k}}$. 已知$I=\frac{1}{2}mR^2$，但不知道在$t=2.5\mathrm{s}$时的$\omega$. 尽管如此，**关键点**是角加速度$\alpha$具有恒定值$-24\mathrm{rad/s^2}$，因此可以应用式（5-5）中对于恒定角加速度的公式. 由于要求ω，并已经知道了α和ω_0（$=0$），就用

$$\omega=\omega_0+\alpha t=0+\alpha t=\alpha t$$

将$\omega=\alpha t$和$I=\frac{1}{2}mR^2$代入式（5-13），得

$$E_{\mathrm{k}}=\frac{1}{2}I\omega^2=\frac{1}{2}\left(\frac{1}{2}mR^2\right)(\alpha t)^2=\frac{1}{4}m(R\alpha t)^2$$

$$=\frac{1}{4}\times2.5\mathrm{kg}\times[0.20\mathrm{m}\times(-24\mathrm{rad/s^2})\times2.5\mathrm{s}]^2$$

$$=90\mathrm{J}$$ （答案）

用另一不同的**关键点**也可以得到此结果：可以从对圆盘做的功求出圆盘的动能. 首先，用功-动能定理把圆盘动能的**改变**和对它做的净功联系起来，即$E_{\mathrm{k}f}-E_{\mathrm{k}i}=W$. 将$E_{\mathrm{k}f}$以$E_{\mathrm{k}}$，$E_{\mathrm{k}i}$以0代入，得到

$$E_{\mathrm{k}}=E_{\mathrm{k}i}+W=0+W=W \qquad (5-30)$$

下一步需要求W. 可以把W和对圆盘的力矩用式（5-26）或式（5-27）联系起来. 引起角加速度和做功的惟一力矩是绳子对圆盘的力F产生的力矩. 由例题5-8，这一力矩等于$-MR$. 另一个**关键点**是由于α是恒定的，此力矩也一定是恒定的，因此，可应用式（5-27）写出

$$W=M(\theta_f-\theta_i)=-FR(\theta_f-\theta_i) \qquad (5-31)$$

还需一个**关键点**：由于α是恒定的，可以用式（5-5）求$\theta_f-\theta_i$. 由于$\omega_i=0$，有

$$\theta_f-\theta_i=\omega_i t+\frac{1}{2}\alpha t^2=0+\frac{1}{2}\alpha t^2=\frac{1}{2}\alpha t^2$$

现在将此式代入式（5-31），并将结果代入式（5-30）. 由$F=6.0\mathrm{N}$和$\alpha=-24\mathrm{rad/s^2}$（由例题5-8），得

$$E_{\mathrm{k}}=W=-FR(\theta_f-\theta_i)=-FR\left(\frac{1}{2}\alpha t^2\right)=-\frac{1}{2}FR\alpha t^2$$

$$=-\frac{1}{2}\times6.0\mathrm{N}\times0.20\mathrm{m}\times(-24\mathrm{rad/s^2})\times(2.5\mathrm{s})^2$$

$$=90\mathrm{J}$$ （答案）

解题线索

线索4：刚体的重力势能

如果刚体受到保守力的作用，也可以引入势能的概念. 例如，在重力场中的刚体就具有一定的重力势能，欲求它的重力势能，可以把刚体看作全部质量集中在其质心的质点来处理，即$E_{\mathrm{p}}=mgh_{\mathrm{C}}$（$h_{\mathrm{C}}$为刚体的质心与势能零点间的距离）.

对于包括有刚体的系统，在运动过程中如果只有保守力做功，则该系统的机械能也应该守恒. 下面举例说明.

例题 5-10

一只刚性雕塑品由一个细箍（质量为 m；半径 $R=0.15\text{m}$）和一个径向细杆（质量为 m，长 $L=2.0R$）构成，如图5-21所示．该雕塑品可以绕在箍的平面内通过其中心的一个水平轴转动．

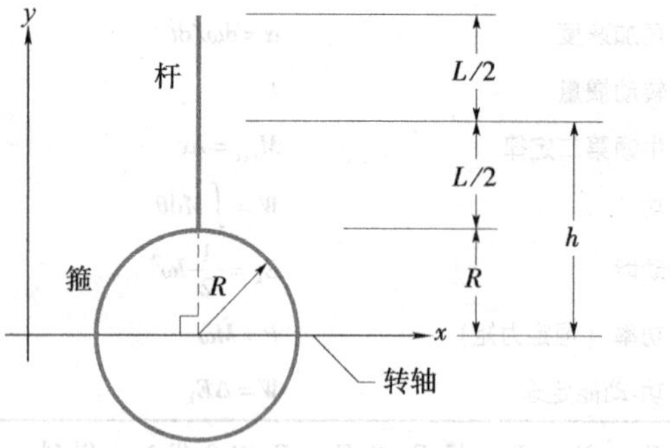

图5-21 例题5-10图

(a) 若用 m 和 R 表示，则雕塑品对转轴的转动惯量为何？

【解】 这里一个**关键点**是，可分别求出箍和杆的转动惯量然后把结果加起来就得到雕塑品的总转动惯量 I．由表5-1h，箍对于它的直径的转动惯量 $I_{\text{hoop}}=\frac{1}{2}mR^2$．由表5-1e，杆对于通过其质心而平行于雕塑品转轴的轴的转动惯量 $I_{\text{com}}=mL^2/12$．要求它对于雕塑品转轴的转动惯量是 I_{rod}，用平行轴定理：

$$I_{\text{rod}}=I_{\text{com}}+mh_{\text{com}}^2=\frac{mL^2}{12}+m\left(R+\frac{L}{2}\right)^2=4.33mR^2$$

式中，用了 $L=2R$ 的事实，而且杆的质心和转轴之间的垂直距离是 $h=R+L/2$．这样，雕塑品对转轴的转动惯量 I 为

$$I=I_{\text{hoop}}+I_{\text{rod}}=\frac{1}{2}mR^2+4.33mR^2=4.83mR^2\approx4.8mR^2$$

（答案）

(b) 从静止开始，雕塑品绕转轴从图5-21的最初直立趋向转动．当它倒过来时，它对轴的角速率 ω 是多少？

【解】 这里需3个**关键点**：

1. 可以把雕塑品的速率 ω 和它的转动动能 E_k 用式（5-13）联系起来．

2. 可以把 E_k 和雕塑品的重力势能 E_p 通过雕塑品的机械能 E 在转动中守恒联系起来．

3. 对于重力势能，可以把雕塑品当成总质量 $2m$ 集中在其质心的质点处理．

可以将机械能守恒（$\Delta E=0$）写成

$$\Delta E_k+\Delta E_p=0 \tag{5-32}$$

随着雕塑品从最初的静止位置转到倒过来，其时角速率为 ω，它的动能的改变 ΔE_k 是

$$\Delta E_k=E_{kf}-E_{ki}=\frac{1}{2}I\omega^2-0=\frac{1}{2}I\omega^2 \tag{5-33}$$

由 $\Delta E_p=mg\Delta y$，相应的重力势能改变是

$$\Delta E_p=(2m)g\Delta y_{\text{com}} \tag{5-34}$$

式中，$2m$ 是雕塑品的总质量，Δy_{com} 是转动期间它的质心的竖直位移．

为了求 Δy_{com}，首先求图5-21中质心的最初位置 y_{com}．箍（质量为 m）的质心在 $y=0$ 处，杆（质量为 m）的质心在 $R+L/2$ 处，因此，由式（4-3），雕塑品的质心在

$$y_{\text{com}}=\frac{m(0)+m\left(R+\frac{L}{2}\right)}{2m}=\frac{0+m(R+2R/2)}{2m}=R$$

当雕塑品倒过来时，质心离转轴的距离相同但在它**下面**．于是，质心从最初位置到倒过来的位置的竖直位移为

$$\Delta y_{\text{com}}=-2R$$

现在把这些结果放到一块，将式（5-33）和式（5-34）代入式（5-32）给出

$$\frac{1}{2}I\omega^2+(2m)g\Delta y_{\text{com}}=0$$

将(a)中的 $I=4.83mR^2$ 和上面的 $\Delta y_{\text{com}}=-2R$ 代入，并对 ω 求解，得

$$\omega=\sqrt{\frac{8g}{4.83R}}=\sqrt{\frac{8\times9.8\text{m/s}^2}{4.83\times0.15\text{m}}}=10\text{rad/s}$$

（答案）

5-5 角动量 角动量守恒定律

在讨论质点运动时，我们用线动量 $\boldsymbol{p}$ 来描述机械运动的状态，引出了动量定理和动量守恒定律，我们看到它们在解决平动问题中起着相当重要的作用．同样，在转动问题中，我们也可

以用 $\boldsymbol{p}$ 的角对应量——角动量来描述物体转动的状态. 角动量是一个很重要的概念，它所起的作用和线动量所起的作用相类似. 利用这个概念，可以推广转动的动力学方程，从而导出重要的角动量守恒定律. 本节中我们先介绍质点对给定点的角动量定理和角动量守恒定律，在此基础上，着重讨论绕定轴转动的刚体的角动量定理和角动量守恒定律.

1. 质点的角动量定理和角动量守恒定律

(1) 质点对一点的角动量

如图5-22所示，质量为 m，具有线动量 $\boldsymbol{p}$ （$=m\boldsymbol{v}$），在 xy 平面内通过点 A 运动的一个质点，此质点对原点 O 的**角动量** $\boldsymbol{L}$ 是一个矢量，定义为

$$\boldsymbol{L}=\boldsymbol{r}\times\boldsymbol{p}=m(\boldsymbol{r}\times\boldsymbol{v}) \quad \text{（角动量定义）} \quad (5-35)$$

式中，$\boldsymbol{r}$ 是质点对于 O 的位矢. 随着质点相对于 O 沿着自己的动量 $\boldsymbol{p}$ （$=m\boldsymbol{v}$）的方向运动，位矢 $\boldsymbol{r}$ 绕 O 转动. 应认真注意到要对 O 具有角动量，质点本身并不一定要围着 O 转动. 比较式(5-19)和式(5-35)可知，角动量对线动量具有力矩对力的类似关系. 角动量的SI单位是千克·米平方每秒（$kg\cdot m^2/s$），等价于焦·秒（$J\cdot s$），角动量的量纲是 ML^2T^{-1}.

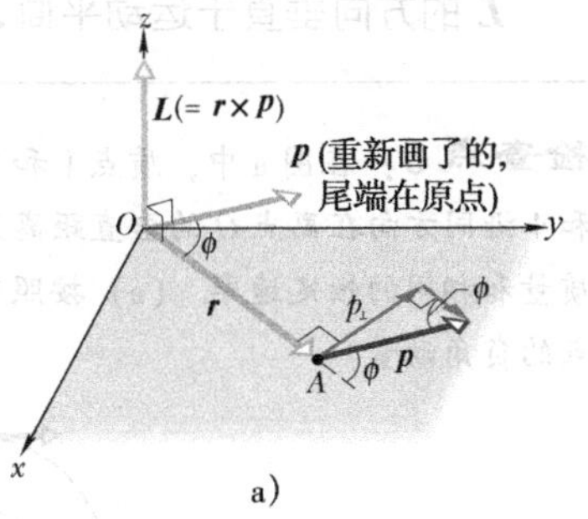

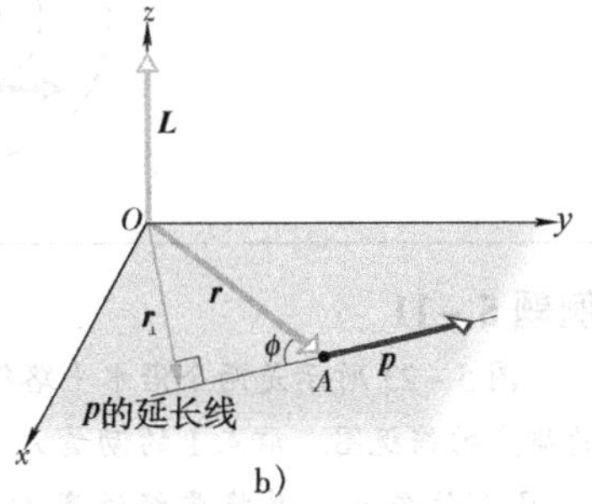

图5-22 定义角动量. 通过点 A 的质点具有线动量 $\boldsymbol{p}$（$=m\boldsymbol{v}$），矢量 $\boldsymbol{p}$ 在 xy 平面内，质点具有对原点 O 的角动量 $\boldsymbol{L}$（$=\boldsymbol{r}\times\boldsymbol{p}$）.

为了求角动量 $\boldsymbol{L}$ 的方向（见图5-22），平行移动矢量 $\boldsymbol{p}$ 直到它的尾端在原点 O 处；接着用对矢积的右手规则，让四指从 $\boldsymbol{r}$ 扫到 $\boldsymbol{p}$，伸直的拇指在图5-22中指出 $\boldsymbol{L}$ 的方向沿 z 轴的正向. 当质点继续运动时，这一正方向和它的位矢 $\boldsymbol{r}$ 绕 z 轴的逆时针转动相一致（$\boldsymbol{L}$ 的负方向和 $\boldsymbol{r}$ 对 z 轴的顺时针转动相一致）.

为了求 $\boldsymbol{L}$ 的大小，用矢量的矢积法则，有

$$L=rmv\sin\phi \quad (5-36)$$

式中，ϕ 是 $\boldsymbol{r}$ 和 $\boldsymbol{p}$ 尾接尾时二者之间的夹角. 由图5-22a知式(5-36)可写成

$$L=rp_{\perp}=rmv_{\perp} \quad (5-37)$$

式中，$p_{\perp}$ 是 $\boldsymbol{p}$ 垂直于 $\boldsymbol{r}$ 的分量；$v_{\perp}$ 是 $\boldsymbol{v}$ 垂直于 $\boldsymbol{r}$ 的分量. 由图5-22b还可看出式(5-36)也可写成

$$L=r_{\perp}p=r_{\perp}mv \quad (5-38)$$

式中，$r_{\perp}$ 是 O 和 $\boldsymbol{p}$ 的延长线之间的垂直距离.

应注意，此处的角动量只对一个特定点才有意义，也就是说其值与参考点 O 的选择有关. 而且，如果图5-22中的质点不在 xy 平面内，或者它的线动量 $\boldsymbol{p}$ 也不在该平面内，则角动量 $\boldsymbol{L}$ 不会平行于 z 轴. 角动量矢量的方向总是垂直于位矢 $\boldsymbol{r}$ 与线动量矢量 $\boldsymbol{p}$ 构成的平面.

另外，当质点绕 O 作圆周运动时，$\phi=90°$，$\sin\phi=0$，这时由式(5-36)得

$$L=rmv \quad (5-39)$$

因为 $v=r\omega$，所以上式也可写为

$$L=mr^2\omega \quad (5-40)$$

$\boldsymbol{L}$ 的方向垂直于运动平面，且与 $\boldsymbol{\omega}$ 的方向相同.

检查点6：在图a中，质点1和2围绕 O 沿相反方向在半径为2m和4m的两个圆上运动. 在图b中，质点3和4沿同方向在离点 O 的垂直距离为4m和2m的直线上运动. 质点5直接离开 O 运动. 所有质点都具有相同的质量和相同的恒定速率. (a) 按照它们对 O 的角动量的大小由大到小对这些质点排序. (b) 哪个质点具有对 O 点的负角动量?

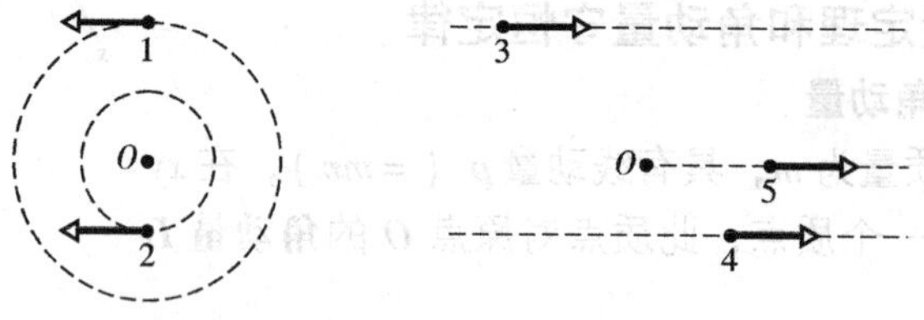

a)　　　　b)

例题 5-11

图5-23所示是两个沿水平路径以恒定动量运动的质点的俯视图. 质点1的动量大小 $p_1=5.0\text{kg}\cdot\text{m/s}$，具有位矢 $\boldsymbol{r}_1$，并将要经过离 O 点2.0m的地方. 质点2的动量大小 $p_2=2.0\text{kg}\cdot\text{m/s}$，具有位矢 $\boldsymbol{r}_2$，并将要通过离 O 点4.0m的地方. 这个二质点系统对 O 点的净角动量 $\boldsymbol{L}$ 为何?

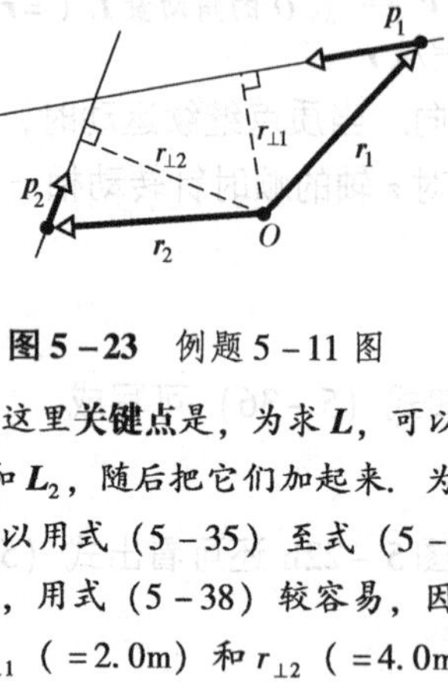

图5-23 例题5-11图

【解】 这里关键点是，为求 $\boldsymbol{L}$，可以先求单个的角动量 $\boldsymbol{L}_1$ 和 $\boldsymbol{L}_2$，随后把它们加起来. 为了计算它们的大小，可以用式(5-35)至式(5-38)中的任一个. 不过，用式(5-38)较容易，因为已给出了垂直矩离 $r_{\perp 1}$ (=2.0m) 和 $r_{\perp 2}$ (=4.0m) 以及动量的大小 p_1 和 p_2.

对质点1，式(5-38)给出

$$L_1=r_{\perp 1}p_1=2.0\text{m}\times 5.0\text{kg}\cdot\text{m/s}=10\text{kg}\cdot\text{m}^2/\text{s}$$

为了求矢量 $\boldsymbol{L}_1$ 的方向，用式(5-35)和对矢积的右手规则. 对 $\boldsymbol{r}_1\times\boldsymbol{p}_1$，矢积指向页面外，垂直于图5-23的平面，这是正方向，和质点1在运动中它的位矢 $\boldsymbol{r}_1$ 绕 O 的逆时针转动相一致. 因此，质点1的角动量矢量是

$$L_1=+10\text{kg}\cdot\text{m}^2/\text{s}$$

同理，$\boldsymbol{L}_2$ 的大小是

$$L_2=r_{\perp 2}p_2=4.0\text{m}\times 2.0\text{kg}\cdot\text{m/s}=8.0\text{kg}\cdot\text{m}^2/\text{s}$$

而矢积 $\boldsymbol{r}_2\times\boldsymbol{p}_2$ 指向页面内，这是负方向，与质点2在运动中 $\boldsymbol{r}_2$ 绕 O 的顺时针转动相一致. 因此，质点2的角动量是

$$L_2=-8.0\text{kg}\cdot\text{m}^2/\text{s}$$

这个二质点系统的净角动量是

$$L=L_1+L_2=+10\text{kg}\cdot\text{m}^2/\text{s}+(-8.0\text{kg}\cdot\text{m}^2/\text{s})=+2.0\text{kg}\cdot\text{m}^2/\text{s}$$

(答案)

正号表示系统对 O 的净角动量是向页面外.

(2) 质点的角动量定理

以形式

$$\boldsymbol{F}_{\text{net}}=\frac{\mathrm{d}\boldsymbol{p}}{\mathrm{d}t}\ (\text{单质点}) \tag{5-41}$$

写出的牛顿第二定律表示对一个单质点的力和线动量的密切关系. 我们已经看到过足够的线量和角量的对应关系，因此，完全可以相信在力矩和角动量之间也有一种密切关系. 受式(5-41)的启发，我们甚至可以猜出它一定是

$$\boldsymbol{M}_{\text{net}} = \frac{\mathrm{d}\boldsymbol{L}}{\mathrm{d}t} \quad (\text{单质点}) \tag{5-42}$$

式 (5-42) 确实是对单个质点的牛顿第二定律的角量形式，人们常称它为**角动量定理**：

> 作用在一个质点上的合外力矩等于该质点的角动量对时间的变化率.

式 (5-42) 仅对力矩 $\boldsymbol{M}$ 和角动量 $\boldsymbol{L}$ 在都相对于惯性系中同一固定点时方有意义.

下面来证明式 (5-42).

从一个质点的角动量的定义式 (5-35) 开始：

$$\boldsymbol{L} = m(\boldsymbol{r} \times \boldsymbol{v})$$

式中，$\boldsymbol{r}$ 是质点的位矢；$\boldsymbol{v}$ 是质点的速度.

上式两侧对 t 微分得

$$\frac{\mathrm{d}\boldsymbol{L}}{\mathrm{d}t} = m\left(\boldsymbol{r} \times \frac{\mathrm{d}\boldsymbol{v}}{\mathrm{d}t} + \frac{\mathrm{d}\boldsymbol{r}}{\mathrm{d}t} \times \boldsymbol{v}\right)$$

这里，$\mathrm{d}\boldsymbol{v}/\mathrm{d}t$ 为质点的加速度 $\boldsymbol{a}$；$\frac{\mathrm{d}\boldsymbol{r}}{\mathrm{d}t}$ 为它的速度 $\boldsymbol{v}$. 因此可以将其重写为

$$\frac{\mathrm{d}\boldsymbol{L}}{\mathrm{d}t} = m(\boldsymbol{r} \times \boldsymbol{a} + \boldsymbol{v} \times \boldsymbol{v})$$

由于 $\boldsymbol{v} \times \boldsymbol{v} = 0$，(任何矢量和它自己的矢积是零，因为两个矢量之间的夹角一定是零)，这就给出

$$\frac{\mathrm{d}\boldsymbol{L}}{\mathrm{d}t} = m(\boldsymbol{r} \times \boldsymbol{a}) = \boldsymbol{r} \times m\boldsymbol{a}$$

现在用牛顿第二定律 ($\boldsymbol{F}_{\text{net}} = m\boldsymbol{a}$) 把 $m\boldsymbol{a}$ 以作用在质点上的力的矢量和代替，可得

$$\frac{\mathrm{d}\boldsymbol{L}}{\mathrm{d}t} = \boldsymbol{r} \times \boldsymbol{F}_{\text{net}} = \sum(\boldsymbol{r} \times \boldsymbol{F})$$

这里符号 $\sum$ 表明必须把所有的力的矢积 $\boldsymbol{r} \times \boldsymbol{F}$ 加起来. 然而，由式 (5-19) 知道，这些矢积的每一个都是和一个力相联系的力矩. 因此，上式表明

$$\boldsymbol{M}_{\text{net}} = \frac{\mathrm{d}\boldsymbol{L}}{\mathrm{d}t}$$

这就是我们开始要证明的式 (5-42).

检查点 7：右图所示为一个质点在某一时刻的位矢 $\boldsymbol{r}$ 和加速它的一个力可供选择的四个方向. 四种选择都在 xy 平面内，(a) 根据它们产生的对质点 O 的角动量的时间变率 ($\mathrm{d}L/\mathrm{d}t$) 的大小由大到小对这四种选择排序. (b) 哪一种选择产生对 O 的负变化率？

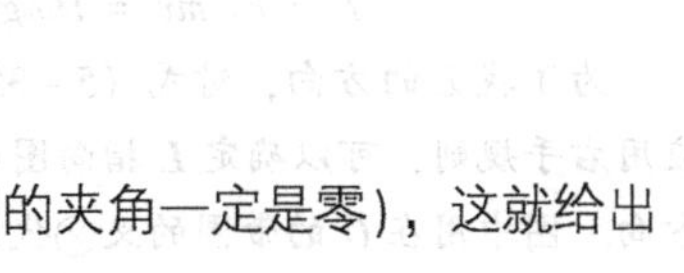

例题 5-12

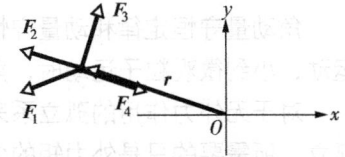

在图 5-24 中，一只质量为 m 的企鹅从 A 点由静止下落. A 点离一个 xyz 坐标系的原点 O 的距离是 D (z 轴的正向垂直于图面向外).

(a) 下落的企鹅对 O 的角动量 $\boldsymbol{L}$ 为何？

【解】 这里一个**关键点**是，可以把企鹅当成质点处理，因此它的角动量 $\boldsymbol{L}$ 由式 $\boldsymbol{L} = \boldsymbol{r} \times \boldsymbol{p}$ 给定，其中 $\boldsymbol{r}$ 是企鹅的位矢 (从 O 延伸到企鹅)，而 $\boldsymbol{p}$ 是企鹅的线动量. 第二个**关键点**是，即使企鹅沿一条直线运动，它对 O 也有角动量，因为企鹅下落时 $\boldsymbol{r}$ 绕着 O 转动.

为了求 L，可以用式 (5-38)，因为 O 和 $\boldsymbol{p}$ 的延长线之间的垂直距离 $r_{\perp}$ 是已给出的 D. 第三个**关键点**是大家相当熟悉的：从静止至下落一段时间 t 时的

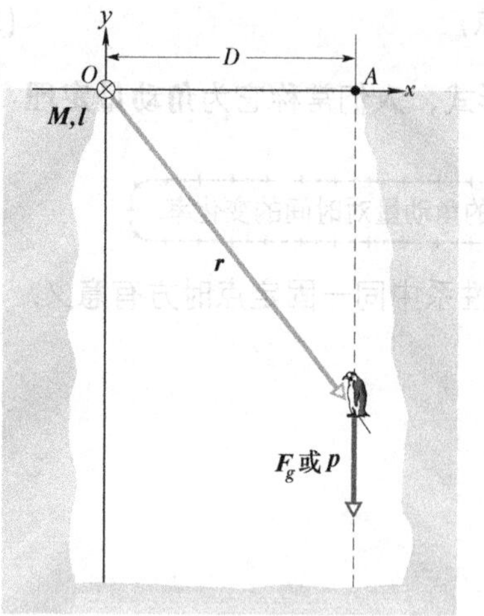

图5-24 例题5-12图

速率是$v=gt$. 现在可以用已知量把式（5-38）写成

$$L = r_{\perp} mv = Dmgt \quad \text{（答案）}$$

为了找$\boldsymbol{L}$的方向，对式（5-35）中的矢积$\boldsymbol{r}\times\boldsymbol{p}$应用右手规则，可以确定$\boldsymbol{L}$指向图面内，沿z轴的负方向. 图中用在O的带圈的叉⊗代表$\boldsymbol{L}$. 矢量$\boldsymbol{L}$只随时间改变大小，它的方向保持不变.

（b）对于O，重力F_g对企鹅的力矩M为何?

【解】 这里的关键点是，力矩由式$\boldsymbol{M}=\boldsymbol{r}\times\boldsymbol{F}$给出，其中的力现在是$\boldsymbol{F}_g$，即使企鹅沿一条直线运动，$\boldsymbol{F}_g$还是对企鹅有一力矩作用，因为企鹅运动时$\boldsymbol{r}$绕O转动.

为了求$\boldsymbol{M}$的大小，用从式（5-19）导出的任一个标量公式，即从式（5-20）到式（5-22）. 不过，用式（5-22）较容易，因为O和$\boldsymbol{F}_g$的作用线之间的垂直距离是给出的D. 因此，代入D并用mg代替$\boldsymbol{F}_g$的大小，可将式（5-22）写成

$$M = DF_g = Dmg \quad \text{（答案）}$$

对式（5-19）中的矢积$\boldsymbol{r}\times\boldsymbol{F}$应用右手规则，可发现$\boldsymbol{M}$的方向是沿z轴的负方向，和$\boldsymbol{L}$的一样.

在（a）和（b）中得到的结果必须符合角动量定理$M_{net}=\frac{dL}{dt}$. 为了检验得到的两个结果. 写出式（5-42）沿z轴的分量式并代入$L=Dmgt$得

$$M = \frac{dL}{dt} = \frac{d(Dmgt)}{dt} = Dmg$$

这就是已求出的$\boldsymbol{M}$的大小. 为了确定方向，注意到式（5-42）表明$\boldsymbol{M}$和$d\boldsymbol{L}/dt$必须具有相同的方向，因此，$\boldsymbol{M}$和$\boldsymbol{L}$也必须具有相同的方向，这正是已求出的.

（3）质点的角动量守恒定律

由式（5-42）可以看出，若$\boldsymbol{M}_{net}=0$，也就是作用在质点上的合外力矩为零，则有$\frac{d\boldsymbol{L}}{dt}=0$，因而

$$\boldsymbol{L} = \boldsymbol{r}\times\boldsymbol{p} = m(\boldsymbol{r}\times\boldsymbol{v}) = \text{恒矢量} \quad (5-43)$$

这个结论称为**质点的角动量守恒定律**，即

如果对于某一固定点，质点所受的合外力矩为零，则此质点对该固定点的角动量矢量保持不变.

角动量守恒定律和动量守恒定律一样，也是自然界的一条最基本的定律. 在研究大到天体运动，小到微观粒子运动时，角动量守恒定律都起着重要作用.

对于无外力作用的孤立系来说，动量和角动量都是守恒的. 不过，角动量守恒不需要系统孤立，所需要的只是外力矩的矢量和为零. 由于力矩$\boldsymbol{M}=\boldsymbol{r}\times\boldsymbol{F}$，所以要满足此条件，既可能是所受的外力为零，也可能是外力并不为零，但合力通过固定点，致使合力矩为零. 例如，在研究行星围绕太阳的运动时，由于太阳的引力始终通过太阳，因此如以太阳为固定点，则行星的角动量是守恒的.

一般地说，如果运动质点所受的力的作用线始终通过某个定点，那么这种力就称为**有心力**，而该点就叫做**力心**. 由于有心力始终通过力心，所以有心力对力心的力矩恒等于零，在有心力作用下质点对力心的角动量总是守恒的.

例题 5-13

“所有的行星都沿椭圆轨道绕太阳运动，太阳位于椭圆的一个焦点上；由太阳到任一行星的连线（径矢）在相等的时间内在行星轨道平面内扫过的面积相等，即它扫过的面积 A 的速率 dA/dt 是常量.”这是关于行星运动的开普勒第一和第二定律. 试用角动量守恒定律证明开普勒第二定律.

【证明】 这里的关键点是，由于行星本身的线度远小于它到太阳的距离 r（见图 5-25），所以可将行星看作质点. 因为太阳作用在行星上的万有引力直接指向太阳，故此力是有心力（这里的力心就在太阳的中心），因此，在行星围绕太阳运动的过程中，角动量处处守恒（是常量）.

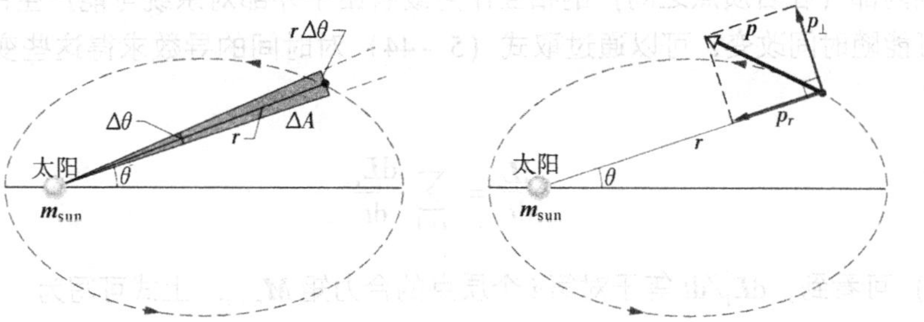

图 5-25 例题 5-13 图 a) 在时间 Δt 内连接行星到太阳（质量 m_{sun}）的连线 r 扫过一个角度 $\Delta\theta$ 和面积 ΔA（阴影）. b) 行星的线动量 $\boldsymbol{p}$ 和它的两个分量.

在图 5-25a 中，劈形阴影部分的面积非常近似于连接相距 r 的行星与太阳的直线在 Δt 时间内扫过的面积. 劈形的面积 ΔA 近似地等于高为 r、底为 $r\Delta\theta$ 的三角形的面积. 三角形的面积是底乘高的一半，即 $\Delta A \approx \frac{1}{2}r^2\Delta\theta$. 在 Δt（因而 $\Delta\theta$）趋近于零时，这个 ΔA 表示式就更精确. 行星与太阳连线扫过面积的瞬时变化率就应为

$$\frac{dA}{dt} = \frac{1}{2}r^2\frac{d\theta}{dt} = \frac{1}{2}r^2\omega$$

其中，ω 是太阳和行星的连线转动的角速度.

图 5-25b 表示行星的线动量 $\boldsymbol{p}$ 和它的切向及法向分量. 从式（5-37）（$L = rp_\perp$）知，行星对于太阳的角动量 $\boldsymbol{L}$ 的大小是 r 与 $p_\perp$ 的乘积，$p_\perp$ 是 $\boldsymbol{p}$ 垂直于 r 的分量. 这里，对于质量为 m 的行星来说，有

$$L = rp_\perp = (r)(mv_\perp) = (r)(m\omega r) = mr^2\omega$$

其中，我们已把 $v_\perp$ 用和它等效的 ωr 代入. 消去上面两式中的 $r^2\omega$ 可得

$$\frac{dA}{dt} = \frac{L}{2m} = \text{常量}$$

这就证明了开普勒第二定律.

需要补充说明的是，由上面所说的关键点，即行星相对于太阳的角动量守恒，可以有

$$mvr\sin\phi = \text{常量}$$

其中，v、r 和 ϕ（见图 5-26）这三个量都将随行星的椭圆轨道运动变化，而它们的乘积 $mvr\sin\phi$ 却始终保持不变.

由图 5-26 可以看出，在轨道中的两个位置——近日点 b 和远日点 a——$\boldsymbol{v}$ 均垂直于 $\boldsymbol{r}$，$\phi = 90°$ 和 $\sin\phi = 1$. 对这两个点应用角动量守恒有

$$mv_ar_a = mv_br_b \quad \text{或} \quad v_ar_a = v_br_b$$

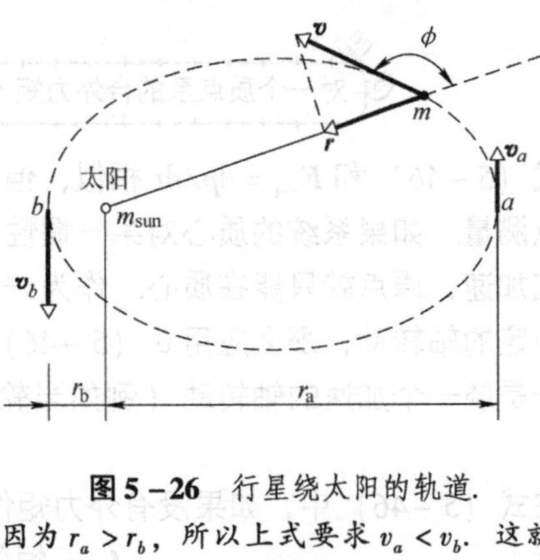

图 5-26 行星绕太阳的轨道.

因为 $r_a > r_b$，所以上式要求 $v_a < v_b$. 这就是说，当行星绕太阳公转时，它的速率在从 a 到 b 的行程中增大，而从 b 到 a 的行程中减小，从而保证了在相等的时间内径矢扫过的面积相等.

(4) 质点系的角动量定理和角动量守恒定律

现在把注意力转向一个质点系对原点的角动量. 系统的总角动量 $\boldsymbol{L}$ 是各单个质点的角动量 $\boldsymbol{L}$ 的（矢量）和:

$$\boldsymbol{L} = \boldsymbol{L}_1 + \boldsymbol{L}_2 + \boldsymbol{L}_3 + \cdots + \boldsymbol{L}_n = \sum_{i=1}^{n} \boldsymbol{L}_i \tag{5-44}$$

式中，i（=1，2，3，…）是各质点的标记.

由于系统内部（在各质点之间）的相互作用或者由于外部对系统可能产生的影响. 单个质点的角动量可能随时间改变，可以通过取式（5-44）对时间的导数求得这些变化发生时 $\boldsymbol{L}$ 的改变，因此，

$$\frac{\mathrm{d}\boldsymbol{L}}{\mathrm{d}t} = \sum_{i=1}^{n} \frac{\mathrm{d}\boldsymbol{L}_i}{\mathrm{d}t}$$

由式（5-42）可看到，$\mathrm{d}\boldsymbol{L}_i/\mathrm{d}t$ 等于对第 i 个质点的合力矩 $\boldsymbol{M}_{\mathrm{net},i}$. 上式可写为

$$\frac{\mathrm{d}\boldsymbol{L}}{\mathrm{d}t} = \sum_{i=1}^{n} \boldsymbol{M}_{\mathrm{net},i} \tag{5-45}$$

这就是说，系统的角动量 $\boldsymbol{L}$ 的变化率等于对组成系统的各个质点的力矩的矢量和. 这些力矩包括**内力矩**（由质点之间的力产生的）和**外力矩**（由系统外的物体对质点的力产生的）. 然而，由于质点之间的力总是以第三定律力对出现，所以它们的内力矩之和一定为零. 因此，能改变系统的总角动量 $\boldsymbol{L}$ 的力矩只是那些作用于系统的外力矩.

令 $\boldsymbol{M}_{\mathrm{net}}$ 代表合外力矩，即对系统中所有质点的所有外力矩的矢量和，于是就可把式（5-45）写成

$$\boldsymbol{M}_{\mathrm{net}} = \frac{\mathrm{d}\boldsymbol{L}}{\mathrm{d}t} \quad \text{（质点系）} \tag{5-46}$$

这一方程就是对质点系的牛顿第二定律用于转动的角量形式，常习惯称为**质点系的角动量定理**它说的是:

> 对一个质点系的合外力矩 $\boldsymbol{M}_{\mathrm{net}}$ 等于系统的总角动量 $\boldsymbol{L}$ 对时间的变化率.

式（5-46）和 $\boldsymbol{F}_{\mathrm{net}} = \mathrm{d}\boldsymbol{p}/\mathrm{d}t$ 相似，但需要特别注意: 力矩和系统的角动量必须相对于同一个原点测量. 如果系统的质心对某一惯性系没有加速，原点可以是任意点. 但是，如果系统的质心**在**加速，原点就只能在质心. 作为一个例子，考虑一个轮子为质点系. 如果轮子绕相对于地面固定的轴转动，那么应用式（5-46）时可以取任何相对于地面固定的点为原点; 然而，如果轮子是绕一个加速的轴转动（例如当轮子滚下一个斜面时），那么原点就只能取在轮子的质心.

在式（5-46）中，如果没有外力矩作用于系统，此式变为 $\mathrm{d}\boldsymbol{L}/\mathrm{d}t = 0$，即

$$\boldsymbol{L} = \text{恒矢量} \quad \text{或} \quad \boldsymbol{L}_i = \boldsymbol{L}_f \tag{5-47}$$

它表明:

> 当质点系相对于某一定点所受的合外力矩为零时，该质点系相对于该定点的角动量矢量保持不变.

这就是一般情况下的**角动量守恒定律**. 式（5-47）是矢量式，它相当于三个分量式，对应于沿三个相互垂直的方向的角动量守恒. 视作用于系统的力矩的情况，系统的角动量可能只沿一个或两个方向而不是所有的方向守恒.

2. 刚体的角动量定理和角动量守恒定律

(1) 绕固定轴转动的刚体的角动量

下面计算一个质点系的角动量，这些质点构成一个绕固定轴转动的刚体. 图5-27a所示为一个这样的刚体：固定轴为 z 轴，刚体绕它以恒定角速率 ω 转动. 在图5-27a中，质量为 Δm_i 的一个典型的质元绕 z 轴沿圆路径运动. 该质元相对于原点 O 的位置由位矢 $\boldsymbol{r}_i$ 给出. 质元的圆路径的半径是 $r_{\perp i}$，也就是质元和 z 轴之间的垂直距离.

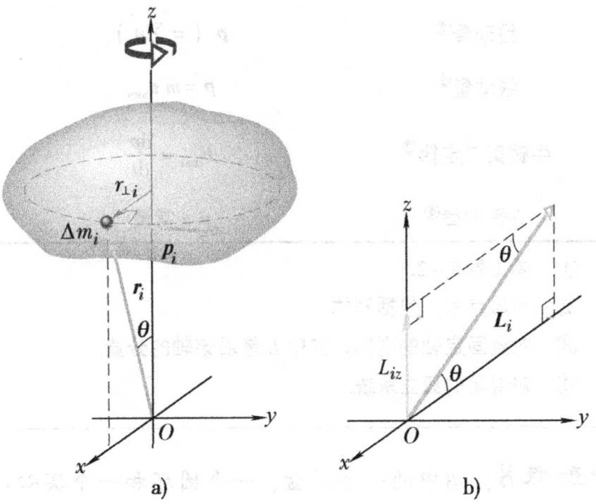

图5-27 绕 z 轴以角速度 ω 转动的刚体.

这个质元对 O 的角动量的大小由式（5-36）给出为

$$L_i = (r_i)(p_i)(\sin 90°) = (r_i)(\Delta m_i v_i)$$

式中，p_i 和 v_i 是质元的线动量和线速率. 90°是 $\boldsymbol{r}_i$ 和 $\boldsymbol{p}_i$ 之间的夹角. 将图5-27a中质元的角动量矢量画在图5-27b中；它的方向必定垂直于 $\boldsymbol{r}_i$ 和 $\boldsymbol{p}_i$ 的方向.

我们感兴趣的是平行于转轴（此处是 z 轴）的 $\boldsymbol{L}_i$ 的分量. 此处 z 分量为

$$L_{iz} = L_i \sin\theta = (r_i \sin\theta)(\Delta m_i v_i) = r_{i\perp} \Delta m_i v_i$$

整个转动刚体的角动量的 z 分量可由将形成该刚体的所有质元的贡献相加求得. 因此，由于 $v = \omega r_{\perp}$，可写出

$$L_z = \sum_{i=1}^{n} L_{iz} = \sum_{i=1}^{n} \Delta m_i v_i r_{\perp i}$$
$$= \sum_{i=1}^{n} \Delta m_i (\omega r_{\perp i}) r_{\perp i}$$
$$= \omega \left(\sum_{i=1}^{n} \Delta m_i r_{\perp i}^2 \right)$$

这里能把 ω 提出到求和号外是因为转动刚体中的所有点的 ω 相同.

上式中的量 $\sum \Delta m_i r_{\perp i}^2$ 是刚体对固定轴的转动惯量 I（见式（5-12）），将 I 代入上式，简化为

$$L_z = I\omega \quad (\text{刚体}) \tag{5-48}$$

式中已去掉了下标 z，但必须记住此式定义的角动量是对转动轴的角动量. 同时，该式中的 I 是对同一轴的转动惯量.

表5-3，作为表5-2的补充，扩大了相对应的线量和角量的关系.

表5-3 平动和转动相对应的变量和关系的补充①

平	动	转	动
力	$\boldsymbol{F}$	力矩	$\boldsymbol{M}\ (=\boldsymbol{r}\times\boldsymbol{F})$
线动量	$\boldsymbol{p}$	角动量	$\boldsymbol{L}\ (=\boldsymbol{r}\times\boldsymbol{p})$
线动量②	$\boldsymbol{p}\ (=\sum\boldsymbol{p}_i)$	角动量②	$\boldsymbol{L}\ (=\sum\boldsymbol{L}_i)$
线动量②	$\boldsymbol{p}=m\boldsymbol{v}_{com}$	角动量③	$L=I\omega$
牛顿第二定律②	$\boldsymbol{F}_{net}=\frac{d\boldsymbol{p}}{dt}$	牛顿第二定律②	$\boldsymbol{M}_{net}=\frac{d\boldsymbol{L}}{dt}$
守恒定律④	$\boldsymbol{p}$=常量	守恒定律④	$\boldsymbol{L}$=常量

① 参见表5-2.
② 对质点系，包括刚体.
③ 对绕固定轴的刚体，其中L是沿该轴的分量.
④ 对封闭的孤立系统.

检查点8：图中的一个圆盘、一个圆环和一个实心球体由绕在它们上面的绳拉动（像陀螺那样）绕固定的中心轴旋转. 绳子对三个物体产生相同的恒定切向力$\boldsymbol{F}$. 三个物体的质量和半径相同，原来都静止. 根据绳子拉动一段时间t后，(a) 它们对各自的中心轴的角动量和 (b) 它们的角速率，由大到小对三个物体排序.

例题5-14

George Washington Gale Ferris, Jr.，来自Rensselaer理工学院的一个土木工程专业研究生，于1893年在芝加哥举办的世界哥伦比亚博览会建造了第一个摩天轮（见图5-28）. 该转轮成为当时一座令人震惊的工程建筑，它装有36个木座舱，每一个可乘多至60个乘客，排在一个半径$R=38$m的圆周上. 每一个座舱的质量约为1.1×10^4kg. 轮子结构的质量约为6.0×10^5kg，大部分都在吊着座舱的圆周的格架中. 座舱每次乘6个人. 一旦36个座舱都乘满了人，轮子以角速率ω_F在约2min内转一周.

(a) 估计当轮以ω_F转动时，轮和乘客的角动量的大小L.

【解】 这里关键点是，可以把轮、座舱和乘客当作绕轮轴（为固定轴）转动的刚体，根据式$L=I\omega$可求出该刚体的角动量的大小. 为此，需要先求这一物体的转动惯量I和角速率ω_F.

为了求I，先从乘满人的座舱开始，因为可以把它们当成离转轴的距离为R的质点处理. 从式（5-12）可知，它们的转动惯量为$I_{pc}=m_{pc}R^2$，其中m_{pc}是它们的总质量. 假设每个座舱乘满了60个乘客，

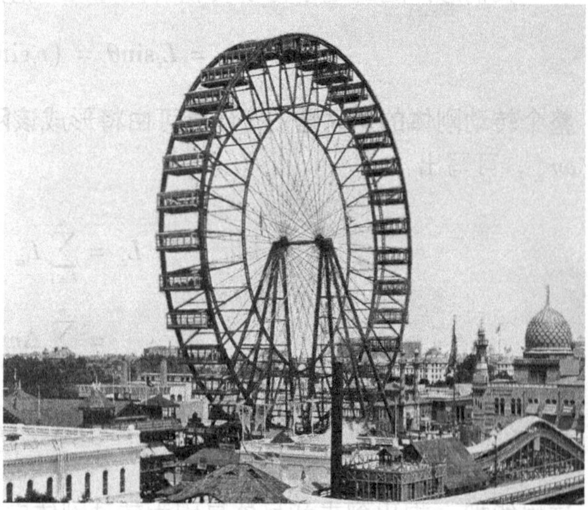

图5-28 例题5-14图 1893年在芝加哥大学附近建造的第一个摩天轮，高出周围建筑物许多.

每个乘客的质量为70kg，则它们的总质量为

$$m_{pc}=36[1.1\times10^4\text{kg}+60(70\text{kg})]=5.47\times10^5\text{kg}$$

相应的转动惯量为

$$I_{pc}=m_{pc}R^2=(5.47\times10^5\text{kg})(38\text{m})^2$$
$$=7.90\times10^8\text{kg}\cdot\text{m}^2$$

接着考虑轮的结构. 假设此结构的转动惯量主要是由悬吊座舱的圆形格架引起的. 进一步地，假设此格架形成一个半径为R、质量m_{hoop}为3.0×10^5kg（轮的质量的一半）的圆环. 由表5-1a，此环的转动惯量为

$$I_{hoop}=m_{hoop}R^2=(3.0\times10^5\text{kg})(38\text{m})^2=4.33\times10^8\text{kg}\cdot\text{m}^2$$

座舱、乘客和环的总转动惯量为

$$I=I_{pc}+I_{hoop}=7.90\times10^8\text{kg}\cdot\text{m}^2+4.33\times10^8\text{kg}\cdot\text{m}^2=1.22\times10^9\text{kg}\cdot\text{m}^2$$

为了求转动速率ω_F，用式$\omega_{avg}=\Delta\theta/\Delta t$. 这里，大轮在时间周期$\Delta t=2$min内转过了角位移$\Delta\theta=2\pi$rad，因此有

$$\omega_F=\frac{2\pi\text{rad}}{2\text{min}\times60\text{s/min}}=0.0524\text{rad/s}$$

现在可以用式（5-48）求得角动量的大小为

$$L=I\omega_F=1.22\times10^9\text{kg}\cdot\text{m}^2\times0.0524\text{rad/s}=6.39\times10^7\text{kg}\cdot\text{m}^2\approx6.4\times10^7\text{kg}\cdot\text{m}^2/\text{s}$$

（答案）

(b) 假设坐满了乘客的大轮从静止经过时间$\Delta t_1=5.0$s转动达到ω_F. 在时间Δt_1内对它作用的平均合外力矩的大小M_{avg}是多少？

【解】 这里关键点是，平均合外力矩是以式（5-46）与满载的大轮的角动量的改变ΔL联系着的. 由于大轮在时间Δt_1内绕固定轴转动达到角速度ω_F，可以把式（5-46）重写为$M_{avg}=\Delta L/\Delta t_1$. 改变量$\Delta L$是从零到（a）中的答案，因此有

$$M_{avg}=\frac{\Delta L}{\Delta t_1}=\frac{6.39\times10^7\text{kg}\cdot\text{m}^2/\text{s}-0}{5.0\text{s}}\approx1.3\times10^7\text{N}\cdot\text{m}$$

（答案）

（2）刚体定轴转动的角动量定理和角动量守恒定律

将绕定轴转动的刚体看作质点系，它应该服从质点系的角动量定理

$$\boldsymbol{M}_{net}=\frac{\text{d}\boldsymbol{L}}{\text{d}t}$$

这是一矢量式，若取转轴为z轴，则利用上式沿z轴的分量式和式（5-48）中刚体角动量的表达式，可写出**刚体绕z轴转动的角动量定理**的关系式

$$M_z=\frac{\text{d}L_z}{\text{d}t}=\frac{\text{d}}{\text{d}t}(I_z\omega)\qquad(5-49)$$

它表明

当刚体绕定轴转动时，作用于刚体的合外力矩等于刚体绕该定轴的角动量随时间的变化率.

对照式（5-23）可以看出，式（5-49）是转动定律的另一种表达形式，但其意义更加普遍. 即使在绕定轴转动的物体其转动惯量I发生变化时，式（5-23）已不适用，但式（5-49）仍然成立. 这与质点动力学中牛顿第二定律的表达式$\boldsymbol{F}=\frac{\text{d}\boldsymbol{p}}{\text{d}t}$比$\boldsymbol{F}=m\boldsymbol{a}$一式更为普遍是一样的.

在特殊情形下，如果作用于刚体的合外力矩等于零，则可以得到

$$I\omega=\text{恒量}\quad\text{或}\quad I_i\omega_i=I_f\omega_f\qquad(5-50)$$

这就是说，

当刚体绕定轴转动时，如果所受合外力矩等于零，则沿该转轴的角动量保持不变.

像已讨论过的其他两个守恒定律一样，式（5-47）和式（5-50）的适用范围不仅超出牛

顿力学的限制范围，它们还适用于速率接近光速的粒子（该领域由狭义相对论统治），并且在亚原子粒子世界中仍然正确（该领域由量子物理统治），从没有发现过对角动量守恒定律的例外.

下面讨论有关此定律的四个例子.

① **转台上的旋转者** 图5－29所示为一个学生坐在一只可以绕竖直轴自由转动的凳子上. 这个学生最初在伸出的两手中各握住一只哑铃，在以一个不大的角速率 ω_i 转动着. 他的角动量 $\boldsymbol{L}$ 沿着竖直转动轴指向上方. 当他收回两臂使质量更靠近转轴时，相应地，他的转动惯量从其初值 I_i 减小到一个小的值 I_f，因而他转动的速率明显地增大，从 ω_i 到 ω_f. 旋转者还可以通过伸直他的手臂使转动再次慢下来.

此现象的原因就在于没有合外力矩作用在由旋转者、凳子和哑铃组成的系统，因此，不管旋转者如何调动哑铃，系统对转轴的角动量必然守恒. 在图5－29a中，旋转者的角速率 ω_i 相对地小而他的转动惯量 I_i 相对地大. 根据式(5－50)，在图5－29b中，他的角速率一定变大以补偿转动惯量的减小.

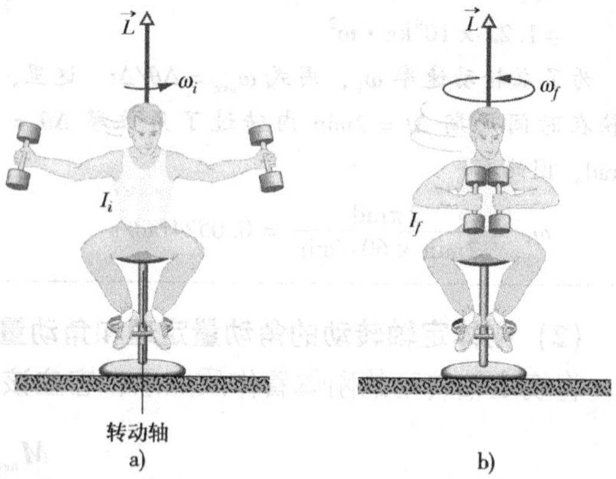

图5－29 旋转者在转台上演示角动量守恒.

② **跳板跳水者** 图5－30所示为一个跳水者作向前翻腾一周半的跳水动作. 正如所期望的那样，她的质心沿一条抛物线路径. 她以一定的角动量 $\boldsymbol{L}$ 离开跳板，此角动量是相对通过她的质心轴的，在图5－30中用垂直指向页内的一矢量表示. 她在空中时，没有对其质心的合外力矩作用于她，因此她对其质心的角动量不可能改变. 通过把她的两臂和两腿拉近成紧靠的**屈体姿势**，她能相当大地减小她对同一轴的转动惯量并因此相当大地增大她的角速率. 在落到下端时，她拉开屈体成伸展姿势，增大她的转动惯量并因此减慢她的转动速率以便入水时减少水花. 即使对较为复杂的包含转体和翻腾动作的跳水动作，在整个跳水过程中，跳水者的角动量必须在大小**和**方向上都守恒.

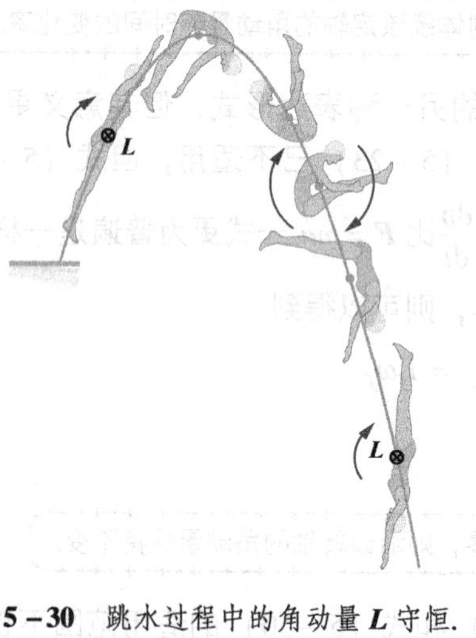

图5－30 跳水过程中的角动量 $\boldsymbol{L}$ 守恒.

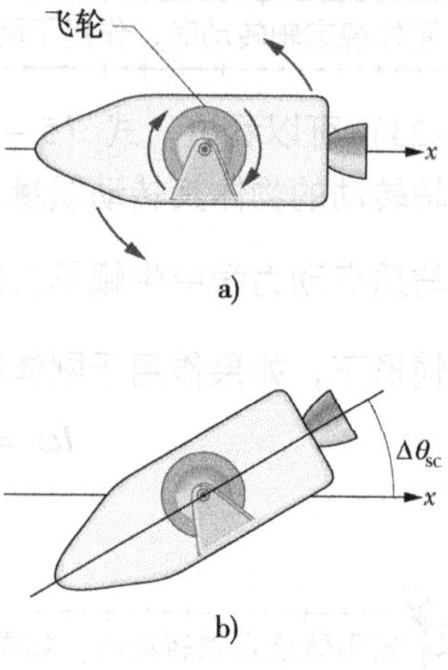

图5－31 装有飞轮的宇宙飞船的转动示意.

③　**宇宙飞船定向**　图5-31所示为固定地装有一个飞轮的宇宙飞船，图中说明一种方向控制的方案（尽管比较原始）．**宇宙飞船＋飞轮**形成一个孤立系统．因此，如果由于飞船或飞轮都没有转动而使这一系统的总角动量 $\boldsymbol{L}$ 是零，它必须保持是零（只要系统保持孤立）．

为了改变飞船的指向，使飞轮转动起来（见图5-31a），飞船将开始沿相反方向转动以保持系统的角动量是零．此后飞轮停止时，飞船也将停止转动但是已经改变了它的方向（见图5-31b）．整个过程中，**飞船＋飞轮**系统的角动量始终是零．

令人感兴趣的是，飞船**旅行者2号**在1986年从天王星旁经过时，每一次使它的打印机高速旋转时，都会由于这种飞轮效应产生不需要的转动．喷气推进实验室的地面工作人员必须为船上计算机编制程序使每一次打印机起动或关掉时计算机都能起动制动冲击喷气器．

④　**难以置信的收缩恒星**　当一颗恒星内部的核燃烧变慢时，该恒星可能最后开始坍缩，在其内部产生压强．这种坍缩可以使恒星的半径从像太阳那样的大小减小到几千米的小的惊人的值．恒星于是变成了一个**中子星**——它的物质已被压缩成一团极其浓密的中子气．

在这种收缩过程中，恒星是一个孤立系统，它的角动量 $\boldsymbol{L}$ 不可能改变．因为它的转动惯量已大大地减小，它的角速率因此相应地大大地增大，可以大到600～800rev/s．作为比较，太阳，一颗典型的恒星，大约每月转动一周．

例题5-15

图5-32a表示为一个学生坐在一个可绕竖直轴自由转动的凳子上．该学生起初静止，手持一个边上装了铅的自行车轮，它对其中心轴的转动惯量 $I_{wh}=1.2\text{kg}\cdot\text{m}^2$．轮子以角速率 $\omega_{wh}=3.9\text{rev/s}$ 沿从上面看逆时针的方向转动．转动轴是竖直的，轮的角动量 $\boldsymbol{L}_{wh}$ 指向竖直上方．学生现在把轮子倒过来（图5-32b）使得从上面看它沿顺时针转动．它的角动量因而是 $-\boldsymbol{L}_{wh}$．这一倒置引起学生、凳子和轮子中心这个刚体组合绕凳子的转轴转动，转动惯量 $I_b=6.8\text{kg}\cdot\text{m}^2$（轮子也绕它的中心转动的事实不影响此组合体的质量分布，因此 I_b 具有同样数值，不管轮子是否转动）．在轮子倒置后组合体转动的角速率和转动的方向为何？

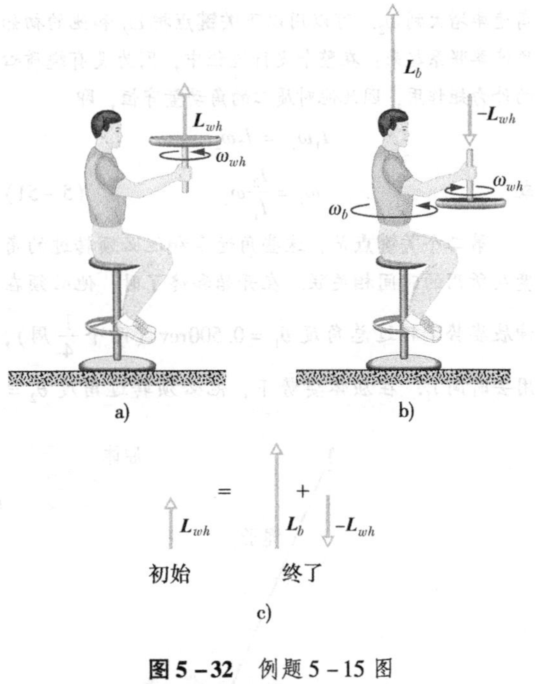

图5-32　例题5-15图

【解】　这里**关键点**是：

1. 要求的角速率 ω_b 是和组合体对凳子的转轴的最后角动量 $\boldsymbol{L}_b$ 通过式 $L=I\omega$ 相联系的．

2. 轮的初始角动量 ω_{wh} 和轮子对其中心的角动量 $\boldsymbol{L}_{wh}$ 通过同一公式联系着．

3. $\boldsymbol{L}_b$ 和 $\boldsymbol{L}_{wh}$ 的矢量和给出学生、凳子和轮子的总角动量 $\boldsymbol{L}_{tot}$．

4. 轮子倒置时，没有**外**力矩作用在系统上改变对于任意竖直轴的 $\boldsymbol{L}_{tot}$．于是，系统的总角动量对于任意竖直轴都是守恒的．

$\boldsymbol{L}_{tot}$ 的守恒在图5-32c中是用矢量表示的．也可以用沿一个竖直轴的分量表示为

$$L_{b,f}+L_{wh,f}=L_{b,i}+L_{wh,i}$$

其中 i 和 f 表示初态和末态．由于轮子的倒置使轮子转动的角动量矢量倒过来了，故将 $L_{wh,f}$ 以 $-L_{wh,i}$ 代替．于是，如果令 $L_{b,i}=0$（因为学生、凳子和轮子的中心最初是静止的），此式给出

$$L_{b,f}=2L_{wh,i}$$

用式（5－48），再用 $I_b\omega_b$ 代替 $L_{b,f}$ 用 $I_{wh}\omega_{wh}$ 代替 $L_{wh,i}$，并对 ω_b 求解，可得

$$\omega_b = \frac{2I_{wh}}{I_b}\omega_{wh}$$

$$= \frac{2\times 1.2\mathrm{kg\cdot m^2}\times 3.9\mathrm{rev/s}}{6.8\mathrm{kg\cdot m^2}} = 1.4\mathrm{rev/s}$$ （答案）

这一正的结果表明从上面看学生沿逆时针方向转动．如果他想停止转动，只需再把轮子倒置一回．

例题 5－16

在本章首页中提到的一个空中飞人在跳向他的搭档的过程中，做了一个翻腾四周的动作，延续时间 $t=1.87\mathrm{s}$．在最初和最后的$\frac{1}{4}$周中，他是伸展的，如图5－33所示，这时他对于质心（图中的点）的转动惯量 $I_1=19.9\mathrm{kg\cdot m^2}$．在飞行的其余时间，他处于屈体的姿势，转动惯量 $I_2=3.93\mathrm{kg\cdot m^2}$．他对于其质心的角速率在屈体姿势时必须是多少？

【解】 很明显，他必须在给定的1.87s内完成翻腾四周所要求的4rev．为能这样做，他通过屈体把他的角速率增大到 ω_2．可以用以下**关键点**把 ω_2 和他的初始角速率联系起来：在整个飞行过程中，因为没有绕质心的外力矩作用，因此他对质心的角动量守恒，即

$$I_1\omega_1 = I_2\omega_2$$

或

$$\omega_1 = \frac{I_2}{I_1}\omega_2 \qquad (5-51)$$

第二个**关键点**是，这些角速率和他必须转过的角度及所用的时间相关联．在开始和终了时，他必须在伸展姿势下转过总角度 $\theta_1=0.500\mathrm{rev}$（两个$\frac{1}{4}$周），用去时间 t_1．在屈体姿势下，他必须转过角度 $\theta_2=3.50\mathrm{rev}$，用去时间 t_2．由式 $\omega_{avg}=\Delta\theta/\Delta t$，可以写出

$$t_1 = \frac{\theta_1}{\omega_1} \text{ 和 } t_2 = \frac{\theta_2}{\omega_2}$$

因此，他的整个飞行时间为

$$t = t_1 + t_2 = \frac{\theta_1}{\omega_1} + \frac{\theta_2}{\omega_2}$$

已知是1.87s．将式（5－51）的 ω_1 代入得

$$t = \frac{\theta_1 I_1}{\omega_2 I_2} + \frac{\theta_2}{\omega_2} = \frac{1}{\omega_2}\left(\theta_1\frac{I_1}{I_2} + \theta_2\right)$$

代入已知数据，可得

$$1.87\mathrm{s} = \frac{1}{\omega_2}\left(0.500\mathrm{rev}\times\frac{19.9\mathrm{kg\cdot m^2}}{3.93\mathrm{kg\cdot m^2}} + 3.50\mathrm{rev}\right)$$

由其给出

$$\omega_2 = 3.23\mathrm{rev/s}$$ （答案）

这一角速率是如此之大以致飞人不可能看清周围情况或调整其屈体以细致地调整转动．一个飞人作出翻腾四周半的飞行，这需要更大的 ω_2 值和因此更小的 I_2 对应的更紧的屈体，这种可能性似乎是非常小的．

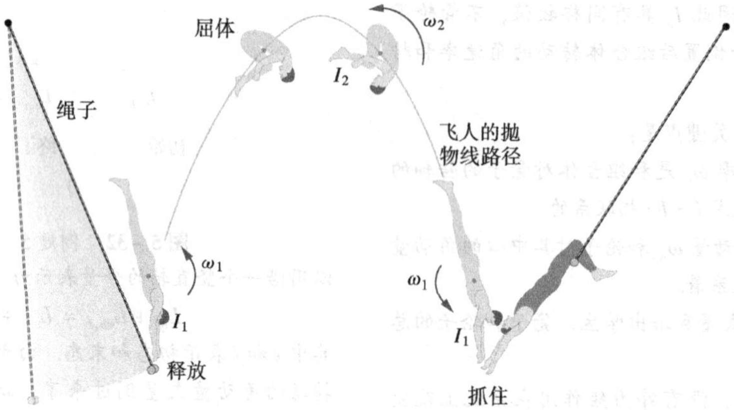

图5－33 例题5－16图 一个空中飞人翻腾多次后到达搭档手中．

例题 5-17

在图 5-34 所示的俯视图中有四根均匀细棒，每一根的质量为 m_{rod}，长度 $d=0.50\mathrm{m}$，牢固地安装在一根竖直轴上形成一个旋转栅栏，栅栏绕固定在地板上的轴以初角速率 $\omega_i=-2.0\mathrm{rad/s}$ 顺时针转动．一质量 $m=m_{\mathrm{rod}}/3$ 的泥球沿图示路径以初速率 $v_i=12\mathrm{m/s}$ 投射并粘在棒端．问球-旋转栅栏系统的末速率 ω_f 是多少？

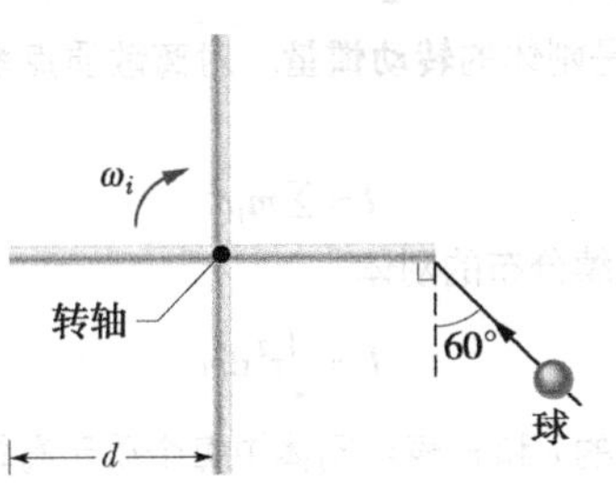

图 5-34 例题 5-17 图

【解】 第一个**关键点**以问答方式说明．问题：此系统有否一个在碰撞中守恒，并包含角速度从而能解出 ω_f 的量？为了解答，下面核对守恒的可能性：

1. 总动能 E_{k} 是不守恒的，因为球和棒的碰撞是完全非弹性的．于是，有些能量一定从动能转化成了其他形式的能量（如热能）．同理，总机械能是不守恒的．

2. 总线动量 $\boldsymbol{p}$ 也是不守恒的，因为在碰撞期间在竖直轴与地板的连接处有外力作用在旋转栅栏上．

3. 系统对轴的总角动量 $\boldsymbol{L}$ 是守恒的，因为没有合外力矩改变 $\boldsymbol{L}$（碰撞力只产生内力矩；在轴处作用在栅栏上的外力的力臂是零，因而不产生外力矩）．

可以把对轴的总角动量守恒写成

$$L_{\mathrm{ts},f}+L_{\mathrm{balk},f}=L_{\mathrm{ts},i}+L_{\mathrm{ball},i} \qquad (5-52)$$

其中 ts 表示旋转栅栏．末角速度 ω_f 是包含在 $L_{\mathrm{ts},f}$ 和 $L_{\mathrm{ball},f}$ 项中的．为了求 ω_f，先考虑旋转栅栏，再考虑球，然后回到式 (5-52)．

旋转栅栏： 这里**关键点**是，由于栅栏是一个转动刚体，可以把它对轴的末和初角动量写为

$$L_{\mathrm{ts},f}=I_{\mathrm{ts}}\omega_f \text{ 和 } L_{\mathrm{ts},i}=L_{\mathrm{ts}}\omega_i \qquad (5-53)$$

因为栅栏由四根棒组成，每根绕着一端转动，栅栏的转动惯量是每根对其一端的转动惯量的四倍．由表5-1e 可知，每根棒对其中心的转动惯量 I_{com} 是 $\frac{1}{12}m_{\mathrm{rod}}d^2$．为求 I_{rod}，用式 $I=I_{\mathrm{com}}+m_{\mathrm{rod}}h^2$ 的平行轴定理．这里的垂直距离 h 是 $d/2$，因此得

$$I_{\mathrm{rod}}=\frac{1}{12}m_{\mathrm{rod}}d^2+m_{\mathrm{rod}}\left(\frac{d}{2}\right)^2=\frac{1}{3}m_{\mathrm{rod}}d^2$$

对于栅栏中的四根棒，有

$$I_{\mathrm{ts}}=\frac{4}{3}m_{\mathrm{rod}}d^2 \qquad (5-54)$$

球： 在碰撞前，球像一个沿一条直线运动的质点．因此，为求球对轴的初角动量 $L_{\mathrm{ball},i}$，可以用式 $l=rmv_1$，其中 l 是 $L_{\mathrm{ball},i}$；在球刚要冲击棒之前，它离轴的径向距离 r 是 d；球垂直于 r 的速度分量 $v_{\perp}$ 是 $v_i\cos 60°$．

为了决定这一角动量的符号，想象从旋转栅栏的轴向球引一个位矢．随着球向栅栏趋近，这个位矢绕轴逆时针转动，因此球的角动量是正值．现在把 $l=rmv_{\perp}$ 重写为

$$L_{\mathrm{ball},i}=mdv_i\cos 60° \qquad (5-55)$$

碰撞后球像一个沿半径为 d 的圆转动的质点．因此，由式 $I=\sum m_i r_i^2$ 对轴有 $I_{\mathrm{ball}}=md^2$．于是，由式 (5-48)，可以把球对轴的末角动量写成

$$L_{\mathrm{ball}\,f}=I_{\mathrm{ball},}\omega_f=md^2\omega_f \qquad (5-56)$$

将式 (5-53) ~ 式 (5-56) 代入式 (5-52)，有

$$\frac{4}{3}m_{\mathrm{rod}}d^2\omega_f+md^2\omega_f=\frac{4}{3}m_{\mathrm{rod}}d^2\omega_i+mdv_i\cos 60°$$

代入 $m_{\mathrm{rod}}=3m$ 并解出 ω_f，得

$$\begin{aligned}\omega_f&=\frac{1}{5d}(4d\omega_i+v_i\cos 60°)\\&=\frac{1}{5(0.50\mathrm{m})}[4\times 0.50\mathrm{m}\times(-2.0\mathrm{rad/s})+\\&\quad 12\mathrm{m/s}\times\cos 60°]\\&=0.80\mathrm{rad/s}\end{aligned}$$

（答案）

因此，旋转栅栏现在正沿逆时针方向转动．

复习和小结

角位置 为了描述一刚体围绕一个称为**转轴**的固定轴的转动，设想一条**参考线**，它固定在刚体中，垂直于转轴并随刚体一起转动．**角位置** θ 是这条线相对于一个固定的方向测定的，当 θ 用**弧度**作单位时，

$$\theta=\frac{s}{r} \quad (\text{rad 量度})$$

式中，s 是半径为 r 和角为 θ 的圆形路径的弧长. rad 量度和 rev 以及度的量度关系是

$$1\text{rev} = 360° = 2\pi\text{rad}$$

角位移 当一个刚体绕一转动轴转动时，角位置从 θ_1 改变到 θ_2 经过的**角位移为**

$$\Delta\theta = \theta_2 - \theta_1$$

式中，$\Delta\theta$ 对逆时针转动是正的，对顺时针转动是负的.

角速度和角速率 如果一个刚体在时间间隔 Δt 内转过角位移 $\Delta\theta$，它的**平均角速度** ω_{avg} 是

$$\omega_{avg} = \frac{\Delta\theta}{\Delta t}$$

刚体的**（瞬时）角速度** ω 为

$$\omega = \frac{d\theta}{dt}$$

ω_{avg} 和 ω 都是矢量，其方向由**右手规则**给出. 对于逆时针转动，它们是正的；对于顺时针转动，它们是负的. 刚体的角速度的大小是**角速率**.

角加速度 如果刚体的角速度在时间间隔 $\Delta t = t_2 - t_1$ 内由 ω_1 变化到 ω_2，刚体的平均角加速度 α_{avg} 是

$$\alpha_{avg} = \frac{\omega_2 - \omega_1}{t_2 - t_1} = \frac{\Delta\omega}{\Delta t}$$

刚体的**（瞬时）角加速度**为

$$\alpha = \frac{d\omega}{dt}$$

α_{avg} 和 α 都是矢量.

对恒定角加速度的运动学公式 恒定角加速度是转动运动的一种重要特殊情形，相应的运动学公式为

$$\omega = \omega_0 + \alpha t$$

$$\theta - \theta_0 = \omega_0 t + \frac{1}{2}\alpha t^2$$

$$\omega^2 = \omega_0^2 + 2\alpha(\theta - \theta_0)$$

线变量与角变量的联系 在转动的刚体中，离转轴的**垂直距离** r 的一点沿半径为 r 的圆周运动. 如果刚体转过角度 θ，该点沿弧经过的路程 s 给定为

$$s = \theta r \quad (\text{rad 量度})$$

点的线速度 $\boldsymbol{v}$ 与圆相切；点的线速率 v 给定为

$$v = \omega r \quad (\text{rad 量度})$$

式中，ω 是刚体的角速率（rad/s）.

点的线加速度 $\boldsymbol{a}$ 具有**切向**分量和**法向**分量. 切向分量为

$$a_t = \alpha r \quad (\text{rad 量度})$$

法向分量为

$$a_n = \frac{v^2}{r} = \omega^2 r \quad (\text{rad 量度})$$

如果点作匀速圆周运动，则点和刚体的运动周期为

$$T = \frac{2\pi r}{v} = \frac{2\pi}{\omega} \quad (\text{rad 量度})$$

转动动能和转动惯量 一个刚体绕定轴转动的动能为

$$E_k = \frac{1}{2}I\omega^2 \quad (\text{rad 量度})$$

式中，I 是刚体的**转动惯量**. 对离散质点系统其定义为

$$I = \sum m_i r_i^2$$

对质量连续分布的刚体

$$I = \int r^2 dm$$

这两式中的 r 和 r_i 表示刚体中每个质元离转轴的垂直距离.

平行轴定理 **平行轴定理**把一个刚体对任意轴的转动惯量和该刚体对通过质心的平行轴的转动惯量联系了起来：

$$I = I_{com} + mh^2$$

这里 h 是两个轴之间的垂直距离.

力矩 **力对固定轴的力矩**是力 $\boldsymbol{F}$ 对一个刚体绕一个转轴转动或扭转的作用. 如果力 $\boldsymbol{F}$ 作用于相对于轴的位矢为 $\boldsymbol{r}$ 的一点，则力矩的大小为

$$M = rF_t = r_\perp F = rF\sin\phi$$

式中，F_t 是 $\boldsymbol{F}$ 垂直于 $\boldsymbol{r}$ 的分量；ϕ 是 $\boldsymbol{r}$ 和 $\boldsymbol{F}$ 之间的夹角；量 $r_\perp$ 是转轴和通过 $\boldsymbol{F}$ 矢量的延长线之间的垂直距离，这条线称为 $\boldsymbol{F}$ 的**作用线**，$r_\perp$ 称为 $\boldsymbol{F}$ 的**力臂**.

力矩的 **SI** 单位是牛·米（**N·m**）. 如果要把一个静止的刚体沿逆时针方向转动，则力矩 $\boldsymbol{M}$ 是正的；如果要把刚体沿顺时针方向转动，则力矩 $\boldsymbol{M}$ 是负的.

力对固定点的力矩 在三维空间，**力矩** $\boldsymbol{M}$ 是一个相对于一定点定义的矢量

$$\boldsymbol{M} = \boldsymbol{r} \times \boldsymbol{F}$$

式中，$\boldsymbol{F}$ 是加在一个质点上的力；$\boldsymbol{r}$ 是相对于定点确定的质点的位矢. $\boldsymbol{M}$ 的方向由矢量叉积的右手规则给出.

转动定律 牛顿第二定律的转动形式是

$$M_{net} = I\alpha$$

式中，M_{net} 是对一个质点或刚体的合力矩；I 是质点或刚体对转轴的转动惯量；α 是所产生的对该轴的角

加速度.

功和转动动能 用于计算转动中的功的公式和用于计算平动中功的公式相对应，它们是

$$W = \int_{\theta_i}^{\theta_f} M \mathrm{d}\theta$$

应用于转动刚体的功-动能定理的形式是

$$\Delta E_k = E_{kf} - E_{ki} = \frac{1}{2}I\omega_f^2 - \frac{1}{2}I\omega_i^2 = W$$

质点的角动量 一个质点的**角动量** $\boldsymbol{L}$ 是线动量为 $\boldsymbol{p}$、质量为 m 和线速度为 $\boldsymbol{v}$ 的一个质点相对于一定点定义的矢量. 它是

$$\boldsymbol{L} = \boldsymbol{r} \times \boldsymbol{p} = m(\boldsymbol{r} \times \boldsymbol{v})$$

$\boldsymbol{L}$ 的方向由用于叉积的右手规则给出.

质点的角动量定理 对质点的牛顿定律可写成角量形式如

$$\boldsymbol{M}_{net} = \frac{\mathrm{d}\boldsymbol{L}}{\mathrm{d}t}$$

式中，$\boldsymbol{M}_{net}$ 是对质点的力矩；$\boldsymbol{L}$ 是质点的角动量.

质点系的角动量 质点系的角动量 $\boldsymbol{L}$ 是各单个质点的角动量的矢量和：

$$\boldsymbol{L} = \boldsymbol{L}_1 + \boldsymbol{L}_2 + \boldsymbol{L}_3 + \cdots + \boldsymbol{L}_n = \sum_{i=1}^{n} \boldsymbol{L}_i$$

这个角动量对时间的变化率等于对系统的合外力矩的矢量和：

$$\boldsymbol{M}_{net} = \frac{\mathrm{d}\boldsymbol{L}}{\mathrm{d}t} \quad (质点系)$$

刚体的角动量 对于一个绕定轴转动的刚体，它的角动量平行于转轴的分量为

$$L = I\omega \quad (刚体,定轴)$$

角动量守恒 如果对系统的合外力矩是零，则系统的角动量 $\boldsymbol{L}$ 保持不变：

$$\boldsymbol{L} = 常量 \quad (孤立系)$$

这就是**角动量守恒定律**. 它是自然界的基本守恒定律之一，甚至在牛顿定律不适用的领域（包括高速质点和亚原子尺度）也已经得到了证实.

思考题

1. 图 5－35b 是图 5－35a 转动圆盘的角位置图像. 在（a）$t=1\text{s}$，（b）$t=2\text{s}$ 和（c）$t=3\text{s}$ 时圆盘的角速度是正，是负，还是零？（d）角加速度是正，还是负？

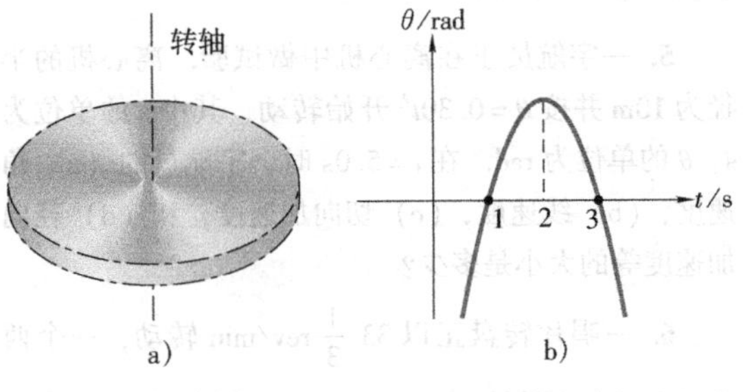

图 5－35 思考题 1 图

2. 图 5－36 所示是图 5－35 中转动圆盘的角速度图像. （a）初始的和（b）终了的转动方向为何？（c）圆盘瞬时静止吗？（d）角加速度是正还是负？（e）角加速度是恒定的还是变化的？

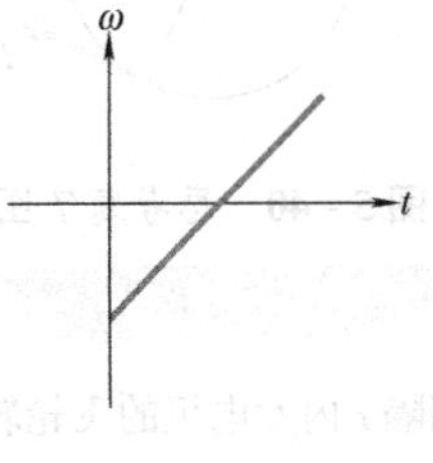

图 5－36 思考题 2 图

3. 图 5－37 所示是图 5－35a 中圆盘的角速度对时间的图像. 对于圆盘边沿的一点，根据各时刻的（a）切向加速度和（b）径向加速度，由大到小对 a、b、c 和 d 四个时刻排序.

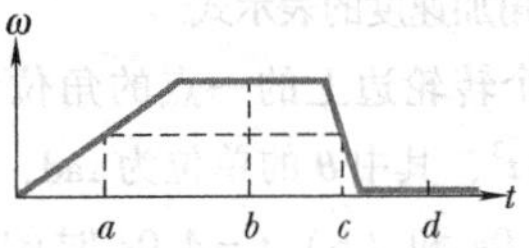

图 5－37 思考题 3 图

4. 图 5－38 所示为连在一根无质量的杆上的三个质量相同的小球，它们之间的距离已标出. 依次考虑它们对每一个球的转动惯量 I，根据对每个球的转动惯量由大到小对这三个球排序.

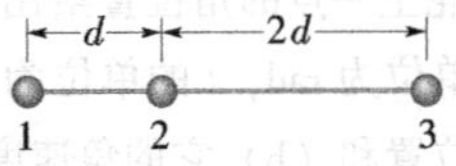

图 5－38 思考题 4 图

5. 如果一个刚体所受合外力为零，其合力矩是否也一定为零？如果刚体所受合外力矩为零，其合外力是否也一定为零？

6. 图 5－39 所示的俯视图表示 5 个同样大小的力作用在一个正方形板上，该板可以绕其一边的中点

P转动．按照它们对P点的力矩的大小由大到小将这些力排序．

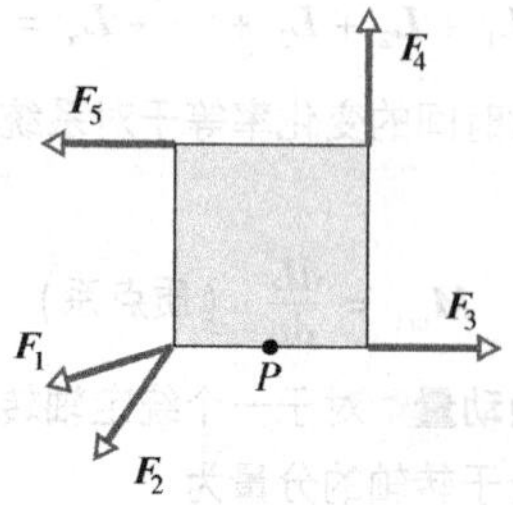

图5－39　思考题6图

7. 在图5－40中，两个力$\boldsymbol{F}_1$和$\boldsymbol{F}_2$作用在一个圆盘上使它绕其中心转动．在沿逆时针方向以恒定速率转动的过程中，两力保持所示的角速率不变．今使$\boldsymbol{F}$的角度θ减小而其大小不变，(a) 要保持角速率不变，应该增大，减小，还是保持$\boldsymbol{F}_2$的大小？(b) 力$\boldsymbol{F}_1$和(c) 力$\boldsymbol{F}_2$趋向于使圆盘顺时针还是逆时针转动？

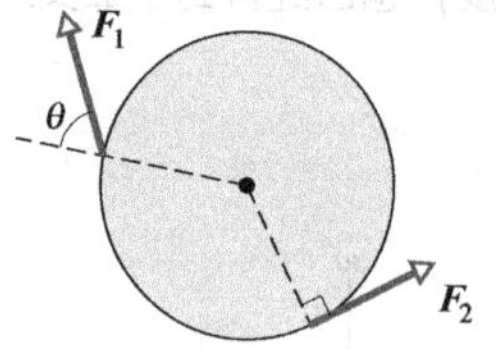

图5－40　思考题7图

8. 图5－41表示一个以恒定速度$\boldsymbol{v}$运动的质点和5个xy坐标已给出的点．根据质点相对于各点的角动量的大小由大到小把这些点排序．

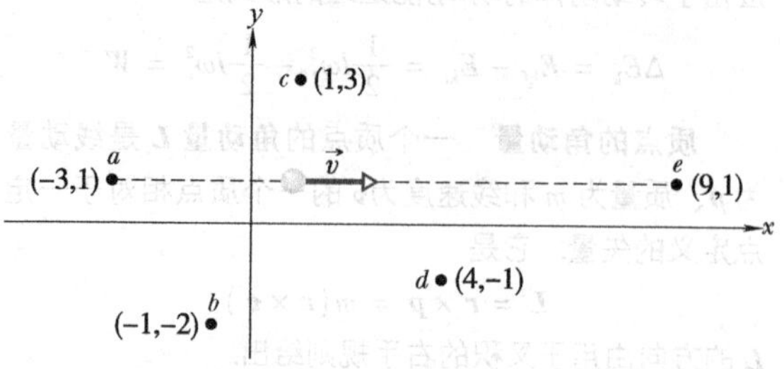

图5－41　思考题8图

9. 一只天牛位于一个像旋转木马那样逆时针转动的水平圆盘的边上．如果它沿着边按转动的方向走动，下列各量的大小增大，减小，还是保持不变？(a) 虫子－圆盘系统的角动量，(b) 虫子的角动量和角速度，和 (c) 圆盘的角动量和角速度？(d) 如果小虫按与转动相反的方向转动，上述结果又如何？

10. 一个系统动量守恒和角动量守恒的条件有何不同？

习题

1. 在时间间隔t内发电机的飞轮转过的角度$\theta = at + bt^3 + ct^4$，其中$a$，$b$和$c$是常量．写出飞轮的 (a) 角速度和 (b) 角加速度的表示式．

2. 在一个转轮边上的一点的角位置给出为$\theta = 4.0t - 3.0t^2 + t^3$，其中$\theta$的单位为rad，t的单位为s．在 (a) $t = 2.0$s和 (b) $t = 4.0$s时的角速度为何？(c) 在从$t = 2.0$s到$t = 4.0$s期间的平均角加速度为何？在这一时间间隔 (d) 开始时和 (e) 终了时的瞬时角加速度为何？

3. 一个转轮上一点的角位置给出为$\theta = 2 + 4t^2 + 2t^3$，其中θ的单位为rad，t的单位为s作．在$t = 0$，(a) 该点的角位置和 (b) 它的角速度为何？(c) 在$t = 4.0$s时它的角速度为何？(d) 计算在$t = 2.0$s时它的角加速度．(e) 它的角加速度恒定吗？

4. 一飞轮从角速率1.5rad/s减慢到停止时转过了40rev．(a) 假设角加速度恒定，求它到停止时用的时间；(b) 它的角加速度为何？(c) 完成40rev的头20rev用了多长时间？

5. 一宇航员正在离心机中做试验．离心机的半径为10m并按$\theta = 0.30t^2$开始转动，其中t的单位为s，θ的单位为rad．在$t = 5.0$s时，宇航员的 (a) 角速度，(b) 线速度，(c) 切向加速度，和 (d) 径向加速度等的大小是多少？

6. 一唱片转盘正以$33\frac{1}{3}$rev/min转动，一个西瓜子在盘上离转轴6.0cm处．(a) 假定瓜子不滑动，计算它的加速度．(b) 如果瓜子不滑动．它和转盘之间的静摩擦因数的最小值是多少？(c) 假定在0.25s内转盘从静止经过恒定角加速度达到了它的角速率，求使瓜子在加速期间不滑动所需的静摩擦因数的最小值．

7. 图5－42所示的直升机的三个翼片长度都是5.2m，质量都是240kg，转子以350rev/min的速度转动．(a) 此转动组合体对转轴的转动惯量是多少？(每个翼片都可认为是绕其一端转动的细杆)．(b) 总转动动能是多少？

8. 计算一根质量为0.56kg的直尺的转动惯量，

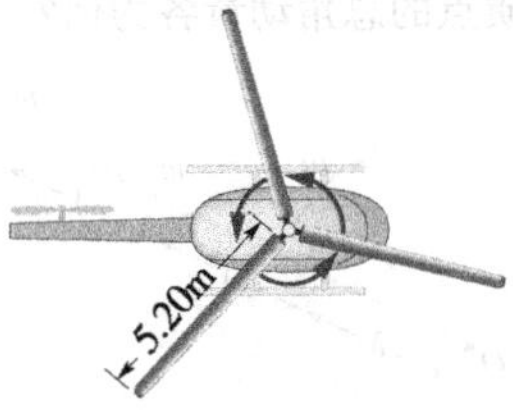

图 5-42 习题 7 图

其转轴垂直于直尺位于 20cm 刻度处.

9. 图 5-43 中的均匀固体物块具有质量 m 和边长 a，b 和 c，计算它对通过一个角并垂直于大面的轴的转动惯量.

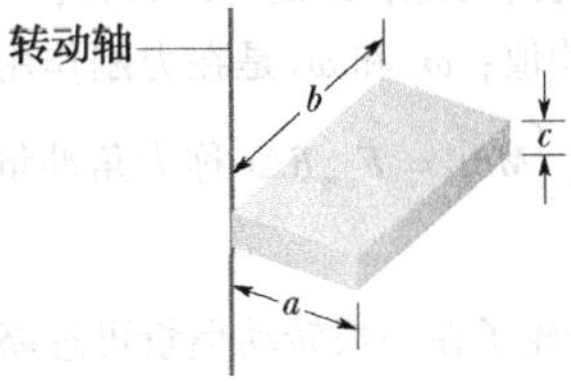

图 5-43 习题 9 图

10. 一个半圆薄板的质量为 m，半径为 R. 当它绕着它的直径边转动时，其转动惯量多大？

11. 如图 5-44 所示，物体的枢轴在 O 处，有两个力作用于它.（a）写出对枢轴的合力矩的表示式.（b）如果 $r_1=1.30\text{m}$，$r_2=2.15\text{m}$，$F_1=4.20\text{N}$，$F_2=4.90\text{N}$，$\theta_1=75.0°$和 $\theta_2=60°$，对枢轴的合力矩是多少？

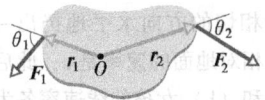

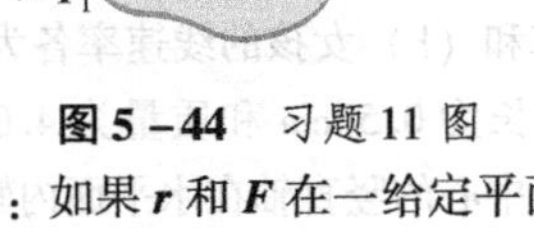

图 5-44 习题 11 图

12. 证明：如果 $\boldsymbol{r}$ 和 $\boldsymbol{F}$ 在一给定平面内，则力矩 $\boldsymbol{M}=\boldsymbol{r}\times\boldsymbol{F}$ 在该平面内的分量是零.

13. 力 $\boldsymbol{F}=(-8.0\text{N})\,\boldsymbol{i}+(6.0\text{N})\,\boldsymbol{j}$ 作用在位矢为 $\boldsymbol{r}=(3.0\text{m})\,\boldsymbol{i}+(4.0\text{m})\,\boldsymbol{j}$ 的质点上.（a）对原点作用在质点上的力矩为何？（b）$\boldsymbol{r}$ 和 $\boldsymbol{F}$ 方向间的角度是多少？

14. 在图 5-45 中，一个质量为 2.0kg 的圆柱体能绕通过 O 点的中心轴转动，如图示加以外力：$F_1=6.0\text{N}$，$F_2=4.0\text{N}$，$F_3=2.0\text{N}$ 和 $F_4=5.0\text{N}$. 并且，$R_1=5.0\text{cm}$ 和 $R_2=12\text{cm}$. 求圆柱体的角加速度的大小和方向（在转动过程中，各力相对于圆柱的角度不变）.

15. 在图 5-46 中，一个物块的质量 $m'=500\text{g}$，另一个的 $m=460\text{g}$，安在水平无摩擦轴承上的滑轮其半径是 5.00cm. 从静止释放后，较重的物块在 5.00s 内下降了 75.0cm（绳在滑轮上不打滑）.（a）两物块的加速度的大小是多少？支持（b）较重物块和（c）较轻物块的那部分绳子中的张力多大？（d）滑轮的角加速度的大小是多少？（e）它的转动惯量是多少？

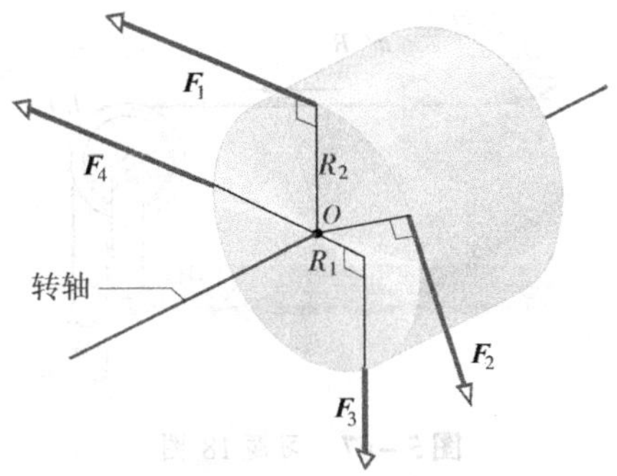

图 5-45 习题 14 图

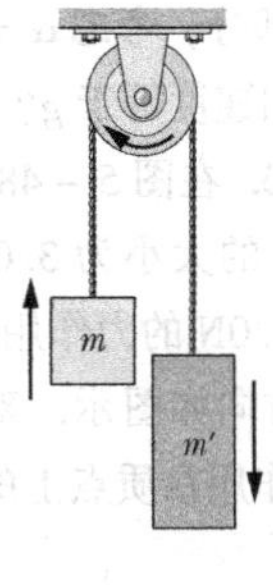

图 5-46 习题 15 图

16. 一个滑轮，对它的轴的转动惯量为 $1.0\times10^{-3}\text{kg}\cdot\text{m}^2$，半径为 10cm，在边沿上受到一个切向力作用. 力的大小随时间按 $F=0.50t+0.30t^2$ 变化，其中 F 单位为 N，t 的单位为 s. 滑轮最初静止，在 $t=3.0\text{s}$ 时它的（a）角加速度和（b）角速率是多少？

17. 半径为 10cm、质量为 20kg 的均匀圆柱体安置得可以绕一根水平的并平行于且离圆柱体的中心纵轴 5.0cm 的一根轴自由转动.（a）圆柱体对其转动轴的转动惯量是多少？（b）如果圆柱体从其中心纵轴与其转动轴在同一高度时由静止释放，当它经过它的最低位置时的角速率是多少？

18. 一个质量 m'、半径 R 的均匀球壳绕竖直轴在无摩擦的轴承上转动（见图 5-47）. 一根无质量的绳绕过球壳的赤道，越过一个转动惯量为 I、半径为 r 的滑轮连上一个质量为 m 的小物体. 滑轮轴上无摩擦，绳在滑轮上不打滑. 物体由静止下落 h 时的速率是多少？用能量考虑.

19. 一个高圆筒形烟囱由于基部毁坏而倒下. 把烟囱当作长 H 的细杆处理，并令烟囱与竖直方向成角度 θ. 用这些符号和 g 表示下列的：（a）烟囱的角

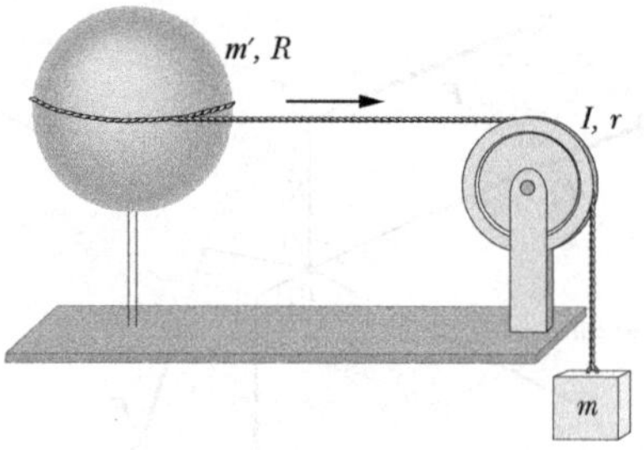

图 5-47　习题 18 图

速率，(b) 烟囱顶端的径向加速度和 (c) 该顶端的切向加速度. (提示：用能量考虑，不用力矩. 在 (c) 部分，考虑 $\alpha = d\omega/dt$.) (d) 在 θ 为多大时，该切向加速度等于 g?

20. 在图 5-48 中，一质点 P 的质量为 2.0kg，位矢 $\boldsymbol{r}$ 的大小为 3.0m，速度 $\boldsymbol{v}$ 的大小为 4.0m/s，大小为 2.0N 的力作用在质点上. 三个矢量都在 xy 平面内，方向如图示. 对原点，(a) 质点的角动量和 (b) 作用在质点上的力矩为何？

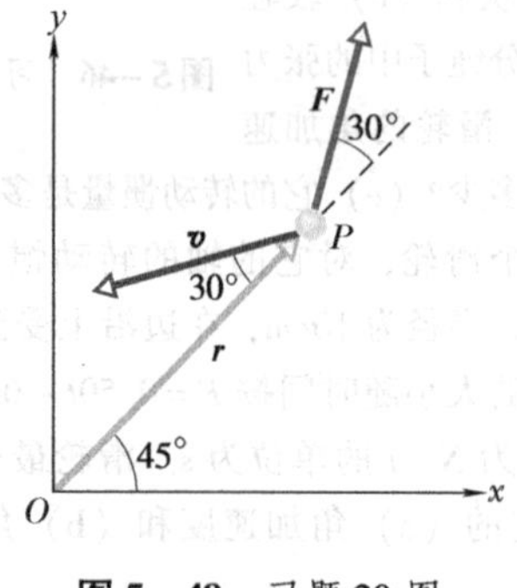

图 5-48　习题 20 图

21. 在某一时刻，一个 0.25kg 的物体的矢径为 $\boldsymbol{r} = (2.0\boldsymbol{i} - 2.0\boldsymbol{k})$ m，在该时刻它的速度是 $\boldsymbol{v} = (-5.0\boldsymbol{i} + 5.0\boldsymbol{k})$ m/s，作用于它的力是 $\boldsymbol{F} = 4.0\boldsymbol{j}$N. (a) 物体对原点的角动量为何？(b) 作用在它上面的力矩为何？

22. 一个 3.0kg 的质点在 $x = 3.0$m，$y = 8.0$m 处具有速度 $\boldsymbol{v} = (5.0\text{m/s})\,\boldsymbol{i} - (6.0\text{m/s})\,\boldsymbol{j}$. 它被一个 7.0N 的力沿负 x 方向拉着. (a) 质点对于原点的角动量为何？(b) 对于原点作用于质点的力矩为何？(c) 质点的角动量对时间的变化率为何？

23. 质量都是 m 的三个质点用长度各为 d 的三条无质量的绳子连在一起并且连到 O 处的转轴上，如图 5-49 所示. 这三个质点保持在一条直线上绕转轴以角速度 ω 转动. 同用 m、d 和 ω 表示的相对于 O 的 (a) 这一组合的转动惯量，(b) 中间质点的角动量和 (c) 三个质点的总角动量各为何？

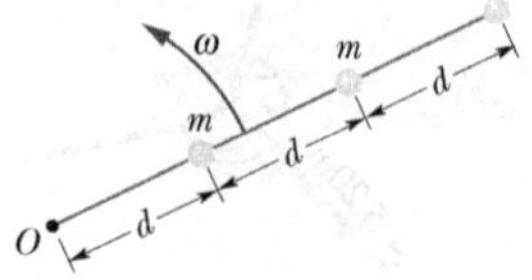

图 5-49　习题 23 图

24. 冲力 $F(t)$ 对一个转动惯量为 I 的转动刚体作用了一小段时间 Δt，证明

$$\int M\mathrm{d}t = F_{\text{avg}}R\Delta t = I(\omega_f - \omega_i)$$

式中，M 是力的力矩；R 是力的力臂；F_{avg} 是力在 Δt 时间内的平均值；ω_i 和 ω_f 是在力刚作用前后物体的角速度. (量 $\int M\mathrm{d}t = F_{\text{avg}}R\Delta t$ 称为角冲量，类似线冲量 $F_{\text{avg}}\Delta t$).

25. 一个轮子在一根转动惯量可忽略的轴上正自由地以 800rev/min 的角速率转动. 第二个轮子开始时静止而转动惯量是第一个的两倍，突然耦合到同一根轴上. (a) 轴和两个轮子的组合由此得到的角速率是多少？(b) 开始的转动动能的多大比例损失了？

26. 一个坍缩着的自旋的恒星的转动惯量降到了初值的 1/3. 它的新的转动动能与初始的转动动能之比是多少？

27. 一个质量为 m' 的女孩站在静止的半径为 R、转动惯量为 I 的无摩擦的旋转木马的边沿上. 她沿与旋转木马外沿相切的方向水平地扔出一块质量为 m 的石头. 石头相对地面的速率是 v，此后，(a) 旋转木马的角速率和 (b) 女孩的线速率各为多少？

28. 一根长为 0.50cm 和质量为 4.0kg 的均匀细棒可绕通过其中心的竖直轴在水平面内转动. 当一颗 3.0g 的子弹在棒所在的平面内射入棒的一端前，棒是静止的. 从上面看，子弹速度的方向与棒的夹角是 60° (见图 5-50). 如果子弹呆在棒内而棒在刚碰撞后的角速度是 10rad/s，刚冲撞前子弹的速率是多少？

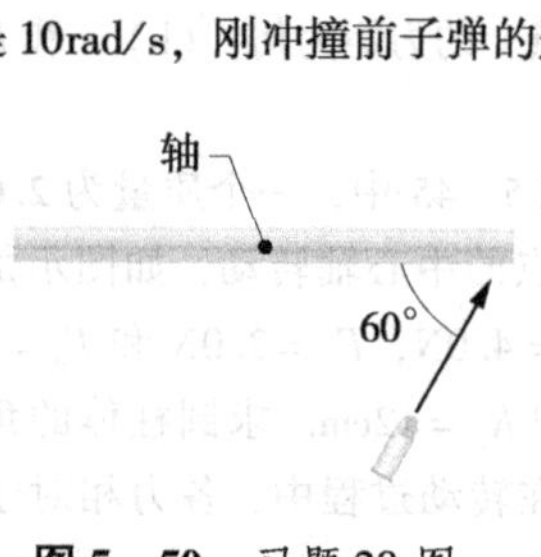

图 5-50　习题 28 图

29. 两个 2.00kg 的球连接在质量可忽略的长

50.0cm 的细棒的两端. 棒可以绕通过其中心的水平轴在竖直平面内无摩擦地自由转动. 在棒原来水平时(见图 5-51), 一小块 50.0g 的湿泥落到一个球上, 以 3.00m/s 的速率冲击它并随后粘在它上面. (a) 湿泥块刚冲击后系统的角速率是多少? (b) 碰撞后整个系统的动能和泥块在刚碰撞前的动能之比是多少? (c) 直到它瞬时静止, 系统将转过多大角度?

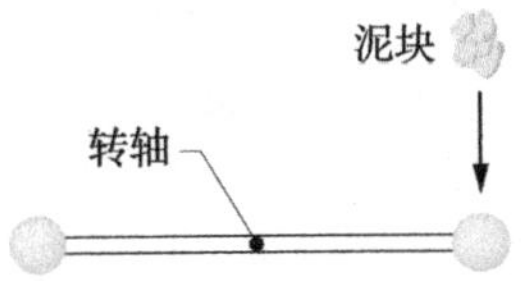

图 5-51 习题 29 图

30. 一个人站在一个以角速率 1.2rev/s 转动(无摩擦)的平台上, 他的双臂向外伸, 并且每只手拿着一块砖. 由人、砖和平台组成的系统对中心轴的转动惯量是 6.0kg·m². 如果人移动砖使系统的转动惯量减小到 2.0kg·m², (a) 由此导致的平台的角速率是多少? (b) 新的系统的动能与原来的动能之比是多少? (c) 增加的动能是什么提供的?

31. 如果地球的极地冰帽都融化了, 而且水都回归海洋, 海洋深度将增加约 30m, 这对地球的转动会有什么影响? 估算一下所引起的每天时间长度的改变. (对此的关心已经表明, 工业污染招致的大气变暖能使冰帽融化).

32. 圆盘形的一个水平平台在无摩擦的轴承上绕通过圆盘中心的竖直轴转动. 平台的质量为 150kg, 半径为 2.0m, 对转轴的转动惯量为 300kg·m². 一个 60kg 的学生慢慢地从平台的边上向中心走去. 如果系统在学生从边上开始走时的角速率是 1.5rad/s, 那么当她走到离中心 0.50m 处时系统的角速率是多少?

33. 一质量为 m、半径为 r 的弹子无滑动地沿图 5-52 所示的圆形轨道从静止滚下, 起点在轨道的直线部分某处. (a) 要使弹子在环的顶点刚要脱离轨道, 它必须在轨道底部上方高 h 为多少处释放? (环的半径为 R, 假定 $R \gg r$) (b) 如果弹子在底部上方高 $6R$ 处释放, 在 Q 点它受到的力的水平分量是多少?

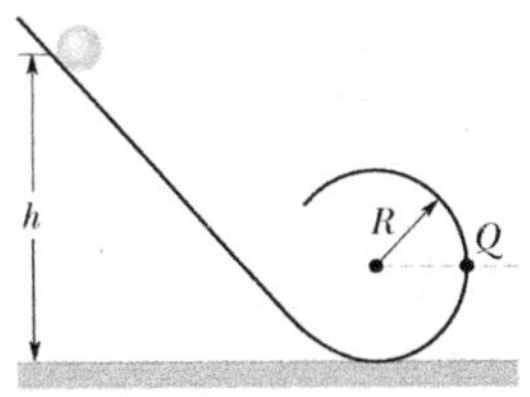

图 5-52 习题 33 图

34. 在图 5-53 中, 一个 1.0g 的子弹射入 0.50kg 的物体中, 后者装在长为 0.60m、质量为 0.50kg 的一根均匀杆的下端. 此后物块-杆-子弹系统就绕在 A 点的固定轴转动. 杆本身对 A 的转动惯量是 0.060kg·m². 假定物块小得可以作为一个在杆端的质点处理. (a) 物块-杆-子弹系统对 A 点的转动惯量是多少? (b) 如果子弹刚撞击后系统的角速率是 4.5rad/s, 那么子弹刚撞击前的速率是多少?

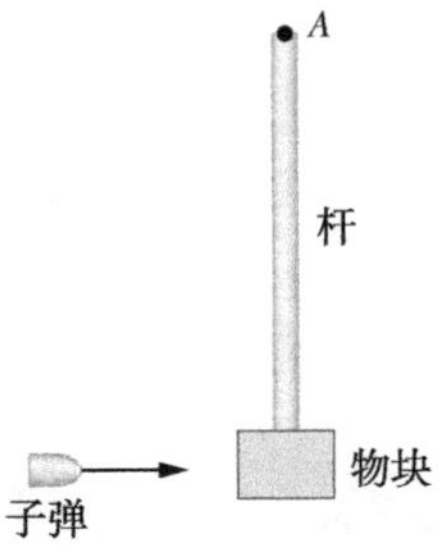

图 5-53 习题 34 图

35. 质量为 m 的质点沿无摩擦表面滑下高度 h 时与一根均匀竖直杆(质量为 m', 长度为 d)相撞并粘在它上面(见图 5-54). 棒绕着 O 点转动在瞬时停止前转过了角 θ, 求 θ.

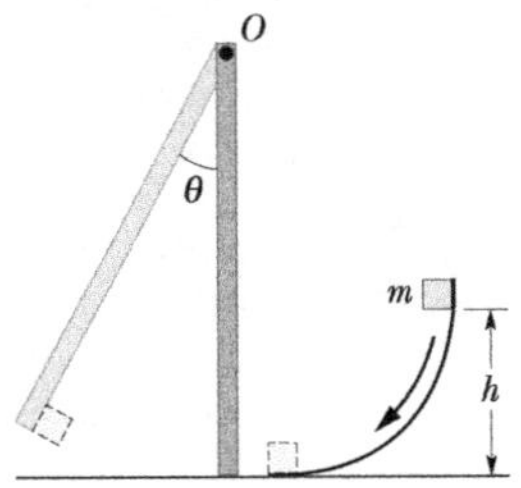

图 5-54 习题 35 图

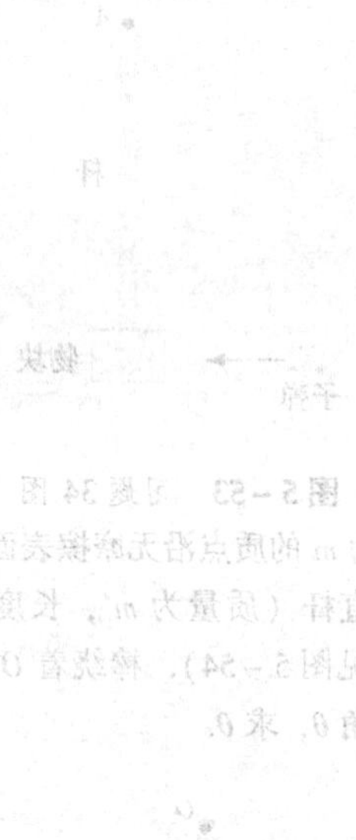

第 2 篇

第6章　流　体

水对下潜的潜水员的作用力明显增大，即使是在游泳池底相对较浅的下潜也是这样．可是，1975年，William Rhodes 曾利用装有呼吸用的特殊混合气体的水下呼吸器，从已下降到墨西哥海沟中300m 深的沉箱中走出，接着游到了创纪录的 350m 深处．奇怪的是，配备有水下呼吸器装置的潜水初学者在游泳池里练习时，受到水的作用力可能比 Rhodes 受到的具有更大的危险性．有些初学者偶然死去就是由于忽视了这种危险性．

这种潜在的致命危险是什么呢？

答案就在本章中．

液体和气体的各部分间可以有相对运动，因而没有固定的形状．物体各部分间可以有相对运动的这种特性称为**流动性**，具有流动性的物体就称为**流体**．因此，从具有流动性这一角度看，液体和气体都是流体.

在中学物理课中已介绍过静止流体的一些知识，所以本章主要研究流体运动的规律.

6-1 理想流体 稳定流动

1. 理想流体

实际流体的运动一般比较复杂，决定因素是多种多样的，但在某些问题中我们可以突出起作用的主要因素，而忽略掉作用不大的次要因素．理想流体就是分析流体运动情况后提出的一个理想模型，但在解决某些实际问题时可以给出与实际情况相当接近的结果.

实际流体都是可压缩的．就液体来说，压缩量一般都很小，例如，水在10℃时，每增加一个大气压，体积的减小不过是原来体积的二万分之一．因此，一般情形下，液体的压缩性是次要因素，可以忽略不计．就气体来说，虽然其压缩性较大，但它的流动性很大，只要有很小的压强差就足以使气体流动起来，而极小的压强差所引起的各处的密度差是很小的．因此，在研究气体流动的许多问题中，压缩性也是可以忽略的.

另外，实际流体是有粘性的，即流体各层有相对流动时，相邻两层间存在有摩擦力，相互牵制．例如，流体在管中流动时，管中心处流速最大，越靠近管壁流速越小，这时速度不同的各流体层之间就有沿分界面切向的摩擦力存在．这种流体内部的摩擦力又称为**内摩擦力**．水和酒精等液体的内摩擦力很小，气体的内摩擦力更是小得多．如果考虑这种粘性小的流体在小范围内流动时，由内摩擦力所引起的影响很小．因此，在这种条件下，粘性可以作为次要因素而忽略不计.

如上所述，在某些问题中，压缩性和粘性是影响运动的次要因素，只有流动性才是决定运动的主要因素．为了突出流体这一主要特性，我们引入理想流体这一模型，所谓**理想流体就是绝对不可压缩的、完全没有粘性的流体**.

2. 稳定流动

由于流体各部分间可以作相对运动，所以在一般情况下，在同一时刻，各处的流速不同；在不同时刻，通过同一固定点的流速也不同．但在某些问题中，整个流动情况随时间的变化不显著，可以忽略，而看作是完全不随时间变化的，也就是说，尽管在同一时刻各处流速不同，但**在不同时刻，通过任一固定点的流速**却**不随时间改变**，这种流动称为**稳定流动**.

在本章中，我们的研究对象局限于理想流体，而研究的流动则局限于稳定流动.

3. 流线和流管

为了形象地描述流体的运动情况，我们想象在流体中作许多曲线，**曲线上每一点的切线方向和位于该点的流体微团的速度方向一致**．这种曲线称为**流线**（见图6-1）．当流体作稳定流动时，流线是不随时间而变的曲线．这时，由于位于一定流线上的任何流体微团的速度方向总是和该点流线的切线方向相同，因而将沿流线运动，即**流线是流体微团的运动路径**.

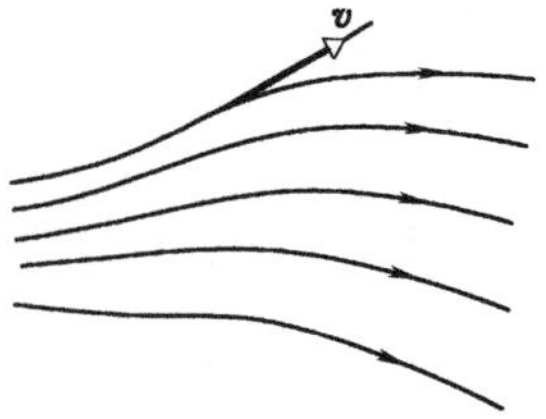

图6-1 流线

由流线围成的管子称为**流管**．**流管**是由许多流体微团组成的**小流块运动的路径**. 由于每一点都有确定的流速，所以流线不能相交. 由此可见，流管内的流体不能流出管外，管外的流体也不能流入管内. 将流体划分成流管后，只要掌握每一流管中流块的运动规律，就可以掌握流体整体的运动规律.

6-2 连续性方程

在流体中取一细流管，并任意作两个垂直于流管的截面 ΔA_1 和 ΔA_2（见图6-2），如以 v_1 和 v_2 表示流体在截面 ΔA_1 和截面 ΔA_2 处的流速，则在单位时间内通过截面 ΔA_1 的流体的体积为 $v_1\Delta A_1$，流过截面 ΔA_2 的流体的体积为 $v_2\Delta A_2$. 对不可压缩的流体来说，介于截面 ΔA_1 和 ΔA_2 之间的流体的体积是不变的，所以在单位时间内通过截面 ΔA_2 流出这一区域的流体的体积，应该等于通过截面 ΔA_1 流入这一区域的流体的体积，即

$$v_1\Delta A_1 = v_2\Delta A_2 \tag{6-1}$$

这个关系式对流管内任意两个和流管垂直的截面都成立，所以上式一般可写成

$$v\Delta A = \text{恒量} \tag{6-2}$$

即**在同一流管中，不可压缩的流体的流速和流管的横截面的乘积是一恒量**. 这一结论称为流体的**连续性方程**. 式中的 $v\Delta A$ 称为流体的**体积流量**.

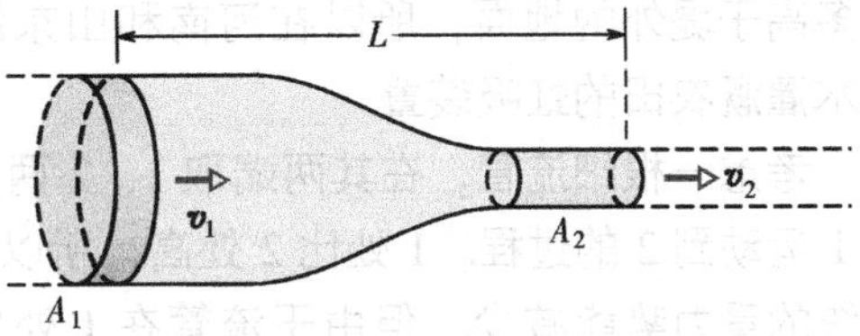

图6-2 流体以稳定的速率通过一段流管，流体的速率在左侧为 v_1，在右侧为 v_2. 流管的横截面在左侧为 ΔA_1，在右侧为 ΔA_2.

如在式（6-1）的两边都乘以流体的密度 ρ，则有

$$\rho v_1\Delta A_1 = \rho v_2\Delta A_2 \tag{6-3}$$

或

$$\rho v\Delta A = \text{恒量} \tag{6-4}$$

式中，$\rho v\Delta A$ 称为流体的**质量流量**，即单位时间内流过流管任一横截面的流体质量，而上式则说明，**在稳定流动的情形下，流进这段流管的流体质量，等于流出这段流管的流体质量**. 因此，流体的连续性方程实质上就是质量守恒定律在不可压缩流体这一特殊情形下的具体表现形式.

例题6-1

静止的正常人其主动脉（从心脏出来的主血管）横截面积 A_0 是 3cm^2，通过它的血液的流速是 30cm/s. 典型的毛细血管（直径≈6μm）的横截面积 ΔA 是 $3\times10^{-7}\text{cm}^2$、流速 v 是 0.05cm/s. 这样一个人有多少毛细血管？

【解】 这里关键点是，通过毛细血管的全部血液都必定通过主动脉，因此，通过主动脉的体积流量必等于通过毛细血管时的总体积流量. 假定毛细血管都是一样的，具有相同的给定横截面积 ΔA 及流速 v，于是由式（6-2）就有

$$A_0v_0 = n\Delta Av$$

此处，n 为毛细血管数. 解出 n 得

$$n = \frac{A_0v_0}{\Delta Av} = \frac{(3\text{cm}^2)(30\text{cm/s})}{(3\times10^{-7}\text{cm}^2)(0.05\text{cm/s})} = 6\times10^9 \text{ 或 } 60\text{ 亿} \qquad \text{（答案）}$$

很容易看出，所有毛细血管的总横截面积是主动脉横截面积的600倍.

6-3 理想流体稳定流动的功能关系式——伯努利方程

在研究流体的运动时，经常用能量的观点来分析和处理问题. 流体在运动过程中遵从功能

原理. 把功能原理这一普遍规律用于理想流体的稳定流动，就可导出另一条基本规律——伯努利方程.

1. 几个实例

我们先通过分析几个典型实例来看看在理想流体作稳定流动的过程中，有哪几种形式的能量可以相互转化.

(1) 虹吸装置

如图6-3所示，在大容器中贮有液体，将一根充满液体的弯管的一端插入容器，另一端堵住. 放开堵住的一端，容器中的液体就会沿着弯管流出. 这种装置称为**虹吸装置**. 利用虹吸装置可把高处的液体引到低处. 我国黄河下游的水面大多高于堤外的地面，所以在河南和山东的黄河两岸就有引河水灌溉农田的虹吸装置.

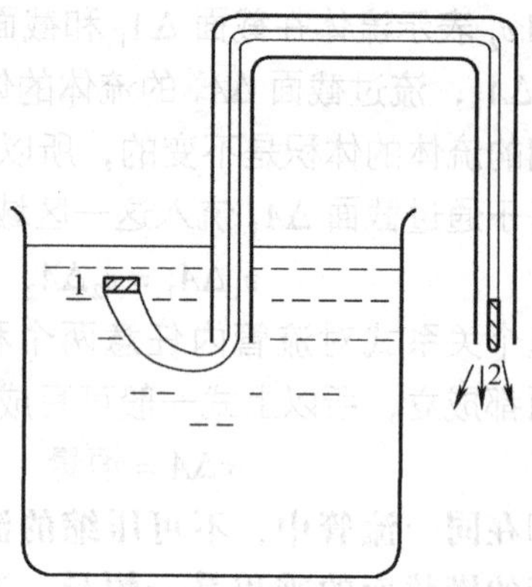

图6-3 虹吸装置

考虑一根细流管，在其两端取1、2两点，分析一小液块从1运动到2的过程. 1处比2处高，所以流块与地球所组成系统的重力势能减少. 但由于流管在1处比2处粗，根据连续性方程，液块在2处的流速比在1处的大，所以液块的动能增加. 因而，虹吸过程实际上是重力势能转化为动能的过程.

(2) 文丘里流量计

它是一根两端与管道一样粗，中间逐渐缩细的水平管子. 将待测的管道截断，把它接入，就可用来测量流量. 关于测量原理，在本章习题8中留给读者自己思考. 现在先来分析流体通过流量计时的能量转化过程.

考虑一根细流管，取1、2两点（见图6-4）. 流管是水平的，1、2两点高度相同，所以流块与地球所组成系统的重力势能相等. 但由于流管在2处比1处细，所以流块在2处的动能比在1处的大. 从接在1、2两点间的U形管压强计可看出，流体在1处的压强比在2处的大. 因此，流块动能的增加是因为四周流体施于流块的压强对它做功的结果.

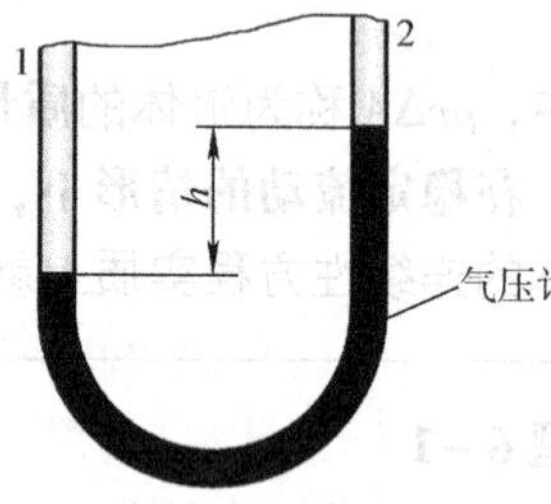

图6-4 文丘里流量计

(3) 减压提料

在化工生产中经常用减压的方法，使液体物料（如酒精）从低处的料槽流到高处的贮料罐中，图6-5所示为这种装置的示意图.

考虑一根细流管，取1、2两点. 由于流管在两处一样粗，所以液块在两处的流速相等因而动能相等. 液块所以能从低处1流到高处2，或者说液块与地球所组成系统的重力势能所以会增加，正是因为通过抽气减压，使液体在2处的压强明显地低于1处，即靠压力做功的缘故.

总结以上几个实例可见，在理想流体的运动过程中，流块的动能和流块与地球所组成系统的重力势能可以相互转化，而且四周的流体所施加的压力可以对流体做功.

现在考虑理想流体在重力场中作稳定流动的一般情形. 如图6-6所示，在理想流体的任一细流管中取一流块，考虑它从位置1（ab处）运动到位置2（$a'b'$处）的过程中，它和地球所组成系统的机械能改变，以及四周流体所施压力对它做的功.

2. 机械能的改变

由于流块很小，所以在流块所在的区域内各物理量都可以看作是均匀的. 设在位置 1 处，流体的压强为 p_1，流块的截面积为 ΔA_1，长度为 Δl_1，流速为 v_1，距参考平面的高度为 h_1；在位置 2 处，流体的压强为 p_2，流块的截面积为 ΔA_2，长度为 Δl_2，流速为 v_2，距参考平面的高度为 h_2. 因流体**不可压缩**，各处的密度都为 ρ.

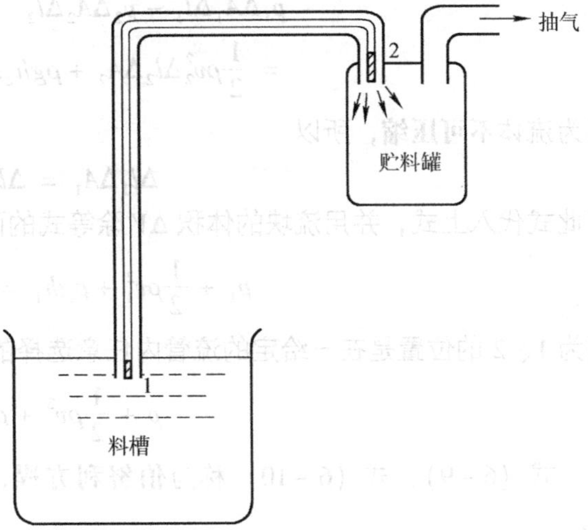

图 6－5 减压提料示意图

现在先考虑流块与地球所组成系统的机械能的改变. 当流块由位置 1 运动到位置 2 时，动能的增量为

$$\Delta E_k = E_{k2} - E_{k1} = \frac{1}{2}mv_2^2 - \frac{1}{2}mv_1^2 = \frac{1}{2}\rho\Delta l_2\Delta A_2 v_2^2 - \frac{1}{2}\rho\Delta l_1\Delta A_1 v_1^2 \tag{6-5}$$

流块与地球所组成系统的重力势能增量为

$$\Delta E_p = E_{p2} - E_{p1} = mgh_2 - mgh_1 = \rho g\Delta l_2\Delta A_2 h_2 - \rho g\Delta l_1\Delta A_1 h_1 \tag{6-6}$$

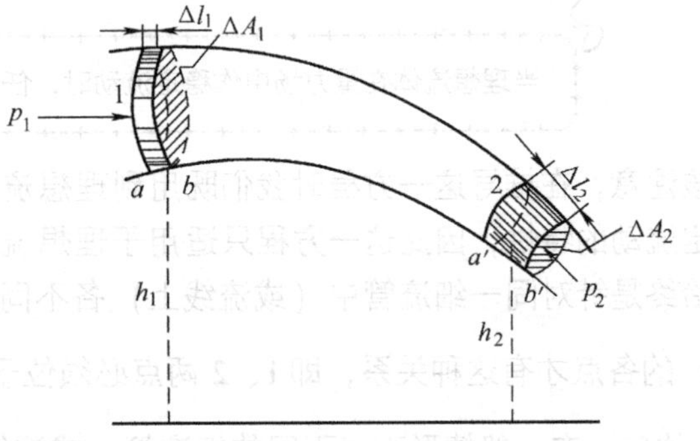

图 6－6 流块沿流管由 1 运动至 2 过程中的功能关系

由于理想流体**无粘性**，系统内部无内摩擦做功，所以总的机械能的增量应等于外力对系统所做的功 W. 流块所受的重力是流块与地球所组成系统的内力，因此，流块所受的外力就只有四周流体对它的作用力，即四周流体施于它的压力.

3. 压力的功

由于理想流体**无粘性**，流管外面的流体对流块的压力垂直于管壁，也就是垂直于流块的运动方向，因而不做功. 只有作用在流块前后两底面的压力才做功. 这个功包括两部分：作用于后底面的压力由 a 至 a' 所做的正功，及作用在前底面的压力由 b 至 b' 所做的负功. 值得注意的是，前底面和后底面将一前、一后经过 ba' 这一段路程；因为理想流体作**稳定流动**，它们先后通过这段路程中间同一位置时的截面积相同，压强也相等，不同的只是一个力做正功，另一个力做负功，其总和恰好等于零. 因此，压力的功就是压力推后底面由 a 至 b 的正功及压力阻止前底面由 a' 至 b' 的负功，即

$$W = p_1\Delta A_1\Delta l_1 - p_2\Delta A_2\Delta l_2 \tag{6-7}$$

根据功能原理，外力所做的功等于系统机械能的增量，即

$$W = \Delta E_k + \Delta E_p \tag{6-8}$$

将式 (6－5)、式 (6－6) 和式 (6－7) 代入式 (6－8)，则有

$$p_1\Delta A_1\Delta l_1 - p_2\Delta A_2\Delta l_2$$
$$= \frac{1}{2}\rho v_2^2\Delta l_2\Delta A_2 + \rho g h_2\Delta l_2\Delta A_2 - \frac{1}{2}\rho v_1^2\Delta l_1\Delta A_1 - \rho g h_1\Delta l_1\Delta A_1$$

因为流体**不可压缩**，所以

$$\Delta l_1\Delta A_1 = \Delta l_2\Delta A_2 = \Delta V$$

将此式代入上式，并用流块的体积 ΔV 除等式的两边，就有

$$p_1 + \frac{1}{2}\rho v_1^2 + \rho g h_1 = p_2 + \frac{1}{2}\rho v_2^2 + \rho g h_2 \quad (6-9)$$

因为 1、2 的位置是在一给定的流管内任意选择的，所以对于同一流管内的任一位置，都有

$$p + \frac{1}{2}\rho v^2 + \rho g h = \text{恒量} \quad (6-10)$$

式（6-9）、式（6-10）称为**伯努利方程**，它实质上是理想流体作稳定流动时的功能关系.

如在以上讨论中令细流管的横截面积 ΔA_1、$\Delta A_2 \to 0$，则细流管就变成了流线，所以也可以把伯努利方程表述为

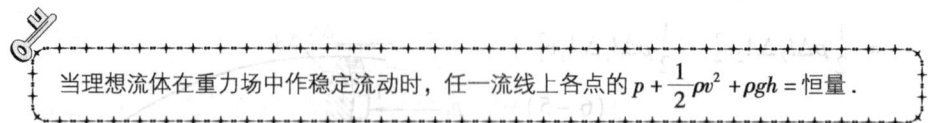

当理想流体在重力场中作稳定流动时，任一流线上各点的 $p + \frac{1}{2}\rho v^2 + \rho g h = $ 恒量.

应该注意，在推导这一方程时我们既用到理想流体不可压缩和没有粘性这两个特性，又用到了稳定流动的特性，因此这一方程只适用于理想流体的稳定流动，而且在导出这一关系式时，我们始终是针对同一细流管中（或流线上）各不同点说的；因此只有对于同一细流管中（或流线上）的各点才有这种关系，即 1、2 两点必须位于同一条细流管（或流线）上，而量 $p + \frac{1}{2}\rho v^2 + \rho g h$ 的值，在一般情形下对不同的细流管（或流线）是不相同的.

伯努利方程是流体动力学的基本规律. 在确定运动流体内部压强和流速方面有很大的实际意义，在水利、造船、航空、化学等工程部门都有广泛的应用.

例题 6-2

如图 6-7 所示，在一个大容器中贮有液体，容器的下部开有一小孔，液面离小孔中心线的高度是 h，液体由小孔射出. 由于高度 h 比小孔直径大很多，所以可认为从小孔中射出的液体速度是均匀的. 求液体射出的速度 v_2.

【解】 这里的一个关键点是，首先要对容器中流线分布作一粗略的估计，然后取一细流管并选定两点 1 和 2. 现在液体内取一流管，其上部点 1 所在的截面 A_1 在自由表面处，下部点 2 所在的截面 A_2 在小孔处. 应用伯努利方程，有

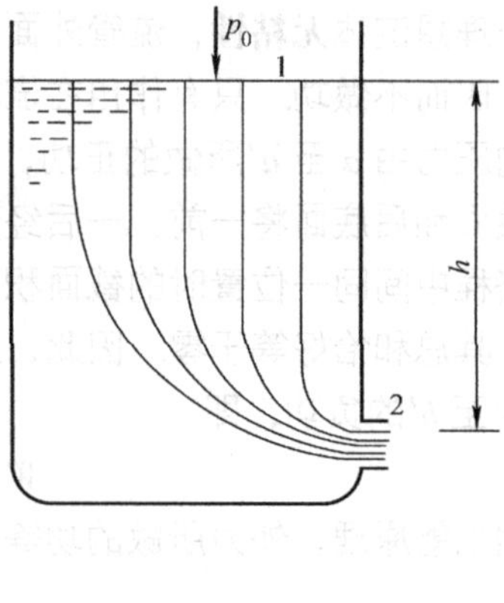

图 6-7 从容器底部流出流体的流速

$$p_1 + \frac{1}{2}\rho v_1^2 + \rho g h_1 = p_2 + \frac{1}{2}\rho v_2^2 + \rho g h_2$$

式中，$p_1 = p_2 = p_0$ 为大气压强；h_1 和 h_2 分别是1、2两点距参考平面的高度，因而 $h_1 - h_2 = h$，再根据连续性方程：

$$A_1 v_1 = A_2 v_2$$

式中，A_1 是自由液面的面积（即容器的截面积）；A_2 是小孔处液流的截面积．代入上式，得

$$\frac{1}{2}v_2^2\left(\frac{A_2}{A_1}\right)^2 + gh = \frac{v_2^2}{2}$$

与容器的截面积比小孔的截面积大很多，即 $A_1 \gg A_2$，所以 $(A_1/A_2)^2$ 可以忽略不计，于是得到

$$v_2 = \sqrt{2gh}$$

这个关系称为**托里拆里公式**．

最后我们来回答本章首页提出的问题：配备水下呼吸器装置的潜水初学者在游泳池里练习时为什么竟然会有生命危险呢？

这是一个关于静止流体的问题．在静止流体中，压强随深度的增加而加大．当一个初学者使用水下呼吸器在游泳池里练习潜水时，如果他在水面以下 L 米处，在他取下气罐前从气罐吸足气体使自己的肺膨胀，然后开始上浮到达水面．在上升的过程中，他必须均匀地把肺里的气体呼出．如果他忽视了这个呼气动作就有致命的危险．这是因为潜水者在水面以下 L 米处时把空气吸入肺中，肺里空气的压强为

$$p = p_0 + \rho g L$$

式中，p_0 为大气压强；ρ 为水的密度．在他上升过程中，体外水的压强在减小，他的血压也会减小，一直到达水面时减小到正常状态．但如果他没有呼气，肺里的气压就一直保持他在水面以下 L 米时的压强．当他到达水面时，肺里的压强与胸膛所受的外部压强之差就使他难以承受．当 $L = 0.95\text{m}$ 时，这个压强差就高达9300Pa，如果他下潜到更深的地方，只要上升时忘记呼气，这个压强差就会直接危胁他的生命．

复习和小结

理想流体　理想流体是绝对不可压缩、完全没有粘性的流体．

稳定流动　在稳定流动中，流体在不同时刻通过任一固定点的流速保持恒定．

流线和流管　在稳定流动中，流线是流体微团经历的路径．流管是一束流线，是由许多流体微团组成的流块经历的路径．

连续性方程　对于不可压缩流体，在同一流管内，流体的流速和流管的横截面积的乘积为一恒量：

$$v\Delta A = \text{恒量}$$

$v\Delta A$ 为流体的体积流量．如以质量流量 $\rho v\Delta A$ 来表示，则有

$$\rho v\Delta A = \text{恒量}$$

连续性方程实质上是质量守恒定律在不可压缩流体这一特殊情形下的具体表现形式．

伯努利方程　把功能原理用于理想流体的稳定流体就导出了沿任一细流管（或流线）的伯努利方程：

$$p + \frac{1}{2}\rho v^2 + \rho g h = \text{恒量}$$

思考题

1. 图6－8所示为一只管子，给出了除一个截面以外的体积流量（cm^3/s）和流动方向．试求各截面的体积流量与流动的方向．

2. 图6－9表示三根流着水的直管．图中标出了每根管中的流速及每根管的横截面积．按照每分钟流过横截面积的水的体积由大到小将这些管子排序．

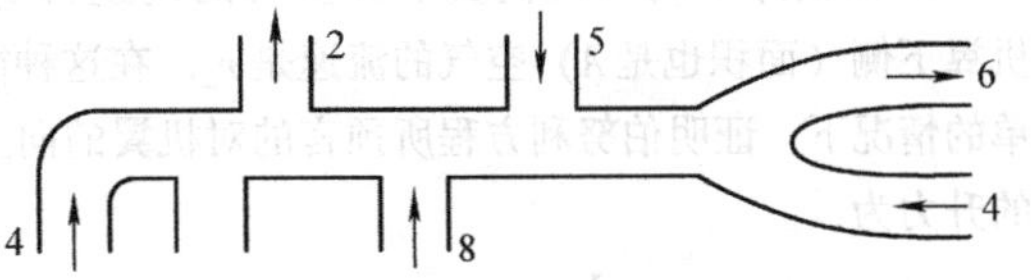

图6－8　思考题1图

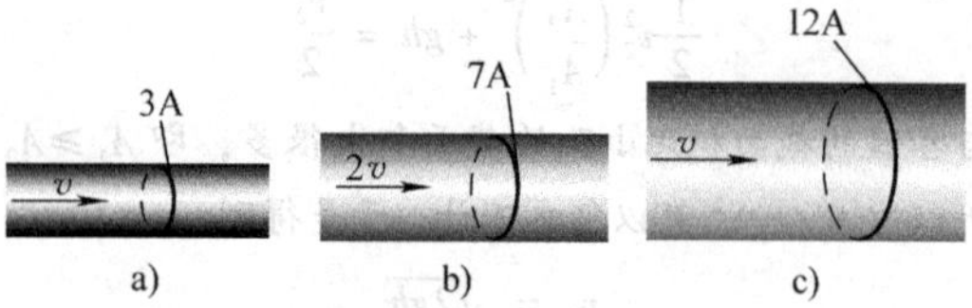

图6-9 思考题2图

3. 在推导伯努利方程时，曾作了哪些假设？这一方程的适用条件是什么？

4. 试问：不同流线上的 $p+\frac{1}{2}\rho v^2+\rho gh$ 是否相同？(1) 这些流线水平，但上下流线流速不同；(2) 这些流线围成同心圆，各流体微团有共同的角速度，不计重力.

5. 若两条船平行前进时靠得很近，为什么它们极容易碰撞？

6. 图6-10所示为一喷雾器，从D管吹气，气体从小口B出来后，便将容器中的液体由A管吸出，并吹成雾状飞散，试说明其原理.

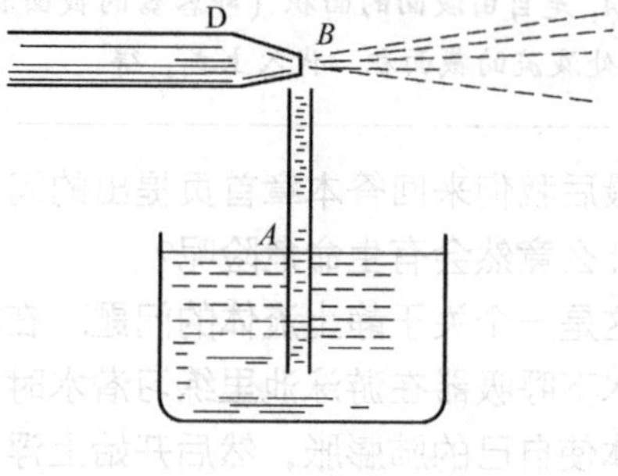

图6-10 思考题6图

习题

1. 一条花园软管直径1.9cm. 把它与（静止的）草地喷水器连起来，该喷水器有24个孔，每个孔的直径是0.13cm. 如果管内水的流速是0.91m/s，那么水从喷孔喷出时流速是多少？

2. 从管径1.9cm（内径）的管子里流出的水流入三条管径1.3cm的水管.（a）如果水在三根细管内的流量分别为26L/min、19L/min和11L/min，在1.9cm管内流量是多少？（b）水在1.9cm管子中的流速与在流量是26L/min的管子中的流速之比是多少？

3. 一根水管横截面积为4.0cm^2，管内的水以5.0m/s的速率流动. 随着管子横截面积增加到8.0cm^2，水的高度降低了10m.（a）当水到达低处时，流速是多少？（b）如果在高处时压强是1.5×10^5Pa，那么在低处时的压强是多少？

4. 一条内径为2.5cm水管将水送入地下室，管内水的流速为0.90m/s、压强为170kPa. 如果水从地下室流到高出输入点7.6m的二层楼时所用管径缩小为1.2cm，那么到二层楼时（a）水的流速和（b）水的压强是多少？

5. 面积为A的飞机机翼上方空气的流速为v_t，机翼下侧（面积也是A）空气的流速是v_u. 在这种简单的情况下，证明伯努利方程所预言的对机翼的向上的升力为

$$L=\frac{1}{2}\rho A\ (v_t^2-v_u^2)$$

式中，ρ是空气的密度.

6. 在其内部液面以下50cm处的密闭饮料桶上开有一个面积为0.25cm^{2}的孔，桶内液体的密度为1.0g/cm^3. 如果液体上方空气的计示压强是（a）零和（b）0.40atm，液体流过孔时的速率是多少？

7. 水坝后方淡水深为15m，直径4.0cm的水平管道在水面以下6.0m处穿过坝体，如图6-11所示. 一个塞子堵住其开口. 求：（a）塞子和管壁之间的摩擦力的大小；（b）拔掉塞子，3.0h内将有多少水流出管道？

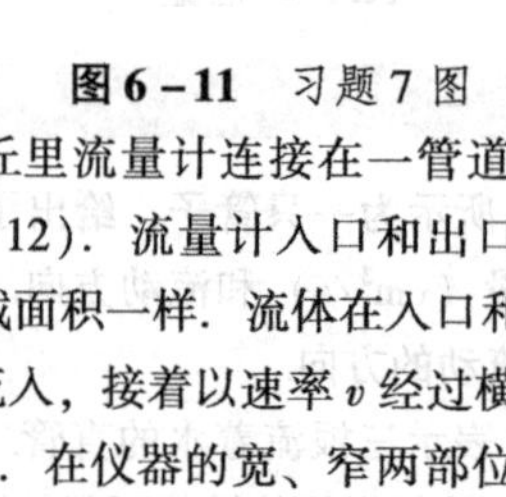

图6-11 习题7图

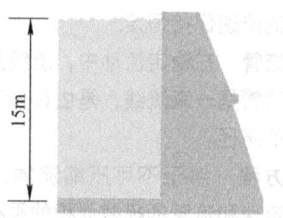

8. 把文丘里流量计连接在一管道的两个截面之间（见图6-12）. 流量计入口和出口的横截面积A和管道的横截面积一样. 流体在入口和出口之间以速率v从管道流入，接着以速率v经过横截面积为a的狭窄"咽喉". 在仪器的宽、窄两部位之间连有一个气压计. 流体速度的变化伴随流体压强的改变Δp，这个压强的改变引起气压计的两臂内液体的高度差（此处的Δp意味着狭窄部位的压强减去管道里的压

强）.（a）对图 6－12 中点 1 和点 2 应用伯努利方程和连续性方程证明

$$v = \sqrt{\frac{2a^2 \Delta p}{\rho(a^2 - A^2)}}$$

这里 ρ 表示流体的密度.（b）假定流体是淡水，管道的横截面积是 64cm^2，而狭窄部位的横截面积是 32cm^2，管道内及狭窄部位的压强分别为 55kPa 和 41kPa，那么流量是多少立方米每秒？

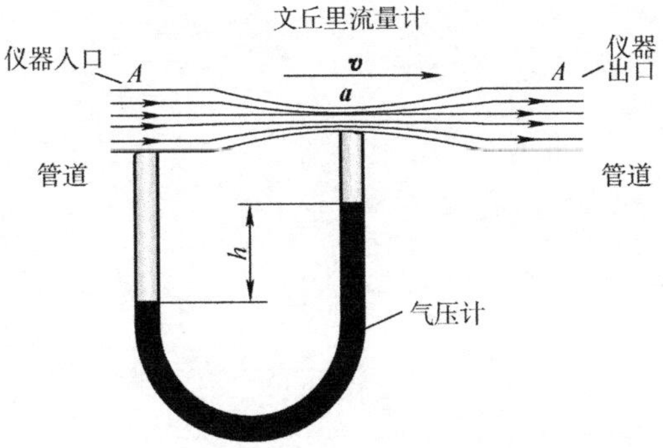

图 6－12　习题 8 图

第7章　振　　动

1985 年 9 月 19 日，震源位于墨西哥西海岸的一场地震的地震波给 400km 以外的墨西哥城造成了可怕而且分布很广的破坏.

为什么地震波能在墨西哥城造成如此广泛的破坏，而在地震波经过的路途上破坏却相对较小呢？

答案就在本章中.

我们的周围到处都有振动. 有摆动着的枝形吊灯、摇摆着的已抛锚的船以及汽车发动机里振荡着的活塞; 有振动着的吉他弦、鼓、铃、电话和扬声器系统里的膜片以及手表里的石英晶块. 不大明显的是传递声音感觉的空气分子的振动、传递温度感觉的固体内原子的振动以及无线电天线和电视发射机里传递信息的电子的振动.

实际世界里的振动通常是**阻尼的**; 也就是说, 由于摩擦力的作用, 使机械能转化为热能, 运动会逐渐衰减. 虽然我们不能完全消除机械能的这种损失, 但可以利用某些能源补充能量. 例如, 可以通过摆动我们的腿或躯干来“注入”摆动, 以维持或加剧振动. 这样做时, 把生化能转化为振动系统的机械能.

7-1 简谐运动

图7-1a表示一个简谐运动的一系列“快照”, 一个质点围绕 x 轴的原点重复地来回运动. 本节只简单地描述这种运动. 稍后我们将讨论如何获得这种运动.

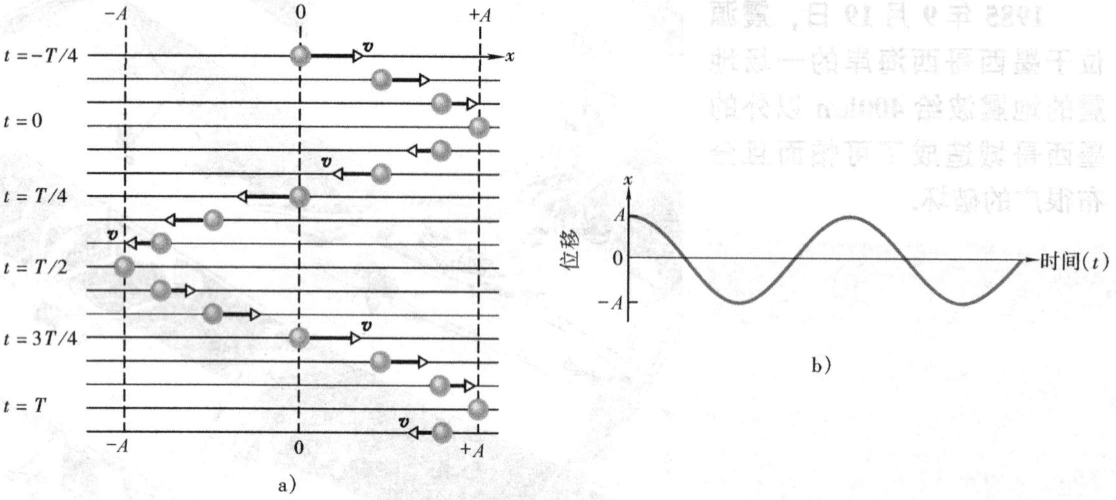

图7-1 a) 一系列“快照”(在相同的时间间隔拍摄) 表示一个质点沿 x 轴在原点附近范围为 $+A$ 和 $-A$ 之间来回振动时的位置. 矢量箭头以质点的速率标度. 当质点在原点时速率最大, 而在 $\pm A$ 处时速率为零. 如果选择质点在 $+A$ 的时刻为 $t=0$, 质点将在 $t=T$ 回到 $+A$, T 为运动的周期. 然后运动重复. b) 在 a) 所示的运动中 x 作为时间的函数的图线.

振动的一个重要性质是它的**频率**, 或者说每秒钟完成振动的次数. 频率的符号是 ν, 它的 SI 单位是**赫兹** (Hz), 即

$$1\mathrm{Hz} = 1\ \text{次每秒} = 1\mathrm{s}^{-1} \tag{7-1}$$

和频率相关的是振动的**周期** T, 它表示完成一次全振动所用的时间; 即

$$T = \frac{1}{\nu} \tag{7-2}$$

任何在固定的时间间隔内重复本身的运动叫做**周期运动**或**谐运动**. 在这里, 我们感兴趣的是一种以特殊的方式重复本身的运动, 即如图7-1a的运动. 对于这种运动, 质点离开坐标原点的位移 x 由下面的时间函数给定

$$x(t) = A\cos(\omega t + \phi) \quad \text{(位移)} \tag{7-3}$$

其中, A、ω 和 ϕ 是常量. 这种运动叫做**简谐运动** (SHM), 一个表示此周期性运动为时间的正

弦函数的术语．在式（7－3）中，已把正弦函数写成一个如图7－1b所示的余弦函数（只要通过将图7－1a逆时针转90°，然后按顺序用曲线把质点连起来即可得到该图线）．决定图线形状的各量的名称标于图7－2中．现在我们给这些量下定义．

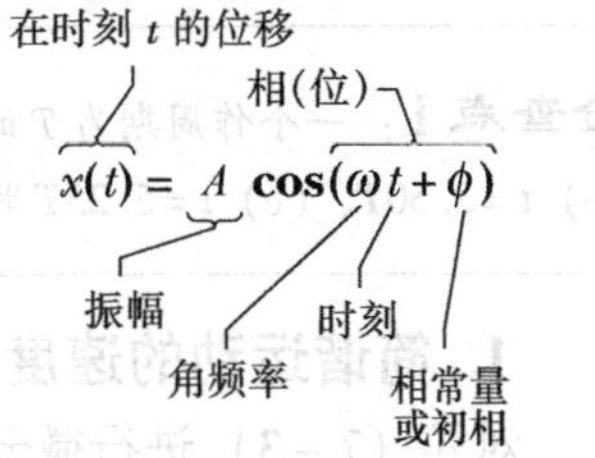

图7－2 表示简谐运动的式（7－3）中各量的对应名称．

量A叫做运动的**振幅**，是一个正的常量，其值与质点在$t=0$时刻的位移及速度有关．因为振幅是质点在每一方向上最大位移的大小．余弦函数式（7－3）在±1之间变化，所以位移$x(t)$在$\pm A$范围之内变化．

在式（7－3）中随时间变化的量（$\omega t+\phi$）叫做运动的**相**，常量ϕ叫做**相位常量**（或**初相**）．ϕ的值与质点在$t=0$时刻的位移和速度有关．对于图7－3a的$x(t)$图线，相位常量ϕ是零．

为了解释叫做运动**角频率**的常数ω，我们首先要注意，在一个运动周期T后，位移$x(t)$必定回到它的初始值；也就是说，$x(t)$在任何t时刻都必定等于$x(t+T)$．为了简化分析，我们以$\phi=0$代入式（7－3）中．于是由该式可以写出

$$A\cos\omega t = A\cos\omega(t+T) \tag{7-4}$$

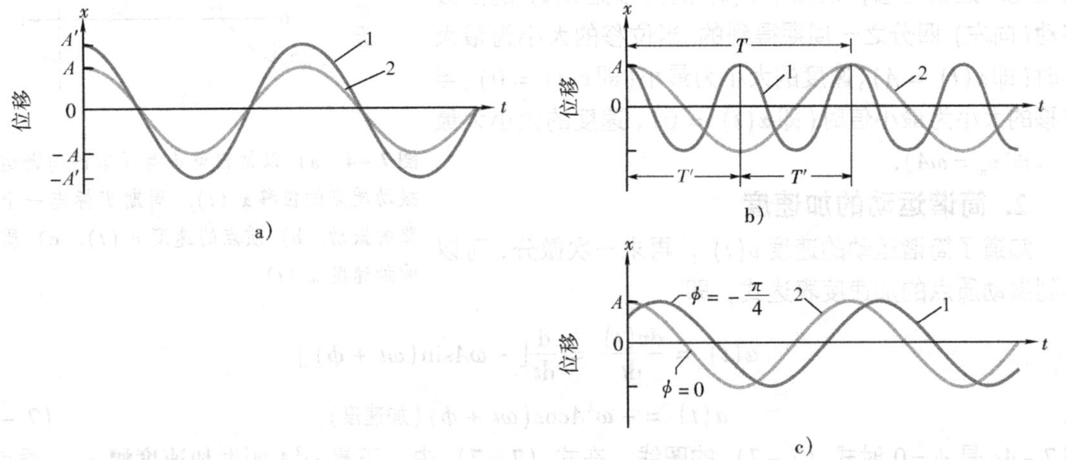

图7－3 在每种情况中，曲线2得自$\phi=0$的式（7－3）．a）曲线1与曲线2的区别仅在于曲线1的振幅A'大些（曲线1的位移极值更高）．b）曲线1与曲线2的区别仅在于曲线1的周期是$T'=T/2$（曲线1在水平方向上压缩了）．c）曲线1与曲线2的区别仅在于曲线1的$\phi=-\pi/4$rad而不是零（ϕ的负值把曲线1向右移）．

当其幅角（相）增加2π弧度时，余弦函数第一次重复自身，所以由式（7－4）可知

$$\omega(t+T) = \omega t + 2\pi$$

或

$$\omega T = 2\pi$$

这样，由式（7－2）得角频率为

$$\omega = \frac{2\pi}{T} = 2\pi\nu \tag{7-5}$$

角频率的SI单位是弧度每秒（为了一致，ϕ也就必须以弧度为单位）．图7－3对两个或是振幅不同、或是周期不同（因此频率和角频率不同）、或是相位常量不同的简谐运动的$x(t)$

进行了比较.

检查点1：一个作周期为 T 的简谐运动的质点，如图7-1所示，在 $t=0$ 时刻在 $-A$，问当 (a) $t=2.00T$、(b) $t=3.50T$、(c) $t=5.25T$ 时，它是在 $-A$、$+A$、0 的位置，还是在 $-A$ 与0之间，或0与 $+A$ 之间？

1. 简谐运动的速度

对式 (7-3) 进行微分，我们可以得到一个作简谐运动的质点的速度表达式；那就是

$$v(t)=\frac{dx(t)}{dt}=\frac{d}{dt}[A\cos(\omega t+\phi)]$$

或

$$v(t)=-\omega A\sin(\omega t+\phi) \quad (\text{速度}) \quad (7-6)$$

图7-4a是 $\phi=0$ 时式 (7-3) 的图线. 图7-4b表示式 (7-6) 的图线，也是 $\phi=0$. 和式 (7-3) 的振幅 A 相似，在式 (7-6) 中正量 ωA 叫做**速度幅** v_m. 在图7-4b中看到，振动质点的速度在 $\pm v_m=\pm\omega A$ 之间变化. 还请注意，该图中 $v(t)$ 的曲线是 $x(t)$ 的曲线**移动**(向左) 四分之一周期得到的. 当位移的大小为最大值时(即 $x(t)=A$)，速度的大小为最小(即 $v(t)=0$)；当位移的大小为最小值时(即 $x(t)=0$)，速度的大小为最大 (即 $v_m=\omega A$).

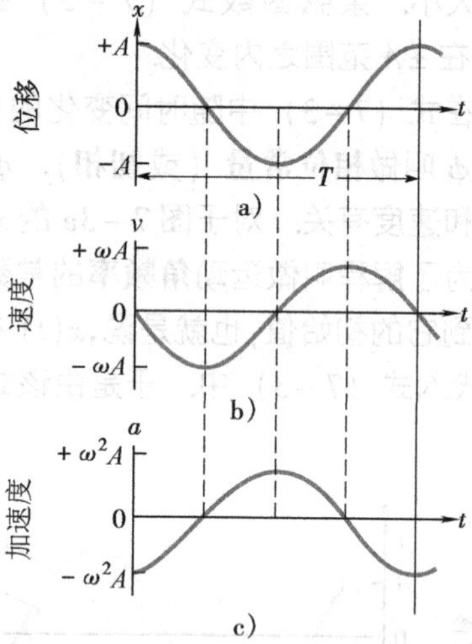

图7-4 a) 以初相角 ϕ 等于零的简谐运动振动质点的位移 $x(t)$. 周期 T 标志一个完整的振动. b) 质点的速度 $v(t)$. c) 质点的加速度 $a(t)$.

2. 简谐运动的加速度

知道了简谐运动的速度 $v(t)$，再求一次微分，可以得到振动质点的加速度表达式，即

$$a(t)=\frac{dv(t)}{dt}=\frac{d}{dt}[-\omega A\sin(\omega t+\phi)]$$

或

$$a(t)=-\omega^2A\cos(\omega t+\phi) \quad (\text{加速度}) \quad (7-7)$$

图7-4c是 $\phi=0$ 时式 (7-7) 的图线. 在式 (7-7) 中，正量 ω^2A 叫做**加速度幅** a_m；质点的加速度在范围 $\pm a_m$ 或 $\pm\omega^2A$ 之间变化，如图7-4c所示. 还请注意，该图中 $a(t)$ 的曲线是相对于 $v(t)$ 的曲线移动 (向左) 四分之一周期得到的.

联合式 (7-3) 和式 (7-7) 得

$$a(t)=-\omega^2x(t) \quad (7-8)$$

这是简谐运动的标志：

> 在简谐运动中，加速度与位移成正比，但符号相反，两个量由角频率的平方联系着.

由简谐运动的表达式 (7-3) 及质点的速度表达式 (7-6) 可以看出，当开始计时 ($t=0$) 时，有

$$x_0=A\cos\varphi$$
$$v_0=-A\omega\sin\varphi$$

哈里德大学物理学

式中，x_0 和 v_0 表示振动质点的初始位置和速度，也称为**初始条件**. 由以上两式可求得振幅 A 和初相 φ

$$A = \sqrt{x_0^2 + \frac{v_0^2}{\omega^2}} \tag{7-9}$$

$$\tan\varphi = -\frac{v_0}{\omega x_0} \tag{7-10}$$

其中，初相 φ 的取值范围一般取 $0 \sim 2\pi$ 或 $-\pi \sim +\pi$ 之间，初相 φ 不能仅由 x_0 决定，必须同时考虑 v_0 的正负.

图7-5 表示一质点作振幅为 A、角频率 ω 的简谐运动. 从图7-5 可以看出，在 $t=0$ 时刻，质点位于 $\frac{A}{2}$ 处，向 x 正方向运动. 从 $x_0 = A\cos\varphi$ 知

$$\cos\varphi = \frac{x_0}{A} = \frac{1}{2}$$

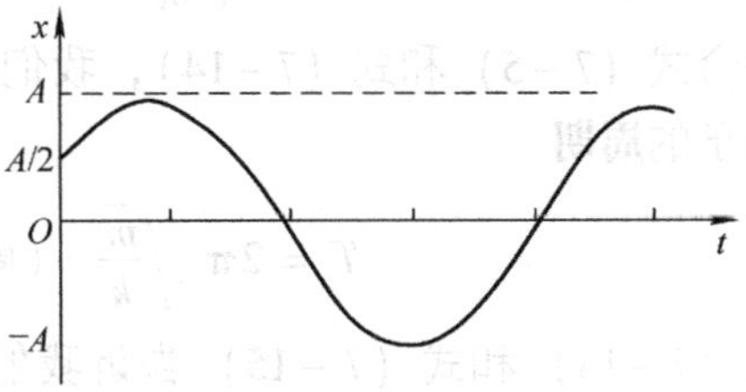

图　7-5

因此，φ 为 $\pi/3$ 或 $5\pi/3$. 考虑到 v_0 为正，所以

$$\sin\varphi = -\frac{v_0}{\omega A} < 0$$

这表明 φ 只能是 $5\pi/3$. 此质点振动的表达式可写为

$$x = A\cos(\omega t + \frac{5\pi}{3})$$

解题线索

线索1：初相

注意初相 ϕ 对 x (t) 图线的影响. 当 $\phi = 0$ 时，x (t)的图线如图7-4a 所示. 它是一个典型的余弦曲线. 当 ϕ 增加时，曲线沿 x 轴向左移.（你可通过↰ϕ 的符号来记忆，其中向上的箭头表示 ϕ 增加，向左的箭头表示所引起的曲线移动的方向）. 当 ϕ 减小时，曲线将右移，如图7-3c 所示，那里的 $\phi = -\pi/4$.

两个初相不同的简谐运动图线叫做有**相差**. 每一个可以说对另一个有一**相移**，或说与另一个**不同相**. 例如，在图7-3c 中的曲线，相差是 $\pi/4$ 弧度.

因为简谐运动在每一个周期后重复，而余弦函数每经过 2π 弧度重复，一个周期 T 就代表 2π 弧度的相差. 在图7-4 中，x (t) 是 v (t) 向右相移四分之一周期或 $-\pi/2$弧度得到的；它对 a (t) 向右移了半个周期或 $-\pi$ 弧度. 相移 2π 弧度使简谐运动的曲线和自身重合，看起来像没有变化一样.

7-2　简谐运动的力定律

一旦知道了一个质点的加速度怎样随时间发生变化，我们就可以用牛顿第二定律求出给质点这个加速度的力. 如果把牛顿第二定律与式（7-8）结合起来，就会发现对简谐运动来说

$$F = ma = -(m\omega^2)x \tag{7-11}$$

这一结果——即回复力与位移成正比但符号相反——是我们很熟悉的. 它就是对于弹簧的胡克定律

$$F = -kx \tag{7-12}$$

这里的弹簧劲度系数是

$$k = m\omega^2 \tag{7-13}$$

事实上，我们可以把式（7-12）作为简谐运动的另一定义，即

简谐运动是质量为 m 的质点在与质点的位移成正比而符号相反的力作用下的运动.

图7-6中的物块-弹簧系统构成了一个**线性简谐振子**（简称线性振子），其中“线性”表示力 F 与 x 成正比而不是与 x 的别的幂次方成正比. 物块简谐运动的角频率 ω 与弹簧劲度系数 k 及物块的质量 m 由式（7-13）相联系，它给出

$$\omega = \sqrt{\frac{k}{m}} \quad （角频率） \qquad (7-14)$$

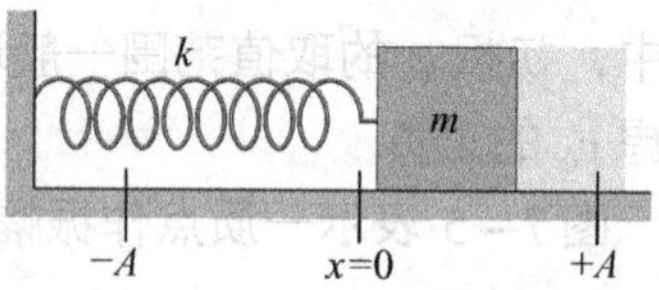

图7-6 一个线性谐振子. 表面无摩擦. 像图7-2的情况，一旦把物块拉到一边并放开，它就开始做简谐运动. 它的位移由式（7-3）给出.

结合式（7-5）和式（7-14），我们可以写出图7-6中线性振子的**周期**

$$T = 2\pi\sqrt{\frac{m}{k}} \quad （周期） \qquad (7-15)$$

式（7-14）和式（7-15）告诉我们，角频率大（因而周期小）意味着弹簧硬（k 较大）和物块轻（m 小）.

每一个振动系统，不管是图7-6中的线性振子还是一个跳水跳板，或一根小提琴弦，都有某种“弹性”要素和“惯性”或者质量要素，从而都像线性振子. 在图7-6的线性振子中，这些特性存在于系统的分离部件中：弹性完全在弹簧中，我们假定它没有质量. 惯性则完全在物块中，我们假定它是刚性的. 然而，对小提琴弦来说两个特性都在弦中，这将在第8章中看到.

检查点2：在下列作用在质点上的力 F 与质点位移 x 的关系中，哪个意味着简谐运动？（a）$F=-5x$，（b）$F=-400x^2$，（c）$F=10x$，（d）$F=3x^2$.

例题7-1

一个质量为680g的物块栓在一个弹簧劲度系数是65N/m的弹簧上. 在一个无摩擦的表面上，将物块从 $x=0$ 的平衡位置推到 $x=11$cm 处，并在 $t=0$ 时由静止释放.

（a）所引起的物块运动的角频率、频率和周期各是多少？

【解】 这里**关键点**是，物块-弹簧系统组成了一个线性简谐振子，物块作简谐运动. 因此，角频率由式（7-14）给出为

$$\omega = \sqrt{\frac{k}{m}} = \sqrt{\frac{65\text{N/m}}{0.68\text{kg}}} = 9.78\text{rad/s} \approx 9.8\text{rad/s}$$

（答案）

由式（7-5）得到的频率是

$$\nu = \frac{\omega}{2\pi} = \frac{9.78\text{rad/s}}{2\pi\text{rad}} = 1.56\text{Hz} \approx 1.6\text{Hz}$$

（答案）

由式（7-2）得到的周期是

$$T = \frac{1}{\nu} = \frac{1}{1.56\text{Hz}} = 0.64\text{s} = 640\text{ms} \quad （答案）$$

（b）振动的振幅是多少？

【解】 这里**关键点**是，由于没有摩擦，所以物块-弹簧系统的机械能是守恒的. 物块从 $x=11$cm 处被静止地释放时，该系统没有动能，而势能最大. 这样，物块不管什么时候再次到达距平衡位置11cm处时仍是有零动能. 这就意味着它决不可能远离平衡位置11cm以上. 它的最大位移是11cm，所以

$$A = 11\text{cm} \quad （答案）$$

（c）振动物块的最大速率 v_m 是多少？其时物块在什么地方？

【解】 这里**关键点**是，最大速率是式（7-6）中的速度幅 ωA，即

$$v_m = \omega A = 9.78\text{rad/s}0.11\text{m} = 1.1\text{m/s} \quad （答案）$$

这个最大的速率发生在物块冲过平衡点的时刻；将图7-4a与图7-4b比较，你可以看到不论物块何时经过 $x=0$ 处，速率都在极大.

(d) 物块加速度的最大值 a_m 是多少？

【解】 这一次**关键点**是，最大加速度的大小 a_m 是式 (7-7) 中的加速度幅 $\omega^2 A$，即

$$a_m = \omega^2 A = (9.78\text{rad/s})^2(0.11\text{m}) = 11\text{m/s}^2 \quad \text{(答案)}$$

这个最大加速度发生在物块到达它的路径的端点时. 在那些点，物块受到的力最大. 如果将图 7-4a 与图 7-4c 比较，你可以看到此时位移和加速度的大小同时达到最大.

(e) 运动的相位常量 ϕ 是多少？

【解】 这里**关键点**是，式 (7-3) 给出了物块的位移与时间的函数关系. 我们知道，在 $t=0$ 时刻，物块在 $x=A$ 处. 把这些初始条件代入式 (7-3) 中，消去 A 后得到

$$1 = \cos\phi \quad (7-16)$$

取反余弦得

$$\phi = 0\ \text{rad} \quad \text{(答案)}$$

(任何是 2π 的整数倍的角也都满足式 (7-16)，这里我们选最小的角.)

(f) 弹簧-物块系统的位移函数 $x(t)$ 是什么？

【解】 这里**关键点**是，由式 (7-3) 给出了 $x(t)$ 的普遍形式. 将已知量代入该式得

$$x(t) = A\cos(\omega t + \phi) = 0.11\text{m} \times \cos[(9.8\text{rad/s})t + 0] = 0.11\cos(9.8t) \quad \text{(答案)}$$

此处 x 的单位是 m，t 的单位是 s.

例题 7-2

在 $t=0$ 时刻，像图 7-5 中那样的线性振子的物块的位移 $x(0)$ 是 -8.50cm. ($x(0)$ 读作零时刻的 x). 物块的速率 $v(0)$ 是 -0.920m/s，其加速度 $a(0)$ 是 $+47.0\text{m/s}^2$.

(a) 这一系统的角频率 ω 是多少？

【解】 这里**关键点**是，物块作简谐运动，其位移、速度、加速度分别由式 (7-3)、式 (7-6) 和式 (7-7) 给出. 把 $t=0$ 代入各式，看看是否能从其中一式解出 ω. 我们发现

$$x(0) = A\cos\phi \quad (7-17)$$

$$v(0) = -\omega A\sin\phi \quad (7-18)$$

和

$$a(0) = -\omega^2 A\cos\phi \quad (7-19)$$

在式 (7-17) 中，ω 消失了. 在式 (7-18) 和式 (7-19) 中，知道左边的值，但不知道 A 和 ϕ. 但是，如果我们用式 (7-17) 去除式 (7-19)，就可以消去 A 和 ϕ，并可以解出 ω 如下：

$$\omega = \sqrt{-\frac{a(0)}{x(0)}} = \sqrt{-\frac{47.0\text{m/s}^2}{-0.0850\text{m}}} = 23.5\text{rad/s} \quad \text{(答案)}$$

(b) 振幅 A 和相位常数 ϕ 是多少？

【解】 与 (a) 的**关键点**一样，这里也可利用式 (7-17) 至式 (7-19). 不过现在我们是知道 ω 而想求 ϕ 和 A. 如果用式 (7-17) 去除式 (7-18)，则有

$$\frac{v(0)}{x(0)} = \frac{-\omega A\sin\phi}{A\cos\phi} = -\omega\tan\phi$$

解出 $\tan\phi$，得到

$$\tan\phi = -\frac{v(0)}{\omega x(0)} = -\frac{-0.920\text{m/s}}{(23.5\text{rad/s})(-0.0850\text{m})} = -0.461$$

此方程有两个解：

$$\phi = -25° \text{ 和 } \phi = 180° + (-25°) = 155°$$

(一般说来在计算器上仅显示第一个解)

选取哪个解的**关键点**是分别用它们去求振幅 A 的值. 从式 (7-17) 可知，如果 $\phi = -25°$，则

$$A = \frac{v(0)}{\cos\phi} = \frac{-0.0850\text{m}}{\cos(-25°)} = -0.094\text{m}$$

同理，如果取 $\phi = 155°$ 则 $A = 0.094$m，因为简谐运动的振幅必须是正的常量，这里正确的相位常量和振幅是

$$\phi = 155° \text{ 且 } A = 0.094\text{m} = 9.4\text{cm} \quad \text{(答案)}$$

解题线索

线索 2：识别简谐运动

在线性简谐运动中，加速度 a 和系统的位移 x 由下列方程相联系

$$a = -(\text{一个正的常数})x$$

这说明加速度与离开平衡位置的位移成正比，但方向相反. 一旦对一个振动系统你发现了这样的一个表达式，你就可以立即将它与式 (7-8) 相比较，确认其中的正的常量等于 ω^2，从而马上得到此运动的角频率的表达式. 于是，由式 (7-5) 就可以求得周期 T 和频率 ν.

在某些习题中你可能推导出一个力 F 作为位移 x 的函数表示式. 如果这个振动是线性简谐运动，力和位移就由下式联系

$$F = -(\text{一个正的常量})x$$

这说明力与位移成正比，但方向相反. 一旦对一个振动系统你发现了这样的一个表达式，就可以立即将它与式（7-12）对比较，确认其中的正的常量等于 k. 如果你知道有关的质量，就可以用式（7-14）、式（7-15）和式（7-5）求得角频率 ω、周期 T 和频率 ν.

7-3 简谐运动中的能量

线性振子的能量在动能和势能之间来回转换，而两者之和——即振子的机械能 E——保持不变. 我们现在定量地考虑一下这种情况.

类似图7-6的线性振子的势能完全可以与弹簧联系起来. 它的大小取决于弹簧被拉伸或压缩了多少——即取决于 $x(t)$. 我们可用弹性势能表达式和式（7-3）求出

$$E_p(t) = \frac{1}{2}kx^2 = \frac{1}{2}kA^2\cos^2(\omega t + \phi) \tag{7-20}$$

应注意函数形式 $\cos^2 A$（像这里）意思是 $(\cos A)^2$，而与函数形式 $\cos A^2$ **不同**，它的意思是 $\cos(A^2)$.

图7-6中系统的动能完全与物块相联系. 它的大小取决于物块运动得快慢——即 $v(t)$. 我们可以用式（7-6）求出

$$E_k(t) = \frac{1}{2}mv^2 = \frac{1}{2}m\omega^2A^2\sin^2(\omega t + \phi) \tag{7-21}$$

如果用式（7-14）中的 k/m 替换 ω^2，就可以把式（7-21）写为

$$E_k(t) = \frac{1}{2}mv^2 = \frac{1}{2}kA^2\sin^2(\omega t + \phi) \tag{7-22}$$

由式（7-20）和式（7-22）可以得出机械能是

$$E = E_p + E_k = \frac{1}{2}kA^2\cos^2(\omega t + \phi) + \frac{1}{2}kA^2\sin^2(\omega t + \phi)$$

$$= \frac{1}{2}kA^2[\cos^2(\omega t + \phi) + \sin^2(\omega t + \phi)]$$

对于任何角 α，有

$$\cos^2\alpha + \sin^2\alpha = 1$$

因此，上面式子中括号里的值是1，而该式变成

$$E = E_p + E_k = \frac{1}{2}kA^2 \tag{7-23}$$

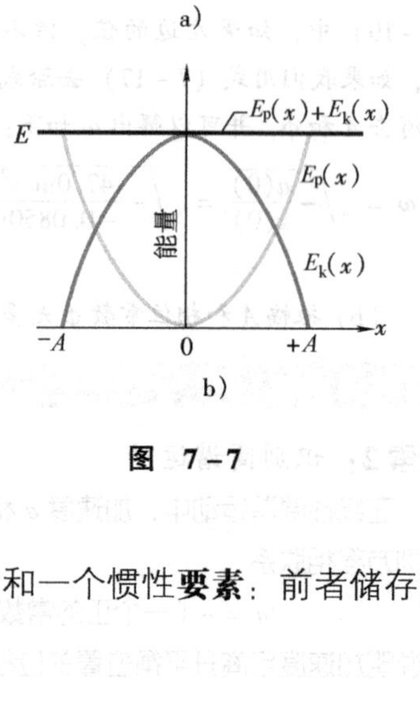

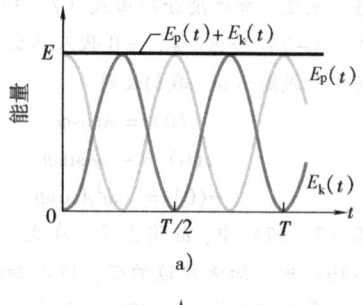

图 7-7

线性振子的机械能确实是常量且与时间无关. 线性振子的动能与势能作为时间 t 的函数表示在图7-7a中；而作为位移 x 的函数，表示在图7-7b中.

现在可以理解为什么一个振动系统通常都包含一个弹性**要素**和一个惯性**要素**：前者储存势能，而后者储存动能.

例题 7-3

(a) 例 7-1 中线性振子的机械能 E 是多少?(最初，物块的位置是 $x=11\text{cm}$，速率是 $v=0$. 弹簧劲度系数 k 是 65N/m.)

【解】 这里**关键点**是，振子在整个运动过程中机械能 E(物块的动能 $E_k=\frac{1}{2}mv^2$ 与弹簧的势能 $E_p=\frac{1}{2}kx^2$ 之和)是一个常量. 因此，我们可以求运动过程中任意一点的 E. 由于给定了初始条件为 $x=11\text{cm}$ 和 $v=0$，按照这些条件求出的 E 是

$$E=E_k+E_p=\frac{1}{2}mv^2+\frac{1}{2}kx^2$$

$$=0+\frac{1}{2}(65\text{N/m})\times(0.11\text{m})^2$$

$$=0.393\text{J}\approx0.39\text{J}\qquad\text{(答案)}$$

(b) 当物块的位置在 $x=\frac{1}{2}A$ 处时，振子的势能 E_p 和动能 E_k 各是多少? 当物块在 $x=-\frac{1}{2}A$ 时它们又是多少?

【解】 这里**关键点**是，因为给定了物块的位置，所以很容易用 $E_p=\frac{1}{2}kx^2$ 求得弹簧的势能. 当 $x=\frac{1}{2}A$ 时我们有

$$E_p=\frac{1}{2}kx^2=\frac{1}{2}k\left(\frac{1}{2}A\right)^2$$

$$=\frac{1}{2}\times\frac{1}{4}kA^2$$

我们可以代入 k 和 A 的值，或用这样的**关键点**，即全部机械能，从(a)知道为 $\frac{1}{2}kA^2$. 这个概念使我们可从上述方程写出

$$E_p=\frac{1}{4}\times\frac{1}{2}kA^2=\frac{1}{4}E=\frac{1}{4}\times0.393\text{J}$$

$$=0.098\text{J}\qquad\text{(答案)}$$

现在，用(a)的**关键点**(即 $E=E_k+E_p$)，我们可写出

$$E_k=E-E_p=0.393\text{J}-0.098\text{J}\approx0.30\text{J}$$

(答案)

对 $x=-\frac{1}{2}A$ 重复进行这些计算，可以对此位移求得相同的答案，这和图 7-7b 的左右对称性是相符的.

7-4 角简谐振子

图 7-8 表示一个角简谐振子的形式，其弹簧特性与悬线的扭转有关，而不是与先前讨论的弹簧的拉伸与压缩相联系. 这种装置叫做**扭摆**，用**扭**表示扭转.

如果我们把图 7-8 中的圆盘从静止的位置(其参考线在 $\theta=0$ 处)转一个角位移 θ，然后释放它，它就会围绕这个参考位置以角简谐运动的方式振动起来. 把圆盘在任意一个方向转一个角度 θ，将引起一个恢复力矩

$$M=-\kappa\theta\qquad(7-24)$$

这里的 κ(希腊字母)是个常量，叫做**扭转常量**. 它的大小由悬线的长度、直径和材料来决定.

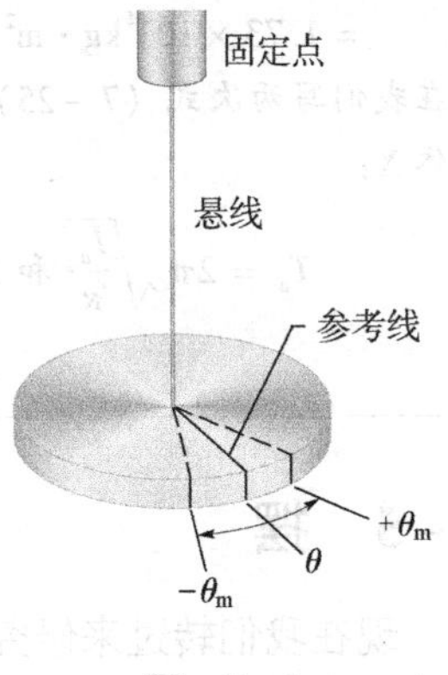

图 7-8

将式(7-24)与式(7-12)进行比较，使我们推测式(7-24)是胡克定律的角量形式，并可以把给出线性简谐运动周期的式(7-15)转换成角简谐运动的周期公式：用式(7-24)中与之相当的常量 κ 代替式(7-15)中的弹簧常量 k，用振动圆盘的与之相当的转动惯量 I 代替式(7-15)中的质量 m. 于是得出

$$T=2\pi\sqrt{\frac{I}{\kappa}}\quad\text{(扭摆)}\qquad(7-25)$$

这是角简谐振子或扭摆的周期的正确公式.

解题线索

线索3：辨别角简谐运动

当一个系统作角简谐运动时，它的角加速度α和角位移θ有如下关系

$$\alpha = -(\text{一个正的常量})\theta$$

此方程是式（7-8）（$\alpha=-\omega^2 x$）的角等价形式. 此式说明，角加速度α与相对于平衡位置的角位移θ成正比，但趋向于使系统沿与角位移相反的方向转动. 如果你有这种形式的表达式，就能确认其中的正的常量是ω^2，然后就可得到ω、ν和T.

如果你有了以角位移表示的力矩M的表达式，也可以识别角简谐运动，因为该式必定是式（7-12）（$M=-\kappa\theta$）的形式，或者

$$M = -(\text{一个正的常量})\theta$$

此方程是式（7-12）（$F=-kx$）的角等价形式. 此式说明，力矩M与相对于平衡位置的角位移θ成正比，但趋向于使系统沿相反方向转动. 如果你有这种形式的表达式，就能确认出其中的正的常量就是系统的转矩常量κ. 如果你知道系统的转动惯量I，就可以确定式（7-25）中的T.

例题7-4

图7-9a表示一根细杆，其长度L为12.4cm、质量m为135g，悬在一条长金属丝的中点. 它的角简谐运动的周期T_a测出是2.53s. 有一个无规则形状的物体，我们称之为物体X，也悬在同样的一条金属丝上，如图7-9b所示，其周期测出为4.76s. 试求物体X对它的悬轴的转动惯量.

【解】 这里关键点是，细杆或物体X的转动惯量与测得的周期都由式（7-25）相联系. 细杆对过中点的垂直轴的转动惯量是$\frac{1}{12}mL^2$. 因此，对图7-9a中的细杆

$$I_a = \frac{1}{12}mL^2 = \frac{1}{12}\times(0.135\text{kg})(0.124\text{m})^2 = 1.73\times10^{-4}\text{kg}\cdot\text{m}^2$$

现在我们写两次式（7-25），一次对细杆，一次对物体X：

$$T_a = 2\pi\sqrt{\frac{I_a}{\kappa}} \text{ 和 } T_b = 2\pi\sqrt{\frac{I_b}{\kappa}}$$

作为金属线性质的常量κ对两图来说是相同的，只是周期和转动惯量不同.

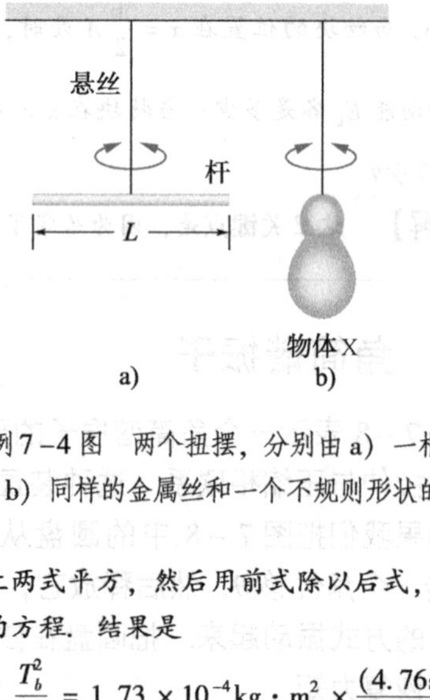

图7-9 例7-4图 两个扭摆，分别由a）一根金属丝和一根杆和b）同样的金属丝和一个不规则形状的物体组成.

对以上两式平方，然后用前式除以后式，再对I_b解所得到的方程. 结果是

$$I_b = I_a\frac{T_b^2}{T_a^2} = 1.73\times10^{-4}\text{kg}\cdot\text{m}^2\times\frac{(4.76\text{s})^2}{(2.53\text{s})^2} = 6.12\times10^{-4}\text{kg}\cdot\text{m}^2 \quad (\text{答案})$$

7-5 摆

现在我们转过来研究另一类简谐运动，它的弹性与引力、而不是与扭转的线或拉伸及压缩的弹簧相联系.

1. 单摆

如果我们把一个苹果吊在上端固定的长线下方，然后让苹果来回摆动一个小的距离，你会发现苹果的运动是周期性的. 它实际上是简谐运动吗？如果是，它的周期T是多少？为了回答这个问题，我们考虑一个**单摆**，它由一条长为L、不可伸长而且无质量并在一端固定的细线悬

着的一个质量为 m 的质点（叫做**摆锤**）构成，如图 7-10a 所示. 摆锤可以在页面内向通过摆的悬点的竖直线的左方和右方自由地来回摆动.

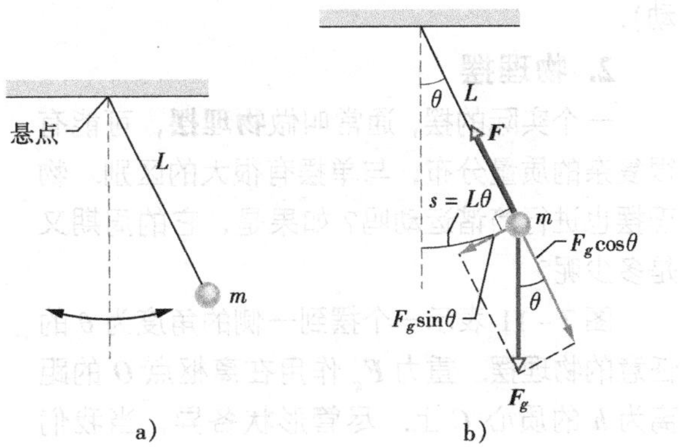

图 7-10 a）一只单摆. b）作用在摆球上的力有重力 F_g 和细线对它的力 F. 重力的切向分力 $F_g\sin\theta$ 是回复力，这个力使之摆回到中心位置.

摆锤受的力是细线拉力 $\boldsymbol{F}$ 和重力 $\boldsymbol{F}_g$，如图 7-10b 所示，其中，细线与竖直方向夹角为 θ. 我们把 $\boldsymbol{F}_g$ 分解为径向分量 $F_g\cos\theta$ 和与摆锤路径相切的分量 $F_g\sin\theta$. 这个切向分量产生一个对悬点的回复力矩，因为它总是沿着与摆锤的位移相反的方向作用，以致使摆锤要返回中心位置. 该位置叫做**平衡位置**（$\theta=0$），因为摆在不摆动时就静止在那里.

由关系式 $M=r_\perp F$，我们可以把回复力矩写成

$$M=-L(F_g\sin\theta) \tag{7-26}$$

其中的负号表示力矩使 θ 减小，L 是分量 $F_g\sin\theta$ 对悬点的力臂. 把式（7-26）代入 $M=I\alpha$ 并以 mg 替换 F_g 的大小，可得

$$-L(mg\sin\theta)=I\alpha \tag{7-27}$$

其中，I 是摆对悬点的转动惯量，α 是其对该点的角加速度.

如果我们假设 θ 角很小，从而使 $\sin\theta$ 近似为 θ（以弧度为单位），则可以简化式（7-27）（作为一个例子，如果 $\theta=5.00°=0.0873\text{rad}$，那么 $\sin\theta=0.0872$，差别仅有 0.1%）. 这样取近似并整理后，有

$$\alpha=-\frac{mgL}{I}\theta \tag{7-28}$$

此方程是作为简谐运动标志的式（7-8）的等价角量形式. 它表明，摆的角加速度与角位移 θ 成正比，但符号相反. 这样，当摆锤向右运动时，如图 7-10a 中那样，它的向左的加速度逐渐增加，一直到它停下来并开始向左运动. 此后，它在左侧时它的加速度向右，趋于使它回到右侧. 如此下去，使它来回摆动成为简谐运动. 更精确地说，只有通过**小角度摆动的单摆**的运动才近似于简谐运动. 我们可以用另一种方式表达对小角度的这种限制：运动的**角振幅** θ_m（摆角的最大值）必须很小.

比较式（7-28）和式（7-8）我们看到，摆的角频率是 $\omega=\sqrt{mgL/I}$. 其次，如果我们把 ω 的这一表达式代入式（7-5）（$\omega=2\pi/T$），就看到摆的周期可写成

$$T=2\pi\sqrt{\frac{I}{mgL}} \tag{7-29}$$

单摆的质量全部集中在质量为 m 的类质点的摆锤上，它离悬点的半径是 L. 因此，我们可以用关系式 $I=mr^2$ 写出摆的转动惯量 $I=mr^2$. 把它代入式（7-29），再进行简化，就给出

$$T=2\pi\sqrt{\frac{L}{g}} \quad \text{（单摆，小振幅）} \tag{7-30}$$

这就是以小角度摆动的单摆的周期的简单表示式（我们假定在本章习题中的都是小角度摆

动).

2. 物理摆

一个实际的摆，通常叫做**物理摆**，可能有很复杂的质量分布，与单摆有很大的区别. 物理摆也进行简谐运动吗? 如果是，它的周期又是多少呢?

图7-11 表示一个摆到一侧的角度为 θ 的任意的物理摆. 重力 $\boldsymbol{F}_g$ 作用在离枢点 O 的距离为 h 的质心 C 上. 尽管形状各异，当我们比较图7-11 和图7-10b 时，就会发现在任意形状的物理摆与单摆之间只有一个重要的区别: 对物理摆来说，重力的回复分量 $F_g\sin\theta$ 对枢点的力臂是距离 h，而不是细线的长度 L. 在所有其他方面，对物理摆的分析将重复对单摆的分析，直到式 (7-29). 同样 (对小 θ_m)，我们会发现物理摆的运动近似是简谐运动.

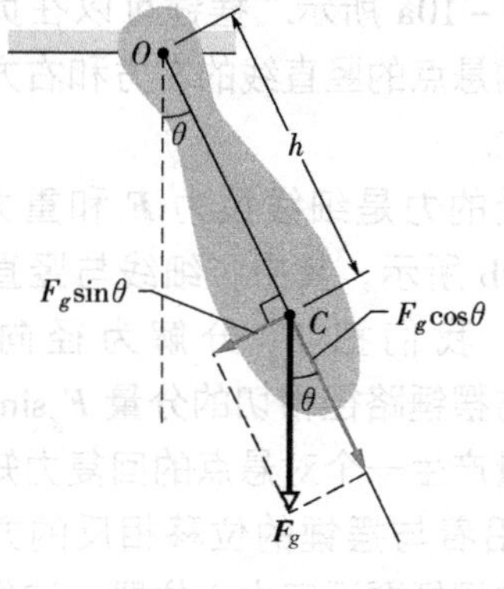

图7-11 一个物理摆. 回复力矩是 $hF_g\sin\theta$. 当 $\theta=0$ 时，质心 C 位于枢点 O 的正下方.

如果我们将 h 代入式 (7-29) 中的 L，可以写出物理摆的周期为

$$T = 2\pi\sqrt{\frac{I}{mgh}} \quad (\text{物理摆,小振幅}) \tag{7-31}$$

像单摆一样，I 是摆对 O 点的转动惯量. 不过，现在 I 不是简单的 mL^2 (它由物理摆的形状决定)，但是它仍然与 m 成正比.

如果一个物理摆的枢轴通过质心，它就不会摆动了. 形式上说，这对应于在式 (7-31) 中 $h=0$. 此方程预言那时 $T\to\infty$，这意味着这样一个摆会永远无法完成一次摆动.

任何一个围绕给定的枢轴 O、周期为 T 的物理摆与一个长度为 L_0，周期同样为 T 的单摆相对应. 我们可以通过式 (7-30) 求出 L_0. 沿着物理摆，离 O 点的距离为 L_0 的点叫做这个物理摆对给定悬点的**振动中心**.

3. 测量 g

我们可以用一个物理摆来测量地球表面特定位置的自由下落加速度.

为了分析一个简单的情况，取摆为一根长 L 的均匀杆. 对这样一个摆，枢轴到质心的距离，即式 (7-31) 中的 h，为 $\frac{1}{2}L$. 此摆对于通过质心的垂直轴的转动惯量为 $\frac{1}{12}mL^2$. 按照平行轴定理 ($I=I_{\text{com}}+mh^2$)，我们求得对通过杆的一端与其垂直的轴的转动惯量为

$$I = I_{\text{com}} + mh^2 = \frac{1}{12}mL^2 + m\left(\frac{1}{2}L\right)^2 = \frac{1}{3}mL^2 \tag{7-32}$$

如果我们在式 (7-31) 中令 $h=\frac{1}{2}L$ 和 $I=\frac{1}{3}mL^2$，并对 g 求解，可得

$$g = \frac{8\pi^2 L}{3T^2} \tag{7-33}$$

这样，通过测量 L 和 T 我们可以求出摆所在处 g 的值 (如果要进行精确的测量，还需要做一些细微的改进，例如必须使摆在真空室里摆动等).

例题 7-5

在图 7-12a 中，一根米尺以其一端为枢点摆动，枢点离其质心的距离为 h.

(a) 此振动的周期 T 是多少？

【解】 这里一个**关键点**是，米尺并不是单摆，因为它的质量并非集中在位于与枢点相对的另一端的摆锤上——所以米尺是物理摆. 这样，其周期由式 (7-31) 给出，计算时需要米尺对枢点的转动惯量 I. 我们可以把米尺当作长为 L、质量为 m 的均匀杆. 于是，根据式 (7-32) 知，$I=\frac{1}{3}mL^2$，而式 (7-31) 中的距离 $h=\frac{1}{2}L$. 把这些量代入式 (7-31)，得

$$T = 2\pi\sqrt{\frac{I}{mgL}} = 2\pi\sqrt{\frac{\frac{1}{3}mL^2}{mg\left(\frac{1}{2}L\right)}}$$

$$= 2\pi\sqrt{\frac{2L}{3g}} \qquad (7-34)$$

$$= 2\pi\sqrt{\frac{2\times1.00\text{m}}{3\times9.8\text{m/s}^2}} = 1.64\text{s}$$

（答案）

注意这个结果与质量 m 无关.

(b) 米尺的枢点 O 与其振动中心的距离 L_0 是多少？

【解】 这里**关键点**是，我们需要求图 7-12a 中的物理摆（米尺）的周期，并使长度为 L_0 的单摆（见图 7-12b）与它的周期相同. 令式 (7-30) 与式 (7-34) 相等，可得

$$T = 2\pi\sqrt{\frac{L_0}{g}} = 2\pi\sqrt{\frac{2L}{3g}} \qquad (7-35)$$

看一下就能得到

$$L_0 = \frac{2}{3}L = \frac{2}{3}\times100\text{cm}$$

$$= 66.7\text{cm}$$

（答案）

在图 7-12a 中，P 点标明了离悬挂点 O 的这一距离. 这样，P 点就是对给定悬挂点的振动中心.

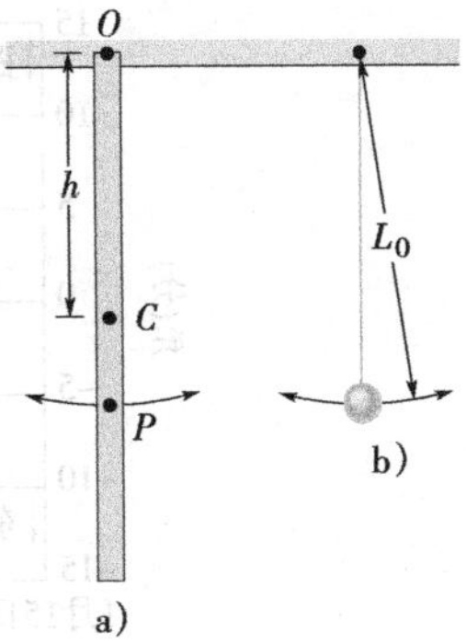

图 7-12 例题 7-5 图 a) 在一端悬吊着成为一个物理摆的米尺 b) 单摆，其摆长 L_0 选得使两摆的周期相等，a) 中摆上的 P 点为摆动中心.

检查点 3：质量为 $1m_0$、$2m_0$ 和 $3m_0$ 的三个物理摆，大小形状相同，而且悬挂在同一点. 按照摆的周期由大到小把这些质量排序.

7-6 简谐运动与匀速圆周运动

在 1610 年，意大利天文学家伽利略（G. Galileo）用他新制作的望远镜发现了木星的四颗主要卫星. 经过数周的观察，每颗卫星对他来说，似乎都在作相对于木星的来回运动，这种运动我们今天叫做简谐运动，木星的圆盘是卫星的的中点. 现在，伽利略手写的观察记录还在. MIT 的 A. P. French 利用伽利略的数据定出了木卫四对木星的位置. 他的结果如图 7-13 所示，其中圆圈代表伽利略记录的数据，曲线是对数据的最佳拟合结果. 这条曲线强烈地暗示它符合式（7-3），简谐运动的位移函数. 从图上可以测出，周期是 16.8d（天）.

实际上，木卫四以一个基本不变的速度围绕木星沿一个基本上是圆的轨道运动. 它的真实运动——远非简谐运动——是匀速率圆周运动. 伽利略所看到的——以及今天用高质量双筒望远镜再加上一点耐心所能看到的——是匀速圆周运动在运动平面内一条直线上的投影. 根据伽利略卓越的观察，我们得出结论，简谐运动是从侧面看的匀速圆周运动. 用更正式的语言来讲是：

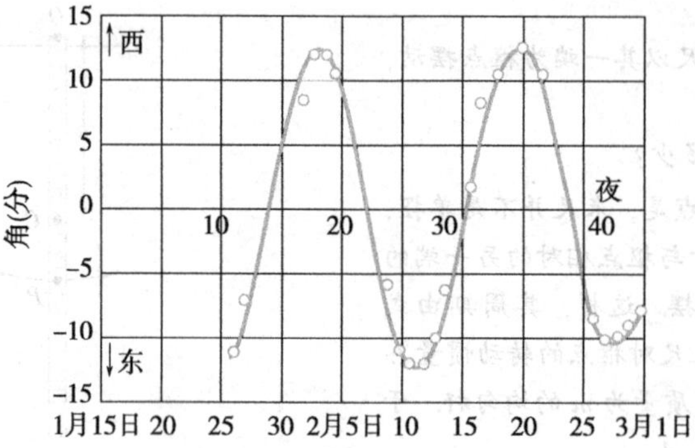

图 7-13 从地球上看到的木星及其卫星木卫四之间的夹角. 圆圈是基于1610年伽利略的观察. 该曲线是其最佳拟合，强烈地暗示简谐运动. 在木星的平均距离处，弧度10′大约相当于2×10^6km.

简谐运动是匀速圆周运动在所沿圆的直径上的投影.

图7-14a是一个例子，它表示一个**参考质点** P' 在一**参考圆**内以（恒定）角速度 ω 作匀速圆周运动. 圆的半径 A 是质点位矢的大小. 在任意时刻 t，质点的角位置是 $\omega t+\phi$，其中 ϕ 是 $t=0$时的角位置.

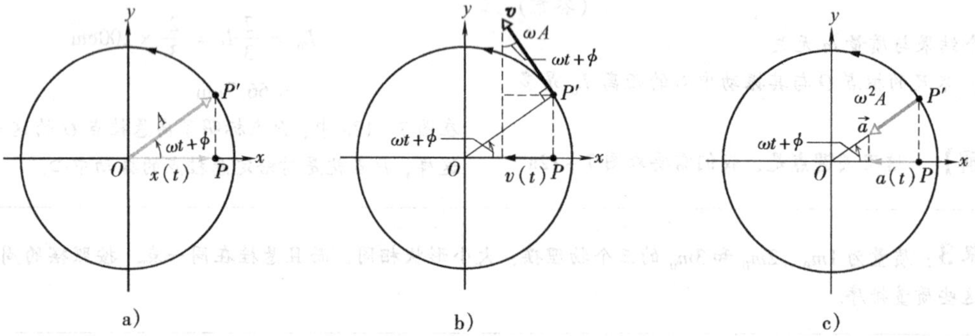

图 7-14 a）参考质点 P' 在半径为 A 的参考圆上作匀速率圆周运动. 它在 x 轴上的投影 P 作简谐运动. b）参考质点的速度 $\boldsymbol{v}$ 的投影是简谐运动的速度. c）参考质点的径向加速度 $\boldsymbol{a}$ 的投影是简谐运动的加速度.

质点 P' 在 x 轴的投影是 P 点，我们把它作为第二个质点. 质点 P' 的位置矢量在 x 轴上的投影给出 P 点的位置 $x(t)$. 这样，我们得到

$$x(t) = A\cos(\omega t+\phi) \tag{7-36}$$

这正是式（7-3）. 可见，我们的结论是正确的. 如果参考质点 P' 作匀速圆周运动，它的投影质点 P 沿圆的一个直径作简谐运动.

图7-14b表明参考质点的速度 $\boldsymbol{v}$. 由关系式 $v=\omega r$ 知，速度矢量的大小为 ωA；它在 x 轴上的投影是

$$v(t) = -\omega A\sin(\omega t+\phi) \tag{7-37}$$

这正是式（7-6）. 出现负号是因为在图7-14b中 P 的速度分量向左，即 x 的负方向.

图 7－14c 表明参考点的径向加速度 $\boldsymbol{a}$. 由关系式 $a_r = \omega^2 r$ 可知，径向加速度矢量的大小是 $\omega^2 A$，它在 x 方向的投影为

$$a(t) = -\omega^2 A\cos(\omega t + \phi) \qquad (7-38)$$

这正是式（7－7）. 所以，不论我们是看位移、速度或加速度，匀速圆周运动的投影确实是简谐运动.

7－7 阻尼简谐运动

一只摆在水中只能摆动很短的时间，因为水对摆的阻力使摆动很快消失. 一只摆在空气中摆动要好一些，但最终还是要停下来，因为空气对摆也有阻力（以及在支持点的摩擦力），使摆的能量发生转化.

当一个振子的振动因外力而减小时，就称这振子和它的运动受到了**阻尼**. 阻尼振子理想的例子如图 7－15 所示，是一个质量为 m 的物块由弹簧劲度系数为 k 的弹簧吊着上下振动. 从物块伸下一根杆连着一个叶片（假设都没有质量），叶片浸在液体中. 在叶片上下运动时，液体对它、因而也对整个系统产生一个阻碍运动的力. 随着时间的推移，物块－弹簧系统的机械能减小，能量转变成液体和叶片的热能.

假定液体对叶片的**阻尼力** $\boldsymbol{F}_d$ 与叶片和物块的速度 $\boldsymbol{v}$ 的大小成正比（如果叶片运动缓慢，这个假定是精确的），那么，对于图 7－15 中沿 x 方向的二者的分量来说，就有

$$F_d = -bv \qquad (7-39)$$

这里 b 是**阻尼常量**，由叶片和液体的特性决定，其 SI 单位是千克每秒. 负号表示 $\boldsymbol{F}_d$ 的方向与运动方向相反.

物块受的弹簧的力为 $F_s = -kx$. 假定物块所受的重力与 F_d 及 F_s 相比可以忽略不计，于是可以把牛顿第二定律应用于 x 方向的分量（$F_{net,x} = ma_x$）写成

$$-bv - kx = ma \qquad (7-40)$$

用 dx/dt 替换 v，用 d^2x/dt^2 替换 a 并加以整理，得到微分方程为

$$m\frac{d^2x}{dt^2} + b\frac{dx}{dt} + kx = 0 \qquad (7-41)$$

此方程的解是

$$x(t) = Ae^{-bt/2m}\cos(\omega' t + \phi) \qquad (7-42)$$

其中，A 是振幅，ω' 是阻尼振子的角频率. 这个角频率为

$$\omega' = \sqrt{\frac{k}{m} - \frac{b^2}{4m^2}} \qquad (7-43)$$

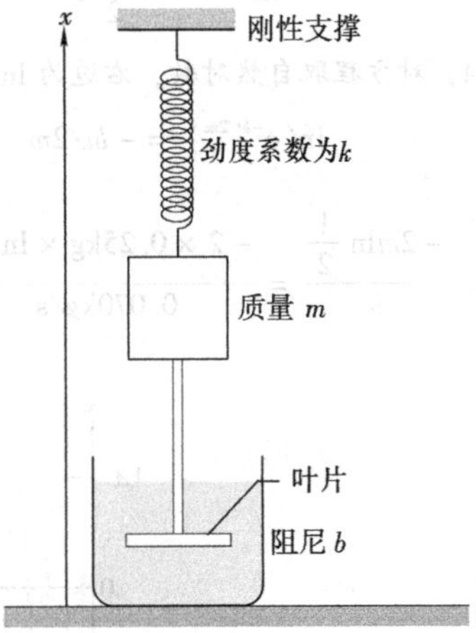

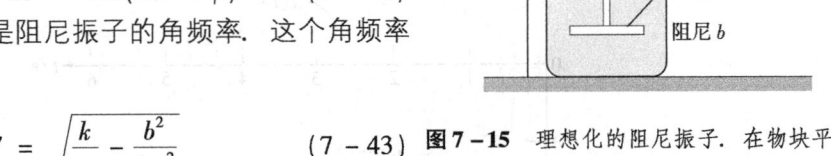

图 7－15 理想化的阻尼振子. 在物块平行于 x 轴振动时，浸没在液体中的叶片给物块一个阻尼力.

如果 $b=0$（即无阻尼），则式（7－43）就变成无阻尼振子的角频率 $\omega = \sqrt{k/m}$. 而式（7－42）就变成无阻尼振子的位移式（7－3）. 如果阻尼常量较小，但不是零（$b \ll \sqrt{km}$），则 $\omega' \approx \omega$.

我们可以认为式（7－42）是一个振幅 $Ae^{-bt/2m}$ 随时间逐渐减小的余弦函数，如图 7－16 所

示. 对于一个无阻尼振子来说，机械能是恒定的，由式（7－23）$\left(E=\frac{1}{2}kA^2\right)$给出. 如果振子有阻尼，其机械能就不是恒定的，而是随时间减小. 如果阻尼较小，我们可以用阻尼振子的振幅$Ae^{-bt/2m}$取代式（7－23）中的A，求$E(t)$. 由此得

$$E(t)\approx\frac{1}{2}kA^2e^{-bt/m} \tag{7-44}$$

此式告诉我们，与振幅一样，机械能随时间按指数衰减.

例题 7－7

对于图7－15中的阻尼振子来说，$m=250g$，$k=85N/m$和$b=70g/s$.

(a) 运动的周期是多少？

【解】 这里关键点是：由于$b \ll \sqrt{km}=4.6kg/s$，其周期可认为近似等于无阻尼振子的周期. 由式（7－15）得

$$T=2\pi\sqrt{\frac{m}{k}}=2\pi\sqrt{\frac{0.25kg}{85N/m}}=0.34s \quad \text{（答案）}$$

(b) 阻尼振动的振幅减小到初值的一半需要多少时间？

【解】 现在关键点是：按式（7－42），在t时刻的振幅是$Ae^{-bt/2m}$. 当$t=0$时，其值是A. 因此，必须求出t的值，使之满足

$$Ae^{-bt/2m}=\frac{1}{2}A$$

消掉A，对方程取自然对数，右边为$\ln\frac{1}{2}$，左边为

$$\ln(e^{-bt/2m})=-bt/2m$$

因此

$$t=\frac{-2m\ln\frac{1}{2}}{b}=\frac{-2\times0.25kg\times\ln\frac{1}{2}}{0.070kg/s}=5.0s$$

（答案）

因为$T=0.34s$，这大约是15个振动周期.

(c) 阻尼振动的机械能减小到初值的一半需要多少时间？

【解】 这里关键点是：按式（7－44），在t时刻的机械能为$\frac{1}{2}kA^2e^{-bt/m}$. 它在$t=0$时是$\frac{1}{2}kA^2$，因此必须求出t的值，使之满足

$$\frac{1}{2}kA^2e^{-bt/m}=\frac{1}{2}\times\frac{1}{2}kA^2$$

用$\frac{1}{2}kA^2$除以上式两边，像以上的做法一样，解出t，得

$$t=\frac{-m\ln\frac{1}{2}}{b}=\frac{-0.25kg\times\ln\frac{1}{2}}{0.070kg/s}=2.5s$$

（答案）

这正好是我们在（b）中算出结果的一半，或大约7.5个振动周期. 图7－16说明了这一点.

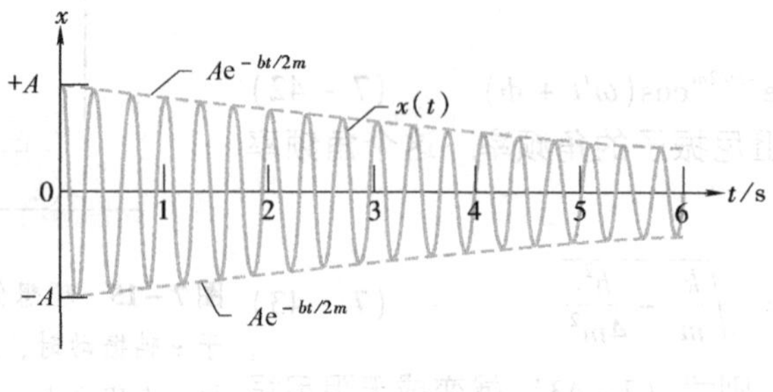

图7－16 图7－15中阻尼振子的位移函数$x(t)$，数据由例题7－7给出. 其振幅为$Ae^{-bt/2m}$，随时间按指数衰减.

7－8 受迫振动与共振

一个人坐在秋千上摆动，如果没有任何人推，那就是**自由振荡**. 可如果有人周期性地推这个秋千，秋千就作**受迫振荡**. 作受迫振动的系统有**两**个角频率与之相联系：(1) 系统的**固有**角频率 ω，如果它突然受到干扰随后自由摆动，它就会以这个角频率振动；(2) 引起受迫振动的外来驱动力的角频率 ω_d.

如果我们让图 7－15 中标有"刚性支撑"的结构以一个可变的角频率 ω_d 上下运动，该图就可以代表一个理想化的受迫简谐运动. 这样一个受迫振子以驱动力的角频率振动，其位移 $x(t)$ 给定为

$$x(t) = A\cos(\omega_d t + \phi) \tag{7-45}$$

此处，A 是振动的振幅.

位移振幅 A 的大小由含有 ω_d 和 ω 的复杂函数决定. 振动的速度振幅 v_m 较容易描述：满足以下条件时它达到最大

$$\omega_d = \omega \text{ (共振)} \tag{7-46}$$

这叫做**共振**的条件. 式 (7－46) **近似地**也是振动的位移振幅 A 达到最大的条件. 因此，如果以秋千的固有角频率推秋千，位移和速度的振幅将增加到较大的值，这是一件儿童们通过反复试验很快就能学会的事. 如果你以其他的角频率推，不论高些还是低些，位移和速度的振幅都将比较小.

图 7－17 表示对于阻尼常量 b 的三个值，振子的位移振幅与驱动力角频率的关系. 注意，当 $\omega_d/\omega = 1$ 时，这三个振幅均达到最大，也就是满足了共振条件. 图 7－17 的曲线表明，较小的阻尼给出更高更窄的**共振峰**.

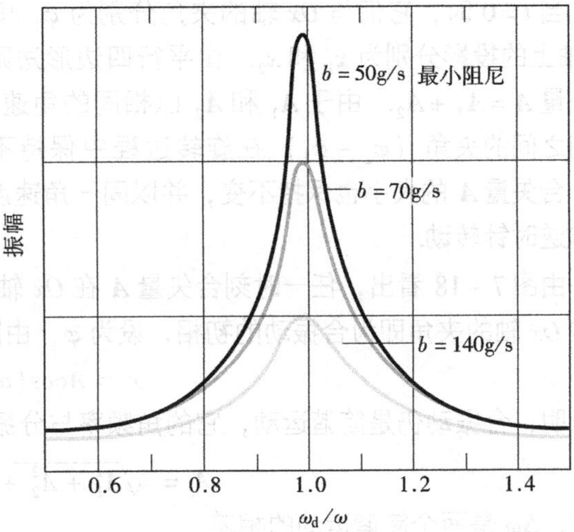

图 7－17 当驱动力的角频率 ω_d 变化时，作受迫振动的振子的位移振幅 A 发生变化. 在满足共振条件 $\omega_d/\omega = 1$ 时，振幅**近似**达到最大. 此处的曲线与三个阻尼常量 b 的值相对应.

所有的机械结构都有一个或多个固有角频率，如果一个结构受到与这些角频率之一相匹配的强的外来驱动力，所引起的振动就可能损坏它. 例如，飞机设计师必须保证没有一个机翼的角频率与飞机飞行时发动机的角频率匹配. 很明显，机翼在发动机达到一定速度时发生猛烈颤抖是十分危险的.

1985 年 9 月的墨西哥地震是一个大地震 (里氏 8.1 级)，但由它所引起的地震波到达离震中 400km 以外的墨西哥城时，应该很弱而不致造成巨大的破坏. 不过墨西哥城大部分建在古河床上，那里土壤仍然含水而松软. 虽然地震波的振幅在到墨西哥城的较为坚实的路途中比较弱，但其振幅在该城松软的土地上实际上还是增大了. 地震波加速度的振幅达到 0.20g，角频率 (令人惊讶地) 集中在大约 3rad/s. 不仅大地严重地震颤，而且许多中等高度的建筑物具有约 3rad/s 的共振角频率. 在地震过程中，

大多数中等高度的建筑都倒塌了，而较低的建筑（具有较高的共振角频率）及更高的建筑（具有较低的共振角频率）仍然伫立着.

7-9 简谐运动的合成

如果一个质点同时参与两个或两个以上的振动，根据运动叠加原理，质点的运动就是两个或多个振动的叠加，即振动的合成.

以下讨论几种简单但基本的简谐运动的合成规律.

1. 两个同方向同频率简谐运动的合成

两个振动方向相同的简谐运动，它们的角频率都是 ω，振幅分别为 A_1 和 A_2，初相分别为 φ_1 和 φ_2，则它们的运动方程可写成

$$x_1 = A_1\cos(\omega t + \varphi_1)$$
$$x_2 = A_2\cos(\omega t + \varphi_2)$$

由于振动方向相同，所以这两个简谐运动在任一时刻的合位移 x 仍应在同一直线上，而且等于这两个分振动位移的代数和，即

$$x = x_1 + x_2 = A_1\cos(\omega t + \varphi_1) + A_2\cos(\omega t + \varphi_2)$$

合位移 x 也可以用旋转矢量法求出，如图 7－18 所示. 图中的 $\boldsymbol{A}_1$ 和 $\boldsymbol{A}_2$ 看作是两振动的振幅矢量，它们都以 ω 为角速度围绕 O 点作逆时针的匀速圆周运动.

当 $t=0$ 时，它们与 Ox 轴的夹角分别为 φ_1 和 φ_2，在 Ox 轴上的投影分别为 x_1 和 x_2. 由平行四边形法则，合振动矢量 $\boldsymbol{A}=\boldsymbol{A}_1+\boldsymbol{A}_2$. 由于 $\boldsymbol{A}_1$ 和 $\boldsymbol{A}_2$ 以相同的角速度转动，它们之间的夹角 $(\varphi_2-\varphi_1)$ 在旋转过程中保持不变，所以，合矢量 $\boldsymbol{A}$ 的大小也保持不变，并以同一角速度 ω 绕 O 点作逆时针转动.

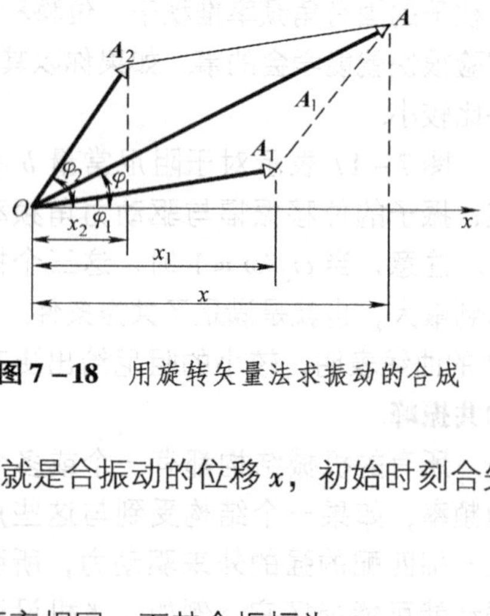

图 7－18 用旋转矢量法求振动的合成

由图 7－18 看出，任一时刻合矢量 $\boldsymbol{A}$ 在 Ox 轴上的投影就是合振动的位移 x，初始时刻合矢量与 Ox 轴的夹角即为合振动的初相，设为 φ，由图得

$$x = A\cos(\omega t + \varphi)$$

这表明，合振动仍是简谐运动，它的角频率与分振动的角频率相同，而其合振幅为

$$A = \sqrt{A_1^2 + A_2^2 + 2A_1A_2\cos\Delta\varphi} \tag{7-47}$$

其中，$\Delta\varphi$ 是两个简谐运动的相差

$$\Delta\varphi = (\omega t+\varphi_2) - (\omega t+\varphi_1) = \varphi_2 - \varphi_1$$

合振动的初相 φ 可用下式计算

$$\tan\varphi = \frac{A_1\sin\varphi_1 + A_2\sin\varphi_2}{A_1\cos\varphi_1 + A_2\cos\varphi_2} \tag{7-48}$$

从式（7－47）可以看出，合振幅与两分振动的振幅以及它们的相差 $(\varphi_2-\varphi_1)$ 有关. 有两个特例：

（1）若 $\varphi_2-\varphi_1=2n\pi$（$n=0$，$\pm1$，$\pm2\cdots$），则

$$A = \sqrt{A_1^2 + A_2^2 + 2A_1A_2} = A_1 + A_2 \tag{7-49}$$

即当两分振动同相或相差为 π 的偶数倍时，合振幅等于两分振动的振幅之和，合成的结果是相互加强.

（2）若 $\varphi_2-\varphi_1=(2n+1)\pi$ （$n=0, \pm1, \pm2\cdots$），则

$$A = \sqrt{A_1^2+A_2^2-2A_1A_2} = |A_1-A_2| \tag{7-50}$$

即当两分振动反相或相差为 π 的奇数倍时，合振幅等于两分振动振幅之差的绝对值，即合成结果为相互减弱.

在一般情形下，相差（$\varphi_2-\varphi_1$）可取任意值，而合振幅在 A_1+A_2 与 $|A_1-A_2|$ 之间.

2. 同方向不同频率的两个简谐运动的合成　拍

两个不同频率的简谐振动合成的结果一般是比较复杂的，我们只讨论两个频率都比较大，而频率差却很小，即 $|\omega_2-\omega_1| \ll |\omega_2+\omega_1|$ 的情形. 由于频率不同，代表两个简谐振动的旋转矢量转动的角速度就不同，两个旋转矢量之间的夹角 $\Delta\varphi$ 随时间变化，合振动的振幅就会随时间变化. 我们再用位移-时间曲线讨论上述情况. 设两简谐运动的振幅 $A_1=A_2$，初相分别为 φ_1 和 φ_2，角频率分别为 ω_1 和 ω_2，并设 $\omega_2>\omega_1$，两简谐运动的运动方程分别为

$$x_1 = A_1\cos(\omega_1 t+\varphi_1)$$

$$x_2 = A_2\cos(\omega_2 t+\varphi_2)$$

图 7－19a、b 分别表示两个分振动的位移-时间曲线，图 7-19c 表示合振动的位移-时间曲线，由图可知，在 t_1 时刻，两分振动的相位相同，合振幅最大；在 t_2 时刻，两分振动的相位相反，合振幅最小；在 t_3 时刻，两分振动同相，合振幅最大，图 7-19c 中的虚线表示合振动的振幅随时间作周期性缓慢变化，这种**频率较大而频率之差很小的两个同方向简谐运动合成时，其合振动的振幅时而加强时而减弱的现象叫做拍**，单位时间内合振幅加强（或减弱）的次数称为拍频，用 ν 表示，可以证明：

$$\nu = |\nu_1-\nu_2| \tag{7-51}$$

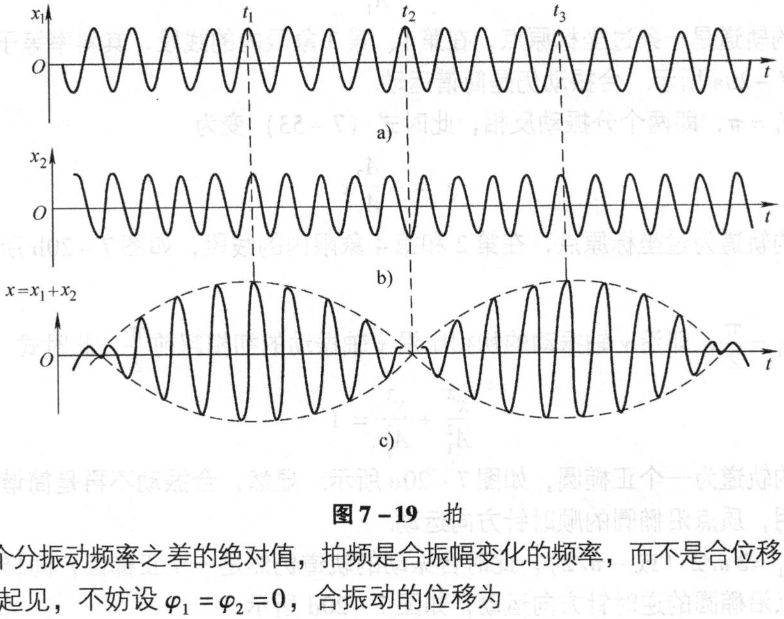

图 7－19　拍

即拍频等于两个分振动频率之差的绝对值，拍频是合振幅变化的频率，而不是合位移 x 变化的频率.

为了简单起见，不妨设 $\varphi_1=\varphi_2=0$，合振动的位移为

$$x = x_1+x_2 = A_1\cos\omega_1 t + A_2\cos\omega_2 t$$

设 $A_1=A_2$，合振动的运动方程为

$$x = \left(2A_1\cos\frac{\omega_2-\omega_1}{2}t\right)\cos\frac{\omega_2+\omega_1}{2}t \tag{7-52}$$

即合振幅为

$$A = \left|2A_1\cos\left(2\pi\frac{\nu_2-\nu_1}{2}t\right)\right|$$

可见，合振幅变化的频率即拍频，$\nu=\nu_2-\nu_1$.

利用拍频可以测量某一分振动的频率，比如已知 ν_1，测出拍频 ν 则可得 ν_2. 拍现象在声学、无线电技术中经常用到. 双簧管就是由于两个簧片的频率略有差别，在吹奏时才出现时强时弱的悦耳声音.

3. 振动方向互相垂直的两个简谐运动的合成

一个质点如果同时参与振动方向互相垂直的两个简谐运动，其合振动的轨道可分以下两种情形:

(1) 振动方向互相垂直、频率相同的两个简谐运动的合成

设两个分振动的角频率都是 ω，一个振动沿 x 轴，另一个沿 y 轴，它们的振动方程分别为

$$x = A_1\cos(\omega t+\varphi_1)$$
$$y = A_2\cos(\omega t+\varphi_2)$$

消去以上两式中的 t，得出合振动的轨道方程

$$\frac{x^2}{A_1^2}+\frac{y^2}{A_2^2}-\frac{2xy}{A_1A_2}\cos(\varphi_2-\varphi_1) = \sin^2(\varphi_2-\varphi_1) \tag{7-53}$$

这是一个椭圆方程，说明质点合振动的轨道为一个椭圆，椭圆的形状和方位由两个分振动的相差 $\varphi_2-\varphi_1$ 以及两分振动的振幅 A_1 和 A_2 决定，以下是几种特殊的情形.

① $\varphi_2-\varphi_1=0$，即两分振动同相，此时式 (7-53) 变为

$$y = \frac{A_2}{A_1}x$$

即合振动的轨道是一条过坐标原点，在第1、第3象限内的线段，其斜率等于两分振动的振幅之比，如图7-20a 所示. 合振动仍是简谐运动.

② $\varphi_2-\varphi_1=\pi$，即两个分振动反相，此时式 (7-53) 变为

$$y = -\frac{A_2}{A_1}x$$

即合振动的轨道为过坐标原点，在第2和第4象限内的线段，如图7-20b 所示，合振动仍为简谐运动.

③ $\varphi_2-\varphi_1=\frac{\pi}{2}$，即沿 y 轴振动的初相比沿 x 轴振动的初相超前$\frac{\pi}{2}$，此时式 (7-53) 变为

$$\frac{x^2}{A_1^2}+\frac{y^2}{A_2^2} = 1$$

即合振动的轨道为一个正椭圆，如图7-20c 所示. 显然，合振动不再是简谐运动. 作旋转矢量图可以证明，质点沿椭圆的顺时针方向运动.

④ $\varphi_2-\varphi_1=3\pi/2$ (或 $-\pi/2$)，此时合振动的轨道仍然是一个正椭圆，同样作旋转矢量图可以证明，质点沿椭圆的逆时针方向运动，如图7-20d 所示.

当 $\Delta\varphi$ 为其他值时，轨道为斜椭圆.

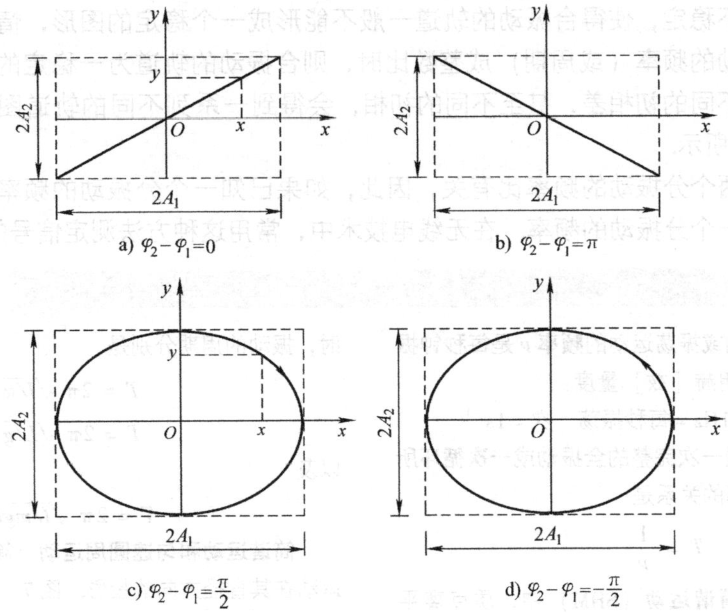

图 7-20　同频率、两互相垂直的简谐运动的合成

（2）振动方向互相垂直、频率不同的两个简谐运动的合成

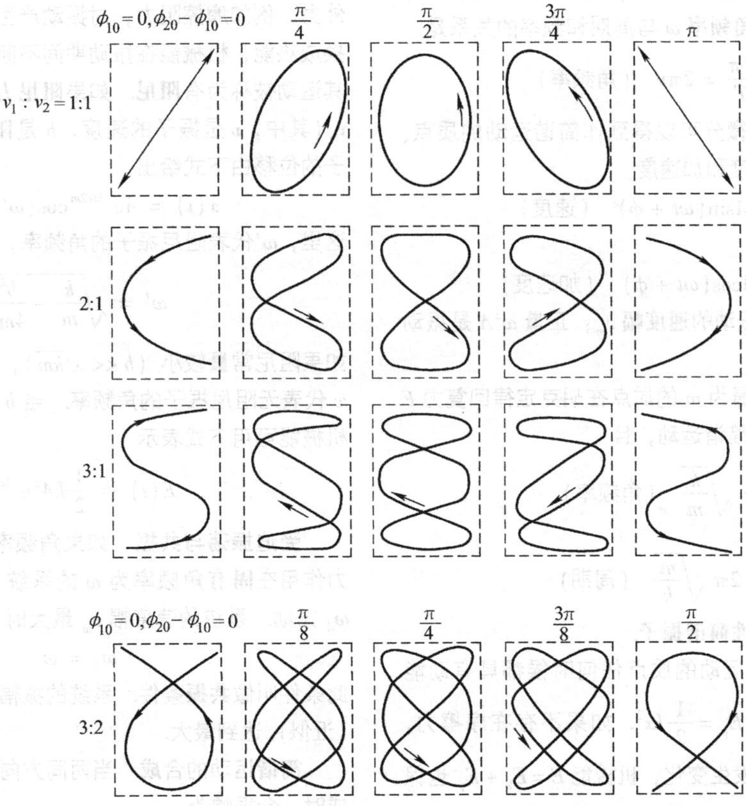

图 7-21　李萨如图形

由于相差的不稳定，使得合振动的轨道一般不能形成一个稳定的图形，情况比较复杂．但是，若两个分振动的频率（或周期）成整数比时，则合振动的轨道为一稳定的封闭曲线．对于不同的频率比、不同的初相差，甚至不同的初相，会得到一系列不同的轨道图形，称为李**萨如图形**，如图7－21所示．

由于图形与两个分振动的频率比有关，因此，如果已知一个分振动的频率，通过李萨如图形便可以测定另一个分振动的频率．在无线电技术中，常用这种方法测定信号的未知频率．

复习和小结

频率 周期性的或振荡运动的**频率** ν 是每秒钟振荡的次数．在SI中用赫［兹］量度：

$$1\text{赫［兹］}=1\text{Hz}=\text{每秒振荡一次}=1\text{s}^{-1}$$

周期 **周期** T 是一次完整的全振动或**一次循环**所需的时间．它与频率的关系是

$$T=\frac{1}{\nu}$$

简谐运动 在**简谐运动**（SHM）中，质点离平衡位置的位移由下式描述：

$$x=A\cos(\omega t+\phi)\quad(\text{位移})$$

其中，A 是位移的**振幅**，$(\omega t+\phi)$ 是振动的**相**，而 ϕ 则表示**相位常量**．**角频率** ω 与周期和频率的关系是

$$\omega=\frac{2\pi}{T}=2\pi\nu\quad(\text{角频率})$$

对式（7－3）进行微分可以得到作简谐运动的质点、作为时间函数的速度和加速度：

$$v=-\omega A\sin(\omega t+\phi)\quad(\text{速度})$$

以及

$$a=-\omega^2A\cos(\omega t+\phi)\quad(\text{加速度})$$

式中，正量 ωA 是振动的**速度幅** v_m；正量 ω^2A 是振动的**加速度幅** a_m．

线性振子 质量为 m 的质点在胡克定律回复力 $F=-kx$ 的作用下作简谐运动，且

$$\omega=\sqrt{\frac{k}{m}}\quad(\text{角频率})$$

以及

$$T=2\pi\sqrt{\frac{m}{k}}\quad(\text{周期})$$

这样的系统叫做**线性简谐振子**．

能量 作简谐运动的质点任何时候都具有动能 $E_k=\frac{1}{2}mv^2$ 和势能 $E_p=\frac{1}{2}kx^2$．如果不存在摩擦力，那么即使 E_k 和 E_p 发生变化，机械能 $E=E_k+E_p$ 也保持不变．

摆 进行简谐运动的例子是图7－8的**扭摆**、图7－10的**单摆**和图7－11的**物理摆**．它们在振幅较小时，振动的周期分别是

$$T=2\pi\sqrt{I/\kappa}$$

$$T=2\pi\sqrt{L/g}$$

以及

$$T=2\pi\sqrt{I/mgh}$$

简谐运动和匀速圆周运动 简谐运动是匀速圆周运动在其直径方向的投影．图7－14表示圆周运动的所有参量（位置、速度和加速度）投影成简谐运动的相应的值．

阻尼简谐运动 在实际的振动系统中，因为存在外力，例如摩擦阻力，对振动产生抑制和把机械能转换成热能，机械能在振动期间不断减少．实际振子及其运动被称为有**阻尼**．如果**阻尼力**可表达为 $\boldsymbol{F}_d=-b\boldsymbol{v}$（其中，$v$ 是振子的速度，b 是**阻尼常量**），那么振子的位移由下式给出

$$x(t)=Ae^{-bt/2m}\cos(\omega' t+\phi)$$

这里，ω' 代表阻尼振子的角频率，由下式给出

$$\omega'=\sqrt{\frac{k}{m}-\frac{b^2}{4m^2}}$$

如果阻尼常量较小（$b<<\sqrt{km}$），就有 $\omega'\approx\omega$，其中 ω 代表无阻尼振子的角频率．当 b 比较小时，振子的机械能可用下式表示

$$E(t)\approx\frac{1}{2}kA^2e^{-bt/m}$$

受迫振荡与共振 如果角频率为 ω_d 的外来驱动力作用在**固有**角频率为 ω 的系统上，系统以角频率 ω_d 振动．系统的速度幅 v_m 最大时

$$\omega_d=\omega$$

此条件叫做**共振**条件．系统的振幅 A 在同一条件下也（近似）达到最大．

简谐运动的合成 当两同方向同频率简谐运动合成时，合振幅为

$$A=\sqrt{A_1^2+A_2^2+2A_1A_2\cos\Delta\varphi}$$

合振动的初相 φ 为

$$\varphi = \arctan\frac{A_1\sin\varphi_1 + A_2\sin\varphi_2}{A_1\cos\varphi_1 + A_2\cos\varphi_2}$$

两个同方向不同频率（频率较大，频率差较小）合成时形成拍，拍频

$$\nu = |\nu_1 - \nu_2|$$

当振动方向互相垂直的两个简谐运动合成时，如果两振动频率相同则合振动的轨迹为椭圆，如果它们的相差为0或πrad，则轨迹为线段；如果两振动频率成整数比，则合振动形成李萨如图.

思考题

1. 在下列有关质点加速度和位移的关系中，哪一个属于简谐运动：(a) $a=0.5x$，(b) $a=400x^2$，(c) $a=-20x$，(d) $a=-3x^2$？

2. 一个简谐运动，给定 $x=(2.0m)\cos(5t)$ 而要求 $t=2s$ 时的速度，你是否可以先用数值替换 t，然后对 t 求微分？还是先求微分，后代入数值？

3. 一个作简谐运动的质点其加速度 $a(t)$ 画在图7-22中.（a）图中哪个有标码的点代表 $-A$ 处的质点？(b) 在点4，其速度是正、负还是零？(c) 在点5，质点的位置是在 $-A$、$+A$、$-A$ 与0之间还是0与 $+A$ 之间？

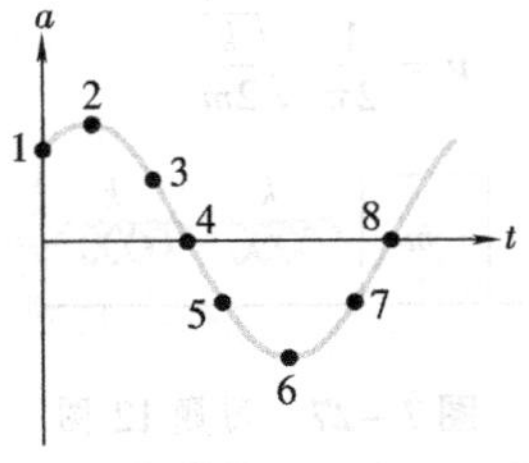

图7-22 思考题3图

4. 下面哪一个代表图7-23a的简谐运动的 ϕ？

(a) $-\pi<\phi<-\pi/2$　　(b) $\pi<\phi<3\pi/2$

(c) $-3\pi/2<\phi<-\pi$

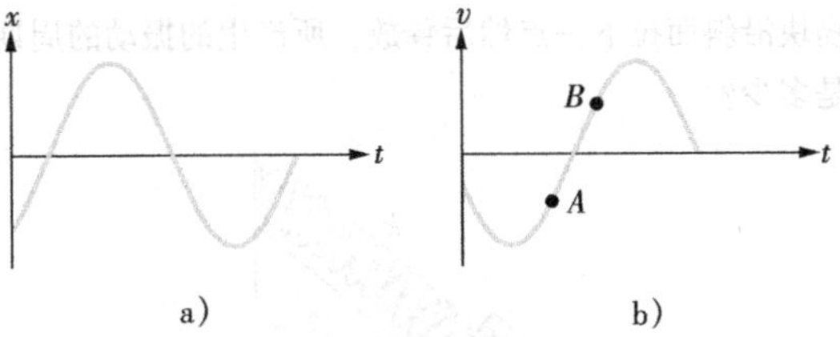

图7-23 思考题4和5图

5. 一个作简谐运动的质点的速度 $v(t)$ 画在图7-23b中. 在图中质点在（a）点 A 和（b）点 B 时，是瞬时静止、向 $-A$ 还是向 $+A$？当其速度由（c）点 A 和（d）点 B 表示时，质点是在 $-A$、$+A$、0，还是在 $-A$ 与0之间或者在0与 $+A$ 之间？质点在（e）点 A 和（d）点 B 时，它的速率在增加还是在减小？

6. 图7-24给出了一对简谐振子（A 和 B）的位移 $x(t)$ 的三种情况，它们之间除了相以外是相同的. 对于每一对曲线来说，将曲线 A 移到与曲线 B 重合时，相移是多少（用弧度和度做单位）？在许多可能的答案中，选取绝对值最小的相移.

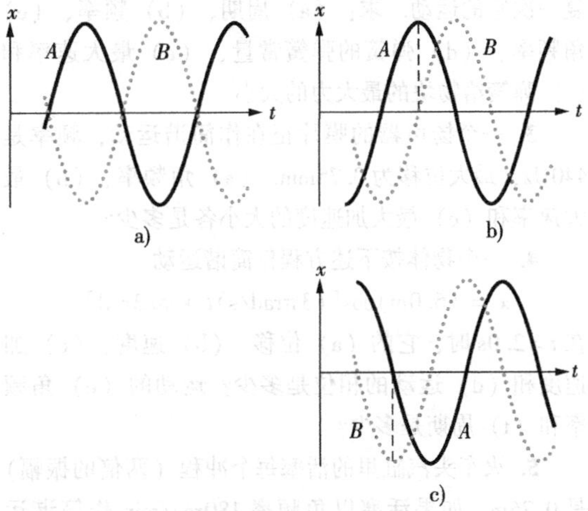

图7-24 思考题6图

7. 图7-25a和b表示四个线性振子在同一瞬间的位置，这四个线性振子的质量和弹簧劲度系数都相同. 在（a）图7-25a和（b）图7-25b中，两个线性振子的相差是多少？（c）图7-25a中的振子与图7-25b中的振子的相差是多少？

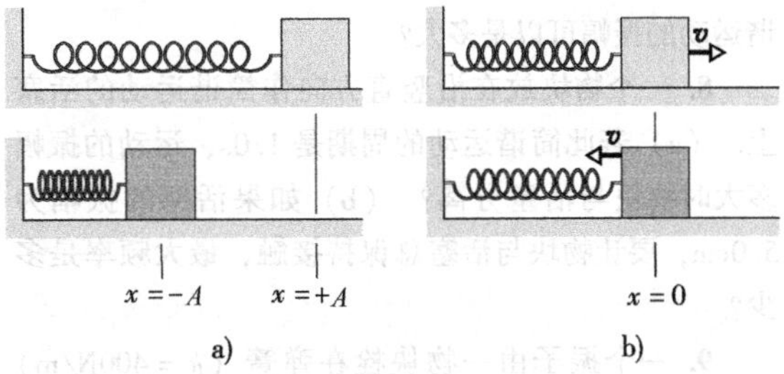

图7-25 思考题7图

8. 图7-26中弹簧-物块系统两次作简谐运动. 第一次，物块被从平衡点拉开到位移 d_1，然后释放；

第二次，物块被从平衡点拉开到位移 d_2，然后释放，d_2 大于 d_1. 第二次实验与第一次相比，(a) 振幅、(b) 周期、(c) 频率、(d) 最大动能和 (e) 最大势能是较大、较小还是相等？

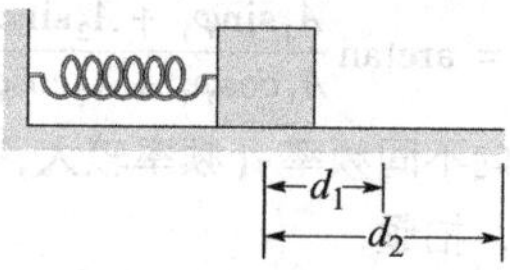

图 7-26　思考题 8 图

习题

1. 一个振动的物块-弹簧系统用了 0.75s 开始重复它的运动. 求：(a) 周期、(b) 频率（以赫兹为单位）和 (c) 角频率（以弧度每秒为单位）.

2. 一个振子由质量为 0.500kg 的物块连一个弹簧构成. 当以 35.0cm 的振幅振动时，振子每 0.500s 重复一次它的运动. 求：(a) 周期、(b) 频率、(c) 角频率、(d) 弹簧的弹簧常量、(e) 最大速率和 (f) 弹簧给物块的最大力的大小.

3. 一个扬声器的膜片正在作简谐运动，频率是 440Hz，最大位移为 0.75mm. (a) 角频率、(b) 最大速率和 (c) 最大加速度的大小各是多少？

4. 一个物体按下述方程作简谐运动

$$x = (6.0\,\mathrm{m})\cos[(3\pi\,\mathrm{rad/s})t + \pi/3\,\mathrm{rad}]$$

在 $t = 2.0$s 时，它的 (a) 位移、(b) 速度、(c) 加速度和 (d) 运动的相位是多少？运动的 (e) 角频率和 (f) 周期是多少？

5. 火车头汽缸里的活塞每个冲程（两倍的振幅）是 0.76m. 如果活塞以角频率 180rev/min 作简谐运动，它的最大速率是多少？

6. 在某港口，海潮引起海洋的水面以涨落高度 d（从最高水平到最低水平）作简谐运动，周期为 12.5h. 问水从最高水平下降 $d/4$ 需要多少时间？

7. 一物块放在以频率 2.0Hz 作来回水平简谐运动的水平表面（振动台）上. 物块与平面之间的静摩擦因数是 0.50. 如果物块不在平面上滑动，此简谐运动的振幅可以是多大？

8. 一个物块放在沿竖直方向作简谐运动的活塞上. (a) 若此简谐运动的周期是 1.0s，运动的振幅多大时物块与活塞分离？(b) 如果活塞的振幅为 5.0cm，要让物块与活塞总保持接触，最大频率是多少？

9. 一个振子由一物块栓在弹簧（$k = 400$N/m）上构成. 在某时刻 t，物块的位置（从系统的平衡位置测量）、速度和加速度分别是 $x = 0.100$m、$v = -13.6$m/s和 $a = -123\mathrm{m/s^2}$. 计算 (a) 振动的频率、(b) 物块的质量和 (c) 运动的振幅.

10. 两个质点沿着很近的平行线以同样的振幅和频率作简谐运动. 它们每次经过对方时运动方向都相反，而且都在振幅的一半处. 它们的相差为何？

11. 两个质点沿着一个共同的长度为 A 的直线段作简谐运动. 每个质点的周期是 1.5s，但其相差是 $\pi/6$rad. (a) 在滞后的质点离开路径的一端 0.50s 后，它们相距多远（以 A 计）？(b) 其后它们是沿同方向运动，它们相互接近还是相互远离？

12. 在图 7-27 中，两只弹簧接起来连到一个质量为 m 的物块上. 表面无摩擦. 如果两弹簧的劲度系数都是 k，证明物块振动的频率是

$$\nu = \frac{1}{2\pi}\sqrt{\frac{k}{2m}}$$

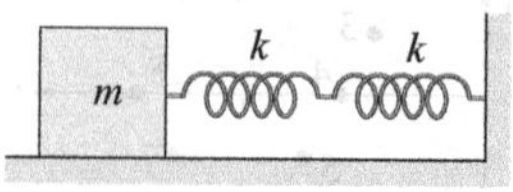

图 7-27　习题 12 图

13. 在图 7-28 中，一物块重 14.0N，在无摩擦、倾斜 40.0° 的斜坡上滑动. 一只弹簧一端栓在物块上，另一端固定在斜坡的顶点. 该弹簧无质量，不伸长时的长度是 0.450m，其弹簧劲度系数为 120N/m. (a) 物块将停在距离斜面顶点多远处？(b) 如果把物块沿斜面拉下一点然后释放，所产生的振动的周期是多少？

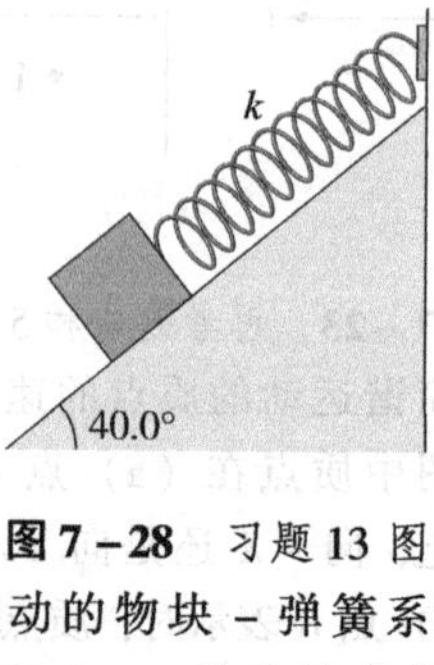

图 7-28　习题 13 图

14. 一个振动的物块-弹簧系统的机械能是 1.00J，振幅是 10.0cm，最大速率是 1.20m/s. 求：(a) 弹簧的劲度系数、(b) 物块的质量和 (c) 振动的频率.

15. 无摩擦的水平面上质量为5.00kg的物体栓在一个弹簧劲度系数为1000N/m的弹簧上. 把它从平衡位置水平地移动50.0cm，并给它一个朝向平衡位置的初始速度10.0m/s. (a) 此系统振动的频率是多少？(b) 系统的初始势能是多少？(c) 初始动能是多少？(d) 振幅是多大？

16. 当一个质量为1.3kg的物块挂在弹簧的下端时，弹簧伸长了9.6cm. (a) 计算弹簧的劲度系数. (b) 如果将此物块再向下拉5.0cm，然后从静止释放. 求此后的简谐运动的 (c) 周期，(d) 频率，(e) 振幅和 (f) 最大速率.

17. 静止在水平无摩擦的桌面上的一质量为m'的物块，用一只弹簧劲度系数为k的弹簧固定在坚硬的墙上. 一质量m的子弹以速度$\boldsymbol{v}$射向物块，如图7－29所示，随后子弹嵌入物块. 求：(a) 刚碰撞后物块的速率和 (b) 其后的简谐运动的振幅.

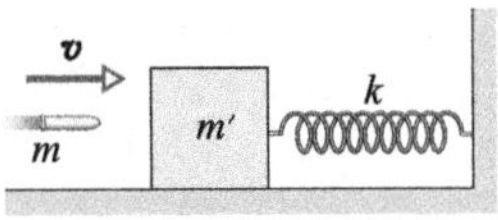

图7－29　习题17图

18. 当简谐运动的位移为其振幅A的一半时，其总能量中有多大比例是 (a) 动能和 (b) 势能？(c) 在什么位移（用A表达）时动能势能各占一半？

19. 在图7－30中，一个2500kg的捣碎机的球从吊车上垂下并摆动，摆动缆绳的长度为17m. (a) 假定该系统可当作单摆处理，求摆动的周期. (b) 此周期是否与球的质量有关？

20. 一个标定秒的单摆完成一次从左到右再回来的完全摆动需要2.0s. 此单摆的长度是多少？

21. 一只均匀圆盘的半径R为12.5cm，在其边缘上一点悬挂起来形成一个物理摆. (a) 它的周期是多少？(b) 在什么径向距离$r<R$处有一个枢点能给出同样的周期？

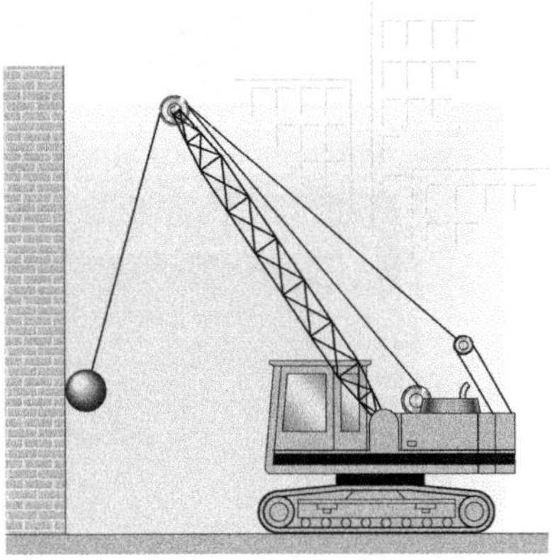

图7－30　习题19图

22. 一只长为2.0m的单摆. 求它 (a) 在室内、(b) 在以2.0m/s^{2}的加速度向上的电梯里和 (c) 自由下落时的频率是多少？

23. 一质点同时参与两个在同一直线上的简谐运动：

$$x_1 = 0.04\cos\left(2t + \frac{\pi}{6}\right), x_2 = 0.03\cos\left(2t - \frac{5}{6}\pi\right)$$

求其合振动的振幅和初相（式中x以m计，t以s计）.

24. 有两个同方向的简谐运动，它们的振动方程如下：

$$x_1 = 0.05\cos\left(10t + \frac{3}{4}\pi\right), x_2 = 0.06\cos\left(10t + \frac{1}{4}\pi\right)$$

(1) 求它们合振动的振幅和初相.

(2) 若另有一振动$x_3 = 0.07\cos(10t + \phi_0)$，问$\phi_0$为何值时，$x_1 + x_3$的振幅为最大？$\phi_0$为何值时，$x_2 + x_3$的振幅为最小？

（式中x以m计，t以s计）

25. 两个同方向的简谐运动，同期相同，振幅为$A_1 = 0.05$m，$A_2 = 0.07$m，组成一个振动为$A = 0.09$m的简谐运动. 求两个分振动的相差.

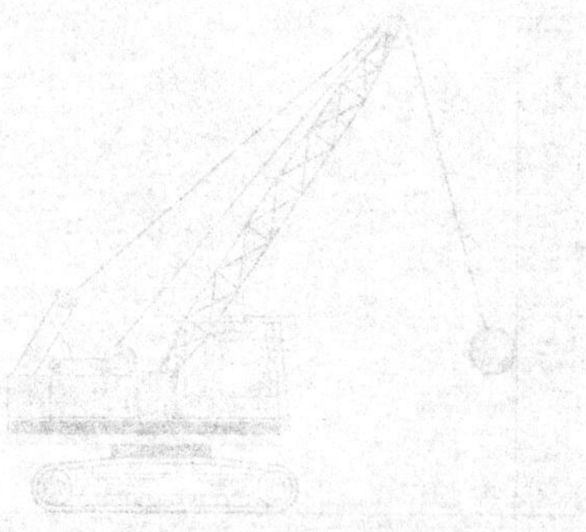

第 8 章　波

这只菊头蝙蝠不仅能在完全黑暗的条件下确定飞蛾的位置，而且还能定出飞蛾相对自己的速率，从而捕获飞蛾.

蝙蝠的探测系统是如何工作的？飞蛾怎样才能干扰这个系统或用什么方法降低它的有效性？

答案就在本章中.

8-1 波动及其基本特性

1. 波与质点

你可以有两种方式与在远方城市里的朋友联系：写信和打电话.

第一个选择（信）涉及“质点”概念：一个物质的实体载着信息和能量从一个地方到另一个地方. 前面多数章节都是处理质点或质点系.

第二个选择（电话）则涉及“波”的概念，它是本章讨论的对象. 在一列波中，信息和能量从一个地方传到另一个地方，但没有物质实体移动. 在你打电话时，载有信息的声波从你的声带传到电话，电话接收了电磁波，并把它沿铜线、或光纤、或通过大气、也可能通过通信卫星传出去. 在接收端有另一个声波从电话传到你朋友的耳朵里. 虽然信息传了过去，但没有什么你可触摸到的东西到达你的朋友那里. 关于波，达芬奇已经有所认识，表现在他描写水波时写道：“人们常常看到水波从它发生的地方传开，而水并不这样；像麦田里被风吹出的波浪一样，我们看到波跨越田野传播，而庄稼留在原地.”

质点和**波**在经典物理里是两个重要的概念，表现在我们好像能够把这个学科的几乎每一个分支与它们中的这个或那个联系在一起. 这两个概念很不相同. **质点**这个词表示能够传递能量的一个小的物质的集中. **波**这个词则含义相反——是能量的扩展分布，充满它在其中传播的空间. 现在的任务是把质点暂时放到一边，学习一些关于波的知识.

2. 波的类型

波有三种主要的类型：

(1) 机械波

这种波是最为熟知的，因为我们几乎经常遇到它们. 常见的例子如水波、声波和地震波. 所有的机械波都具有一些主要的特征：它们都受牛顿定律的支配，它们都只能在物质媒质中存在，比如在水、空气和岩石中.

(2) 电磁波

这种波大家不太熟悉，但经常用到. 常见的例子包括可见光、紫外光、无线电波、电视波、微波、X 射线以及雷达波. 这些波都不要求有物质媒质存在. 例如，从恒星传来的光波经过宇宙的真空到达我们这里. 所有的电磁波通过真空时都有同样的速率 c，它的大小是

$$c = 299\ 792\ 458\,\mathrm{m/s} \quad \text{（光速）} \tag{8-1}$$

(3) 物质波

虽然在现代技术中经常用到这种波，但它们的类型大家可能很不熟悉. 这种波是与电子、质子、其他基本粒子、甚至原子和分子相联系的. 因为我们一般都认为是这些东西构成物质的，所以这种波叫做物质波.

本章我们所讨论的内容大都适用于各种类型的波. 不过，对特定的例子我们将指机械波.

3. 横波与纵波

一列沿着一根拉紧的线传播的波是最简单的机械波. 如果你在拉紧的线的一端上下抖动一下，一个单**脉冲**形式的波就沿着线传播，如图 8-1a 所示. 由于线受张力作用，所以脉冲能够发生并传播. 当你把线的一端向上拉时，它就通过与邻近部分之间的张力把邻近的部分也向上拉. 当这个邻近的部分向上运动时，它又开始拉下一个邻近的部分，依次类推. 而此时你已经把端

点向下拉．在每一部分按次序向上运动时，它又开始被已经向下运动的邻近部分向下拉回来．结果是，线的形状的一个扭曲（脉冲）以某一速度$\boldsymbol{v}$沿线传播．

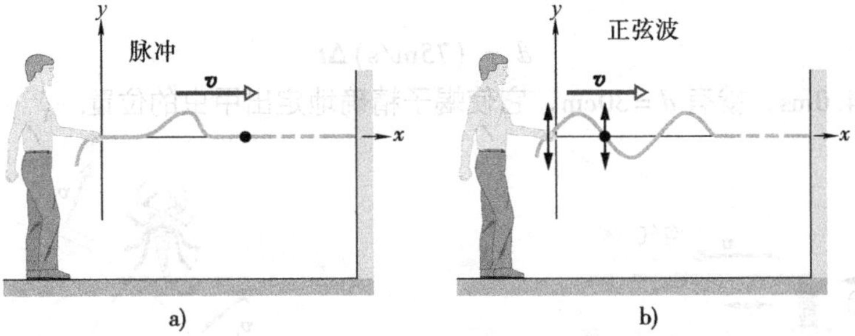

图8-1 a）一个单脉冲发送到一根拉紧的线上．当脉冲通过时，一个典型的线元（用圆点表示）向上接着又向下运动．线元的运动垂直于波的传播方向，因此脉冲是一个**横波**．b）一列正弦波发送到拉紧的线上．当正弦波通过时，线元（用圆点表示）连续地上下运动．这也是一列横波．

如果将你的手连续地上下作简谐运动，就会有一列连续的波沿着线以速度$\boldsymbol{v}$传播．由于手的运动是时间的正弦函数，所产生的波在任何给定的时刻也具有正弦的形状，如图8-1b所示；就是说波具有正弦曲线或余弦曲线的形状．

我们这里考虑的仅是“理想”的线，在这种线里不存在类似摩擦那样的力使得波在传播时产生衰减．此外，我们假定线非常长，我们不需要考虑波在远端的反弹．

研究图8-1的向右传的波的一种方法是监视它的**波形**（波的形状）．换句话说，我们可以监视当波通过一个线元使它上下振动时的运动．我们会发现，这样振动的每一个线元的位移都**垂直**于波的传播方向，如图8-1所示．这种运动叫做**横向**的，而这种波就叫做**横波**．

图8-2表示声波是怎样用一个活塞在一根充满空气的长管子里通过生成的．如果图中的人突然将活塞向右，并随后向左拉动一下，就可以在管内发出一个声脉冲．活塞的向右运动推动邻近的空气微元也向右运动，从而改变那里的气压．气压的增强又向右推动沿着管子远一些的空气微元．活塞的向左运动又减弱了与它邻近空气的压强．一旦它们已经向右运动，最邻近的、接着稍微远一些的微元又会向左方回去．这样，空气的运动和压强的变化就以脉冲的形式沿着管子向右传播．

如果他推拉活塞使其作简谐运动，就像图8-2中正在做的那样，一列正弦波就沿着管子传播．因为空气微元的运动方向与波传播的方向平行，所以这种运动叫做**纵向**的，这种波就叫做**纵波**．

横波与纵波都叫**行波**，因为它们都是从一点传到另一点，如图8-1中从线的一端传到另一端，或如图8-2中从管子的一端传到另一端．注意，波从一端传到另一端，并不是波在其中传播的物质（线或空气）从一端传到另一端．

有趣的是，一些动物就是利用横波与纵波进行捕获猎物的高手，例如图8-3中所示的沙蝎．当甲虫对沙子有轻微的扰动时，就会有脉冲沿着沙子的表面传开（见图8-3）．第一组脉冲是纵的，波速是$v_l=150\mathrm{m/s}$．第二组波是横的，它的波速是$v_t=50\mathrm{m/s}$．

沙蝎有八条腿，大体上散开成直径为5cm的一个圆，它首先截获较快的纵波并判断其方向，那就是最早受到脉冲扰动的腿的方向．接着，蝎子感知先接收到的纵波和后接收到的横波之间的时间间隔Δt，并利用它确定到甲虫的距离d．这个距离由下式得出

$$\Delta t = \frac{d}{v_t} - \frac{d}{v_l}$$

由此得

$$d = (75\text{m/s})\Delta t$$

例如，如果 $\Delta t = 4.0\text{ms}$，就有 $d = 30\text{cm}$，它使蝎子精确地定出甲虫的位置.

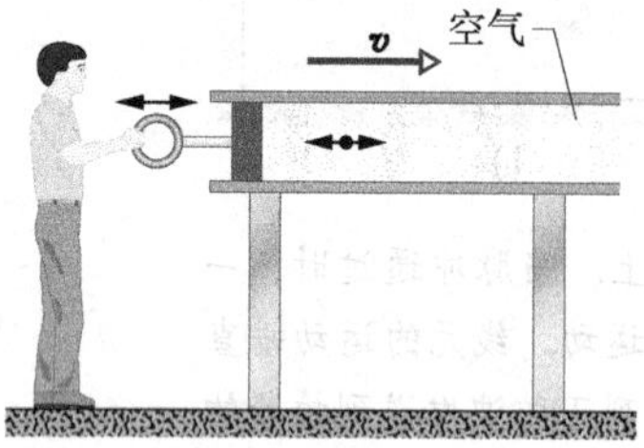

图8-2 在充有空气的管子里用活塞的来回运动产生声波. 由于空气微元（用黑色圆点表示）的振动平行于波传播的方向，所以波是**纵波**.

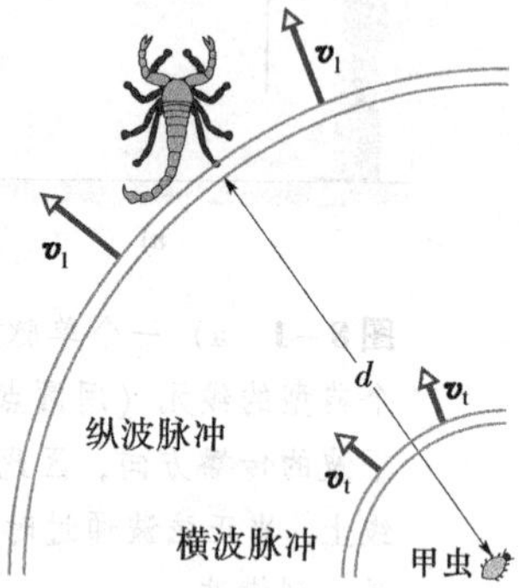

图8-3 甲虫的运动沿着沙子表面传出快速的纵脉冲和慢速的横脉冲. 沙蝎首先接收到纵脉冲；这里是最后部的右腿最早感觉到脉冲.

8-2 简谐波的描述

为了全面地描述线上的一列波（以及线上任何微元的运动），我们需要一个描述波形的函数. 这就是说我们需要一个 $y = h(x,t)$ 形式的关系式，其中 y 是任何线元的横向位移，它是时间 t 和线元沿线的位置 x 的函数 h. 一般说来，描述像图8-1b那样的正弦波的 h 可以用正弦函数或余弦函数，两者都能给出同样的一般波形. 在本章，我们采用余弦函数.

想象一列如图8-1b那样沿 x 轴正向传播的余弦波. 当该波依次扫过线的各线元（即非常短的小段）时，各线元都垂直于 x 轴振动. 在时刻 t，位于 x 处的线元的位移 y 由下式给出

$$y(x,t) = A\cos(\omega t - kx) \tag{8-2}$$

因为这个方程用位置 x 表示，所以它可以用来求线上所有线元的作为时间函数的位移. 这样，它能告诉我们任何给定时刻的波形以及当波沿着线传播时该波形的变化. 式（8-2）中各量的名称列于图8-4中并在下面给出定义.

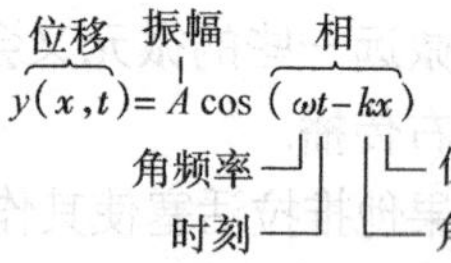

图8-4 对于横向余弦波，式（8-2）中各个量的名称.

在我们讨论这些量以前，先考查一下图8-5，这个图表示出五幅沿 x 轴正方向传播的余弦波的“快照”. 波的运动是用指向波峰的短箭头的向右移动表示. 从一个快照到下一个快照，短箭头随着波形向右移动，但是线的运动**仅仅**在平行于 y 轴的方向. 为了看到这一点，让我们跟踪位于 $x=0$ 处的线元. 在第一个快照（图8-5a）里，它位于 $y=A$ 处，在下一个快照中，它到达平衡位置，其后它继续向下到达 $-A$ 处. 在第四个快照中，它又一次通过平衡位置（$y=0$），而这次是向上运动. 在第五个快照中，它再次到达 $y=A$ 处，完成了一次全振

动.

1. 振幅和相

波的**振幅** A，如图 8-5 所示，是波经过线元时，这些线元离它们的平衡位置的最大位移的大小. 由于 A 是大小，所以它总是正的，即使在图 8-5a 中向下量度而不是如图所画的向上也是一样.

波的**相**是式（8-2）中余弦的**幅角**（$\omega t - kx$）. 当波经过处于特定位置 x 处的线元时，相随时间 t 作线性变化. 这意味着余弦的值也在变化，在 +1 和 -1 之间振荡. 它的正极值（+1）与通过线元的波的一个峰相对应，这时在 x 点的 y 值是 A；它的负极值（-1）与通过线元的波的一个谷相对应，这时在 x 点的 y 值是 $-A$. 这样，余弦函数和波的含时间的相与线元的振动对应，而波的振幅决定线元位移的极值.

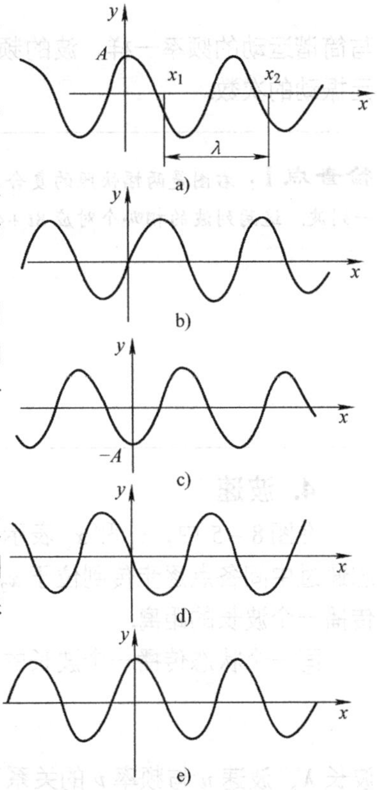

图 8-5 沿 x 轴正方向传播的线波的 5 个快照.

2. 波长和角波数

波的**波长** λ 是波的形状（或**波形**）重复之间的（平行于波的传播方向的）距离. 典型的波长标于图 8-5a 中，它是一列波在 $t=0$ 时刻的快照. 在那一时刻，式（8-2）给出的对波形的描述为

$$y(x,0) = A\cos kx \qquad (8-3)$$

根据定义，位移 y 在波长的两个端点——即在 $x=x_1$ 和 $x=x_1+\lambda$ 处，是相同的. 因此，由式（8-3），有

$$A\cos kx_1 = A\cos k(x_1+\lambda) = A\cos(kx_1+k\lambda) \qquad (8-4)$$

当余弦函数的角度（幅角）增加 2πrad 时，它开始重复它自身，所以在式（8-4）中我们必定有 $k\lambda = 2\pi$，或者

$$k = \frac{2\pi}{\lambda} \quad \text{(角波数)} \qquad (8-5)$$

我们把 k 叫做波的**角波数**，它的 SI 单位是弧度每米，或者每米（注意，这里的 k 并**不**像前面一样代表弹簧的劲度系数）.

注意，图 8-5 中的波从一幅快照到下一幅快照向右移动了 $\frac{1}{4}\lambda$. 到第五个快照时，波已经向右移动了 1λ.

3. 周期、角频率和频率

式（8-2）为沿 x 轴正向传播的余弦波的波动方程. 如果只关注 $x=0$ 处的线元，那么式（8-2）由于 $x=0$ 而成为

$$y(0,t) = A\cos\omega t \qquad (8-6)$$

此式正是 $x=0$ 处线元的简谐运动表达式.

我们定义波的周期 T 为线上任一线元经历一次全振动所需的时间. 波的角频率 ω 与其周期 T 的乘积等于 2π.

$$\omega T = 2\pi \qquad (8-7)$$

波的频率 ν 定义为 $1/T$，它与角频率 ω 的关系是

$$\nu = \frac{1}{T} = \frac{\omega}{2\pi} \tag{8-8}$$

与简谐运动的频率一样，波的频率是每秒钟全振动的次数——在这里是波通过某个线元时该线元振动的次数.

检查点1：右图是两幅快照的复合，每个快照代表在特定线上的一列波. 这两列波的相哪个对应 $8t+4x$，哪个对应 $4t+2x$？

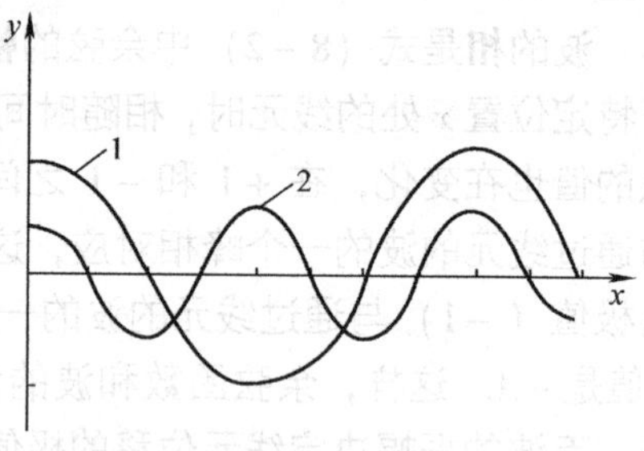

4. 波速

在图8-5中，x_1 和 x_2 表示相相同而相邻的两个质点的位置坐标. 位于 x_1 点质元的振动状态通过中间各点逐步传到位于 x_2 点的质元. 所用的时间恰好是一个周期 T，这一时间对应着波传播一个波长的距离.

同一个状态传播一个波长的距离需要一个周期的时间. 因此，波速为

$$u = \frac{\lambda}{T}$$

波长 λ、波速 u 与频率 ν 的关系可以写成

$$u = \lambda\nu \tag{8-9}$$

由于波是振动状态的传播，而振动状态由相来描述，所以波速也叫相速，即相传播的速度.

应该注意的是，波在不同媒质中传播时，频率保持不变. 由于在不同媒质中波速不同，所以波长是不同的.

波速决定于媒质的特性. 例如，弹性波的波速决定于媒质的密度及弹性模量，通常媒质中相邻部分单位面积上的相互作用力 F/S 称为应力，媒质形状的相对变化量 $\frac{\Delta l}{l}$，$\frac{\Delta V}{V}$，$\frac{\Delta S}{S}$ 都称为应变，应力与应变成正比，比例系数称为模量.

理论证明：

(1) 横波在固体中的波速为

$$u = \sqrt{\frac{G}{\rho}} \quad (G\text{为切变模量},\rho\text{为密度}) \tag{8-10}$$

(2) 纵波在固体中的波速为

$$u = \sqrt{\frac{E}{\rho}} \quad (E\text{为弹性模量}) \tag{8-11}$$

(3) 纵波在液体和气体中的波速为

$$u = \sqrt{\frac{K}{\rho}} \quad (K\text{为体积模量}) \tag{8-12}$$

（4）横波在拉紧的弦线上的波速为

$$u = \sqrt{\frac{F}{\mu}} \quad （F\text{为弦线上的张力},\mu\text{为质量线密度}） \qquad (8-13)$$

5. 平面简谐波的表达式

振动是运动状态随时间作周期性的变化，而波动则是运动状态既随时间，又随空间位置作周期性的变化．设波源处质点的振动可用式（7-3）表示（这里位移记作 y）：

$$y(t) = A\cos(\omega t + \phi)$$

此振动沿 x 正方向传播时，如图 8-6 所示，位于 P 点处的质元比波源相的落后值为 kx（k 为角波数，可表示在 x 方向上波传播单位长度相的落后值）．因此，t 时刻 P 点处质元的振动方程是

$$y(x,t) = A\cos(\omega t - kx + \phi) \qquad (8-14)$$

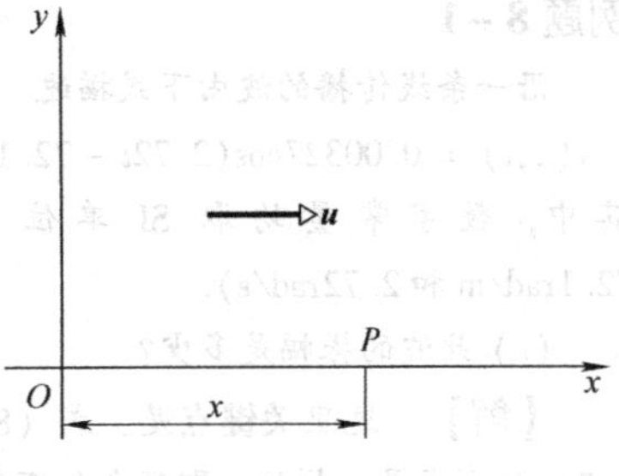

图 8-6 平面简谐波沿 x 正方向传播，P 为波传播路径上的任一质元.

此式既然能表示 t 时刻波传播方向上任意一点的振动，那么当我们把 x 看作变量时，就可用此式表示 t 时刻波传播方向上各点的位移．因此，它被称为一维简谐波的表达式，也叫做平面简谐波的表达式．如果以波源为原点，简谐波向 $-x$ 方向传播，则平面简谐波的表达式可写为

$$y(x,t) = A\cos(\omega t + kx + \phi) \qquad (8-15)$$

显然，式（8-2）正是式（8-14）在初相为零时的情况.

在图 8-6 中，既然位于 P 点的质元比波源 O 处的振动落后 kx 的相位，考虑到 $k = 2\pi/\lambda$，这个相位落后值也可以写成

$$\Delta\varphi = kx = \frac{2\pi x}{\lambda} = 2\pi\nu\frac{x}{u} = \frac{2\pi}{T}\cdot\frac{x}{u} = \frac{\omega x}{u}$$

这样，平面简谐波的表达式还可以写成如下变换的形式

$$y(x,t) = \left[\omega\left(t - \frac{x}{u}\right) + \phi\right] \qquad (8-16)$$

$$y(x,t) = \left[2\pi\left(\nu t - \frac{x}{\lambda}\right) + \phi\right] \qquad (8-17)$$

$$y(x,t) = \left[2\pi\left(\frac{t}{T} - \frac{x}{\lambda}\right) + \phi\right] \qquad (8-18)$$

等．这些表达式都是等价的，式（8-16）中的 x/u 可以看作是位于 P 点处质元的振动比波源的振动落后的时间．式中的 u 是波速，要注意与质点振动的速度 v 区别开，v 表示质点某时刻在 y 方向的速度.

6. 波动方程

将式（8-16）分别对 t 和 x 求二阶偏导数，得到

$$\frac{\partial^2 y}{\partial t^2} = -A\omega^2\cos\left[\omega\left(t - \frac{x}{u}\right) + \phi\right]$$

$$\frac{\partial^2 y}{\partial x^2} = -A\frac{\omega^2}{u^2}\cos\left[\omega\left(t - \frac{x}{u}\right) + \phi\right]$$

比较以上两式，得到

$$\frac{\partial^2 y}{\partial x^2}=\frac{1}{u^2}\cdot\frac{\partial^2 y}{\partial t^2} \quad (8-19)$$

此式称为平面波的波动方程.

例题 8-1

沿一条线传播的波由下式描述

$$y(x,t)=0.00327\cos(2.72t-72.1x) \quad (8-20)$$

其中，数字常量均取 SI 单位（如 0.00327m、72.1rad/m 和 2.72rad/s）.

（a）此波的振幅是多少？

【解】 这里**关键点**是，式（8-20）与式（8-2）的形式是一样的，即符合如下表达式

$$y(x,t)=A\cos(\omega t-kx) \quad (8-21)$$

因此，它是余弦波. 通过对两个方程的比较，可知其振幅为

$$A=0.00327\text{m}=3.27\text{mm} \quad \text{（答案）}$$

（b）此波的波长、周期和频率各是多少？

【解】 通过比较式（8-20）和式（8-21），我们看到其角波数和角频率分别为

$$k=72.1\text{rad/m} \text{ 和 } \omega=2.72\text{rad/s}$$

于是，我们利用式（8-5）将波长 λ 和 k 联系起来：

$$\lambda=\frac{2\pi}{k}=\frac{2\pi\text{rad}}{72.1\text{rad/m}}=0.0871\text{m}=8.17\text{cm}$$

（答案）

然后，用式（8-7）$\omega T=2\pi$ 将 T 与 ω 联系起来，得到

$$T=\frac{2\pi}{\omega}=\frac{2\pi\text{rad}}{2.72\text{rad/s}}=2.31\text{s} \quad \text{（答案）}$$

由式（8-8），我们得到频率

$$\nu=\frac{1}{T}=\frac{1}{2.31\text{s}}=0.433\text{Hz} \quad \text{（答案）}$$

（c）此波的波速是多少？

【解】 由式（8-9）知

$$u=\lambda\nu=3.54\text{m/s} \quad \text{（答案）}$$

由于式（8-21）的**相**包含了位置变量 x，所以此波是沿 x 方向传播的. 此外，由于波的方程是按式（8-2）形式写的，式中 kx 前面的负号表明波正沿着 x 轴的正方向传播（注意：在（b）和（c）中各量的计算均与振幅无关）.

（d）在 $x=22.5$cm 处和 $t=18.9$s 时，位移 y 是多少？

【解】 这里**关键点**是，式（8-21）所给出的位移是位置 x 与时间 t 的函数. 把给定的数值代入后得

$$\begin{aligned} y&=0.00327\cos(2.72\times18.9-72.1\times0.225)\\ &=(0.00327\text{m})\cos(35.1885\text{rad})\\ &=(0.00327\text{m})(0.8173)\\ &=0.00267\text{m}=2.67\text{mm} \end{aligned} \quad \text{（答案）}$$

此位移是正的.

例题 8-2

在例题 8-1d 中，我们曾证明式（8-21）描述的波引起的在 $x=0.255$m 处的线元在 $t=18.9$s 时的横向位移是 2.67mm.

（a）同一线元在该时刻的横向速率 v 是多少？（这一速度与线元在 y 方向的横向振动相联系，不要与波在 x 轴方向传播的恒定速率 u 混淆）

【解】 这里**关键点**是，横向速率 v 是线元在 y 轴方向位移的时间变化率. 一般说来，位移为

$$y(x,t)=A\cos(\omega t-kx)$$

对位于某位置 x 处的线元［见式（8-21）］，通过对时间求导即可得到这个变化率. 求导时把 x 作为常量看待. 将变量之一（或更多）当作常量看待求出的导数叫做**偏导数**，用符号 $\partial/\partial x$ 而不是 $\mathrm{d}/\mathrm{d}x$ 代表. 此处，我们有

$$v=\frac{\partial y}{\partial t}=-\omega A\sin(\omega t-kx) \quad (8-22)$$

然后，把例题 8-1 的数值代入，得到

$$\begin{aligned} v&=(-2.72\text{rad/s})(3.27\text{mm})\sin(35.1885\text{rad})\\ &=-5.13\text{mm/s} \end{aligned}$$

（答案）

因此，在 $t=18.9$s 时，在 $x=22.5$cm 处的线元正在以 5.13mm/s 的速率沿 y 轴负方向运动.

（b）同一线元在该时刻的横向加速度 a_y 是多少？

【解】 这里**关键点**是，线元的横向加速度 a_y 是其横向速率的时间变化率. 由式（8-22）；我们再一次将 x 当作常量处理，但允许 t 变化，得到

$$a_y=\frac{\partial v}{\partial t}=-\omega^2 A\cos(\omega t-kx)$$

与式（8－22）相比较可知

$$a_y = -\omega^2 y$$

我们看到，一个振动线元的横向加速度与横向位移成正比，但符号相反．这完全符合线元本身的行为——它正在作横向简谐运动．代入数值后，得到

$$a_y = -(2.72\text{rad/s})^2(2.67\text{mm}) = -7.26\text{mm/s}^2$$

（答案）

所以，在 $t=18.9\text{s}$ 时，在 $x=22.5\text{cm}$ 处的线元从其平衡位置沿正 y 方向移动了 2.67mm，而且具有沿负 y 方向的加速度，大小为 7.26mm/s^2．

检查点 2：这里有三个简谐波的方程

(1) $y(x,t) = 2\cos(2t-4x)$

(2) $y(x,t) = 2\cos(4t-3x)$

(3) $y(x,t) = 2\cos(3t-3x)$

请按照它们的（a）波速，和（b）最大横向速率由大到小将它们排序．

例题 8－3

某潜水艇声纳发出的超声波为平面简谐波，其振幅为 $A=1.2\times10^{-3}\text{m}$，频率 $\nu=5.0\times10^4\text{Hz}$，波长 $\lambda=2.85\times10^{-2}\text{m}$，波源振动的初相 $\varphi_0=0$，求：

（a）该超声波的表达式．

【解】 这里**关键点**是学会应用平面简谐波表达式的各种变换形式．

此平面简谐波可以写成

$$y = A\cos\left[2\pi\left(\nu t - \frac{x}{\lambda}\right)\right]$$

代入数字后，得

$$y = 1.2\times10^{-3}\cos(10^5\pi t - 220x)(\text{m}) \text{（答案）}$$

（b）距波源 2m 处质元的振动方程．

【解】 这里**关键点**是，在平面简谐波表达式中，将 t 看作变量而把 x 固定下来，就得到了以波源为坐标原点，距离波源 x 处质元的振动方程．因此，将 $x=2\text{m}$ 代入上式得到

$$y = 1.2\times10^{-3}\cos(10^5\pi t - 440)(\text{m}) \text{（答案）}$$

（c）距波源 8.00m 和 8.05m 处两质元振动的相差．

【解】 这里**关键点**是，先按照（b）求出两质元各自的振动方程，再将它们的相相减，即得

$$\Delta\varphi = \frac{2\pi x_2}{\lambda} - \frac{2\pi x_1}{\lambda} = \frac{2\pi}{\lambda}(x_2 - x_1)$$

代入数字后，有 $\Delta\varphi = 11\text{rad}$ （答案）

例题 8－4

一平面简谐波，波线上各质元振动的振幅和角频率分别为 A 和 ω，该波沿 x 轴正方向传播，波速为 u．设某一瞬时的波形如图 8－7 所示，并取图示的瞬间为计时零点．

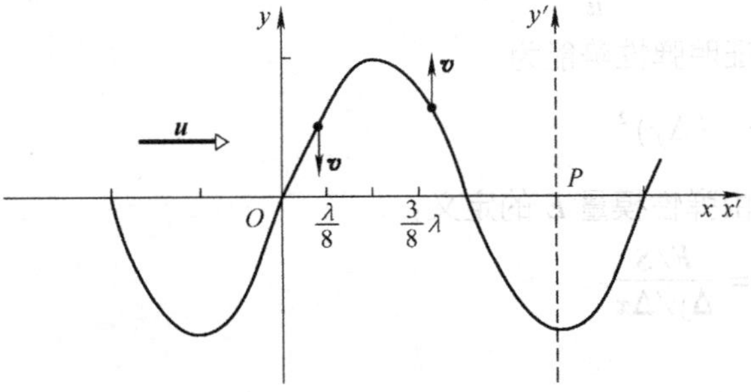

图 8－7 例题 8－4 图

（a）在 O 点和 P 点各有一观察者，试分别以两观察者所在处为坐标原点，写出该波的波动表达式．

【解】 这里**关键点**是，先写出 O 点的振动方程，再按式（8－16）即可写出波动表达式．

设 O 点的振动方程为

$$y_O = A\cos(\omega t + \varphi_0)$$

其中 φ_0 为初相，由初始条件决定．由图 8－7 可看出，当 $t=0$ 时，$y_O=0$ 而且 v 为负．则

$$\varphi_0 = \frac{\pi}{2}$$

$$y_O = A\cos\left(\omega t + \frac{\pi}{2}\right)$$

因此，波动表达式为

$$y = A\cos\left[\omega\left(t - \frac{x}{u}\right) + \frac{\pi}{2}\right] \quad \text{（答案）}$$

当取 P 为坐标原点时，设 P 点的振动方程为

$$y_P = A\cos(\omega t + \varphi'_0)$$

由图 8－7 看出，在 $t=0$ 时 $y_P=-A$ 而且 $v=0$，则

$$\varphi'_0 = \pi$$

$$y_P = A\cos(\omega t + \pi)$$

因此，波动表达式为

$$y = A\cos[\omega(t - \frac{x}{u}) + \pi] \qquad \text{(答案)}$$

(b) 确定 $t=0$ 时，距 O 点分别为 $x=\frac{\lambda}{8}$ 和 $x=\frac{3}{8}\lambda$ 两处质元振动速度的大小和方向.

【解】 这里关键点是，质点振动的速度是其位移对时间的变化率，即 $v=\frac{dy}{dt}$. 考虑到 t 和 x 都是变量，需要求偏导数：

$$v=\frac{\partial y}{\partial t} = -A\omega\sin\left[\omega\left(t-\frac{x}{u}\right)+\frac{\pi}{2}\right]$$

$$= -A\omega\sin\left[\omega t-\frac{2\pi}{\lambda}x+\frac{\pi}{2}\right]$$

将 $t=0$、$x=\frac{\lambda}{8}$ 和 $t=0$、$x=\frac{3}{8}\lambda$ 分别代入上式，即得

$v_1 = -\frac{\sqrt{2}}{2}A\omega$，方向为 y 轴负向； (答案)

$v_2 = \frac{\sqrt{2}}{2}A\omega$，方向为 y 轴正向. (答案)

8-3 波的能量和能流密度

1. 波的能量

波动是依靠弹性介质传播的. 当波传到介质中某处时，原来静止在该处的质元开始振动，具有振动动能；同时该处的介质还要发生形变，具有弹性势能，因此，波传播的过程也是能量传递的过程，波的能量就是介质中振动动能与弹性势能之和.

下面以棒中的纵波为例，对波动中能量的传播作一简单分析.

设有一平面简谐波在细棒中沿轴线传播，棒的横截面积为 S，密度为 ρ. 在棒上距原点 O 为 x 处取体积元 ΔV，如图 8-8 所示，其质量 $\Delta m=\rho\Delta V$. 当波传到该体积元时，引起它的振动，振动动能为

$$\Delta E_k = \frac{1}{2}\Delta m v^2 = \frac{1}{2}\rho\Delta V v^2$$

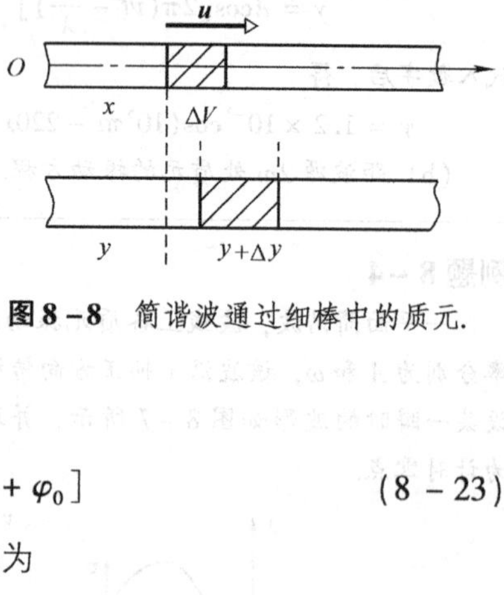

图 8-8 简谐波通过细棒中的质元.

由平面简谐波的表达式知

$$y = A\cos\left[\omega\left(t-\frac{x}{u}\right)+\varphi_0\right]$$

$$v = \frac{\partial y}{\partial t} = -A\omega\sin\left[\omega\left(t-\frac{x}{u}\right)+\varphi_0\right]$$

因此

$$\Delta E_k = \frac{1}{2}\rho\Delta V A^2\omega^2\sin^2\left[\omega\left(t-\frac{x}{u}\right)+\varphi_0\right] \tag{8-23}$$

质元在振动的同时，还发生弹性形变. 可以证明弹性势能为

$$\Delta E_p = \frac{1}{2}k\ (\Delta y)^2$$

其中，k 为质元的劲度系数；Δy 为质元的形变. 由弹性模量 E 的定义：

$$E = \frac{\text{应力}}{\text{应变}} = \frac{F/S}{\Delta y/\Delta x}$$

则

$$F = ES\frac{\Delta y}{\Delta x}$$

由于 $F=k\Delta y$，则 $k=\frac{ES}{\Delta x}$，因此

$$\Delta E_{\mathrm{p}} = \frac{1}{2}k(\Delta y)^2 = \frac{1}{2}\frac{ES}{\Delta x}(\Delta y)^2$$

当 $\Delta x \to 0$ 时，有

$$\Delta E_{\mathrm{p}} = \frac{1}{2}ES\Delta x\left(\frac{\partial y}{\partial x}\right)^2 = \frac{1}{2}ES\Delta x\frac{\omega^2 A^2}{u^2}\sin^2\left[\omega\left(t-\frac{x}{u}\right)+\varphi_0\right]$$

又由于 $u=\sqrt{E/\rho}$，所以有

$$\Delta E_{\mathrm{p}} = \frac{1}{2}\rho\Delta V\omega^2 A^2\sin^2\left[\omega\left(t-\frac{x}{u}\right)+\varphi_0\right] \tag{8-24}$$

这里我们注意到，ΔE_{p} 与 ΔE_{k} 在形式上是完全相同的. 这说明质元的动能和势能是同步变化的.

质元的总机械能为

$$\Delta E = \Delta E_{\mathrm{k}} + \Delta E_{\mathrm{p}} = \rho\Delta V\omega^2 A^2\sin^2\left[\omega\left(t-\frac{x}{u}\right)+\varphi_0\right] \tag{8-25}$$

由细棒推出的式（8-23）、式（8-24）和式（8-25）对任何平面简谐波都是适用的.

2. 能量密度

为了更精确地描述机械能在介质中的分布情况，引入能量密度的概念. 能量密度定义为单位体积中蕴含的能量，用 w 表示：

$$w = \lim_{\Delta V\to 0}\frac{\Delta E}{\Delta V} = \rho\omega^2 A^2\sin^2\left[\omega\left(t-\frac{x}{u}\right)+\varphi_0\right]$$

对于简谐波，人们更加关注的是能量密度对时间的平均值 $\bar{w}$，此处的时间指一个周期，即

$$\bar{w} = \frac{1}{T}\int_0^T \rho\omega^2 A^2\sin^2\left[\omega\left(t-\frac{x}{u}\right)+\varphi_0\right]\mathrm{d}t = \frac{1}{2}\rho\omega^2 A^2 \tag{8-26}$$

需要强调的是，在波的传播过程中，任一质元的动能与势能都随时间变化，它们的大小时刻相同而且同相. 例如，质元在到达平衡位置时，其动能、势能都达到最大值；质元在达到最大位移处时，其动能、势能均为零. 应注意：一定不要将这种变化与弹簧振子振动时动能与势能的变化相混淆. 由于在波传播时，质元起到传送能量的作用，其本身总的机械能不是一个常量.

3. 能流　能流密度

伴随着波的能量传输形成能流. 能流 P 定义为单位时间内垂直通过介质中某一面积的能量，单位是瓦（W）.

如图 8-9 所示，如果体积元内在 Δt 时间里通过面积 ΔS 的能量为 ΔE，且能量密度为 w，则体积元内的能量为

$$\Delta E = w\Delta x\Delta S$$

因此，通过 ΔS 的能流为

$$P = \frac{\Delta E}{\Delta t} = w\Delta S\frac{\Delta x}{\Delta t} = w\Delta S u$$

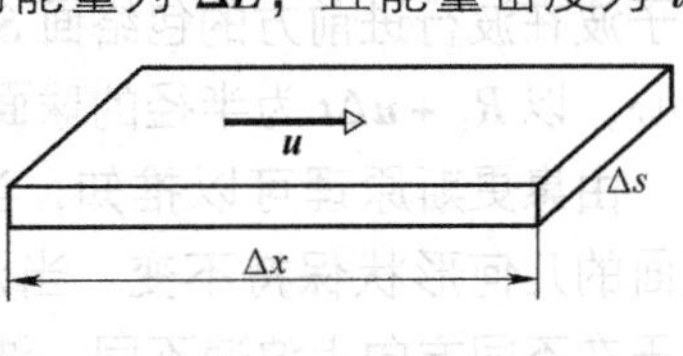

图 8-9　介质内的体积元.

其中，u 是波速. 单位时间内通过介质中垂直于波传播方向上单位面积的平均能量称为**平均能流密度**，用 I 表示.

$$I = \frac{P}{\Delta S} = \bar{w}u = \frac{1}{2}\rho\omega^2 A^2 u \tag{8-27}$$

波的平均能流密度也叫**波强度**.

8-4 惠更斯原理 波的衍射

1. 惠更斯原理

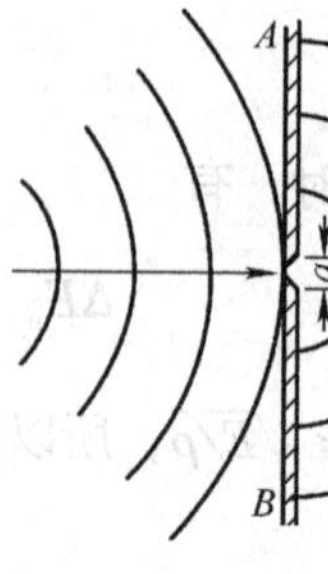

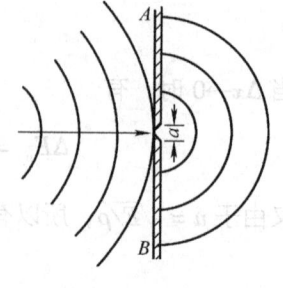

图 8-10 障碍物的小孔成为新的波源.

当水面波传播时，如果遇到图 8-10 所示的障碍物小孔，此时小孔的大小又与波长相差不多，就会看到穿过小孔的波面是圆形的，与原来波的形状无关. 这是由于在波动过程中，波源的振动是通过介质逐点传播出去的. 每个点都可以看成是新的波源. 这里，小孔可以看成是新波源. 荷兰物理学家惠更斯（C. Huygens）观察并研究了大量类似的现象，于 1690 年总结出了一条有关波传播特性的重要原理，称为惠更斯原理，其表述如下：

在波的传播过程中，波面上的每一点，都可以看作是发射子波的新波源，在其后任一时刻，子波所形成的包络面（与所有子波的波前相切的曲面）就是新的波面.

惠更斯原理对任何波动过程（机械波与电磁波）都适用. 对于机械波而言，介质是否均匀、是否各向同性都不影响这一原理的成立. 比如，已知某一时刻，波面的位置和形状，就可以根据这一原理，用几何作图法确定下一时刻波面的位置和形状，并确定波的传播方向，从而处理波的传播问题.

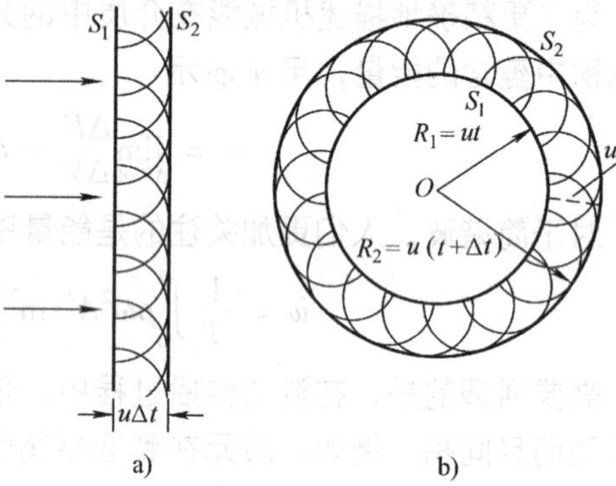

a) b)

图 8-11 用惠更斯原理求作新的波阵面.
a) 平面波 b) 球面波

对于平面波，如图 8-11a 所示，设在 t 时刻的波面为 S_1，以 S_1 面上各点为中心，以 $u\Delta t$ 为半径，画出一系列半球面形的子波，再作这些半球面的包络面 S_2，则 S_2 就是在 $t+\Delta t$ 时刻的波面，显然 S_2 也是平面.

如图 8-11b 所示，设波源位于点 O，发出球面波，以波速 u 在各向同性的均匀介质中传播，在时刻 t 的波面是半径为 R_1 的球面 S_1，由惠更斯原理，S_1 上的各点都可以看成是发射子波的波源. 以 S_1 上各点为中心，以 $u\Delta t$ 为半径画出一系列球形子波，这些子波在波行进前方的包络面 S_2 就是时刻 $t+\Delta t$ 的波面. S_2 是以 O 为中心，以 $R_1+u\Delta t$ 为半径的球面.

由惠更斯原理可以推知，当波在均匀的各向同性介质中传播时，波面的几何形状保持不变；当波在不均匀或各向异性介质中传播时，由于在不同方向上波速不同，波面的形状和传播方向就会发生变化.

2. 波的衍射

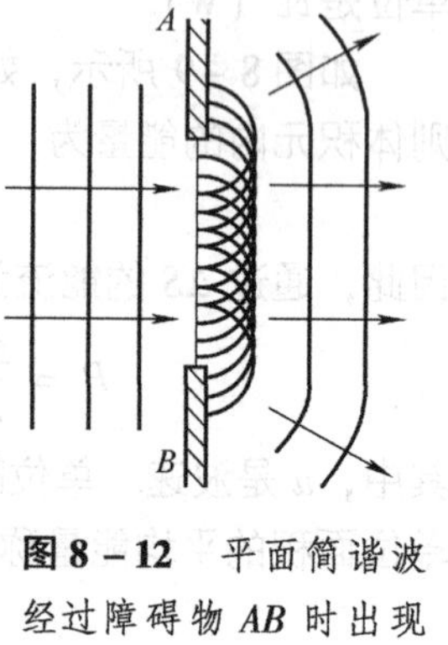

图 8-12 平面简谐波经过障碍物 AB 时出现衍射现象.

应用惠更斯原理可以定性地解释波的衍射现象. 当波在传播过程中遇到障碍物时，其传播方向发生改变并能绕过障碍物的边缘继续向前传播，这种现象称为**波的衍射**. 衍射现象是波的重要特性之一. 如图 8-12 所示，一列平面波到达障碍物 AB 上的一条狭缝处，根据惠更斯原理，缝上各点都可看作是发射子波的波源，作出这些子波的包络面，就得到了新的波面. 此时的波面已不再是原来那样的平面了. 在靠近障碍物的边缘处，波面发生了弯曲，也就是波的传播方向发生了变化，绕过障碍物向前传播. 这样，惠更斯原理就解释了波通过狭缝所发生的衍射现象.

应用惠更斯原理还可以解释波在两种介质的交界面处发生反射和折射的现象，根据惠更斯原理用几何作图的方法不难证明波的反射定律和折射定律.

8-5 波的叠加原理 波的干涉

1. 波的叠加原理

两列或多列波同时通过同一区域的情况是经常发生的. 例如，当我们听音乐会时，从许多乐器发出的声波会同时传到我们的耳鼓上. 收音机、电视机天线内的电子受许多不同的广播中心传来的电磁波的合作用而运动. 湖或者海港的水可能受到许多船只激发的波而荡漾.

假定有两列波同时在同一根拉紧的线上传播. 令 $y_1(x,t)$ 和 $y_2(x,t)$ 代表每列波单独存在时的位移. 当两列波重叠时，线的位移是它们的代数和

$$y'(x,t) = y_1(x,t) + y_2(x,t) \tag{8-28}$$

沿线的位移之和意味着

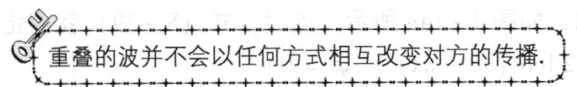

重叠的波代数相加产生**合成波**（或叫**合波**）

这是**叠加原理**的又一个例子，该原理说，当几个效应同时发生时，合效应是每个个别效应之和.

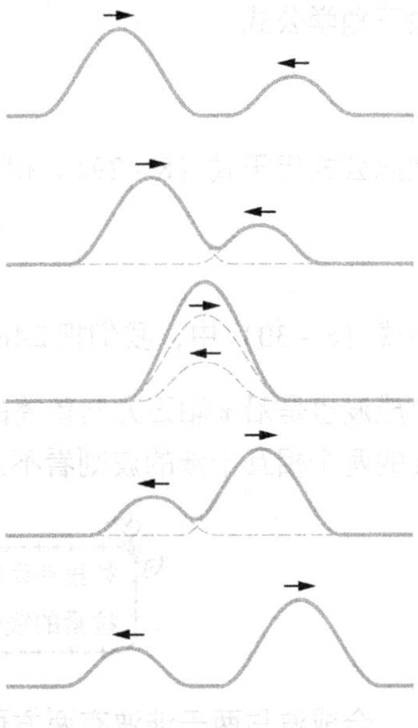

图 8-13 两个脉冲在一条拉紧的线上沿着相反的方向传播时的一系列快照. 当它们相互经过时叠加原理适用.

图 8-13 表示两个脉冲在同一条拉紧的线上沿相反方向传播时的一系列快照. 当脉冲重叠时，合脉冲是它们之和. 此外，每个脉冲经过另一个脉冲时都好像另一个脉冲不存在一样:

重叠的波并不会以任何方式相互改变对方的传播.

2. 波的干涉

假定我们在一条拉紧的线上向同一方向发送两列波长相同、振幅相同的正弦波，则叠加原理适用. 它预言在线上出现什么样的合成波呢?

合成波波形与两波相互**同相**（同步调）的程度有关——即与其中一个波的波形相对于另一个波形移动了多少有关. 如果两列波正好同相（以致一列波的波峰及波谷与另一列波的波峰及波谷正好重合），它们就结合使得每列波单独存在时的位移加倍. 如果两波正好反相（一列波的波峰正好与另一列波的波谷重合），那么两波在任何一点结合后都相消，线仍保持为直线. 我们把这种几列波结合的现象叫做**干涉**现象，也就是说这些波在**干涉**（这些名词仅仅指波的位移; 波的传播并不受到影响）.

令沿拉紧的线传播的一列波给定为

$$y_1(x,t)=A\cos(\omega t-kx)$$

对第一列波移动了一些的另一列波给定为

$$y_2(x,t)=A\cos(\omega t-kx+\varphi)$$

这些波具有相同的角频率 ω（因此相同的频率 ν）、相同的角波数（因此相同的波长）和相同的振幅 A. 它们都以同样的速率沿 x 轴正向传播. 它们仅由于一个恒定的角度 ϕ 而不同，我们把 ϕ 叫做**相位常量**. 这两列波被说成是**异相** ϕ，或有**相差** ϕ，也可以说是一列波对另一列波**相移**了 ϕ.

由叠加原理（式（8－28））知，合成波是两个干涉波的代数和，而具有位移

$$y'(x,t)=y_1(x,t)+y_2(x,t)=A\cos(\omega t-kx)+A\cos(\omega t-kx+\varphi) \quad (8-29)$$

由三角学公式

$$\cos\alpha+\cos\beta=2\cos\frac{\alpha+\beta}{2}\cos\frac{\alpha-\beta}{2}$$

把此公式用于式（8－29），得到

$$y'(x,t)=2A\cos\frac{\varphi}{2}\cos(\omega t-kx+\frac{\varphi}{2}) \quad (8-30)$$

在式（8－30）中，我们把 $2A\cos\frac{\varphi}{2}$ 看作振幅，而把 $\cos\left(\omega t-kx+\frac{\varphi}{2}\right)$ 看作振动项. 可以认为，合成波也是沿 x 轴正方向传播的余弦波. 它是在线上实际能观察到的唯一的波，而形成此合成波的两个相互干涉的波则看不到.

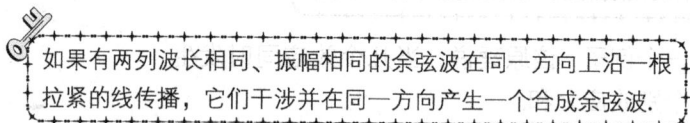

> 如果有两列波长相同、振幅相同的余弦波在同一方向上沿一根拉紧的线传播，它们干涉并在同一方向产生一个合成余弦波.

合成波与两干涉波有两方面的差别：（1）其相位常量是 $\frac{\varphi}{2}$；（2）其振幅 A 是

$$A'=2A\cos\frac{\varphi}{2} \quad (8-31)$$

如果 $\varphi=0\text{rad}$（或 $0°$），两列波正好同相，如图 8－14a 所示. 这时，式（8－29）就简化为

$$y'(x,t)=2A\cos(\omega t-kx) \quad (\varphi=0)$$

此合成波画在图 8－14d 中. 注意，从该图及式（8－30）可以看到，合成波的振幅是每列干涉波振幅的 2 倍. 这是合成波可能具有的最大振幅，这是由于在式（8－30）和式（8－31）中的前一个余弦项当 $\varphi=0$ 时有最大值 1. 能产生最大可能振幅的干涉叫做**完全相长干涉**.

如果 $\varphi=\pi\text{rad}$（或 $180°$），两个干涉波正好反相，如图 8－14b 所示. 这时 $\cos\frac{\varphi}{2}$ 变成 $\cos\frac{\pi}{2}=0$，合成波的振幅由式（8－30）给出为零. 于是，对于所有的 x 和 t 都有

$$y'(x,t)=0 \quad (\varphi=\pi\text{rad}) \quad (8-32)$$

此合成波画在图 8－14e 中. 虽然我们沿着线发出了两列波，但我们看到该线并没有运动，这种类型的干涉叫**完全相消干涉**.

由于余弦波每经过 $2\pi\text{rad}$ 其波形重复一次，相差 $\varphi=2\pi\text{rad}$（或 $360°$），将对应于一列波相

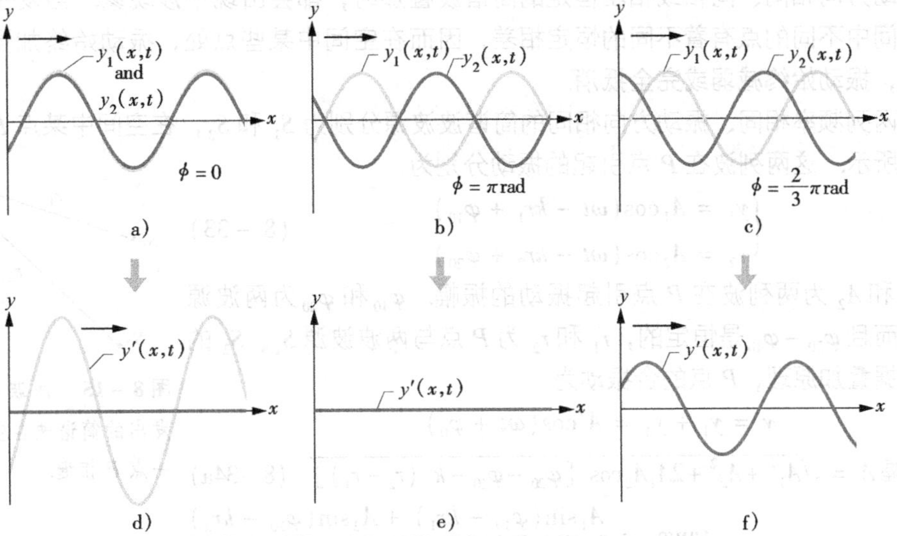

图 8-14 两列同样的余弦波 $y_1(x,t)$ 和 $y_2(x,t)$，沿着 x 轴正向传播. 它们干涉给出合成波 $y'(x,t)$. 合成波是在线上真正看到的波. 两列干涉波的相差 ϕ 为 a) 0rad 或 0°，b) πrad 或 180°，c) $\frac{2}{3}\pi$ 或 120°. 相应的合成波如 d)、e) 和 f) 所示.

对另一列波移动一个波长的距离. 因此，相差也可以用波长表示，就像用角度表示一样. 例如，在图 8-14b 中，两列波可以说是相差 0.5 个波长. 表 8-1 列举了一些其他相差以及它们产生干涉的例子. 需要注意的是，当干涉既不是完全相长也不是完全相消时，称其为**中间干涉**. 此时，合成波的振幅介于 0 与 $2A$ 之间. 例如，从表 8-1 可以看出，如果两个干涉波的相差是 120°（$\varphi=\frac{2}{3}\pi$rad≈0.33 个波长），合成波的振幅就为 A，与每个干涉波的振幅一样（参看图 8-14c 和 f）.

表 8-1 相差和形成的干涉类型①

相差			合成波的振幅	干涉的类型
度	弧度	波长		
0	0	0	$2A$	完全相长
120	$\frac{2}{3}\pi$	0.33	A	中间
180	π	0.50	0	完全相消
240	$\frac{4}{3}\pi$	0.67	A	中间
360	2π	1.00	$2A$	完全相长
865	15.1	2.40	$0.60A$	中间

① 此处相差是对于沿同一方向传播的振幅为 A、而其他方面都相同的两列波而言的.

如果两列波长相同的波的相差是零或任意整数个波长，则它们是同相的. 因此，当任何相差用**波长表示**时，其整数部分都可以去掉. 例如，相差 0.40 波长与相差 2.40 波长各方面都是等同的，在计算中就可以用两个数字中简单的那一个.

以上分析是基于两列干涉波都沿同一直线传播的情况. 实际上，在任何空间内，两列频率相同、振动方向相同、同相或相差恒定的简谐波叠加时，都会出现干涉现象. 当发生两列波干涉时，空间中不同的点有着不同的恒定相差，因而在空间中某些点处，振动始终加强，而在另一些点处，振动始终减弱或完全抵消.

设有两列频率相同、振动方向相同的简谐波波源分别为 S_1 和 S_2，在空间中某点 P 相遇，如图 8－15 所示. 这两列波在 P 点引起的振动分别为

$$\begin{cases} y_1 = A_1\cos(\omega t - kr_1 + \varphi_{10}) \\ y_2 = A_2\cos(\omega t - kr_2 + \varphi_{20}) \end{cases} \tag{8-33}$$

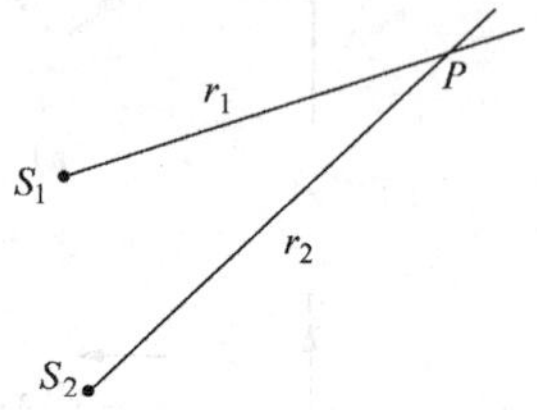

图 8－15 两波源 S_1 和 S_2 发出的简谐波在空间中任意一点 P 相遇.

式中，A_1 和 A_2 为两列波在 P 点引起振动的振幅. φ_{10} 和 φ_{20} 为两波源的初相，而且 $\varphi_{20}-\varphi_{10}$ 是恒定的，r_1 和 r_2 为 P 点与两波波源 S_1、S_2 的距离. 根据叠加原理，P 点的合振动为

$$y = y_1 + y_2 = A'\cos(\omega t + \varphi_0)$$

式中合振幅 $A' = \sqrt{A_1{}^2 + A_2{}^2 + 2A_1A_2\cos[\varphi_{20} - \varphi_{10} - k(r_2 - r_1)]}$ (8－34a)

$$\tan\varphi_0 = \frac{A_1\sin(\varphi_{10} - kr_1) + A_2\sin(\varphi_{20} - kr_2)}{A_1\cos(\varphi_{10} - kr_1) + A_2\cos(\varphi_{20} - kr_2)} \tag{8-34b}$$

由于两列波在空间任一点所引起的两个振动相差

$$\Delta\varphi = \varphi_{20} - \varphi_{10} - k(r_2 - r_1)$$

是一个恒量，所以每一点的合振幅也是恒量.

由合振幅的表达式可知，随着空间各点位置的不同，即 $r_2 - r_1$ 的不同，空间各点的合振幅也不同. 类似前面的分析，出现相长干涉的地方一定满足

$$\Delta\varphi = \varphi_{20} - \varphi_{10} - k(r_2 - r_1) = 2n\pi \tag{8-35}$$

$$n = 0, \pm 1, \pm 2, \cdots$$

这时，合振幅达到最大，即 $A' = A_1 + A_2$. 而出现相消干涉的地方一定满足

$$\Delta\varphi = \varphi_{20} - \varphi_{10} - k(r_2 - r_1) = (2n+1)\pi \tag{8-36}$$

$$n = 0, \pm 1, \pm 2, \cdots$$

这时合振幅为最小，即 $A' = |A_1 - A_2|$. 如果 $A_1 = A_2$，就是完全相消干涉.

当 $\varphi_{20} = \varphi_{10}$ 时，上述条件可用波程差 $(r_2 - r_1)$ 简化，表示为

$$r_2 - r_1 = n\lambda \quad n = 0, \pm 1, \pm 2\cdots(\text{合振幅最大}) \tag{8-37}$$

$$r_2 - r_1 = (2n+1)\frac{\lambda}{2} \quad n = 0, \pm 1, \pm 2\cdots(\text{合振幅最小}) \tag{8-38}$$

如果波程差不满足上述两种情况，则那些点都属于中间干涉的情况.

例题 8－5

两列同样的余弦波在一根拉紧的线上沿同一方向传播，相互干涉. 两列波的振幅都是 9.8mm，它们的相差 φ 是 100°.

(a) 由这两列波干涉引起的合成波的振幅是多少？在那里发生的是什么类型的干涉？

【解】 这里的关键点是，这些波在线上是沿同一方向传播，因此，它们干涉将形成余弦行波. 由于两列波相同，所以它们的振幅相同. 这样，合成波的振幅 A' 由式 (8－30) 给出为

$$A' = 2A\cos\frac{\varphi}{2} = 2\times 9.8\text{mm}\cos\frac{100°}{2} = 13\text{mm} \text{ (答案)}$$

由于该处振幅在 0 和 $2A$ 之间，或者从相差在 0 和 180°之间可以看出，它们属于中间干涉.

(b) 两波的相差用弧度和波长表示为多少时，合成波的振幅是 4.9mm？

【解】 与 (a) 一样，关键点相同. 不过现在

是已知A'求φ. 根据式 (8-30)

$$A' = 2A\cos\frac{\varphi}{2}$$

由给定的数据知

$$4.9\text{mm} = 2\times 9.8\cos\frac{\varphi}{2}\text{mm}$$

所以

$$\varphi = 2\arccos\frac{4.9\text{mm}}{2\times 9.8\text{mm}}$$

$$= \pm 2.636\text{rad} \approx \pm 2.6\text{rad}$$ (答案)

这里有两个解，因为我们认为，第一列波超前（领先传播）或落后（跟在后面传播），根据第二列波与它的相差为 2.6rad 都可以得到同样的合成波. 如果用波长来表示，则相差是

$$\frac{\phi}{2\pi\text{rad/ 波长}} = \frac{\pm 2.636\text{rad}}{2\pi\text{rad/ 波长}} = \pm 0.42 \text{ 波长}$$

(答案)

检查点 3：这里有例题 8-5 中两列波之间的其他四种可能的相差，用波长表示是：0.20、0.45、0.60 和 0.80. 按照合成波的振幅由大到小将它们排序.

3. 简谐波合成的矢量方法

在第 7 章 7-5 节中曾得到结论：简谐运动是匀速圆运动在圆直径上的投影. 在图 8-16a 中，把振幅A看作一个围绕原点O作逆时针匀速转动的矢量，那么这个旋转矢量的水平投影就能代表简谐振动，即

$$x(t) = A\cos(\omega t + \varphi)$$

在研究波干涉问题时，也可以用矢量方法表示一列简谐波. 这个矢量叫做**相矢量**. **相矢量**是一个大小与波的振幅相等、围绕原点旋转的矢量，其旋转角速度等于波的角频率ω. 例如，波

$$y_1(x,t) = A_1\cos(\omega t - kx) \tag{8-39}$$

就可用图 8-16a 所示的**相矢量**表示. **相矢量**的大小是波的振幅A_1. 当相矢量围绕原点以角速度ω逆时针转动时，它的水平投影y_1按余弦变化y轴沿水平方向，从最大值A_1经过零可达到最小值$-A_1$，然后又回到A_1. 这个变化与当波通过线上任一点时位移y_1的变化是对应的.

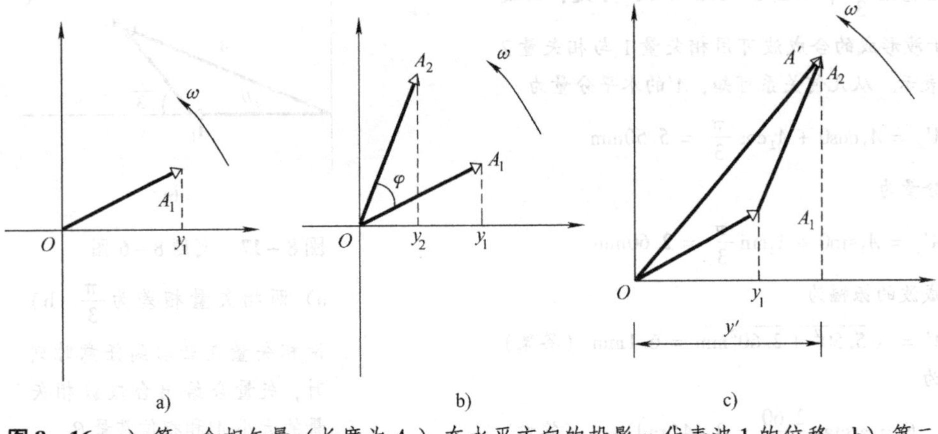

图 8-16 a) 第一个相矢量（长度为A_1）在水平方向的投影y_1代表波 1 的位移. b) 第二个相矢量（长度为A_2）角速度也是ω，转动时与第一个相矢量有不变的夹角φ. c) 合成波用两个相矢量的矢量和表示，大小为A'. 它在水平方向的投影y'表示该合成波的位移.

当两列波在同一条线上沿同一方向传播时，我们可以把它们及它们的合成波表示在同一个**相矢量图**中. 图 8-16b 中的**相矢量**表示的是式 (8-39) 给出的波和由下式给出的第二列波：

$$y_2(x,t) = A_2\cos(\omega t - kx + \varphi) \tag{8-40}$$

这第二列波相对于第一列波相移了相位常量φ. 由于相矢量以同一角速度ω旋转，这两个相矢量

的夹角总是φ. 如果φ是正值，那么当它们转动时波1的相矢量落后于波2的相矢量，如图8-16b所示. 如果φ是负值，则波1的相矢量超前于波2的相矢量.

由于两列波的角波数k及角频率ω相同，它们的合成波为

$$y'(x,t) = A'\cos(\omega t - kx + \beta)$$

这里A'为合成波的振幅；β为它的相位常量. A'和β利用三角学知识可以很容易求出，这里的A'与式（8-34a）中的A'相同，β就是式（8-34b）中的φ_0. 可见，

两列波**即使它们的振幅并不相同**，我们也可以用相矢量来合成它们.

例题8-6

有两列波长相同的余弦波y_1和y_2，沿同一方向在同一条线上传播. 它们的振幅分别为$A_1=4.0\text{mm}$和$A_2=3.0\text{mm}$. 相位常量分别是0和$\frac{\pi}{3}\text{rad}$. 求合成波的振幅A'及相位常量β. 写出合成波表达式.

【解】 这里的一个**关键点**是，由于两列波在同一条线上传播，波速u是相同的. 又由于波长λ一样，它们的角波数k和角频率ω也必然相同.

第二个**关键点**是，两列波可用围绕原点，以相同的角速度ω旋转的相矢量表示. 由于波2比波1的相位常量大$\frac{\pi}{3}$，所以，在它们逆时针转动时，相矢量1比相矢量2落后$\frac{\pi}{3}$，如图8-17a所示. 于是，由波1与波2干涉形成的合成波可用相矢量1与相矢量2的矢量和表示. 从几何关系可知，A'的水平分量为

$$A'_x = A_1\cos 0 + A_2\cos\frac{\pi}{3} = 5.50\text{mm}$$

A'的竖直分量为

$$A'_y = A_1\sin 0 + A_2\sin\frac{\pi}{3} = 2.60\text{mm}$$

因此，合成波的振幅为

$$A' = \sqrt{5.50^2 + 2.60^2}\text{mm} = 6.1\text{mm} \quad （答案）$$

相位常量为

$$\beta = \arctan\frac{2.60}{5.50} = 0.44(\text{rad}) \quad （答案）$$

合成波可以写为

$$y'(x,t) = 6.1\cos(\omega t - kx + 0.44\text{rad})(\text{mm})$$

（答案）

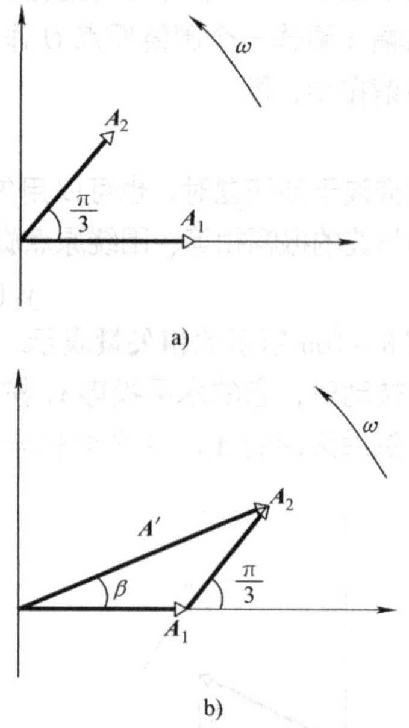

图8-17 例题8-6图

a) 两相矢量相差为$\frac{\pi}{3}$. b) 两相矢量在转动到任意时刻时，矢量合给出合成波相矢量的大小A'和相位常量β.

8-6 驻波 半波损失

1. 驻波

在前两节里，我们讨论了在一条拉紧的线上沿**同一方向**传播的两列波长相同、振幅相同的余弦波. 如果它们沿相反的方向传播又如何呢？我们仍旧可以用叠加原理求出合成波. 这种情

况下的合成波叫做驻波.

图8-18表示沿相反方向传播的两列波合成的情况. 图中虚线和细实线分别表示沿 Ox 轴正方向和负方向传播的简谐波. 粗实线表示两波叠加的结果. 图8-18a示出 $t=0$ 时刻正向波与负向波波形刚好重合，其合成波形为两波形在各点相加的结果，各点的振动都加强了. 图8-18b示出 $t=\frac{T}{8}$ 时，两波分别向正、负方向传播了 $\lambda/8$ 的距离，其合成波形仍为一余弦曲线. 图8-18c示出在 $t=T/4$ 时，两列波向正、负方向分别传播了 $\lambda/4$，合成波形为一合振幅为零的直线. 图8-18d、e分别示出在 $t=\frac{3T}{8}$ 和 $\frac{T}{2}$ 时，合成波形在各点的合位移分别与 $t=\frac{T}{8}$ 和 $t=0$ 时的合位移大小相等，但方向相反.

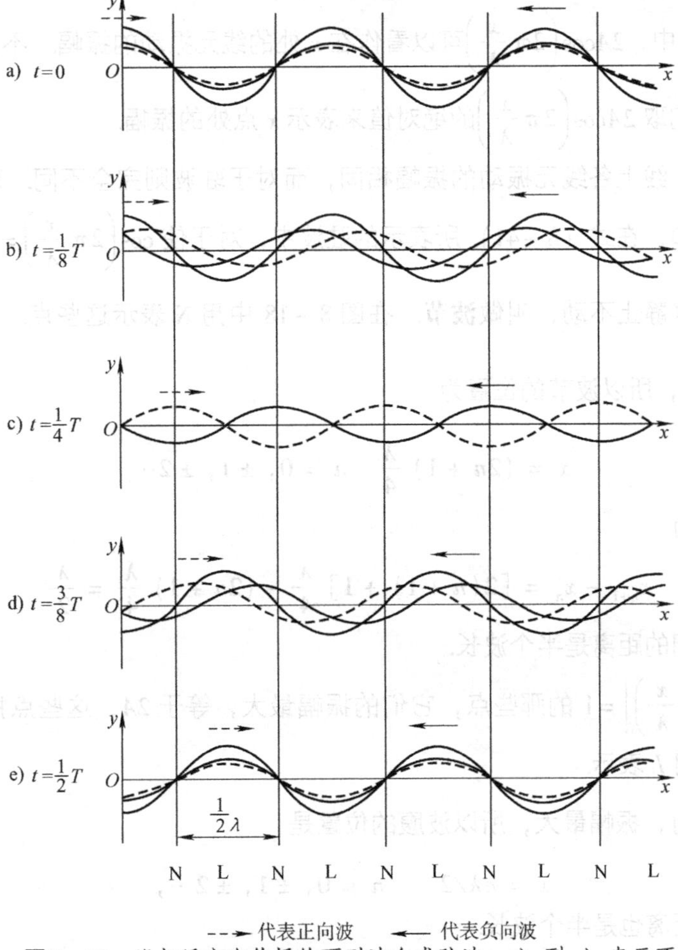

图8-18 沿相反方向传播的两列波合成驻波. a) 到e) 表示不同时刻合成的情况，其中粗实线为合成波.

> 如果有两列波长相同、振幅相同的余弦波，沿着一条拉紧的线向相反的方向传播，它们的相互干涉产生驻波.

为了分析驻波，我们把两列正在合成的波用下列方程表示

$$y_1 = A\cos\left[2\pi\left(\nu t - \frac{x}{\lambda}\right)\right]$$

$$y_2 = A\cos\left[2\pi\left(\nu t + \frac{x}{\lambda}\right)\right]$$

由叠加原理，合成波为

$$y = y_1 + y_2 = A\cos\left[2\pi\left(\nu t - \frac{x}{\lambda}\right)\right] + A\cos\left[2\pi\left(\nu t + \frac{x}{\lambda}\right)\right]$$

应用三角函数中的和差化积公式，上式可化为

$$y = 2A\cos\left(2\pi\frac{x}{\lambda}\right)\cos 2\pi\nu t = 2A\cos\left(2\pi\frac{x}{\lambda}\right)\cos\omega t \tag{8-41}$$

这就是驻波的表达式.

在式（8－41）中，$2A\cos\left(2\pi\frac{x}{\lambda}\right)$可以看作在 x 处的线元振动的振幅. 不过，由于振幅应该总是正的，所以我们取 $2A\cos\left(2\pi\frac{x}{\lambda}\right)$的绝对值来表示 x 点处的振幅.

在余弦行波中，线上各线元振动的振幅相同，而对于驻波则完全不同. 驻波中各点的振幅随位置而变化. 例如，在式（8－41）所表示的驻波中，对于使 $\cos\left(2\pi\frac{x}{\lambda}\right)=0$ 的那些点，振幅等于零，这些点始终静止不动，叫做**波节**. 在图 8－18 中用 N 表示这些点. 当 $2\pi\frac{x}{\lambda}=(2n+1)\frac{\pi}{2}$时，振幅为零，所以波节的位置为

$$x = (2n+1)\frac{\lambda}{4} \quad n = 0, \pm 1, \pm 2\cdots \tag{8-42}$$

相邻波节间的距离为

$$x_{n+1} - x_n = [2(n+1)+1]\frac{\lambda}{4} - (2n+1)\frac{\lambda}{4} = \frac{\lambda}{2} \tag{8-43}$$

可见，相邻两波节间的距离是半个波长.

凡满足$\left|\cos\left(2\pi\frac{x}{\lambda}\right)\right|=1$ 的那些点，它们的振幅最大，等于 $2A$，这些点振动最强，叫做**波腹**，在图 8－18 中用 L 表示.

当 $2\pi\frac{x}{\lambda}=n\pi$ 时，振幅最大，所以波腹的位置是

$$x = n\lambda/2 \qquad n = 0, \pm 1, \pm 2\cdots, \tag{8-44}$$

可见相邻波腹间的距离也是半个波长.

在弦波表达式（8－41）中，后一因子 $\cos\omega t$ 与坐标无关，也就是说，各个质元都作简谐振动. 前一因子 $\cos\left(2\pi\frac{x}{\lambda}\right)$在波节两侧总是反号，所以在波节两侧质元的位移或振动速度总是反号的. 由此可知，波节两侧各质元振动总是反相的. 波节点两侧的质元总是同时、反向到达最大值，又同时、反向回到平衡位置；而任何两相邻波节之间的质元位移总是同号，振动速度也同号，即总是同相的. 它们总是同时、同向到达最大值，又同时、同向回到平衡位置.

2. 半波损失

行波遇到两种介质交界面时会发生反射. 反射波与入射波的相位在反射点处出现相差为 π

的现象就叫做相突变. 由相与波程的关系可知，这好像入射波突然丢失了半个波后再反射，所以这一现象也被称为**半波损失**.

波在两种介质的交界面上反射时，反射波有无半波损失与介质的特性有关. 设介质密度为 ρ，波在介质中传播的速度为 u，对弹性波而言，ρu 较大的叫做**波密介质**，ρu 较小的叫做**波疏介质**. 对电滋波而言，折射率较大的为波密介质，折射率小的为波疏介质.

当波由波密介质进入波疏介质时，在分界处，反射波与入射波同相，没有半波损失；当波从波疏介质进入波密介质时，在分界处，反射波与入射波有 π 的相突变. 这时必定有半波损失.

检查点4：有两列振幅相同波长相同的波在三种不同情况下干涉产生的合成波公式如下：

(1) $y(x,t) = 4\cos(4t - 5x)$

(2) $y(x,t) = 4\cos5x\cos4t$

(3) $y(x,t) = 4\cos(4t + 5x)$

哪一种情况是两个结合的波 (a) 沿正 x 方向运动，(b) 沿负 x 方向运动，(c) 沿相反的方向运动？

3. 驻波与共振

考虑一根线，比如吉他的弦，它的两端是夹紧的. 假如我们在此弦上向右发送一列一定频率的、连续的正弦波，当该波到达右端时，它反射回来并开始向左传. 于是，这个左行波与还在向右传播的波发生重叠. 当该左行波到达左端时，它又反射，而这刚反射的波开始向右传播，重叠在左行波和右行波上. 简单地说，很快就会有许多重叠的行波出现并互相干涉.

对于某一频率来说，干涉能产生驻波图样（或叫**振动模式**），像图 8-19 那样，既有波节，同时有较大的波腹. 这种驻波被说成是在**共振**时产生的. 而且说弦在这些确定的频率处发生了**共振**，这些频率叫**共振频率**. 如果弦振动的频率不是共振频率，驻波就不会产生. 那时，右行波与左行波的干涉只形成很小的（可能难以觉察的）振动.

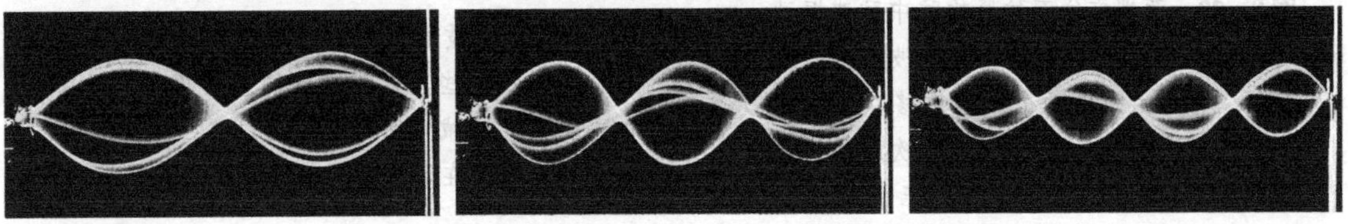

图 8-19 弦受左端振动器的作用而发生振动时，弦上驻波图样的（不太完美的）频闪照片.

令一根弦在相距 L 的两个夹子之间拉紧. 为了求出弦的共振频率的表达式，我们注意到它的两端必定都是波节，因为固定不动而不可能振动. 满足这一要求的最简单的图样是图 8-20a 所示的情况. 该图表示出了弦在其两个极端位移时的情况（一个是实线，一个是虚线，一起看形成了一个单“环”）. 这里只有一个波腹，在弦的正中央. 注意半个波长横跨于弦的长度 L. 所以，对这一图样，$\lambda/2 = L$. 这个条件告诉我们，如果左行波与右行波要通过干涉建立这种图样，那么它们必须满足波长 $\lambda = 2L$.

第二个简单地满足固定端为波节的要求的驻波图样如图 8-20b 所示. 这个图样中有三个波节和两个波腹，被称为两环图样. 左行波与右行波要建立这种图样，必须满足波长 $\lambda = L$. 第三个图样如图 8-20c 所示. 它有四个波节、三个波腹和三个环，而波长 $\lambda = \frac{2}{3}L$. 我们可以依此继续画出更加复杂的图样. 每前进一步，图样中就比前一图样多一个波节及多一个波腹，而在 L 中就多包含一个 $\lambda/2$.

这样，在长为 L 的线上建立驻波要求波长等于下列值之一

$$\lambda = \frac{2L}{n}, \quad \text{其中 } n = 1,\ 2,\ 3,\ \cdots \tag{8-45}$$

按照式（8-9），符合这些波长的共振频率应当是

$$\nu = \frac{v}{\lambda} = n\frac{v}{2L}, \quad \text{其中 } n = 1,2,3,\cdots$$

这里的 v 是行波在线上的波速.

式（8-45）告诉我们，所有共振频率都是最低的共振频率，即对应于 $n=1$ 的频率 $\nu = v/2L$的整数倍. 具有最低共振频率的振动模式叫做**基模**或一**次谐波**. 二**次谐波**指的是 $n=2$ 的振动模式，三**次谐波**指的是 $n=3$ 的振动模式，等等. 与这些模式相联系的频率常标作 ν_1，ν_2，ν_3，等等. 所有可能振动模式的集合叫做**谐波系列**，n 就叫做第 n 次谐波的**谐次**.

共振现象是所有振动系统共有的，也可以发生于两维和三维的情况. 例如，图 8-21 表示的是在鼓面上形成的两维驻波图样.

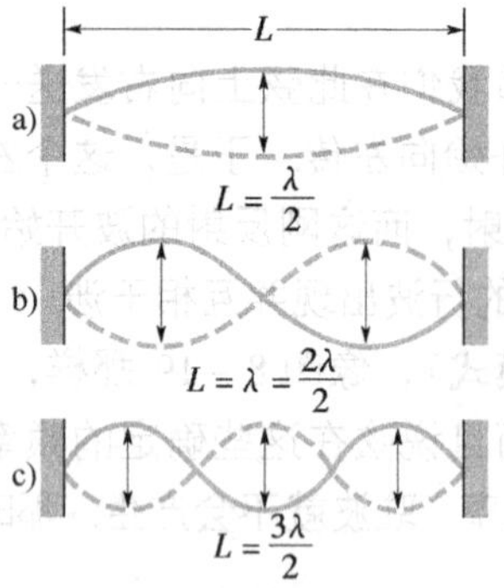

图 8-20 两端夹住而拉紧的弦中驻波振动时出现的图样. a）最简单的驻波图样有一个**环**. 它是由弦的两个极端位移（实线和虚线）形成的组合图形. b）其次的最简单图样有两个环. c）再其次的有三个环.

图 8-21 铜鼓鼓面的两维驻波图样之一. 在鼓面上撒了一些黑色粉末以便能看得见. 照片的左上角的机械振动器使鼓面以单一频率振动时，粉末聚集在形成圆圈和直线的波节处.

检查点 5：在下列共振频率的系列中，失去了某个频率（低于 400Hz）：150Hz，225Hz，300Hz，375Hz. (a) 哪一个是失去的频率？(b) 哪一个是七次谐波的频率？

例题 8-7

在图 8-22 中，一根线栓在 P 点的余弦振动器上，然后绕过支点 Q，由质量为 m 的物块拉紧. P 点和 Q 点之间的距离是 $L=1.2\text{m}$，该线的线密度是 1.6g/m，振动器的频率 ν 固定为 120Hz. P 点的振幅很小，足以看作为波节，Q 点也是一个波节.

(a) 当质量 m 多大时振动器可以在线上建立起四次谐波？

【解】 这里一个**关键点**是，线只在某些频率发生共振，这些频率的大小取决于线上的波速 v 和线的长度 L. 从式（8-45）知，这些共振频率为

$$\nu = n\frac{v}{2L} \quad \text{其中 } n = 1,2,3,\cdots \tag{8-46}$$

为了建立四次谐波（即 $n=4$），我们需要让此式右侧

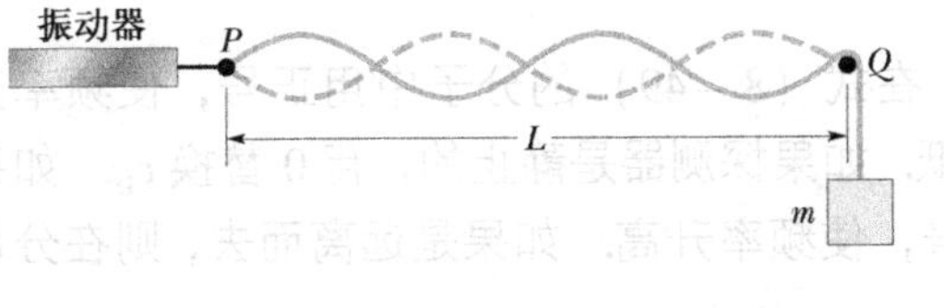

图8-22 例题8-7图 一根受到张力连在振动器上的线. 对于固定的振动器频率，在一定的张力时，将出现驻波图样.

的 $n=4$，以便方程的左侧等于振动器的频率(120Hz).

我们不能改变式(8-46)中的 L，它是固定的. 不过，第二个**关键点**是，我们**可以**调节 v，因为它取决于我们悬挂在线上的质量 m 的大小. 按照式(8-13)，波速为 $v=\sqrt{F/\mu}$. 这里线中的张力 F 等于物块的重量 mg. 因此，

$$v=\sqrt{\frac{F}{\mu}}=\sqrt{\frac{mg}{\mu}} \tag{8-47}$$

把式(8-47)中的 v 代入式(8-46)，对第四谐模令 $n=4$，再对 m 求解，得

$$m=\frac{4L^2\nu^2\mu}{n^2g} \tag{8-48}$$

$$=\frac{(4)(1.2\text{m})^2(120\text{Hz})^2(0.0016\text{kg/m})}{(4)^2\times 9.8\text{m/s}^2}$$

$$=0.846\text{kg}\approx 0.85\text{kg} \quad \text{(答案)}$$

(b) 如果 $m=1.00$kg，建立的驻波模式是什么？

【解】 如果我们把这个 m 值插入式(8-48)中，然后解出 n，我们发现 $n=3.7$. 这里有个**关键点**是，n 必须是整数，所以 $n=3.7$ 是不可能的. 这样，如果 $m=1.00$kg，振动器不可能在线上建立驻波，线的任何振动都将很小，甚至可能觉察不到.

8-7 多普勒效应 超声波和冲击波

1. 多普勒效应

一辆警车停在公路边，发出频率为1000Hz的警笛声. 如果另一辆小车也停在公路边，小车中的人将听到同样的频率. 可是，如果小车与警车之间有相对运动，互相接近或互相远离，则会听到不同的频率. 例如，如果小车以120km/h（约75mi/h）的速率驱车**向**警车运动，那么将听到一个较**高**的频率（1096Hz，**增加**了96Hz）. 如果小车以同样的速率驱车**离开**警车，将听到较**低**的频率（904Hz，**减小**96Hz）.

这种与运动有关的频率变化就是**多普勒效应**的例子. 这个效应是1842年由奥地利物理学家多普勒（C. J. Doppler）提出的. 实验测量是在1845年完成的，方法是“用一个火车头拉着一辆站有几名号手的敞篷车”进行的.

多普勒效应不仅适用于声波，而且也用于电磁波，包括微波、无线电波和可见光. 不过，我们在这里只考虑声波，并取声波在其中传播的空气整体作为参考系. 也就是说，我们将测量声波波源S和声波探测器D**相对于空气整体**的速率（除非另有声明，空气对地是静止的，因此速率也可以说是对地的）. 我们将假定S和D都以小于声速的速率径直相互接近或径直相互远离.

如果探测器或声源有一个正在运动，或者都在运动，发射的频率 ν 与探测到的频率 ν' 由下式相联系

$$\nu'=\nu\frac{v\pm v_D}{v\pm v_S} \quad \text{(一般的多普勒效应)} \tag{8-49}$$

这里的 v 是声音通过空气的速率；v_D 是探测器相对于空气的速率；v_S 是声源相对于空气的速率. 正负号按下列规则选择：

当探测器或声源的运动是相互接近时，其速率的符号必定使频率上升. 当探测器或声源的运动是相互远离时，其速率的符号必定使频率降低.

简单地说，**接近**意味着**升高**，**远离**意味着**降低**.

这里有几个例子. 如果探测器向着声源运动，在式（8-49）的分子中用正号，使频率升高. 如果远离而去，则在分子中用负号，使频率降低. 如果探测器是静止的，用0替换v_D. 如果声源向着探测器运动，式（8-49）的分母中用负号，使频率升高. 如果是远离而去，则在分母中用正号，使频率降低. 如果声源静止，用0替换v_S.

下面，我们从下列两种特殊情况推导多普勒效应方程，然后推出对一般情况的式（8-49）.

（1）当探测器相对于空气运动、而声源相对于空气静止时，运动改变探测器截取波前的频率，并因而改变探测到的频率.

（2）当声源相对于空气运动、而探测器相对于空气静止时，运动改变声波的波长，并因而改变探测到的频率（回忆一下频率是和波长相联系的）.

（1）探测器运动但声源静止

在图8-23中，探测器D（用一只耳朵代表）以速率v_D向声源S运动. 声源S发出波长为λ、频率为ν的球面波，其波前以空气中声的速率v运动. 图中波前的间隔是波长λ. 探测器D探测到的频率是探测器D截取波前（或说单个波长）的速率. 如果探测器D是静止的，这个频率就是ν. 但是，由于探测器D正在进入波前，它截取波前的时率变大了，因此探测到的频率ν'比ν大.

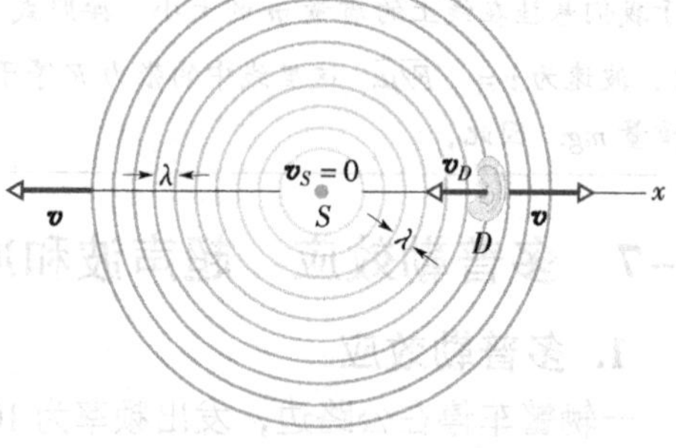

图8-23 一静止的声波波源S发出以波速v向外膨胀的球面波，其波前的距离是一个波长. 以耳朵代表的声波探测器D以速度$\boldsymbol{v}_D$向波源运动. 因为它的运动探测器感受到一个较高的频率.

让我们此刻考虑一下探测器D静止的情况（见图8-24）. 在时间t内波前向右移动了距离vt. 在vt内的波长数就是探测器D在时间t内截取的波长数，即vt/λ. 探测器D截取到的波长的时率也就是D探测到的频率，即

$$\nu = \frac{vt/\lambda}{t} = \frac{v}{\lambda} \tag{8-50}$$

在此情况下，探测器D没有运动，没有多普勒效应——探测器D探测到的频率是S发出的频率.

现在让我们再来考虑探测器D和波前反向运动的情况（见图8-25）. 在时间t内，和上面的情况一样，波前向右移动了距离vt，可是现在探测器D向左移动了距离v_Dt. 这样，在时间t内，波前相对于探测器D移动的距离为$vt+v_Dt$. 在此相对距离$vt+v_Dt$中的波长数就是探测器D在时间t内截取波长数，即$(vt+v_Dt)/\lambda$. 在此情况下，探测器D截取波长的**时率**就是频率ν'，它由下式给出

$$\nu' = \frac{(vt+v_Dt)/\lambda}{t} = \frac{v+v_D}{\lambda} \tag{8-51}$$

从式（8-50）可得到$\lambda = v/\nu$. 于是式（8-51）就变成为

$$\nu' = \frac{v+v_D}{v/\nu} = \nu\frac{v+v_D}{v} \tag{8-52}$$

注意，在式（8-52）中，除了$v_D=0$（探测器是静止的），ν'必定大于ν.

类似地，我们可以求出探测器D背离波源时D所探测到的频率. 在这种情况下，在时间

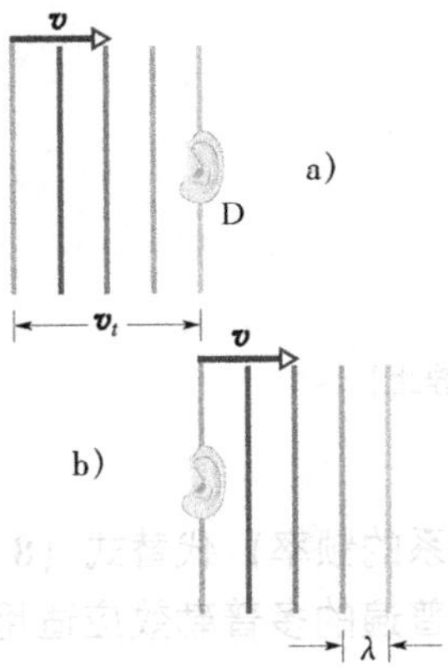

图8-24 假定为平面的图8-22的波前，a）到达、b）越过一静止的探测器D的波前情况；它们在时间t内向右移动了距离vt.

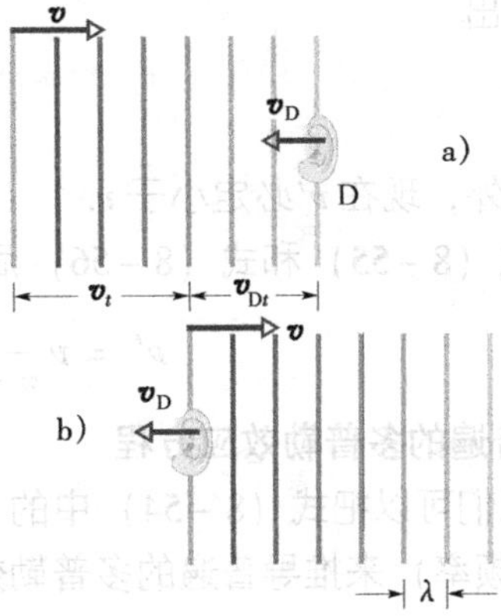

图8-25 波前a）到达、b）越过运动方向与波前相反的探测器D的情况；在时间t内波前向右移动了距离vt，而D向左运动了距离v_Dt.

t内波前相对于探测器D移动了距离$vt-v_Dt$，而ν'由下式给出

$$\nu' = \nu \frac{v - v_D}{v} \tag{8-53}$$

在式（8-53）中，除非$v_D=0$，ν'必定小于ν.

综合式（8-52）和式（8-53）后，我们有

$$\nu' = \nu \frac{v \pm v_D}{v} \text{(探测器运动,波源静止)} \tag{8-54}$$

（2）波源运动但探测器静止

令探测器D相对空气静止，而波源S以速率v_S向D运动（见图8-26）. 波源S的运动改变了它所发射的声波的波长，因而改变了D探测到的频率.

为了看到这一改变，我们令T（$=1/\nu$）代表任何两个相邻的波前W_1和W_2的发射时间间隔. 在T时间内，波前W_1移动的距离是vT，而波源移动的距离是v_ST. 在时间T的末尾，发出了波前W_2. 在波源S运动的方向上，W_1与W_2的距离，即在此方向上运动的波的波长，是$vT-v_ST$. 如果D探测这些波，它探测到的频率ν'由下式给出

$$\nu' = \frac{v}{\lambda'} = \frac{v}{vT - v_ST} = \frac{v}{v/\nu - v_S/\nu} = \nu \frac{v}{v - v_S} \tag{8-55}$$

注意，除了$v_S=0$外，ν'必定大于ν.

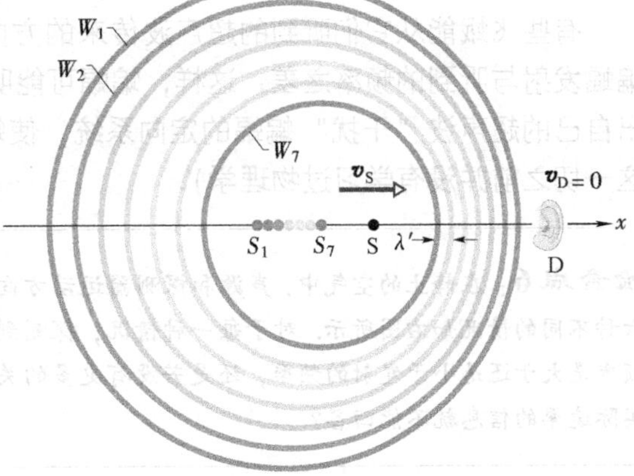

图8-26 探测器D静止，波源S以速率v_S向波源运动. 当波源在S_1处时发射波前W_1，当它在S_7处时发射波前W_7. 在图所显示的那一时刻，波源在S. 由于运动的波源在追赶自己的波前，所发出的波长在其运动方向上缩短，所以探测器感受到的频率较高.

在与波源S运动的相反方向上，波的波长为$vT+v_ST$. 如果D探测这些波，它探测到的频率

ν'由下式给出

$$\nu' = \nu \frac{v}{v + v_S} \tag{8-56}$$

除了 $v_S = 0$ 外，现在 ν'必定小于 ν.

综合式（8－55）和式（8－56）后，我们有

$$\nu' = \nu \frac{v}{v \pm v_S} \quad \text{（波源运动；探测器静止）} \tag{8-57}$$

（3）普遍的多普勒效应方程

现在我们可以把式（8－54）中的 ν'（与探测器运动相联系的频率）代替式（8－57）中的 ν（波源的频率）来推导普遍的多普勒效应方程. 结果就是对普遍的多普勒效应适用的式（8－49）.

这个普遍的多普勒效应方程不仅适用于探测器与波源同时运动，而且也适用于我们刚讨论过的两种特殊情况. 对于探测器运动而波源静止的情况，将 $v_S = 0$ 代入式（8－49）就给出我们在上面已得到的式（8－54）；对于波源运动而探测器静止，用 $v_S = 0$ 代入式（8－49）就给出我们在上面已得到的式（8－57）. 可见式（8－49）是应当记住的公式.

蝙蝠导航

现在我们回到本章前提出的问题. 蝙蝠靠发射和随即探测反射回来的超声波进行导航和觅食. 超声波的频率比人类能听到的声音的频率高. 例如，菊头蝠发射的超声波的频率是83kHz，比人类听力的上限20kHz 高得多.

超声波由蝙蝠的鼻孔发出后，它可能遇到飞蛾而反射（回声）回到蝙蝠的耳朵里. 蝙蝠与飞蛾相对于空气的运动使蝙蝠听到的频率与它发射的频率有几千赫的差别. 蝙蝠自动地把这个频率差翻译成它自己与飞蛾的相对速率，使它可以对准飞蛾飞去.

有些飞蛾能从它们听到的超声波传来的方向飞开而逃避被捉. 飞行路径的这种选择减小了蝙蝠发射与听到的频率之差，这样，蝙蝠可能听不到回声. 有些飞蛾逃避被捉，是因为它们发出自己的超声波“干扰”蝙蝠的定向系统，使蝙蝠陷入混乱（令人惊奇的是，蝙蝠和飞蛾在做这一切之前并没有学习过物理学）.

检查点6：在静止的空气中，声源和探测器运动方向的六种不同的情况如右图所示. 对于每一种情况，探测到的频率是大于还是小于发射的频率，还是若没有更多的关于实际速率的信息就不能回答？

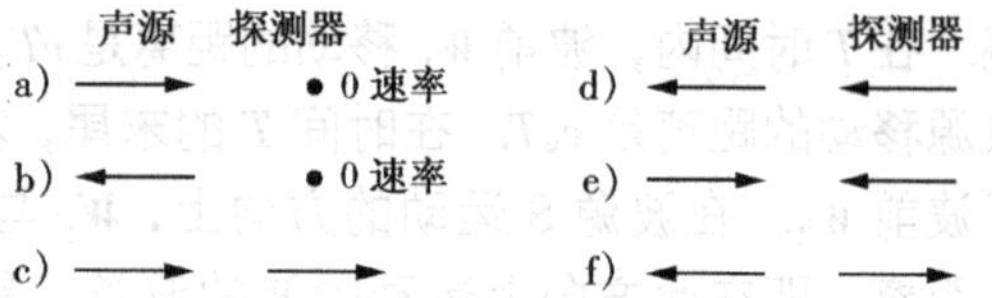

例题8－8

一只火箭以242m/s的速率直接向一个固定不动的高杆飞去（穿过静止的空气），同时发出频率 ν = 1250Hz 的声波.

(a) 固定在杆上的探测器测出的频率 ν' 是多少？

【解】 我们可以用普遍的多普勒效应公式（8－49）求 ν'. 这里**关键点**是，由于声源（火箭）穿过空气**接近**固定在杆上的探测器，需要选择 v_S 的符号使得声波频率**升高**. 所以，在式（8－49）的分母中用负号，然后把探测器的速率 v_D 以零代入，声源的速率 v_S 以242m/s代入，而声速 v 以343m/s（从表8－2中查出）代入，发射的频率 ν 以1250Hz代入. 求得

$$\nu' = \nu \frac{v \pm v_D}{v \pm v_S}$$

$$= (1250\text{Hz}) \frac{343\text{m/s} \pm 0}{343\text{m/s} - 242\text{m/s}}$$

$$= 4245\text{Hz} \approx 4250\text{Hz}$$ （答案）

这的确是一个比发射频率大的频率.

表8-2 声速[①]

介质	声速/（m/s）
气体	
空气（0℃）	331
空气（20℃）	343
氦气	965
氢气	1284
液体	
水（0℃）	1402
水（20℃）	1482
海水[②]	1522
固体	
铝	6420
钢	5941
花岗岩	6000

① 除了标明的，一律为在0℃和1atm气压下的值.

② 温度为20℃，含盐量为3.5%.

(b) 一部分到达杆的声波反射回来成为回声. 火箭上的探测器探测到的回声的频率ν''是多少?

【解】 这里有两个**关键点**:

1. 杆现在是声源（因为它是回声的声源），火箭上的探测器是现在的探测器（因为是它探测回声）.

2. 声源（杆）发射的声波频率等于ν'，即杆截取并反射的频率.

我们可以按照声源的频率ν'和探测到的频率ν''重写一下式（8-49），即

$$\nu'' = \nu' \frac{v \pm v_D}{v \pm v_S} \qquad (8-58)$$

第三个**关键点**是，因为探测器（在火箭上）穿过空气**接近**静止的声源运动，我们需要选择v_D的符号使得声波频率**升高**. 这样，在式（8-58）的分子中用正号，然后，代入$v_D = 242\text{m/s}$，$v_S = 0$，$v = 343\text{m/s}$以及$\nu' = 4245\text{Hz}$，求得

$$\nu'' = (4245\text{Hz}) \frac{343\text{m/s} + 242\text{m/s}}{343\text{m/s} \pm 0} = 7240\text{Hz}$$

（答案）

这的确大于杆反射的声波的频率.

检查点7：如果在本例中，空气以速率20m/s向着杆运动，那么在（a）部分的解答中声源的速率v_S应该用什么值？在（b）部分的解答中探测器的速率v_D应该用什么值？

2. 超声速和冲击波

如果声源以与声速一样的速率——即$v_S = v$——向着静止的探测器运动，那么用式（8-49）和式（8-58）计算出的探测到的频率ν'将成为无穷大. 这意味着声源的运动已快到与自己所发出的波前同步了，如图8-27a所示. 当声源的速率**超过**声速时会发生什么事情呢?

对于这种**超声速**，式（8-49）和式（8-57）不再成立. 图8-27b画出了声源在不同位置处发出的几个球面波前. 在此图上，任何波前的半径都是vt，其中v是声速，t是从波源发出该波前后经过的时间. 注意，所有波前在图8-27b二维图中都沿着V形的包迹聚集起来. 波前实际上是三维的，聚集实际上形成了一个叫做**马赫锥**的圆锥面. 我们说有一个**冲击波**产生，因为锥面通过任何一点时波前的聚集都引起压强的骤然升高和降低. 从图8-27b中我们可以看到该锥形的半角θ，称为**马赫锥角**，由下式给出

$$\sin\theta = \frac{vt}{v_S t} = \frac{v}{v_S} \quad \text{（马赫锥角）} \qquad (8-59)$$

比率v_S/v叫做**马赫数**. 如果你听说一架飞机以2.3马赫数飞行，那就意味着它的速率是该飞机在其中飞行的空气中声速的2.3倍. 由超声飞行器（见图8-28）或射体产生的冲击波产生一个声音的突变，称为**声爆**，其中气压先是突然升高，然后在恢复到正常气压之前又突然下降到正常气压以下. 在步枪发射时，听到的声音的一个部分就是子弹产生的声爆. 在猛甩一根

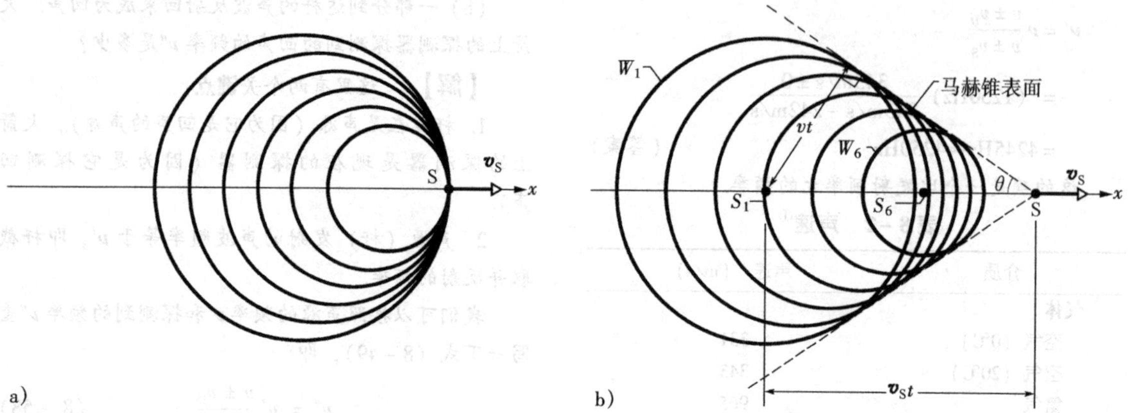

图 8-27 a) 声源S以声速v_S运动，因此与它自己产生的波前一样快. b) 声源S以比声速快的速率v_S运动，因此比波前的运动快. 当它在S_1处时发出的波前为W_1，在S_6处发出的波前为W_6. 所有的球面波前以速率v膨胀，并聚集在叫做马赫锥的锥面上，形成冲击波. 锥面的半角为θ且与所有的波前相切.

长牛鞭时也能听到声爆；当鞭子的运动接近鞭梢时，鞭梢的运动速度比声速大，产生了一个小的声爆——鞭子的**爆裂声**.

图 8-28 Navy FA 18 喷气式飞机机翼产生的冲击波. 此冲击波之所以能看见是因为在冲击波内空气的压强突然减小，引起空气中的水分子凝结而形成了雾.

复习和小结

横波与纵波 机械波只在介质中存在，受牛顿定律的支配. 像拉紧的线上的**横**机械波，是介质质点在垂直于波的传播方向振动的波. 介质质点在平行于波的传播方向振动的波是**纵**波.

平面简谐波的波动方程 一列沿x轴正方向传播的平面简谐波的数学表达式是

$$y(x,t) = A\cos(\omega t - kx + \phi)$$

其中，A为波的**振幅**；k为**角波数**；ω是**角频率**；$(\omega t - kx + \phi)$是相；ϕ为初相. 波长λ由下式和k相联系

$$k = \frac{2\pi}{\lambda}$$

波的**周期** T和**频率** ν由下式和ω相联系

$$\frac{\omega}{2\pi} = \nu = \frac{1}{T}$$

最后，波速u由下式和上述参量相联系

$$u = \frac{\omega}{k} = \frac{\lambda}{T} = \lambda\nu$$

在x方向上两点之间的相差为

$$\Delta\phi = kx = \frac{2\pi x}{\lambda} = \frac{\omega x}{u}$$

波强度（或称**平均能流密度**）波强度用下式表示

$$I = \frac{1}{2}\rho\omega^2 A^2 u$$

其中，ρ为介质的密度.

波的叠加 当两列或多列波通过同一介质时，介质中任何质点的位移都是单个波给它的位移之和.

波的干涉 两列在同一根线上传播的正弦波发生**干涉**，按照叠加原理相加或相消. 如果两波正沿同一方向传播而且振幅 A 与频率相同（因此波长也相同），但是相［位］差为一个**相位常量** ϕ，结果是一列和此频率相同的波：

$$y(x,t) = \left[2A\cos\frac{\phi}{2}\right]\cos(\omega t - kx + \frac{\phi}{2})$$

如果 $\phi=0$，两波正好同相位，那么它们的干涉是完全相长干涉；如果 $\phi=\pi\text{rad}$，那么它们正好反相位，它们的干涉是完全相消干涉.

驻波 两列沿相反方向传播的相同的正弦波的干涉产生**驻波**. 对于两端固定的线来讲，驻波由下式给出

$$y = 2A\cos\left(2\pi\frac{x}{\lambda}\right)\cos\omega t$$

驻波的特点是：在一些叫做**波节**的固定位置位移是零；在一些叫做**波腹**的固定位置位移最大.

共振 线上的驻波可以通过行波在线的两端反射而形成. 如果有一端是固定的，它必定是波节. 这一点限制了能在给定的线上产生驻波的频率. 每个可能的频率都叫做**共振频率**，相应的驻波图样叫做**振动模式**. 对于一根长为 L 两端固定的拉紧的线来说，共振频率是

$$\nu = \frac{v}{\lambda} = n\frac{v}{2L} \quad 其中 n = 1,2,3,\cdots$$

$n=1$ 时的振动模式叫做**基模**或一**次谐波**；$n=2$ 时的模式叫二**次谐波**；等等.

多普勒效应 是当波源或探测器相对于传送介质（例如空气）运动时观察到的频率改变. 观察到的声波频率 ν' 用源的频率 ν 来表示是

$$\nu' = \nu\frac{v \pm v_D}{v \pm v_S}, (普遍的多普勒效应)$$

式中，v_D 和 v_S 是探测器和源相对于介质的速率；v 是声波在介质中的速率. 正负号的选择要使得 ν' 对"接近"运动（探测器或声源）趋向于**升高**，对"远离"运动趋向于**降低**.

冲击波 如果声源相对于介质的速率超过了介质中的声速，多普勒方程就不再成立. 那时，出现冲击波. 马赫锥半角 θ 由下式给出

$$\sin\theta = \frac{v}{v_S} \quad (马赫锥角)$$

思考题

1. 图 8-29a 给出一列在有张力作用的线上沿正 x 方向传播的波的一幅快照. 在线上有四个线元用标有字母的点表示. 判断在这些线元中每个线元在拍照时是在向上运动、向下运动还是瞬时静止？（提示：想象一下波通过四个线元时的情况）

图 8-29b 给出在 $x=0$ 处的一个线元的作为时间函数的位移. 在标有字母的时刻，线元是在向上运动、向下运动还是瞬时静止？

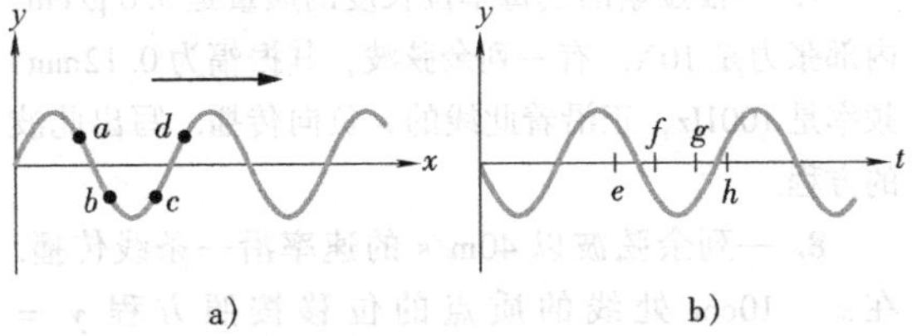

图 8-29 思考题 1 图

2. 在图 8-30 中，在一正弦波的快照上标出了五个点. 点 1 与（a）点 2、（b）点 3、（c）点 4 和（d）点 5 之间的相差是多少？分别用弧度和波长来表示. 该快照表明在 $x=0$ 处位移是零. 用波的周期表示，何时（e）波峰和（f）下一个零位移点到达 $x=0$ 处？

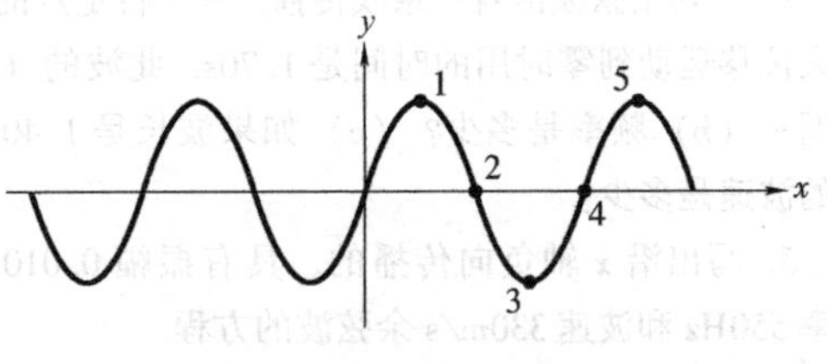

图 8-30 思考题 2 图

3. 如果你在一根线上启动两个振幅相同的正弦波以同相传播，接着设法把其中的一列波相移 5.4 个波长，在线上会发生什么类型的干涉？

4. 四对波长相等的波的振幅和相差是：(a) 2mm, 6mm, πrad; (b) 3mm, 5mm, πrad; (c) 7mm, 9mm, πrad; (d) 2mm, 2mm, 0rad. 每一对波都沿着同一线向同一方向传播. 不用写出计算，按照合成波的振幅由大到小将它们排序.（**提示**：画相矢量图）

5. 线 A 和 B 的长度和线密度相同，但是线 B 中的张力比线 A 中的大，图 8-31 中由 a）到 d）表示了两线上存在的四种驻波图样. 哪种情况可能使两线以相同的共振频率振动？

6.（a）如果一根线上的驻波由下式表示

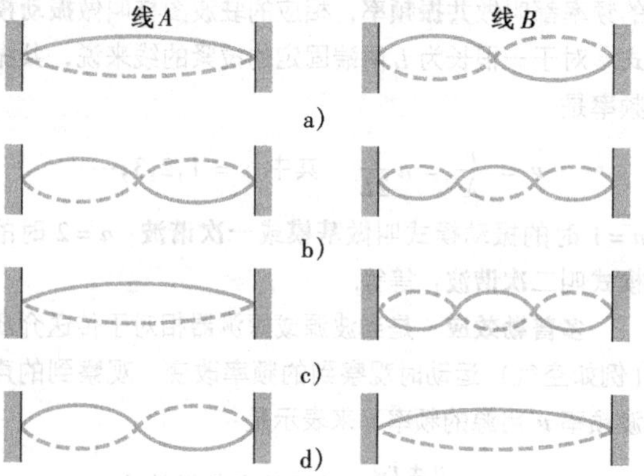

图 8-31 思考题 5 图

$$y'(t) = (3\text{mm})\cos(5x)\cos(4t)$$

在 $x=0$ 处线的振动是波节还是波腹？

(b) 如果驻波由下式表示

$$y'(t) = (3\text{mm})\cos(5x+\pi/2)\cos(4t)$$

在 $x=0$ 处是波节还是波腹？

7. 在图 8-32 中，两个同相点源 S_1 和 S_2 发出波长为2.0m的同样的声波. 如果 (a) $L_1=38\text{m}$ 而 $L_2=34\text{m}$，(b) $L_1=39\text{m}$ 而 $L_2=36\text{m}$，用波长表示的，那么两波到达 P 点时的相差是多少？(c) 假定两波源的距离远小于 L_1 和 L_2，那么在 (a) 和 (b) 两种情况下在 P 点分别发生什么类型的干涉？

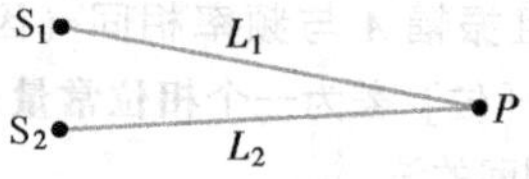

图 8-32 思考题 7 图

8. 在图 8-33 中，两个同相点源 S_1 和 S_2 发出波长为 λ 的同样的声波. 点 P 离两波源的距离相等. 现在把 S_2 向着直接远离 P 的方向移动 $\lambda/4$ 的距离. 如果把 (a) S_1 直接向 P 点移动 $\lambda/4$ 的距离和 (b) S_1 向着直接远离 P 的方向移动 $3\lambda/4$ 的距离，在两波到达 P 点时是正好同相、正好反相还是具有某个中间的相差？

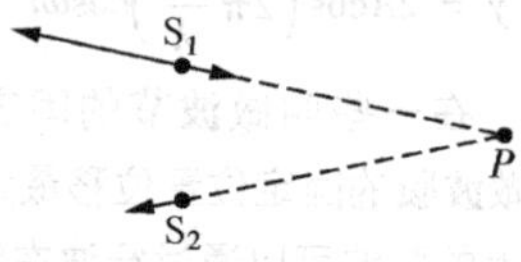

图 8-33 思考题 8 图

习题

1. 一列波的角频率是 110rad/s，波长是 1.80m. 求其 (a) 角波数和 (b) 波速.

2. 一列正弦波沿着一条线传播. 一个特定点的从最大位移运动到零时用的时间是 1.70s. 此波的 (a) 周期和 (b) 频率是多少？(c) 如果波长是 1.40m，它的波速是多少？

3. 写出沿 x 轴负向传播的、具有振幅 0.010m、频率 550Hz 和波速 330m/s 余弦波的方程.

4. 沿着一条非常长的线传播的横波方程是 $y=6.0\cos(0.020\pi x+4.0\pi t)$，其中的 x 和 y 的单位用 cm，t 的单位用 s. 确定其 (a) 振幅、(b) 波长、(c) 频率、(d) 速率、(e) 波的传播方向和 (f) 线上一个质点的最大横向速率. (g) 在 $t=0.26\text{s}$ 时，$x=3.5\text{cm}$ 处的横向位移是多少？

5. (a) 写出在绳上沿着 x 正方向传播的、波长为 10cm、频率为 400Hz、振幅为 2.0cm 的余弦横波的方程，(b) 在绳上一点的最大速率是多少？(c) 波速是多少？

6. 一列波长为 20cm 的横向余弦波正在线上沿正 x 方向传播. 在 $x=0$ 处线的质点的横向位移作为时间的函数用图 8-34 表示. (a) 画出该波一个波长 (在 $x=0$ 与 $x=20\text{cm}$ 之间的部分) 在 $t=0$ 时刻的波形草图. (b) 该波的速率是多少？(c) 用所有计算出的常量写出该波的方程. (d) 在 $t=5.0\text{s}$ 时，$x=0$ 处质点的横向速度是多少？

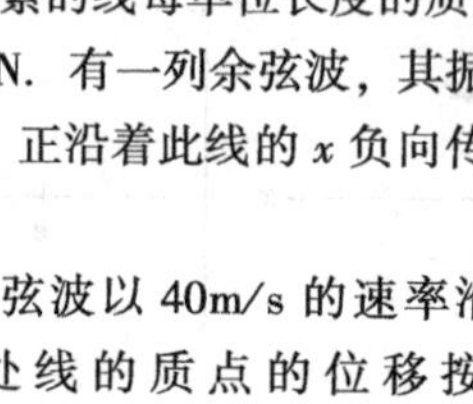

图 8-34 习题 6 图

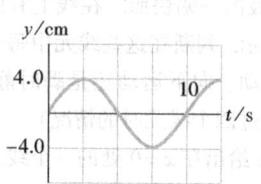

7. 一根拉紧的线每单位长度的质量是 5.0 g/cm，内部张力是 10N. 有一列余弦波，其振幅为 0.12mm，频率是 100Hz，正沿着此线的 x 负向传播. 写出此波的方程.

8. 一列余弦波以 40m/s 的速率沿一条线传播. 在 $x=10\text{cm}$ 处线的质点的位移按照方程 $y=(5.0\text{cm})\cos[(4.0\text{s}^{-1})t-1.0]$ 随时间变化. 线的线密度是 4.0g/cm. 波的 (a) 频率和 (b) 波长是多少？(c) 写出能够表达线上质点的作为位置和时间函数的、位移的一般方程. (d) 计算线内的张力.

9. 一列横波正在一根线上沿 x 负向传播. 图 8-35 表示在 $t=0$ 时作为位置的函数的位移图线. y 截距是 4.0cm. 线内的张力为 3.6N，线密度为 25 g/m.

求 (a) 振幅、(b) 波长、(c) 波速和 (d) 波的周期. (e) 求出线内质点的最大横向速率. (f) 写出描述此行波的方程.

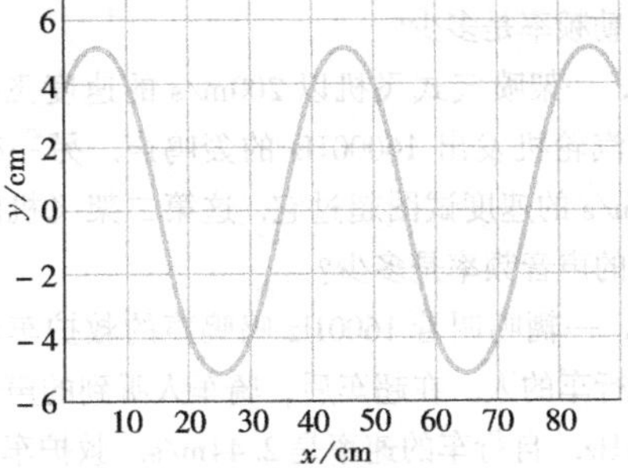

图 8-35 习题 9 图

10. 设有一平面简谐波

$$y = 0.02\cos 2\pi\left(\frac{t}{0.01} - \frac{x}{0.3}\right)$$

x, y 以 m 计，t 以 s 计.

(1) 求振幅、波长、频率和波速.

(2) 求 $x = 0.1$m 处质点振动的初相.

11. 已知一沿 x 轴正方向传播的平面余弦波在 $t = \frac{1}{3}$s 时的波形如图 8-36 所示，且周期 $T = 2$s.

(1) 写出 O 点和 P 点的振动表达式.

(2) 写出该波的波动方程.

(3) 求 P 点与 O 点的距离.

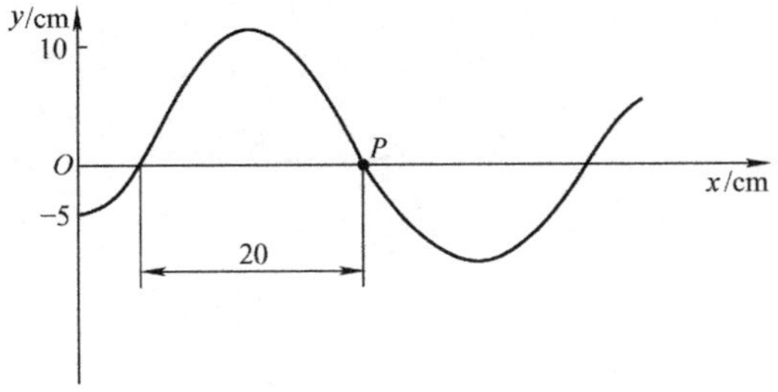

图 8-36 习题 11 图

12. 如图 8-37 所示，一平面波在介质中以速度 $u = 20$m/s 沿 x 轴负方向传播，已知 a 点的振动方程为 $y_a = 3\cos 4\pi t$，t 的单位为 s；y 的单位为 m.

(1) 以 a 为坐标原点写出其波动方程.

(2) 以距 a 点 5m 处的 b 点为坐标原点，写出其波动方程.

13. 当两列频率相同的余弦波在同一线上沿同一方向传播时，合成波的振幅是多少？已知两波的振幅分别是 3.0cm 和 4.0cm，它们的相位常量分别是 0 和 $\pi/2$.

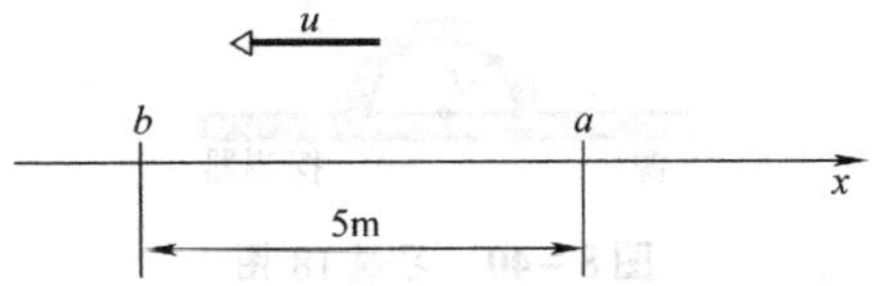

图 8-37 习题 12 图

14. 有一平面简谐波 $y = 2\cos 600\pi\left(t - \frac{x}{330}\right)$ (SI)，传到隔板上的两个小孔 A、B 上，A 与 B 相距 1m. $PA \perp AB$，如图 8-38 所示. 若从 A、B 传出的子波到达 P 点时恰好相消，求 P 点到 A 点的距离.

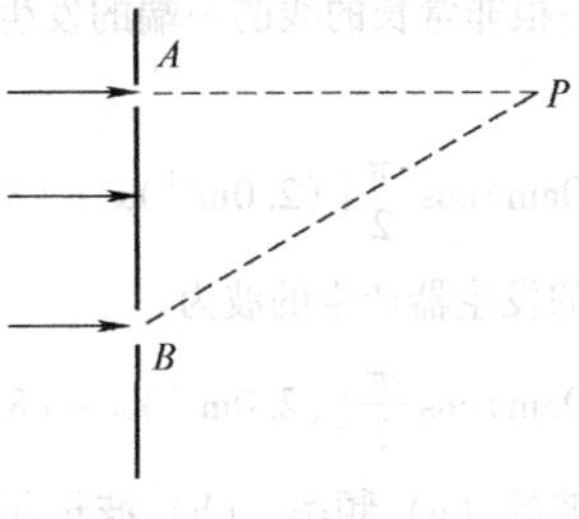

图 8-38 习题 14 图

15. 两个同相的点声源相距 $D = 2.0\lambda$，发出的声波波长 λ 和振幅都相同. (a) 在沿着围绕声源的大圆上有多少个点的信号最强 (即最强相长干涉)？(b) 围绕这个圆有多少个点信号最弱 (相消干涉)？

16. 在图 8-39 中，两只相距 2.00m 的扬声器是同相的. 假定扬声器发出的声波到达在扬声器的正前方 3.75m 处的听者时振幅近似不变. (a) 听者所听到的最弱信号在能听到的范围 (20Hz 到 20kHz) 内频率是多少？(b) 最强信号的频率又是多少？

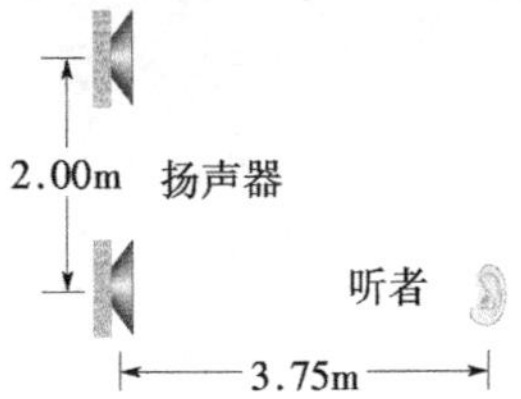

图 8-39 习题 16 图

17. 从两个同相的声源发出的两列频率都是 540Hz 的声波，沿同一方向以 330m/s 传播. 在与一个声源相距 4.40m、而与另一声源相距 4.00m 的一点，两波的相差是多少？

18. 在图 8-40 中，从声源发出的向右传播的波长是 40.0cm 的声波. 此波通过一只由一段直管和一段半圆形管组成的管子. 部分声波通过半圆形的管后又与直接通过直管的声波汇合，这种汇合产生了干涉. 半径 r 最小是多少时产生的声强最小？

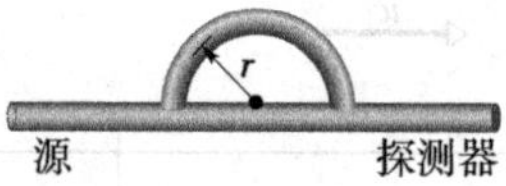

图8-40 习题18图

19. 两列横向行波合成一驻波，两行波的方程是

$$y_1 = 0.050\cos(\pi x - 4\pi t)$$

$$y_2 = 0.050\cos(\pi x + 4\pi t)$$

其中的x、y_1和y_2用m，t用s做单位.（a）对应波节的最小的正x值是多少？（b）在时间间隔$0 \leqslant t \leqslant 0.50\mathrm{s}$内的什么时刻，$x=0$处的质点速度为零？

20. 在一根非常长的线的一端的发生器产生的波如下

$$y = (6.0\mathrm{cm})\cos\frac{\pi}{2}[(2.0\mathrm{m}^{-1})x + (8.0\mathrm{s}^{-1})t]$$

而在另一端的发生器产生的波为

$$y = (6.0\mathrm{cm})\cos\frac{\pi}{2}[(2.0\mathrm{m}^{-1})x - (8.0\mathrm{s}^{-1})t]$$

试计算每列波的（a）频率、（b）波长和（c）波速. x为何值时是（d）波节和（e）波腹？

21. 一根线上的驻波用下面的方程表示

$$y(x,t) = 0.040\cos5\pi x\cos40\pi t$$

其中x和y用m、t用s做单位.（a）求在$0 \leqslant x \leqslant 0.40\mathrm{m}$内所有波节的位置.（b）线上任意（非波节）点的振动周期是多少？干涉形成驻波的两行波的（c）波速和（d）振幅是多少？（e）在$0 \leqslant t \leqslant 0.050\mathrm{s}$内的什么时刻，线上所有点横向速度为零？

22. 骑警B正在一条笔直的路上追赶一违法超速驾驶者A，双方的车速都是160km/h. 骑警B没能抓住驾驶者，于是再次发出警笛声. 如果取空气中的声速为343m/s，声源的频率为500Hz，驾驶者A听到的多普勒频率是多少？

23. 一架喷气式飞机以200m/s的速度飞行，其引擎的汽轮机发出16000Hz的轰鸣声. 另一架飞机以250m/s的速度试图超过它. 这第二架飞机的驾驶员听到的声音频率是多少？

24. 一辆鸣叫着1600Hz鸣鸣声的救护车超过一个骑自行车的人. 在超车后，骑车人听到的声音频率是1590Hz. 自行车的速率是2.44m/s. 救护车的速率是多少？

25. 在北大西洋的一次军事演习中，一艘法国潜艇和一艘美国潜艇在静水中相向开行（见图8-41）. 法国潜艇以50.0km/h而美国潜艇以70.0km/h开行. 法国潜艇发出一频率为1000Hz的声纳信号（水中的声波）. 声纳波以5470km/h传播. （a）美国潜艇测出的信号频率是多少？(b) 法国潜艇测到的从美国潜艇反射回来的信号频率是多少？

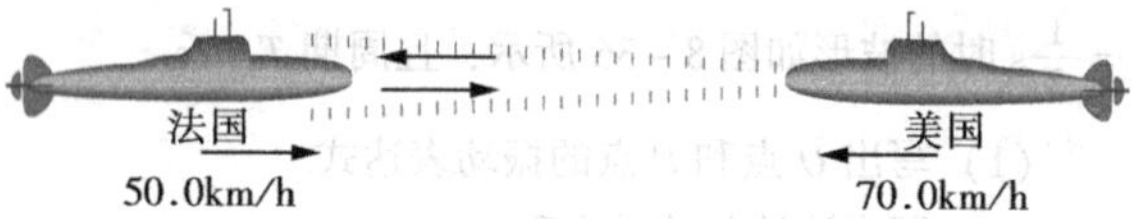

图8-41 习题25图

第 9 章　气体动理论

当打开一个装有香槟、苏打饮料或任何其他碳酸饮料的容器时，在开口周围会形成一层细雾，并且一些液体会喷溅出来．例如在右边的照片中，白色的雾团是环绕在塞子周围的，喷溅出的水在雾团里形成线条．

那么，产生雾的原因是什么？

答案就在本章中．

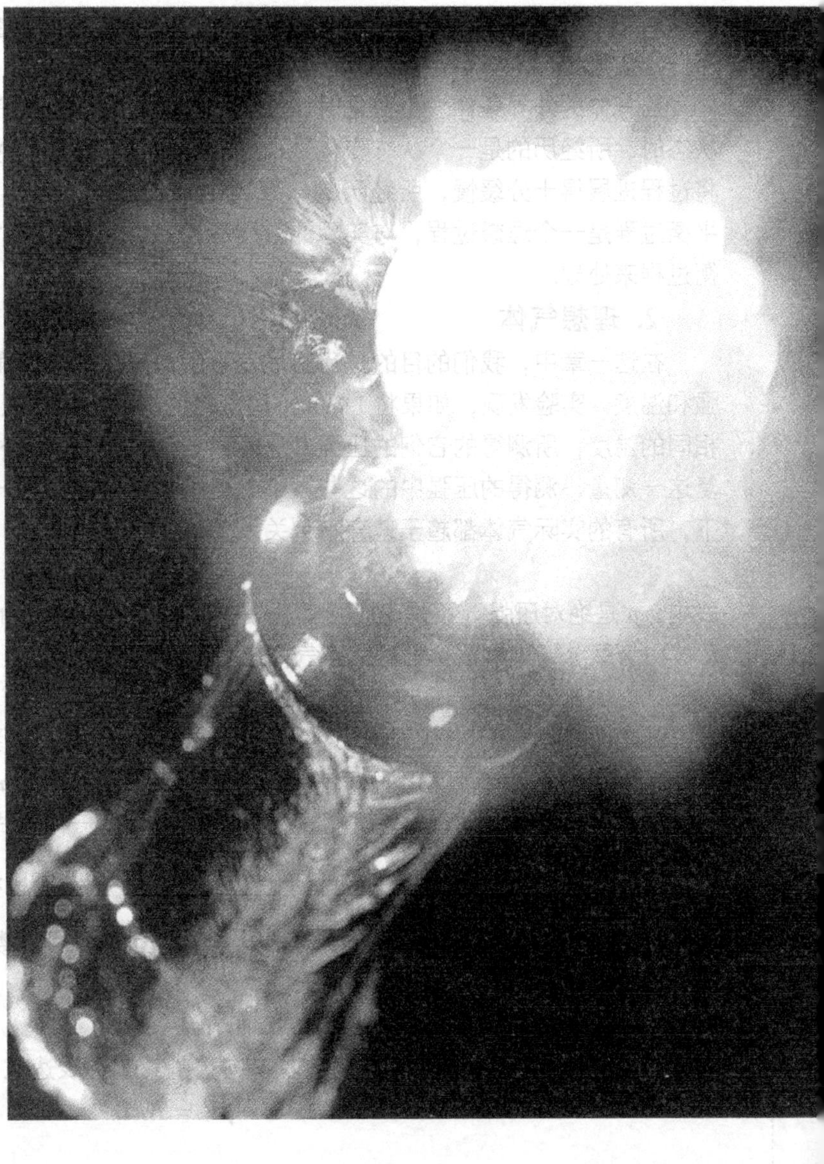

气体由大量运动着的分子组成．通过分子的运动研究气体的理论叫做气体动理论．

9-1 平衡态 理想气体

1. 平衡态

一定质量的气体在容器内具有一定的体积 V，不论其内部各部分原有的压强、温度是否一致，经过足够长的时间后，气体内各部分最终将达到相同的温度和压强．如果它与外界没有能量交换，内部没有任何形式的能量转换（例如化学反应等）、也没有外场的作用，则其温度和压强不随时间变化．当整个气体处于均匀温度之下而且与其周围的温度相同时，该气体处于热平衡中．当整个气体在无外场作用处于均匀压强之下时，该气体处于力学平衡中．当整个气体的化学成分处处均匀时，该气体处于化学平衡中．如果气体达到了以上三个平衡，我们就说气体处于热力学平衡状态．热力学平衡是一种动态平衡．微观上说，每个气体分子每时每刻都在运动，宏观上表现为气体各部分密度均匀、温度均匀和压强均匀．当一定质量的气体处于平衡状态时，可以用 p、V、T 一组参量描述，这组参量叫做**状态参量**．显然，一组状态参量将对应于一定质量气体的一个平衡态．

当气体的外界条件发生变化时，其状态就会发生变化．气体从一个状态连续地变化到另一状态时，所经历的是一个状态变化过程．过程的进展可快可慢．实际的过程往往很复杂．我们将过程进展得十分缓慢，所经历的一系列中间状态都无限接近平衡状态的过程叫做**平衡过程**．平衡过程是一个理想过程，与实际的过程有差别，但在许多情况下常把实际过程近似地当做平衡过程来处理．

2. 理想气体

在这一章中，我们的目的是用组成气体的分子的行为来解释气体的宏观性质，诸如它的压强和温度．实验发现，如果将1 mol不同气体的样品放在体积完全相同的盒子里，并使气体处于相同的温度，所测得的它们的压强几乎——虽然不严格——相同．如果在更低的气体密度下重复这一测量，测得的压强中的这些微小的差别趋于消失．进一步的实验表明，在足够低的密度下，所有的实际气体都趋于遵守下列关系

$$pV = nRT \tag{9-1}$$

式中，p 是绝对压强（不是表压强）；n 是所涉及气体的物质的量；T 是以开尔文为单位的温度；R 被称为摩尔**气体常数**，它对所有气体具有同样的值，为

$$R = 8.31\ \text{J/(mol·K)} \tag{9-2}$$

式（9-1）称为**理想气体定律**，也称为**理想气体的状态方程**．只要气体的密度足够低，该定律适用于任何单一成分的气体或任何不同气体的混合物．（对混合气体，n 是混合气体的总物质的量．）

我们可以用**玻耳兹曼常数** k 将式（9-1）写为另一种形式，k 的定义为

$$k = \frac{R}{N_A} = \frac{8.31\ \text{J/(mol·K)}}{6.02\times10^{23}\ \text{mol}^{-1}} = 1.38\times10^{-23}\ \text{J/K} \tag{9-3}$$

式中，N_A 为1 mol气体所包含的分子数，叫做阿伏加德罗常数．上式使我们可以写出 $R = kN_A$．然后，由于 $n = N/N_A$，可得

$$nR = Nk \tag{9-4}$$

将它代入式（9-1），得到理想气体状态方程的第二种表达式

$$pV = NkT \tag{9-5}$$

（**注意：** 理想气体定律两个表达式之间有所不同，式（9-1）包含物质的量 n，而式（9-5）包含分子总数 N.）

有人也许会问，“什么是**理想气体**？什么气体才算‘理想’”？答案在于决定它的宏观性质的定律（式（9-1）和式（9-5））的简单性．运用这一定律——正如你将要看到的——我们能用一种简单的方法推出理想气体的许多性质．虽然在自然界中没有真正的理想气体，但**所有的实际**气体在密度足够低，即在它们的分子相距足够远以至于各分子不发生相互作用的情况下，都趋向于理想状态．因此，理想气体的概念使我们能够对实际气体的极限行为获得有益的深入理解．

当气体被看做是理想气体时，从微观上说意味着：第一，气体中分子的大小可以忽略，或者说每个分子都被看做是没有体积的质点；第二，气体分子的运动服从经典力学规律．在碰撞时，每个分子都被看做是完全弹性的小球；第三，气体分子之间除碰撞的瞬间受力外，无其他相互作用力．概括地说，理想气体被看做大量自由的、不规则运动着的弹性球状分子的集合．由于分子数量很大，而且运动是不规则的，所以从统计学角度上讲，分子沿各个方向运动的机会是均等的.

9-2　理想气体的压强　分子的平动动能

1. 理想气体的压强　方均根速率

这里是我们的第一个动理论问题．如图 9-1 所示，设体积为 V 的立方体盒子中装有 $n$mol 理想气体．盒壁保持温度为 T. 气体对盒壁的压强 p 与其分子的速率 v 之间有什么联系？

在盒子中气体分子沿各方向以各种速率运动，相互碰撞并被盒壁反弹回来，就像壁球场中的球一样．忽略（暂时）分子间的碰撞，只考虑分子与器壁的弹性碰撞．

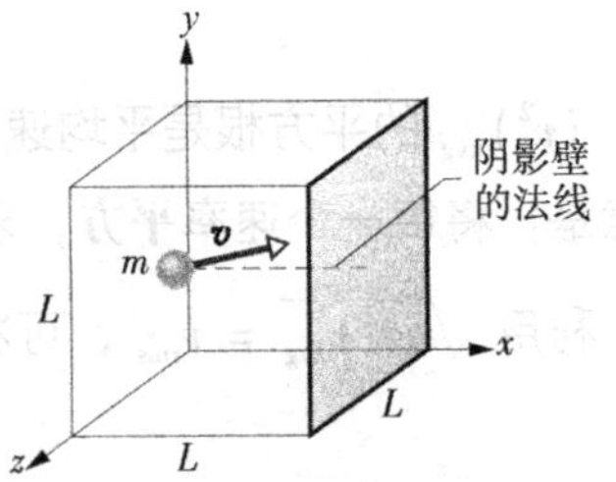

图 9-1　一个边为 L 的立方盒包含 n (mol) 的一种理想气体．一个质量为 m、速度为 $\boldsymbol{v}$ 的分子与面积为 L^2 的阴影壁碰撞．壁的法线如图所示．

图 9-1 表示了一个具有代表性的气体分子，其质量为 m，速度为 $\boldsymbol{v}$，就要与画阴影的器壁碰撞．因为假设分子与器壁的任何碰撞都是完全弹性的，所以当这个分子与画阴影的器壁碰撞时，只有它的速度的 x 分量发生改变，并且该分量反了过来．这意味着分子动量的变化只沿 x 轴，而这一变化为

$$\Delta p_x = (-mv_x) - (mv_x) = -2mv_x$$

因此，在碰撞期间分子传给器壁的动量 Δp_x 为 $+2mv_x$（因为在本书中，符号 p 既表示动量，也表示压强，我们必须注意动量是一个矢量，这里的 p 表示它的大小）.

图 9-1 中的分子将反复地碰撞阴影壁．两次碰撞的时间间隔 Δt 是分子以速率 v_x 运动到对面的器壁后再返回（距离为 $2L$）所需要的时间．故 $\Delta t = 2L/v_x$（注意这一结果即使分子在路上被其他器壁反弹也成立，因为那些器壁与 x 轴平行，所以不能改变 v_x）．因此，这个分子传给阴影器壁的动量的平均时率是

$$\frac{\Delta p_x}{\Delta t} = \frac{2mv_x}{2L/v_x} = \frac{mv_x^2}{L}$$

从牛顿第二定律（$\boldsymbol{F} = \mathrm{d}\boldsymbol{p}/\mathrm{d}t$）可知，传给器壁的动量的时率就是作用在该器壁上的力．为

了求出合力，我们必须将与器壁碰撞的所有具有不同速率的分子的贡献加起来. 用器壁的面积（等于 L^2）去除合力的大小 F_x 就得到作用于器壁上的压强 p. 从现在起以及在余下的讨论中，p 表示压强. 因此，利用 $\Delta p_x/\Delta t$ 的表达式，可写出这个压强为

$$p = \frac{F_x}{L^2} = \frac{mv_{x1}^2/L + mv_{x2}^2/L + \cdots + mv_{xN}^2/L}{L^2}$$

$$= \left(\frac{m}{L^3}\right)(v_{x1}^2 + v_{x2}^2 + \cdots + v_{xN}^2) \qquad (9-6)$$

式中，N 是盒子中的分子总数.

由于 $N = nN_A$，所以在式（9-6）的第二个括号中有 nN_A 项. 我们用 $nN_A(v_x^2)_{avg}$ 代替这个量，其中 $(v_x^2)_{avg}$ 是所有分子速率的 x 分量平方的平均值. 这样，式（9-6）变为

$$p = \frac{nmN_A(v_x^2)_{avg}}{L^3}$$

然而，mN_A 是气体的摩尔质量 M（即1 mol气体的质量）. 还有，L^3 是盒子的体积 V，所以

$$p = \frac{nM(v_x^2)_{avg}}{V} \qquad (9-7)$$

对任何分子，$v^2 = v_x^2 + v_y^2 + v_z^2$. 因为有许多分子，并且它们沿各个方向运动的机会均等，所以它们的速度分量平方的平均值相等，故 $v_x^2 = \frac{1}{3}v^2$. 这样，式（9-7）就变为

$$p = \frac{nM(v^2)_{avg}}{3V} \qquad (9-8)$$

$(v^2)_{avg}$ 的平方根是平均速率中的一种，称为分子的**方均根速率**，用 v_{rms} 表示. 这个名字的全意是：将每一个速率**平方**，求出所有这些平方后的速率的**平均值**，然后将这个平均值求**平方根**. 利用 $\sqrt{(v^2)_{avg}} = v_{rms}$，可将式（9-8）写成

$$p = \frac{nMv_{rms}^2}{3V} \qquad (9-9)$$

式（9-9）具有深刻的动理论精神. 它告诉我们气体的压强（一个纯粹的宏观量）与分子的速率（一个纯粹的微观量）之间存在怎样的关系.

我们可将式（9-9）变换一下并用它计算 v_{rms}. 将式（9-9）与理想气体状态方程（$pV = nRT$）联立解得

$$v_{rms} = \sqrt{\frac{3RT}{M}} \qquad (9-10)$$

表9-1列出了由式（9-10）算出的一些方均根速率. 这些速率之高是令人惊讶的. 氢分子在室温下（300 K）的方均根速率为1920 m/s——比一颗快速子弹还快！在太阳表面，温度为 2×10^6K，氢分子的方均根速率将比其在室温下的方均根速率大82倍（如果在这样高的速率下，氢分子能经受住它们之间的相互碰撞而不解离的话）. 要记住方均根速率只是一种平均速率，许多分子运动比这一速率快得多，有些又比这一速率慢得多.

表9-1 在室温下一些分子的速率（$T=300K$）①

气体	摩尔质量/(10^{-3} kg/mol)	v_{rms}/(m/s)	气体	摩尔质量/(10^{-3} kg/mol)	v_{rms}/(m/s)
氢(H_2)	2.02	1920	氧(O_2)	32.0	483
氦(He)	4.0	1370	二氧化碳(CO_2)	44.0	412
水蒸气(H_2O)	18.0	645	二氧化硫(SO_2)	64.1	342
氮(N_2)	28.0	517			

① 为了方便，我们常设室温 = 300K.

在气体中声音的速率与气体分子的方均根速率密切相关．在一列声波中，扰动是靠在分子间碰撞传播的．波绝不可能运动得比分子的"平均"速率快．事实上，因为不是所有的分子都严格地沿波的传播方向运动，所以声音的速率必定比这一"平均"分子速率小一些．例如，在室温下，氢和氮分子的方均根速率分别为1920 m/s和517 m/s. 而在这两种气体中，声速在这一温度下分别为1350 m/s和350 m/s.

经常会提出这样一个问题：如果分子运动得如此之快，为什么当别人打开一个香水瓶后需要1min左右我们才能在房子的另一边闻到香味？实际上，每一个香水分子从瓶口向远处行进得很慢，因为与其他分子的反复碰撞，阻碍了它从瓶口直接越过房间到达我们所在的地方．

2. 分子的平均平动动能

再次考虑某种理想气体的单个分子在图9-1的盒子中到处运动的情况．但是，现在我们假设当它与其他分子碰撞时，它的速率改变．在任一时刻它的平动动能为$\frac{1}{2}mv^2$. 在我们观察的整个时间中，它的**平均**平动动能为

$$E_{k\,avg}=\left(\frac{1}{2}mv^2\right)_{avg}=\frac{1}{2}m(v^2)_{avg}=\frac{1}{2}mv_{rms}^2 \qquad (9-11)$$

在式中我们作了一个假设，即该分子在观察期间内的平均速率与所有分子在任意给定时刻的平均速率相同．（只要气体的总能量是不变的，并且观察分子的时间足够长，这个假设是对的．）把式（9-10）代入后得

$$E_{k\,avg}=\left(\frac{1}{2}m\right)\frac{3RT}{M}$$

然而，摩尔质量除以一个分子的质量M/m，就是阿伏伽德罗常量．因此

$$E_{k\,avg}=\frac{3RT}{2N_A}$$

利用式（9-3）（$k=R/N_A$），能写出

$$E_{k\,avg}=\frac{3}{2}kT \qquad (9-12)$$

这个式子告诉我们：

在一个给定的温度T下，所有理想气体分子——无论它们的质量怎样——都有相同的平均平动动能，其值为$3kT/2$. 当测量气体的温度时，也测量了它的分子的平均平动动能．

检查点1：一混合气体由1，2，3三种类型的分子组成，分子的质量 $m_1 > m_2 > m_3$. 按（a）平均动能，（b）方均根速率由大到小将这三类分子排序.

3. 对压强公式的进一步分析

由式（9-9），将 $nM = Nm$ 代入后得到

$$p = \frac{2}{3}\frac{N}{V}\left(\frac{1}{2}mv_{\mathrm{rms}}^2\right) = \frac{2}{3}\frac{N}{V} \cdot E_{\mathrm{k\,avg}} \tag{9-13}$$

可见，理想气体内部压强的大小主要由两个因素决定：单位体积内的分子数及分子的平均平动动能．气体的压强与这两个量都成正比.

通常把用来表征个别分子性质的物理量叫做微观量，而把表征大量分子集体特征的物理量叫做宏观量．因此，压强、温度、体积等都属于宏观量，而分子的质量、速度、能量等属于微观量．式（9-13）把宏观量压强与微观量分子的平均平动动能联系了起来.

另外，当我们将式（9-12）代入式（9-13）时，可得到下面的结果：

$$p = \frac{2}{3}\frac{N}{V}\left(\frac{3}{2}kT\right) = \frac{N}{V}kT$$

此式就是式（9-5），它把描述一定量的气体的宏观量（压强和温度）与微观量（单位体积的分子数）联系起来．由此式可以看出，如果气体的压强保持不变，它的体积一定会随着温度的升高而加大（单位体积的分子数减少）.

9-3　能量均分定理和理想气体的热力学能

1. 分子的自由度

在力学部分我们曾给出了自由度的定义，即决定物体在空间的位置所需要的独立坐标数目．气体分子在作无规则运动时也可以用自由度描述，而且分子具有的能量与自由度数 f 有直接关系.

图9-2表示氦（一个**单原子**分子，包含一个单独的原子）、氧（一个**双原子**分子，包含两个原子）和甲烷（一个**多原子**分子）的常见的模型．从这样的模型出发，我们将假设所有这三类分子均有平动（如左右、上下运动）和转动（像陀螺那样绕一个轴旋转）．另外，我们将假设双原子和多原子分子可能有振动，表现为原子之间微小的相互靠近和远离的振动，就像系在弹簧的两端那样.

分析可知，几种不同分子的自由度数 f 可用表9-2表示.

表9-2　几种不同分子的自由度

气体分子	样品	自由度（f）		
		平动	转动	总
单原子	He	3	0	3
双原子	O_2	3	2	5
多原子	CH_4	3	3	6

2. 能量均分定理

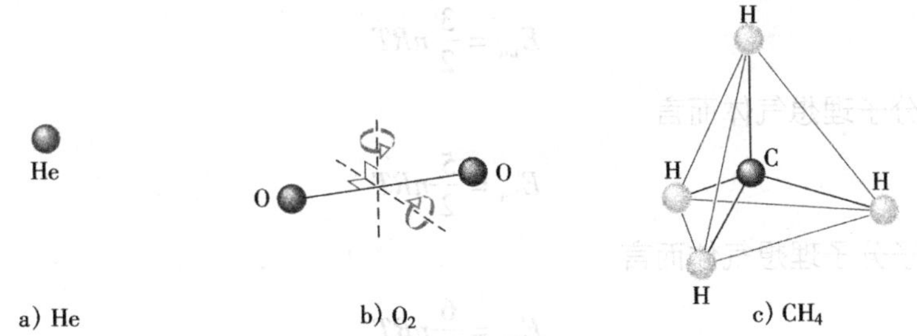

图9-2 在气体动理论中用的分子模型：a) 氦，一种典型的单原子分子；b) 氧，一种典型的双原子分子；c) 甲烷，一种典型的多原子分子．小球代表原子，两球之间的线代表键，对氧分子还画了两个转轴．

为了说明在气体中能够储存能量的各种方式，麦克斯韦提出了**能量均分**定理：

每一种分子都有一个确定的自由度数f，即分子能储存能量的独立方式．每一个这样的自由度都有——平均地讲——每分子 $kT/2$（或每摩尔 $RT/2$）的能量与之相联系．

让我们将这一定理应用于图9-2中的分子的平动和转动．对于平动，在任何气体上叠加一个 $Oxyz$ 坐标系．一般地，分子具有沿三个轴的速度分量．因此，所有种类的气体分子均有三个平动自由度（在平移中的三个运动方向），并且平均来讲，与每个分子平动相关的能量为 3 $(kT/2)$．

对于转动，设 $Oxyz$ 坐标系的原点在图9-2中每个分子的中心．在气体中，每个分子应该能沿三个坐标轴中的每一个以角速度分量转动．所以，每一种气体应该有三个转动自由度，并且平均来讲，每个分子有一个 3 $(kT/2)$ 的附加能量．**然而**，实验表明，这只对多原子分子是对的．如量子理论所解释的，一个单原子气体分子不能转动，因此没有转动能量（一个单独的原子不能像陀螺那样转动）．一个双原子分子只能绕垂直于两原子的连线的轴像陀螺一样转动（在图9-2b中画出了这两个轴），不能绕那条连线自身转动，而多原子分子则还需加一个绕此连线轴的转动．因此，一个双原子分子只能有两个转动自由度，并且每个分子只能有 2 $(kT/2)$ 的转动能量，多原子分子有三个转动自由度，每个分子有 3 $(kT/2)$ 的转动能量．

3. 理想气体的热力学能 E_{int}

由于每一分子的每一自由度平均具有 $kT/2$ 的能量，所以 1 mol 气体（有 N_A 个分子）的能量应为

$$E = N_A\left(\frac{f}{2}kT\right) = \frac{f}{2}RT$$

这一能量被称为 1 mol 某种气体的热力学能．对于 m 千克、摩尔质量为 M 的某种气体，它的物质的量 n 显然为$\dfrac{m}{M}$，它的热力学能则为

$$E_{int} = \frac{f}{2}nRT \tag{9-14}$$

显然，对于单原子分子理想气体而言

$$E_{\text{int}}=\frac{3}{2}nRT$$

对于双原子分子理想气体而言

$$E_{\text{int}}=\frac{5}{2}nRT$$

而对于多原子分子理想气体而言

$$E_{\text{int}}=\frac{6}{2}nRT$$

因此，

理想气体的热力学能 E_{int} 仅是气体温度的函数，它不依赖于其他任何变量.

应该指出，上面谈到的分子的能量仅指分子的动能，因而，所提到的气体仅为理想气体，而其热力学能也仅是各种形式分子动能的总和. 对非理想气体来说，分子除了具有动能外，还具有分子之间相互作用的势能. 因此，严格地讲，气体的热力学能还应该包含这部分能量. 关于气体热力学能的严格定义，将由热力学第一定律给出，见本书10－4节.

9－4 分子的平均自由程和碰撞频率

继续考察在理想气体中分子的运动. 图9－3表示一个特定分子在气体中行进的路径，当它与其他分子发生弹性碰撞时，它的速率和方向都突然地改变. 在两次碰撞之间，特定分子以恒定的速率沿直线运动. 虽然图中显示所有其他分子是静止的，实际上它们也进行着类似的运动.

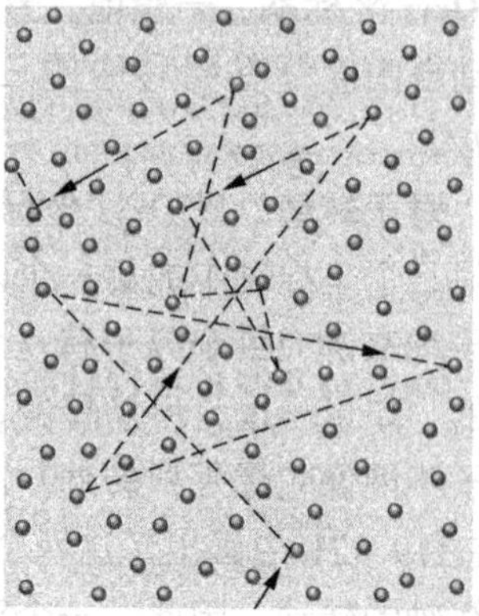

图9－3 一个气体中行进的分子，在它的路径中与其他气体分子碰撞. 虽然，图示假设其他分子是静止的，但它们也以同样的形式运动.

描述这一无规则运动的重要参量是分子的**平均自由程 λ**. 正如它的名字所暗示的，λ 是一个分子在相继两次碰撞之间走过的平均距离. 我们预料 λ 与 N/V 沿相反方向变化，N/V 是单位体积内的分子数（或称分子数密度）. N/V 越大，碰撞应该越多，平均自由程越小. 我们也预料 λ 与分子的尺寸，例如它们的直径 d，沿相反方向变化（如果分子是点，正像我们对它们已经假设的那样，则它们将不会碰撞，平均自由程将是无限的）. 因此，分子越大，平均自由程越小. 我们甚至能预言 λ 将随分子直径的**平方**（沿相反方向）变化. 因为分子的横截面积——不是直径——决定它的有效靶面积.

事实上，平均自由程的表达式是

$$\bar{\lambda}=\frac{1}{\sqrt{2}\pi d^2 N/V} \quad \text{（平均自由程）} \qquad (9-15)$$

为证明式（9－15），我们集中注意一个单独的分子并假设——如图9－3所示——这个分子以恒定的速率运动，其他所有的分子不动. 然后，我们将放宽这个假设.

进一步假设分子是直径为 d 的球体. 如果一个分子与其他分子的中心距离在 d 以内，则该分子将与其他分子发生碰撞，如图9－4a所示. 另外，对研究这种情况更有助的方法是考虑单个分子有一个**半径 d**，而所有其他分子是**点**，如图9－4b所示，这不改变我们对碰撞的论证.

由于单个分子通过气体时是曲折前进的，它在两次相继碰撞之间扫出一个横截面积为 πd^2

的短的圆柱．如果我们在一个时间间隔 Δt 内盯住这个分子，它走过一段距离 $v\Delta t$，这里假定 v 是它的速率．因此，如果我们拉直在间隔 Δt 内扫出的所有短圆柱，就形成一个总长为 $v\Delta t$ 而体积为 $(\pi d^2)(v\Delta t)$ 的复合圆柱（见图9－5）．发生在时间间隔 Δt 内的碰撞次数则等于在该圆柱内的分子（点）的数目．

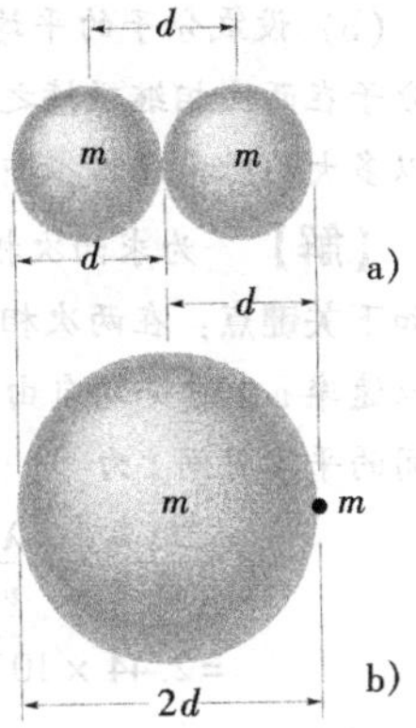

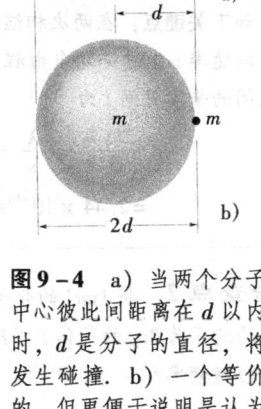

图9－4　a）当两个分子中心彼此间距离在 d 以内时，d 是分子的直径，将发生碰撞．b）一个等价的、但更便于说明是认为运动的分子具有一个**半径** d，而所有其他分子是点，碰撞情况是不变的．

因为 N/V 是单位体积内的分子数，所以在圆柱内的分子数等于 N/V 乘以圆柱的体积，或 $(N/V)(\pi d^2 v\Delta t)$．这也是在时间 Δt 内的碰撞次数．平均自由程是路径的长度（即圆柱的长度）除以碰撞次数：

$$\bar{\lambda}=\frac{\text{在 }\Delta t\text{ 内路径的长度}}{\text{在 }\Delta t\text{ 内碰撞的次数}}\approx\frac{v\Delta t}{\pi d^2 v\Delta t N/V}=\frac{1}{\pi d^2 N/V}\qquad(9-16)$$

这个式子仅仅是近似，因为它是在除一个分子外所有其他分子都静止的假设下得出的．事实上，所有分子都在运动．当考虑到这一点时，就将得到式（9－15）的结果．注意它与（近似）式（9－16）仅差一个 $1/\sqrt{2}$ 因子．

我们甚至可以看一下关于式（9－16）的"近似"是什么意思．该式中分子和分母的 v 并不是——严格地——相同的．分子中的 v 是 v_{avg}，是分子**相对于容器**的平均速率．分母中的 v 是 v_{rel}，是那个特定分子**相对于其他在运动中的分子**的平均速率，是这一速率决定碰撞数．考虑到分子的实际速率分布的详细计算给出 $v_{rel}=\sqrt{2}v_{avg}$，因而有 $\sqrt{2}$ 因子．

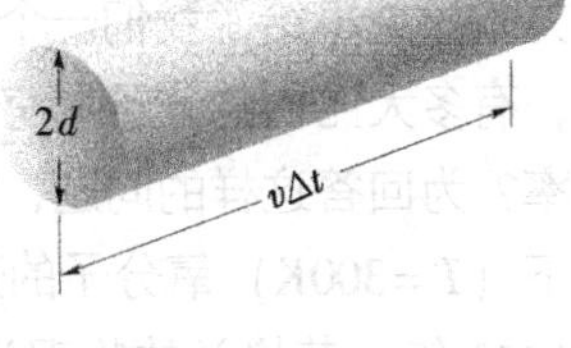

图9－5　在时间 Δt 内运动的分子有效地扫出一个长为 $v\Delta t$、半径为 d 的圆柱．

在海平面上空气分子的平均自由程约为 0.1μm．在 100km 的高空，空气的密度降得很低以至于平均自由程增大到 16 cm．在 300 km 高处，平均自由程约为 20 km．那些在实验室中研究高层大气的物理和化学的人面临的一个问题是不能利用足够大的容器来装气体样品以模拟高层大气的条件．然而，对在高层大气中氟立昂、二氧化碳及臭氧浓度的研究还是受到了公众极大的关切．

气体分子的**碰撞频率**指的是在 1 s 时间内一个分子与其他分子碰撞的平均次数，用 $\bar{Z}$ 表示．显然，$\bar{Z}$ 与 $\bar{\lambda}$ 的乘积为平均速率 v_{avg}．这样，由式（9－15）知，碰撞频率可表示为

$$\bar{Z}=\sqrt{2}\pi d^2\frac{N}{V}v_{avg}\qquad(9-17)$$

例题 9－1

(a) 在温度 $T=300\text{K}$，压强 $p=1.0\text{atm}$ 下，氧气分子的平均自由程是多少？设分子的直径 $d=290\text{pm}$，并且是理想气体．

【解】　这里**关键点**是，由于碰撞，每个氧气分子都在其他运动着的氧气分子中作折线运动．因此，我们用式（9－15）求平均自由程，为此，需要知道单位体积内的分子数 N/V．因为我们设气体是理想的，所以可利用理想气体定律式（9－5）（$pV=NkT$）写出 $N/V=p/(kT)$．将之代入式（9－15），得

$$\bar{\lambda}=\frac{1}{\sqrt{2}\pi d^2 N/V}=\frac{kT}{\sqrt{2}\pi d^2 p}$$

$$=\frac{(1.38\times10^{-23}\text{J/K})(300\text{K})}{\sqrt{2}\pi(2.9\times10^{-10}\text{m})^2(1.01\times10^5\text{Pa})}$$

$$=1.1\times10^{-7}\text{m}\qquad\text{（答案）}$$

这大约是 380 个分子的直径．

(b) 设氧分子的平均速率为 $v=450\text{m/s}$. 任一给定分子在两次相继碰撞之间的平均时间 t 是多少？分子以多大的时率碰撞，即分子的碰撞频率 $\overline{Z}$ 是多少？

【解】 为求两次相继碰撞之间的时间 t，我们用如下**关键点**：在两次相继碰撞之间，平均来说，分子以速率 v 走过平均自由程 $\overline{\lambda}$. 因此，两次相继碰撞之间的平均时间 t 为

$$t=\frac{距离}{速率}=\frac{\lambda}{v}=\frac{1.1\times10^{-7}\text{m}}{450\text{m/s}}$$
$$=2.44\times10^{-10}\text{s}\approx0.24\text{ns}$$ （答案）

这告诉我们，平均来说，任一给定的氧分子在两次相继碰撞之间所飞行的时间小于 1ns.

为了求碰撞频率 $\overline{Z}$，利用如下**关键点**：发生碰撞的平均时率或频率是两次相继碰撞之间的时间 t 的倒数. 因此，

$$\overline{Z}=\frac{1}{t}=\frac{1}{2.44\times10^{-10}\text{s}}=4.1\times10^{9}\text{s}^{-1}$$ （答案）

这告诉我们，平均来说，任一给定的氧分子每秒大约作 40 亿次碰撞.

检查点2：将 1mol 的分子直径为 $2d_0$、平均速率为 v_0 的气体 A 放在某个容器内；并将 1mol 的分子直径为 d_0、平均速率为 $2v_0$ 的气体 B（B 的分子更小但更快）放在一个相同的容器内. 哪一种气体在各自的容器内有更大的碰撞频率？

9-5 气体分子的麦克斯韦速率分布律

1. 分子的速率分布

方均根速率给了我们一个在给定温度下气体中分子速率的一般概念. 我们经常想知道得更多. 例如，有多大比例的分子具有比方均根值大的速率？又有多大比例的分子具有比两倍方均根值大的速率？为回答这样的问题，我们需要知道在分子中速率的可能值是怎样分布的. 图9-6a 表示在室温下（$T=300\text{K}$）氧分子的速率分布；图9-6b 将该分布与在 $T=80\text{K}$ 时的分布相比较.

1852 年，苏格兰的物理学家麦克斯韦（J. C. Maxwell）首先解决了求气体分子的速率分布的问题. 他的结果被称为**麦克斯韦速率分布律**，表达式为

$$P(v)=4\pi\left(\frac{M}{2\pi RT}\right)^{3/2}v^2\mathrm{e}^{-Mv^2/2RT} \tag{9-18}$$

式中，v 是分子的速率；T 是气体的温度；M 是气体的摩尔质量；R 是摩尔气体常数. 画在图9-6 中的曲线正是这个式子. 在式（9-18）和图9-6 中的量 $P(v)$ 被称为**速率分布函数**，它表示速率在 v 附近的单位速率区间的分子数占分子总数的比值. 这个比值也表示分子在速率 $v\to v+\mathrm{d}v$ 区间内的**概率**. 于是，速率分布函数 $P(v)$ 的物理意义又能表述为：气体分子的速率处于 v 附近单位速率区间的概率，也叫做**概率密度**.

正像图9-6a 所示的那样，这个概率等于高为 $P(v)$、宽为 $\mathrm{d}v$ 的窄条的面积. 在分布曲线下的总面积则相当于所有速率区间的分子数占分子总数百分比值的总和，也即分子具有各种速率的概率的总和，显然应等于 100%，即为 1.

$$\int_0^\infty P(v)\,\mathrm{d}v=1 \tag{9-19}$$

例如速率落在 v_1 到 v_2 区间内的分子的概率为

$$P=\int_{v_1}^{v_2}P(v)\,\mathrm{d}v \tag{9-20}$$

根据式（9-19），我们可以把函数 $P(v)$ 叫做归一化函数.

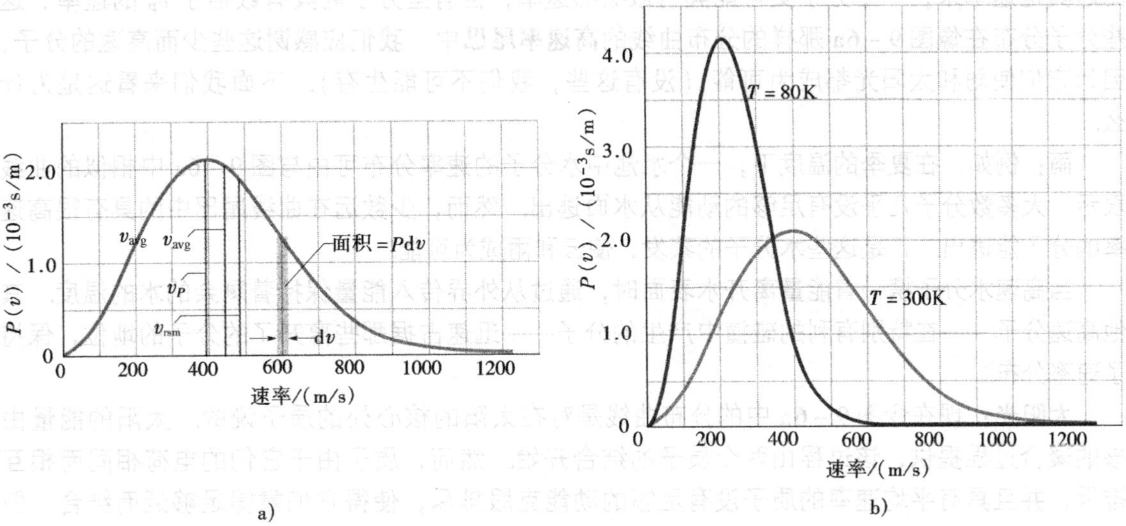

图9-6 a）在 $T=300\text{K}$ 时氧分子的麦克斯韦速率分布．图中标出了三个特征速率．b）在300 K和80 K时的曲线．注意在低温下分子运动得更慢，因为这些是概率分布，所以每条曲线下的面积是1.

2. 三种特征速率

原则上，我们可按下列程序来计算在气体中分子的平均速率 v_{avg}. 我们给在分布中的每一个 v 值**加权**，即将它乘以速率在不同的中心为 v 的区间 dv 的分子的比例 $P(v)dv$，然后将所有这些 $vP(v)dv$ 值加起来，结果就是 v_{avg}. 实际上，所有这些需要通过积分来做，如

$$v_{avg}=\int_0^{\infty} vP(v)\,dv \tag{9-21}$$

用式（9-18）代入 $P(v)$，并利用从附录E中查到的一般积分公式，得

$$v_{avg}=\sqrt{\frac{8RT}{\pi M}}\quad（平均速率） \tag{9-22}$$

同样地，能用下式求出速率平方的平均值

$$(v^2)_{avg}=\int_0^{\infty} v^2P(v)\,dv \tag{9-23}$$

用式（9-18）代入 $P(v)$，并利用从附录E中查到的一般积分公式，得

$$(v^2)_{avg}=\frac{3RT}{M} \tag{9-24}$$

$(v^2)_{avg}$ 的平方根就是**方均根速率** v_{rms}. 所以，

$$v_{rms}=\sqrt{\frac{3RT}{M}}\quad（方均根速率） \tag{9-25}$$

该式与式（9-10）相符．

最概然速率 v_P 是 $P(v)$ 为最大时所对应的速率（见图9-6a）．v_P 的物理意义是：如果把整个速率范围分成许多相等的小区间，则 v_P 所在的区间内的分子数占分子总数的比值最大．为计算 v_P，令 $dP/dv=0$（在图9-6a中曲线的最大值处其斜率为零），然后解出 v. 这样做之后，得

$$v_P=\sqrt{\frac{2RT}{M}}\quad（最概然速率） \tag{9-26}$$

比起其他速率来，一个分子更可能具有最概然速率，但有些分子能具有数倍于 v_P 的速率．这些分子分布在像图9－6a那样的分布曲线的**高速率尾巴**中．我们应感谢这些少而高速的分子，因为它们使雨和太阳光都成为可能（没有这些，我们不可能生存）．下面我们来看这是为什么．

雨：例如，在夏季的温度下，一个水池中水分子的速率分布可由与图9－6a中相似的曲线表示．大多数分子几乎没有足够的动能从水面逃出．然而，少数远在曲线尾巴中的具有很高速率的分子能逃出．正是这些水分子的蒸发，使云和雨成为可能．

当高速水分子携带着能量离开水表面时，通过从外界传入能量保持着剩余的水的温度．其他高速分子——在特别有利的碰撞中产生的分子——迅速占据那些离开了的分子的地位，保持了速率分布．

太阳光：现在令图9－6a中的分布曲线是对在太阳的核心处的质子说的．太阳的能量由核的聚合过程提供，该过程由两个质子的结合开始．然而，质子由于它们的电荷相同而相互排斥，并且具有平均速率的质子没有足够的动能克服排斥，使得它们靠得足够近而结合．但是，在分布曲线的尾巴内的那些非常快的质子能做到这一点，而且，就是因为这个原因太阳能够发光．

例题9－2

一个充满了氧气的容器保持在室温下（300 K）．速率在599～601 m/s区间内的分子的概率是多少？氧的摩尔质量 M 是0.0320kg/mol.

【解】 这里关键点是：

1. 分子的速率按式（9－18）分布在一个宽的取值范围内；

2. 在不同的速率区间 dv 内分子的概率为 $P(v)dv$；

3. 对于一个大的区间，该概率可通过对该区间积分 $P(v)$ 求得；

4. 然而，在这里，区间 $\Delta v = 2\text{m/s}$ 与该区间中心的速率 $v = 600\text{m/s}$ 相比是很小的．因此，我们用下面的近似而避免积分，该概率为

$$P(v)\Delta v = 4\pi\left(\frac{M}{2\pi RT}\right)^{3/2} v^2 e^{-Mv^2/2RT}\Delta v$$

函数 $P(v)$ 画在图9－6a中．曲线和水平轴之间的总面积表示分子的总概率1．细灰色条的面积表示我们要求的概率．

为了分步求概率，我们可以将上式写作

$$\text{概率} = (4\pi)(A)(v^2)(e^B)(\Delta v) \quad (9-27)$$

A 和 B 为

$$A = \left(\frac{M}{2\pi RT}\right)^{3/2} = \left(\frac{0.0320\text{kg/mol}}{(2\pi)[8.31\text{J/(mol}\cdot\text{K)}](300\text{K})}\right)^{3/2}$$
$$= 2.92\times10^{-9}\text{s}^3/\text{m}^3$$

和

$$B = -\frac{Mv^2}{2RT} = -\frac{(0.0320\text{kg/mol})(600\text{m/s})^2}{(2)[8.31\text{J/(mol}\cdot\text{K)}](300\text{K})}$$
$$= -2.31$$

将 A 和 B 代入式（9－27）得

$$\text{概率} = (4\pi)(A)(v^2)(e^B)(\Delta v)$$
$$= 4\pi\times2.92\times10^{-9}\text{s}^3/\text{m}^3\times(600\text{ m/s})^2\times e^{-2.31}\times2\text{ m/s} = 2.62\times10^{-3}$$

（答案）

因此，在室温下，0.262%的氧分子将具有在599～601 m/s之间的狭窄区域内的速率．如果将图9－6a中灰色的窄条按这个题的标度画出来，它的确会很细．

现在回答本章开头提出的问题．在一个未打开的香槟酒容器的内部，有二氧化碳气体和水蒸气，由于气体的压强大于大气压，所以开盖时，气体迅速膨胀到大气中．因此，这些气体的体积增大，也意味着对外界大气做了功．由于膨胀进行得非常快，来不及从外界吸收热量，做功所需的能量只能来自气体自身．气体自身能量的减少引起温度的降低，从而造成气体中的水蒸气凝结成微小水滴，形成雾．有关气体膨胀对外做功等问题的具体计算将在下章

介绍.

复习和小结

气体动理论 **气体动理论**将气体的**宏观**性质（例如压强和温度）与气体分子的**微观**性质（例如分子的速率和动能）联系了起来.

阿伏伽德罗常数 1mol 物质包含 N_A（**阿伏伽德罗常数**）个基元单位（通常是原子或分子），其中 N_A 由实验求得为

$$N_A = 6.02 \times 10^{23}\ \text{mol}^{-1} \quad (\text{阿伏伽德罗常数})$$

任何物质的摩尔质量 M 是 1mol 该物质的质量. 它与物质的单个分子的质量 m 的关系为

$$M = mN_A$$

质量为 m_{sam}、由 N 个分子组成的样品包含的物质的量 n 为

$$n = \frac{N}{N_A} = \frac{m_{sam}}{M} = \frac{m_{sam}}{mN_A}$$

理想气体 **理想气体**是一种这样的气体，其压强 p、体积 V 及温度 T 的关系为

$$pV = nRT \quad (\text{理想气体定律})$$

式中，n 是气体的物质的量；R 是摩尔**气体常数**（8.31 J/（mol·K））. 理想气体定律也可写成

$$pV = NkT$$

式中，k 是**玻耳兹曼常数**，为

$$k = \frac{R}{N_A} = 1.38 \times 10^{-23} \quad \text{J/K}$$

压强、温度和分子速率 n mol 理想气体的压强，用它的分子速率来表示为

$$p = \frac{nMv_{rms}^2}{3V}$$

式中，$v_{rms} = \sqrt{(v^2)_{avg}}$ 是气体分子的**方均根速率**. 利用式（9-1）有

$$v_{rms} = \sqrt{\frac{3RT}{M}}$$

温度和动能 每个理想气体分子的平均平动动能为

$$E_{k\,avg} = \frac{3}{2}kT$$

气体分子的自由度 f 单原子分子 $f=3$，双原子分子 $f=5$，多原子分子 $f=6$. **能量均分定理** 每个分子在每一自由度上平均具有 $kT/2$ 的能量.

物质的量为 $n$mol 的理想气体的热力学能

$$E_{int} = \frac{f}{2}nRT$$

平均自由程 气体分子的**平均自由程** $\bar{\lambda}$ 就是它在相继两次碰撞之间平均路程的长度

$$\bar{\lambda} = \frac{1}{\sqrt{2}\pi d^2 N/V}$$

式中，N/V 是单位体积内的分子数；d 是分子的直径.

麦克斯韦速率分布 **麦克斯韦速率分布** $P(v)$ 是这样一个函数，使得 $P(v)\mathrm{d}v$ 给出速率在以速率 v 为中心的速率区间 $\mathrm{d}v$ 内的分子数占总分子数的比值：

$$P(v) = 4\pi\left(\frac{M}{2\pi RT}\right)^{3/2} v^2 \mathrm{e}^{-Mv^2/2RT}$$

在气体的分子中速率分布的三种量度：

$$v_{avg} = \sqrt{\frac{8RT}{\pi M}} \quad (\text{平均速率})$$

$$v_P = \sqrt{\frac{2RT}{M}} \quad (\text{最概然速率})$$

$$v_{rms} = \sqrt{\frac{3RT}{M}} \quad (\text{方均根速率})$$

思考题

1. 气体处于平衡态时有何特征？这时气体的分子有热运动吗？

2. 对于一定量的气体来说，当温度不变时，气体的压强随体积的减小而增大；当体积不变时，压强随温度的升高而增大；当压强不变时，体积随温度的升高而增大. 试从微观上给以解释.

3. 在给定的温度下，理想气体分子在一个自由度上具有的能量是多少？

4. n mol 单原子分子的理想气体的热力学能是多少？

5. 在图 9-6a 中，面积 $P\mathrm{d}v$ 代表什么物理含义？曲线下的全部面积代表什么物理含义？

6. 气体的三种特征速率指哪三种速率？分别用什么公式计算？对一定温度下的同一气体而言，请将其三种特征速率由大到小排序.

习题

1. 计算压强为100 Pa、温度为220 K的理想气体在1.00 cm^3 中的（a）物质的量和（b）分子数.

2. 最好的实验室真空具有约 1.00×10^{-18} atm 或 1.01×10^{-13}Pa 的压强．当温度为293 K时，在这样的真空中每立方厘米有多少气体分子？

3. 40.0℃和 1.01×10^5 Pa 时具有1000cm^3 体积的氧气膨胀到体积为1500cm^3 及压强为 1.06×10^5Pa. 求（a）现有氧气的物质的量，（b）样品的终温.

4. 一个汽车轮胎体积为 $1.64\times10^{-2}m^3$，当温度为0.00℃时，装有表压强（高出大气压的压强）为165 kPa的空气．当它的温度上升到27.0℃，并且体积增加到 $1.67\times10^{-2}m^3$ 时，轮胎内空气的表压强是多少？设大气压强为 1.01×10^5Pa.

5. 一定量的理想气体在10.0℃和100 kPa下占有2.50m^3 的体积．（a）此气体物质的量有多少？（b）如果压强升高到300 kPa，温度升高到30.0℃，气体占据多少体积？假设没有泄漏.

6. 计算在20.0℃时氮分子的方均根速率．氮分子（N_2）的摩尔质量为 4.0×10^{-3} kg/mol. 在什么温度下，方均根速率将是（a）该值的一半和（b）该值的两倍？

7. 在1600 K时，氮分子的平均平动动能是多少？

8. 确定理想气体分子平动动能在（a）0.00℃和（b）100℃时的平均值．在（c）0.00℃和（d）100℃时每摩尔理想气体的平动动能是多少？

9. 氮分子在0.0℃和1.0atm时的平均自由程是 0.80×10^{-5}cm. 在这个温度和压强下每1 cm^3 有 2.7×10^{19}个分子．分子的直径是多少？

10. 在地球表面上方2500 km处，大气的密度约为1个分子/cm^3．（a）用式（9－15）预计的平均自由程是多少？（b）在这种情况下它的意义是什么？设一个分子的直径为 2.0×10^{-8}cm.

11. 在20℃和750 Torr[⊖]的压强下，氩气（Ar）和氮气（N_2）的平均自由程分别为 $\lambda_{Ar}=9.9\times10^{-6}$ cm 和 $\lambda_{N2}=27.5\times10^{-6}$cm.（a）求氩与氮的有效直径的比率．问在（b）20℃和150 torr及（c）－40℃和750 Torr下氩的平均自由程是多少？

12. 22个粒子具有如下的速率（N_i 代表具有速率 v_i 的粒子数）

N_i	2	4	6	8	2
v_i/(cm/s)	1.0	2.0	3.0	4.0	5.0

（a）计算它们的平均速率 v_{avg}．（b）计算它们的方均根速率 v_{rms}．（c）由表中给出的五个速率，哪一个是最概然速率 v_p？

13.（a）10个粒子以如下的速率运动：四个200 m/s；两个500 m/s；四个600 m/s. 计算它们的平均速率和方均根速率．$v_{rms}>v_{avg}$ 吗？（b）对10个粒子做一个你自己的速率分布，并证明对于你的分布 $v_{rms}\geqslant v_{avg}$．（c）在什么条件下（如果有）$v_{rms}=v_{avg}$？

14. 发现某种气体在（均匀的）温度为 T_2 时，其分子的最概然速率与它在（均匀的）温度为 T_1 时分子的方均根速率相等，计算 T_2/T_1.

15. 两个容器具有相同的温度．第一个装有压强为 p_1、分子质量为 m_1 和方均根速率为 v_{rms1} 的气体；第二个装有压强为 $2p_1$、分子质量为 m_2 和平均速率为 $v_{avg2}=2v_{rms1}$ 的气体．求质量比 m_1/m_2.

⊖ Torr（托）为非法定计量单位，1Torr＝133.322Pa. ——编辑注

第 10 章　热力学第一定律

日本柑桔树大黄蜂 Vespa mandarinia japonica 以捕食蜜蜂为生. 然而，如果其中一只大黄蜂试图侵犯一个蜂巢的话，则有数百只蜜蜂会迅速围拢过来，在这只黄蜂的周围形成一个密实的球以阻止它. 大约 20min 后，这只黄蜂就会死去，尽管这些蜜蜂并没有刺、蜇、挤或窒息这只大黄蜂.

那么，这只黄蜂为什么会死呢?

答案就在本章中.

在本章和下一章中，我们将重点学习一个新的学科——**热力学**，一门研究系统**热能**（经常称为**热力学能**）的科学．热力学的中心概念是温度．由于我们自身固有的冷热感觉，所以这个词对大多数人来说是那样的熟悉，以至于在我们理解它的时候很自信．事实上，我们的“温度感觉”并不总是可信的．例如，在寒冷的冬天，接触一段铁轨似乎要比接触一个木栏感觉要冷得多，然而，两者的温度是一样的．造成我们知觉错误的原因是因为铁从我们手指移走的能量要比木头快．这里，我们需要从基本原理上来揭示温度的概念，而不是依据任何我们的感觉．

温度是七个SI基本量之一．物理学家测量温度用**热力学温标**，它用称为**开［尔文］**（K）的单位标记．虽然一个物体的温度明显地没有上限，但确有下限，这个极限低温被选为热力学温标的零点．室温大约为290 K．图10－1表示了一个很宽的温度区域，既有测量出来的，也有推测出来的．

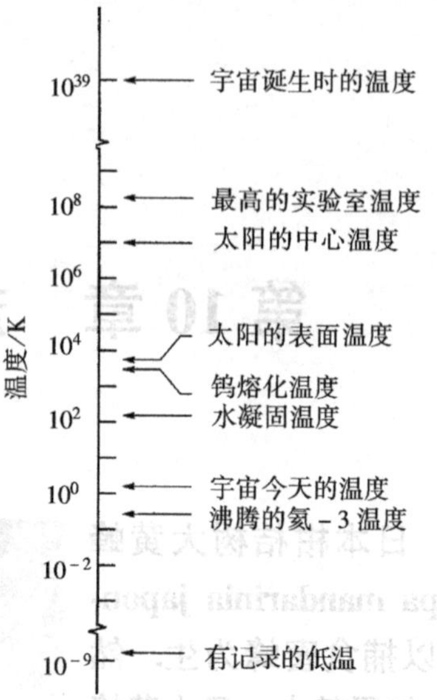

图10－1 热力学温标的某些温度．$T=0$ 对应于 $10^{-\infty}$，不可能在此对数标度中画出．

大约在100～200亿年前，当宇宙诞生时，它的温度大约是 10^{39}K．随着宇宙的膨胀，它逐渐冷却，现在宇宙的平均温度达到大约3 K．我们所在的地球要比这暖和些，因为我们碰巧生活在一个恒星的附近．没有太阳，我们这里的温度也将是3 K（那样，我们就不可能生存）．

10－1 热力学第零定律

许多物体的性质随着它们温度的改变而改变．举几个例子：当温度升高时，液体的体积增加，金属棒略微变长，导线的电阻增加，被限制在一定范围内的气体压强增大．我们能用这些性质中的任何一个作为帮助我们落实温度概念的仪器的基础．

图10－2表示这样一种仪器．任何一个有才智的工程师都能够运用上述性质之一来设计和制造它．仪器安装了数字显示器，并有下列性质：如果你加热它，数字显示就开始增加；如果将它放到一个冰箱里，数字显示就会减小．这种仪器没有用任何方法校准过，因此其数字（现在还）没有物理意义．这种仪器只是一个**检温器**，（现在还）不能作为**温度计**．

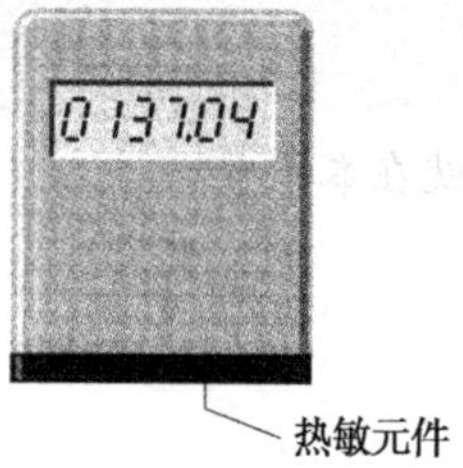

图10－2 一个检温器．当装置被加热时，其数字增加；当被冷却时，数字减小．热敏元件可能是——在许多可能性中——一个其电阻被测定并显示出来的线圈．

如图10－3a所示，假定将检温器（将其称为物体T）与另一个物体（物体A）密切接触，整个系统被封闭于厚壁的绝热盒内，检温器显示的数字将持续滚动，直到最终停下来（假定此时读数是“137.04”），并不再发生进一步的变化．事实上，我们假设物体T和物体A的每一个可测性质已经具有了一个稳定的、不变的值．于是，我们说两个物体相互处于**热平衡**．尽管物体T显示出来的读数并没有被校准，但可以得出物体T和物体A一定处于相同的（未知的）温度的结论．

假设再把物体T与物体B密切接触（见图10－3b），并且发现两个物体达到具有**同样检温计读数**的热平衡．于是，物体 T 与物体 B 处于相同的（仍然未知的）温度．如果现在让物体 A 和物体 B 密切接触（见图 10-3c），那它们会立刻达到热平衡吗？通过实验发现，它们会达到．

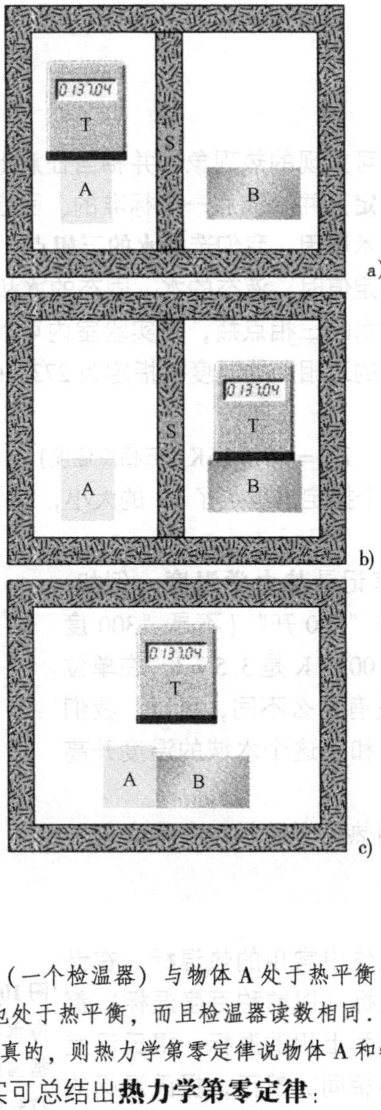

图 10-3 a）物体 T（一个检温器）与物体 A 处于热平衡（物体 S 是绝热屏）．
b）物体 T 和物体 B 也处于热平衡，而且检温器读数相同．
c）如果 a）和 b）是真的，则热力学第零定律说物体 A 和物体 B 也处于热平衡．

由图 10-3 所示的实验事实可总结出**热力学第零定律**：

如果物体 A 和物体 B 各与第三个物体 T 处于热平衡，那么它们就相互处于热平衡．

借助于不太正式的语言，热力学第零定律说的是："每一个物体都有一个被称为**温度**的性质．当两个物体处于热平衡时，它们的温度相等．反之亦然．"现在可以将检温器（第三个物体 T）作为温度计，并确信它的读数将有物理意义．我们需要做的就是给它定标．

在实验中常常用到热力学第零定律，如果想知道两个烧杯中的液体是否具有同一温度，我们就用温度计来测量每个烧杯中液体的温度，而不需要将这两种液体密切接触并观察它们是否达到热平衡.

热力学第零定律是20世纪30年代才提出来的，远远晚于热力学第一和第二定律被发现和排序的时间. 所以这么叫是出于逻辑的反思. 因为温度的概念是前两个定律的基础，而将温度作为明确概念提出的定律应当享有最低的排序号，因此为第零定律.

10-2 温度和热量

1. 三种温标

(1) 热力学温标

为建立温标，我们选择某种可重现的热现象，并相当任意地对它的环境指定一个确定的热力学温度；即选择一个**标准的固定点**并给该点一个标准的、固定点**温度**. 例如，我们可选择水的凝固点或沸点. 但出于各种技术原因，我们选择**水的三相点**.

只有温度和压强取某一组特定值时，液态的水、固态的冰和水蒸气（气态的水）才能在热平衡中共存. 图10-4表示一个水的三相点瓶，在实验室内可以在这样的瓶中达到这个所谓的水的三相点. 根据国际协议，水的三相点的温度被指定为273.16 K，作为温度计定标的标准固定点温度，即

$$T_3 = 273.16\text{K}\ (\text{三相点温度}) \tag{10-1}$$

其中下标3意为“三相点”. 这个指定也规定了1K的大小，1K是水的三相点温度和0K之差的1/273.16.

注意，我们不用度的符号来记录**热力学温度**. 例如，记为300 K（不是300°K），读作“300开”（不是“300度开”）. SI词头也常用. 例如，0.0035 K是3.5 mK. 在单位名称上，热力学温度与温度差没有什么不同，所以，我们可以写“硫的沸点是717.8 K”和“这个水域的温度升高了8.5 K”.

在热力学研究中，通常采用热力学温标，亦称开尔文温标.

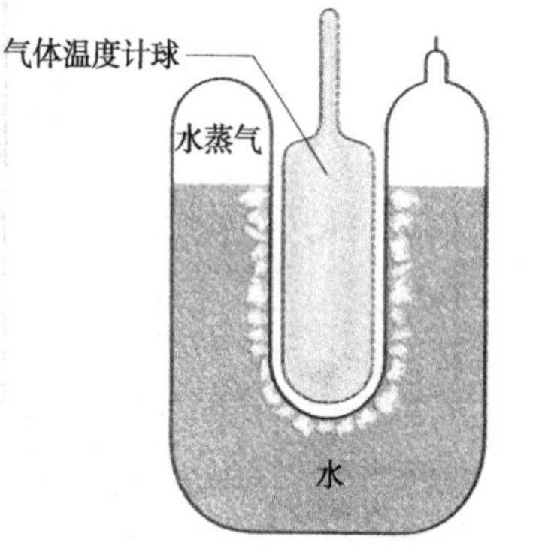

图10-4 一个三相点瓶，固态冰、液态水和水蒸气在瓶中共处于热平衡. 根据国际协议，这一混合体的温度定义为273.16 K. 还画有一个定体气体温度计的球插在该瓶的井中.

(2) 摄氏与华氏温标

以上仅讨论了在基础科学工作中常用的热温标. 在世界上几乎所有的国家中，摄氏温标（以前称百度温标）都被选作为民用、商用以及许多科学上用的温标. 摄氏温度用℃来计量，摄氏度与开的大小相同. 然而，摄氏温标的零度相对于热力学温标的零开移到了一个更合适的值. 如果用 T_C 表示摄氏温度，用 T 表示开尔文温度，则它们之间的数值关系为

$$T_C = T - 273.15\text{K} \tag{10-2}$$

用摄氏温标表示温度时，通常用度的符号. 因此，用摄氏读数写为20.00℃，而用开读数，则写为293.15K.

在美国用华氏温标，其1度的大小比摄氏温标的小而且零点不同. 观察一个有这两种温标标度的普通家用温度计就能容易地确定这两点的差别. 摄氏温标与华氏温标的关系是

$$T_{\mathrm{F}} = \frac{9}{5}T_{\mathrm{C}} + 32° \qquad (10-3)$$

其中，T_{F} 是华氏温度．记住几个对应点，如水的凝固点和沸点（见表 10－1），就能很容易在这两种温标之间转换．图 10－5 对热力学温标、摄氏温标和华氏温标作了比较．

表 10－1　某些对应的温度

温度计	℃	°F
水的沸点①	100	212
通常人体的温度	37.0	98.6
可接受的舒适温度	20	68
水的凝固点①	0	32
华氏温标的零点	≈ －18	0
两温标重合点	－40	－40

① 严格来说，用摄氏温标，水的沸点是 99.975℃，凝固点是 0.00℃．因此，这两点之差比 100℃稍小．

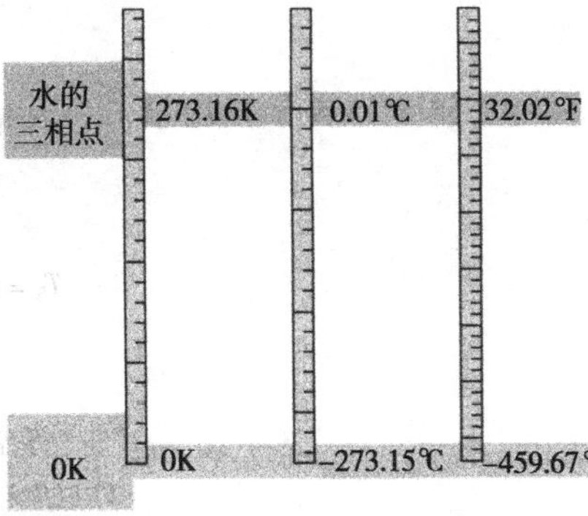

图 10－5　热力学、摄氏和华氏温标的比较．

用字母 C 和 F 来区别这两种温标的测量和度数．因此

$$0℃ = 32°\mathrm{F}$$

的意思是用摄氏温标测量的 0℃与华氏温标测量的 32°相同．

2. 热量

如果从冰箱里拿出一罐可乐放在厨房的桌子上，它的温度将升高——开始升得快，后来升得慢——直到可乐的温度与室温相同为止（二者于是处于热平衡）．同样，把一杯热咖啡放在桌子上，其温度也将一直下降到室温．

为了推广这种情况，我们将可乐或咖啡看做**系统**（其温度为 T_{S}），并把厨房的相关部分看做该系统的**外界**（其温度为 T_{E}）．我们观察到的是，如果 T_{S} 不等于 T_{E}，则 T_{S} 将改变（T_{E} 可能也改变一点）直到两个温度相等并因此达到热平衡．

这样的温度变化是由于系统和系统的外界间的能量传递造成的（**热能**是一种热力学能，它包括物体内部的原子、分子和其他微观物体的动能和势能）．被传递的能量称为**热量**，记作 Q．当能量作为热能从外界传给系统时，热量是**正**的（我们说热量被吸收）．当能量作为热能从系统传给外界时，热量是**负**的（我们说热量被释放或损失）．

图 10－6 表示能量的传递．在图 10－6a 中，$T_{\mathrm{S}} > T_{\mathrm{E}}$，能量从系统传入外界，所以 Q 是负的．在图 10－6b 中，$T_{\mathrm{S}} = T_{\mathrm{E}}$ 没有能量传递，Q 是零，热量既没有被释放也没有被吸收．在图 10－6c 中，$T_{\mathrm{S}} < T_{\mathrm{E}}$，热量从外界传入系统，所以 Q 是正的．

这样就导致下述热量的定义：

热量是系统和它的外界由于它们之间存在温度差而传递的能量．

回想能量也能作为作用在系统上的力所做的**功** W 在系统和外界之间传递．热量和功，不像温度、压强和体积，不是系统本身的内禀性质．只有当它们描述进入或离开系统的能量传递时它们才有意义．因此，应该这样说："在刚过去的 3min 内，15J 的热量从外界传入了系统"，或

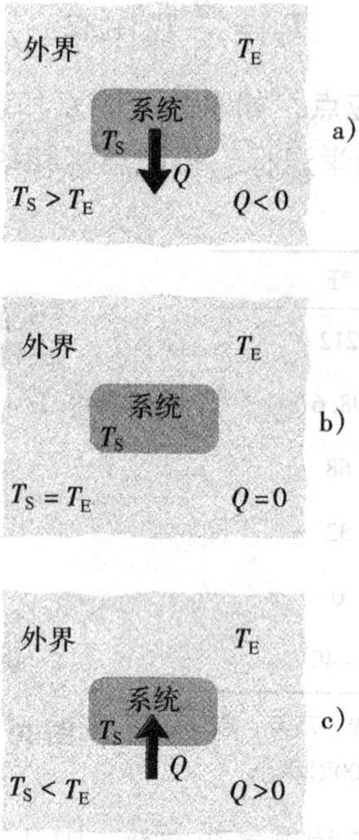

图10-6 如果系统温度高于它的外界温度，如图a)，则系统失去热量Q并把它传给外界直到热平衡b) 建立. c) 如果系统的温度低于外界的温度，系统吸热直至达到热平衡.

“在刚过去的1min内，外界对系统做了12J的功”. 说“这个系统含有450J的热量”或“这个系统含有385J的功”是没有意义的.

在科学家们意识到热量是被传递的能量之前，热量是以升高水温的能力来量度的. 因此，**卡［路里］**（cal）定义为将1 g水的温度从14.5℃升高到15.5℃所需的热量. 在英制中，相应的热量单位是**英制热量单位**（Btu），定义为将1 lb水的温度从63°F提高到64°F所需用的热量.

1948年，科学联合会决定，由于热量（与功一样）是被传递的能量，热量的SI单位也就是能量用的单位，即**焦耳**. 1卡现在定义为4.1860 J（精确地），不再与水的加热相关（用于营养中的“卡路里”，有时称为大卡（Cal），实际上是千卡（kcal））. 几种热量单位的关系是

$$1\text{cal} = 3.969\times10^{-3}\ \text{Btu} = 4.1860\text{J} \qquad (10-4)$$

3. 热容 比热容 摩尔热容

(1) 热容

物体的**热容** C 是它吸收或放出的热量 Q 与由它所引起的物体温度改变 ΔT 的比例常量，即

$$Q = C\Delta T = C(T_f - T_i) \qquad (10-5)$$

式中，T_i 和 T_f 是物体的初温和终温. 热容 C 的单位是能量每度或能量每开. 例如，一种用于面包保温器的大理石板的热容可能是179cal/C°，它也可以写成179 cal/K或749 J/K.

上文中“容”一词很容易被误解为类似于盛水的木桶的容量. **这种类比是错误的**，不应该认为一个物体“容纳”热量或它吸收热量的能力是有限度的. 只要保持必须的温差，热传递就能无限度地进行. 当然，在这个过程中，物体也许会熔化或汽化.

(2) 比热容

由同一种材料——例如，大理石——制成的两个物体，能具有正比于它们的质量的热容. 因此，更为方便的是定义一个“单位质量的热容”，即**比热容** c，它不是对一个物体、而是对构

成物体的材料的单位质量而言的．式（10－5）于是变为

$$Q = cm\Delta T = cm(T_f - T_i) \tag{10-6}$$

通过实验，我们会发现虽然一块特定的大理石板的热容也许是179cal/C°（或749 J/K），但大理石本身（在这块板或其他任何大理石物体中）的比热容是0.21 cal/(g·C°)（或880 J/(kg·K)）．

从卡和英制热量单位最初的定义可知，水的比热容是

$$c = 1\text{cal}/(\text{g}\cdot\text{C}^\circ) = 1\ \text{Btu}/(\text{lb}\cdot\text{F}^\circ) = 4190\ \text{J}/(\text{kg}\cdot\text{K}) \tag{10-7}$$

表10－2给出了一些物质在室温下的比热容．注意水的比热容值相对较高．实际上，任何一种物质的比热容都多少依赖于温度，但表10－2中列出的值在室温附近一定的温度范围内还是应用得很好的．

表10－2 一些物质在室温下的比热容和摩尔热容

物质	比热容/［cal/(g·K)］	比热容/［J/(kg·K)］	摩尔热容/［J/(mol·K)］
元素固体			
铅	0.0305	128	26.5
钨	0.0321	134	24.8
银	0.0564	236	25.5
铜	0.0923	386	24.5
铝	0.215	900	24.4
其他固体			
黄铜	0.092	380	
花岗岩	0.19	790	
玻璃	0.20	840	
冰（－10℃）	0.530	2220	
液体			
水银	0.033	140	
乙基			
酒精	0.58	2430	
海水	0.93	3900	
水	1.00	4190	

（3）摩尔热容

在很多例子中，表示物质的量的最方便的单位是摩尔（mol），对**任何**物质，有

$$1\ \text{mol} = 6.02\times10^{23}\text{基元单位}$$

因此，1 mol铝意味着6.02×10^{23}个铝原子（原子是基元单位）；1 mol氧化铝意味着6.02×10^{23}个氧化物分子（因为分子是化合物的基元单位）．

当物质的量用摩尔表示时，热容也必须含有摩尔（而不是一个质量单位），称之为**摩尔热容**．通常，摩尔热容与物体的热容一样也用符号C_m表示，但含义上特指1摩尔的物质每升高或降低1K时吸收或放出的热量值．表10－2给出了室温下一些元素固体（只含单一元素的固体）的摩尔热容值．

在决定并使用任何物质的比热容中，我们需要知道能量作为热量进行传递是在什么条件下进行的．对固体和液体，我们通常假设样品是在等压条件下传热的．当样品吸热时保持体积不变也是可能的．这意味着通过施加外部压力阻止了样品的热膨胀．对固体和液体在实验上要做

到这一点是很难的，但其效果可计算，结果是对任何固体或液体，其定压和定容下的比热容通常相差不到百分之几．气体在定压条件和定容条件下的比热容相差相当大．

例题 10-1

一质量 m_c 为 75g 的铜块，放在实验室的炉子内加热到 312℃ 的温度 T，然后将它放入盛有 $m_w = 220g$ 水的大玻璃烧杯中．烧杯的热容 C_b 为 45cal/K，水和杯的初温 T_i 为 12℃．设金属块、烧杯和水是一个孤立系统，并且水不蒸发，求系统达到热平衡的终温 T_f．

【解】 这里**关键点**是，由于系统是孤立的，所以只能在内部发生能量传递．有三个这样的以热量形式进行的传递．金属块损失能量，水和烧杯获得能量．另一个**关键点**是，因为这些传递不包含相变，所以能量传递只能改变温度．为了把这些传递和温度变化联系起来，可以用式（10-5）和式（10-6）写出

对水 $$Q_w = c_w m_w (T_f - T_i) \quad (10-8)$$

对烧杯 $$Q_b = C_b (T_f - T_i) \quad (10-9)$$

对铜块 $$Q_c = c_c m_c (T_f - T) \quad (10-10)$$

第三个**关键点**是，由于系统是孤立的，所以系统的总能量不能改变，就是说这三个的能量传递之和为零：

$$Q_w + Q_b + Q_c = 0 \quad (10-11)$$

将式（10-8）～式（10-10）代入式（10-11），给出

$$c_w m_w (T_f - T_i) + C_b (T_f - T_i) + c_c m_c (T_f - T) = 0 \quad (10-12)$$

式（10-12）中仅含温度差．由于摄氏温标和热力学温标的温差是完全相同的，所以在这个式中用哪一个温标都行．对 T_f 求解，得

$$T_f = \frac{c_c m_c T + C_b T_i + c_w m_w T_i}{c_w m_w + C_b + c_c m_c}$$

使用摄氏温度，并从表 10-2 查出 c_c 和 c_w 的值，求得分子为

$$[0.0923\ \mathrm{cal/(g \cdot K)}](75\ \mathrm{g})(312℃) + (45\ \mathrm{cal/K})(12℃) + [1.00\ \mathrm{cal/(g \cdot K)}](220\ \mathrm{g})(12℃) = 5339.8\ \mathrm{cal}$$

分母为

$$[1.00\ \mathrm{cal/(g \cdot K)}](220\ \mathrm{g}) + 45\ \mathrm{cal/K} + [0.0923\ \mathrm{cal/(g \cdot K)}](75\ \mathrm{g}) = 271.9\ \mathrm{cal/℃}$$

于是有

$$T_f = \frac{5339.8\mathrm{cal}}{271.9\mathrm{cal/℃}} = 19.6℃ \approx 20℃$$

（答案）

由给定的数据可证明，$Q_w \approx 1670$ cal，$Q_b \approx 342$ cal，$Q_c \approx -2020$ cal

除去四舍五入时的误差，正像式（10-11）所要求的那样，这三个热传递的代数和确实是零．

10-3 对气体做功与传热的分析

这里我们来仔细查看在系统与外界之间能量是怎样作为热和功来传递的．取封闭在一个有可移动的活塞的气缸中的气体作为系统，如图 10-7 所示．封闭的气体作用于活塞的向上的力的大小与置于活塞顶上的铅粒的重量 G 相等，圆筒的壁由不允许任何能量以热方式传递的绝热材料做成，圆筒的底部安放在一个热能的储蓄器——**热源**（也可能是一个热盘）上，此热源的温度能通过一个旋钮控制．

系统（气体）从压强为 p_i、体积为 V_i、温度为 T_i 的**初态** i 开始．今要使系统变化到压强为 p_f、体积为 V_f、温度为 T_f 的**终态** f. 系统从它的初态变化到终态的过程称为**热力学过程**．在这个过程中，能量可能从热源传到系统（正热量）或者相反（负热量）．系统也可以做功以举高活塞（正功）或降低它（负功）．假设所有这样的变化都是缓慢地发生，结果系统总是处于（近似）热平衡（即系统的每一部分总与其他部分处于热平衡）．

假设从图 10-7 的活塞上移走几个铅粒，使气体以一个向上的力 $\boldsymbol{F}$ 推动活塞和余下的铅粒向上通过一个元位移 $d\boldsymbol{s}$. 因为位移很小，所以可以假设 $\boldsymbol{F}$ 在此期间是常量，于是 $\boldsymbol{F}$ 的大小就等于 pA. 其中，p 是气体的压强；A 是活塞的正面面积．在此位移期间气体所做的元功为

$$dW = \boldsymbol{F} \cdot d\boldsymbol{s} = (pA)(ds) = p(Ads) = pdV \tag{10-13}$$

式中，dV 是气体的体积由于活塞移动而发生的微分变化．当移走足够多的铅粒使气体的体积从 V_i 变化到 V_f 时，气体所做的总功为

$$W = \int dW = \int_{V_i}^{V_f} p dV \tag{10-14}$$

在体积变化期间，气体的压强和温度可能也变化．为了直接求式（10-14）的积分，我们需要知道系统从状态 i 变化到状态 f 的实际过程中压强怎样随体积变化．

我们可以把式（10-14）作为气体做功的定义式．此式表明，气体体积增大时 dV 为正，W 为正，即气体膨胀时对外界做正功．反之，体积减小时对外界做负功．

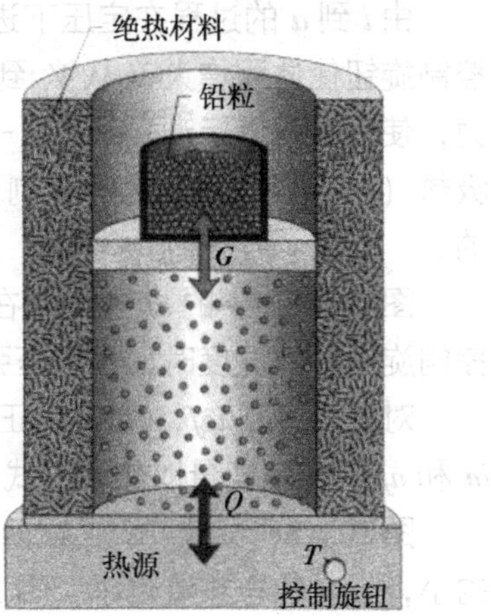

图 10-7 气体封闭在一个带有可移动活塞的气缸中．通过调节可调热源的温度 T，可给气体加入或从气体中取出热量 Q．气体通过举高或降低活塞，可做功 W．

实际上，有许多途径使系统从状态 i 变到 f．一条途径如图 10-8a 所示，它是一幅气体的压强随体积变化的图，称为 $p-V$ 图．在图 10-8a 中，曲线表明压强随体积的增大而减小．式（10-14）的积分（也就是气体所做的功）由 i 到 f 两点间曲线下的阴影面积表示．不管我们确切地用什么办法使气体沿这条曲线变化，功都是正的，因为气体推动活塞向上增大了它的体积．

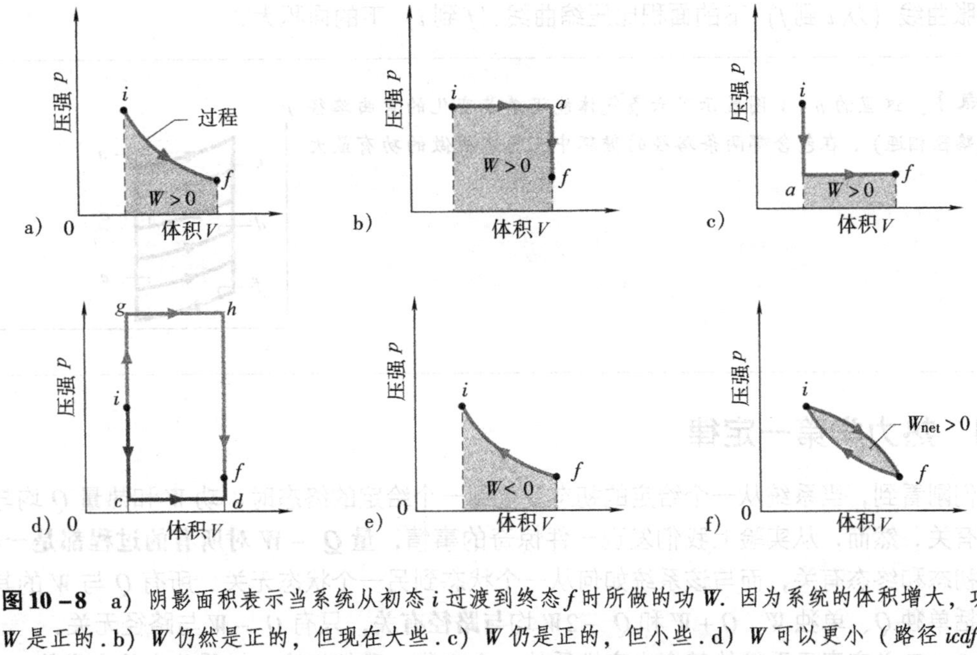

图 10-8 a) 阴影面积表示当系统从初态 i 过渡到终态 f 时所做的功 W．因为系统的体积增大，功 W 是正的．b) W 仍然是正的，但现在大些．c) W 仍是正的，但小些．d) W 可以更小（路径 $icdf$）或更大（路径 $ighf$）．e) 在这里，由于外力作用，气体被压缩而体积变小，从状态 f 过渡到状态 i，系统做的功 W 是负的．f) 在整个循环中系统做的净功由阴影面积表示．

另一条从状态 i 变化到状态 f 的途径如图 10-8b 所示．在那里，这一变化分两步进行——首先从状态 i 到状态 a，再从状态 a 到状态 f．

由 i 到 a 的过程在定压下进行，这意味着不动图10－7中活塞顶上的铅粒，慢慢地转动温度控制旋钮使体积增大（从 V_i 到 V_f），升高气体的温度到 T_a（温度的升高增大了气体对活塞的力，使活塞向上运动）．在这一步，膨胀的气体做正功（举起有负载的活塞），并且系统从热源吸热（对应当调高温度时所制造的任意小的温差）．这个热量是正的，因为它是加到系统中的．

图10－8b中的 af 过程是在定体积下进行的，所以必须卡住活塞以阻止它运动．然后，当用控制旋钮降低温度时，发现压强 p_a 降到它的终值 p_f．在这一步，系统向热源放热．

对整个过程 iaf，功 W 是正的，并且只是在 ia 这一步中做的，用曲线下的阴影面积表示．在 ia 和 af 两步中能量以热量形式进行传递的净能量为 Q．

图10－8c表示一个上述两步按相反次序进行的过程．在这种情况下，功 W 比图10－8b中的小，吸收的净热量也小．图10－8d表示能让气体做的功想怎样小就怎样小（沿着像 $icdf$ 这样的路径）或想怎样大就怎样大（沿着像 $ighf$ 这样的路径）．

总结起来：一个系统可以通过无数过程从一个给定的初态到一个给定的终态．可能涉及也可能不涉及热量．一般来说，对不同的过程，功 W 和热量 Q 会有不同的值．我们说，热和功是**与路径有关**的量．

图10－8e表示一个系统当受到某种外力压缩而体积减小时做负功的例子．功的绝对值仍然等于曲线下的面积，但由于气体是**被压缩**的，所以气体所做的功是负的．

图10－8f表示一个**热力学循环**，系统从某一初态 i 开始到另一状态 f，然后再回到 i．在循环中系统做的净功等于膨胀时做的**正**功和压缩时做的**负**功之和．在图10－8f中，净功是正的，因为膨胀曲线（从 i 到 f）下的面积比压缩曲线（f 到 i）下的面积大．

检查点1：这里的 $p-V$ 图展示了六条气体能沿着其变化的弯曲路径（由竖直路径相连）．在包含哪两条路径的循环中，气体所做的功有最大的正值？

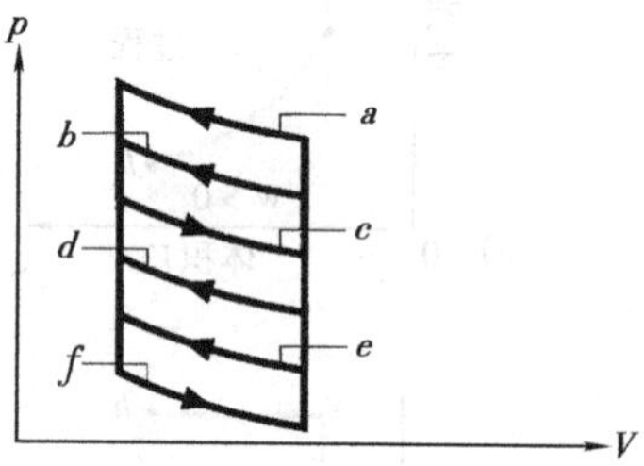

10－4 热力学第一定律

我们刚看到，当系统从一个给定的初态变化到一个给定的终态时，功 W 和热量 Q 均与过程的性质有关．然而，从实验上我们发现一件惊奇的事情，**量 $Q-W$ 对所有的过程都是一样的**，它仅与初态和终态有关，而与该系统如何从一个状态到另一个状态无关．所有 Q 与 W 的其他组合，包括单独 Q、单独 W、$Q+W$ 和 $Q-2W$ 均**与路径有关**，只有 $Q-W$ 与路径无关．

量 $Q-W$ 必定表示系统的某个内禀性质的一个变化，我们把这一性质称为**热力学能** E_{int} 的改变量，写为

$$\Delta E_{int} = E_{int,f} - E_{int,i} = Q - W \quad (第一定律) \qquad (10-15)$$

此式就是**热力学第一定律**. 如果热力学系统经历一个微分变化，则可将第一定律写成[⊖]

$$dE_{int}=dQ-dW \quad (第一定律) \tag{10-16}$$

(如果能量以热量 Q 的形式加到系统内，系统的热力学能 E_{int} 就要增加；如果能量以系统做功 W 的形式损失了，系统的热力学能就要减少.

我们曾讨论过把能量守恒原理应用于孤立系统，即没有能量进入或离开的系统. 热力学第一定律是能量守恒原理对**非**孤立系统的扩展. 在这样的情况下，能量可以功 W 或热量 Q 的形式传入或传出系统. 在上面热力学第一定律的表述中，我们假设系统作为一个整体的动能或势能是不变的，即 $\Delta E_k=\Delta E_p=0$.

我们也可以把热力学第一定律写为如下形式

$$Q=\Delta E_{int}+W$$

此式的物理意义是：外界对系统传递的热量，一部分是使系统的热力学能增加，另一部分是用于系统对外界做功.

检查点2：这里的图表示在 $p-V$ 图上四条可以使气体沿着它们从状态 i 到状态 f 的路径，按 (a) 变化量 ΔE_{int}、(b) 气体做的功 W 和 (c) 以热量形式传递的能量的大小 Q，从大到小将这些路径排序.

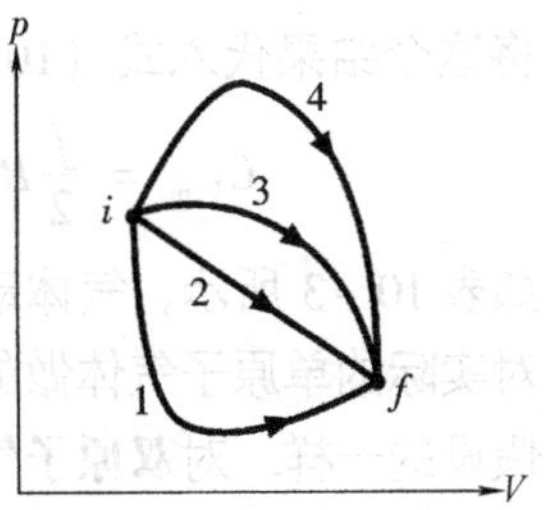

10-5 热力学第一定律对一些典型过程的应用

热力学第一定律涉及气体的三个宏观参量. 其中，热量和功都是与气体从一个初状态经历一个热力学过程最后达到末状态相联系的. 所以，热量和功被称为**过程量**. 气体的热力学能则不同，每一个状态都具有一个确定的热力学能，因此，热力学能被称为**状态量**. 对理想气体来说，热力学能不仅是气体状态的单值函数，也是温度的单值函数.

以下我们查看常见的四个不同的热力学过程，其中每一个过程都有某些限制，看一看热力学第一定律应用到这些过程中会有哪些特定的结果.

1. 定容过程　气体的摩尔定容热容

图10-9a 表示 n mol 的压强为 p、温度为 T、封闭在体积固定为 V 的气缸中的理想气体. 气体的**初态** i 标在图10-9b 中的 $p-V$ 图上. 现在假设通过慢慢地把热源的温度提高而对气体以热量形式加入一些能量，气体的温度将升高一个小量到 $T+\Delta T$，压强增大到 $p+\Delta p$，而到达**终态**

⊖ 这里 dQ 和 dW 与 dE_{int} 不同，不是真的微分，就是说，$Q(p, V)$ 和 $W(p, V)$ 不是仅依赖于系统状态的函数. dQ 和 dW 两个量称为**非全微分**，通常用 $đQ$ 和 $đW$ 两个符号来表示在无限小的过程中的无穷小的能量传递.

f.

在这个实验中，我们可求出热量 Q 与温度的改变量 ΔT 之间的关系为

$$Q = nC_{V,\mathrm{m}}\Delta T \quad (\text{定容}) \qquad (10-17)$$

式中，$C_{V,\mathrm{m}}$是一个常量，称为摩尔定容热容. 将这个关于 Q 的表达式代入 $\Delta E_{\mathrm{int}} = Q - W$ 给出的热力学第一定律中得

$$\Delta E_{\mathrm{int}} = nC_{V,\mathrm{m}}\Delta T - W \qquad (10-18)$$

由于体积不变，气体不能膨胀，因此不可能做任何功. 所以，$W=0$，式（10－18）给出

$$C_{V,\mathrm{m}} = \frac{\Delta E_{\mathrm{int}}}{n\Delta T} \qquad (10-19)$$

从式（9－14）可知，$E_{\mathrm{int}} = fnRT/2$，所以，热力学能的改变一定是

$$\Delta E_{\mathrm{int}} = \frac{f}{2}nR\Delta T \qquad (10-20)$$

将这个结果代入式（10－19）得

$$C_{V,\mathrm{m}} = \frac{f}{2}R = 4.16f\mathrm{J/(mol \cdot K)} \qquad (10-21)$$

如表10－3所示，气体动理论（对理想气体）的这一预言与对实际的单原子气体做的实验符合得很好，情况正如我们已假设的一样. 对**双原子气体**（一个分子有两个原子）和**多原子气体**（一个分子有两个以上的原子），$C_{V,\mathrm{m}}$的（预言值和）实验值比单原子气体的 $C_{V,\mathrm{m}}$值要大.

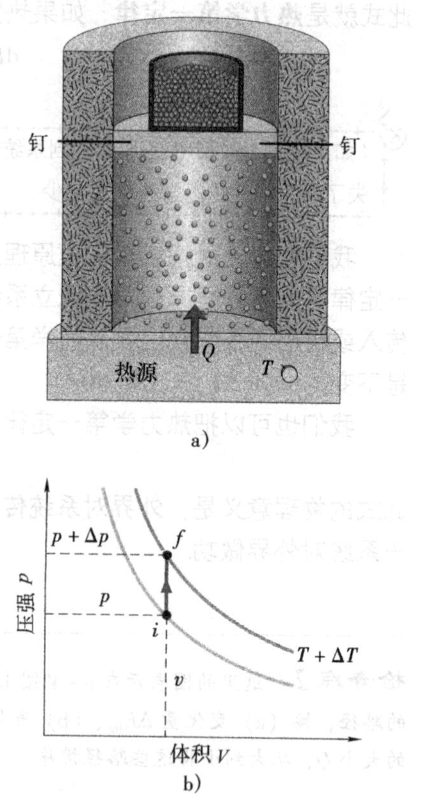

图10－9 a）在一个定容过程中，理想气体的温度从 T 升高到 $T+\Delta T$. 加入了热量，但没做功. b）将该过程在 $p-V$ 图上表示出.

表10－3 摩尔定容热容

分子	样品	$C_{V,\mathrm{m}}$/[J/(mol·K)]	分子	样品	$C_{V,\mathrm{m}}$/[J/(mol·K)]
单原子	理想	$\frac{3}{2}R=12.5$	双原子	实际	N_2 20.7
					O_2 20.8
	实际	He 12.5	多原子	理想	$3R=24.9$
		Ar 12.6			
双原子	理想	$\frac{5}{2}R=20.8$		实际	NH_4 29.0
					CO_2 29.7

现在，我们能够通过用 $C_{V,\mathrm{m}}$代替 $fR/2$ 将式（9－14）推广为适合于任何理想气体的热力学能，得到

$$E_{\mathrm{int}} = nC_{V,\mathrm{m}}T \quad (\text{任何理想气体}) \qquad (10-22)$$

只要用相应的 $C_{V,\mathrm{m}}$值，这个式子对于单原子、双原子和多原子理想气体均适用. 正像从式（9－14）看到的那样，理想气体的热力学能仅依赖于它的温度，而不依赖于它的压强或密度.

当封闭在一个容器中的理想气体经历一个温度改变 ΔT 时，从式（10－19）或式（10－22）

我们可写出它的热力学能改变为

$$\Delta E_{\mathrm{int}} = nC_{V,\mathrm{m}}\Delta T \quad (\text{理想气体,任意过程}) \qquad (10-23)$$

这一公式告诉我们

一定量的理想气体热力学能 E_{int} 的改变只与气体温度的改变量有关，而与温度改变所经历的过程**无关**.

定容过程气体初、末状态的压强与温度是成正比的. 在图 10-9 中，由状态 i 到状态 f 的等容升压过程中，气体满足的过程方程是

$$\frac{p_f}{p_i} = \frac{T_f}{T_i}$$

2. 定压过程　气体的摩尔定压热容

现在像上面一样假设理想气体的温度增加一个小量 ΔT，但是所需能量（热量 Q）是在气体处于恒定压强下加入的. 这样做的一个实验如图 10-10a 所示；这个过程的 $p-V$ 图画在图 10-10b 中. 从这样的实验发现热量 Q 与温度改变 ΔT 的关系为

$$Q = nC_{p,\mathrm{m}}\Delta T \quad (\text{定压}) \qquad (10-24)$$

式中，$C_{p,\mathrm{m}}$ 是一个常量，称为**摩尔定压热容**. 这个 $C_{p,\mathrm{m}}$ 比摩尔定容热容 $C_{V,\mathrm{m}}$ **大**，因为现在必须提供能量，不仅为了升高气体的温度，也为了气体做功——即推举图 10-10a 中负重的活塞.

为了把 $C_{p,\mathrm{m}}$ 和 $C_{V,\mathrm{m}}$ 联系起来，我们从热力学第一定律

$$\Delta E_{\mathrm{int}} = Q - W \qquad (10-25)$$

出发，然后，替换式（10-25）中的每一项. 对于 ΔE_{int}，用式（10-23）代入；对于 Q，用式（10-24）代入. 为了替换 W，首先应注意，由于压强保持不变，所以 $W = p\Delta V$. 然后，注意到理想气体方程（$pV = nRT$），可以写出

$$W = p\Delta V = nR\Delta T \qquad (10-26)$$

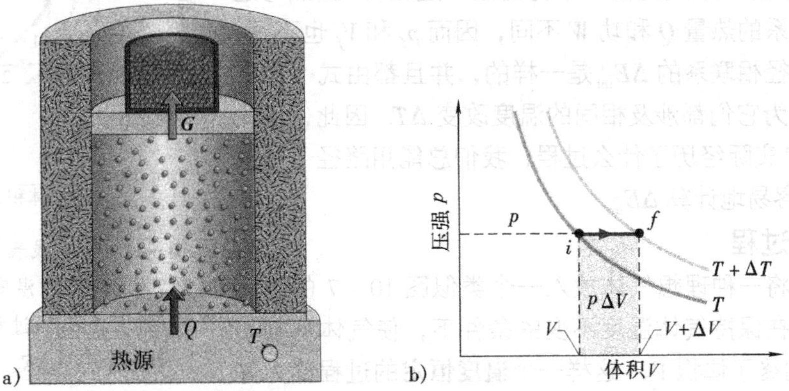

图 10-10　a) 理想气体在等压过程中温度从 T 升高到 $T+\Delta T$. 加入了热量，并在推举负重的活塞时做了功. b) 在 $p-V$ 图上的该过程，功 $p\Delta V$ 由阴影面积给出.

在式（10-25）中进行以上替换，然后两边除以 $n\Delta T$，得

$$C_{V,\mathrm{m}} = C_{p,\mathrm{m}} - R$$

于是

$$C_{p,\mathrm{m}} = C_{V,\mathrm{m}} + R \tag{10-27}$$

不仅对单原子气体，对一般气体也一样，只要气体的密度足够低，以至于可把它当做理想气体来处理，气体动理论的预言与实验就符合得很好.

检查点3：这里的图表示 $p-V$ 图上给定某种气体所经历的五条路径. 按气体热力学能的改变由大到小将这些路径排序.

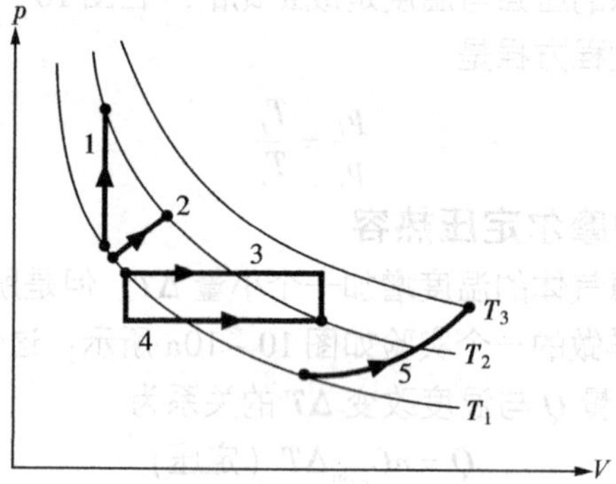

定压过程气体初、末状态的体积与温度是成正比的. 在图 10－10b 中，在由状态 i 到状态 f 的定压膨胀过程中，气体满足的过程方程是

$$\frac{V_f}{V_i} = \frac{T_f}{T_i}$$

作为例子，考虑图 10－11 的 $p-V$ 图中的两条等温线之间的三条路径. 路径 1 表示一个定容过程. 路径 2 表示一个等压过程. 路径 3 表示一个与系统的环境无热交换的过程（我们将在本节的“绝热过程”中讨论这一过程）. 虽然与这三条路径相联系的热量 Q 和功 W 不同，因而 p_f 和 V_f 也不同，但与这三条路径相联系的 ΔE_{int} 是一样的，并且都由式（10－23）给出，因为它们都涉及相同的温度改变 ΔT. 因此，不论在 T 和 $T+\Delta T$ 实际经历了什么过程，我们总能用路径 1 和式（10－23）很容易地计算 ΔE_{int}.

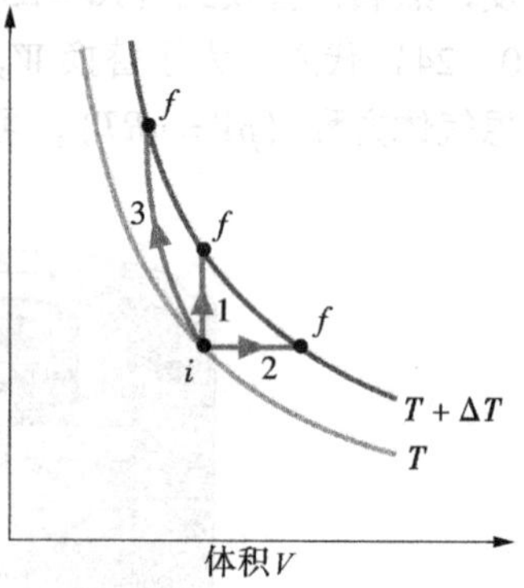

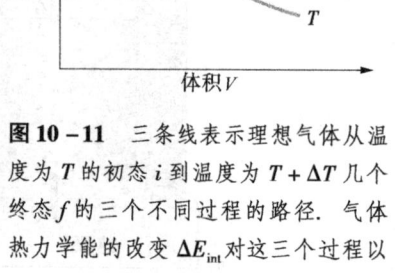

图 10－11 三条线表示理想气体从温度为 T 的初态 i 到温度为 $T+\Delta T$ 几个终态 f 的三个不同过程的路径. 气体热力学能的改变 ΔE_{int} 对这三个过程以及任何其他温度改变相同的过程都是一样的.

3. 等温过程

假设我们将一种理想气体放入一个类似图 10－7 的圆筒装置中. 假设在保持气体温度不变的条件下，使气体从初始体积 V_i 膨胀到终了体积 V_f. 这样一个**温度恒定**的过程称为**等温膨胀**（其逆过程称为**等温压缩**）.

在 $p-V$ 图上，一条**等温线**是一条连接具有相同温度的点的曲线. 因此，对温度 T 保持不变的气体来说，它是一个压强对体积的图线. 对 $n$mol 理想气体，它是下列方程的图线

$$p = nRT\frac{1}{V} = (\text{一个常量})\frac{1}{V} \tag{10-28}$$

图 10－12 表示了三条等温线，每一条对应于不同的 T 值（注意越往右上方，对应等温线的 T 值

越大). 中间的那条等温线上标出的那一段是一定的理想气体在 310K 的恒定温度下从状态 i 热膨胀到状态 f 所经过的路径.

为求出理想气体在等温膨胀中做的功,我们从式(10-14)入手,

$$W = \int_{V_i}^{V_f} p\mathrm{d}V \qquad (10-29)$$

这是一个计算任何气体在任何体积变化时做功的一般表达式. 对理想气体，可用式（10-28）代替 p，得

$$W = \int_{V_i}^{V_f} \frac{nRT}{V}\mathrm{d}V \qquad (10-30)$$

因为我们正在考虑一个等温膨胀，所以 T 是常量，将 T 移到积分号前面得

$$W = nRT\int_{V_i}^{V_f} \frac{\mathrm{d}V}{V} = nRT[\ln V]_{V_i}^{V_f} \qquad (10-31)$$

将积分限代入式中，并利用关系 $\ln a - \ln b = \ln(a/b)$，得

$$W = nRT\ln\frac{V_f}{V_i} \quad (\text{理想气体,等温过程}) \qquad (10-32)$$

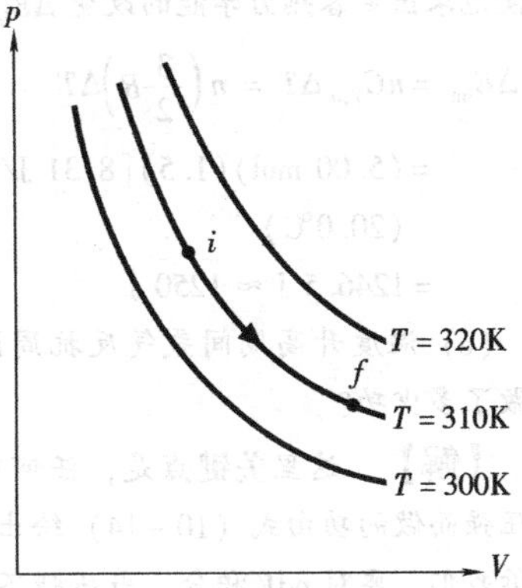

图 10-12 在 $p-V$ 图上的三条等温线，沿中间的等温线的那一段表示气体从初态 i 到终态 f 的等温膨胀. 沿等温线从 f 到 i 的路径表示逆过程，即等温压缩过程.

符号 ln 表示**自然**对数，其底为 e.

对于膨胀来说，V_f 大于 V_i，所以，式（10-32）中的比率 V_f/V_i 大于 1. 一个比 1 大的量的自然对数是正的，因此，在等温膨胀过程中，正像我们所预料的那样，理想气体做的功是正的. 对于一个压缩过程，V_f 小于 V_i，所以式（10-32）中体积的比率小于 1. 该表达式中的自然对数——因此功 W——是负的，又与我们预料的一样.

由于等温过程初、末状态温度相同，所以气体的热力学能没有变化，即

$$\Delta E_{\mathrm{int}} = 0$$

热力学第一定律的公式在等温过程中变为

$$Q = W$$

在等温过程中，把初末状态联系起来的过程方程是

$$p_iV_i = p_fV_f$$

例题 10-2

一个 5.00 mol 的氦气泡淹没在水下一定深度，当水（并因此氦气）在恒定压强下温度升高 $\Delta T = 20.0℃$ 时，气泡膨胀. 氦气是单原子理想气体.

(a) 在温度升高和气体膨胀期间，以热量形式给氦气加了多少能量?

【解】 这里**关键点**是，热量 Q 与温度改变 ΔT 和气体的摩尔热容有关. 因为压强 p 在能量增加期间保持不变，所以用定压条件下的摩尔热容 $C_{p,\mathrm{m}}$ 及式（10-24）求 Q,

$$Q = nC_{p,\mathrm{m}}\Delta T \qquad (10-33)$$

为了求 $C_{p,\mathrm{m}}$ 值，用式（10-27）. 该式告诉我们，对任何理想气体，$C_{p,\mathrm{m}} = C_{V,\mathrm{m}} + R$. 然后从式（10-21）我们知道，对任何**单原子**气体（如这里的氦气），$C_{V,\mathrm{m}} = 3R/2$. 因此，式（10-33）给我们以下结果

$$Q = n(C_{V,\mathrm{m}} + R)\Delta T = n\left(\frac{3}{2}R + R\right)\Delta T$$

$$= n\left(\frac{5}{2}R\right)\Delta T$$

$$= (5.00\ \mathrm{mol})(2.5)[8.31\ \mathrm{J/(mol \cdot K)}](20.0℃)$$

$$= 2077.5\ \mathrm{J} \approx 2080\ \mathrm{J} \qquad (\text{答案})$$

(b) 在温度升高期间氦气热力学能的改变 ΔE_{int} 是多少?

【解】 因为气泡膨胀，所以这不是一个定容过程. 然而，氦气被封闭在气泡中，因此，这里**关键**

点是，ΔE_{int}与有同样温度改变ΔT的定容过程中热力学能会发生的改变是一样的．由式（10－23）可以方便地求出定容热力学能的改变ΔE_{int}：

$$\Delta E_{int}=nC_{V,m}\Delta T=n\left(\frac{3}{2}R\right)\Delta T$$
$$=(5.00\ \text{mol})(1.5)[8.31\ \text{J/(mol}\cdot\text{K)}]\times(20.0℃)$$
$$=1246.5\ \text{J}\approx1250\ \text{J}\qquad\text{（答案）}$$

（c）温度升高期间氦气反抗周围水的压强而膨胀做了多少功？

【解】 这里**关键点**是，任何气体反抗它的外界压强而做的功由式（10－14）给出．式（10－14）告诉我们，要对$p\mathrm{d}V$积分，当压强不变（就像此处）时，可将式（10－14）简化为$W=p\Delta V$．当气体是**理想**的（就像此处）时，能用理想气体定律写出$p\Delta V=nR\Delta T$．最后得

$$W=nR\Delta T=(5.00\ \text{mol})[8.31\ \text{J/(mol}\cdot\text{K)}]\times(20.0℃)=831\ \text{J}\qquad\text{（答案）}$$

因为我们碰巧知道了Q和ΔE_{int}，所以能用另一种方法来解这个问题：现在**关键点**是，我们能用热力学第一定律说明气体能量改变的原因，即

$$W=Q-\Delta E_{int}=2077.5\ \text{J}-1246.5\ \text{J}=831\ \text{J}\qquad\text{（答案）}$$

注意，在温度升高期间，只有以热量形式传给氦气的能量（2080 J）的一部分（1250 J）用来增加氦气的热力学能，并因此升高氦气的温度，其余的（831 J）作为在氦气膨胀期间做的功而从氦气传出．如果水结成了冰，则它将不允许氦气膨胀．这样的话，因为氦气不做功，所以温度同样升高20.0 C°将仅需要1250 J的热量．

例题10－3

一体积为V的小房间充满了空气（视为理想的双原子气体），初始低温为T_1．在你点燃壁炉中的木柴后，空气的温度升高到T_2．在小屋中空气热力学能的改变ΔE_{int}是多少？

【解】 当空气的温度升高时，空气的压强p不可能改变，一定总是等于室外空气的压强．理由是，因为房间透气，所以空气没有封住．当温度升高时，空气分子通过各个缝隙跑出，使得房中空气的物质的量n减小．因此，这里一个**关键点**是，我们不能用式（10－23）（$\Delta E_{int}=nC_{V,m}\Delta T$）来求$\Delta E_{int}$，因为它要求$n$是不变的．

第二个**关键点**是，我们可用式（10－22）（$E_{int}=nC_{V,m}T$）将热力学能E_{int}与任意时刻的n和温度T联系起来．从这个式子能够写出

$$\Delta E_{int}=\Delta(nC_{V,m}T)=C_{V,m}\Delta(nT)$$

然后，利用$pV=nRT$，我们将pV/R代替nT得

$$\Delta E_{int}=C_{V,m}\Delta\left(\frac{pV}{R}\right)\qquad(10-34)$$

现在，因为p、V和R均为常量，式（10－34）给出

$$\Delta E_{int}=0\qquad\text{（答案）}$$

尽管温度改变了．

为什么房间在较高的温度下感觉更舒适呢？这至少涉及两个因素：（1）你与房间的表面交换电磁辐射（热辐射）；（2）你和与你碰撞的空气分子交换能量．当房子的温度升高时，（1）由房间表面发射的和你吸收的热辐射增加了，和（2）通过与空气分子碰撞，你获得的能量增加了．

4. 绝热过程

在一个绝热良好的容器中所进行的过程可以看做与外界没有任何热量的交换，即$Q=0$．这样的过程叫做绝热过程．自然界并不存在严格的绝热过程．实际上，如果一个过程进行得极快，系统来不及与外界交换热量，就可以近似地看成是绝热过程．

图10－13a画出了我们常用的绝热气缸，现在装有理想气体并放在一个绝热台上．通过从活塞上移开质量，可以使气体绝热地膨胀．当体积增加时，压强和温度都下降．然后我们将证明在这样的绝热过程中压强和体积的关系为

$$pV^{\gamma}=\text{常量}\quad\text{（绝热过程）}\qquad(10-35)$$

式中，$\gamma=C_{p,m}/C_{V,m}$，是气体的摩尔热容比，此值与比热容比相等．式（10－35）称为绝热过程方程，如图10－13b中的$p-V$图所示，该过程沿着一条线（称为**绝热线**）发生，这条线的公式

为 $p=$常量$/V^{\gamma}$. 因为气体从一个初态 i 变化到一个终态 f，所以我们能够将式（10-35）重写为

$$p_iV_i^{\gamma} = p_fV_f^{\gamma} \quad \text{（绝热过程）} \tag{10-36}$$

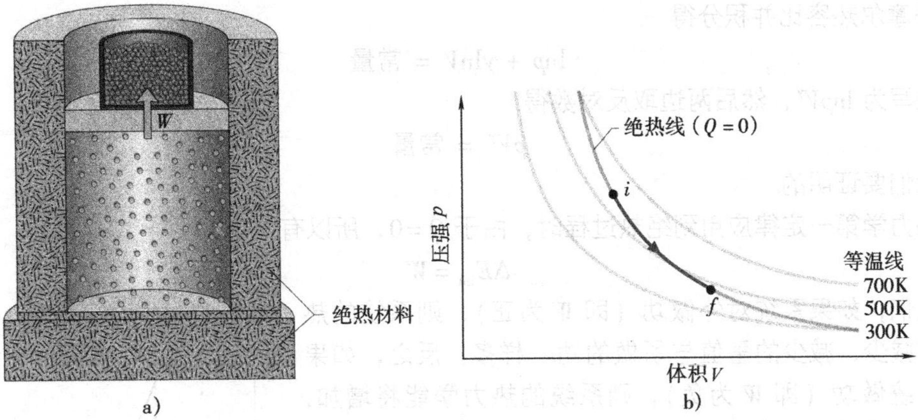

图 10-13 a) 通过移开活塞上的质量，理想气体的体积增加. 过程是绝热的（$Q=0$）. b) 过程沿 $p-V$ 图上的一条绝热线从 i 到 f.

我们也能用 T 和 V 对绝热过程写出一个方程. 为此，用理想气体方程（$pV=nRT$）来消去式（10-35）中的 p，得

$$\left(\frac{nRT}{V}\right)V^{\gamma} = \text{常量}$$

由于 n 和 T 都是常量，可以把这一方程写成另一种形式

$$TV^{\gamma-1} = \text{常量} \quad \text{（绝热过程）} \tag{10-37}$$

式中的常量与式（10-35）中的常量不同. 当气体从初态 i 变化到终态 f 时，可以将式（10-37）重写为

$$T_iV_i^{\gamma-1} = T_fV_f^{\gamma-1} \quad \text{（绝热过程）} \tag{10-38}$$

现在我们来证明式（10-35）.

假设从图 10-13a 的活塞上移走一些铅粒，使理想气体向上推举活塞和留下的铅粒，并因而使体积增加一个微量 dV. 因为体积变化很微小，所以可以假设气体对活塞的压强在体积变化期间保持不变. 这个假设说明在体积增加期间气体所做的功 dW 等于 pdV. 由此，可将热力学第一定律式（10-16）写为

$$dE_{\text{int}} = Q - pdV \tag{10-39}$$

因为气体是绝热的（因此膨胀是绝热的），所以可用 0 代替 Q，然后用式（10-23）$nC_{V,\text{m}}dT$ 来代替 dE_{int}. 利用这些替换并整理后得

$$ndT = -\left(\frac{p}{C_{V,\text{m}}}\right)dV \tag{10-40}$$

现在从理想气体定律（$pV=nRT$）得

$$pdV + Vdp = nRdT \tag{10-41}$$

用 $C_{p,\text{m}} - C_{V,\text{m}}$ 代替式（10-41）中的 R，得

$$ndT = \frac{pdV - Vdp}{C_{p,\text{m}} - C_{V,\text{m}}} \tag{10-42}$$

使式（10-40）和式（10-42）相等并加以整理得

$$\frac{dp}{p}+\left(\frac{C_{p,m}}{C_{V,m}}\right)\frac{dV}{V}=0$$

用 γ 代替摩尔热容比并积分得

$$\ln p+\gamma\ln V=\text{常量}$$

将左边改写为 $\ln pV^{\gamma}$，然后两边取反对数得

$$pV^{\gamma}=\text{常量}$$

这就是我们要证明的.

将热力学第一定律应用到绝热过程时，由于 $Q=0$，所以有

$$\Delta E_{\text{int}}=W$$

这告诉我们，如果系统对外做功（即 W 为正），则系统的热力学能将减少，减少的量值与所做的功一样多；反之，如果外界对系统做功（即 W 为负），则系统的热力学能将增加，增加的量与外界做的功一样多.

绝热膨胀过程的 $p-V$ 曲线如图 10－14 所示. 图中的状态 i 为初态，状态 f 为末态. 在整个过程中 $Q=0$. 热力学第一定律所涉及的热力学能改变量 ΔE_{int} 可通过式（10－23）计算.

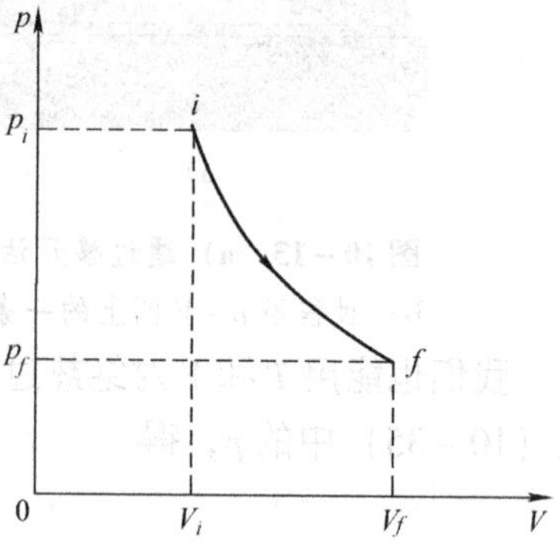

图 10－14 绝热膨胀过程

计算绝热过程的功需要借助绝热过程方程. 根据气体做功的定义式，即式（10－14）：

$$W=\int_{V_i}^{V_f}p\,dV$$

由绝热过程方程式（10－35）知

$$p=\frac{\text{常量}}{V^{\gamma}}$$

代入式（10－14）后经过积分，得到

$$W=\frac{p_iV_i-p_fV_f}{\gamma-1}$$

例题 10－4

1mol 氧气（视为理想气体）在 310 K 的恒定温度下从 12L 的初始体积 V_i 膨胀到 19L 的终了体积 V_f. 在膨胀过程中气体做了多少功?

【解】 这里关键点是，我们一般用式（10－14）通过将气体的压强对体积积分来求出功. 然而，由于在这里气体是理想的，并且膨胀是等温的，这个积分导致式（10－32）. 因此，我们可写出

$$W=nRT\ln\frac{V_f}{V_i}$$

$$=(1\ \text{mol})[8.31\ \text{J/(mol}\cdot\text{K)}](310\ \text{K})\ln\frac{19\ \text{L}}{12\ \text{L}}$$

$$=1180\ \text{J}$$ （答案）

在图 10－15 的 $p-V$ 图中画出了该膨胀. 在膨胀过程中气体做的功由曲线 if 下的面积表示.

可以证明，如果现在膨胀是相反的，即气体经历一个从 19 L 到 12 L 的等温压缩过程，则气体所做的功将是 －1180 J. 因此，为了压缩气体，一个外力必须对气体做 1180 J 的功.

例题 10－5

3.2g 氧气储于有活塞的圆筒内，初态 $p_1=1$ atm，$V_1=1.0$L 气体首先在等压下加热，体积加倍；然后再定容加热，使压力加倍；最后绝热膨胀，使温度回到初始

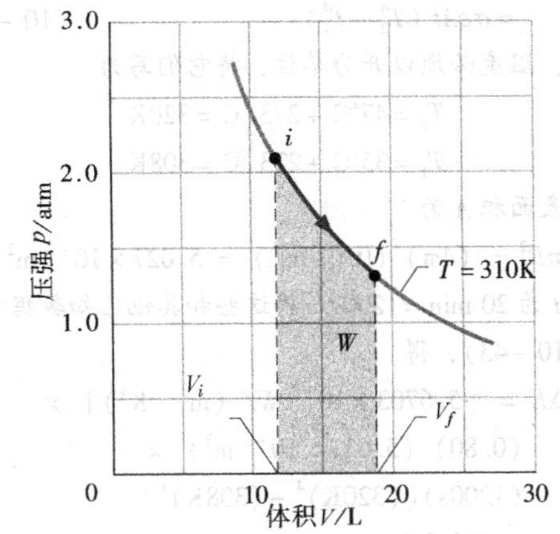

图 10－15　例题 10－4 图　阴影面积表示 1 mol 氧气在 310 K 的恒温下从 V_i 膨胀到 V_f 做的功.

值. 试在 $p-V$ 图上表示出气体所经历的过程，并求出在各过程中气体所吸收的热量、气体所做的功和热力学能的变化（视氧气为理想气体，取 $C_{V,\mathrm{m}}=\dfrac{5}{2}R$）.

【解】　这里**关键点**是，要熟悉热力学第一定律所涉及的三个量在定压过程、定容过程和绝热过程中的计算公式.

在 $p-V$ 图上画出各过程的曲线，如图 10－16 所示.

（1）等压过程 1－2，气体所做的功为

$$W_1=p_1(V_2-V_1)=(1.01\times10^5\mathrm{N/m^2})\times[(2.0-1.0)\times10^{-3}\mathrm{m^3}]=1.01\times10^2\mathrm{J}$$

热力学能的变化量为

$$\Delta E_1=nC_{V,\mathrm{m}}(T_2-T_1)=n\frac{5}{2}R(T_2-T_1)=\frac{5}{2}p_1(V_2-V_1)=\frac{5}{2}W_1=2.53\times10^2\mathrm{J}$$

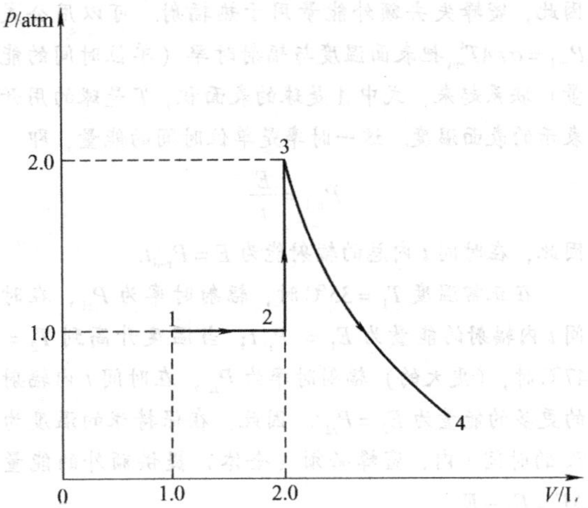

图 10－16　例题 10－5 图

气体在过程中所吸收的热量为

$$Q=\Delta E_1+W_1=3.54\times10^2\mathrm{J}$$

（2）在定容过程 2—3 中，有

$$W_2=0$$

$$\Delta E_2=nC_{V,\mathrm{m}}(T_3-T_2)=\frac{5}{2}(p_3-p_2)V_2=5.06\times10^2\mathrm{J}$$

$$Q_2=\Delta E_2=5.06\times10^2\mathrm{J}$$

（3）在绝热过程 3—4 中，根据题意 $T_4=T_1$，由状态方程知

$$T_4=T_1=\frac{p_1V_1}{nR}=1.22\times10^2\mathrm{K}$$

$$T_3=\frac{p_3V_3}{nR}=4.88\times10^2\mathrm{K}$$

于是有

$$W_3=-\Delta E_3=-nC_{V,\mathrm{m}}(T_4-T_3)=-(0.1\mathrm{mol})\left(\frac{5}{2}\right)[8.31\mathrm{J/(mol\cdot K)}]\times[(4.88-1.22)\times10^2\mathrm{K}]=7.6\times10^2\mathrm{J}$$

注意：在计算过程中所有数据一定要采用国际单位制. 如大气压可通过 $1\ \mathrm{atm}=1.01\times10^5\mathrm{Pa}$，换算成 Pa 作单位，体积升可通过 $1\mathrm{L}=10^{-3}\mathrm{m^3}$ 换算为 $\mathrm{m^3}$ 作单位等.

例题 10－6

如本章首页中提到的，当数百个日本蜜蜂形成一个密实的球体包围一个企图侵袭它们蜂巢的大黄蜂时，它们能迅速地将它们的体温从正常的 35℃ 升高到 47℃ 或 48℃. 较高的温度对黄蜂来说是致命的，但对蜜蜂却不是. 现作如下假设：500 个蜜蜂形成一个半径为 $R=2.0\mathrm{cm}$ 的球，持续一段时间 $t=20\ \mathrm{min}$，球损失能量主要通过热辐射，球的表面具有的发射率 $\varepsilon=0.80$，球的温度均匀. 在保持 47℃ 的 20min 内，平均来讲每一个蜜蜂必须产生多少额外的辐射能？

【解】　这里**关键点**是，因为蜜蜂球的表面温度在球形成后升高，球辐射能量的速率也随之增加.

因此，蜜蜂失去额外能量用于热辐射．可以用公式 $P_{\text{rad}}=\sigma\varepsilon AT_{\text{env}}^4$ 把表面温度与辐射时率（单位时间的能量）联系起来，式中 A 是球的表面积，T 是球的用开表示的表面温度．这一时率是单位时间的能量，即

$$P_{\text{rad}}=\frac{E}{t}$$

因此，在时间 t 内总的辐射能为 $E=P_{\text{rad}}t$.

在正常温度 $T_1=35℃$ 时，辐射时率为 P_{r1}，在时间 t 内辐射的能量为 $E_1=P_{r1}t$；当温度升高到 $T_2=47℃$ 时，（更大的）辐射时率为 P_{r2}，在时间 t 内辐射的更多的能量为 $E_2=P_{r2}t$．因此，在保持球的温度为 T_2 的时间 t 内，蜜蜂必须（全体）提供额外的能量 $\Delta E=E_2-E_1$.

现在可写出

$$\Delta E=E_2-E_1=P_{r2}t-P_{r1}t$$
$$=(\sigma\varepsilon AT_2^4)\,t-(\sigma\varepsilon AT_1^4)\,t$$
$$=\sigma\varepsilon At\,(T_2^4-T_1^4) \qquad (10-43)$$

这里，温度必须以开为单位，将它们写为

$$T_2=47℃+273\ ℃=320\text{K}$$
$$T_1=35℃+273\ ℃=308\text{K}$$

球的表面积 A 为

$$A=4\pi R^2=(4\pi)\,(0.020\text{m}^2)=5.027\times10^{-3}\ \text{m}^2$$

时间 t 为 $20\ \text{min}=1200\text{s}$．将这些和其他已知数据代入式（10-43），得

$$\Delta E=[5.6703\times10^{-8}\ \text{W}/(\text{m}^2\cdot\text{K}^4)]\times(0.80)\,(5.027\times10^{-3}\ \text{m}^2)\times(1200\text{s})[(320\text{K})^4-(308\text{K})^4]$$
$$=406.8\ \text{J}$$

因此，由于在球里有500个蜜蜂，所以每一个蜜蜂必须产生额外的能量为

$$\frac{\Delta E}{500}=\frac{406.8\text{J}}{500}=0.81\text{J} \qquad \text{（答案）}$$

解题线索

线索1：四个气体过程的图像小结

在这一章中，我们讨论了理想气体能够进行的四种特殊过程．在图10-17中显示了每一种过程的一个例子，并将一些相关的特征在表10-4中归纳给出．

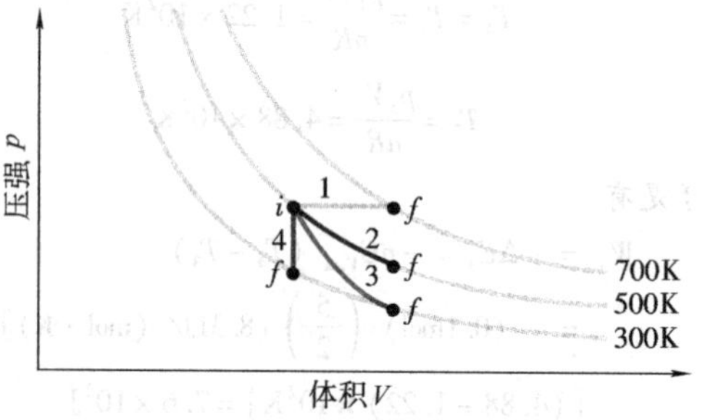

图10-17 表示理想气体四种特殊过程的一幅 $p-V$ 图，表10-4解释了这几个过程．

表10-4 四种特殊的过程

在图10-17中的路径	不变量	过程类型	某些特殊结果（对所有路径 $\Delta E_{\text{int}}=Q-W$ 和 $\Delta E_{\text{int}}=nC_{V,\text{m}}\Delta T$）
1	p	等压	$Q=nC_{p,\text{m}}\Delta T;\ W=p\Delta V$
2	T	等温	$Q=W=nRT\ln(V_f/V_i);\ \Delta E_{\text{int}}=0$
3	pV^γ，$TV^{\gamma-1}$	绝热	$Q=0;\ W=-\Delta E_{\text{int}}$
4	V	等容	$Q=\Delta E_{\text{int}}=nC_{V,\text{m}}\Delta T;\ W=0$

检查点4：按给气体传热的多少由大到小对图10-17中的1，2，3和4四条路径排序．

10-6 热力学循环

1. 循环过程

如果一个热力学系统从某一状态出发，经历一系列的变化过程最后又回到初始状态，则称

这样的过程为一个**循环过程**. 循环过程可以用 $p-V$ 图上的一条闭合曲线来描述. 循环过程具有方向，系统沿闭合曲线顺时针方向进行的循环称为**正循环**，反之则称为**逆循环**. 循环过程的特征是系统的热力学能不变，因此，根据热力学第一定律，对任意的循环过程都有：

$$\Delta E_{int}=0 \quad Q=W$$

式中，Q 表示系统吸收的净热量，即扣除放热后净吸收的热量.

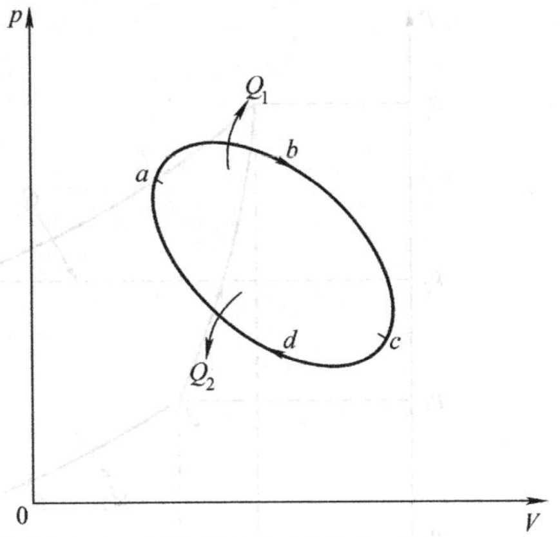

图 10-18 在 $p-V$ 图上，系统进行正循环过程的示意图.

图 10-18 表示一个正循环的过程曲线. 在此循环过程中，由 a 经 b 到 c 的过程，系统对外做正功而且从外界吸取热量 Q_1；由 c 经 d 到 a 的过程系统对外做负功（即外界对系统做正功），同时放热 Q_2. 为了表示出正循环过程中系统所吸收的热量转化为功的比例，引进了循环效率，用 η 表示：

$$\eta=\frac{W}{Q_1} \tag{10-44}$$

由于 $Q=Q_1-Q_2=W$，我们可以将上式改写为

$$\eta=\frac{Q_1-Q_2}{Q_1}=1-\frac{Q_2}{Q_1} \tag{10-45}$$

同理可知，如图 10-19 所示的逆循环过程系统对外界做负功，而系统向外界释放的净热量 Q 等于整个逆循环过程中系统释放与吸收热量的代数和. Q 在量值上等于外界对系统所做的功.

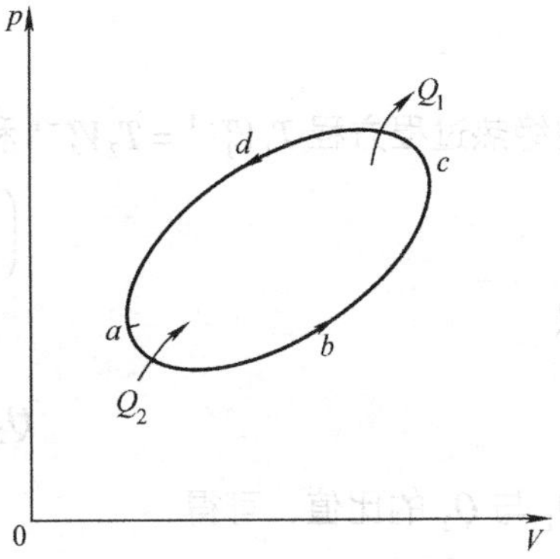

图 10-19 在 $p-V$ 图上，系统进行逆循环过程的示意图.

内燃机、蒸汽机等动力机械是采用正循环方式工作的. 这类用热能做功的设备统称为**热机**. 以逆循环方式工作的热机称为**制冷机**，如电冰箱、空调机等. 有关热机和制冷机的详细分析将在下一章中进行.

2. 卡诺循环

卡诺循环是在两个温度恒定的热源（一个高温热源，一个低温热源）之间工作的循环过程. 在整个循环中，工作物质只与这两个热源交换能量，没有散热、漏气等因素存在. 图 10-20 是卡诺循环热机的工作原理示意图. 它表示的是由 4 个平衡过程组成的卡诺循环. 图 10-20a 为理想气体卡诺循环的 $p-V$ 图，曲线 ab 和 cd 表示温度为 T_1 和 T_2 的两条等温线，曲线 bc 和 da 是两条绝热线. 系统从 a 出发，完成一个正循环后回到 a 状态热力学能是不变的，但系统与外界通过传递热量和做功是有能量交换的. 在 abc 的膨胀过程中，气体对外做功 W_1，其量值等于曲线 abc 下的面积. 在 cda 的压缩过程中，外界对气体所做的功 W_2 在量值上等于曲线 cda 下的面积. 因为 $W_1>W_2$，所以气体对外所做的净功 W（即 W_1-W_2）就等于闭合曲线 $abcda$ 所围的面积. 热量交换的情况是，气体在等温膨胀过程 ab 中，从高温热源吸取热量

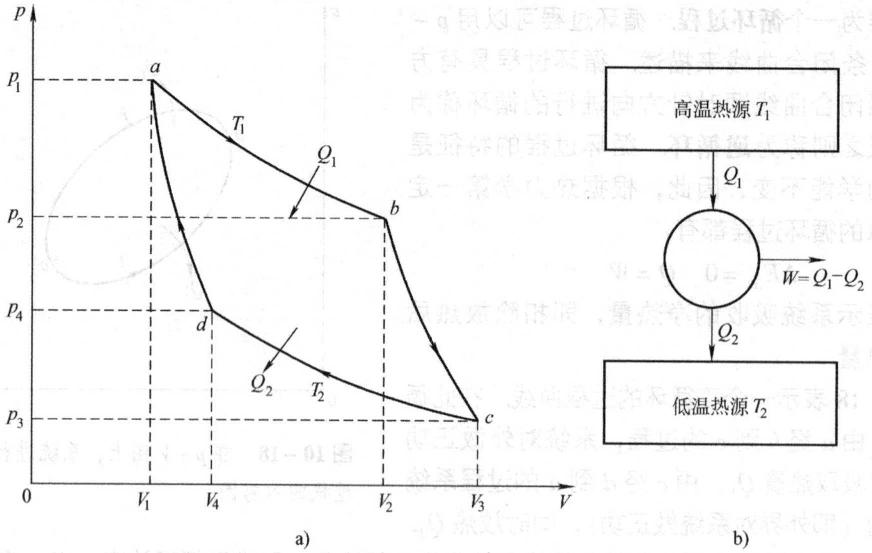

图 10−20 卡诺循环的 $p-V$ 图及工作示意图

$$Q_1=\frac{m}{M}RT_1\ln\frac{V_2}{V_1}$$

式中，m 为气体的质量；M 为其摩尔质量. 气体在等温压缩过程 cd 中向低温热源放出热量 Q_2，取绝对值，有

$$Q_2=\frac{m}{M}RT_2\ln\frac{V_3}{V_4}$$

应用绝热过程方程 $T_1V_1^{\gamma-1}=T_2V_4^{\gamma-1}$ 和 $T_1V_2^{\gamma-1}=T_2V_3^{\gamma-1}$ 可得

$$\left(\frac{V_2}{V_1}\right)^{\gamma-1}=\left(\frac{V_3}{V_4}\right)^{\gamma-1}\text{或}\frac{V_2}{V_1}=\frac{V_3}{V_4}$$

所以

$$Q_2=\frac{m}{M}RT_2\ln\frac{V_3}{V_4}=\frac{m}{M}RT_2\ln\frac{V_2}{V_3}$$

取 Q_1 与 Q_2 的比值，可得

$$\frac{Q_1}{T_1}=\frac{Q_2}{T_2}\tag{10-46}$$

考虑到气体对外界所做的净功 $W=Q_1-Q_2$，其工作原理示意图如图 10−20b 所示. 由式（10−44）可求出卡诺循环的效率为

$$\eta_{\text{卡}}=1-\frac{T_2}{T_1}\tag{10-47}$$

从以上讨论可以看出：卡诺循环需要两个热源，而卡诺循环的效率只与这两个热源的温度有关. 高温热源的温度越高，低温热源的温度越低，卡诺循环的效率越高.

复习和小结

热力学第零定律 当使一个温度计和某个其他物体相互接触在一起时，它们最终总能达到热平衡. 温度计的读数就可取为其他物体的温度. 为这个过程提供统一且有用的温度测量的根据是**热力学第零定**

律：如果物体 A 和 B 分别与第三个物体 C（温度计）处于热平衡，A 和 B 就相互处于热平衡.

开尔文温标 在 SI 系统中测量温度用**热力学温标**，它是以水的**三相点**（273.16K）为基础的. 然后再用**定容气体温度计**来定义其他温度. 在这种温度计中，保持某种气体样品的体积不变，这样，它的压强就与它的温度成正比. 气体温度计测量的**温度** T 定义为

$$T = (273.16\text{K})\left(\lim_{\text{gas}\to 0}\frac{p}{p_3}\right)$$

式中，T 以开为单位；p_3 和 p 分别是气体在 273.16K 和待测温度下的压强.

摄氏温标和华氏温标 摄氏温标定义为

$$T_C/℃ = T/\text{K} - 273.15\text{K}$$

其中 T 的单位为开. 华氏温标定义为

$$T_F = \frac{9}{5}T_C + 32°$$

热量 热量 Q 是由于系统与外界之间存在温差而在两者之间传递的能量. 它可用**焦耳**（J）、**卡**（cal）、**千卡**（kcal）或**英制热量单位**（Btu）量度，

$$1\ \text{cal} = 3.969\times10^{-3}\text{Btu} = 4.1860\text{J}$$

热容和比热容 如果一个物体吸收热量 Q，其温度改变 $T_f - T_i$ 与 Q 有如下关系

$$Q = C(T_f - T_i)$$

式中，C 是物体的**热容**. 如果物体的质量为 m，则

$$Q = cm(T_f - T_i)$$

式中，c 是组成物体的材料的**比热容**. 物质的**摩尔热容**是指每摩尔或每 6.02×10^{23} 个基元单位的物质的热容.

与体积改变有关的功 气体也许会通过做功与它的外界交换能量. 当气体从一个初始体积 V_i 膨胀或收缩到一个终了体积 V_f 时，由气体做的功 W 为

$$W = \int dW = \int_{V_i}^{V_f} p\,dV$$

因为在体积改变期间压强 p 也许是变化的，所以积分是必要的.

热力学第一定律 能量守恒原理对于一个热力学过程表示为**热力学第一定律**，它可取下列两种形式之一

$$\Delta E_{\text{int}} = E_{\text{int},f} - E_{\text{int},i} = Q - W \text{（第一定律）}$$

或

$$dE_{\text{int}} = dQ - dW \text{（第一定律）}$$

E_{int} 表示物体的热力学能，它仅依赖于物体的状态（温度、压强和体积）. Q 表示系统与它的外界环境之间以热量交换的能量. 如果系统吸热，则 Q 是正的；如果系统放热，则 Q 是负的. W 是**由**系统做的功. 如果系统反抗外界作用的力膨胀，则 W 是正的；如果系统由于某种外力而收缩，则 W 是负的. **Q 和 W 两者都与路径有关；ΔE_{int} 与路径无关.**

热力学第一定律的应用 热力学第一定律用于下列几种特殊情况：

绝热过程：$Q=0$，$\Delta E_{\text{int}} = -W$

定容过程：$W=0$，$\Delta E_{\text{int}} = Q$

等温过程：$\Delta E_{\text{int}} = 0$，$Q = W$

摩尔热容 气体的**摩尔定容热容** $C_{V,\text{m}}$ 定义为

$$C_{V,\text{m}} = \frac{1}{n}\frac{Q}{\Delta T} = \frac{1}{n}\frac{\Delta E_{\text{int}}}{\Delta T}$$

式中，Q 是以热量形式传给 n mol 气体或从 n mol 气体传出的能量；ΔT 是由此引起的气体温度的改变；ΔE_{int} 是由此引起的气体热力学能的改变. 对理想的单原子气体，

$$C_{V,\text{m}} = \frac{3}{2}R = 12.5\quad \text{J/(mol·K)}$$

气体摩尔定压热容定义为

$$C_{p,\text{m}} = \frac{1}{n}\frac{Q}{\Delta T}$$

式中，Q、n 和 ΔT 定义如上，$C_{p,\text{m}}$ 也可由下式给出

$$C_{p,\text{m}} = C_{V,\text{m}} + R$$

对 n mol 理想气体

$$E_{\text{int}} = nC_{V,\text{m}}T \quad \text{（理想气体）}$$

如果 n mol 理想气体由于**任意**过程温度改变 ΔT，则气体热力学能的改变为

$$\Delta E_{\text{int}} = nC_{V,\text{m}}\Delta T \quad \text{（理想气体，任意过程）}$$

式中的 $C_{V,\text{m}}$ 必须根据理想气体的种类用适当的值代入.

自由度 f 和 $C_{V,\text{m}}$ 求 $C_{V,\text{m}}$ 本身要用**能量均分**定理，该定理说的是，一个分子的每一个**自由度**（即它能储存能量的每一个独立方式）都有——平均的——每分子 $kT/2$ 的能量 $\left(=\frac{1}{2}RT\text{ 每摩尔}\right)$ 与之相联系. 如果 f 是自由度数，则 $E_{\text{int}} = (f/2)nRT$，而

$$C_{V,\text{m}} = \left(\frac{f}{2}\right)R = 4.16f\ \text{J/(mol·K)}$$

对于单原子气体 $f=3$（三个平动自由度），对双原子气体 $f=5$（三个平动自由度和两个转动自由度），对多原子气体 $f=6$（三个平动和三个转动自由度）.

绝热过程 当一定量的理想气体经历一个缓慢的绝热体变（对这种变化 $Q=0$）过程时，它的压强和体积的关系为

$$pV^{\gamma}=\text{常量}\quad(\text{绝热过程})$$

式中，$\gamma(=C_{p,\mathrm{m}}/C_{V,\mathrm{m}})$ 是气体的摩尔热容比，其值与比热容比相等. 然而，对自由膨胀，$p_iV_i=p_fV_f$.

循环过程 系统经若干过程回到初始状态的过程. 循环过程的效率为

$$\eta=\frac{W}{Q_1}\text{或}\ \eta=1-\frac{Q_1}{Q_2}$$

式中，W 为整个循环系统对外所做的功；Q_1 和 Q_2 为循环过程中总的吸热和放热量.

卡诺循环 两个等温过程和两个绝热过程构成的循环. 卡诺循环的效率可以通过构成该循环的两个等温过程的温度求得

$$\eta_{\text{卡}}=1-\frac{T_2}{T_1}$$

式中，T_2 为低温热源的温度；T_1 为高温热源的温度.

思考题

1. 当体积不变时，如果理想气体的温度从 20℃ 变化到 40℃，那么气体的压强是加倍、增大但小于 2 倍、还是增大并大于 2 倍？

2. 在图 10－21a 中画出了同一种气体的三个温度不同的等温过程，其体积变化都相同（V_i 到 V_f）. 按照（a）气体做的功、（b）气体热力学能的改变和（c）气体吸收的热量将这三个过程由大到小排序.

在图 10－21b 中画出了沿着单一的等温线进行的三个过程，体积变化 ΔV 均相同. 按照（d）气体做的功、（e）气体热力学能的改变和（f）以热量形式传给气体的能量，将这些过程由从大到小排序.

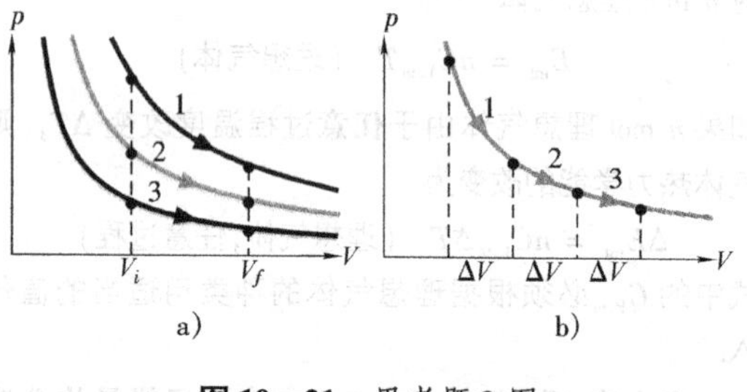

图 10－21 思考题 2 图

3. 一定量的理想气体，在定容条件下加热时，升高温度 ΔT_1 需要 30 J，在定压条件下加热时，需要 50 J. 在第二种情况下，气体做了多少功？

4. 一定量的理想双原子气体，其分子只有转动而无振动，以热量形式损失了能量 Q. 如果能量的损失发生在定容过程或定压过程中，在哪一个过程中热力学能减少得更多？

5. 理想气体经历以下过程：（a）等温膨胀、（b）等压膨胀、（c）绝热膨胀和（d）定容条件下压强增加，其温度是升高、降低、还是不变？

6.（a）按气体做的功由大到小将图 10－17 中的四条路径排序.（b）按气体热力学能的改变将路径 1、2 和 3 排序，正最大排在第一，负最大排在最后.

7. 在图 10－22 的 $p-V$ 图中，气体沿等温线 ab 做了 5 J 的功，沿绝热线 bc 做了 4 J 的功. 如果气体沿直线的路径从 a 到 c，其热力学能的改变是多少？

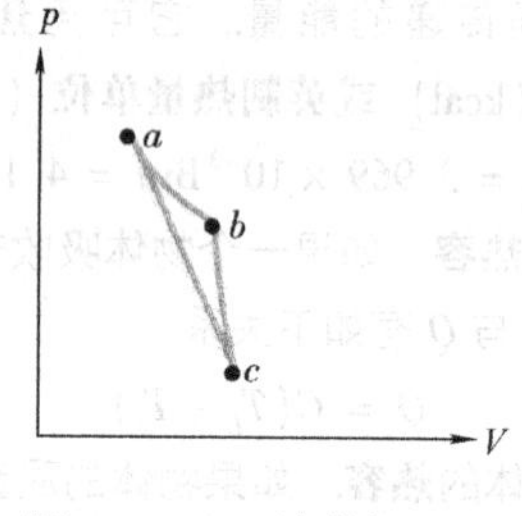

图 10－22 思考题 7 图

8. 图 10－23 表示一定的理想气体的初态和通过这一状态的一条等温线. 在所示的那些路径中哪些是由于气体的温度下降形成的？

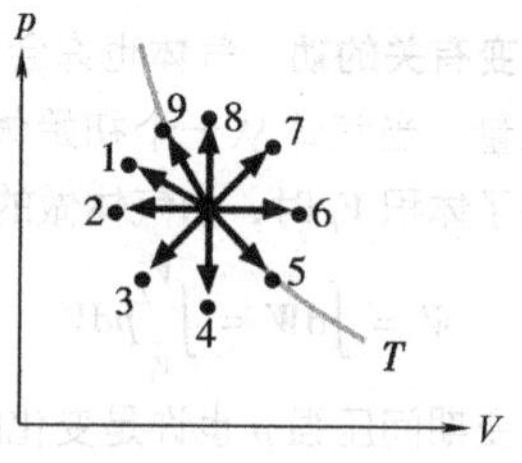

图 10－23 思考题 8 图

9. 图 10－24 表示某种气体在 $p-V$ 图上的两个闭合循环. 循环 1 的三部分与循环 2 的三部分具有同样的长度和形状，如果要使（a）气体做的净功是正的，（b）气体以热量形式传递的净能量是正的，每一个循环应该顺时针进行还是逆时针进行？

10. 图 10－24 中的哪个循环顺时针进行时，（a）W 较大和（b）Q 较大？

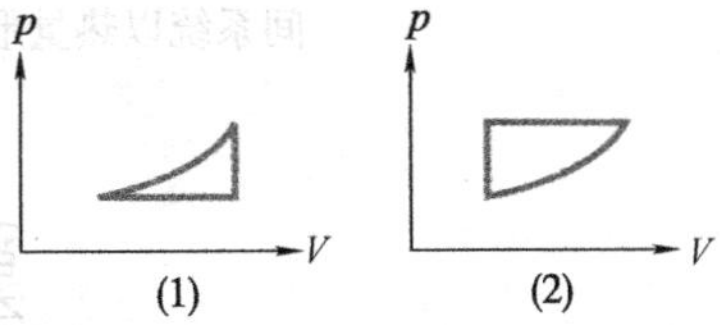

图 10-24 思考题 9 和思考题 10 图

习题

1. 1mol 理想单原子气体在 273 K 时的热力学能是多少？

2. 1mol 理想气体经历一个等温膨胀．用初始和终了的体积及温度来表示气体以热量形式吸收的能量．（**提示：**用热力学第一定律）

3. 当以热量形式将 20.9 J 加给某特定的理想气体时，气体的体积从 50.0 cm³ 变化到 100 cm³，而压强保持在 1.00 atm 不变．（a）气体热力学能改变是多少？如果气体的量为 2.00×10^{-3} mol，求（b）气体的摩尔定压热容和（c）气体的摩尔定容热容．

4. 在图 10-25 中，1mol 双原子理想气体从 a 沿对角线路径到 c．在这个过程中，（a）气体热力学能的改变是多少？（b）对气体以热量形式加了多少能量？（c）如果气体沿折线 abc 从 a 到 c，需要多少热量？

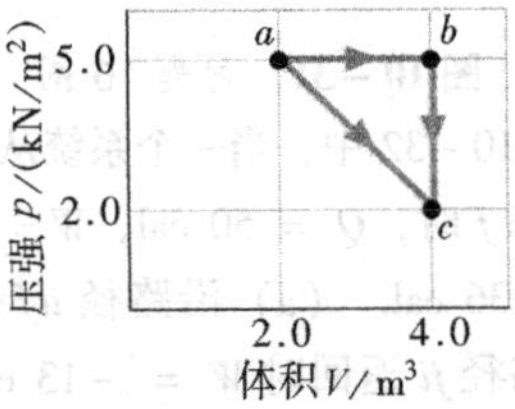

图 10-25 习题 4 图

5. 从比定容热容 c_V 中可算出一个气体分子的质量．设氩气的 $c_V=0.075$ cal/（g·℃），计算（a）一个氩原子的质量和（b）氩的摩尔质量．

6. 在恒定的压强下从 0℃ 起给 1mol 氧气（O_2）加热．要使气体的体积增加到原来的两倍，必须以热量形式给气体加多少能量？（分子转动但不振动）

7. 设在恒定的大气压下给 12.0 g 氧气（O_2）加热，使之从 25.0℃ 上升到 125℃．（a）该氧气的物质的量有多少？（摩尔质量见表 9-1．）（b）以热量形式传给氧气多少能量？（分子转动但不振动）（c）用于提高氧气热力学能的热量占的比例多大？

8. 设 4.00mol 理想单原子气体，其分子转动但不振动，在恒定压强的条件下温度升高 60.0 K．（a）外界以热量形式传给气体多少能量？（b）气体的热力学能增加了多少？（c）气体做了多少功？（d）气体的平动动能增加了多少？

9. 1mol 理想单原子气体进行图 10-26 中的循环．过程 1→2 发生在定容条件下，过程 2→3 是绝热的，过程 3→1 发生在定压条件下．（a）计算每一过程以及整个循环的热量 Q、热力学能的变化 ΔE_{int} 及所做的功 W．（b）在点 1，初始压强为 1.00 atm，求在点 2 和点 3 的压强和温度．（利用 1.00atm $=1.013\times10^5$ Pa 和 $R=8.314$ J/(mol·K)）

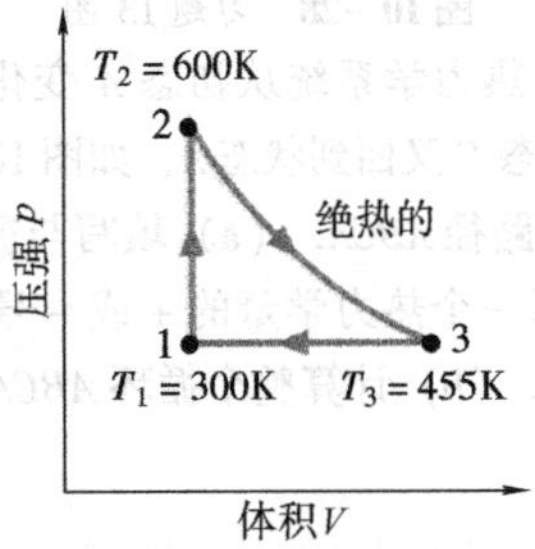

图 10-26 习题 9 图

10.（a）1 L、$\gamma=1.3$ 的气体的温度为 273 K，压强为 1.0atm，突然被绝热地压缩到原体积的一半，求它最后的压强和温度．（b）现在气体在恒定的压强下被冷却回到 273 K．其最终的体积是多少？

11. 在 103.0 kPa 的表压强下，初始占据 0.14 m³ 的空气等温膨胀到 101.3 kPa 的压强，然后在等压下冷却直到恢复它的初始体积．计算空气所做的功．（表压强是实际压强与大气压强之差．）

12. 一个理想气体样品经历了如图 10-27 所示的循环过程 $abca$，在 a 点，$T=200$K．（a）在样品中有多少摩尔气体？（b）气体在 b 点的温度、（c）气体在 c 点的温度和（d）在循环过程中以热量形式加给气体的净能是多少？

13. 一种气体的样品，当它的压强从 40 Pa 减小到 10 Pa 时，体积从 1.0 m³ 膨胀到 4.0 m³．如果它的压强随体积分别经由图 10-28 所示的 $p-V$ 图中的三

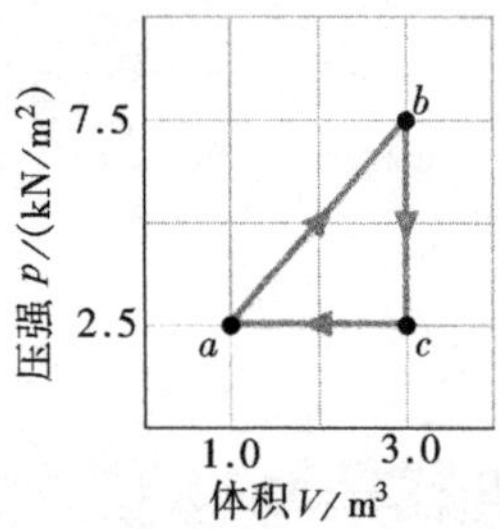

图 10-27 习题 12 图

条路径变化，气体做多少功？

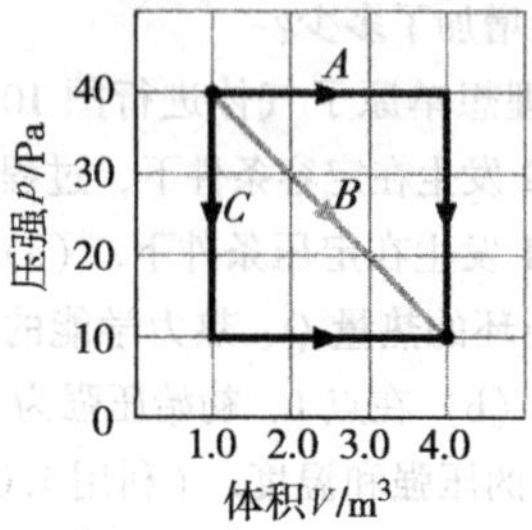

图 10-28 习题 13 图

14. 一个热力学系统从初态 A 变化到另一状态 B，再经过状态 C 又回到状态 A，如图 10-29a 的 $p-V$ 图中所示的路径 $ABCA$. (a) 填写与循环的每一过程相联系的每一个热力学量的 + 或 - 号，完成图 10-29b 中的表. (b) 计算整个循环 $ABCA$ 中系统做功的数值.

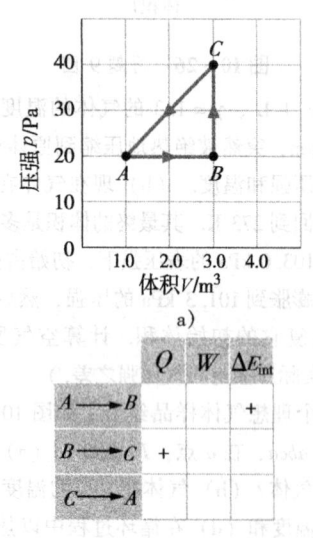

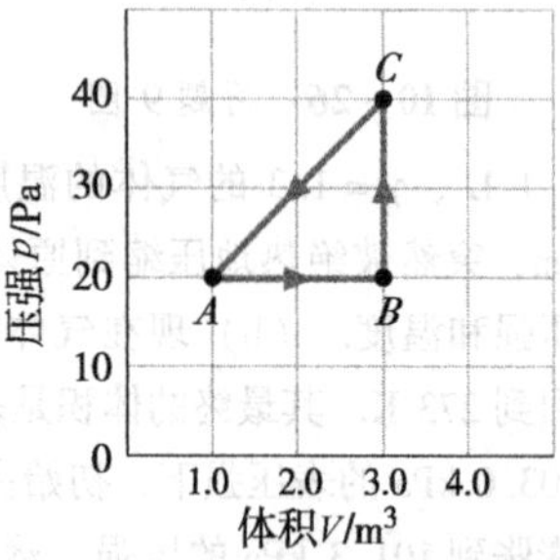

a)

	Q	W	ΔE_{int}
$A\longrightarrow B$			+
$B\longrightarrow C$	+		
$C\longrightarrow A$			

b)

图 10-29 习题 14 图

15. 在一个密闭盒子中，气体经历一个循环，如图 10-30 中的 $p-V$ 图所示. 计算在一个完整循环期间系统以热量形式吸收的净能量.

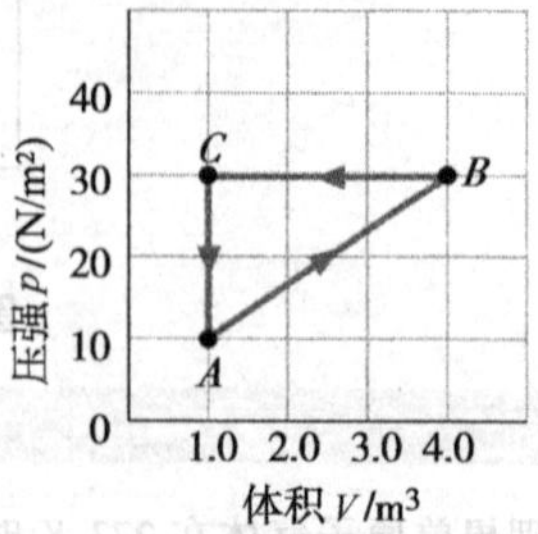

图 10-30 习题 15 图

16. 在一个封闭的小室中的气体经历一个如图 10-31 所示的循环过程. 如果系统在 AB 过程中以热量形式加入的能量 Q_{AB} 是 20.0 J，在 BC 过程中没有热传递，并且在循环过程中所做的净功为 15.0 J，确定系统在 CA 过程中以热量形式传递的能量.

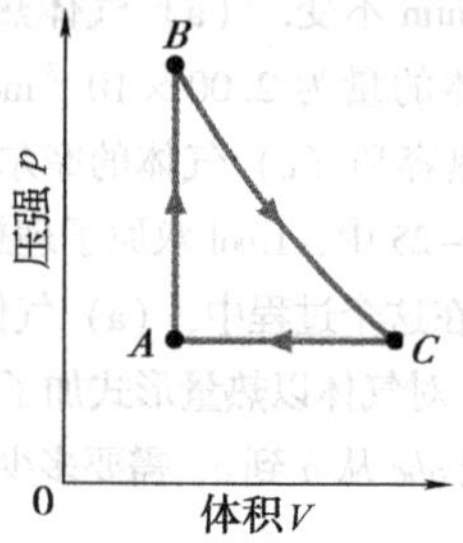

图 10-31 习题 16 图

17. 在图 10-32 中，当一个系统从状态 i 沿路径 iaf 变化到状态 f 时，$Q = 50$ cal，$W = 20$ cal. 沿路径 ibf 时，$Q = 36$ cal. (a) 沿路径 ibf 时 W 是多少? (b) 如果沿路径 fi 返回时 $W = -13$ cal，则沿该路径的 Q 是多少? (c) 令 $E_{int,i} = 10$ cal，则 $E_{int,f}$ 是多少? (d) 如果 $E_{int,b} = 22$cal，对路径 ib 和 bf 来说，Q 分别是多少?

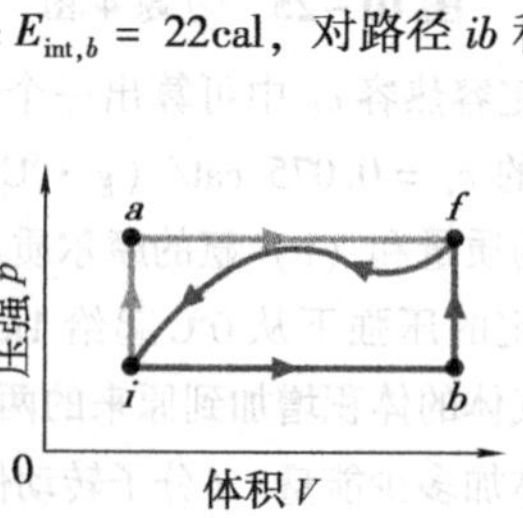

图 10-32 习题 17 图

18. 一定量的气体在 1.2 atm 的压强和 310 K 的温度下占有 4.3 L 的体积. 它被绝热地压缩到 0.76 L 的体积. 确定 (a) 最终的压强和 (b) 最终的温度，设气体是 $\gamma = 1.4$ 的理想气体.

19. 1mol 理想单原子气体经历如图 10-33 所示的循环. 设 $p = 2p_0$，$V = 2V_0$，$p_0 = 1.01\times10^5$Pa，V_0

$= 0.0225\mathrm{m}^3$. 计算：(a) 在循环期间所做的功；(b) 在 abc 过程中以热量形式加入的能量；(c) 循环的效率；(d) 运行在此循环中的最高和最低温度之间的卡诺热机的效率是多少？该效率与在 (c) 中计算得到的效率相比较怎样？

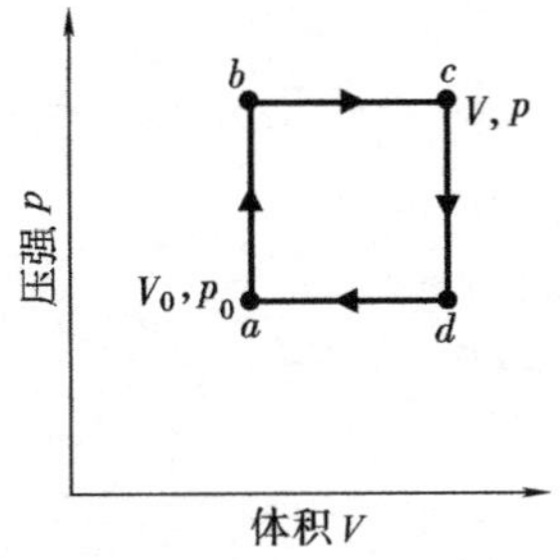

图 10 - 33　习题 19 图

20. 1mol 单原子理想气体经历如图 10 - 34 所示的可逆循环. 过程 bc 是绝热膨胀，$p_b = 10.0\ \mathrm{atm}$，$V_b = 1.00 \times 10^{-3}\mathrm{m}^3$. 求：(a) 以热量形式加入气体的能量；(b) 以热量形式离开气体的能量；(c) 气体所做的功；(d) 循环的效率.

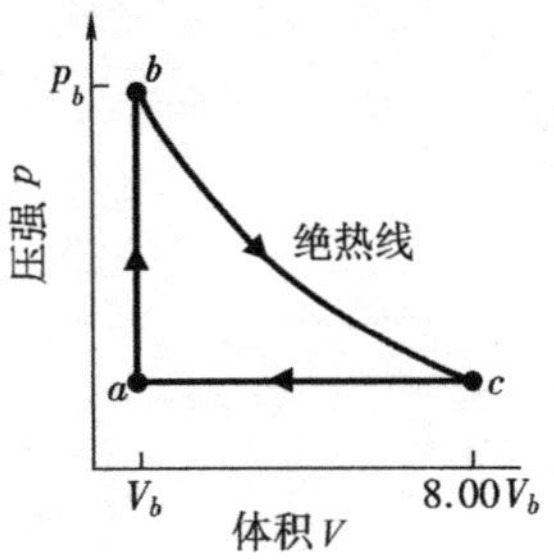

图 10 - 34　习题 20 图

第 11 章　熵和热力学第二定律

不知是谁在德克萨斯州奥斯汀城内的一个咖啡馆的墙上写下了这样一段话:“时间是上帝用来防止所有事物发生在同一时刻的方式.”时间同样有方向——一些事件以一定的次序发生而绝不可能自动地以相反的次序发生. 例如,一个偶然掉进杯子中的鸡蛋破裂了. 相反的过程,即破裂的鸡蛋重新形成一个完整的鸡蛋并跳回到伸展的手上,是绝对不可能自动发生的——但为什么不可能呢? 为什么这一过程不能像录像带倒放那样反过来呢?

在世界上是什么把方向给予了时间?

答案就在本章中。

11-1 某些单向过程

假设在一个寒冷的日子里，用两只冰冷的手抱住一个暖和的可可杯，手就会暖和起来而杯子会越来越凉. 然而，它绝不会沿着相反的方向发生，即凉手绝不会越来越凉而暖和的杯子却更加暖和.

手和杯子组成的系统是一个**封闭系统**，它是一个与外界隔离的系统. 这里是一些发生在封闭系统中的其他单向过程：(1) 在普通的表面上滑动的柳条箱最终会停下——但绝没有见到起初静止的柳条箱自己会开始运动；(2) 如果掉下一块油灰，它就会落到地板上——但原来静止的油灰块绝不会自动地跃到空中；(3) 如果在一个封闭的房子中刺破一个充满氦气的气球，氦气就散开到房间内各处，但那些单个的氦原子绝不会再聚回到气球中. 我们说这种单向过程是**不可逆的**，这就意味着这些过程不可能由于它们的外界中只有微小改变而可以反向进行.

在系统状态变化的过程中，不能由于外界的微小变化使之反向进行，或者虽可反向进行但必然会引起其他变化的过程，叫做不可逆过程.

这种热力学过程的单向特征是这样的普遍以至于我们认为它是理所当然的. 如果这些过程是**自发地**（由它们自己）在“错误的”方向上发生，我们将会大吃一惊而认为其不可思议. **然而，这些事件没有一个是违反能量守恒定律的**. 在可可杯的例子中，即使手和杯子之间作为热量的能量沿着错误方向传递，此定律也会被遵守. 即使静止的柳条箱或静止的油灰突然将它的热能的一部分转化成动能并开始运动，此定律也会被遵守. 即使从气球释放出来的氦原子，由于它们自己聚集到一起，一样也会遵守能量守恒定律.

因此，在一个封闭系统内能量的改变不能决定不可逆过程的方向. 而该方向由我们将在本章讨论的另一个量——系统的**熵的改变** ΔS 来决定. 系统的熵改变在下一节中定义，但我们在这里可以说一下它的主要性质，常称为**熵假设**：

如果在**封闭**的系统中发生一个不可逆过程，系统的熵 S 总是增加，从不减少.

熵与能量不同，它**不**遵守守恒定律. 一个封闭系统的**能量**是守恒的，它总是保持不变. 对不可逆过程，封闭系统的**熵**总是增加的. 由于这个性质，熵的改变有时被称为“时间箭矢”. 例如，我们把本章开头照片中落到杯子里不可逆地破裂的鸡蛋和时间前进的方向及熵的增加联系起来. 时间向后的方向（一盘录像带倒放）将对应于这个破裂的鸡蛋重新形成为一个完整的鸡蛋并回升到空中. 这个逆向的过程将导致熵的减少. 所以，绝不可能发生.

有两个等价的定义系统熵的改变的方法：(1) 利用从宏观角度定义的熵的表示式；(2) 通过计算和同一宏观状态对应的微观状态数. 在下一节中我们用第一种方法，在 11-7 节中用第二种.

11-2 熵的改变

我们通过理想气体的自由膨胀来得到**熵的改变**的定义. 图 11-1a 表示处于初始平衡态 i 的气体被关闭的活栓限制在一个绝热容器的左半部. 如果打开活栓，气体就冲出来占满整个容器，最后达到平衡态f，如图11－1b所示. 这是一个不可逆过程. 气体的所有分子将不会自己返回到容器的左半部.

在图11－2中，这个过程的$p-V$图表示出气体在它的初态i和终态f时的压强和体积. 压强和体积是**状态参数**，即只取决于气体的状态而与气体怎样达到该状态无关. 其他的状态参数是温度和热力学能. 现在我们假设气体还有另一个状态参数——熵. 更进一步，我们定义系统在从初态i到终态f的过程中**熵变**S_f-S_i为

$$\Delta S = S_f - S_i = \int_i^f \frac{\mathrm{d}Q}{T} \quad \text{（熵变的定义）} \qquad (11-1)$$

式中，Q是在过程中以热量形式传入或传出系统的能量；T是以K为单位的系统的温度. 因此，熵的改变不仅与传递的热量有关，而且与热传递发生时的温度有关. 因为T总是正的，所以ΔS的符号与$\mathrm{d}Q$相同. 从式（11－1）看到，熵和熵变的SI单位是J/K.

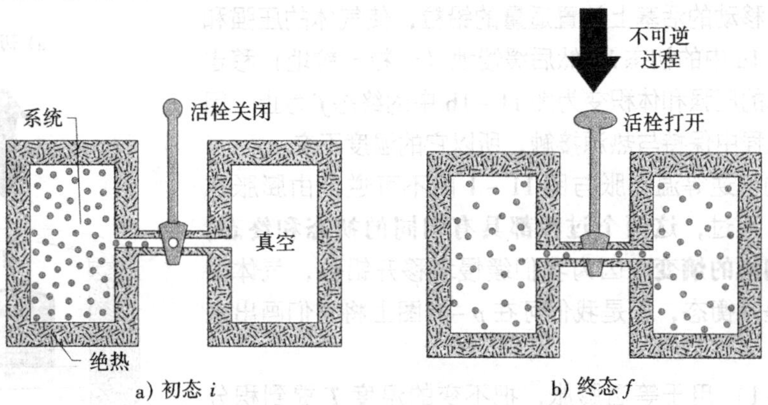

图11－1 理想气体的自由膨胀. a）通过关闭活栓将气体限制在一个绝热容器的左半部分. b）当打开活栓时，气体冲出并占满整个容器. 这个过程是不可逆的，即它不可能逆向发生，就是气体不会自动地聚集回到容器的左半部.

在对图11－1的自由膨胀应用式（11－1）时有一个问题，当气体冲出来并充满整个容器时，气体的压强、温度和体积的变化都不可预测. 换句话说，它们在从初始的平衡态i到终了的平衡态f变化的中间阶段没有一系列确切定义的平衡值. 因此，我们不能在图11－2的$p-V$图上画出这个自由膨胀的压强－体积的路径. 更重要的是，我们不能找出一个Q与T的关系使我们求式（11－1）所要求的积分.

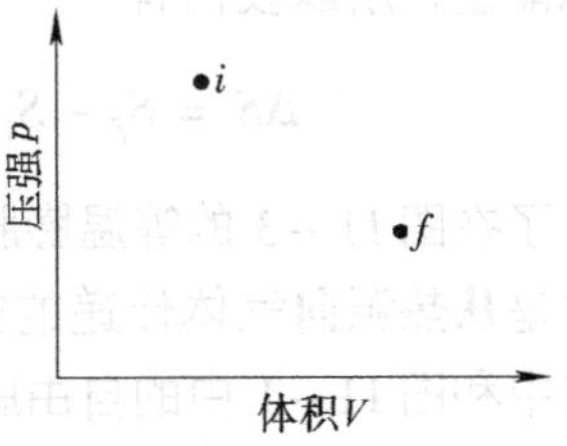

图11－2 显示图11－1的自由膨胀的初态i和终态f的$p-V$图. 气体的中间状态不能被表示，因为它们不是平衡态.

然而，如果熵确实是一个状态量，状态i和f之间的熵差就必须**只与这两个状态**有关，而完全与系统从一个状态到另一个状态所经历的路径无关. 于是，假定我们用连接状态i和f的一个**可逆**过程来代替图11－1的不可逆自由膨胀. 由于是可逆过程，我们就能在$p-V$图上画出一条压强－体积路径，并能找出一个Q与T的关系，使我们用式（11－1）求得熵变.

在自由膨胀过程中，打开活栓后，绝热容器左半部分的气体将迅速膨胀而冲满整个容器. 由于气体在膨胀过程中不受阻碍，气体既不对外界做功，外界也不对系统做功，即 $W=0$. 又由于容器是绝热的，气体与外界之间没有热量交换，即 $Q=0$. 因此，热力学第一定律要求 $\Delta E_{\mathrm{int}}=0$，即气体的热力学能保持不变，而理想气体的热力学能是温度的单值函数，所以，在自由膨胀期间理想气体的温度不变：$T_i=T_f=T$. 因此，在图11-2中，i 点和 f 点一定在同一条等温线上. 因而，一个合适的替代过程就是从状态 i 到状态 f 的真正**沿着**那条等温线进行的可逆等温膨胀. 进一步，因为 T 在整个可逆等温膨胀中不变，所以可大大地简化式（11-1）的积分.

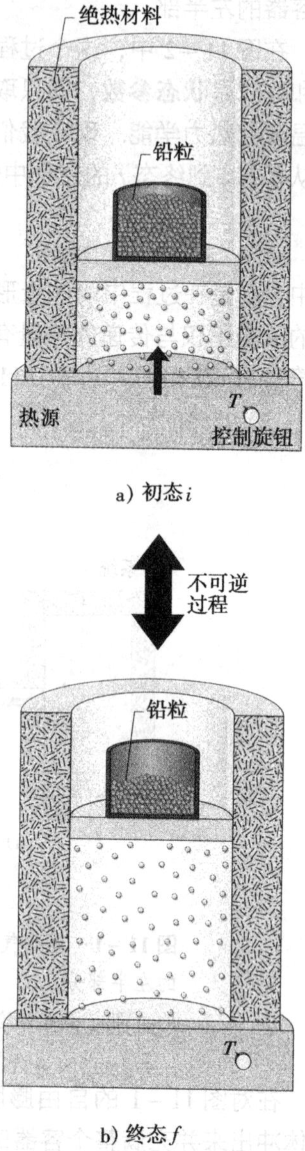

图11-3 在一可逆路径中实现理想气体的等温膨胀. 气体具有与图11-1和图11-2的不可逆过程相同的初态 i 和终态 f.

图11-3说明怎样实现这样一个可逆等温过程. 我们将气体封闭在一个绝热的气缸中，气缸放在一个温度维持在 T 的热源上. 开始时在可移动的活塞上放置适量的铅粒，使气体的压强和体积处于图11-1a中的初态 i，然后缓慢地（一粒一粒地）移走铅粒，直至气体的压强和体积变为图11-1b中的终态 f 为止. 因为气体在整个过程中保持与热源接触，所以它的温度不变.

图11-3的可逆等温膨胀与图11-1的不可逆自由膨胀在物理上很不同. 不过，**这两个过程都具有相同的初态和终态，因此，必定有相同的熵变**. 因为我们缓慢地移开铅粒，气体的中间状态就都是平衡态，于是我们可在 $p-V$ 图上将它们画出来（见图11-4）.

将式（11-1）用于等温膨胀，把不变的温度 T 提到积分号外，得

$$\Delta S = S_f - S_i = \frac{1}{T}\int_i^f \mathrm{d}Q$$

因为 $\int \mathrm{d}Q = Q$，这里的 Q 是在这个过程中以热量形式被传递的总能量，所以我们有

$$\Delta S = S_f - S_i = \frac{Q}{T} \quad \text{（熵变，等温过程）} \qquad (11-2)$$

为了在图11-3的等温膨胀中保持气体的温度不变，热量 Q 必须是**从**热源**向**气体传递的能量. 因此，Q 是正的，而在等温过程中和图11-1中的自由膨胀过程中气体的熵**增加**.

总结起来：

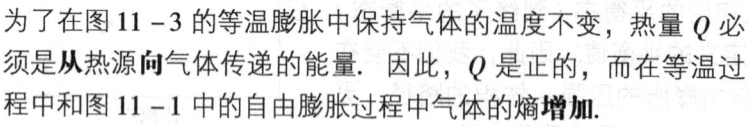

为了求发生在一个**封闭**系统中不可逆过程的熵变，可用任一个连接相同的初态和终态的可逆过程来代替它，然后用式（11-1）计算该可逆过程的熵变.

当一个系统的温度改变相对于过程之前和之后的温度（以K为单位）来说很小时，熵变可近似为

$$\Delta S = S_f - S_i \approx \frac{Q}{T_{avg}} \tag{11-3}$$

式中，T_{avg}是在过程中用 K 表示的系统的平均温度.

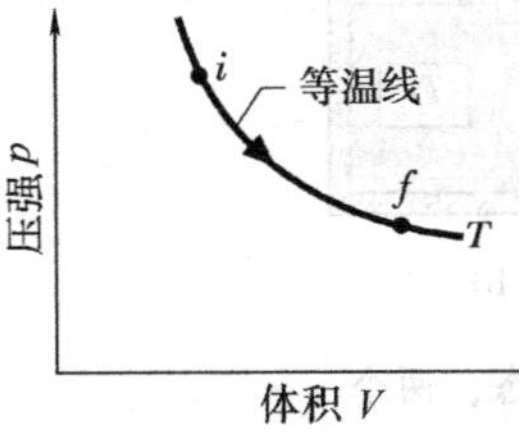

图 11-4 图 11-3 的可逆等温膨胀的 $p-V$ 图. 图中画出了现在是平衡态的中间态.

检查点 1：把水放在炉子上加热. 按照水的温度 (a) 从 20℃ 升高到 30℃、(b) 从 30℃ 升高到 35℃ 和 (c) 从 80℃ 升高到 85℃，根据这些温度变化把它的熵变由大到小排序.

例题 11-1

1mol 氮气被封闭在图 11-1 的容器的左边. 打开活栓使气体的体积加倍. 对这个不可逆过程，气体的熵变是多少？将气体当做理想气体.

【解】 这里有两个**关键点**：一个是我们可以通过计算一个具有同样体积变化的可逆过程的熵变来确定这个不可逆过程的熵变；另一个是在自由膨胀中气体的温度不变. 因此，可逆过程应该是一个等温膨胀，也就是图 11-3 和图 11-4 的过程.

从表 9-4 可知，当气体从初始体积 V_i 在温度 T 下等温地膨胀到终了体积 V_f 时，以热量形式传给气体的能量为

$$Q = nRT\ln\frac{V_f}{V_i}$$

式中，n 是该气体的物质的量. 从式 (11-2) 得出这个可逆过程的熵变为

$$\Delta S_{rev} = \frac{Q}{T} = \frac{nRT\ln(V_f/V_i)}{T} = nR\ln\frac{V_f}{V_i}$$

将 $n = 1.00\text{mol}$ 和 $V_f/V_i = 2$ 代入，得

$$\begin{aligned}\Delta S_{rev} &= nR\ln\frac{V_f}{V_i}\\ &= (1.00\text{mol})[8.31\text{J}/(\text{mol}\cdot\text{K})](\ln 2)\\ &= +5.76\text{J/K}\end{aligned}$$

因此，对于这个自由膨胀（以及对所有其他连接在图 11-2 中显示的初态和终态的过程）的熵变为

$$\Delta S_{irrev} = \Delta S_{rev} = +5.67\ \text{J/K} \quad \text{（答案）}$$

ΔS 是正的，所以熵增加，与 11-1 节的熵假设一致.

检查点 2：这个 $p-V$ 图显示了一定的理想气体在具有温度 T_1 的初态 i 和较高温度 T_2 的终态 a 和 b，气体可沿着图示的路径到达这两个状态. 那么，沿路径到达状态 a 的熵变比沿另一条路径到达状态 b 的熵变是大、是小、还是一样？

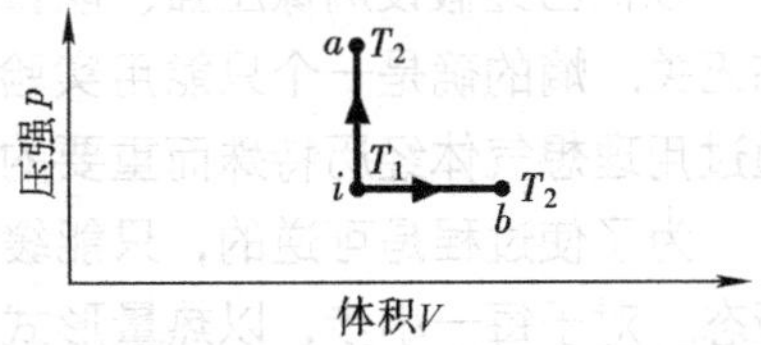

例题 11-2

图 11-5a 表示两个质量为 $m = 1.5$ kg 的相同的铜块 L 和 R：L 的温度为 $T_{iL} = 60℃$；R 的温度为 $T_{iR} = 20℃$. 两铜块都在一绝热盒子中，用绝热板隔开. 当我们将绝热板提起后，两铜块最终达到一个平衡温度 $T_f = 40℃$（见图 11-5b）. 在这个不可逆过程中，两铜块组成的系统的净熵变是多少？铜的比热容为 386 J/（kg·K）.

【解】 这里**关键点**是，为了计算熵变，必须找出一个使系统从图 11-5a 的初态变化到图 11-5b 的终态的可逆过程. 可以用式 (11-1) 来计算可逆过程的净熵变 ΔS_{rev}. 而对于这个不可逆过程，其熵变就等于 ΔS_{rev}. 对这样的可逆过程，我们需要一个可以使其温度缓慢变化（例如，通过旋转一个旋钮）的热源，然后，使铜块按照在图 11-6 中示意的下列两步发生变化.

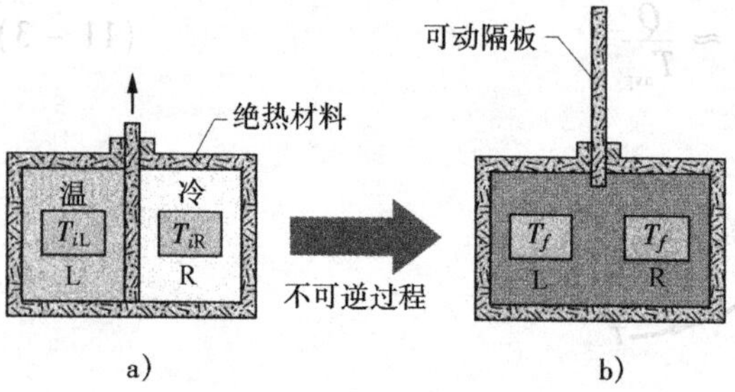

图 11-5　例题 11-2 图. a) 在初始状态，两个除了温度外完全相同的铜块 L 和 R 放在一个绝热盒子中，用绝热板隔开. b) 当隔板移开后，两个铜块以传递热量形式交换能量，最后达到两者具有同一温度 T_f 的终态.

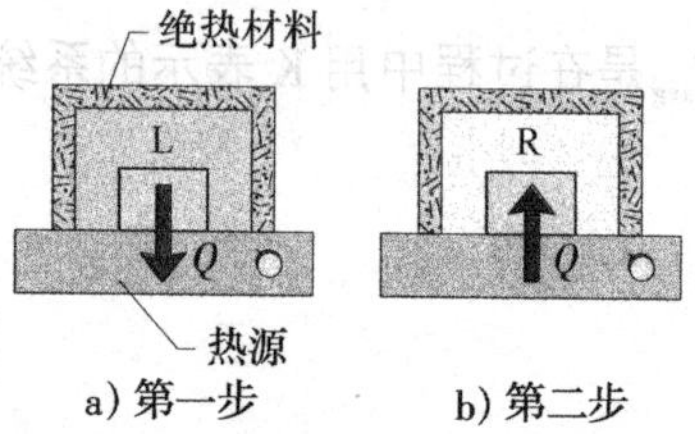

图 11-6　如果用一个具有可控温度的热源，a) 从铜块 L 可逆地提取热量并 b) 将热量可逆地传给铜块 R，图 11-5 的铜块就能够以一种可逆的方式从它们的初态过渡到它们的终态.

第一步，将热源的温度设在 60℃，将铜块 L 放在热源上（由于铜块和热源具有相同的温度，所以它们已经处于热平衡），然后慢慢地将热源和铜块的温度降到 40℃. 在这个过程中，铜块的温度每增加 dT，就有 dQ 的能量以热量形式从铜块传到热源. 用式（10-6）可将这个传递的热量写为 $dQ = mc\,dT$，这里的 c 是铜的比热容. 根据式（11-1），在从初温 T_{iL}（$=60℃=333\ \text{K}$）到终温 T_f（$=40℃=313\ \text{K}$）的整个温度变化期间，铜块 L 的熵变 ΔS_L 为

$$\Delta S_L = \int_i^f \frac{dQ}{T} = \int_{T_{iL}}^{T_f} \frac{mc\,dT}{T} = mc\int_{T_{iL}}^{T_f} \frac{dT}{T} = mc\ln\frac{T_f}{T_{iL}}$$

将已给的数据代入得

$$\Delta S_L = 1.5\text{kg} \times 386\text{J/(kg}\cdot\text{K)} \times \ln\frac{313\text{K}}{333\text{K}} = -35.86\text{J/K}$$

第二步，在热源的温度为 20℃ 时，将铜块 R 放在热源上. 然后，慢慢地将热源的温度和铜块的温度升到 40℃. 与求 ΔS_L 同样的道理，能证明在这个过程中铜块 R 的熵变 ΔS_R 为

$$\Delta S_R = 1.5\text{kg} \times 386\text{J/(kg}\cdot\text{K)} \times \ln\frac{313\text{K}}{293\text{K}} = +38.23\text{J/K}$$

经过这两步可逆过程，两铜块系统的净熵变为

$$\Delta S_{rev} = \Delta S_L + \Delta S_R = -35.86\text{J/K} + 38.23\text{J/K} = 2.4\text{J/K}$$

因此，两铜块系统经历的实际不可逆过程的净熵变为

$$\Delta S_{irrev} = \Delta S_{rev} = 2.4\text{J/K} \qquad \text{（答案）}$$

这个结果是正的，与 11-1 节的熵假设一致.

我们已经假设熵像压强、能量及温度一样，是一个系统状态参数，并且与如何到达那个状态无关. 熵的确是一个只能用实验来导出的**态函数**（像经常称呼状态的特性那样），我们可以通过用理想气体经历特殊而重要的可逆过程来证明.

为了使过程是可逆的，只能缓慢地通过一系列微小的步骤，在每一步终了时气体都处于平衡态. 对于每一小步，以热量形式传给气体或从气体中传出的能量为 dQ，气体做功为 dW，热力学能改变为 dE_{int}. 根据微分形式的热力学第一定律式（10-16），这些量的关系为

$$dE_{int} = dQ - dW$$

因为在每一步中气体都处于平衡态，都是可逆的，所以可用式（10-13）的 $p\,dV$ 来代替 dW，仿照式（10-23）用 $nC_{V,m}dT$ 来代替 dE_{int}，然后解出 dQ，得

$$dQ = p\,dV + nC_{V,m}dT$$

利用理想气体定律，将 p 用 nRT/V 来代替，然后，用 T 去除式中的每一项，得

$$\frac{dQ}{T} = nR\frac{dV}{V} + nC_{V,m}\frac{dT}{T}$$

现在让我们在一个任意的初态 i 和任意的终态 f 之间，对这个式子的每一项求积分，得

$$\int_i^f \frac{dQ}{T} = \int_i^f nR\frac{dV}{V} + \int_i^f nC_{V,m}\frac{dT}{T}$$

左边的量即为由式（11-1）定义的熵变 $\Delta S(=S_f - S_i)$. 用式（11-1）代替这个式子的左边并对右边的量积分即得

$$\Delta S = S_f - S_i = nR\ln\frac{V_f}{V_i} + nC_{V,m}\ln\frac{T_f}{T_i} \qquad (11-4)$$

注意，当我们积分时并不需要说明是哪一种特殊的可逆过程. 所以，这个积分对所有的从状态 i 到状态 f 的可逆过程均成立. 因此，理想气体在初态和终态之间的熵变 ΔS 只与初态（V_i 和 T_i）和终态（V_f 和 T_f）的参数有关；ΔS 与气体在两态之间的变化过程无关.

11-3 热力学第二定律

在这里有一个困惑. 我们在例题 11-1 中看到，如果使图 11-3 的可逆过程从 a）到 b）进行，作为我们系统气体的熵变就是正的. 然而，因为过程是可逆的，所以我们同样能很容易地使它从 b）到 a）进行，只需通过缓慢地将铅粒加在图 11-3b 的活塞上，直至气体恢复到原来的体积. 在这相反的过程中，从气体以热量形式抽出能量，以阻止其温度升高. 因此，Q 是负的，并因此从式（11-2）可知，气体的熵一定减少.

气体熵的这种减少违反 11-1 节中说的熵总是增加的假设吗？没有，因为那个假设只适用于发生在封闭系统中的**不可逆**过程. 这里所说的过程不满足这样的要求. 这个过程**不是**不可逆过程，因为（由于能量以热量形式从气体传给了热源）系统——即气体本身——**不是**封闭的.

然而，如果我们把热源和气体一起包括在系统之内作为系统的一部分，我们就真正有了一个封闭系统. 让我们核对一下这个扩大了的**气体+热源**系统经历图 11-3 中从 b）到 a）的过程的熵变. 在这个可逆过程中，能量以热量形式从气体传到热源——即从扩大的系统的一部分传到另一部分. 令 $|Q|$ 表示这个热量的绝对值（即大小）. 由式（11-2），我们可分别算出气体（损失 $|Q|$）和热源（得到 $|Q|$）的熵变，即

$$\Delta S_{\text{gas}} = -\frac{|Q|}{T}$$

和

$$\Delta S_{\text{rev}} = +\frac{|Q|}{T}$$

这一封闭系统的熵变就是这两个量的和，**它是零.**

利用这一结果，我们可修正 11-1 节的熵假设，使之既包含可逆过程，也包含不可逆过程：

> 如果一个过程发生在**封闭**系统中，对不可逆过程，系统的熵增加；对可逆过程，系统的熵不变. 系统的熵永不减少.

虽然封闭系统的一部分熵也许减少，但在系统的另一部分将总有一个等量的或更大的熵增加，使得系统作为一个整体的熵永不减少. 这一事实是**热力学第二定律**的一种形式，可写成

$$\Delta S \geqslant 0 \quad (\text{热力学第二定律}) \qquad (11-5)$$

式中大于号用于不可逆过程，等于号用于可逆过程. 式（11-5）给出的结论，也叫**熵增加原**

理，它仅适用于封闭系统.

在现实世界中，系统的熵保持不变的过程总是理想的. 对一定范围而言，由于摩擦、湍流及其他因素，几乎所有的自发过程都是不可逆的，所以一切自发过程只有在按系统熵值增加的方向才能发生. 由此我们可以根据熵的变化来判断实际过程是否能够发生以及沿什么方向进行. 因此，热力学第二定律也是自然界的一条基本规律.

在下两节中，我们将结合热机和制冷机效率的推导，说明现实世界中的熵及热力学第二定律在这些特殊过程中的**等价表述形式**.

11-4　现实世界中的熵：热机

热发动机，简称**热机**，是一种从外界以热量形式吸收能量并做有用功的装置. 在每一部热机的内部都有一种**工作物质**. 在蒸汽发动机中，工作物质是水，它有蒸汽和液态两种形式. 在汽车发动机中，工作物质是汽油-空气的混合物. 如果一台热机要持续地做功，工作物质就必须**循环**工作，即工作物质必须经过由一连串叫做**冲程**的热力学过程组成的闭合系列，一次又一次地返回循环中的每一个状态. 让我们看看热力学第二定律对有关热机的工作能告诉我们一些什么.

1. 卡诺热机

我们已经看到，通过分析遵循简单定律 $pV=nRT$ 的理想气体，就能知道许多有关实际气体的知识. 这是一个有用的方法，因为，虽然理想气体不存在，但在密度足够低的条件下任何实际气体的行为都可以任意地接近理想气体. 用完全一样的思路，我们通过分析**理想热机**的行为来研究实际的热机.

在一部理想热机中，所有的过程都是可逆的，并且没有由于诸如摩擦和湍流造成浪费能量的传递.

我们将特别关注一种特殊的理想的热机，称为**卡诺热机**，它是以在 1824 年首次提出热机概念的法国科学家和工程师卡诺的名字命名的. 这种理想的热机在以热量形式利用能量做有用功方面是最好的（原则上）. 令人惊奇的是，卡诺在热力学第一定律和熵的概念被发现之前，就能分析这种热机的行为.

当卡诺热机在工作时，其工作物质（简称工质）进行的正是 10-6 节中介绍的卡诺循环.

图 11-7 是一部卡诺热机工作过程的示意图. 在这种热机的每一个循环中，工质温度从恒为 T_H 的热源以热量形式吸收能量 $|Q_H|$ 并且向第二个温度恒为 T_L 的低温热源以热量形式放出能量 $|Q_L|$.

图 11-8 画出了一个**卡诺热机**——工质所遵循的循环过程的 $p-V$ 图. 如箭头指示，循环沿顺时针方向进行. 想象工质是气体，被一个重的、可移动的活塞封闭在一个绝热气缸中. 气缸既可以放在两个热源上，像图 11-3 所示，也可以放在一块绝热板上. 如图 11-8 所示，如果我们使气缸与温度为 T_H 的高温热源接触，当气体经历一个体积从 V_a 到 V_b 的等温**膨胀**时，热量 $|Q_H|$ 就**从**这个热源传**给**工质. 同样，如果工质与温度为 T_L 的低温热源接触，当气体经历一个体积从 V_c 到 V_d 的等温**压缩**时，热量 $|Q_L|$ 就**从**工质传**给**这个低温热源.

在图 11-7 的热机中，我们假设对于工质的热传递**只**能发生在图 11-8 的等温过程 ab 和 cd 中. 因此，在图中连接两条温度为 T_H 和 T_L 的等温线的过程 bc 和 da 一定是（可逆的）绝热过程，即它们一定是没有以热量形式传递能量的过程．为保证这一点，在 bc 和 da 过程中，当工质的体积改变时，把气缸放在一块绝热板上．

在图 11-8 的过程 ab 和 bc 相继进行时，工质膨胀，并因此在它举起重的活塞时做正功．这个功由图 11-8 中曲线 abc 下的面积表示．在随后的过程 cd 和 da 中，工质被压缩，这意味着它对外界做负功，或等价地说，由于重的活塞下降，外界对工质做功．这个功由曲线 cda 下的面积表示．**每一个循环的净功**，在图 11-7 和图 11-8 中都用 W 表示，是这两个面积之差，并且是一个等于图 11-8 中循环 $abcda$ 包围的面积的正量．这个功 W 是系统对某个外面的物体，例如一个要举起的负载，所做的功．

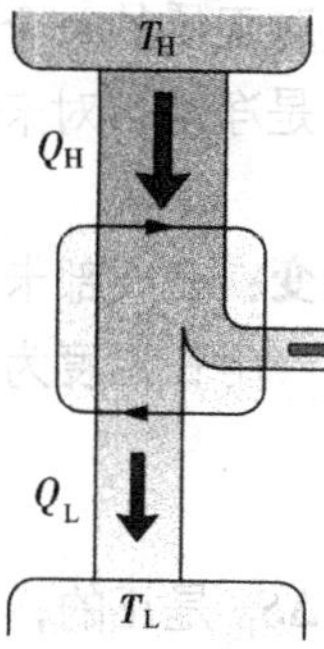

图 11-7 热机的基本要素．在中央回路上两个黑色的箭头表示工质在一个循环中的工作，就像在 $p-V$ 图上一样．能量 $|Q_H|$ 以热量形式从温度为 T_H 的高温热源传给工作物质．能量 $|Q_L|$ 以热量形式从工质传给温度为 T_L 的低温热源．热机（实际上是工作物质）对外做功 W.

关系式 $\Delta S=\int dQ/T$ 告诉我们，任何以热量形式进行的能量传递一定伴随着熵的改变．为了说明一个卡诺循环的熵变，我们可以将卡诺循环画在温-熵（$T-S$）图上，如图 11-9 所示．在图 11-9 中标有字母 a，b，c 和 d 的点与在图 11-8 中 $p-V$ 图上的点对应．在图 11-9 中，两条水平线对应于卡诺循环的两个等温过程（因为温度不变）．过程 ab 是这个循环的等温膨胀．在膨胀过程中，由于工质在恒定的温度 T_H 下（可逆地）以热量形式吸收能量 $|Q_H|$，所以它的熵增加．同样地，在等温压缩过程 cd 中，由于工质在恒定温度 T_L 下（可逆地）以热量形式放出能量 $|Q_L|$，所以它的熵减少．

在图 11-9 中，两条垂线对应于卡诺循环的两个绝热过程．因为在这两个过程中没有能量以热量的形式传递，所以在这两个过程中工质的熵是常量．

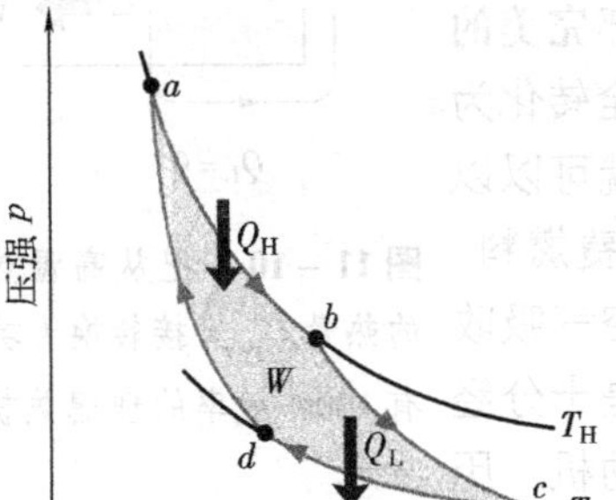

图 11-8 图 11-7 中卡诺热机的工质进行的循环的 $p-V$ 图．这个循环由两个等温过程（ab 和 cd）及两个绝热过程（bc 和 da）组成．循环所包围的阴影面积等于卡诺热机在每循环所做的功 W.

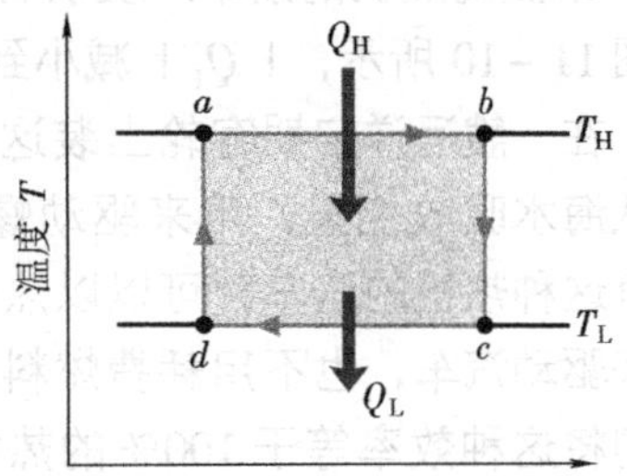

图 11-9 图 11-8 的卡诺循环在温-熵图上的表示．在 ab 和 cd 过程中，温度保持恒定．在 bc 和 da 过程中，熵保持恒定．

功：为了计算卡诺热机在一个循环中所做的净功，我们对工质应用式（10-15），即热力学第一定律（$\Delta E_{int}=Q-W$）．该工质必定能一次又一次地返回循环中任意选定的状态．因此，如果 X 表示工质的任一个状态参数，例如压强、温度、体积或熵，对每一个循环一定有 $\Delta X=0$.

因此，对工质的一个完整的循环，$\Delta E_{int}=0$. 回想在式（10-15）中 Q 是每一循环净传递的热量，W 是净功，对卡诺循环我们能够将热力学第一定律写成

$$W=|Q_H|-|Q_L| \tag{11-6}$$

熵变：在一部卡诺热机中，有两个（并且只有两个）可逆的热量传递．因此，工质有两个熵变，一个在温度为 T_H 时，而另一个在温度为 T_L 时．因此，每一循环的净熵变为

$$\Delta S=\Delta S_H+\Delta S_L=\frac{|Q_H|}{T_H}-\frac{|Q_L|}{T_L} \tag{11-7}$$

式中，ΔS_H 是正的，因为 $|Q_H|$ 是**加给**工作物质的热量（熵增加）；ΔS_L 为负，因为 $|Q_L|$ 是**从**工质**移走**的热量（熵减少）．因为熵是态函数，所以对一个完整的循环，一定有 $\Delta S=0$. 要使式（11-7）中 $\Delta S=0$，则要求

$$\frac{|Q_H|}{T_H}=\frac{|Q_L|}{T_L} \tag{11-8}$$

注意，因为 $T_H>T_L$，所以一定有 $|Q_H|>|Q_L|$，即以热量形式从高温热源吸收的能量比向低温热源放出的多．

卡诺热机的效率可采用式（10-47）表示，这里可写为

$$\eta_{卡}=1-\frac{T_L}{T_H}\text{（卡诺热机，效率）} \tag{11-9}$$

由于 $T_L<T_H$，所以卡诺热机的效率必定小于100%．这表明了在图11-7中从高温热源以热量形式吸收的能量只有一部分用来做功，而其余的放给低温热源．在11-6节中我们将证明，没有一部实际的热机能有一个大于根据式（11-9）算出的热效率．

发明者们不断地尝试通过减少在每一个循环中被"抛弃的"能量 $|Q_L|$ 来提高热机的效率．发明者的梦想是造出一部**完美的热机**，如图11-10所示，$|Q_L|$ 减小到零，而 $|Q_H|$ 完全转化为功．例如，在一艘远洋定期客轮上装这样一部热机，它就可以以热量形式从海水吸收能量，用来驱动螺旋桨，而不用耗费燃料．一辆安装有这种热机的汽车，可以以热量形式从周围的空气吸收能量，用来驱动汽车，也不用耗费燃料．可见这种热机是十分经济的．人们将这种效率等于100%的热机称为第二类永动机．历史上曾有人企图制造这种机器，但后来发现这种完美的热机只是一个梦：对式（11-9）的考察表明，我们能够获得100%的热机效率（即 $\eta=1$），只有在 $T_L=0$ 或 $T_H\to\infty$ 时，而这个要求是不可能满足的．取而代之的是，从长期的工程实践经验中已得到热力学第二定律的另一种表述，称为**热力学第二定律的开尔文表述**：

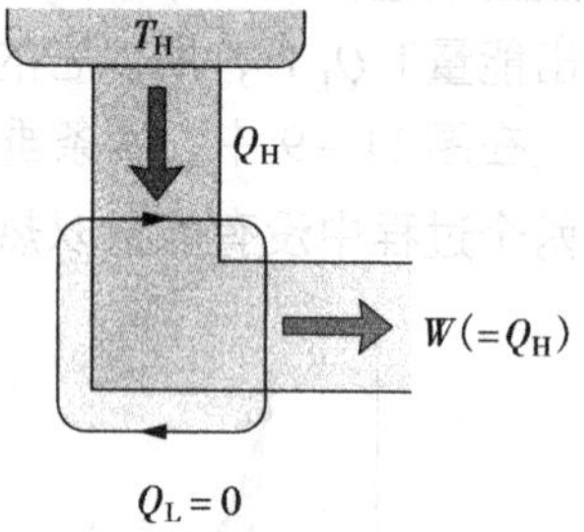

图11-10 把从高温热源吸收的热量 Q_H 直接转换为功 W 而具有100%效率的理想热机的基本要素．

不可能存在一系列过程，其惟一效果是以热量形式从单一热源传出能量，并将这些能量全部转换为有用功而不引起其他变化．

此叙述说明了功变热的过程是不可逆的．简单来说，热力学第二定律也可以表述为：**第二类永动机不可能制成**．

总结一下：式（11-9）给出的热效率只适用于卡诺热机．循环过程不可逆的实际热机具有较低的效率．如果我们的车由卡诺热机驱动，根据式（11-9），应有一个大约55%的效率；但它的实际效率可能约为25%．一个核动力工厂，就总体而言，就是一部热机．它从反应堆以热量形式吸收能量，用一个涡轮机做功，并以热量形式向附近的河流释放能量．如果此动力厂像一台卡诺热机那样运行，效率预计约为40%，但它的实际效率约为30%．当设计任何类型的热机时，完全没有办法超过由式（11-9）所施加的效率限制．

例题 11-3

设一部卡诺热机工作在温度为 $T_H=850$ K 和 $T_L=300$ K 之间．热机每循环做功为 1200 J，需要时间为 0.25 s.

(a) 该热机的效率是多少？

【解】 这里**关键点**是，卡诺热机的效率只依赖于与热机相接触的两个热源的温度（以 K 为单位）的比率 T_L/T_H．因此，从式（11-11），有

$$\eta=1-\frac{T_L}{T_H}=1-\frac{300\mathrm{K}}{850\mathrm{K}}=0.647\approx 65\%$$

（答案）

(b) 该热机的平均功率是多少？

【解】 这里**关键点**是，热机的平均功率是它在每个循环中所做的功与每个循环所需时间的比率，对于此热机，得

$$P=\frac{W}{t}=\frac{1200\mathrm{J}}{0.25\mathrm{s}}=4800\mathrm{W}=4.8\mathrm{kW}\text{（答案）}$$

(c) 在每个循环中以热量形式从高温热源吸收多少能量 $|Q_H|$？

【解】 这里**关键点**是，对于任何热机，包括卡诺热机，效率 η 是每个循环所做的功与每个循环以热量形式从高温热源吸收的能量 $|Q_H|$ 的比率（$\eta=W/|Q_H|$）．因此，

$$|Q_H|=\frac{W}{\eta}=\frac{1200\mathrm{J}}{0.647}=1855\mathrm{J}\quad\text{（答案）}$$

(d) 在每循环中以热量形式向低温热源放出多少能量 $|Q_L|$？

【解】 这里**关键点**是，对于卡诺热机，如式（11-6）所示，每个循环所做的功等于以热量形式所传递的能量差 $|Q_H|-|Q_L|$．因此，

$$|Q_L|=|Q_H|-W=1855\mathrm{J}-1200\mathrm{J}=655\mathrm{J}$$

（答案）

(e) 对于从高温热源对它的能量传递，工作物质的熵变是多少？对低温热源呢？

【解】 这里**关键点**是，在恒定的温度下以热量形式传递能量 Q 的过程中的熵变 ΔS，由式（11-2）（$\Delta S=Q/T$）给出．因此，对从温度为 T_H 的高温热源的能量 Q_H 的**正**传递，工作物质的熵变为

$$\Delta S_H=\frac{Q_H}{T_H}=\frac{1855\mathrm{J}}{850\mathrm{K}}=+2.18\mathrm{J/K}\quad\text{（答案）}$$

同样，对向温度 T_L 的低温热源的能量 Q_L 的**负**传递，有

$$\Delta S_L=\frac{Q_L}{T_L}=\frac{-655\mathrm{J}}{300\mathrm{K}}=-2.18\mathrm{J/K}\quad\text{（答案）}$$

注意，像我们在推导式（11-8）中所讨论的一样，对一个循环工作物质的净熵变为0.

例题 11-4

一位发明者宣称已经制成一部热机，它在水的沸点和冰点之间运行时，具有75%的效率．这可能吗？

【解】 这里**关键点**是，实际热机的效率（由于它的不可逆过程和能量传递的浪费）一定小于工作在相同的两个温度之间的卡诺热机的效率．从式（11-9）可知，工作在水的沸点和冰点之间的卡诺热机的效率为

$$\eta=1-\frac{T_L}{T_H}=1-\frac{(0+273)\mathrm{K}}{(100+273)\mathrm{K}}=0.268\approx 27\%$$

因此，对于一部工作在所给的两个温度之间的实际热机，所宣称的75%的效率是不可能的.

解题线索

线索1：热力学的语言

在热力学的科学和工程研究中使用了大量但有时会误导的语言．也许会看到这样的说法：热量被加入、吸收、减去、抽出、抛弃、放出、丢弃、收回、

释放、获得、失去、转移或排出，或者热量从一个物体流到另一个物体（就像它是液体）．还可能看到像物体**具有**热量（好像热能够被容纳或拥有），或者物体的热量增加或减少这样的说法．但应该永远记着**热量**这个词说的是什么．

热量是由于两物体的温差而造成的从一个物体传给到另一个物体的能量．

当我们将其中一个物体作为我们关注的系统时，任何这样传入系统的能量都是正热量 Q，而任何这样从系统传出的能量都是负热量 Q．

对**功**这个词也要密切注意．也许会看到产生或发出功，或者功和热相结合或热转化为功等说法．下面是**功**这个词的含义：

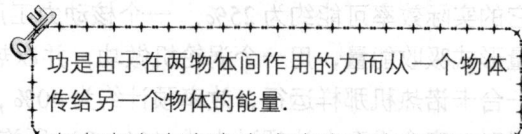

功是由于在两物体间作用的力而从一个物体传给另一个物体的能量．

当我们将其中一个物体作为我们关注的系统时，任何这样从系统传出的能量，都既是**由**系统做的正功 W，也是**对**系统做的负功 W．任何这样传入系统内的能量，都既是**由**系统做的负功，也是**对**系统做的正功．（所用的介词很重要．）显然，这可能被混淆——无论什么时候见到**功**这个词时，都应该仔细地辨认以便确定它的含义．

11-5　现实世界中的熵：制冷机

制冷机是一种当它不断地重复一系列的热力学过程时，将能量从低温热源传到高温热源的装置．例如，在家用电冰箱中，电动压缩机做功将能量从食物储存室（低温热源）传到房间（高温热源）．

空调和热泵也是制冷机，不同之处仅在于高温和低温热源的性质．对于空调来说，低温热源是要冷却的房间，高温热源是（认为是更热的）户外．热泵是一台能反向工作以加热房间的空调，房间是高温热源，并且能量从（认为是更冷的）户外传入房间．

让我们来考虑一**部理想的制冷机**：

在一台理想的制冷机中，所有的过程都是可逆的，并且没有由于诸如摩擦和湍流造成的浪费能量的传递．

图 11-11 表示一部理想的制冷机的基本要素，这台制冷机的运行与图 11-7 的卡诺热机相反．换言之，所有的能量传递，不管是功还是热量，都与一台卡诺热机的能量传递相反．我们可以把这样的一台理想的制冷机称为**卡诺制冷机**．

制冷机的设计者喜欢用最少量的功 $|W|$（我们要支付的）从低温热源吸出尽可能多的热量 $|Q_L|$（我们想要的）．因此，制冷机效率的度量就是

$$K=\frac{\text{我们想要的}}{\text{我们要支付的}}=\frac{|Q_L|}{|W|}\quad\text{（任何制冷机的制冷系数）}\tag{11-10}$$

式中，K 被称为**制冷系数**．对于卡诺制冷机，热力学第一定律给出 $W=|Q_H|-|Q_L|$．这里的 $|Q_H|$ 是以热量形式传给高温热源的能量的大小．于是，式（11-10）将变为

$$K_C=\frac{|Q_L|}{|Q_H|-|Q_L|}\tag{11-11}$$

因为一部卡诺制冷机是一部沿反方向运行的卡诺热机，可以联立式（11-8）和式（11-11），经代数运算得

$$K_C=\frac{T_L}{T_H-T_L}\quad\text{（卡诺制冷机的制冷系数）}\tag{11-12}$$

对典型的房间空调，$K\approx 2.5$；对家用冰箱，$K\approx 5$. 相反地，两个热源的温度越接近，K 的值就越高. 这就是为什么热泵在温和的气候中比在户外温度变化很大的气候中更有效的原因.

拥有一台不需要输入功的制冷机——即不用接上电源就能运行的制冷机是美好的. 图 11-12 描述了另一个"发明者的梦想"，一台毋需对它做功而能将热量 Q 从冷源转移到热源的**完美的制冷机**. 因为该装置在循环中工作，所以工质的熵在一个完整的循环中不变. 然而，两个热源的熵确实发生了改变：对冷源，熵变为 $-|Q|/T_L$；对热源，熵变为 $+|Q|/T_H$. 因此，整个系统的净熵变为

$$\Delta S=-\frac{|Q|}{T_L}+\frac{|Q|}{T_H}$$

因为 $T_H>T_L$，所以这个等式的右边是负的，因此，对于封闭系统**制冷机+两个热源**的每一个循环的净熵变也是负的. 因为这样的熵减少违背热力学第二定律，所以完美的制冷机不存在（如果想让制冷机运行，就必须接上电源）.

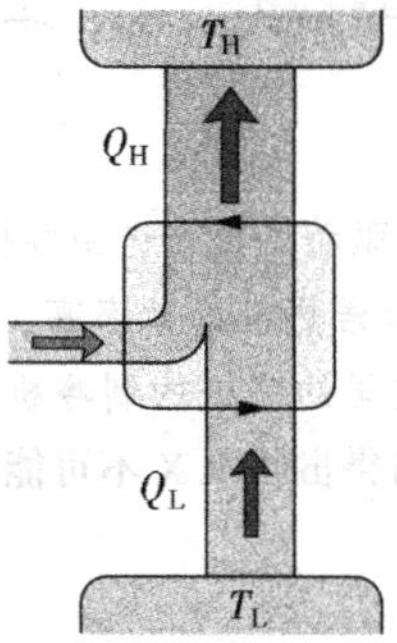

图 11-11 制冷机的基本要素. 在中央回路上的两个黑色的箭头表示工质在一个循环中的工作，就像在 $p-V$ 图上一样. 能量 Q_L 以热量形式从低温热源传给工质. 能量 Q_H 以热量形式从工质传给高温热源. 外界中某种东西对制冷机（对工作物质）做功 W.

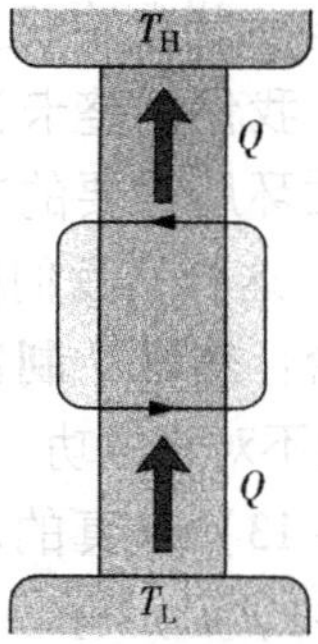

图 11-12 完美的制冷机——即毋需任何功的输入将能量从低温热源转移到高温热源的机器的基本要素.

这个结果导出热力学第二定律的另一种（等价的）表述，称为**热力学第二定律的克劳修斯表述**：

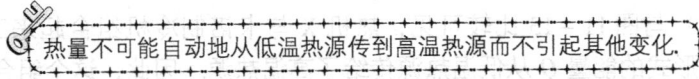

热量不可能自动地从低温热源传到高温热源而不引起其他变化.

这种表述说明了热传导的过程是不可逆的.

由以上结合现实世界的熵对热机和制冷机所作的讨论来看，自然界中自发进行的过程都是不可逆的，而且都是按确定的方向进行的. 各种不可逆过程看起来似乎互不相关，但实际上它们却是互相关联的，这就是说，用各种各样曲折复杂的方法，可以把两个不同的不可逆过程联系起来，从一个过程的不可逆性推断出另一个过程的不可逆性. 因此，对任何一个实际过程进行方向的说明，都可以作为热力学第二定律的表述. 但不管具体表述方式如何，热力学第二定律的实质在于：**与热现象有关的一切实际宏观过程都是不可逆的**. 热力学第二定律所揭示的这

一客观规律向人们指出，一切涉及热现象的过程不仅必须满足能量守恒，而且具有方向性和局限性. 因此，热力学第一定律与热力学第二定律都是热力学的基本规律.

11-6 实际热机的效率

设 $\eta_卡$ 为一台工作在两个给定的温度之间的卡诺热机的效率. 在本节中，我们将证明没有一台运行在那两个温度之间的实际热机能有大于 $\eta_卡$ 的效率. 如果它可能，该热机将违背热力学第二定律.

假设一位在自己的修理厂内工作的发明者装配了一台热机 X，并宣称该热机的效率 η_X 大于 $\eta_卡$：

$$\eta_X > \eta_卡 \qquad (11-13)$$

让我们将热机 X 与卡诺制冷机连起来，如图 11-13a 所示. 我们调整卡诺制冷机的冲程，使它每个循环所需要的功恰好等于热机 X 提供的功. 这样，我们的系统——图 11-13a 的组合：**热机 + 制冷机**，既不对外做功，外界也不对它做功.

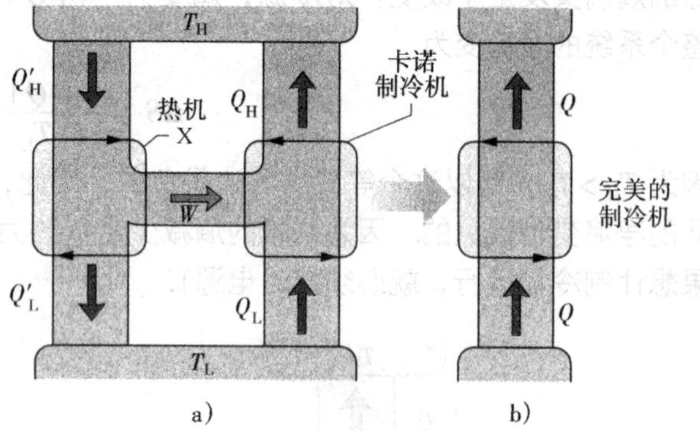

图 11-13 a) 热机 X 驱动一台卡诺制冷机. b) 如果像宣称的那样，热机 X 比卡诺热机的效率高，则在 a) 中的组合等价于一台展示在这里的完美的制冷机. 这违背了热力学第二定律，所以我们得出热机 X **不可能**有比卡诺热机更高的效率的结论.

如果式 (11-13) 是真的，则从效率的定义式 (10-44)，必定有

$$\frac{|W|}{|Q'_H|} > \frac{|W|}{|Q_H|}$$

式中，撇号表示热机 X，不等式的右边是当卡诺制冷机作为一台热机运行时的效率. 这个不等式要求

$$|Q_H| > |Q'_H| \qquad (11-14)$$

因为热机 X 所做的功等于对卡诺制冷机做的功，从式 (11-6)，有

$$|Q_H| - |Q_L| = |Q'_H| - |Q'_L|$$

可以将它写成

$$|Q_H| - |Q'_H| = |Q_L| - |Q'_L| = Q \qquad (11-15)$$

由于式 (11-14) 知，式 (11-15) 中的量 Q 一定是正的.

将式 (11-15) 与图 11-13 比较可见，热机 X 与卡诺制冷机组合起来工作的净效果是毋需做功就把以热量形式的能量 Q 从低温热源传给了高温热源. 因此，这个组合就像图 11-12 所示的完美的制冷机一样，它的存在是违背热力学第二定律的.

在我们的一个或多个假设中一定出现了错误，并且只可能是式 (11-13). 由此，我们得到下面的结论：**当都在相同的两个温度之间工作时，没有一台实际的热机能具有比卡诺热机更高的效率**. 它至多能有一个与卡诺热机的效率相等，在那种情况下，热机 X 就是一台卡诺热机.

11-7 热力学第二定律和熵的微观意义

在第 9 章中，我们看到气体的宏观性质可用它们的微观的、或分子的行为来解释. 例如，

我们曾通过计算弹回的气体分子传递给器壁的动量从微观的角度来说明气体对器壁压强的意义.

本节我们将分析热力学第二定律和熵的微观意义.

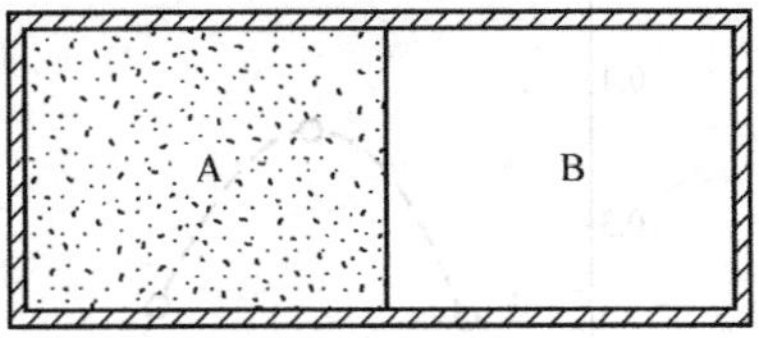

图 11－14 密闭容器被隔板分成容积相等的 A、B 两部分，A 侧有气体，B 侧为真空.

1. 宏观状态和微观状态

我们先结合气体自由膨胀的例子来分析热力学第二定律的微观意义. 如图 11－14 所示，有一密闭的长方形容器，中间用一隔板将它分成容积相等的两部分 A 和 B. A 侧有气体，B 侧为真空，现在来分析抽掉隔板后气体分子在容器中可能的位置分布情况.

设容器中共有四个分子：a、b、c、d. 在不规则运动中的任一时刻，每个分子既可能在 A 侧也可能在 B 侧. 如果按分子在 A 侧或 B 侧来区分，这个由四个分子组成的系统共有 16 种可能的分布（见表 11－1），每一种分布都是系统的一种可能的**微观状态**. 如果不需具体区分究竟哪个分子在 A 侧、哪个分子在 B 侧，而只要了解 A、B 两侧各有几个分子，那么如表 11－1 所示，只有 5 种可能的分布，这些都是系统的可能的**宏观状态**. 由此可见，每一个宏观状态可以包含多个微观状态. 图 11－15 是以每一种宏观状态所包含的微观状态相对数（微观状态数占微观状态总数的比例）P 为纵坐标，以分布在 A 侧的分子数 n 为横坐标，将对应于 5 种宏观状态的点用虚线连接成的图线. 这是一种钟形曲线，中间高，两侧对称地降低.

表 11－1

微观状态 A	微观状态 B	宏观状态	宏观状态包含的微观状态数 W	微观状态数占微观状态总数的比例 P
abcd		A4 B0	1	$\frac{1}{16}=0.063$
abc bcd cda dab	d a b c	A3 B1	4	$\frac{4}{16}=0.250$
ab ac ad bc bd cd	cd bd bc ad ac ab	A2 B2	6	$\frac{6}{16}=0.375$
a b c d	bcd cda dab abc	A1 B3	4	$\frac{4}{16}=0.250$
	abcd	A0 B4	1	$\frac{1}{16}=0.063$

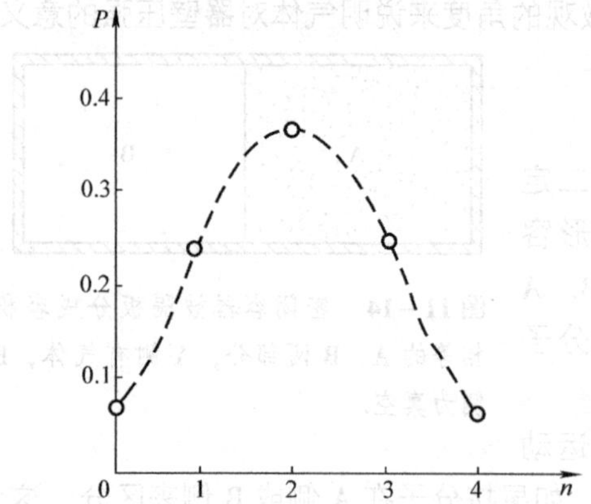

图11-15 以每一种宏观状态所包含的微观状态相对数 P 为纵坐标，以 A 侧的分子数 n 为横坐标，将5种对应于宏观状态的点用虚线连成的图线.

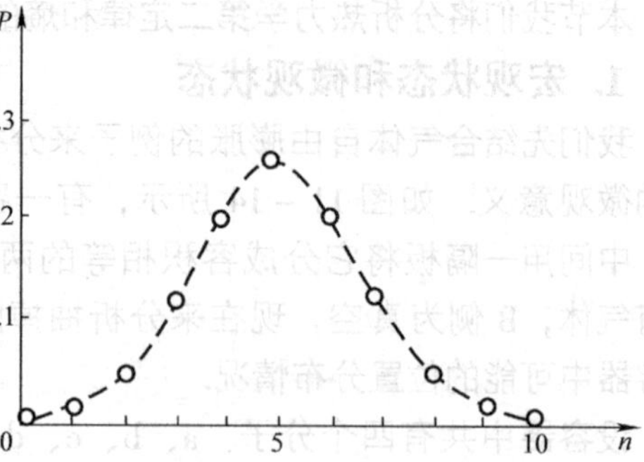

图11-16 10个分子的情况，以 P 为纵坐标，以 n 为横坐标，将对应于11种宏观状态的点连成的图线.

请读者自己列出容器内有10个分子时可能的宏观状态以及每种宏观状态所包含的微观状态数目㊀. 图11-16是这种情况下以 P 为纵坐标，以分布在A侧的分子数 n 为横坐标，将得到对应于11种宏观状态的点连成的图线.

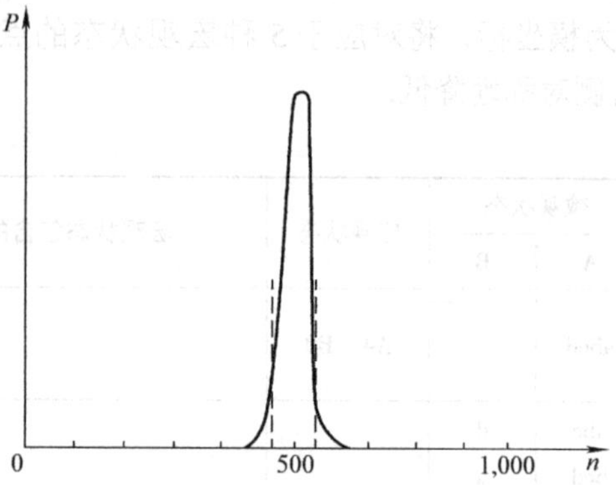

图11-17 1000个分子的情况下，以 P 为纵坐标，以 n 为横坐标作出的图线.

上面曾提到，一个宏观状态可以包含多个微观状态. 设想容器中有1000个分子，则可以算出，A450B550的宏观状态将包含 1.83×10^{297} 个微观状态，而A500B500的宏观状态则包含 2.73×10^{299} 个微观状态，这说明，组成系统的分子数越多，一个宏观状态所包含的微观状态数目一般也越多，上一章曾提到一摩尔的物质所包含的分子数为阿伏伽德罗常量 $N_A = 6.02\times10^{23}\text{mol}^{-1}$，因此一个实际气体系统所包含分子数的量级为 10^{23}，在这种情况下，一个宏观状态所包含的微观状态数目一般就非常非常大了.

从表11-1和图11-15及11-16还可以看出，每一个宏观状态所包含的微观状态数目一般是不相同的. 在表11-1中A、B两侧分子数相等或接近相等的宏观状态所包含的微观状态最多. 但是在分子数较少的情况下，它们所占微观状态总数的比例并不大. 计算表明，分子总数越多，则A、B两侧分子数相等或接近相等的宏观状态所包含微观状态数目所占微观状态总数的比例也越大，对于包含 10^{23} 量级分子数的实际气体系统来说，这一比例几乎是百分之百. 图11-17所示是系统包含1000个分子的情况下以 P 为纵坐标，以A所含分子数 n 为横坐标作出的图线，由图可见，这种情况下状态分布曲线变得很窄.

在一定的宏观条件下，既然有多种可能的宏观状态，那么究竟哪一种状态是实际上被观察

㊀ 根据概率论，如果总分子数为 N，则A侧有 n 个分子这一宏观状态所包含的微观状态数目为

$$W=\frac{N!}{n!(N-n)!}$$

到的呢？回答这个问题需要用到统计理论中的一个基本假设：**对于孤立系统，各个微观状态出现的可能性是相同的**. 这样，哪一种宏观状态包含的微观状态多，它出现的可能性就大，它就是实际上被观察到的宏观状态. 就目前所考虑的密闭容器内的气体来说，A、B两侧分子数相等或接近相等的那些宏观状态，对于分子总数极多的实际气体系统，这些在位置上"均匀分布"的宏观状态所包含的微观状态几乎占微观状态总数的百分之百，所以实际被观察到的总是这些状态. 实际上，包含微观状态最多的宏观状态就是系统在这一宏观条件下的**平衡态**. **气体自由膨胀是由非平衡态向平衡态转变的过程**，因而**从微观上讲，就是由包含微观状态少的宏观状态向包含微观状态多的宏观状态进行的过程**. 相反的过程，在没有外界影响的条件下是不可能发生的，这就是气体自由膨胀过程的不可逆性的微观实质.

2. 热力学第二定律的微观意义

分析上述例子所得到的结论事实上有普遍意义. 这就是说，热力学第二定律的微观意义是：**在孤立系统内部所发生的过程，总是由包含微观状态数目少的宏观状态向包含微观状态数目多的宏观状态进行**.

在热力学中，我们定义**任一宏观状态所包含的微观状态数目**为该宏观状态的**热力学概率**，用 W 表示.

由上面的分析可知，对于孤立系统，在一定条件下 W 值最大的状态就是平衡态；如果系统原来所处的宏观状态 W 值不是最大，那么系统就处在非平衡态，而随着时间的推移系统将向 W 值增大的宏观状态过渡，最后达到 W 值为最大的平衡态. 因而从微观上看，热力学第二定律的意义也可以理解为：**在孤立系统内部所发生的过程，总是由热力学概率小的宏观状态向热力学概率大的宏观状态进行**.

热力学系统是由大量作无序运动的分子组成的，因为任何热力学过程都伴随着分子的无序运动状态的变化，实际上，热力学概率是与分子运动的无序性相联系的. 概括地讲，一个宏观状态的热力学概率大，即它所包含的微观状态的数目多，则分子运动就更加变化多端，也就是分子运动的无序性就大，因此，**热力学概率是分子运动无序性的一种量度**. 从这个意义讲，热力学第二定律的微观意义还可以理解为：**在孤立系统内部所发生的过程，总是沿着无序性增大的方向进行**.

下面再结合实例对这点作具体说明.

先分析气体的自由膨胀. 在膨胀过程中，原来被封闭在容器A侧的分子在抽掉隔板后的一瞬间仍聚集在A侧，对于A、B两侧这一整体来讲，这显然是一种高度有序的分布. 自由膨胀后，气体系统就变得更加无序了. 因此，气体的自由膨胀过程是沿着无序性增大的方向进行的.

再看看功热转换的情形. 功变热是机械能转变为热力学能的过程. 从微观上看，机械能是大量分子有序运动的能量，而热力学能则是分子作无序运动时所具有的能量，所以，功变热是分子有序运动转化为无序运动的过程，相反的过程，即分子的无序运动转化为有序运动，不可能发生，这就表明，功热转换过程是沿着无序性增大的方向进行的.

3. 熵的微观意义

1877 年，奥地利物理学家玻耳兹曼（L. Boltzman）定义熵 S 与热力学概率 W 之间的关系为

$$S \propto \ln W$$

或

$$S = k\ln W \qquad (11-16)$$

式中的比例系数 k 是玻耳兹曼常数，上式叫做**玻耳兹曼关系**，这个著名的公式被刻在玻耳兹曼的墓碑上.

从定义式（11－16）可以看出：

1）任一宏观状态都具有一定的热力学概率 W，因而也就具有一定的熵，所以**熵就是热力学系统的状态函数**.

2）由于热力学概率 W 的微观意义是分子无序性的一种量度，而熵 S 与 $\ln W$ 成正比，所以熵的微观意义就在于，**它也是分子运动无序性的量度**.

熵 S 与玻耳兹曼常数 k 具有相同的单位，在国际单位制中，熵的单位是 $J \cdot K^{-1}$.

引入熵的概念后，本节所述热力学第二定律的微观意义还可以表述为：**在孤立系统内所发生的过程总是沿着熵增加的方向进行的**，这正是前面提到的热力学第二定律可以表述为 $\Delta S \geqslant 0$ 的道理.

例题 11－5

假设在图11－14的容器中有100个不能分辨的分子，有多少微观状态与状态A50B50相联系？有多少个微观状态与A100B0相联系？用两个状态的相对概率来讨论这个结果.

【解】 这里的**关键点**是，在封闭的容器中，不能分辨分子的任一状态所包含的微观状态数都是由 $W=\dfrac{N!}{n!(N-n)!}$ 一式给出的，对于状态A50B50，由该式得

$$W=\frac{N!}{n!\ (N-n)!}=\frac{100!}{50!\ 50!}=\frac{9.33\times10^{157}}{(3.04\times10^{64})\ (3.04\times10^{64})}$$

$$=1.01\times10^{29} \quad （答案）$$

同样地，对 $A100B0$ 的状态，有

$$W=\frac{N!}{n!(N-n)!}=\frac{100!}{100!0!}=\frac{1}{0!}=\frac{1}{1}=1$$

（答案）

因此，由于约 1×10^{29} 的巨大因子，A50B50的分布比A100B0的分布具有更大的可能性，如果我们能够一纳秒数一个数，则将花费 3×10^{12} 年才能数完与A50B50这一分布相对应的微观状态数目，这个时间大约比宇宙年龄的750倍还要大. 设想对1mol分子，大约 $N=10^{24}$，这些计算将会怎样？因此，不必担心忽然发现所有的空气分子都聚集在房间的某个角落.

复习和小结

单向过程 一个**不可逆过程**是一个不能由于外界的微小变化使之反向进行的过程. 不可逆过程进行的方向由系统所经历的过程的**熵变** ΔS 来决定. 熵 S 是系统的一个**状态性质（或状态的函数）**：即它仅与系统的状态有关，而与系统怎样到达这个状态无关. **熵假设**指出（部分地）：**如果在一个封闭系统中发生了一个不可逆过程，则系统的熵总是增加的.**

熵变的计算 系统从初态 i 到终态 f 经历一个不可逆过程的**熵变** ΔS 正好等于**任何**连接这两个相同状态的**可逆过程**的熵变 ΔS. 我们可用下式计算后者（而不是前者）

$$\Delta S=S_f-S_i=\int_i^f\frac{dQ}{T}$$

式中，Q 是在过程中以热量形式传入或传出系统的能量；T 是在过程中系统的以K为单位的温度.

对一个可逆的等温过程，式（11－1）化简为

$$\Delta S=S_f-S_i=\frac{Q}{T}$$

当系统的温度改变 ΔT 相对于过程前后的温度（K）很小时，熵变可近似为

$$\Delta S=S_f-S_i\approx\frac{Q}{T_{avg}}$$

式中，T_{avg} 是在过程中系统的平均温度.

当一理想气体从温度 T_i 和体积 V_i 的初态可逆地变化到温度为 T_f 和体积为 V_f 的终态时，气体的熵变为

$$\Delta S=S_f-S_i=nR\ln\frac{V_f}{V_i}+nC_V\ln\frac{T_f}{T_i}$$

热力学第二定律 作为熵假设的延伸，这个定律

说：**如果在封闭系统中发生一个过程，对不可逆过程，系统的熵增加；对可逆过程，系统的熵保持不变．熵永不减少**．用公式表示则为

$$\Delta S \geqslant 0$$

热机 热机是一种装置，在一个循环中从高温热源以热量形式吸收能量 $|Q_H|$，并做一定量的功 W．任何热机的**效率**定义为

$$\eta = \frac{\text{我们得到的能量}}{\text{我们付出的能量}} = \frac{|W|}{|Q_H|}$$

在一台**理想热机**中，所有过程都是可逆的，并且没有由于诸如摩擦和湍流造成的浪费的能量传递．一台**卡诺热机**是按照图 11－8 的循环运行的理想热机．它的效率是

$$\eta_{卡} = 1 - \frac{|Q_L|}{|Q_H|} = 1 - \frac{T_L}{T_H}$$

式中，温度 T_L 和 T_H 分别是高温热源和低温热源的温度．实际的热机的效率总低于由式（11－9）给出的效率．理想的非卡诺热机的效率也低于由式（11－9）给出的效率．

一台**完美的热机**是一台想象的将从高温热源以热量形式吸收来的能量全部转换为功的热机．这种热机违背热力学第二定律．热力学第二定律可以表述（开尔文表述）为：**不可能存在一系列过程，其惟一效果是以热量形式从单一热源吸收能量，并将这些能量全部转换为有用功而不引起其他变化**．

制冷机 制冷机是一种装置，当它在一个循环中从低温热源以热量形式吸收能量 $|Q_L|$ 时，外界要对它做功 W．制冷机的制冷系数被定义为

$$K = \frac{\text{我们想要的}}{\text{我们要支付的}} = \frac{|Q_L|}{|W|}$$

卡诺制冷机是一种反向运行的卡诺热机．对于卡诺制冷机，式（11－10）变为

$$K_C = \frac{|Q_L|}{|Q_H| - |Q_L|} = \frac{T_L}{T_H - T_L}$$

一台**完美的制冷机**是假想的、毋需对它做任何功就能将以热量形式从低温热源吸取的能量全部转移到高温热源的制冷机．这样的制冷机违背热力学第二定律．热力学第二定律还可以表述（克劳修斯表述）为：**热量不可能自动地从低温热源传到高温热源而不引起其他变化**．

热力学第二定律的微观意义 热力学第二定律的微观意义是，**在孤立系统内部所发生的过程，总是由包含微观状态数目少的宏观状态向包含微观状态数目多的宏观状态进行**．

在热力学中，我们定义任一宏观状态所包含的微观状态数目为该宏观状态的**热力学概率**，用 W 表示，所以热力学第二定律的微观意义也可以理解为：**在孤立系统内部所发生的过程，总是由热力学概率小的宏观状态向热力学概率大的宏观状态进行**．

热力学概率是分子运动无序性的一种量度．从这个意义上讲，热力学第二定律的微观意义还可以理解为：**在孤立系统内部所发生的过程，总是沿着无序性增大的方向进行**．

熵的微观意义 系统在一状态下的**熵** S 与系统在该状态下的热力学概率通过玻尔兹曼关系相联系：

$$S = k\ln W$$

式中，$k = 1.38\times10^{-23}$ J/K 是玻尔兹曼常数．

由于热力学概率 W 是分子运动无序性的一种量度，而熵 S 与 $\ln W$ 成正比，所以熵的微观意义也在于它是**分子无序性的量度**．

思考题

1. 把封闭在一个绝热气缸中的气体，绝热地压缩到它体积的一半．在这个过程中，气体的熵是增加、减小、还是不变？

2. 在图 11－18 中，点 i 表示理想气体温度为 T 的初态．将代数符号考虑进去，把气体依次可逆地从点 i 过渡到点 a、b、c 和 d 的熵变由大到小排序．

3. 与一个可控热源相接触的理想气体，能沿在图 11－19 中的四条可逆的路径从初态 i 变化到终态 f．按（a）气体、（b）热源和（c）气体－热源系统所发生的熵变由大到小将这些路径排序．

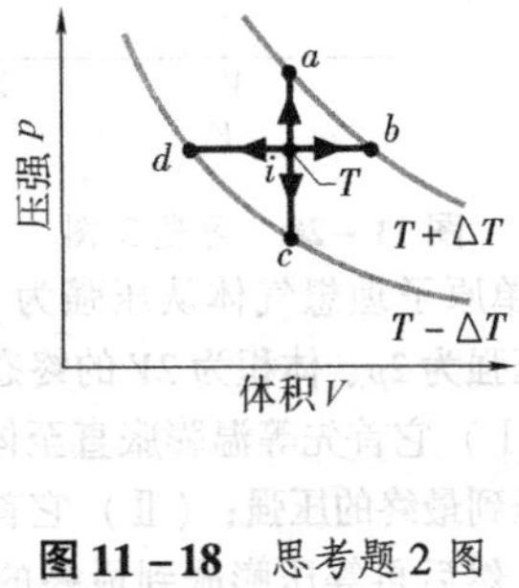

图 11－18 思考题 2 图

4. 使一种气体从体积 V 自由地膨胀到体积 $2V$，

然后使它从体积 $2V$ 自由地膨胀到体积 $3V$. 这两个膨胀的净熵变比气体从体积 V 直接自由膨胀到体积 $3V$ 的熵变是大、是小、还是相等?

5. 三台卡诺热机运行在（a）400K 和 500 K、（b）500K 和 600 K 及（c）400K 和 600 K 之间. 每一台热机在每一个循环中都从高温热源吸取同样多的能量. 将这些热机每一循环做功的大小由大到小排序.

6. 对于（a）一台卡诺热机、（b）一台实际热机和（c）一台完美的热机（当然，这是不可能建造的），经历每一循环时熵是增加、减小、还是保持不变?

7. 如果你将厨房的冰箱门打开几个小时，厨房的温度是升高、降低、还是不变? 假设厨房是封闭的，并且绝热很好.

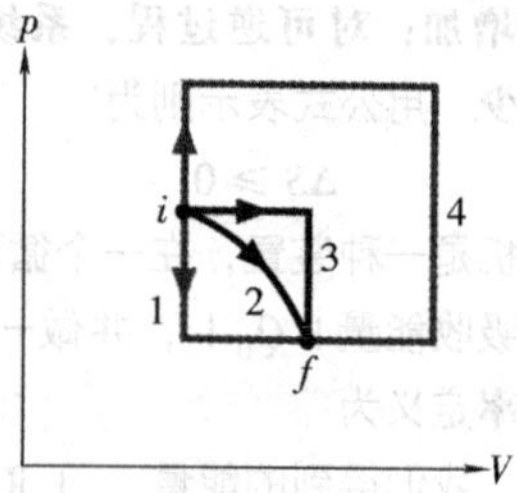

图 11－19　思考题 3 图

8. 对于（a）一台卡诺制冷机、（b）一台实际的制冷机和（c）一台完美的制冷机（当然，这是不可能建造的）经历每一个循环时熵是增加、减小、还是保持不变?

习题

1. 一个 2.50 mol 的理想气体样品在 360 K 下可逆且等温地膨胀到体积加倍. 气体的熵增加了多少?

2. 对于一个理想气体在 132℃ 下的可逆等温膨胀，如果气体的熵增加了 46.0 J/K，则需要多少热量?

3. 一初始温度为 T_0（K）的理想单原子气体，经历图 11－20 的 $T-V$ 图中所示的五个过程，体积从初始的 V_0 膨胀到 $2V_0$. 在哪一个过程中，膨胀是（a）等温的、（b）等压的和（c）绝热的? 解释你的答案.（d）在哪一个过程中气体的熵减小?

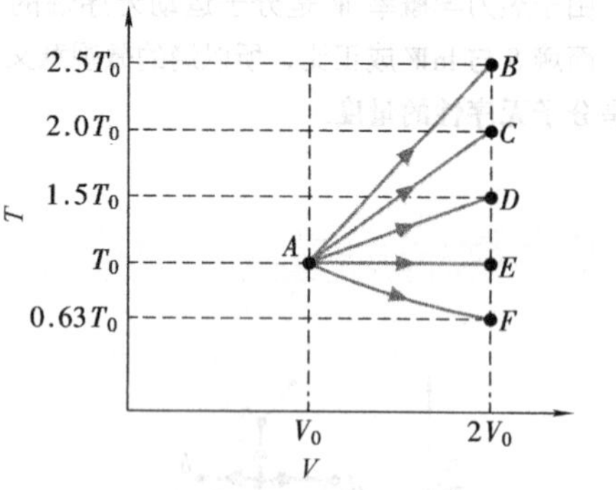

图 11－20　习题 3 图

4. 1mol 单原子理想气体从压强为 p、体积为 V 的初态到达压强为 $2p$、体积为 $2V$ 的终态经历两个不同的过程:（Ⅰ）它首先等温膨胀直至体积加倍，然后再等容升压到最终的压强;（Ⅱ）它首先等温压缩到压强加倍，然后再等压膨胀到最终的体积.（a）在 $p-V$ 图上画出每一个过程的路径. 用 p 和 V 表示对每一个过程进行计算;（b）在过程的每一阶段气体以热量形式吸收的能量;（c）在过程的每一阶段气体所做的功;（d）气体热力学能的变化 $E_{\text{int},f}-E_{\text{int},i}$;（e）气体的熵变，$S_f-S_i$.

5. 4 mol 理想气体在温度 $T=400$ K 下经历一个体积从 V_1 到 V_2 的可逆的等温膨胀. 求（a）气体所做的功和（b）气体的熵变.（c）如果膨胀是可逆和绝热而不是等温的，气体的熵变是多少?

6. 1mol 理想单原子气体经历图 11－21 中的循环.（a）气体沿路径 abc 从状态 a 到状态 c 做了多少功?（b）从 b 到 c，和（c）经过一个完整的循环，气体的热力学能和熵的改变是多少? 用状态 a 的压强 p_0、体积 V_0 和温度 T_0 来表示所有的答案.

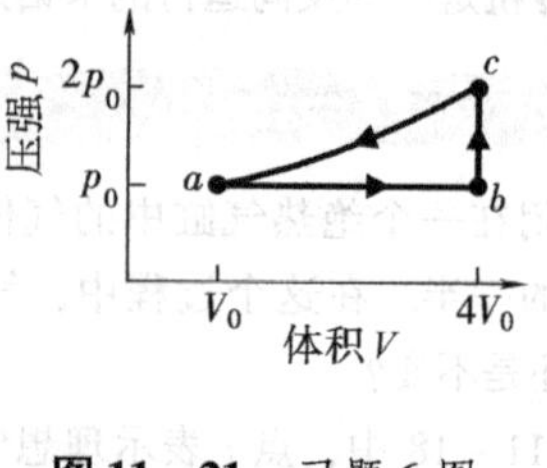

图 11－21　习题 6 图

7. 一台卡诺热机在每一循环中以热量形式吸收 52 kJ 并以热量形式排出 36 kJ. 计算:（a）该热机的效率;（b）每一循环所做的功，以 kJ 为单位.

8. 一台卡诺热机工作在 235℃ 和 115℃之间，每一循环在高温热源吸收 6.30×10^4 J.（a）热机的效率是多少?（b）这台热机每一循环能完成多少功?

9. 一台卡诺热机具有 22% 的效率，它工作在温差为 75C° 的两个恒温热源之间．两个热源的温度各是多少？

10. 证明：在图 11－9 的温－熵图中，卡诺循环包围的面积表示以热量形式传给工质的净能量．

11. 假设在地壳两极之一的附近挖一个深井，那里地表的温度为 －40℃，到达深处的温度为 800℃．(a) 工作在这两个温度之间的一台热机的效率的理论极限是什么？(b) 如果所有的以热量形式的能量释放到低温热源中用来熔化初温为 －40℃ 的冰，一个 100 MW 功率的动力工厂（视其为热机）生产 0℃ 液态水的速率是多少？冰的比热容为 2220 J/(kg·K)；冰的熔化热为 333 kJ/kg．（注意：在这种情况下，热机只能工作在 0℃ 和 800℃ 之间．排放到 －40℃ 处的能量不可能被用来提高任何高于 －40℃ 的温度．）

12. 用 1mol 理想气体作为一台热机的工质，该热机按图 11－22 所示的循环工作．*BC* 和 *DA* 是可逆的绝热过程．(a) 气体是单原子、双原子、还是多原子的？(b) 该热机的效率多大？

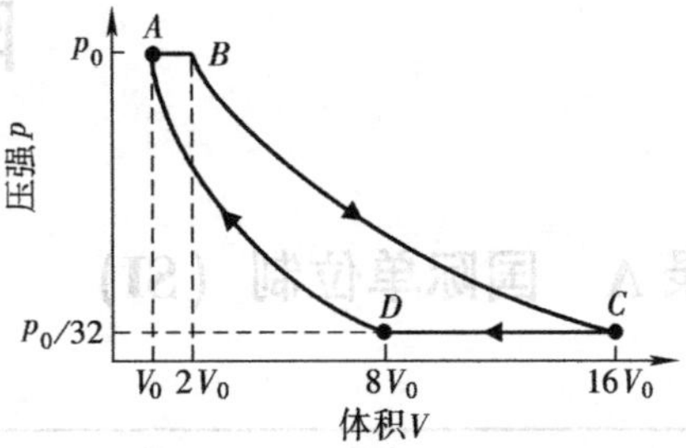

图 11－22　习题 12 图

13. 一台卡诺冰箱为了从它的冷室移走 600 J 需要做 200 J 的功．(a) 制冷机的制冷系数是多少？(b) 每一循环向厨房排出多少热量？

14. 一台卡诺空调从一间温度为 70 ℉ 的房间的热能中抽取能量，并将其转移到温度为 96 ℉ 的房间外．对运行空调器所需的每焦耳电能，可从房间里将多少焦耳转移到房间外？

附　录

附录 A　国际单位制（SI）

1. SI 基本单位

量	名称	符号	定　义
长度	米	m	"…在真空中光在 1/299 792 458 秒内传播的路径的长度"（1983）
质量	千克	kg	"…这个原型（一个铂铱圆柱体）将从此被认为是质量的单位."（1889）
时间	秒	s	"…和铯 – 133 原子的基态的两个超精细能级之间的跃迁对应的辐射的 9 192 631 770 个周期的时间."（1967）
电流	安［培］	A	"…那个恒定电流它，如果保持在两个直的平行的，无限长，圆截面积可以忽略，在真空中相距 1 米放置的导线中，将在这两导线间产生每米长度等于 2×10^{-7} 牛顿的力."（1946）
热力学温度	开［尔文］	K	"…水的三相点的热力学温度的 1/273.16"（1967）
物质的量	摩尔	mol	"…包含和 0.012 千克碳 – 12 中的原子一样多的基本实体的一个系统的物质的量."（1971）
发光强度	坎［德拉］	cd	"…温度为在 101 325 牛顿每平方米压强下铂的凝固点的黑体的 1/600 000平方米表面沿垂直方向的发光强度."（1967）

2. SI 的一些导出单位

量	单位名称	符号	
面积	平方米	m^2	
体积	立方米	m^3	
频率	赫［兹］	Hz	s^{-1}
质量密度（密度）	千克每立方米	kg/m^3	
速率，速度	米每秒	m/s	
角速度	弧度每秒	rad/s	
加速度	米每二次方秒	m/s^2	
角加速度	弧度每二次方秒	rad/s^2	
力	牛［顿］	N	$kg\cdot m/s^2$
压力	帕［斯卡］	Pa	N/m^2
功，能，热量	焦［耳］	J	$N\cdot m$
功率	瓦［特］	W	J/s
电荷量	库［仑］	C	$A\cdot s$

（续）

量	单位名称	符号	
电势差，电动势	伏［特］	V	W/A
电场强度	伏［特］每米（或牛［顿］每库［仑］）	V/m	N/C
电阻	欧［姆］	Ω	V/A
电容	法［拉］	F	A·s/V
磁通量	韦［伯］	Wb	V·s
电感	亨［利］	H	V·s/A
磁通密度	特［斯拉］	T	Wb/m^2
磁场强度	安［培］每米	A/m	
熵	焦［耳］每开［尔文］	J/K	
比热	焦［耳］每千克开［尔文］	J/（kg·K）	
热导率	瓦［特］每米开［尔文］	W/（m·K）	
辐射强度	瓦［特］每球面度	W/sr	

3. SI的辅助单位

量	单位名称	符号
平面角	弧度	rad
立体角	球面度	sr

附录 B 一些基本物理常量①

常量	符号	计算用值	最佳（1998）值	
			值②	不确定度③
真空中光的速率	c	$3.00\times10^{8}\,m/s$	2.997 924 58	精确
元电荷	e	$1.60\times10^{-19}\,C$	1.602 176 462	0.039
引力常量	G	$6.67\times10^{-11}\,m^3/s^2\cdot kg$	6.673	1500
摩尔气体常数	R	$8.31\,J/mol\cdot K$	8.314 472	1.7
阿伏伽德罗常数	N_A	$6.02\times10^{23}\,mol^{-1}$	6.022 141 99	0.079
玻尔兹曼常数	k	$1.38\times10^{-23}\,J/K$	1.380 650 3	1.7
斯特藩－玻尔兹曼常量	σ	$5.67\times10^{-8}\,W/m^2\cdot K^4$	5.670 400	7.0
STP⑤下的理想气体的摩尔体积	V_m	$2.27\times10^{-2}\,m^3/mol$	2.271 098 1	1.7
真空电容率	ε_0	$8.85\times10^{-12}\,F/m$	8.854 187 817 62	精确
磁导率	μ_0	$1.26\times10^{-6}\,H/m$	1.256 637 061 43	精确
普朗克常量	h	$6.63\times10^{-34}\,J\cdot s$	6.626 068 76	0.078
电子质量④	m_e	$9.11\times10^{-31}\,kg$	9.109 381 88	0.079
		$5.49\times10^{-4}\,u$	5.485 799 110	0.0021
质子质量④	m_p	$1.67\times10^{-27}\,kg$	1.672 621 58	0.079
		$1.0073\,u$	1.007 276 466 88	1.3×10^{-4}
质子质量对电子质量的比	m_p/m_e	1840	1836.152 667 5	0.0021
电子的荷质比	e/m_e	$1.76\times10^{11}\,C/kg$	1.758 820 174	0.040
中子质量	m_n	$1.68\times10^{-27}\,kg$	1.674 927 16	0.079
		$1.0087\,u$	1.008 664 915 78	5.4×10^{-4}
氢原子质量④	m_{1H}	$1.0078\,u$	1.007 825 031 6	0.0005
氘原子质量④	m_{2H}	$2.0141\,u$	2.014 101 777 9	0.0005
氦原子质量④	m_{4He}	$4.0026\,u$	4.002 603 2	0.067
μ 子质量	m_μ	$1.88\times10^{-28}\,kg$	1.883 531 09	0.084
电子磁矩	μ_e	$9.28\times10^{-24}\,J/T$	9.284 763 62	0.040
质子磁矩	μ_p	$1.41\times10^{-26}\,J/T$	1.410 606 663	0.041
玻尔磁子	μ_B	$9.27\times10^{-24}\,J/T$	9.274 008 99	0.040
核磁子	μ_N	$5.05\times10^{-27}\,J/T$	5.050 783 17	0.040
玻尔半径	r_B	$5.29\times10^{-11}\,m$	5.291 772 083	0.0037
里德伯常量	R	$1.10\times10^{7}\,m^{-1}$	1.097 373 156 854 8	7.6×10^{-6}
电子康普顿波长	λ_c	$2.43\times10^{-12}\,m$	2.426 310 215	0.0073

① 本表数值选自 1998CODATA 推荐值（www. physics. nist. gov）.

② 此列的数值需用和计算用值同样的单位和 10 的幂给出.

③ 百万分之几.

④ 以 u 给出的质量是用统一的原子质量单位，其中 $1u=1.660\,538\,73\times10^{-27}\,kg$.

⑤ STP 意思是标准温度和压强：0℃和 1.0atm（0.1MPa）.

附录 C　一些天文数据

地球到一些星球的距离

到月球①	3.82×10^{8} m	到银河系中心	2.2×10^{20} m
到太阳①	1.50×10^{11} m	到仙女座星系	2.1×10^{22} m
到最近的恒星（比邻半人马座）	4.04×10^{16} m	到可观测宇宙边缘	$\sim10^{26}$ m

① 平均距离.

太阳、地球和月球的一些数据

性质	单位	太阳	地球	月亮
质量	kg	1.99×10^{30}	5.98×10^{24}	7.36×10^{22}
平均半径	m	6.96×10^{8}	6.37×10^{6}	1.74×10^{6}
平均密度	kg/m^3	1410	5520	3340
表面上自由下落加速度	m/s^2	274	9.81	1.67
逃逸速度	km/s	618	11.2	2.38
自转周期①	—	37d 在两极 26d 在赤道②	23h56min	27.3d
辐射功率③	W	3.90×10^{26}		

① 相对于远方恒星测量.

② 太阳作为一个气体球，不像一个刚体那样转动.

③ 刚好在地球的大气层外接收的太阳能的时率，假设垂直入射，是 $1340W/m^2$.

行星的一些性质

	水星	金星	地球	火星	木星	土星	天王星	海王星	冥王星
离太阳的距离 10^6 km	57.9	108	150	228	778	1430	2870	4500	5900
公转周期，y	0.241	0.615	1.00	1.88	11.9	29.5	84.0	165	248
自转周期①，d	58.7	−243②	0.997	1.03	0.409	0.426	−0.451②	0.658	6.39
轨道速率，km/s	47.9	35.0	29.8	24.1	13.1	9.64	6.81	5.43	4.74
轴对轨道的倾角	<28°	≈3°	23.4°	25.0°	3.08°	26.7°	97.9°	29.6°	57.5°
轨道对地球轨道的倾角	7.00°	3.39°		1.85°	1.30°	2.49°	0.77°	1.77°	17.2°
轨道偏心率	0.206	0.0068	0.0167	0.0934	0.0485	0.0556	0.0472	0.0086	0.250
赤道半径，km	4880	12100	12800	6790	143000	120000	51800	49500	2300
质量（地球 = 1）	0.0558	0.815	1.000	0.107	318	95.1	14.5	17.2	0.002
密度（水 = 1）	5.60	5.20	5.52	3.95	1.31	0.704	1.21	1.67	2.03
表面 g 值③，m/s^2	3.78	8.60	9.78	3.72	22.9	9.05	7.77	11.0	0.5
逃逸速度③，km/s	4.3	10.3	11.2	5.0	59.5	35.6	21.2	23.6	1.1
已知卫星	0	0	1	2	16 + 环	18 + 环	17 + 环	8 + 环	1

① 相对于远方恒星测量.

② 金星和天王星自转和公转方向相反.

③ 在行星赤道上测量的引力加速度.

附录 D 换算因子

换算因子可以从这些表直接读出. 例如，1 度 $= 2.778 \times 10^{-3}$ rev，因而 $16.7° = 16.7 \times 2.778 \times 10^{-3}$ rev. SI 单位用黑体. 部分选自 G. Shortley and D. Williams，*Elements of Physics*，1971，Prentice - Hall，Englewood Cliffs，NJ.

平面角

°	′	″	**弧度（rad）**	rev
1 度（°）=1	60	3600	1.745×10^{-2}	2.778×10^{-3}
1 分（′）$= 1.667 \times 10^{-2}$	1	60	2.909×10^{-4}	4.630×10^{-5}
1 秒（″）$= 2.778 \times 10^{-4}$	1.667×10^{-2}	1	4.848×10^{-6}	7.716×10^{-7}
1 弧度（rad） =57.30	3438	2.063×10^{5}	1	0.1592
1 周（rev）=360	2.16×10^{4}	1.296×10^{6}	6.283	1

立体角

1 球面 $= 4\pi$ 球面角 = 12.57 球面角

长度

cm	**米（m）**	km	in.	ft	mi
1 厘米（cm）=1	10^{-2}	10^{-5}	0.3937	3.281×10^{-2}	6.214×10^{-6}
1 米（m） =100	1	10^{-3}	39.37	3.281	6.214×10^{-4}
1 千米（km）$= 10^{5}$	1000	1	3.937×10^{4}	3281	0.6214
1 英尺（in）=2.540	2.540×10^{-2}	2.540×10^{-5}	1	8.333×10^{-2}	1.578×10^{-5}
1 英寸（ft）=30.48	0.3048	3.048×10^{-4}	12	1	1.894×10^{-4}
1 英里（mi）$= 1.609 \times 10^{5}$	1609	1.609	6.336×10^{4}	5280	1

1 埃（Å）$= 10^{-10}$ m　　1 飞米 $= 10^{-15}$ m　　1 呎 = 6ft　　1 杆 = 16.5ft

1 海里 = 1852m　　1 光年（ly）$= 9.460 \times 10^{12}$ km　　1 玻尔半径 $= 5.292 \times 10^{-11}$ m　　1mil $= 10^{-3}$ in.

= 1.151 英里 = 6076ft　　1 秒差距（Parsec）$= 3.084 \times 10^{13}$ km　　1 码 = 3ft　　1nm $= 10^{-9}$ m

面积

米²（m²）	cm²	ft²	in.²
1 平方米（m²） =1	10^{4}	10.76	1550
1 平方厘米（cm²）$= 10^{-4}$	1	1.076×10^{-3}	0.1550
1 平方英尺（ft²）$= 9.290 \times 10^{-2}$	929.0	1	144
1 平方英寸（in²）$= 6.452 \times 10^{-4}$	6.452	6.944×10^{-3}	1

1 平方英里 $= 2.788 \times 10^{7}$ ft² = 640 英亩　　1 英亩（acre）= 43 560ft²

1 靶（barn）$= 10^{-28}$ m²　　1 公顷（hectare）$= 10^{4}$ m² = 2.471 英亩

体积

米³ (m³)	cm³	L	ft³	in.³
1 立方米 (m³) =1	10^6	10000	35.31	6.102×10^4
1 立方厘米 (cm³) $=10^{-6}$	1	1.000×10^{-3}	3.531×10^{-5}	6.102×10^{-2}
1 升 (L) $=1.000\times10^{-3}$	1000	1	3.531×10^{-2}	61.02
1 立方英尺 (ft³) $=2.832\times10^{-2}$	2.832×10^4	28.32	1	1728
1 立方英寸 (in³) $=1.639\times10^{-5}$	16.39	1.639×10^{-2}	5.787×10^{-4}	1

1U. S. 液加仑 =4U. S. 液夸脱 =8U. S. 品脱 =128U. S. 液盎斯 =231in³.

1 英国标准加仑 =277.4in³. =1.201U. S. 液加仑

质量

本表内虚线外的量不是质量的单位，但常常这样用．例如，当写 1kg "=" 2.205lb 时，它的意思是 1kg 是在 g 具有 $9.80665 m/s^2$ 的标准值的地点重量是 2.205 磅的质量．

克 (g)	千克 (kg)	slug	u	oz	lb	ton
1 克(g) =1	0.001	6.852×10^{-5}	6.022×10^{23}	3.527×10^{-2}	2.205×10^{-3}	1.102×10^{-6}
1 千克(kg) =1000	1	6.852×10^{-2}	6.022×10^{26}	35.27	2.205	1.102×10^{-3}
1 斯[勒格](slug) = 1.459×10^4	14.59	1	8.786×10^{27}	514.8	32.17	1.609×10^{-2}
1 原子质量单位(u) = 1.661×10^{24}	1.661×10^{27}	1.138×10^{28}	1	5.857×10^{-26}	3.662×10^{-27}	1.830×10^{-30}
1 盎斯(oz) =28.35	2.835×10^{-2}	1.943×10^{-3}	1.718×10^{25}	1	6.250×10^{-2}	3.125×10^{-5}
1 磅(lb) =453.6	0.4536	3.108×10^{-2}	2.732×10^{26}	16	1	0.0005
1 吨(ton) $=9.072\times10^5$	907.2	62.16	5.463×10^{29}	3.2×10^4	2000	1

1 米制吨 =1000kg

密度

本表内虚线以外的量是重量密度，因而和质量密度在量纲上不同．见质量表的注解．

slug/ft³	千克每立方米 (kg/m³)	g/cm³	lb/ft³	lb/in.³
1 斯 [勒格] 每立方英尺 (slug/ft³) =1	515.4	0.5154	32.17	1.862×10^{-2}
1 千克每立方米 (kg/m³) $=1.940\times10^{-3}$	1	0.001	6.243×10^{-2}	3.613×10^{-5}
1 克每立方厘米 (g/cm³) =1.940	1000	1	62.43	3.613×10^{-2}
1 磅每立方英尺 (lb/ft³) $=3.108\times10^{-2}$	16.02	16.02×10^{-2}	1	5.787×10^{-4}
1 磅每立方英寸 (lb/in³) =53.71	2.768×10^4	27.68	1728	1

时间

y	d	h	min	**秒（s）**
1 年（y）=1	365.25	8.766×10^{3}	5.259×10^{5}	3.156×10^{7}
1 天（d）=2.738×10^{-3}	1	24	1440	8.640×10^{4}
1 小时（h）=1.141×10^{-4}	4.167×10^{-2}	1	60	3600
1 分钟（min）=1.901×10^{-6}	6.944×10^{-4}	1.667×10^{-2}	1	60
1 秒（s）=3.169×10^{-8}	1.157×10^{-5}	2.778×10^{-4}	1.667×10^{-2}	1

速率

ft/s	km/h	**米/秒（m/s）**	mi/h	cm/s
1 英尺每秒（ft/s）=1	1.097	0.3048	0.6818	30.48
1 千米每［小］时（km/h）=0.9113	1	0.2778	0.6214	27.78
1 米每秒（m/s）=3.281	3.6	1	2.237	100
1 英里每［小］时（mi/h）=1.467	1.609	0.4470	1	44.70
1 厘米每秒（cm/s）=3.281×10^{-2}	3.6×10^{-2}	0.01	2.237×10^{-2}	1

1 节 = 1 海里/时 = 1.688ft/s　　1 英里/分 = 88.00ft/s = 60.00mi/h

力

本表内虚线以外的单位现在很少用．以例子说明：1 克力（=1gf）是在 g 具有标准值 9.80665m/s^2 的地点作用于质量为 1 克的物体上的重力．

dyne	**牛［顿］（N）**	lb	pdl	gf	kgf
1 达因（dyne）=1	10^{-5}	2.248×10^{-6}	7.233×10^{-5}	1.020×10^{-3}	1.020×10^{-6}
1 牛［顿］（N）=10^{5}	1	0.2248	7.233	102.0	0.1020
1 磅（lb）=4.448×10^{5}	4.448	1	32.17	453.6	0.4536
1 磅达（pdl）=1.383×10^{4}	0.1383	3.108×10^{-2}	1	14.10	1.410×10^{2}
1 克力（gf）=980.7	9.807×10^{-3}	2.205×10^{-3}	7.093×10^{-2}	1	0.001
1 千克力（kgf）=9.807×10^{5}	9.807	2.205	70.93	1000	1

1 吨 = 2000lb

压强

atm	dyne/cm²	英寸水柱	cmHg	**帕[斯卡](Pa)**	lb/in.²	lb/ft²
1 大气压(atm)=1	1.013×10^{6}	406.8	76	1.013×10^{5}	14.70	2116
1 达因每平方厘米(dyne/cm²)=9.869×10^{-7}	1	4.015×10^{-4}	7.501×10^{-5}	0.1	1.405×10^{-5}	2.089×10^{-3}
1 英寸 4℃水柱=2.458×10^{-3}	2491	1	0.1868	249.1	3.613×10^{-2}	5.202
1 厘米 0℃汞柱(cmHg)① =1.316×10^{-2}	1.333×10^{4}	5.353	1	1333	0.1934	27.85
1 帕[斯卡](Pa)=9.869×10^{-6}	10	4.015×10^{-3}	7.501×10^{-4}	1	1.450×10^{-4}	2.089×10^{-2}
1 磅每平方英寸(lb/in²)=6.805×10^{-2}	6.895×10^{4}	27.68	5.171	6.895×10^{3}	1	144
1 磅每平方英尺(lb/ft²)=4.725×10^{-4}	478.8	0.1922	3.591×10^{-2}	47.88	6.944×10^{-3}	1

① 该处的重力加速度具有标准值 9.80665m/s^2．

1 巴（bar）=10^{6}dyne/cm² = 0.1MPa　　1 毫巴（millibar）=10^{3}dyne/cm² = 10^{2}Pa　　1 托（torr）=1mmHg

能，功，热

本表内虚线以外的量不是能量单位，但为了方便也列在这里. 它们是根据相对论质能相当公式 $E=mc^2$ 得出的并代表 1 千克或 1 原子质量单位（u）完全转化为能量时所释放出的能量（底下两行）或要完全转化为 1 单位能量的质量（最右两列）.

Btu	erg	ft·lb	hp·h	焦[耳](J)	cal	kW·h	eV	MeV	kg	u
1 英制热量单位(Btu)=1	1.055×10^{10}	777.9	3.929×10^{-4}	1055	252.0	2.930×10^{-4}	6.585×10^{21}	6.585×10^{15}	1.174×10^{-14}	7.070×10^{12}
1 尔格(erg)=9.481×10^{-11}	1	7.376×10^{-8}	3.725×10^{-14}	10^{-7}	2.389×10^{-8}	2.778×10^{-14}	6.242×10^{11}	6.242×10^{5}	1.113×10^{-24}	670.2
1 英尺磅(ft·lb)=1.285×10^{-3}	1.356×10^{7}	1	5.051×10^{-7}	1.356	0.3238	3.766×10^{-7}	8.464×10^{18}	8.464×10^{12}	1.509×10^{-17}	9.037×10^{9}
1 马力小时(hp·h)=2545	2.685×10^{13}	1.980×10^{6}	1	2.685×10^{6}	6.413×10^{5}	0.7457	1.676×10^{25}	1.676×10^{19}	2.988×10^{-11}	1.799×10^{16}
1 焦[耳](J)=9.481×10^{-4}	10^{7}	0.7376	3.725×10^{-7}	1	0.2389	2.778×10^{-7}	6.242×10^{18}	6.242×10^{12}	1.113×10^{-17}	6.702×10^{9}
1 卡[路里](cal)=3.969×10^{-3}	4.186×10^{7}	3.088	1.560×10^{-6}	4.186	1	1.163×10^{-6}	2.613×10^{19}	2.613×10^{13}	4.660×10^{-17}	2.806×10^{10}
1 千瓦小时(kW·h)=3413	3.600×10^{13}	2655×10^{6}	1.341	3.600×10^{6}	8.600×10^{5}	1	2.247×10^{25}	2.247×10^{19}	4.007×10^{-11}	2.413×10^{16}
1 电子伏[特](eV)=1.519×10^{-22}	1.602×10^{-12}	1.182×10^{-19}	5.967×10^{-26}	1.602×10^{-19}	3.827×10^{-20}	4.450×10^{-26}	1	10^{-6}	1.783×10^{-36}	1.074×10^{-9}
1 百万电子伏[特](MeV)=1.519×10^{-16}	1.602×10^{-6}	1.182×10^{-13}	5.967×10^{-20}	1.602×10^{-13}	3.827×10^{-14}	4.450×10^{-20}	10^{-6}	1	1.783×10^{-30}	1.074×10^{-3}
1 千克(kg)=8.521×10^{13}	8.987×10^{23}	6.629×10^{16}	3.348×10^{10}	8.987×10^{16}	2.146×10^{16}	2.497×10^{10}	5.610×10^{35}	5.610×10^{29}	1	6.022×10^{26}
1 原子质量单位(u)=1.415×10^{-13}	1.492×10^{-3}	1.101×10^{-10}	5.559×10^{-17}	1.492×10^{-10}	3.564×10^{-11}	4.146×10^{-17}	9.320×10^{8}	932.0	1.661×10^{-27}	1

功率

Btu/h	ft·lb/s	hp	cal/s	kW	瓦[特](W)
1 英制热量单位每(小)时(Btu/h)=1	0.2161	3.929×10^{-4}	6.998×10^{-2}	2.930×10^{-4}	0.2930
1 英尺磅每秒(ft·lb/s)=4.628	1	1.818×10^{-3}	0.3239	1.356×10^{-3}	1.356
1 马力(hp)=2545	550	1	178.1	0.7457	745.7
1 卡[路里]每秒(cal/s)=14.29	3.088	5.615×10^{-3}	1	4.186×10^{-3}	4.186
1 千瓦(kW)=3413	737.6	1.341	238.9	1	1000
1 瓦[特](W)=3.413	0.7376	1.341×10^{-3}	0.2389	0.001	1

磁场

	gauss	特［斯拉］（T）	milligauss
1 高斯（gauss）=1		10^{-4}	1000
1 特［斯拉］（T）$=10^4$		1	10^7
1 毫高斯（milligauss）=0.001		10^{-7}	1

1 特［斯拉］=1 韦伯/米^2

磁通量

	maxwell	韦伯（Wb）
1 麦［克斯韦］（maxwell）=1		10^{-8}
1 韦伯（Wb）$=10^8$		1

附录E 数学公式

几何

半径 r 的圆：圆周 $=2\pi r$；面积 $=\pi r^2$.

半径 r 的球：面积 $=4\pi r^2$；体积 $=\frac{4}{3}\pi r^3$.

半径 r 和高 h 的正圆柱体：面积 $=2\pi r^2+2\pi rh$；体积 $=\pi r^2 h$.

底边 a 高 h 的三角形：面积 $=\frac{1}{2}ah$.

二次公式

如果 $ax^2+bx+c=0$，则 $x=\frac{-b\pm\sqrt{b^2-4ac}}{2a}$.

角 θ 的三角函数

$$\sin\theta=\frac{y}{r}\quad\cos\theta=\frac{x}{r}$$

$$\tan\theta=\frac{y}{x}\quad\cot\theta=\frac{x}{y}$$

$$\sec\theta=\frac{r}{x}\quad\csc\theta=\frac{r}{y}$$

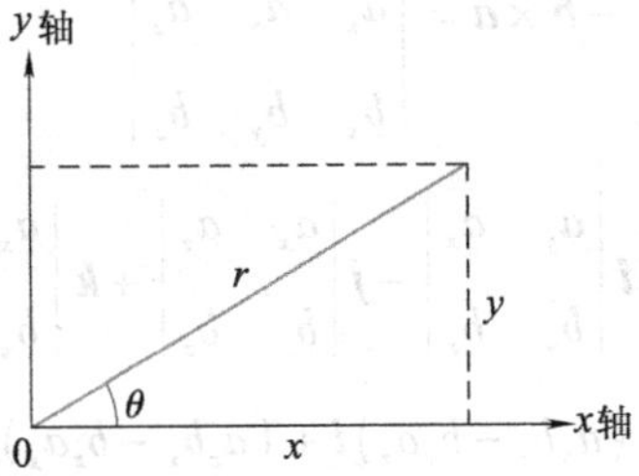

勾股定理

在此直角三角形中，

$$a^2+b^2=c^2$$

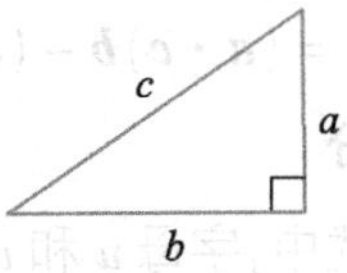

三角形

三个角是 A，B，C

对边是 a，b，c

$$A+B+C=180°$$

$$\frac{\sin A}{a}=\frac{\sin B}{b}=\frac{\sin C}{c}$$

$$c^2=a^2+b^2-2ab\cos C$$

外角 $D=A+C$

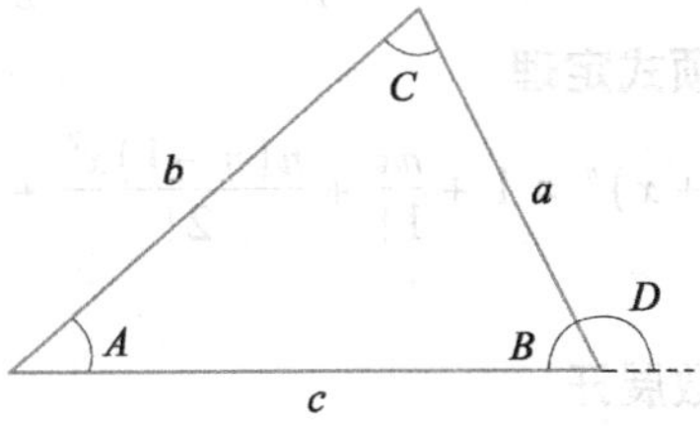

数学符号

$=$	相等
$\approx$	近似相等
$\sim$	大小的数量级是
$\neq$	不等于
$\equiv$	定义为，全等于
$>$	大于（$\gg$远大于）
$<$	小于（$\ll$远小于）
$\geqslant$	大于或等于（或，不小于）
$\leqslant$	小于或等于（或，不大于）
$\pm$	加或减
$\propto$	正比于
Σ	之和
x_{avg}	x 的平均值

三角恒等式

$\sin(90°-\theta)=\cos\theta$

$\cos(90°-\theta)=\sin\theta$

$\sin\theta/\cos\theta=\tan\theta$

$\sin^2\theta+\cos^2\theta=1$

$\sec^2\theta-\tan^2\theta=1$

$\csc^2\theta-\cot^2\theta=1$

$\sin2\theta=2\sin\theta\cos\theta$

$\cos2\theta=\cos^2\theta-\sin^2\theta=2\cos^2\theta-1=1-2\sin^2\theta$

$$\sin(\alpha\pm\beta)=\sin\alpha\cos\beta\pm\cos\alpha\sin\beta$$

$$\cos(\alpha\pm\beta)=\cos\alpha\cos\beta\mp\sin\alpha\sin\beta$$

$$\tan(\alpha\pm\beta)=\frac{\tan\alpha\pm\tan\beta}{1\mp\tan\alpha\tan\beta}$$

$$\sin\alpha\pm\sin\beta=2\sin\frac{1}{2}(\alpha\pm\beta)\cos\frac{1}{2}(\alpha\mp\beta)$$

$$\cos\alpha+\cos\beta=2\cos\frac{1}{2}(\alpha\pm\beta)\cos\frac{1}{2}(\alpha-\beta)$$

$$\cos\alpha-\cos\beta=-2\sin\frac{1}{2}(\alpha+\beta)\sin\frac{1}{2}(\alpha-\beta)$$

二项式定理

$$(1+x)^n=1+\frac{nx}{1!}+\frac{n(n-1)x^2}{2!}+\cdots$$

$(x^2<1)$

指数展开

$$e^x=1+x+\frac{x^2}{2!}+\frac{x^3}{3!}+\cdots$$

对数展开

$$\ln(1+x)=x-\frac{1}{2}x^2+\frac{1}{3}x^3-\cdots\quad(|x|<1)$$

三角展开(θ 用弧度作单位)

$$\sin\theta=\theta-\frac{\theta^3}{3!}+\frac{\theta^5}{5!}-\cdots$$

$$\cos\theta=1-\frac{\theta^2}{2!}+\frac{\theta^4}{4!}-\cdots$$

$$\tan\theta=\theta+\frac{\theta^3}{3}+\frac{2\theta^5}{15}+\cdots$$

Cramer′规则

未知量 x 和 y 的两个联立方程

$a_1x+b_1y=c_1$ 和 $a_2x+b_2y=c_2$

具有的解为

$$x=\frac{\begin{vmatrix}c_1 & b_1\\ c_2 & b_2\end{vmatrix}}{\begin{vmatrix}a_1 & b_1\\ a_2 & b_2\end{vmatrix}}=\frac{c_1b_2-c_2b_1}{a_1b_2-a_2b_1}$$

及

$$y=\frac{\begin{vmatrix}a_1 & c_1\\ a_2 & c_2\end{vmatrix}}{\begin{vmatrix}a_1 & b_1\\ a_2 & b_2\end{vmatrix}}=\frac{a_1c_2-a_2c_1}{a_1b_2-a_2b_1}$$

矢量的乘积

令 $\boldsymbol{i},\boldsymbol{j}$ 和 $\boldsymbol{k}$ 为沿 x,y 和 z 方向的单位矢量,则

$$\boldsymbol{i}\cdot\boldsymbol{i}=\boldsymbol{j}\cdot\boldsymbol{j}=\boldsymbol{k}\cdot\boldsymbol{k}=1,$$

$$\boldsymbol{i}\cdot\boldsymbol{i}=\boldsymbol{j}\cdot\boldsymbol{k}=\boldsymbol{k}\cdot\boldsymbol{i}=0,$$

$$\boldsymbol{i}\times\boldsymbol{i}=\boldsymbol{j}\times\boldsymbol{j}=\boldsymbol{k}\times\boldsymbol{k}=0,$$

$$\boldsymbol{i}\times\boldsymbol{j}=\boldsymbol{k},\boldsymbol{j}\times\boldsymbol{k}=\boldsymbol{i},\boldsymbol{k}\times\boldsymbol{i}=\boldsymbol{j}$$

任何具有沿 x,y 和 z 轴的分量 a_x,a_y 和 a_z 的矢量$\boldsymbol{a}$可以写做

$$\boldsymbol{a}=a_x\boldsymbol{i}+a_y\boldsymbol{j}+a_z\boldsymbol{k}$$

令$\boldsymbol{a},\boldsymbol{b}$和$\boldsymbol{c}$是大小是 a,b 和 c 的任意矢量,则

$$\boldsymbol{a}\times(\boldsymbol{b}+\boldsymbol{c})=(\boldsymbol{a}\times\boldsymbol{b})+(\boldsymbol{a}\times\boldsymbol{c})$$

$$(s\boldsymbol{a})\times\boldsymbol{b}=\boldsymbol{a}\times(s\boldsymbol{b})=s(\boldsymbol{a}\times\boldsymbol{b})$$

(s 是一个标量)

令 θ 为$\boldsymbol{a}$和$\boldsymbol{b}$间两个角中较小的那一个,则

$$\boldsymbol{a}\cdot\boldsymbol{b}=\boldsymbol{b}\cdot\boldsymbol{a}=a_xb_x+a_yb_y+a_zb_z=ab\cos\theta$$

$$\boldsymbol{a}\times\boldsymbol{b}=-\boldsymbol{b}\times\boldsymbol{a}=\begin{vmatrix}\boldsymbol{i} & \boldsymbol{j} & \boldsymbol{k}\\ a_x & a_y & a_z\\ b_x & b_y & b_z\end{vmatrix}$$

$$=\boldsymbol{i}\begin{vmatrix}a_y & a_z\\ b_y & b_z\end{vmatrix}-\boldsymbol{j}\begin{vmatrix}a_x & a_z\\ b_x & b_z\end{vmatrix}+\boldsymbol{k}\begin{vmatrix}a_x & a_y\\ b_x & b_y\end{vmatrix}$$

$$=(a_yb_z-b_ya_z)\boldsymbol{i}+(a_zb_x-b_za_x)\boldsymbol{j}$$

$$+(a_xb_y-b_xa_y)\boldsymbol{k}$$

$$|\boldsymbol{a}\times\boldsymbol{b}|=ab\sin\theta$$

$$\boldsymbol{a}\cdot(\boldsymbol{b}\times\boldsymbol{c})=\boldsymbol{b}\cdot(\boldsymbol{c}\times\boldsymbol{a})=\boldsymbol{c}\cdot(\boldsymbol{a}\times\boldsymbol{b})$$

$$\boldsymbol{a}\times(\boldsymbol{b}\times\boldsymbol{c})=(\boldsymbol{a}\cdot\boldsymbol{c})\boldsymbol{b}-(\boldsymbol{a}\cdot\boldsymbol{b})\boldsymbol{c}$$

导数和积分

在下列公式中,字母 u 和 v 代表 x 的函数,而 a 和 m 为常数. 每个不定积分应加上一个任意的积分常数. 更详尽的表见化学和物理学手册(*CRC* Press Inc.)

1. $\frac{dx}{dx}=1$

2. $\frac{d}{dx}(au)=a\frac{du}{dx}$

3. $\frac{d}{dx}(u+v)=\frac{du}{dx}+\frac{dv}{dx}$

4. $\frac{d}{dx}x^m=mx^{m-1}$

5. $\frac{d}{dx}\ln x=\frac{1}{x}$

6. $\frac{d}{dx}(uv)=u\frac{dv}{dx}+v\frac{du}{dx}$

7. $\frac{d}{dx}e^x=e^x$

8. $\frac{d}{dx}\sin x=\cos x$

9. $\frac{d}{dx}\cos x=-\sin x$

10. $\frac{d}{dx}\tan x=\sec^2 x$

11. $\frac{d}{dx}\cot x=-\csc^2 x$

12. $\frac{d}{dx}\sec x=\tan x\sec x$

13. $\frac{d}{dx}\csc x=-\cot x\csc x$

14. $\frac{d}{dx}e^u=e^u\frac{du}{dx}$

15. $\frac{d}{dx}\sin u=\cos u\frac{du}{dx}$

16. $\frac{d}{dx}\cos u=-\sin u\frac{du}{dx}$

1. $\int dx = x$

2. $\int au\,dx = a\int u\,dx$

3. $\int (u+v)\,dx = \int u\,dx + \int v\,dx$

4. $\int x^m dx = \frac{x^{m+1}}{m+1}\,(m\neq -1)$

5. $\int \frac{dx}{x} = \ln|x|$

6. $\int u\frac{dv}{dx}dx = uv - \int v\frac{du}{dx}dx$

7. $\int e^x dx = e^x$

8. $\int \sin x\,dx = -\cos x$

9. $\int \cos x\,dx = \sin x$

10. $\int \tan x\,dx = \ln|\sec x|$

11. $\int \sin^2 x\,dx = \frac{1}{2}x - \frac{1}{4}\sin 2x$

12. $\int e^{-ax}dx = -\frac{1}{a}e^{-ax}$

13. $\int xe^{-ax}dx = -\frac{1}{a^2}(ax+1)e^{-ax}$

14. $\int x^2e^{-ax}dx = -\frac{1}{a^3}(a^2x^2+2ax+2)e^{-ax}$

15. $\int_0^\infty x^ne^{-ax}dx = \frac{n!}{a^{n+1}}$

16. $\int_0^\infty x^{2n}e^{-ax^2}dx = \frac{1\cdot 3\cdot 5\cdots(2n-1)}{2^{n+1}a^n}\sqrt{\frac{\pi}{a}}$

17. $\int \frac{dx}{\sqrt{x^2+a^2}} = \ln(x+\sqrt{x^2+a^2})$

18. $\int \frac{x\,dx}{(x^2+a^2)^{3/2}} = -\frac{1}{(x^2+a^2)^{1/2}}$

19. $\int \frac{dx}{(x^2+a^2)^{3/2}} = \frac{x}{a^2(x^2+a^2)^{1/2}}$

20. $\int_0^\infty x^{2n+1}e^{-ax^2}dx = \frac{n!}{2a^{n+1}}\,(a>0)$

21. $\int \frac{x\,dx}{x+d} = x - d\ln(x+d)$

附录 F 元素的性质

一些元素的物理性质

除另有说明外，所有物理性质都是在 1atm 压强下的.

元素	符号	原子序数 Z	摩尔质量 /(g/mol)	密度 /(g/cm³,20℃)	熔点 /℃	沸点 /℃	比热 /(J/(g·℃),25℃)
锕 Actinium	Ac	89	(227)	10.06	1323	(3473)	0.092
铝 Aluminum	Al	13	26.9815	2.699	660	2450	0.900
镅 Americium	Am	95	(243)	13.67	1541	—	—
锑 Antimony	Sb	51	121.75	6.691	630.5	1380	0.205
氩 Argon	Ar	18	39.948	1.6626×10^{-3}	−189.4	−185.8	0.523
砷 Arsenic	As	33	74.9216	5.78	817(28atm)	613	0.331
砹 Astatine	At	85	(210)	—	(302)	—	—
钡 Barium	Ba	56	137.34	3.594	729	1640	0.205
锫 Berkelium	Bk	97	(247)	14.79	—	—	—
铍 Beryllium	Be	4	9.0122	1.848	1287	2770	1.83
铋 Bismuth	Bi	83	208.980	9.747	271.37	1560	0.122
铍 Bohrium	Bh	107	262.12	—	—	—	—
硼 Boron	B	5	10.811	2.34	2030	—	1.11
溴 Bromine	Br	35	79.909	3.12(liquid)	−7.2	58	0.293
镉 Cadmium	Cd	48	112.40	8.65	321.03	765	0.226
钙 Calcium	Ca	20	40.08	1.55	838	1440	0.624
锎 Californium	Cf	98	(251)	—	—	—	—
碳 Carbon	C	6	12.01115	2.26	3727	4830	0.691
铈 Cerium	Ce	58	140.12	6.768	804	3470	0.188
铯 Cesium	Cs	55	132.905	1.873	28.40	690	0.243
氯 Chlorine	Cl	17	35.453	3.214×10^{-3}(0℃)	−101	−34.7	0.486
铬 Chromium	Cr	24	51.996	7.19	1857	2665	0.448
钴 Cobalt	Co	27	58.9332	8.85	1495	2900	0.423
铜 Copper	Cu	29	63.54	8.96	1083.40	2595	0.385
锔 Curium	Cm	96	(247)	13.3	—	—	—
钍 Dubnium	Db	105	262.114	—	—	—	—
镝 Dysprosium	Dy	66	162.50	8.55	1409	2330	0.172
锿 Einsteinium	Es	99	(254)	—	—	—	—
铒 Erbium	Er	68	167.26	9.15	1522	2630	0.167
铕 Europium	Eu	63	151.96	5.243	817	1490	0.163
镄 Fermium	Fm	100	(237)	—	—	—	—

（续）

元素	符号	原子序数 Z	摩尔质量 /(g/mol)	密度 /(g/cm³,20℃)	熔点 /℃	沸点 /℃	比热 /(J/(g·℃),25℃)
氟 Fluorine	F	9	18.9984	1.696×10^{-3}(0℃)	−219.6	−188.2	0.753
钫 Francium	Fr	87	(223)	—	(27)	—	—
钆 Gadolinium	Gd	64	157.25	7.90	1312	2730	0.234
镓 Gallium	Ga	31	69.72	5.907	29.75	2237	0.377
锗 Germanium	Ge	32	72.59	5.323	937.25	2830	0.322
金 Gold	Au	79	196.967	19.32	1064.43	2970	0.131
铪 Hafnium	Hf	72	178.49	13.31	2227	5400	0.144
𬭶 Hassium	Hs	108	(265)	—	—	—	—
氦 Helium	He	2	4.0026	0.1664×10^{-3}	−269.7	−268.9	5.23
钬 Holmium	Ho	67	164.930	8.79	1470	2330	0.165
氢 Hydrogen	H	1	1.00797	0.08375×10^{-3}	−259.19	−252.7	14.4
铟 Indium	In	49	114.82	7.31	156.634	2000	0.233
碘 Iodine	I	53	126.9044	4.93	113.7	183	0.218
铱 Iridium	Ir	77	192.2	22.5	2447	(5300)	0.130
铁 Iron	Fe	26	55.847	7.874	1536.5	3000	0.447
氪 Krypton	Kr	36	83.80	3.488×10^{-3}	−157.37	−152	0.247
镧 Lanthanum	La	57	138.91	6.189	920	3470	0.195
铹 Lawrencium	Lr	103	(257)	—	—	—	—
铅 Lead	Pb	82	207.19	11.35	327.45	1725	0.129
锂 Lithium	Li	3	6.939	0.534	180.55	1300	3.58
镥 Lutetium	Lu	71	174.97	9.849	1663	1930	0.155
镁 Magnesium	Mg	12	24.312	1.738	650	1107	1.03
锰 Manganese	Mn	25	54.9380	7.44	1244	2150	0.481
鿏 Meitnerium	Mt	109	(266)	—	—	—	—
钔 Mendelevium	Md	101	(256)	—	—	—	—
汞 Mercury	Hg	80	200.59	13.55	−38.87	357	0.138
钼 Molybdenum	Mo	42	95.94	10.22	2617	5560	0.251
钕 Neodymium	Nd	60	144.24	7.007	1016	3180	0.188
氖 Neon	Ne	10	20.183	0.8387×10^{-3}	−248.597	−246.0	1.03
镎 Neptunium	Np	93	(237)	20.25	637	—	1.26
镍 Nickel	Ni	28	58.71	8.902	1453	2730	0.444
铌 Niobium	Nb	41	92.906	8.57	2468	4927	0.264
氮 Nitrogen	N	7	14.0067	1.1649×10^{-3}	−210	−195.8	1.03
锘 Nobelium	No	102	(255)	—	—	—	—
锇 Osmium	Os	76	190.2	22.59	3027	5500	0.130

（续）

元素	符号	原子序数 Z	摩尔质量 /(g/mol)	密度 /(g/cm³,20℃)	熔点 /℃	沸点 /℃	比热 /(J/(g·℃),25℃)
氧 Oxygen	O	8	15.9994	1.3318×10^{-3}	-218.80	-183.0	0.913
钯 Palladium	Pd	46	106.4	12.02	1552	3980	0.243
磷 Pbosphorus	P	15	30.9738	1.83	44.25	280	0.741
铂 Platinum	Pt	78	195.09	21.45	1769	4530	0.134
钚 Plutonium	Pu	94	(244)	19.8	640	3235	0.130
钋 Polonium	Po	84	(210)	9.32	254	—	—
钾 Potassium	K	19	39.102	0.862	63.20	760	0.758
镨 Praseodymium	Pr	59	140.907	6.773	931	3020	0.197
钷 Promethium	Pm	61	(145)	7.22	(1027)	—	—
镤 Protactinium	Pa	91	(231)	15.37 (estimated)	(1230)	—	—
镭 Radium	Ra	88	(226)	5.0	700	—	—
氡 Radon	Rn	86	(222)	9.96×10^{-3} (0℃)	(-71)	-61.8	0.092
铼 Rhenium	Re	75	186.2	21.02	3180	5900	0.134
铑 Rhodium	Rh	45	102.905	12.41	1963	4500	0.243
铷 Rubidium	Rb	37	85.47	1.532	39.49	688	0.364
钌 Ruthenium	Ru	44	101.107	12.37	2250	4900	0.239
铲 Rutherfordium	Rf	104	261.11	—	—	—	—
钐 Samarium	Sm	62	150.35	7.52	1072	1630	0.197
钪 Scandium	Sc	21	44.956	2.99	1539	2730	0.569
𨭎 Seaborgium	Sg	106	263.118	—	—	—	—
硒 Selenium	Se	34	78.96	4.79	221	685	0.318
硅 Silicon	Si	14	28.086	2.33	1412	2680	0.712
银 Silver	Ag	47	107.870	10.49	960.8	2210	0.234
钠 Sodium	Na	11	22.9898	0.9712	97.85	892	1.23
锶 Strontium	Sr	38	87.62	2.54	768	1380	0.737
硫 Sulfur	S	16	32.064	2.07	119.0	444.6	0.707
钽 Tantalum	Ta	73	180.948	16.6	3014	5425	0.138
锝 Technetium	Tc	43	(99)	11.46	2200	—	0.209
碲 Tellurium	Te	52	127.60	6.24	449.5	990	0.201
铽 Terbium	Tb	65	158.924	8.229	1357	2530	0.180
铊 Thallium	Tl	81	204.37	11.85	304	1457	0.130
钍 Thorium	Th	90	(232)	11.72	1755	(3850)	0.117
铥 Thulium	Tm	69	168.934	9.32	1545	1720	0.159
锡 Tin	Sn	50	118.69	7.2984	231.868	2270	0.226
钛 Titanium	Ti	22	47.90	4.54	1670	3260	0.523

（续）

元素	符号	原子序数 Z	摩尔质量 /(g/mol)	密度 /(g/cm³,20℃)	熔点 /℃	沸点 /℃	比热 /(J/(g·℃),25℃)
钨 Tungsten	W	74	183.85	19.3	3380	5930	0.134
未命名 Un-named	Uun	110	(269)	—	—	—	—
未命名 Un-named	Uuu	111	(272)	—	—	—	—
未命名 Un-named	Uub	112	(264)	—	—	—	—
未命名 Un-named	Uut	113	—	—	—	—	—
未命名 Un-named	Uuq	114	(285)	—	—	—	—
未命名 Un-named	Uup	115	—	—	—	—	—
未命名 Un-named	Uuh	116	(289)	—	—	—	—
未命名 Un-named	Uus	117	—	—	—	—	—
未命名 Un-named	Uuo	118	(293)	—	—	—	—
铀 Uranium	U	92	(238)	18.95	1132	3818	0.117
钒 Vanadium	V	23	50.942	6.11	1902	3400	0.490
氙 Xenon	Xe	54	131.30	5.495×10^{-3}	-111.79	-108	0.159
Ytterbium	Yb	70	173.04	6.965	824	1530	0.155
钇 Yttrium	Y	39	88.905	4.469	1526	3030	0.297
锌 Zinc	Zn	30	65.37	7.133	419.58	906	0.389
锆 Zirconium	Zr	40	91.22	6.506	1852	3580	0.276

在摩尔质量一列内括号内的值对放射性元素是它们的寿命最长的同位素的质量数字.

括号中的熔点和沸点不肯定.

气体的数据只有当它们处于正常的分子状态,如 H_2,He,O_2,Ne 等时才正确.气体的比热是定压下的值.

资料来源:取自 J. Emsley, *The Elements*, 3rd ed., 1998, Clarendon Press, Oxford. 关于最近的值和最新的元素也见 www.webelements.com.

附录 G　元素周期表

金属　类金属　非金属

碱金属　惰性气体　过渡金属　水平周期

水平周期	ⅠA	ⅡA	ⅢB	ⅣB	ⅤB	ⅥB	ⅦB	ⅧB	ⅧB	ⅧB	ⅠB	ⅡB	ⅢA	ⅣA	ⅤA	ⅥA	ⅦA	0
1	1 H																	2 He
2	3 Li	4 Be											5 B	6 C	7 N	8 O	9 F	10 Ne
3	11 Na	12 Mg											13 Al	14 Si	15 P	16 S	17 Cl	18 Ar
4	19 K	20 Ca	21 Sc	22 Ti	23 V	24 Cr	25 Mn	26 Fe	27 Co	28 Ni	29 Cu	30 Zn	31 Ga	32 Ge	33 As	34 Se	35 Br	36 Kr
5	37 Rb	38 Sr	39 Y	40 Zr	41 Nb	42 Mo	43 Tc	44 Ru	45 Rh	46 Pd	47 Ag	48 Cd	49 In	50 Sn	51 Sb	52 Te	53 I	54 Xe
6	55 Cs	56 Ba	57-71 *	72 Hf	73 Ta	74 W	75 Re	76 Os	77 Ir	78 Pt	79 Au	80 Hg	81 Tl	82 Pb	83 Bi	84 Po	85 At	86 Rn
7	87 Fr	88 Ra	89-103 +	104 Rf	105 Db	106 Sg	107 Bh	108 Hs	109 Mt	110	111	112	113	114	115	116	117	118

内过渡金属

镧系 *	57 La	58 Ce	59 Pr	60 Nd	61 Pm	62 Sm	63 Eu	64 Gd	65 Tb	66 Dy	67 Ho	68 Er	69 Tm	70 Yb	71 Lu
锕系 +	89 Ac	90 Th	91 Pa	92 U	93 Np	94 Pu	95 Am	96 Cm	97 Bk	98 Cf	99 Es	100 Em	101 Md	102 No	103 Lr

元素 104 到 109 的名称(铲,钳,𬭳,𬭛,𬭶,䥑)为 1997 年国际纯粹和应用化学联合会(IUPAC)所采用.元素 110,111,112,114,116 和 118 已经发现,但到 2000 年尚未命名.关于最近的信息和最新的元素见 www.webelements.com.

附录 H 习题参考答案

第 1 章

1. (a)$(-5.0\boldsymbol{i}+8.0\boldsymbol{j})$m；(b)9.4m；(c)122°；(d)见 H1 图；(e)$(8.0\boldsymbol{i}-8.0\boldsymbol{j})$m；(f)11.3m；(g)$\Delta\boldsymbol{r}$ 与 x 轴正方向的夹角为 45°

2. (a)$(276\boldsymbol{i}+231\boldsymbol{j})$m

(b)$(-756\boldsymbol{i}+231\boldsymbol{j})$m

(c)$-480\boldsymbol{i}$m

3. (a)$(3.00\boldsymbol{i}-8.00t\boldsymbol{j})$m/s；(b)$(3.00\boldsymbol{i}-16.0\boldsymbol{j})$m/s；(c)16.3m/s；(d)相对于 x 轴正方向的角度为 −79°23′

4. (a)$-6\boldsymbol{i}$m/s；(b)沿 x 轴负方向运动；(c)6m/s；(d)较小；(e)有；(f)不会.

5. (a)28.5cm/s；(b)18cm/s；(c)40.5cm/s；(d)28.1cm/s；(e)30.4cm/s；(f)H2 图.

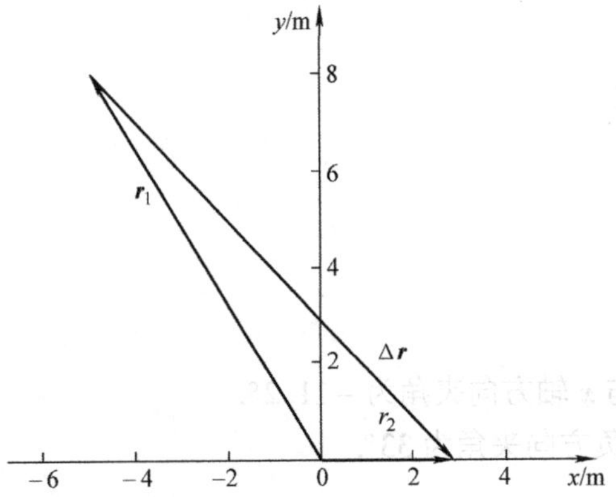

H1 图

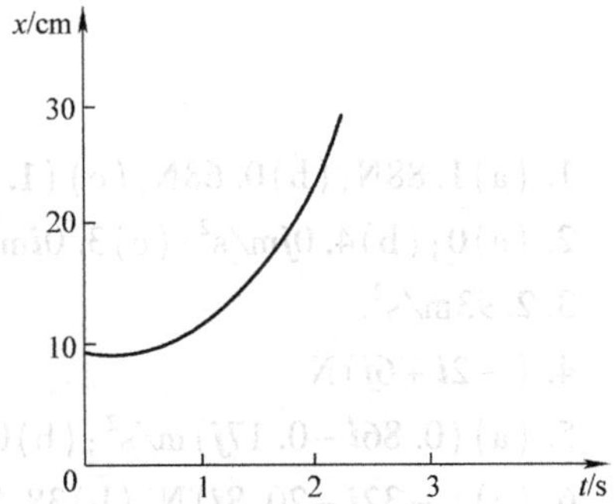

H2 图

6. 100m

7. (a)$y=-\dfrac{x^2}{4}+2$，如 H3 图所示；(b)$\boldsymbol{r}_1=(2\boldsymbol{i}+\boldsymbol{j})$m，$\boldsymbol{r}_2=(4\boldsymbol{i}-2\boldsymbol{j})$m，$\bar{\boldsymbol{v}}=(2\boldsymbol{i}-3\boldsymbol{j})$m/s；(c)$\boldsymbol{v}_1=(2\boldsymbol{i}-2\boldsymbol{j})$m/s，$\boldsymbol{v}_2=(2\boldsymbol{i}-4\boldsymbol{j})$m/s；(d)$-2\boldsymbol{j}$m/s²，$-2\boldsymbol{j}$m/s².

8. $v=-\dfrac{\sqrt{h^2+x^2}}{x}v_0$，$a=-\dfrac{h^2}{x^3}v_0^2$

9. (a) $-18\boldsymbol{i}$m/s²；(b) $\dfrac{3}{4}$s；(c) 无；(d) 2.19s.

10. (a)45.0m；(b)21.8m/s.

11. (a)$(8t\boldsymbol{j}+\boldsymbol{k})$m/s；(b)$8\boldsymbol{j}$m/s²

12. (a)$(6\boldsymbol{i}+106\boldsymbol{j})$m；(b)$(19\boldsymbol{i}-224\boldsymbol{j})$m/s；(c)$(24.0\boldsymbol{i}-336\boldsymbol{j})$m/s²；(d)与 x 轴正方向夹

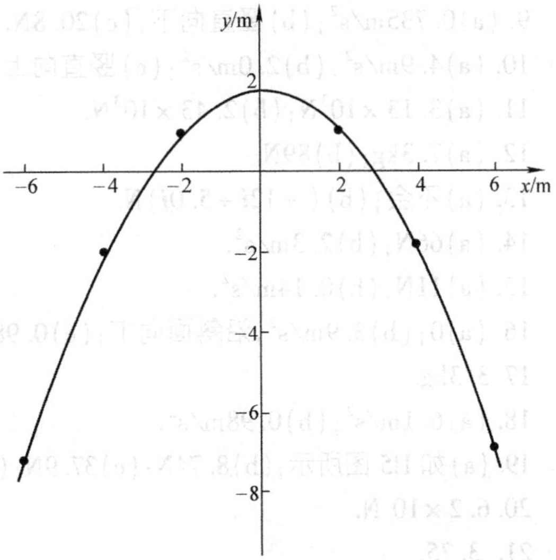

H3 图

角为 $-85.2°$

13. (a) 16.9m; (b) 8.21m; (c) 27.6m; (d) 7.26m; (e) 40.1m; (f) 0.

14. 5.89m.

15. (a) 11.0m; (b) 22.8m; (c) 16.5m/s; (d) 与水平方向夹角为 $-62.7°$

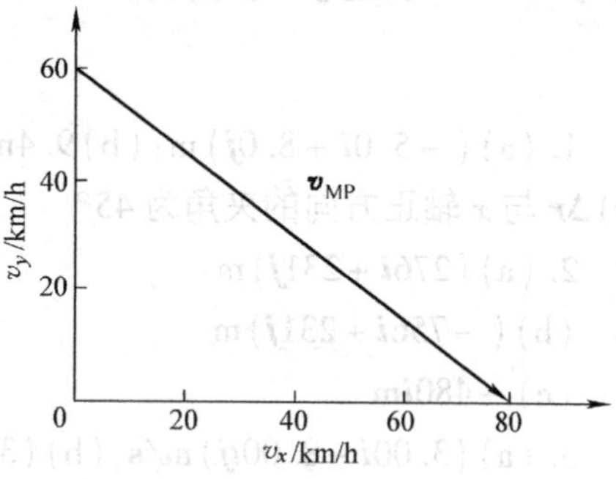

H4 图

16. (a) 0.71s; (b) -0.74m.

17. (a) 7.49×10^3 m/s; (b) 8.00m/s^2.

18. 4.5m/s^2, 0.6m/s^2

19. 8.2m/s^2, 5.4m/s^2

20. (a) 5km/h; (b) -1km/h

21. (a) $(80\boldsymbol{i}-60\boldsymbol{j})$ km/h, H4 图; (b) 平行; (c) 不变.

22. 32m/s.

23. (a) $(31.9\boldsymbol{i}-46.1\boldsymbol{j})$ km/h; (b) $[(31.9t+2.5)\boldsymbol{i}-(46.1t-4.0)\boldsymbol{j}]$ km; (c) 0.033h; (d) 4.3km.

第 2 章

1. (a) 1.88N; (b) 0.68N; (c) $(1.88\boldsymbol{i}+0.68\boldsymbol{j})$ N.

2. (a) 0; (b) $4.0\boldsymbol{j}$ m/s^2; (c) $3.0\boldsymbol{i}$ m/s^2.

3. 2.93m/s^2.

4. $(-2\boldsymbol{i}+6\boldsymbol{j})$ N

5. (a) $(0.86\boldsymbol{i}-0.17\boldsymbol{j})$ m/s^2; (b) 0.88m/s^2; (c) 与 x 轴方向夹角为 $-11.2°$.

6. (a) $(-32\boldsymbol{i}-20.8\boldsymbol{j})$ N; (b) 38.2N; (c) 与 x 轴负方向夹角为 33°.

7. $L^3M^{-1}T^{-2}$.

8. 836kN.

9. (a) 0.735m/s^2; (b) 竖直向下; (c) 20.8N.

10. (a) 4.9m/s^2; (b) 2.0m/s^2; (c) 竖直向上; (d) 118N.

11. (a) 3.13×10^3 N; (b) 2.43×10^3 N.

12. (a) 7.3kg; (b) 89N.

13. (a) 不会; (b) $(-12\boldsymbol{i}+5.0\boldsymbol{j})$ N.

14. (a) 66N; (b) 2.3m/s^2.

15. (a) 11N; (b) 0.14m/s^2.

16. (a) 0; (b) 3.9m/s^2, 沿斜面向下; (c) 0.98m/s^2, 沿斜面向下.

17. 3.3kg.

18. (a) 6.1m/s^2; (b) 0.98m/s^2.

19. (a) 如 H5 图所示; (b) 8.74N; (c) 37.9N; (d) 6.45m/s.

20. 6.2×10^3 N.

21. 3.75.

22. 13m/s.

23. 877N.

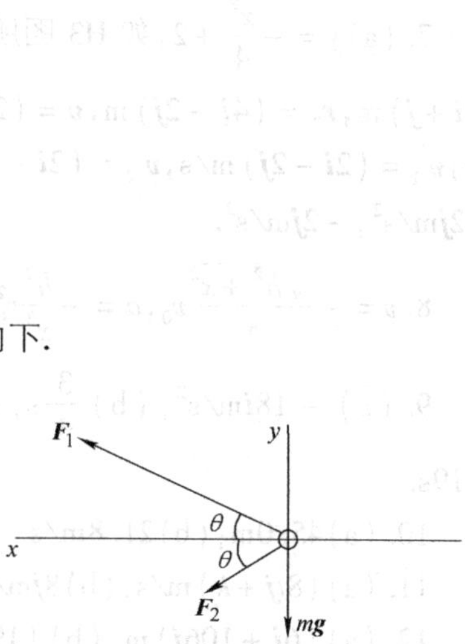

H5 图

24. (a)“轻了”;(b)778N;(c)223N.

25. 9.9s.

26. (a)$v=\dfrac{v_0 m}{m+v_0 kt}$;(b)$x=\dfrac{1}{k'}\ln(1+v_0 k' t)$ $\left(其中 k'=\dfrac{k}{m}\right)$;(c)$v=v_0 e^{-k'x}$;(d)$3.3\times10^{-3}$/m;(e):

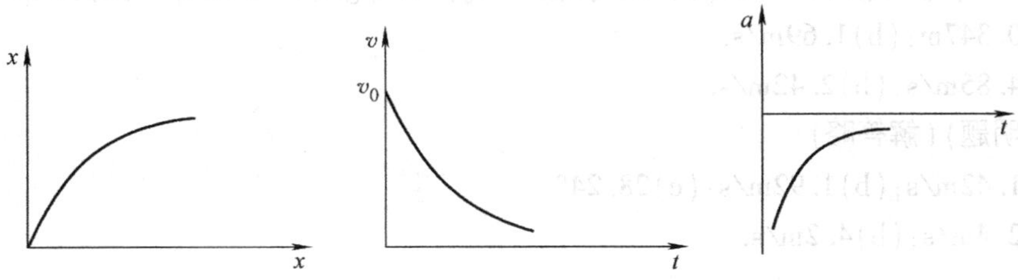

H6 图

27. (a)$v=\dfrac{Rv_0}{R+\mu v_0 t}$;(b)$s=\dfrac{\mu}{R}\ln 2$.

28. 15m,16m/s.

29. $\dfrac{2m_2 a-(m_1-m_2)g}{m_1+m_2}$;$\dfrac{2m_1 a+(m_1-m_2)g}{m_1+m_2}$;$\dfrac{2m_1 m_2}{m_1+m_2}(g+a)$.

30. (a)m 沿斜面下滑的同时 m' 向右运动;(b)$\dfrac{mg\sin\theta\cos\theta}{m'+m\sin^2\theta}\boldsymbol{i}$, $-\dfrac{m'g\sin\theta\cos\theta}{m'+m\sin^2\theta}\boldsymbol{i}-\dfrac{(m'+m)g\sin^2\theta}{m'+m\sin^2\theta}\boldsymbol{j}$;(c)$\dfrac{m'mg\cos\theta}{m'+m\sin^2\theta}$.

第3章

1. 4.95×10^3J.
2. 528J.
3. (a)1.5J;(b)1.5J.
4. 15.3J.
5. (a)98N;(b)4.0cm;(c)3.92J;(d)−3.92J.
6. (a)0.030J;(b)−1.8J;(c)3.76m/s;(d)0.496m.
7. (a)6.6m/s;(b)4.7m.
8. 800J.
9. (a)12J;(b)3.0m;(c)18J.
10. (a)如H7图所示;(b)0.
11. (a)2.3J;(b)2.6J.
12. −6J.
13. 490W.
14. (a)26W;(b)6$\boldsymbol{j}$m/s.
15. (a)0.83J;(b)2.5J;(c)4.2J;(d)5.0W.
16. (a)$mgl(1-\cos\theta)$;(b)$-mgl(1-\cos\theta)$;(c)mgl.

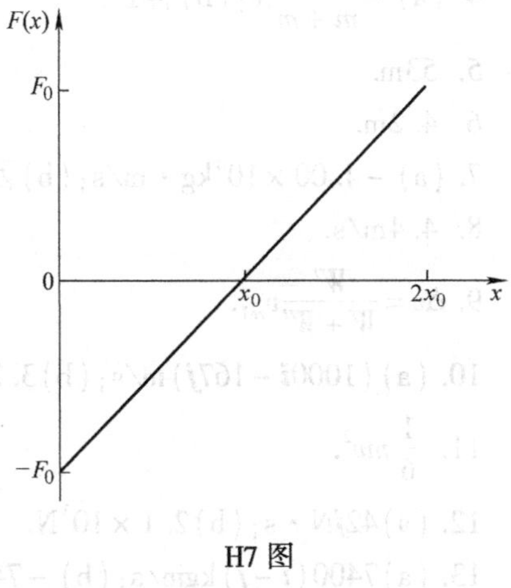

H7 图

$(1-\cos\theta)$；(d)重力所做的功增大，重力势能减小更多，小球在初始位置的势能值增大.

17. (a)2.3m/s；(b)不变.
18. (a)784N/m；(b)62.7J；(c)62.7J；(d)0.800m.
19. (a)0.98J；(b) −0.98J；(c)3.1×10^2N/m.
20. (a)$v=\sqrt{v_0^2+2gL(1-\cos\theta_0)}$；(b)$\sqrt{2gL\cos\theta_0}$；(c)$\sqrt{gL(1+2\cos\theta_0)}$；(d)减小.
21. (a)0.347m；(b)1.69m/s.
22. (a)4.85m/s；(b)2.42m/s.
23. (证明题)(解答略)
24. (a)1.42m/s；(b)1.92m/s；(c)28.24°
25. (a)2.4m/s；(b)4.2m/s.
26. $\frac{mgL}{32}$.
27. (证明题)
28. (a)4.83N，沿 x 轴正方向；(b)$(-2\leqslant x\leqslant15)$m；(c)3.45m/s.
29. (a)$1.12\left(\frac{A}{B}\right)^{1/6}$；(b)斥力；(c)引力.
30. (a)67J；(b)67J；(c)0.46m.
31. 75J.
32. (a)31.0J；(b)5.35m/s；(c)是保守力. 因为做功与路径无关.
33. (a)10m；(b)50N；(c)18.8m；(d)26.6N.
34. (a)7.38m/s；(b)0.90m；(c)3.6m；(d)15.6m.

第4章

1. (a)1.1m；(b)1.3m；(c)往上同时往左移.
2. 在对称轴上距圆心为$\frac{4r}{3\pi}$处.
3. 72km/h.
4. (a)$-\frac{m}{m+m'}v$；(b)停止.
5. 53m.
6. 4.2m.
7. (a)-4.00×10^4kg·m/s；(b)西；(c)0.
8. 4.4m/s.
9. $\Delta v=\frac{W'}{W+W'}v_{\text{rel}}$.
10. (a)$(1000\boldsymbol{i}-167\boldsymbol{j})$m/s；(b)$3.23\times10^6$J.
11. $\frac{1}{6}mv^2$.
12. (a)$42\boldsymbol{j}$N·s；(b)2.1×10^3N.
13. (a)$7400(\boldsymbol{i}-\boldsymbol{j})$kgm/s；(b)$-7400\boldsymbol{i}$kgm/s；(c)2300N；(d)$2.1\times10^4$N；(e)与 x 轴正方向夹

角为 −45°.

14. 2929N.

15. 986N.

16. (a) $0.18\boldsymbol{j}$N · s; (b) 18N.

17. (a) 9.0N·s; (b) 3.0×10^3N; (c) 4.5×10^3N; (d) 20m/s.

18. (a) 8.0×10^4N; (b) 26.7kg/s.

19. (a) 1.57×10^6N; (b) 1.35×10^5kg; (c) 2.08×10^3m/s.

20. 28.8N.

21. 3.1×10^2m/s.

22. (a) 2.7m/s; (b) 1.4×10^3m/s.

23. (a) $Rm(\mathrm{tg}+\sqrt{2gh})$; (b) 49.6N.

24. (证明略).

25. 0.26m.

26. 38km/s.

27. (a) −2.5m/s; (b) 1.2m/s.

28. (a) $(10\boldsymbol{i}+15\boldsymbol{j})$ m/s; (b) 1100J.

第5章

1. (a) $(a+3bt^2+4ct^3)$ rad/s; (b) $(6bt+12ct^2)$ rad/s^2.

2. (a) 4rad/s; (b) 28rad/s; 12rad/s^2; (d) 6.0rad/s^2; (e) 18rad/s^2.

3. (a) 2rad; (b) 0; (c) 128rad/s; (d) 32rad/s^2; (e) 不恒定.

4. (a) 333s; (b) -4.5×10^{-3}rad/s^2; (c) 98s.

5. (a) 3.0rad/s; (b) 30m/s; (c) 6.0m/s^2; (d) 90m/s^2.

6. (a) 0.73m/s^2 方向指向盘心; (b) 0.075; (c) 0.11.

7. (a) 7.26×10^3kg · m^2; (b) 4.87×10^6J.

8. 9.7×10^{-2}kg · m^2.

9. $\frac{m}{3}(a^2+b^2)$.

10. $\frac{1}{4}mR_0^2$.

11. (a) $r_1F_1\sin\theta_1-r_2F_2\sin\theta_2$; (b) −3.85N · m.

12. (证明题,略).

13. (a) $50\boldsymbol{k}$N · m; (b) 90°.

14. 9.7rad/s^2.

15. (a) 0.06m/s^2; (b) 4.84N; (c) 4.54N; (d) 3.0×10^{-3}rad/s^2; (e) 5kg · m^2.

16. (a) 420rad/s^2; (b) 1260rad/s.

17. (a) 0.15kg · m^2; (b) 11.4rad/s.

18. $v=\sqrt{\dfrac{6mgr^2h}{3mr^2+3I+2m'r^2}}$

19. (a)$\sqrt{\frac{3g}{H}(1-\cos\theta)}$; (b)$3g(1-\cos\theta)$; (c)$\frac{3g}{2}\sin\theta$; (d)41.8°.

20. (a)$12\boldsymbol{k}$kg·m²/s; (b)$3.0\boldsymbol{k}$N·m.

21. (a)0; (b)$(8.0\boldsymbol{i}+8.0\boldsymbol{k})$N·m.

22. (a)$-174\boldsymbol{k}$kg·m²/s; (b)$56\boldsymbol{k}$N·m; (c)$56\boldsymbol{k}$N·m.

23. (a)$14md^2$; (b)$4md^2\omega$,方向垂直于纸面向外; (c)$14md^2\omega$,方向垂直于纸面向外.

24. (证明题,略).

25. (a)267rev/min; (b)−67%.

26. 3∶1.

27. (a)$\frac{mRv}{I+m'R^2}$; (b)$\frac{mR^2v}{I+m'R^2}$.

28. 22m/s.

29. (a)0.148rad/s; (b)0.0123; (c)181.3°.

30. (a)$\frac{\omega_0}{7}$; (b)$\frac{8}{7}$; (c)动能增加,因为蟑螂爬动做功了.

31. 0.41s.

32. 2.57rad/s.

33. 0.070rad/s.

34. (a)0.24kg·m²; (b)1.8×10^3m/s.

35. $\theta=\arccos\left[1-\frac{3m^2v^2}{4dg(m'+3m)(2m+m')}\right]$

第6章

1. 8.1m/s.

2. (a)56L/min; (b)1.01.

3. (a)2.5m/s; (b)2.6×10^5Pa.

4. (a)3.9m/s; (b)88kPa.

5. (证明题,略).

6. (a)3.1m/s; (b)10.8m/s.

7. (a)73.8N; (b)147m³.

8. (a)(证明,略). (b)1.96×10^{-2}m³/s.

第7章

1. (a)0.75s; (b)1.33Hz; (c)8.4rad/s.

2. (a)0.500s; (b)2Hz; (c)12.6rad/s; (d)79.4N/m; (e)4.41m/s; (f)27.8N.

3. (a)2.76×10^3rad/s; (b)2.07m/s; (c)5.71×10^3m/s².

4. (a)3.0m; (b)−48.9m/s; (c)−266m/s²; (d)6.3π rad; (e)9.42rad/s; (f)0.67s.

5. 7.2m/s.

6. 2.08h.

7. 0.031m.

8. (a) 0.25m; (b) 2.2Hz.

9. (a) 5.58Hz; (b) 0.325kg; (c) 0.400m.

10. $\frac{2}{3}\pi$.

11. (a) 0.183A; (b) 接近.

12. (证明题, 略).

13. (a) 0.525m; (b) 0.69s.

14. (a) 200N/m; (b) 1.39kg; (c) 1.9Hz.

15. (a) 2.25Hz; (b) 125J; (c) 250J; (d) 0.866m.

16. (a) 1.33N/m; (b) 0.62s; (c) 1.6Hz; (d) 5.0cm; (e) 0.50m/s.

17. (a) $\frac{m}{m+m'}v$; (b) $\sqrt{\frac{1}{k(m'+m)}}mv$.

18. (a) $\frac{1}{4}$; (b) $\frac{3}{4}$; (c) $\frac{A}{\sqrt{2}}$.

19. (a) 8.3s; (b) 无关.

20. 0.99m.

21. (a) $\pi\sqrt{\frac{6R}{g}}$; (b) $\frac{R}{2}$.

22. (a) 0.35Hz; (b) $\frac{1}{2\pi}\sqrt{\frac{g+a_e}{L}}$; (c) 0.

23. 0.01m, $\frac{\pi}{6}$.

24. (a) 0.08m, 84.8°; (b) $2n\pi+\frac{3}{4}\pi$, $(2n+1)\pi+\frac{\pi}{4}$.

25. 84.3°.

第8章

1. (a) 3.49/m; (b) 31.5m/s.

2. (a) 6.80s; (b) 0.147Hz; (c) 0.206m/s.

3. $y_{(x,t)}=0.010\cos\left[1100\left(t+\frac{x}{330}\right)\right]$ (m).

4. (a) 6.0m; (b) 100cm; (c) 2.0Hz; (d) 200cm/s; (e) $-x$; (f) 75cm/s; (g) −5.6cm.

5. (a) $y_{(x,t)}=2.0\cos\left[800\pi\left(t-\frac{x}{4000}\right)\right]$ (cm); (b) 5.02×10^3cm/s; (c) 40m/s.

6. (a) 如H8图所示. (b) 2cm/s. (c) $y_{(x,t)}=4.0\cos\left[0.2\pi\ (t-0.5x)\ +\frac{3}{2}\pi\right]$(cm). (d) −2.5cm/s.

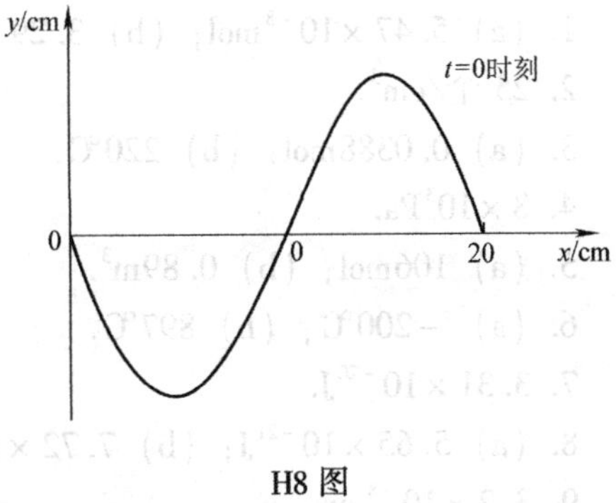

H8 图

7. $y = 1.2\times10^{-4}\cos\left[200\pi\left(t+\frac{x}{4.47}\right)\right]$ (m).

8. (a) 0.64Hz; (b) 62.5m; (c) $y_{(x,t)} = 5.0\times10^{-2}\cos\left[4.0\left(t-\frac{x}{40}\right)-0.99\right]$ (m); (d) 640N.

9. (a) 5.0cm; (b) 0.40m; (c) 12m/s; (d) 0.033s;
(e) 9.4m/s; (f) $y_{(x,t)} = 0.050\cos(190t+16x-0.65)$ (m).

10. (a) 0.02m, 0.3m, 100Hz, 30m/s; (b) $-\pi$.

11. (a) $y_{0(t)} = 10\cos\left(\pi t-\frac{\pi}{6}\right)$ (cm), $y_{p(t)} = 10\cos\left(\pi t-\frac{5}{6}\pi\right)$ (cm)
(b) 20m/s; (c) 27cm.

12. (a) $y_{(x,t)} = 3\cos4\pi\left(t+\frac{x}{20}\right)$ (m);
(b) $y_{(x,t)} = 3\cos\left[4\pi\left(t+\frac{x}{20}\right)-\pi\right]$ (m).

13. 5.0cm.

14. 1.2m.

15. (a) 8 个; (b) 8 个.

16. (a) 1029, 1715, …, 19550Hz; (b) 686, 1372, …, 19890Hz.

17. 4.11rad.

18. 17.5cm.

19. (a) 0.50m; (b) 0s, 0.25s, 0.50s.

20. (a) 2.0Hz; (b) 2.0m; (c) 4.0m/s; (d) 0.50m, 1.5m, 2.5m, …;
(e) 0m, 1.0m, 2.0m, 3.0m, ….

21. (a) 0.10m, 0.30m; (b) 0.05s; (c) 8.0m/s; (d) 0.020m; (e) 0s, 0.025s, 0.05s.

22. 500Hz.

23. 17500Hz.

24. 4.6m/s.

第9章

1. (a) 5.47×10^{-8}mol; (b) 3.29×10^{16}个.

2. 25 个/cm^3.

3. (a) 0.0388mol; (b) 220℃.

4. 8×10^3Pa.

5. (a) 106mol; (b) 0.89m^3.

6. (a) −200℃; (b) 897℃.

7. 3.31×10^{-20}J.

8. (a) 5.65×10^{-21}J; (b) 7.72×10^{-21}J; (c) 3.40×10^3J; (d) 4.65×10^3J.

9. 3.2×10^{-8}cm.

10. (a) 6×10^{12}m; (b) 略.
11. (a) 1.7; (b) 4.95×10^{-5}cm; (c) 7.9×10^{-6}cm.
12. (a) 3.18cm/s; (b) 3.37cm/s; (c) 4.0cm/s.
13. (a) 420m/s, 441m/s; (b) 略; (c) 当所有分子速率都一样时.
14. $\frac{3}{2}$.
15. 2.2.

第10章

1. 3.40×10^{3}J.
2. $nRT\ln\frac{V_f}{V_i}$.
3. (a) 15.9J; (b) 10.5J/mol; (c) 8.0J/mol.
4. (a) 7.0×10^{3}J; (b) 2.0×10^{3}J; (c) 5.0×10^{3}J.
5. (a) 6.6×10^{-26}kg; (b) 40g/mol.
6. 7.9×10^{3}J.
7. (a) 0.375mol; (b) 1.09×10^{3}J; (c) 71%.
8. (a) 6.98×10^{3}J; (b) 4.99×10^{3}J; (c) 1.99×10^{3}J; (d) 2.99×10^{3}J.
9. (a) 1-2过程：热量3.74×10^{3}J，热力学能的变化3.74×10^{3}J，功0，2-3过程：热量0，热力学能的变化-1.81×10^{3}J，功1.81×10^{3}J，3→1过程：热量-3.22×10^{3}J，热力学能的变化-1.93×10^{3}J，功-1.29×10^{3}J，整个循环过程：热量520J，热力学能的变化0，功520J；
(b) 2点的压强为2.00atm，体积为$0.025m^3$，3点压强为1.00atm，体积为$0.038m^3$.
10. (a) 336K; (b) 0.41L.
11. 5.6×10^{3}J
12. (a) 1.5mol; (b) 1.8×10^{3}K; (c) 602K; (d) 10×10^{3}J.
13. 1.2×10^{2}J, 75J, 30J.
14. (a)

	Q	W	ΔE_{int}
$A\to B$	+	+	+
$B\to C$	+	0	+
$C\to A$	–	–	–

(b) −20J.

15. −30J.
16. −5.0J.
17. (a) 6cal; (b) −43cal; (c) 40cal; (d) 18cal, 18cal.
18. (a) 13.6atm; (b) 620K.
19. (a) 2.27×10^{3}J; (b) 1.48×10^{4}J; (c) 15.3%; (d) 大.
20. (a) 1.47×10^{3}J; (b) -5.50×10^{2}J; (c) 9.2×10^{2}J; (d) 62.6%.

第11章

1. 14.4J/K.

2. 1.86×10^4J.

3. (a) AE; (b) AC; (c) AF; (d) AF.

4. (a) 见 H9 图所示.

(b) $A\to B$: $pV\ln2$, $B\to C$: $4.5pV$,

$A\to D$: $-pV\ln2$, $D\to C$: $7.5pV$;

(c) $A\to B$: $pV\ln2$, $B\to C$: 0, $A\to D$: $-pV\ln2$, $D\to C$: $3pV$; (d) $4.5pV$; (e) 23J/K.

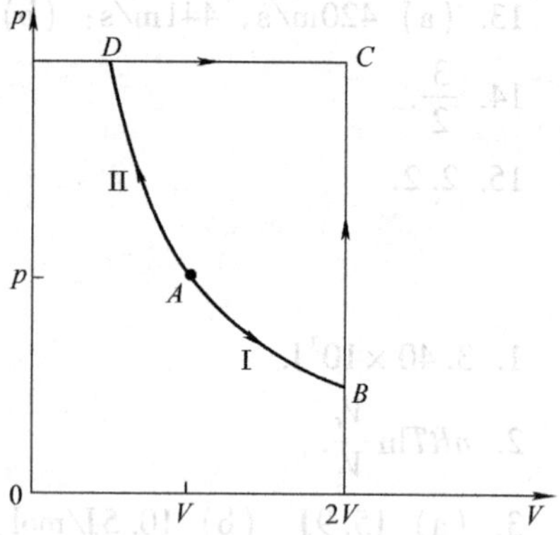

H9 图

5. (a) 9.22×10^3J; (b) 23.1J/K; (c) 0.

6. (a) $3p_0V_0$; (b) $\frac{3}{2}R\ln2$; (c) 0, 0.

7. (a) 31%; (b) 16kJ.

8. (a) 23.6%; (b) 1.49×10^4J.

9. 341K, 266K.

10. (证明题, 略)

11. (a) 78%; (b) 82kg/s.

12. (a) 单原子; (b) 75%.

13. (a) 3; (b) 800J.

14. 20J.

附录Ⅰ　《哈里德大学物理学》教学支持信息反馈表

老师您好！

若您在教学中已经使用了《哈里德大学物理学》（上下册），我们可以通过 John Wiley 公司向您免费提供与《哈里德大学物理学》原书英文版教材配套的教辅，为此，烦请您将本表填写好后 e－mail 给我们。

配套教辅可能包含下列一项或多项

教师用书（或指导手册）	习题解答	习题库	PPT 讲义	学生指导手册（非免费）	其他

教师信息

学校名称：

院／系名称：

课程名称（Course Name）：

年级／程度（Year／Level）：□本科　□大专

课程性质（多选项）：□必修课　□选修课　□国外合作办学项目　□指定的双语课程

学年（学期）：□春季　□秋季　□整学年使用　□其他（起止月份________）

学生：　　个班，共　　人

授课教师姓名：

职称：

职务：

电话：

传真：

E－mail：

联系地址：

邮编：

其他：

策划编辑：李永联
机械工业出版社 高教分社
北京市百万庄大街 22 号（邮政编码 100037）
TEL：010－88379723　FAX：010－68997455
E－MAIL：lyljk3@163. com